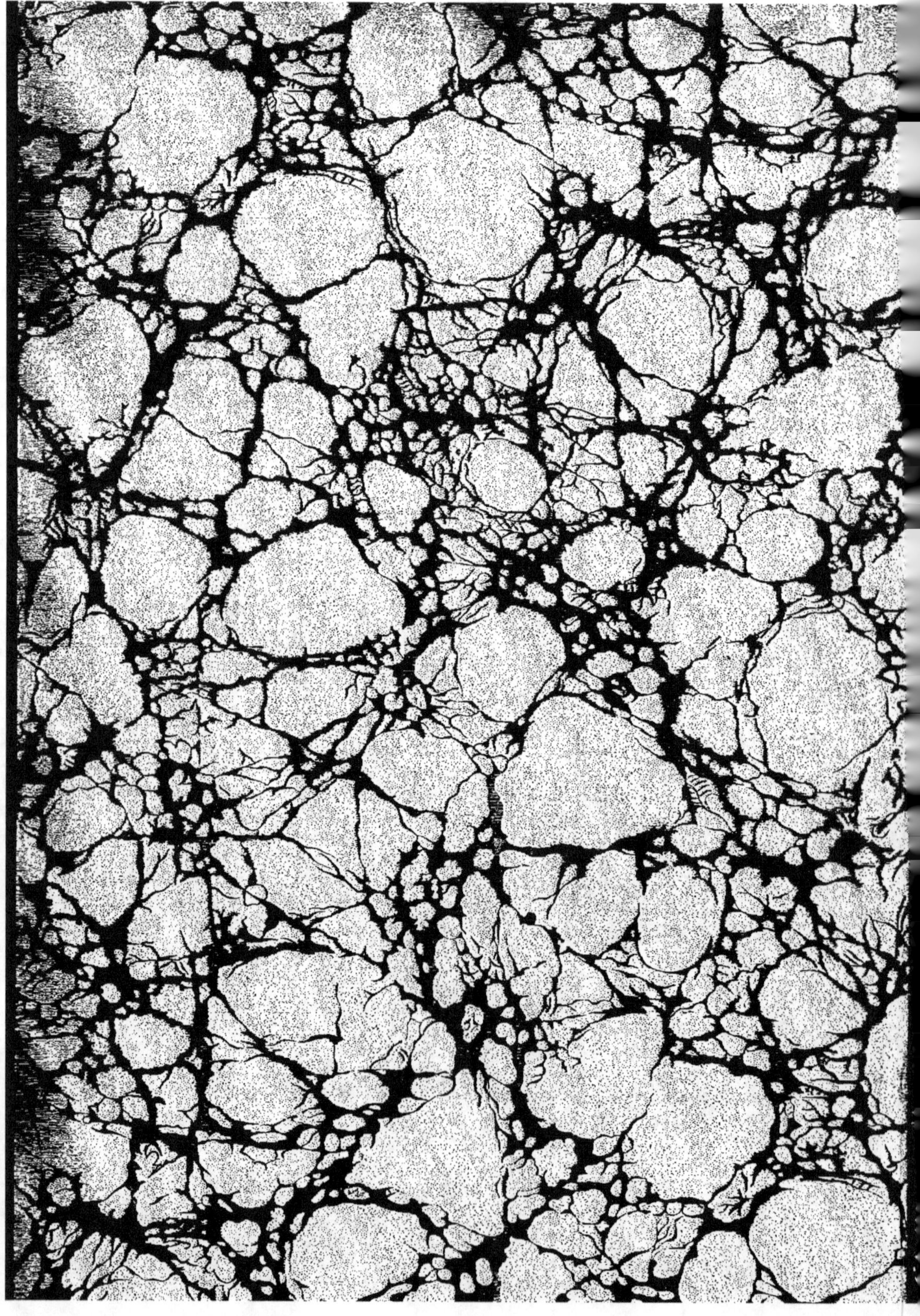

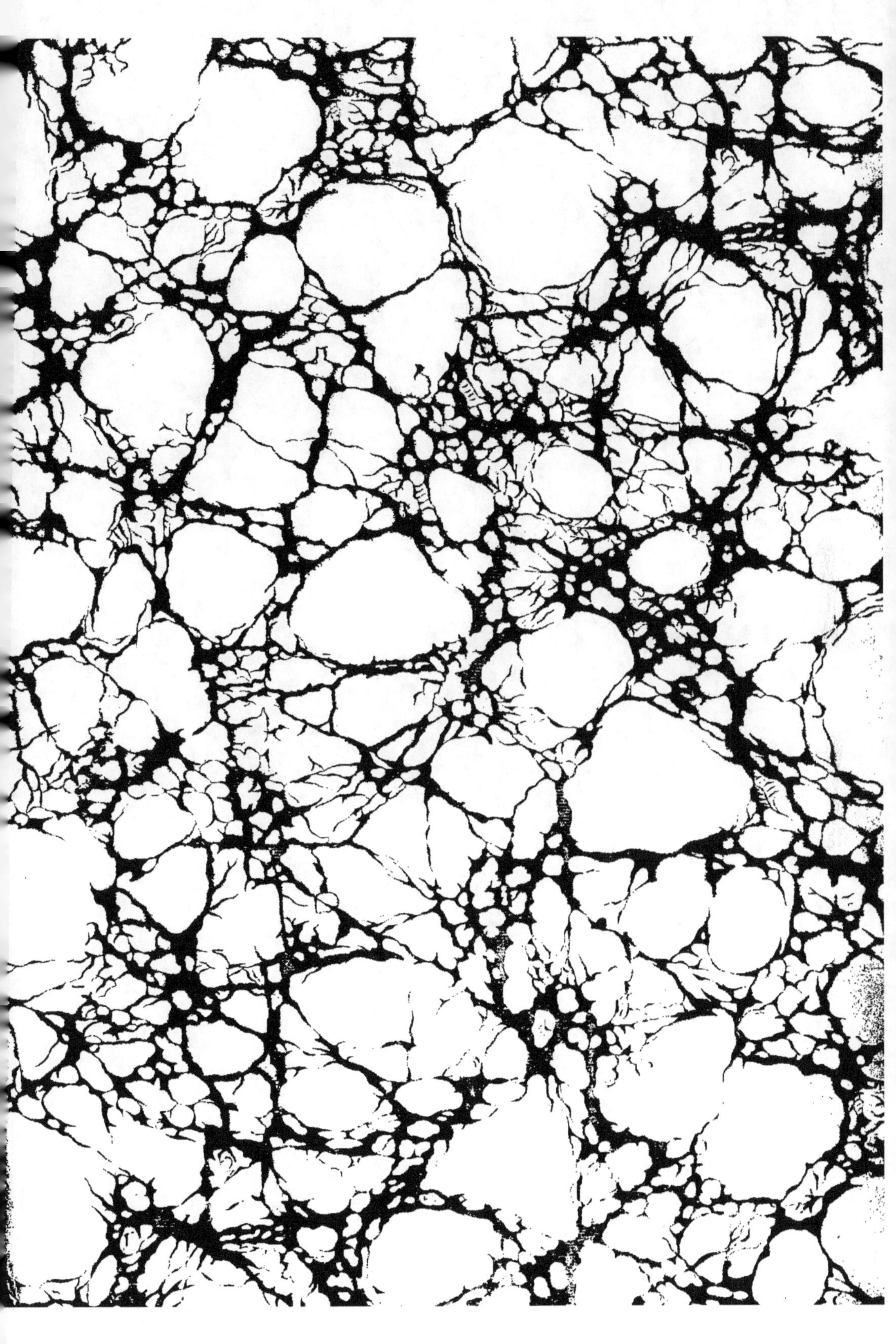

PRÉCIS

D'EMBRYOLOGIE

DE L'HOMME & DES VERTÉBRÉS

PRÉCIS D'EMBRYOLOGIE

DE L'HOMME & DES VERTÉBRÉS

PAR

Le Professeur OSCAR HERTWIG

Directeur de l'Institut Anatomo-Biologique de l'Université de Berlin

TRADUIT SUR LA DEUXIÈME ÉDITION ALLEMANDE

Par L. MERCIER

CHEF DES TRAVAUX DE ZOOLOGIE A LA FACULTÉ DES SCIENCES DE NANCY

Préface du Professeur A. PRENANT

AVEC 373 FIGURES DANS LE TEXTE

PARIS

G. STEINHEIL, ÉDITEUR

2, RUE CASIMIR-DELAVIGNE, 2

1906

PRÉFACE

Il appartenait à M. le Professeur O. Hertwig, dont on connaît l'inimitable talent didactique, d'écrire un livre élémentaire d'Embryologie, pour les débutants, pour les étudiants.

Les qualités maîtresses des autres ouvrages d'enseignement signés du distingué professeur, la clarté, la simplicité, la rigoureuse ordonnance des matériaux et cependant l'absence de sécheresse dans la description, ces qualités variées, qui sont portées à un si haut degré, notamment dans « La Cellule et les Tissus », se retrouvent ici. N'ayant rien perdu de leur valeur dans une transposition française faite par un traducteur habile et consciencieux, elles donneront toute satisfaction à l'esprit français, épris de limpidité, de logique et d'élégance.

On trouvera peut-être, et avec raison, que ce « *Précis d'Embryologie* », bien que tenu parfaitement au courant de la science, diffère peu, dans ses grandes lignes et dans le fond essentiel, du Traité publié en 1886, il y a près de vingt ans. C'est que l'Embryologie proprement dite, l'embryologie morphologique, celle qui sert de préambule nécessaire à l'enseignement de l'anatomie et de l'histologie dans les Facultés des Sciences et de Médecine, bien qu'elle ait donné lieu dans ces dernières années à un nombre considérable de recherches, n'a fait que bien peu d'acquisitions véritablement nouvelles et importantes. Les faits fondamentaux et les grandes conceptions théoriques sont restées les mêmes qu'il y a vingt ans. Celui qui pour son instruction personnelle, se livre à une revue rapide des travaux embryologiques récents, à part quelques-uns qui sont véritablement d'importance, est étonné de voir combien l'immense majorité sont pauvres en faits réellement nouveaux, et s'étonne aussi d'avoir à constater que les grandes questions, souvent embourbées dans des discussions de pure scolastique, sont toujours solutionnées de la même façon.

Quand a paru, il y a vingt ans, l'ouvrage magistral d'O. Hertwig, il n'existait pour l'embryologie, que deux livres de caractère bien différent. L'un, l' « Embryologie de l'Homme et des Vertébrés supérieurs », du vénérable et illustre professeur A. v. Kölliker, renfermant déjà tous les faits essentiels sur lesquels s'échafaude encore l'embryologie des Vertébrés. L'autre, le « Traité d'Embryologie comparée », de Balfour, contenait le germe et même l'exposé de toutes les théories qui départagent aujourd'hui encore les suffrages des embryologistes. Il n'y avait pas d'ouvrage qui, par un choix judicieux des faits et des théories, choisissant parmi les premiers, critiquant les autres, renfermât harmonieusement combinés le concret et le théorique de tout ce qu'il faut savoir en embryologie. Le *Traité d'Embryologie* du professeur O. Hertwig fut cet ouvrage. Aujourd'hui où l'Embryologie s'encombre, sans s'enrichir beaucoup, de faits qui ne font qu'en confirmer d'autres, de théories qui se répètent, il fallait, pour ne pas tomber dans l'écueil de faire plus gros sans faire plus savant, tout le sens didactique pratique du professeur Hertwig, et aussi cette notion historique des grandes étapes de l'Embryologie, qui permet de dire que nous ne sommes plus à un tournant de l'histoire du développement, et que l'embryologie morphologique des v. Baër, des Coste, des Kölliker et des Balfour n'est pas éloignée de son achèvement.

L'ouvrage élémentaire, dont il paraît aujourd'hui une traduction française est parfaitement de nature à fixer dans l'esprit du débutant les faits fondamentaux et les théories directrices de la science embryologique.

S'il ne dépasse pas le volume du *Traité d'embryologie* paru autrefois, malgré la masse énorme des travaux embryologiques publiés depuis cette époque, c'est que l'auteur voulant mettre l'embryologie à la portée des débutants, a opéré une sélection sévère dans la foule des documents et n'a retenu que ceux qui sont véritablement intéressants et nouveaux, ne s'est arrêté qu'aux théories réellement directrices. Si ce manuel atteint presque le volume de l'ancien Traité, c'est que l'éminent professeur, écrivant pour des étudiants, a voulu, tout en conservant à son ouvrage la forme concise qui distingue toutes ses œuvres didactiques, donner cependant aux descriptions tout le développement nécessaire pour les faire bien comprendre. Ainsi adapté exactement aux besoins des lecteurs auxquels il s'adresse, ce livre élémentaire ne peut manquer d'avoir un légitime succès.

A. PRENANT.

PREMIÈRE PARTIE

LES PREMIERS PROCESSUS DU DÉVELOPPEMENT ET LES ENVELOPPES EMBRYONNAIRES DE L'ŒUF

CHAPITRE PREMIER

La nature de la cellule-œuf et de la cellule séminale.

Historique.

Au xviie et au xviiie siècles, une grande obscurité régnait encore sur la nature du processus du développement animal.

Les plus grands Anatomistes et Physiologistes, influencés involontairement par les dogmes religieux de leur temps, étaient, sauf quelques exceptions, d'avis que le germe ou le premier stade jeune d'un organisme n'était pas autre chose qu'une miniature extrêmement petite d'une formation ultérieurement constituée. Dans l'œuf, dès le commencement de son développement, tous les organes devaient être présents, en même nombre, dans la même position et avec les mêmes rapports que chez l'adulte, seulement avec des dimensions bien moindres.

Mais il était impossible de voir et de démontrer l'existence de ces nombreux organes présumés dans l'œuf au commencement de son développement, même avec les plus forts microscopes, qui, déjà à cette époque, étaient en usage comme instruments de recherche. On justifia l'hypothèse en disant que dans les premiers stades du développement, les différentes parties, comme le système nerveux, les os, les glandes, sont très petites, mais qu'elles sont encore parfaitement transparentes.

Par suite, le processus du développement ne serait autre chose que l'accroissement d'une créature existant en miniature, en sa forme finale considérablement plus grande ; quelque chose de semblable à la façon dont un enfant nouveau-né, où les différents organes sont représentés, s'accroît par leur développement. Les différents organes en s'accroissant perdraient peu à peu leur transparence.

Pour mieux faire comprendre comment les choses devaient se passer, on prenait comme exemple, l'épanouissement d'un bouton de fleur. Dans le petit bouton de la fleur sont enfermées déjà les différentes parties : étamines, pétales, entourées par les enveloppes florales vertes, solidement unies. Ces parties se développent invisiblement et s'épanouissent tout à coup en une fleur. De même on croyait que dans le développement des animaux, les organes déjà existants, mais infiniment petits et transparents, se développaient ainsi graduellement, se dévoilaient, puis se montraient à nos yeux. A l'appui de cette conception, on donnait comme preuve, la sortie du papillon de sa pulpe. Dans l'histoire des sciences l'explication esquissée ci-dessus, de la façon dont s'exécute le développement, reçut le nom de *théorie de l'Evolution* ou *de l'Epanouissement*. Dans les dernières décades, le nom de théorie de *la Préformation* est devenu plus en vogue. Car contrairement à ce que nous savons maintenant du processus du développement, le propre de l'ancienne théorie est d'admettre que tous les organes futurs et toutes les parties constitutives sont préformés dans le germe. La naissance d'organes, n'existant pas primitivement, mais que nous admettons maintenant dans la conception du développement d'un organisme comme compréhensible, fut niée par les partisans de la théorie de la Préformation. « Il n'y a pas de germination », écrit *Haller* dans ses *Eléments de physiologie*. « Aucune partie du corps de l'animal n'a été faite avant une autre, toutes sont créées en même temps. » Les anciens naturalistes, par leur façon de comprendre l'embryologie, ne voulaient pas précisément reconnaître ce qui nous intéresse le plus dans cette question ; à savoir : la formation d'un organisme compliqué dérivant d'un organisme plus simple par des transformations ou métamorphoses, auxquelles sont soumis tous les organes d'après des lois, embryologiques constantes et bien déterminées.

L'œuvre immortelle de *Gaspard-Frédéric Wolff* est d'avoir attaqué vigoureusement ce qu'il y avait de dogmatique et d'erroné dans la théorie de la préformation, et d'avoir posé les bases qui ont permis à l'embryologie de prendre un développement considérable dans notre siècle.

Jeune encore, il opposa dans sa thèse de doctorat en 1759, à la théorie de la Préformation celle de *l'Epigénèse*, qui, à un moment violemment combattue par les premiers Auteurs, réunit finalement dans notre siècle l'adhésion de tous, par la force des faits.

D'après la théorie de l'Epigénèse, le germe est une substance simple non encore formée par un ensemble d'organes ; il s'organise petit à petit au cours du processus du développement en vertu de ses forces propres (Nisus formativus). Il se transforme, allant du simple au composé.

La théorie de l'Epigénèse a été confirmée dans notre siècle par l'étude de la cellule qui, comme pour l'anatomie et la physiologie, a fourni à l'embryologie une solide base de recherches. Par cette étude nous savons que les organismes élevés sont constitués par la réunion d'un nombre considérable de cellules, de même les germes de ces organismes ne sont pas autre chose que des cellules. Ces cellules à certaines époques se séparent de l'ensemble, deviennent indépendantes et, placées dans des conditions particulières, sont le point de départ d'un nouvel organisme multicellulaire de leur espèce. On comprend ainsi que l'œuf et le spermatozoïde n'ont pas la structure de l'organisme duquel ils naissent et dont ils se séparent comme parties élémentaires, car l'organisme est formé par l'ensemble de nombreuses cellules qui selon leur nature se différencient pour former des organes spéciaux. Nous avons donc d'abord à nous faire une idée de la nature cellulaire de l'œuf, du spermatozoïde et de leurs propriétés particulières.

1. — La cellule-œuf.

L'œuf non encore entré en voie de développement (fig. 1) est la plus grande cellule du corps animal. Il atteint, chez beaucoup d'espèces, de grandes dimensions, et surpasse les autres cellules du corps des millions de fois en poids et en volume. On y distingue aussi comme dans les autres cellules : le corps protoplasmique, le noyau et la membrane cellulaire.

Au temps où l'on ne connaissait pas la nature cellulaire de l'œuf, on regardait sa structure comme particulière, aussi il en est résulté une synonymie : on a désigné le contenu cellulaire sous le nom de jaune de l'œuf ou *vitellus* ; le noyau comme *vésicule germinative* (Vesicula germinativa, *Purkinje*), il contient le corps nucléaire ou nucléole ou *tache germinative* (maculæ germinativæ,

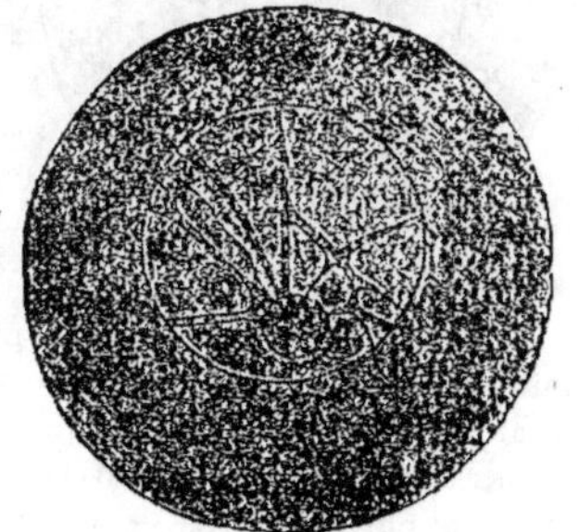

FIG. 1. — Œuf non mûr d'un ovaire d'Echinoderme (grossissement, 300 f. environ). — La grande vésicule germinative montre dans le réseau formé par le filament nucléaire, une grosse tache germinative ou nucléole.

Wagner). Enfin la membrane cellulaire a été désignée comme enveloppe du jaune, ou *membrane vitelline*.

Le *jaune de l'œuf* ou *vitellus*, comme le corps protoplasmique de

beaucoup d'autres cellules, présente deux substances différentes :

1° Le *Protoplasma* proprement dit, de nature protéique, dans lequel se jouent en premier lieu les processus vitaux ;

2° Le *Deutoplasme* (*Van Beneden*) ou *Paraplasme* (*Kuppfer*).

On réunit sous ces différents noms des substances chimiques distinctes du protoplasme proprement dit et qui se présentent sous les aspects les plus variés ; petits ou gros grains, amas, lamelles, sphérules, cristaux, etc., qui sont logés au sein de la substance fondamentale protoplasmique (fig. 2 et 3).

Ces substances sont ou de la graisse, ou de l'albumine, ou un mélange des deux. Au point de vue physiologique elles se placent parmi les substances de réserve qui sont utilisées graduellement comme matériaux nutritifs au cours du développement.

Si les grains du deutoplasme sont bien séparés et si, atteignant une cer-

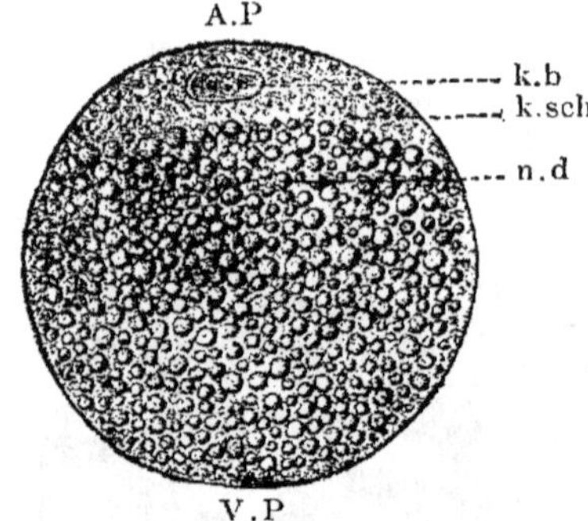

Fig.2. — Schéma d'un œuf à deutoplasme polaire. — Le vitellus formatif forme au pôle animal A. P un disque germinatif k. sch, dans lequel se trouve la vésicule germinative k. b. — Le vitellus nutritif forme le reste du contenu de l'œuf, c'est le pôle végétatif de l'œuf V.P.

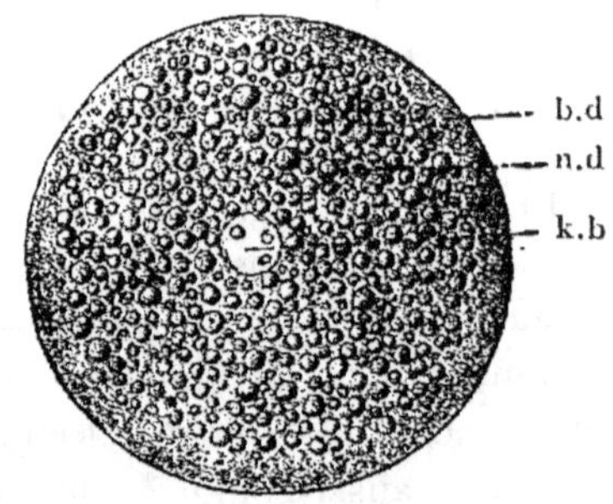

Fig. 3. — Schéma d'un œuf à deutoplasme central. — La tache germinative k.b occupe le milieu du vitellus nutritif n. d qui est enveloppé par le vitellus formatif b.d.

taine taille, ils sont disposés favorablement on peut apercevoir entre eux le protoplasme ; il remplit les petites lacunes entre les granulations vitellines, les plaquettes, les gouttes de graisse, etc., comme le ciment les interstices entre les pierres d'une muraille. Sur une coupe, le protoplasme se présente comme un fin réseau entre les mailles duquel sont logées les enclaves. A la surface de l'œuf le protoplasme constitue une couche circulaire plus ou moins épaisse.

Le deutoplasme est, par son abondance mentionnée ci-dessus, la cause du volume considérable de la cellule-œuf, et par là marque sa différente caractéristique avec les autres cellules du corps.

La cellule-œuf qui, à sa naissance dans l'ovaire, est très petite et à peine différente des autres cellules, se prépare de bonne heure à sa future tâche. Elle puise dans le sang les éléments nécessaires à la constitution des matériaux de réserve, et elle les entasse dans son protoplasme.

Dans les différentes classes d'animaux, les choses se passent très différemment au point de vue de la quantité des matériaux mis en réserve. Chez les Oiseaux et les Reptiles, par exemple, cette quantité est beaucoup plus considérable que chez les Mammifères.

Plus tard, après la fécondation de la cellule-œuf, quand son développement commence, les matériaux de réserve déposés dans la cellule sous une forme définitive sont soumis graduellement à une élaboration, lors des phénomènes qui se passent au sein du protoplasma. Ils sont transformés en vue de la nourriture et de l'accroissement des éléments actifs de la cellule : protoplasma et noyau.

Ainsi l'embryon dès les premiers temps peut se développer, alors qu'il ne peut encore emprunter aucune nourriture au milieu extérieur. Il se nourrit exclusivement de la réserve maternelle de vitellus entassée dans l'œuf et l'utilise pour réaliser son métabolisme matériel et énergétique.

La *vésicule germinative* (fig 1-4, k. b) a ordinairement une taille proportionnelle à la grosseur de l'œuf. Aussi est-ce la plus grosse formation nucléaire du corps animal. Elle peut même parfois atteindre de telles dimensions, comme dans les œufs de Poissons, d'Amphibiens, de Reptiles, qu'elle est visible à l'œil nu. On peut même l'extraire de l'œuf avec une aiguille. La vésicule germinative présente : 1° une substance fondamentale fluide : *le suc nucléaire* ; 2° une membrane, *membrane du noyau* qui sépare la cavité remplie de suc nucléaire du vitellus ; 3° un fin réseau traversant le suc nucléaire et constitué par des filaments ayant la même composition que le protoplasma : *la linine* ; 4° la *chromatine*, une des substances les plus actives et les plus caractéristiques du noyau. Elle est caractérisée par son affinité pour certains colorants comme le carmin, l'hématoxyline, les couleurs basiques d'aniline. La chromatine est généralement disposée sous forme de fins granules et de filaments situés sur le réseau de linine ; 5° les *nucléoles* ou taches germinatives de nature protéique se présentant sous forme de gros corpuscules arrondis ou crénelés. Ils ont, comme la chromatine, une grande affinité pour les colorants. Leur nombre varie d'après la grandeur des vésicules germinatives et d'après l'espèce animale considérée. Tandis que des œufs très petits, comme ceux des Mammifères par exemple, possèdent une seule tache germinative, le nombre peut en être porté jusqu'à cent et plus (fig. 4), dans les grandes vésicules germinatives des œufs de Poissons, d'Amphibiens et de Reptiles.

Chez beaucoup d'animaux, l'œuf n'est entouré que par une mince enveloppe : la membrane vitelline mentionnée plus haut (*membrana vitellina*), qui correspond à la membrane cellulaire et est une différenciation du protoplasma de l'œuf en vue de la protection. Dans d'autres cas, des enveloppes viennent parfois en grand nombre s'ajouter à la membrane vitelline. D'après leur origine ces membranes sont réparties en deux groupes :

1° Les enveloppes primaires de l'œuf qui tirent leur origine de la cellule-œuf elle-même ou des cellules folliculeuses ;

2° Les enveloppes secondaires qui se forment autour de l'œuf après sa sortie de l'ovaire et qui sont sécrétées par les parois des voies génitales.

Dans le règne animal les œufs de nombreuses espèces offrent entre

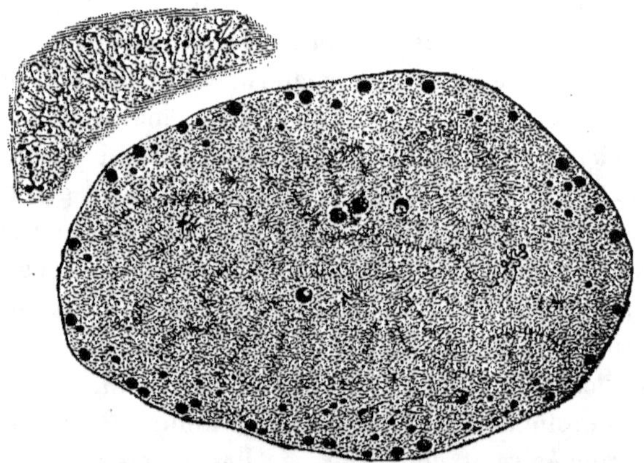

Fig. 4. — Vésicule germinative d'un œuf de Triton de 0,8 millimètres d'après Carnoy et Lebrun. — L'œuf montre la membrane nucléaire, de nombreuses taches germinatives, les filaments de linine et de chromatine qui avec leurs nombreuses ramifications sont comparables à des brosses à bouteilles. — A gauche, une portion du filament fortement grossi.

eux des différences plus ou moins marquées, de sorte qu'un spécialiste peut dire d'un œuf qui lui est présenté à quelle espèce il appartient. Très souvent la taille diffère dans une même classe, dans un même ordre. Tandis que chez les Mammifères, l'œuf apparaît à l'œil nu comme un point, chez les Oiseaux, au contraire, il atteint des dimensions considérables, exemple le jaune de l'œuf d'une Poule ou mieux d'une Autruche. De même que la taille, la forme aussi est très variable : tantôt parfaitement arrondi (fig. 1 et 5), l'œuf peut être ovale, cylindrique.

Il existe encore beaucoup d'autres différences. C'est ainsi que le nombre des enveloppes, leur composition chimique, leur consistance, leur couleur sont variables. De même, la vésicule germinative, d'après sa taille, sa position dans le vitellus, d'après l'arrangement caractéristique de ses éléments constitutifs, offre aussi de grandes différences.

Enfin le deutoplasme présente, dans les différentes classes d'animaux, par sa quantité, sa nature et sa répartition, des différences importantes pour l'embryologiste. Car, comme nous le verrons dans la suite, le deutoplasme exerce une grande influence sur la marche du processus du développement qui fait suite à la fécondation, dont dépendent dans chaque classe d'animaux les différents modes de processus de segmentation, de formation des feuillets germinatifs et des enveloppes embryonnaires. Aussi l'attention du lecteur doit-elle être entièrement portée *à priori* sur la répartition du deutoplasme.

D'après la façon dont le protoplasme et le deutoplasme sont répartis dans l'œuf, trois modifications typiques se présentent suivant lesquelles, on a rangé les œufs en trois grandes catégories : les œufs alécithes, télolécithes et centrolécithes.

a) Œufs pauvres en vitellus ou œufs alécithes (fig. 5).

Les œufs de ce groupe contiennent très peu de matériaux de réserve. Ces matériaux sont répartis plus ou moins uniformément dans l'espace ovulaire. Aussi les œufs alécithes sont en général très petits, au point de ne pas être visibles à l'œil nu.

Dans la série des Vertébrés, l'Amphioxus mis à part, on ne rencontre de tels œufs pauvres en vitellus que chez les Mammifères, et en particulier chez l'Homme, où leur diamètre varie de 0,2 mm. à 0,17 mm. Par suite de leur petitesse, ils n'ont été connus que relativement tard. C'est *Carl Ernst v. Baer* qui les découvrit le premier en 1827. Jusque-là, on avait donné, par suite d'une erreur bien compréhensible, le nom d'œufs aux follicules de *Graaf* beaucoup plus gros, follicules dans lesquels sont enfermés les véritables œufs, beaucoup plus petits (Voir le chapitre sur le développement de l'ovaire).

La petite vésicule germinative (fig. 5) possède une grande tache germinative. Le vitellus sombre chez de nombreux Mammifères dont l'œuf, malgré sa petitesse, est obscurci par la présence de matériaux de réserve brillants et graisseux, transparent au contraire chez d'autres, comme l'Homme, est entouré d'une enveloppe relativement épaisse : *la zone pellucide* (zona pellucida). Cette enveloppe se différencie à l'intérieur de l'ovaire aux dépens de la zone des cellules folliculeuses du follicule de

Graaf ; aussi doit-elle être considérée comme l'une des enveloppes primaires de l'œuf dont il a été parlé. A un fort grossissement elle présente de fines stries radiaires. Ces stries correspondent à de nombreux petits canalicules, dans lesquels, tant que l'œuf reste dans le follicule de Graaf, pénètrent les fins prolongements des cellules folliculeuses, qui vont se perdre dans le cytoplasme de l'œuf, et ont vraisemblablement pour rôle la

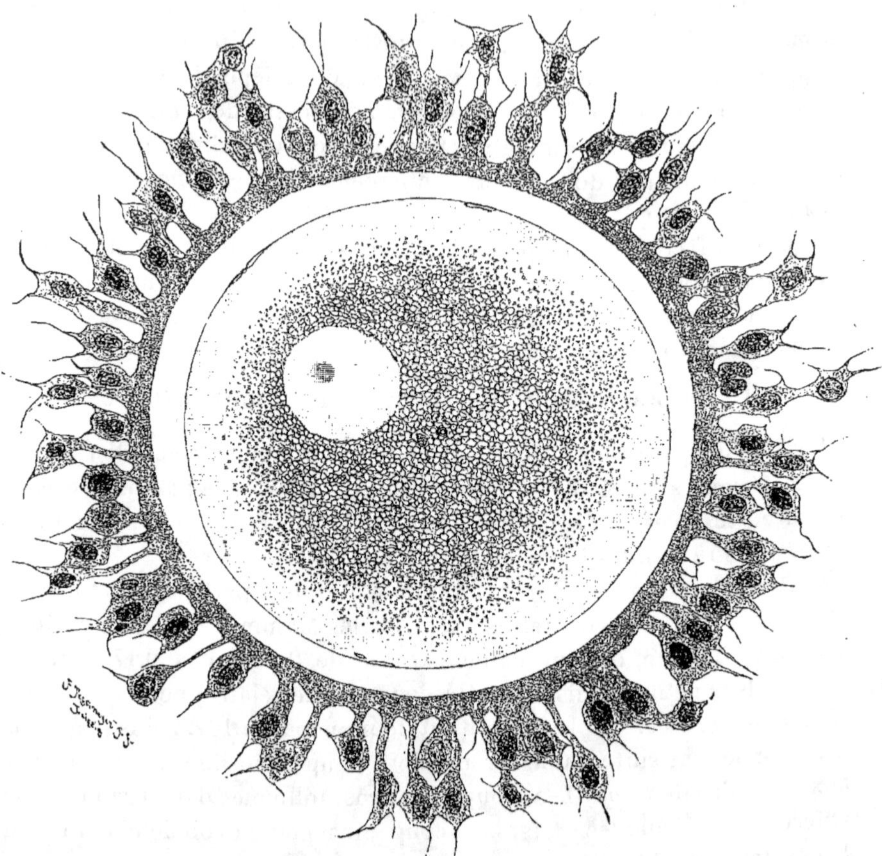

Fig. 5. — Œuf humain presque mûr, enlevé à un ovaire frais. — A l'extérieur l'épithélium folliculaire, en dedans la zone pellucide, ensuite une couche protoplasmique enveloppant le protoplasme avec deutoplasme. — A gauche la vésicule germinative avec la tache germinative. D'après Waldeyer 500 : 1.

nutrition de l'œuf et par là la croissance du vitellus. Après l'expulsion de l'œuf du follicule de Graaf, il persiste encore pendant quelque temps à la surface de la zone pellucide, deux ou trois couches de cellules folliculeuses avec leurs prolongements radiaires. Ces cellules disposées circulairement autour de l'œuf constituent la couronne radiaire : *corona radiata*.

b) Œufs riches en vitellus ou œufs télolécithes. — Œufs différenciés polairement (Fig. 2).

Nous nous arrêterons plus longuement à ce deuxième groupe qui renferme généralement des œufs de grande taille. Cette taille est déterminée par la grande abondance des matériaux de réserve. La répartition de ces matériaux dans l'intérieur de l'œuf est faite d'une façon inégale, de sorte que l'une des moitiés de l'œuf est plus riche en deutoplasme, tandis que l'autre est plus riche en protoplasme. En général, le protoplasme est plus riche en eau et son poids spécifique est moindre que celui des substances grasses qui constituent les matières de réserve. Aussi ces œufs ainsi organisés tendent à occuper constamment une position de repos nettement déterminée dans l'espace. La partie la plus lourde que l'on nomme végétative par suite de sa grande richesse en vitellus est toujours en bas ; la partie la plus légère à laquelle on donne le nom de portion animale est toujours tournée vers le haut. De sorte que, si on joint par une ligne les points milieux de ces deux moitiés végétative et animale, cette ligne est toujours verticale : c'est *l'axe de l'œuf*. Les deux extrémités de cette verticale seront : l'une le *pôle animal*, l'autre le *pôle végétatif* de l'œuf. Le centre de gravité d'un tel œuf n'est plus au centre, mais il est déplacé vers le pôle végétatif de l'œuf. D'après cela, la dénomination d'*œufs différenciés polairement* ou d'*œufs télolécithes* est très bien choisie et est justifiée. Ce sont des œufs dont le contenu deutoplasmique est réparti inégalement entre les deux pôles. D'après la différence plus ou moins marquée entre le pôle animal et le pôle végétatif, on a divisé ce groupe en deux sous-groupes. Les œufs des Amphibiens, des Cyclostomes, appartiennent à la première catégorie. L'œuf de la Grenouille, par exemple, ne laisse reconnaître la différenciation polaire de son contenu, que parce que dans la portion végétative, les plaquettes vitellines brillantes sont de grande taille et très denses ; alors qu'au pôle animal, au contraire, elles sont petites et séparées par un protoplasma abondant. Les deux moitiés de l'œuf présentent une faible différence dans leur poids spécifique. Cette différence est surtout sensible lorsqu'on place les œufs dans l'eau. Ils se disposent immédiatement, surtout aussitôt après la fécondation, de façon que la portion animale, qui est la plus légère, soit en haut. On distingue aussi facilement dans l'œuf de Grenouille la portion végétative de la portion animale par la pigmentation de la couche superficielle du protoplasma de cette dernière, qui possède une teinte variant du brun au noir. Au contraire, la portion végétative est dépourvue de pigment (Rana esculenta) ou présente une faible pigmentation (Rana fusca) qui lui donne une teinte jaune clair ou grisâtre.

Outre la large zone radiaire formée dans le follicule, l'œuf de Grenouille reçoit, pendant son trajet dans l'oviducte, une épaisse enveloppe sécrétée par des cellules glandulaires tapissant les parois de celui-ci. Cette enveloppe visqueuse se gonfle énormément au contact de l'eau.

Les œufs des Amphibiens constituent en quelque sorte une transition entre les œufs pauvres en vitellus (œufs alécithes) dont les matériaux de réserve sont uniformément répartis au sein du protoplasme, et la deuxième subdivision de notre 2ᵉ groupe qui comprend les œufs des Sélaciens, des Téléostéens, des Reptiles et des Oiseaux. Ici, la différenciation polaire (fig. 2) est plus fortement marquée. Le pôle animal ne renferme généralement pas de granulations vitellines et par conséquent, il ne contient que du protoplasme pur, dans lequel se trouve la vésicule germinative (k. b). D'après *Reichert,* on a donné à la portion protoplasmique le nom *de vitellus formatif* (Vitellus formativus, k. sch) et à la partie volumineuse celui de *vitellus nutritif* (Vitellus nutritivus, n. d). Cette dénomination est exacte, ainsi que nous le montrera le cours ultérieur du développement ; car ainsi que nous l'apprendrons dans la suite, les modifications que nous désignerons comme processus de segmentation, se passent entièrement dans le vitellus formatif, qui seul donnera des cellules par sa division et par là fournira le matériel de formation de l'embryon. Le vitellus nutritif, qui ne prend aucune part à ce phénomène deviendra peu à peu fluide et sera employé à la nourriture de l'embryon.

La portion de l'œuf remplie de vitellus formatif s'appelle encore, par suite de sa forme, *le disque germinatif* (fig. 2, k. sch ; et fig. 6). A cause de son faible poids spécifique, il est toujours, dans n'importe quelle position de l'œuf, orienté vers le haut ; il est, en quelque sorte, sur le vitellus nutritif, comme une goutte d'huile sur de l'eau. Comme exemple d'œuf différencié polairement avec disque germinatif, on prend habituellement l'œuf de Poule qui est très utilisé dans les recherches embryologiques auxquelles il se prête facilement.

Pour donner une idée exacte de la structure de la cellule-œuf de la Poule ou d'un autre Oiseau, il faut rechercher cet œuf dans l'ovaire au moment où il a achevé sa croissance et où le follicule de Graaf se rompt. On voit ainsi que, dans l'ovaire lobé de la Poule, se forme seulement le vitellus arrondi, appelé encore jaune de l'œuf et qui représente une très grande cellule (fig. 6). Le « jaune de l'œuf » est entouré d'une mince mais très solide enveloppe, la membrane vitelline (d. h) dont la lésion

amène l'écoulement du contenu fluide. Après une observation suffisante,
on reconnaît à la surface de celui-ci une petite tache blanchâtre, c'est le
disque germinatif (k. sch) (discus proligerus ou encore germe, cicatrice,
cicatricula). Le disque germinatif occupe
constamment la partie supérieure de
l'œuf. Il constitue la substance la plus
légère du vitellus formatif. Il est formé
d'un protoplasma finement granuleux
avec de petites sphérules vitelline. Lui
seul joue un rôle dans le processus de la
segmentation. On trouve toujours le pôle
animal immédiatement au-dessous de la
membrane vitelline ; sa dimension est
d'environ de 3 à 4 mm. de diamètre.

Dans le disque germinatif aplati se
trouve la vésicule germinative (fig. 6 —
k. b et fig. 7 — x) qui est également
légèrement aplatie en forme de lentille.

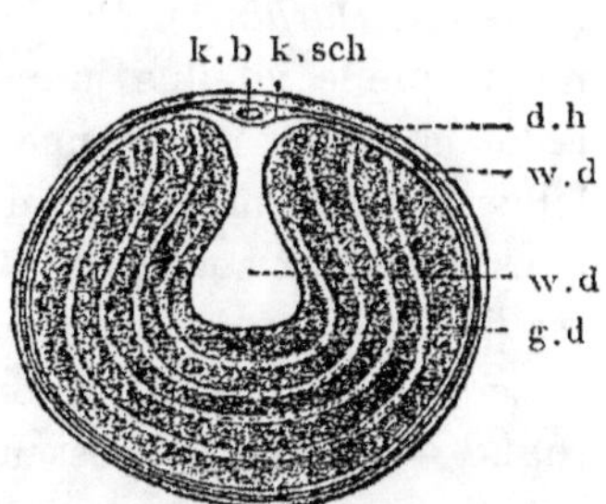

Fig. 6. — Cellule-œuf (vitellus) de
Poule, extraite d'un ovaire. —
k.sch : disque germinatif — k. b :
vésicule germinative.— w. d : vitellus blanc. — g. d : vitellus
jaune. — d. h : membrane vitelline.

La masse principale de la cellule-œuf constitue le vitellus nutritif
qui renferme de nombreuses boules de vitellus, unies, comme par
un ciment, par quelques travées protoplasmiques. Pour étudier sa
structure fine, il faut pratiquer de minces coupes bien perpendiculaires au disque germinatif, à travers la sphère vitelline durcie. On voit

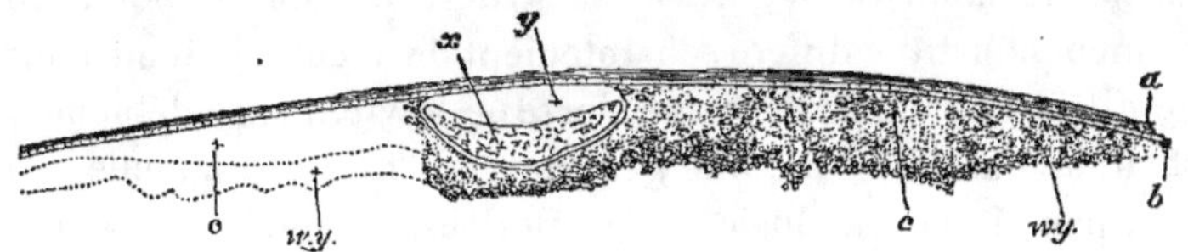

Fig. 7 — Coupe transversale d'un disque germinatif d'ovaire mûr encore contenu dans
la capsule, d'après Balfour.

a : tissu conjonctif de la cellule de l'œuf. — b : épithélium de la capsule dont le côté interne recouvre la membrane vitelline. — c : substances granuleuses du disque germinatif — w. y. : vitellus blanc qui passe insensiblement à la substance granuleuse du
disque germinatif. — x : vésicule germinative racornie, entourée d'une membrane distincte. — y : espace occupé préalablement par la vésicule germinative, mais devenue
vide par sa rétraction.

alors, par suite de la différence de couleur et par la composition élémentaire, que le vitellus nutritif se divise en *vitellus nutritif blanc* et *vitellus nutritif jaune* (fig. 6). Le vitellus blanc (v. d) est peu abondant
dans la cellule-œuf : il forme sur toute la surface la couche circulaire
blanche deutoplasmique. En second lieu, il se condense en plus grande

quantité sous le disque germinatif auquel il forme une sorte de lit ou
de matelas (noyau de *Panders*). De là il pousse en troisième lieu une
pointe presque jusqu'au centre du vitellus jaune où il se renfle en massue
(Latebra, *Purkinje*). Par la cuisson de l'œuf le vitellus blanc se coagule
moins que le vitellus jaune (g. d) et reste plus mou. Ce fait permet de
reconnaître sur une coupe une disposition particulière, c'est que le vitellus blanc forme autour de la Latebra de nombreuses zones concentriques. Les deux sortes de vitellus sont, en outre, différentes l'une de l'autre par la nature de leurs particules élémentaires.

Le vitellus jaune est constitué par des boules molles et extensibles
(fig. 8 — A) dont la grosseur varie de 25 à 100 μ, et qui contiennent un
grand nombre de fines granulations qui leur donnent un aspect granuleux. Les éléments du vitellus blanc, également de forme ronde, sont
beaucoup plus petits (fig. 8 — B). Ils renferment un ou plusieurs gros

Fig. 8. — Éléments deutoplasmiques de l'œuf de Poule d'après Balfour. —
A : vitellus jaune. — B : vitellus blanc.

grains réfringents. A la limite des deux sortes de vitellus, on trouve des
sphérules formant passage. Par sa structure, l'œuf de poule (fig. 9) définitivement constitué diffère sensiblement de l'œuf contenu dans l'ovaire.
Cette différence vient de ce que, lorsque le vitellus se détache de l'ovaire
et chemine dans les conduits génitaux de l'appareil femelle, il reçoit des
parois, par sécrétion, plusieurs enveloppes secondaires qui constitueront
le blanc de l'œuf ou albumine, l'enveloppe coquillière et la coquille.

Chacune de ces trois parties est sécrétée dans une portion spéciale du
conduit génital de la Poule. L'oviducte se divise en quatre segments : 1o au
commencement, une portion étroite, brillante, dans laquelle la cellule-œuf
est reçue à la sortie de l'ovaire et où elle est fécondée par les spermatozoïdes ; 2o une portion glandulaire, villeuse, qui sécrète l'albumine se dis-
posant en couches épaisses autour du vitellus ; 3o une partie élargie, recouverte de cils, dont les cellules sécrètent des sels calcaires qui formeront la coquille ; 4o un segment plus étroit et plus court qui est traversé
par l'œuf très rapidement et où il n'éprouve aucune modification.

Les enveloppes fournies l'une après l'autre par l'oviducte ont la composition suivante : le *blanc de l'œuf* ou *albumen* (w) est constitué par le

mélange de diverses substances : l'analyse chimique donne 12 p. 100 d'albumine, 1,5 p. 100 de graisse et autres substances, 0.5 p. 100 de sels (chlorure de potassium, de sodium, des sulfates et des phosphates), 86 p. 100 d'eau. Il enveloppe le vitellus de plusieurs couches de consistance différente. Une de ces couches, plus épaisse et plus ferme, constitue deux formations caractéristiques figurées de substances albumineuses plus denses. Ce sont des cordons enroulés en spirales ou *chalazes* qui vont à travers le reste de l'albumine, l'un au pôle aigu, l'autre au pôle obtus de l'œuf.

Le blanc de l'œuf est entouré extérieurement d'une membrane mince, mais très résistante, formée de filaments feutrés, la *membrane coquillière*

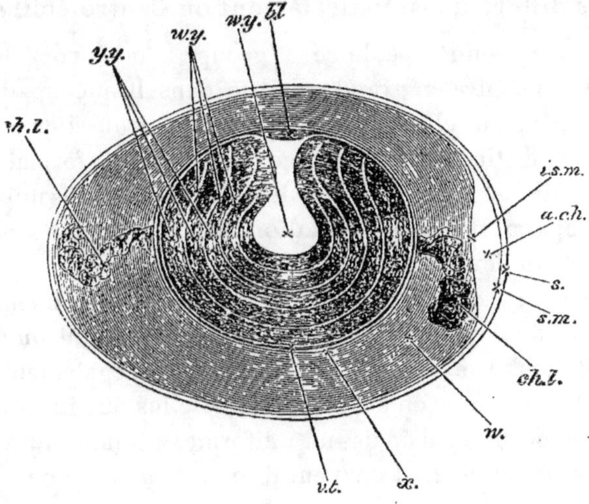

Fig. 9. Coupe schématique d'un œuf de poule non incubé (d'après Allen Thomson, un peu modifié).

bl. : disque germinatif. — w. y. : vitellus blanc se composant d'une partie centrale en forme de gourde, et de couches concentriques disséminées dans le vitellus jaune. — y. y. : vitellus jaune. — v. t. : membrane vitelline. — x. : couche d'albumine entourant immédiatement la membrane vitelline. — w. : blanc de l'œuf constituant une couche d'albumine plus dense que la précédente. — ch.l. : chalaze. — a. ch. : chambre à air située au pôle obtus de l'œuf. — s. : coquille de l'œuf ; celle-ci est tapissée à sa face interne par une membrane qui, au niveau de la chambre à air, se divise en deux lames, l'une interne : i. s. m. ; l'autre externe : s. m. ou membrane coquillière. — s. : coquille.

(s. m.) (membrana testæ). Cette membrane se divise en deux feuillets ; le feuillet extérieur plus épais et plus consistant, le feuillet intérieur, plus mince et plus souple. La séparation de ces deux membranes au pôle obtus de l'œuf détermine une cavité (a. c. h.), la *chambre à air* qui devient de plus en plus grande pendant l'incubation et joue un rôle important dans la respiration du Poulet en voie de développement.

La *coquille* ou *testa* (s.) adhère au feuillet épais de la membrane coquillière. Elle se compose de 2 p. 100 de substances organiques fondamentales qui renferment 98 p. 100 de sels de chaux. La coquille est poreuse ; elle est percée de petits canaux par lesquels l'air atmosphérique pénètre dans l'intérieur de l'œuf. Cette *porosité de l'enveloppe calcaire* est d'une nécessité absolue pour le développement normal de l'œuf, car c'est seulement sous l'influence d'un courant d'oxygène constant que peuvent se manifester les processus de la vie dans le protoplasma. Aussi si on enduit la coquille d'une couche d'huile ou de vernis, détruisant par là sa porosité, on amène rapidement la mort de l'œuf en incubation.

c) Œufs différenciés centralement ou Centrolécithes (fig. 3).

On ne trouve aucun type de ce 3ᵉ groupe d'œufs chez les Vertébrés, mais on les rencontre en grand nombre dans beaucoup de classes des Arthropodes, surtout chez les Insectes. Il existe aussi dans cette catégorie d'œufs une distinction très nette entre le vitellus formatif (b. d. fig. 3, vitellus formativus) et le vitellus nutritif (n. d.) (vitellus nutritivus). Cette différence apparaît dès la segmentation, elle est surtout sensible aux stades ultérieurs du développement.

Contrairement à ce qui existe chez les œufs polairement différenciés des Vertébrés dont nous avons parlé, et qui présentent un disque germinatif, le vitellus formatif (fig. 3) est ici réparti également sur toute la surface de l'œuf, de façon à entourer le vitellus nutritif, situé au centre, d'une enveloppe close, d'épaisseur uniforme, granuleuse. Ainsi, l'œuf est *différencié centralement*, et on peut dire qu'à la place d'un *pôle nutritif* il possède un *centre nutritif*.

2. — Les spermatozoïdes.

Alors que les œufs sont les plus grandes cellules du corps animal, et atteignent parfois de très grandes dimensions, les produits sexuels mâles par contre sont les plus petits éléments qui aient été généralement observés dans le règne animal. Par suite de leur petitesse, ils sont visibles seulement avec les plus forts grossissements dans le liquide séminal et n'ont pu être découverts qu'avec de puissants microscopes et lorsqu'on eût acquis l'art des recherches microscopiques. Cette découverte remonte à l'année 1677. Elle fut faite par un élève de *Leeuwenhœk*, l'étudiant en médecine *Hamm*, qui, examinant du sperme, y découvrit de petits filaments vivants et mobiles. Il fit part de cette découverte à son maître très versé dans le domaine de la microscopie ; celui-ci poursuivit ces obser-

vations et à ce sujet publia plusieurs travaux sensationnels. Cette découverte fut faite dans un temps où la théorie de la préformation (voir p. 1)
était seule admise. Aussi elle donna lieu à d'intéressantes et savantes controverses. Or, comme chez tous les animaux supérieurs un nouveau
produit ne se forme que par l'union de deux individus l'un mâle et l'autre femelle, la question suivante se pose : ou bien l'ébauche en miniature est préformée dans l'œuf, comme on le croyait alors, ou dans le
spermatozoïde récemment découvert. *Leeuwenhœk* lui-même souleva immédiatement ces questions controversées, et affirma
que le spermatozoïde renfermait la nouvelle créature
préformée, tandis que dans l'œuf, où un spermatozoïde
pénètre après la fécondation, il ne voulut voir qu'un
matériel nutritif fourni par la mère et constituant un
substratum convenable pour son développement ultérieur. C'est ainsi que se formèrent les deux écoles entièrement opposées des Animalculistes et des Ovistes.
Cette fois encore, l'imagination se donna librement car-
rière à travers la théorie. A tel point que quelques observateurs crurent reconnaître, dans le spermatozoïde,
avec de forts grossissements, toutes les parties du corps
de l'individu plus âgé. On crut distinguer dans les spermatozoïdes une tête, un tronc, une queue et des membres et on les représenta même dans les travaux scientifiques comme de véritables produits fantaisistes. C'est
ainsi qu'en 1694, un Hollandais, *Hartsoeker* donna un
schéma du spermatozoïde humain.

Dans la portion antérieure, la plus volumineuse,
il a représenté un petit embryon humain avec une
grosse tête, les bras et les jambes rassemblés, le tout
entouré d'une enveloppe. La découverte par *Leeuwenhœk*, des œufs parthénogénétiques qui se développent
sans fécondation, parut affirmer la théorie de la préformation en faveur de l'œuf. Aussi fut-on longtemps

Fig. 10.
Schéma d'un sper-
matozoïde hu-
main, d'après
Hartsoeker.

avant de connaître le rôle que jouent dans la fécondation les formations filamenteuses observées dans le sperme. Dans les premières
années du xixe siècle, on considérait encore les spermatozoïdes comme
de véritables formations parasitaires (Spermatozoa) analogues aux Infusoires ; et le physiologiste *Joh. Müller* écrit : « On ne peut encore répondre avec sûreté à la question de savoir si les animalcules de la semence
sont ou des parasites animaux ou des particules vivantes de l'animal
duquel ils proviennent. »

La définition exacte de la semence fut donnée par l'expérimentation physiologique et par les recherches histologiques comparatives faites sur son développement dans le règne animal. Dans des premières recherches, on établit par la filtration du sperme (*Spallanzani*), que c'est le résidu restant sur le filtre et formé de spermatozoïdes qui renferme le principe fécondant, et non pas le liquide filtrant. On écarta la nature infusorienne des spermatozoïdes lorsque *Kœlliker* eut montré qu'ils résultent de la propre évolution des cellules du testicule (les spermatocytes). Aussi, comme les œufs, les spermatozoïdes possèdent le caractère de cellules ; les uns sont des produits cellulaires mâles, les autres des produits cellulaires femelles. On doit reconnaître par suite dans l'organisation du spermatozoïde, une partie correspondant au noyau cellulaire et une autre au corps protoplasmique. Habituellement, les spermatozoïdes animaux offrent pour chaque espèce animale de légères différences spécifiques dans leur forme et dans leur grandeur. Dans le spermatozoïde on distingue trois parties : la *tête*, la *pièce intermédiaire* et la *queue* (fig. 11).

C'est ce que nous constatons en nous bornant à la description du spermatozoïde humain. Il a une longueur d'environ 0,005 millimètres. La partie antérieure, la tête (Cp.) a une forme ovale aplatie (Pf.). Vue de profil, elle est piriforme. Au point de vue chimique, ainsi que nous l'apprennent les réactions micro-chimiques, elle est constituée par de la chromatine. La tête du spermatozoïde correspond donc au noyau de la cellule. Ce fait est vérifié par l'étude de la spermatogénèse chez Salamandra maculata et chez d'autres animaux, où l'on voit que la tête du spermatozoïde résulte directement de la transformation graduelle du noyau de la cellule germinative (Spermatide).

La pièce intermédiaire ou partie moyenne, ou pièce de jonction (Pc.) réunit à la tête un long appendice filamenteux (Cd.) de nature protoplasmique. Cet appendice ne saurait être mieux comparé qu'à un flagellum, dont il a les propriétés contractiles et dont il possède le mouvement caractéristique serpentant, grâce auquel le spermatozoïde se meut dans le liquide avec une certaine vitesse. Si la tête correspond au noyau de la cellule, la partie moyenne et la queue correspondent au protoplasma ; elles dérivent toutes deux du protoplasma de la spermatide. On a donné, avec raison, à plusieurs reprises, au spermatozoïde, le nom de cellule mobile ou mieux encore de cellule flagellée.

On peut encore placer ici quelques observations physiologiques. Comparés aux autres cellules du corps animal et notamment aux œufs, les spermatozoïdes s'en distinguent par une vitalité plus grande ; ce qui a une certaine importance dans beaucoup de cas au point de vue de la fécondation. Après leur libération, les spermatozoïdes mûrs s'arrêtent environ un mois dans les conduits du testicule sans perdre leur puissance fécondante.

De même, introduits dans les conduits génitaux femelles, ils peuvent rester vivants encore quelque temps, une semaine environ chez l'Homme. Ce fait a été rigoureusement constaté chez plusieurs animaux. Par exemple chez la Chauve-souris, les spermatozoïdes se tiennent vivants, chez la femelle fécondée, durant tout l'hiver ; la Poule peut, elle aussi, être fécondée 18 jours encore après l'éloignement du coq qui l'a couverte.

Au point de vue des atteintes extérieures, le spermatozoïde est beaucoup plus résistant que l'ovule, qui se détériore et meurt facilement. C'est ainsi que, si on fait geler du sperme, le mouvement des spermatozoïdes réapparaît si on le dégèle. De même, beaucoup de sels en dissolution faible n'ont aucune action sur les spermatozoïdes. Les narcotiques concentrés, et agissant pendant un certain temps, rendent les spermatozoïdes immobiles, mais sans les tuer ; on peut les ranimer par l'éloignement de ces substances. Des solutions alcalines excitent considérablement le mouvement des spermatozoïdes ; au contraire, des acides, même très étendus, les tuent. Conformément à cela, la vivacité des mouvements croît dans les liquides animaux à réactions alcalines, tandis qu'ils cessent bientôt dans les solutions acides.

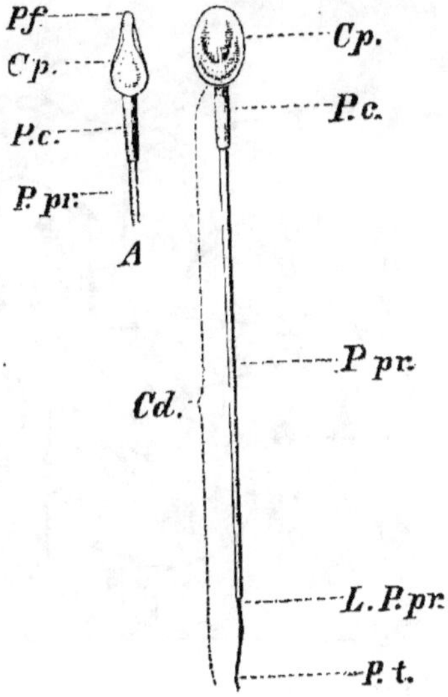

Les principes germinatifs élaborés dans le testicule sont, chez l'Homme et chez les Mammifères, mêlés dans leur passage à travers les longues voies spermatiques à différents produits provenant des glandes annexes de l'appareil génital : vésicules séminales, prostate, glandes de Cowper, et glandes de l'urèthre. Par suite, les produits de l'éjaculation présentent ensemble des éléments de consistance très différente, qui donnent environ 90 p. 100 d'eau, et 10 p. 100 de corps albuminoïdes et de sels.

Hertwig

Fig. 11. — Spermatozoïde de l'homme d'après Retzius. — A : vu de profil.— B : vu de face. — Cp.: tête. — Pf : partie antérieure amincie de la tête (Perforatorium). — Cd.: queue. — Pœ.: partie de jonction de la queue (pièce intermédiaire). — Dans la queue (Cd.) on peut encore distinguer une partie principale P.pr. et une portion terminale (P. c.) qui se différencient au point L.P. pr.

L'examen microscopique révèle de nombreux éléments morphologiques différents, qui ont une grande importance au point de vue médical pour ce qui est du sperme humain. Outre les spermatozoïdes très nombreux (4 et 5), on trouve dans l'éjaculation humaine (fig. 12) de grosses cellules arrondies à noyau et contenant de petites enclaves, à côté d'éléments semblables sans noyau (1, 1) ; ce sont des cellules testiculaires. On trouve ensuite des lymphocytes (2, 2), des cellules cylindriques (6) avec ou sans granulations pigmentaires ; des corps arrondis hyalins (8,8) des sphérules de lécithine originaires de la prostate (7, 7) ; de temps en

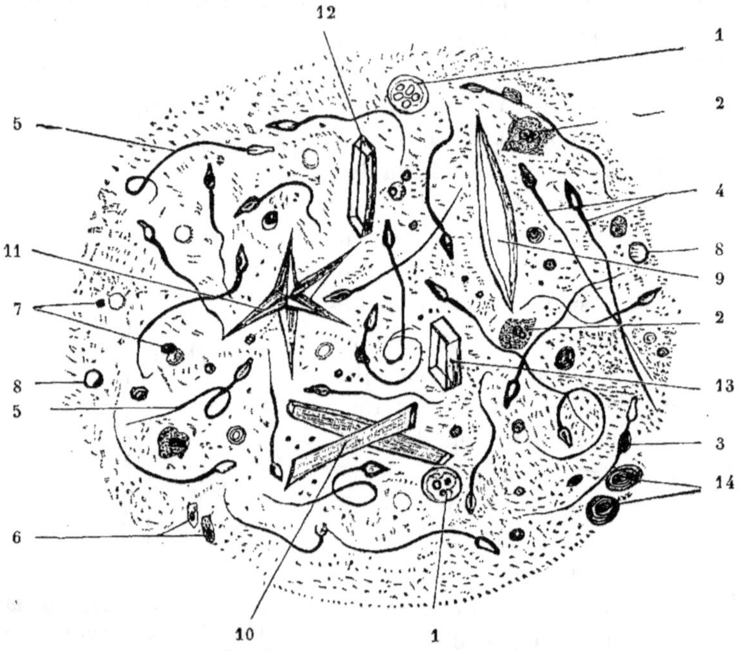

Fig. 12. — Ejaculation humaine d'après Waldeyer (demi-schématique). — Grossissement environ 300. — Les explications se trouvent dans le texte.

temps, des corps de nature amyloïde (14), des cristaux spermatiques de différentes formes (9, 10, 11, 12, 13) et enfin une foule de petites granulations de nature différente : boules de graisse, granules albuminoïdes, grains de pigment libres. D'après Waldeyer, les cellules testiculaires ne seraient que des cellules épithéliales provenant de la desquamation de la muqueuse des voies urinaires. Les cristaux spermatiques découverts par *von Böttcher* sont aussi souvent désignés sous le nom de cristaux de Böttcher. Ils apparaissent dans le sperme après congélation ou dessèchement. Ils sont les sels phosphatés d'une base organique, la spermine.

Cette base secrétée par la prostate donne au liquide spermatique son odeur caractéristique.

Résumé du chapitre premier.

Nous allons résumer ici les principales conclusions du chapitre premier :

1° Les produits sexuels mâles et femelles sont de simples cellules.

2° Les spermatozoïdes sont comparables à des cellules flagellées. Ils comprennent le plus souvent trois parties : la tête, la pièce intermédiaire et le filament contractile.

3° Le spermatozoïde est le résultat de l'évolution d'une cellule génératrice, la spermatide. La tête est formée par la chromatine (nucléine) du noyau, la pièce intermédiaire et le filament contractile par le protoplasma.

4° La cellule-œuf est formée de protoplasma et de matériaux de réserve, ou deutoplasme, qui y sont inclus.

5° La quantité et la répartition des matériaux de réserve de la cellule-œuf sont très variables et exercent une très grande influence sur la marche des premières phases du développement.

a) Les matériaux de réserve (Deutoplasme) sont en petite quantité et également répartis dans le protoplasma.

b) Les matériaux de réserve sont en grande quantité et inégalement répartis, soit accumulés à un pôle de l'œuf soit rassemblés au centre (Deutoplasme polaire et Deutoplasme central).

c) Dans les œufs à pôles différenciés, on distingue le pôle riche en matériaux de réserve : pôle végétatif, et le pôle opposé : pôle animal.

d) Dans les œufs différenciés polairement, le protoplasma très abondant au pôle animal forme le disque germinatif (Vitellus formatif), nettement opposé à la portion riche en Deutoplasme (Vitellus nutritif). Le processus du développement se passe tout entier dans le vitellus formatif ; le vitellus nutritif reste passif.

e) D'après la répartition des matériaux de réserve dans le protoplasma des œufs, on les divise en trois groupes principaux, dont voici la classification :

I. Œufs alécithes ou pauvres en vitellus ne renfermant qu'une faible quantité de matériaux de réserve répartis également dans leur protoplasma (Amphioxus, Mammifères, Homme).

II. Œufs télolécithes ou riches en vitellus, ou encore à différenciation polaire.

1) Œuf différenciés polairement (télolécithes), chez lesquels la portion végétative passe insensiblement à la portion animale (Cyclostomes, Amphibiens).

2) Œufs différenciés polairement se distinguant du sous-groupe précédent par une séparation plus nette entre le vitellus formatif (disque germinatif) et le vitellus nutritif : ce qui, au moment du développement le différencie en une partie active et une partie passive (œufs différenciés polairement avec disque germinatif : Poissons, Reptiles, Oiseaux).

III. Œufs différenciés centralement ou centrolécithes. Le vitellus nutritif (centrolécithe) est central ; le vitellus formatif s'étale en une couche superficielle (enveloppe germinative) (Arthropodes).

CHAPITRE II

Les phénomènes de maturation de la cellule-œuf et du spermatozoïde. Le processus de la fécondation.

1. — Les phénomènes de maturation.

Les œufs, possédant encore une vésicule germinative, doivent avant de pouvoir poursuivre le processus évolutif commençant avec la fécondation, passer par une série de transformations, qui sont réunies sous le nom de *phénomènes de maturation*. Les phénomènes de maturation se passent dans la vésicule germinative, ils amènent sa destruction et se terminent par la formation des cellules polaires. Ils commencent, comme on a pu l'observer sur des objets vivants et convenablement choisis, tels que de petits œufs transparents d'invertébrés, par ce fait que la grosse vésicule germinative commence par s'éloigner du centre de l'œuf ; elle s'approche de la surface, se ratatinant peu à peu, pendant que son contenu de suc nucléaire s'épanche dans le vitellus environnant (fig. 13, A).

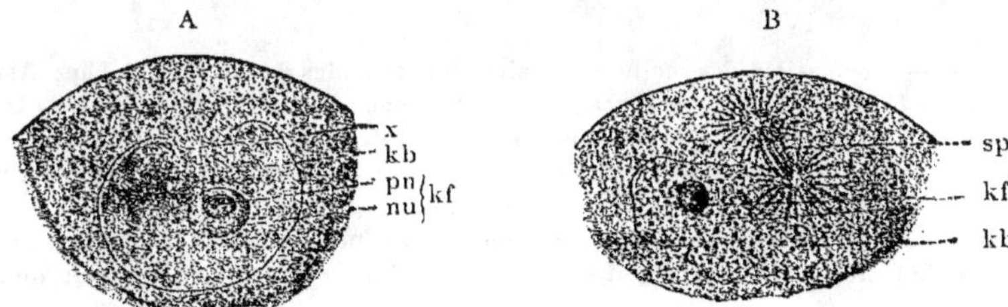

Fig. 13. — Coupe d'un œuf d'Asterias glacialis. — Elle montre l'atrophie de la vésicule germinative (kb). — Dans la figure A, elle commence à se ratatiner, une proéminence protoplasmique avec radiations la pénètre, la membrane commence à se détruire. — La tache germinative (kf) est encore visible, elle est partagée en deux substances nucléine (nu) et paranucléine (pn).

Dans la figure B, la vésicule germinative (kb) est entièrement ratatinée, sa membrane est détruite, la tache germinative (kf) est réduite, la proéminence protoplasmique de la figure A est devenue un fuseau nucléaire (sp).

La membrane nucléaire ainsi plissée commence à disparaître. De même la ou les taches germinatives se fragmentent, ces fragments se séparent entièrement après quelque temps. Mais l'œuf, par la régression

complète de la vésicule germinative, n'est en aucune façon, ainsi qu'il le
paraît, dépourvu de noyau. Il y a seulement une transformation du noyau,
transformation analogue à ce qui se passe dans le règne végétal et animal
lors de la préparation à la division cellulaire. On peut facilement montrer,
par une technique convenable, que pendant la décomposition de la vésicule germinative il s'est formé avec ses parties constituantes un fuseau
nucléaire dont la composition caractéristique est donnée en histologie.

Le fuseau nucléaire continue le mouvement de déplacement déjà précédemment commencé par la vésicule germinative, jusqu'à ce que son
extrémité devienne contiguë à la surface de l'œuf, où il s'oriente de façon
que son axe longitudinal soit placé suivant un rayon de l'œuf (fig. 14, I,
sp).

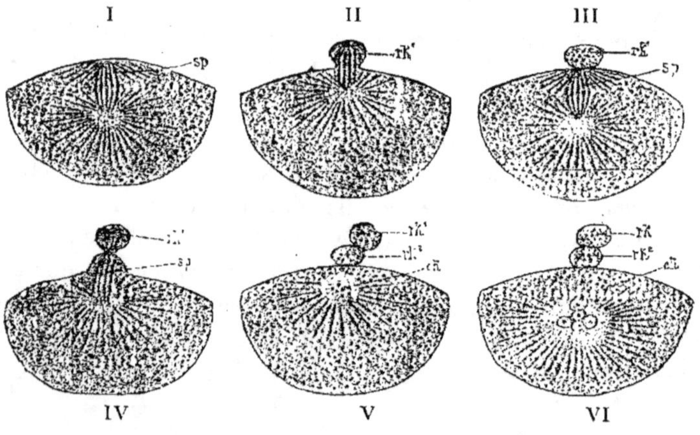

Fɪɢ. 14. — Formation des cellules polaires (corpuscules de direction) chez Asterias
glacialis. — Dans la figure I, le fuseau nucléaire touche à la surface de l'œuf. — Dans la
figure II il s'est formé un petit cône (rk) qui contient la moitié du fuseau. — Dans la
figure III le cône est devenu une cellule polaire. — La moitié restante du fuseau primitif
est à nouveau sous forme d'un second fuseau nucléaire (sp). — Dans la figure IV un
deuxième cône se développe sous la première cellule polaire ; en V ce cône constitue
une seconde cellule polaire (rk) ; en VI, le reste du fuseau constitue le noyau de l'œuf.

Bientôt on peut par des observations suivies sur l'œuf vivant, constater qu'à l'endroit où l'extrémité du fuseau touche la surface de l'œuf, il
se forme une petite proéminence de cette surface dans laquelle pénètre
une moitié du fuseau. Ce petit cône s'étrangle ensuite à sa base (fig. 14,
II, rk¹) et se sépare du vitellus avec la moitié du fuseau, sous forme
d'une très petite sphère ayant la valeur d'une cellule se composant
d'un noyau et de protoplasma, et formée par division cellulaire et nucléaire (caryocinèse) (fig. 14, III, rk¹).

Ce processus de division diffère du processus normal, en ce que les deux cellules résultantes sont très inégales. C'est quelque chose d'analogue, au mode de division près, au bourgeonnement qui est souvent observé chez les organismes inférieurs.

Dans la maturation de l'œuf les mêmes faits vont se reproduire exactement une seconde fois. Un deuxième bourgeonnement de la cellule se produit au même point, après que la moitié restante du fuseau dans l'œuf s'est complétée et a formé un nouveau fuseau (fig. 14, III et IV, sp), cette transformation se faisant sans que le noyau passe par le stade vésiculeux du repos. De sorte que, maintenant deux petits globules se trouvent à la surface de l'œuf (fig. 14, V, rk^1, rk^2) et quelquefois trois quand, comme cela arrive très souvent, le premier bourgeon cellulaire formé se divise en deux cellules-filles. Ils peuvent demeurer là sans changement pendant un certain temps, alors même que l'œuf fécondé commence déjà à se diviser en de nombreuses cellules.

Ces corpuscules ont déjà été découverts dans le milieu de notre siècle par des anatomistes et des zoologistes dans quelques classes d'animaux. On leur a donné le nom de *corps de direction* ou de *cellules polaires* (*corpuscules polaires*). Ils ont conservé ce dernier nom, car dans les œufs à pôle animal distinct, c'est toujours là qu'ils prennent naissance.

A la formation du deuxième corpuscule polaire est employée une des moitiés du deuxième fuseau nucléaire ; l'autre moitié (V, ek) demeure dans le vitellus superficiel et se transforme (VI, ek) en un très petit noyau vésiculaire (fig. 15, ek) facile à découvrir. Pour distinguer cette formation de la grande vésicule germinative, on lui donne, d'après *Van Beneden*, le nom de *Pronucléus femelle*.

Le pronucléus femelle s'éloigne bientôt de son lieu de formation à la surface de l'œuf, s'enfonce de plus en plus dans le vitellus, parfois même peut gagner le centre de l'œuf.

Le pronucléus femelle ne saurait être confondu avec la vésicule germinative de l'œuf non mûr. Les figures 15 et 16 représentent au même grossissement des œufs d'Echinodermes l'un mûr, l'autre non mûr. Le pronucléus (fig. 15) est très petit, la vésicule germinative a une taille considérable. On distingue dans la vésicule germinative une membrane nucléaire nette, un réseau nucléaire et une tache germinative. Le pronucléus femelle au contraire, se présente à l'état vivant comme presque homogène, sans tache germinative, et n'est séparé du protoplasma par aucune membrane nucléaire bien nette. On retrouve ces différences dans la constitution des deux formations nucléaires partout dans le règne animal.

On a constaté sans exception, la formation de corpuscules polaires dans toutes les classes d'animaux, pendant la maturation de l'œuf.

D'après de nombreuses recherches comparées on a fait l'importante observation, que les *œufs parthénogénétiques* expulsent seulement *un seul globule polaire,* alors que les œufs qui sont dans la *nécessité d'être fécondés* en présentent *deux où trois.* Nous donnerons plus tard l'explication de ces faits.

Relativement au temps qui s'écoule entre la maturation de l'œuf et la fécondation, il faut noter des différences dans les divers groupes du règne animal. Alors que chez quelques-uns, la maturation est déjà entièrement terminée lorsqu'arrive la fécondation, chez d'autres au contraire, les deux processus sont à peu près synchroniques, comme chez les Nématodes, sur lesquels nous reviendrons. Chez les Mammifères et en particulier chez l'Homme, la vésicule germinative, comme des recherches faites sur le Lapin et sur la Souris l'ont montré, se déplace vers la

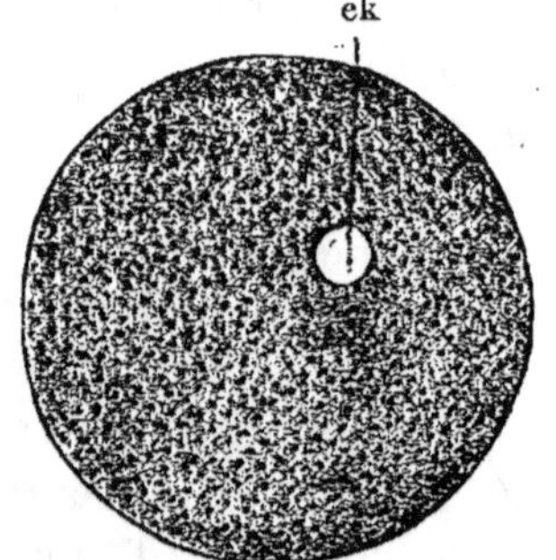

Fig. 15.   Fig. 16.

Fig. 15. — Œuf mûr d'Echinoderme. — Il renferme dans le vitellus le petit noyau homogène de l'œuf (ek). — Grossi 300 fois.

Fig. 16. — Œuf non mûr d'Echinoderme. — Grossi 300 fois.

surface supérieure de l'œuf plusieurs semaines avant la rupture du follicule de Graaf. Au moment de la rupture du follicule, elle disparaît, et il se forme à sa place, bientôt après la sortie de l'ovaire, un pronucléus femelle et, situés dans la zone pellucide, un ou deux globules polaires.

Que peuvent signifier avec une aussi grande constance, ces formations dans le règne animal ? Ce sont des cellules réelles, c'est là un fait acquis par la nature de leur origine.

Nous pouvons, maintenant encore, être plus affirmatif et dire que les globules polaires représentent des œufs demeurés rudimentaires ou abortifs. Des observations faites chez quelques vers (Prostheceraeus, Ascaris megalocephala) sont en faveur de cette manière de voir. Dans des circonstances particulières, elles ont montré un premier globule polaire de grande taille, presque aussi grand que le reste de l'œuf, et qui comme celui-ci fut fécondé et se transforma en un véritable embryon.

On peut ainsi trouver plusieurs jumeaux sous une même enveloppe ovulaire.

On trouve une seconde preuve à l'appui de cette manière de voir dans la comparaison exacte du processus du développement de l'œuf et du spermatozoïde. Les Nématodes, et particulièrement Ascaris megalocephala, sont très favorables à cette étude comparative (fig. 17 et 18).

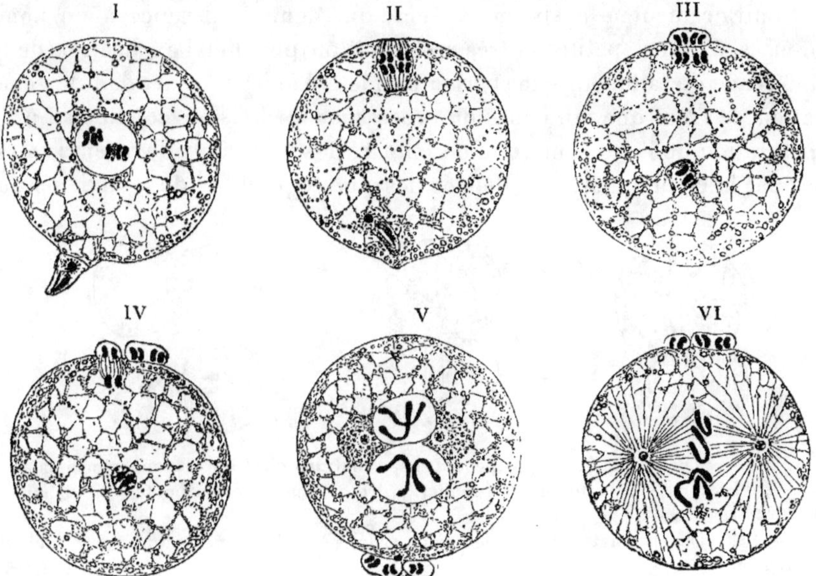

Fɪɢ. 17. — Schéma de la formation des cellules polaires, et de la fécondation de l'œuf chez Ascaris megalocephala bivalens.

I. — Œuf avec vésicule germinative (Ovocyte de premier ordre), un corps spermatique est accolé à sa surface.

II. — Œuf où le premier fuseau polaire est formé de la vésicule germinative, le spermatozoïde est pénétré à l'intérieur du vitellus.

III. — La première cellule polaire est formée.

IV. — La deuxième cellule polaire se détache, le spermatozoïde est au centre de l'œuf.

V. — Œuf avec deux cellules polaires, on voit les deux noyaux mâle et femelle où la chromatine constitue deux chromosomes.

VI. — Œuf dans lequel s'est constitué un fuseau nucléaire à quatre chromosomes, deux mâles et deux femelles.

Si nous désignons l'œuf non mûr, caractérisé spécialement par sa vésicule germinative, sous le nom de *cellule-mère de l'œuf* (ovocyte de premier ordre), nous pouvons donner à la formation correspondante dans la spermatogénèse le nom de cellule-mère du spermatozoïde (spermatocyte de premier ordre).

La comparaison ultérieure nous apprend que la cellule-mère de l'œuf, comme la cellule-mère du spermatozoïde, donne naissance, par des modifications particulières du noyau, d'abord à deux cellules-filles, dont dérivent à nouveau quatre cellules petites-filles. Dans l'œuf, ces dernières sont de tailles différentes, elles représentent l'œuf mûr et les deux et quelquefois trois petits corpuscules polaires (fig. 17, IV). Dans la spermatogénèse, les quatre formations sont de même taille (fig. 18, III, B, C), ce sont les spermatides, elles se transformeront en quatre spermatozoïdes également fécondants.

Contrairement à la spermatogénèse qui donne naissance à de nombreuses cellules, petites et très mobiles (Voir plus loin l'explication de la différence de taille entre le spermatozoïde et l'œuf), il arrive dans la génération de l'œuf que, au cours du processus de division conduisant à la maturation de l'œuf, une cellule s'empare des matériaux de réserve amassés par la cellule-mère aux dépens des autres produits de la division qui

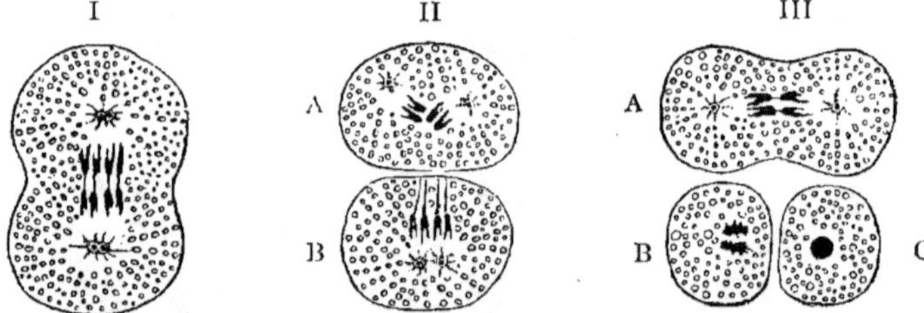

Fig. 18. — Schéma du développement des spermatides chez Ascaris megalocephala.
I. — Division du spermatocyte de premier ordre en deux spermatocytes de deuxième ordre.
II. — Les deux spermatocytes de deuxième ordre (A et K) se préparent à une nouvelle division.
III. — Le spermatocyte de deuxième ordre A se prépare à se diviser en deux spermatides. B et C : deux spermatides. — Les spermatides donneront les corps spermatiques ou spermatozoïdes.

restent rudimentaires et donneront les globules polaires (Pour plus de détails, voir mon *Traité d'embryologie*, VIIe édition, p. 38, et comparer les explications aux fig. 17 et 18).

Ces faits, qui nous sont devenus compréhensibles par l'explication morphologique, ont également une grande importance physiologique. A un même degré, ils sont une préparation particulière de l'acte intime de la fécondation. C'est ce que montre l'étude rigoureuse de la maturation de l'œuf, du spermatozoïde, et du processus de la fécondation, chez le ver intestinal du cheval, Ascaris megalocephala. Il est connu que le noyau cellulaire présente d'importants changements, si du stade de repos il passe à la division, où sa substance chromatique présente, pour chaque espèce animale, un nombre exactement déterminé de chromosomes. Il en est de même de l'œuf et du spermatozoïde mûrs, et du noyau des cellules-mères de l'œuf et du spermatozoïde, mais alors les faits se présentent d'une façon particulière (fig. 17, I et 19, I), non seulement les chromosomes apparaissent très tôt, mais en outre ils se répartissent par groupes de quatre, ce qui n'existe pas dans les autres cellules ; et cela suivant un nombre constant pour chaque espèce animale. Cet arrangement caractéristique, démontré déjà dans les différentes catégories du règne animal, a été désigné du nom très bien choisi de « *groupe quaterne* ». Il trouve son explication par l'étude des phases par lesquelles passent les produits sexuels au cours du processus de maturation, et qui distinguent ce processus de la division cellulaire ordinaire. En effet, dans la division cellulaire banale, la totalité des chromosomes, par suite de la scissure longitudinale des segments-filles, est partagée en deux groupes égaux. Ces groupes, s'éloignant l'un de l'autre, se

répartissent par la division de la cellule dans les deux cellules-filles où ils forment la base du stade vésiculeux de repos du noyau. Au contraire, dans le processus de maturation, les chromosomes unis dans un groupe quaterne sont également répartis entre quatre cellules dont chacune contient seulement un chromosome (Comparer les fig. 17, 18 et 19 et les explications). Ceci arrive par deux divisions cellulaires se succédant immédiatement sans intercalation, d'un stade de repos

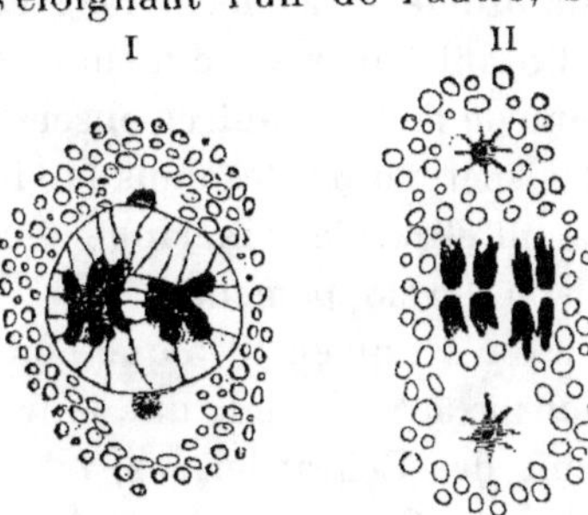

Fig. 19. — Deux noyaux de spermatocytes de premier ordre d'*Ascaris megalocephala bivalens* se préparant à se diviser, d'après Hertwig.

entre deux divisions du noyau, et sans qu'ait lieu une nouvelle division des segments déjà existants dans la vésicule germinative. Au lieu d'être doublé comme dans la division cellulaire ordinaire, le nombre des chromosomes et la masse de la substance nucléaire des cellules-mères de l'œuf et du spermatozoïde au repos est, par suite de ces deux divisions successives, partagée en quatre. Le noyau de l'œuf et du spermatozoïde ne possède par suite que *moitié de la quantité de chromatine* et moitié *du nombre des chromosomes* d'un noyau normal résultant d'une division ordinaire.

Aussi le processus des divisions de maturation des produits sexuels est-il caractéristique en son espèce, et, d'après *Weissmann*, on lui donne le nom de *division de réduction*. La réduction de la chromatine est, comme nous le verrons dans la suite, la préparation au processus de la fécondation, aussi elle s'interrompt chez les œufs se développant parthénogénétiquement, qui donnent seulement un corpuscule de direction (Voir p. 24). — Voir le *Traité d'embryologie*, VII⁰ éd., p. 38-44, et: « *La cellule et les tissus* », vol. I, p. 202, 256, 280.

2. — Le processus de la fécondation.

Bien qu'il fût établi que les spermatozoïdes (Voir p. 15 et 16), comme les œufs, sont de véritables parties du corps animal, on ignora encore pendant longtemps le rôle qu'ils jouent dans la fécondation. Il était facile de voir qu'ils s'accolent en grand nombre à l'œuf qu'ils rencontrent, mais les faits ultérieurs restaient obscurs.

Quelques observateurs admettaient que, par son simple contact, le spermatozoïde devait féconder l'œuf dans lequel il portait une substance qui, diffusant à travers la membrane, agissait comme un ferment sur le contenu de l'œuf. D'autres observateurs disaient avoir vu, dans quelques cas, des spermatozoïdes dans le vitellus. Ils croyaient que là, ils se décomposaient et par leur mélange avec les éléments de l'œuf étaient un excitant à son développement.

Ce n'est qu'en 1875 que l'on vit clair dans le phénomène de la fécondation: grâce à l'étude que je fis d'un matériel extrêmement favorable, les œufs des Echinodermes, très favorables par leur petitesse et leur transparence. Grâce à ce matériel j'ai pu suivre le processus de la fécondation en activité, depuis le commencement jusqu'à la fin, dans tous ses détails. J'ai pu aussi préciser exactement certaines particularités sur du matériel fixé et coloré.

Plus tard, nos connaissances furent approfondies par les travaux de Ed. van Beneden sur Ascaris megalocephala, qui constitue également un objet de recherches très favorable pour les pays éloignés de la mer.

On donne le nom de fécondation à l'union de la cellule-œuf et de la cellule séminale.

La fécondation peut se faire dans les conduits de l'appareil génital femelle, dans les oviductes ou dans l'utérus; ou, comme chez beaucoup d'animaux aquatiques, elle a lieu en dehors de l'organisme au moment où les œufs et les spermatozoïdes sont évacués dans l'eau. Dans le premier cas, la fécondation est dite interne, elle est dite externe dans le second. La *fécondation est interne* pour la plupart des Vertébrés avec exception, pour la majorité des Poissons et beaucoup d'Amphibiens.

Chez l'Homme et les Mammifères les deux sortes de produits génitaux s'unissent généralement dans le début des voies génitales, dans l'utérus;

chez les Oiseaux, l'union se fait dans la première portion différenciée de l'oviducte (la 1re de la page 12), alors que le vitellus n'est pas encore entouré par l'albumine et la coquille calcaire.

La *fécondation externe* est la plus simple et la plus primitive, elle existe chez la majeure partie des Vertébrés aquatiques : Poissons et Amphibiens L'examen entier du phénomène est plus facile à suivre pour l'observateur, car il peut produire artificiellement la fécondation, ainsi que le montra Spallanzani au xviii⁰ siècle. Il connaît aussi le moment précis où l'œuf et le spermatozoïde se sont fusionnés. Pour cela, on prend des œufs mûrs à une femelle, on les place dans une soucoupe contenant de l'eau, une deuxième soucoupe contient du sperme mûr, puis on mélange convenablement le contenu des deux soucoupes. C'est ainsi qu'on a appliqué la fécondation artificielle en pisciculture. Pour une recherche scientifique, le choix d'une espèce animale convenable a une grande im-

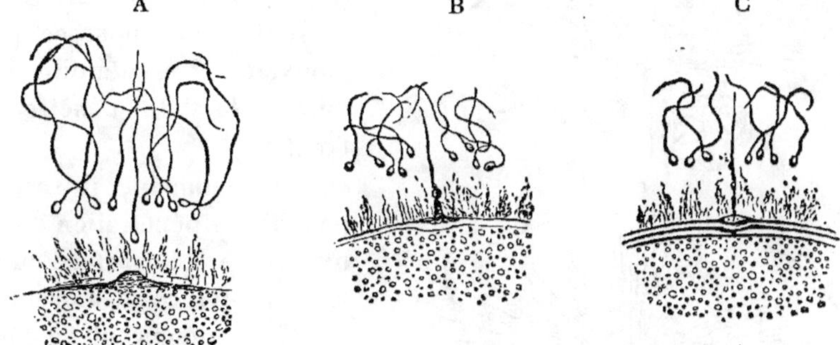

Fig. 20. — A, B, C : Portions d'œufs d'Asterias glacialis (d'après Fol). Les spermatozoïdes sont engagés dans l'enveloppe muqueuse de l'œuf, en A une saillie commence à apparaître, en B la saillie et le spermatozoïde se sont rencontrés. En C le spermatozoïde est entré dans l'œuf. — Il s'est formé une membrane vitelline et une ouverture cratériforme.

portance. Comme cela se comprend de soi-même, les animaux à gros œufs opaques ne sont pas à recommander. Au contraire, les espèces à œufs petits et transparents sont très favorables, car on peut les examiner facilement au microscope à de forts grossissements, et étudier les plus petites particularités. Les objets de recherche les plus favorables sont précisément les œufs mentionnés précédemment : à savoir les œufs de la plupart des Echinodermes. Aussi nous allons les prendre comme point de départ de la description du phénomène de la fécondation.

L'œuf mûr des Echinodermes a été décrit précédemment (p. 4). Le spermatozoïde très petit (fig. 20 et 21, A) possède, comme chez la plupart des animaux : 1⁰ une extrémité sphérique ou tête qui contient la chromatine ; 2° à laquelle fait suite un petit corpuscule ou pièce intermédiaire ; 3° un fin filament contractile.

Dans une goutte d'eau de mer placée sur le porte-objet, mélangeons les deux sortes de produits génitaux. Immédiatement un grand nombre de spermatozoïdes s'accolent à l'enveloppe muqueuse d'un œuf. Mais, normalement, un seul de ceux-ci féconde l'œuf, c'est sans doute celui qui s'est approché de la surface de l'œuf le premier par suite du mouvement oscillatoire de son filament. A l'endroit où sa tête s'est fixée au protoplasma hyalin, celui-ci se soulève en un petit cône, *le cône de conception* (fig. 20, A et B, fig. 21, B et C). C'est là que, poussée par le mouvement oscillatoire de la queue, la tête pénètre dans l'œuf.

A ce moment, il se forme pendant la pénétration du spermatozoïde, à la surface du vitellus, une mince membrane (fig. 20, C) commençant au cône de conception et séparée de l'enveloppe extérieure par un espace circulaire grandissant de plus en plus. Cet espace résulte probablement de ce que, par suite de la fécondation le protoplasma de l'œuf se contracte (il en est de même du contenu du noyau après la régression de la vésicule germinative). La constitution d'une membrane vitelline a une grande importance au point de vue de l'acte de la fécondation. Elle rend impossible la pénétration d'un second élément mâle. Car si d'autres spermatozoïdes sont pris dans la mucosité de l'œuf, aucun d'entre eux ne peut pénétrer dans l'œuf fécondé.

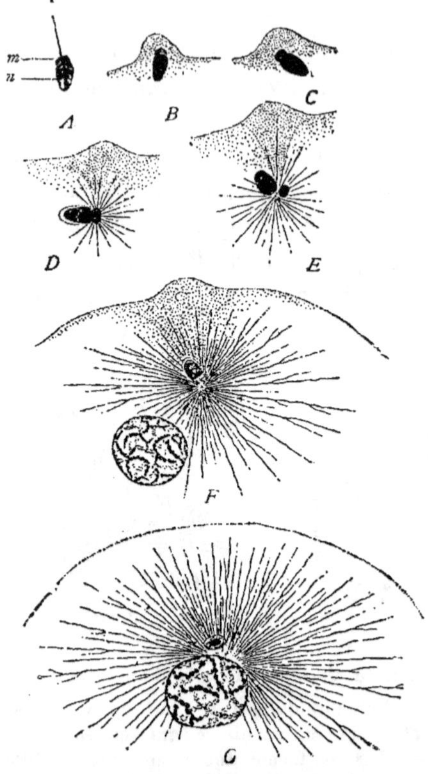

Fig. 21. — Fécondation de l'œuf de Strongylocentrotus lividus (d'après Wilson).

A, E : grossissement, 1.200. — F et G : grossissement, 600.

A : Spermatozoïde, n : tête, m : pièce intermédiaire. — Queue en partie représentée.

B : Couche superficielle de l'œuf dans laquelle a pénétré le spermatozoïde, qui subit une rotation de 180°, la pièce intermédiaire donne un aster.

F, G : Le noyau mâle et le noyau femelle s'approchent pour se fusionner, l'aster gagne en étendue.

A la copulation externe des deux cellules, font suite des phénomènes qui se passent à l'intérieur du vitellus et qui sont réunis sous le nom de « *phénomènes internes de la fécondation* ». La queue du spermatozoïde cesse de se mouvoir et bientôt n'est plus observable. Mais la tête s'avance dans l'intérieur du vitellus (fig. 21, B, F) et se renfle progressivement en une petite vésicule (fig. 21, G ; fig. 22, 23, sk) qui dans sa constitution fondamentale représente la chromatine de la tête du spermatozoïde, et que l'on peut désigner du nom de noyau mâle ; il est colorable très électivement par le carmin, etc.

Contre le noyau mâle, du côté dirigé vers le centre de l'œuf est situé un petit corpuscule, généralement bien visible. L'attention de l'observateur est bientôt attirée par ce fait, qu'autour du noyau mâle, apparaissent dans le vitellus de nombreuses radiations (fig. 12, 27) qui se marquent de plus en plus fortement et s'étendent graduellement de façon à former une figure rayonnante (une étoile).

Le corpuscule accolé au noyau provient de la pièce intermédiaire du spermatozoïde, comme *Boveri* l'a montré, il doit dans le processus de la fécondation fournir les deux centrosomes pour le premier fuseau de division de l'œuf. Par suite, il peut être désigné comme centrosome du noyau mâle ou spermocentre (*Fol*). Il est facile de comprendre pourquoi le spermocentre est situé vers le centre de l'œuf. Car dès que le spermatozoïde a pénétré dans l'œuf (fig. 21, B, F) il commence à tourner sur lui-même et par suite la pièce intermédiaire est orientée vers l'intérieur de l'œuf.

L'observateur est ensuite témoin d'un intéressant phénomène (fig. 22 et 23 et 21, F, G). Le noyau mâle et le noyau femelle s'avancent mutuellement, à travers le vitellus, l'un vers l'autre avec une vitesse croissante.

Le noyau mâle (sk) avec l'aster et son corpuscule central qui constamment le précède, change rapidement de place, le noyau femelle se déplace plus lentement (ek). Bientôt les deux noyaux sont arrivés au milieu de l'œuf où ils sont entourés d'un petit espace protoplasmique granuleux autour duquel sont disposées des radiations (stade solaire ou auréole de Fol).

En 20 minutes, les deux noyaux, noyau de l'œuf et noyau du spermatozoïde se sont unis pour former un seul *noyau germinatif* ou *noyau de segmentation* ; à cet effet, ils se sont accolés fortement, puis aplatis l'un contre l'autre dans le plan de contact, ensuite ils ont perdu leur ligne de démarcation avec formation d'un espace périnucléaire commun. Pendant quelque temps on peut encore reconnaître la substance fondamentale du spermatozoïde sous forme d'une masse chromatique sombre et désagrégée. Immédiatement après l'union des deux noyaux, le spermocentre qui est dans leur voisinage immédiat s'allonge et se divise en deux petits corpuscules qui s'éloignent l'un de l'autre au milieu d'une irradiation protoplasmique. Ils deviendront les centrosomes du fuseau de division qui va se former.

Nos connaissances relativement à la fécondation se sont approfondies des observations de *Van Beneden* sur le ver intestinal du cheval, et dont nous allons dire quelques mots.

Les œufs d'Ascaris megalocephala sont, après l'accouplement, fécondés à l'intérieur de l'utérus, et chez eux, le processus de la maturation coïncide avec la fécondation (fig. 17). Les spermatozoïdes mûrs (fig. 24) ont une forme très différente de celle que l'on rencontre habituellement dans le règne animal. Ils ont la forme conique d'une balle, d'un dé, et ils se composent : 1° d'un protoplasma granuleux contenant même quelques

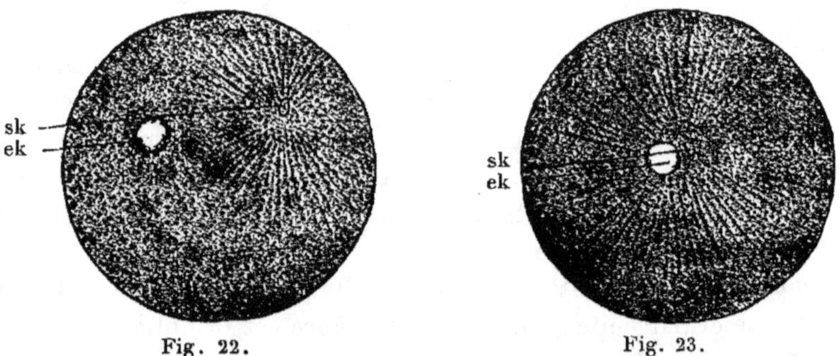

Fig. 22.   Fig. 23.

Fig. 22. — Fécondation d'un œuf d'Oursin, d'après Hertwig. — La tête du spermatozoïde (sk) est au centre d'une irradiation protoplasmique et se dirige vers le noyau-œuf.
Fig. 23. — Fécondation d'un œuf d'Oursin, d'après Hertwig. — Le noyau mâle (sk.) et le noyau femelle (ek) sont rapprochés et sont contenus tous les deux dans l'irradiation protoplasmique.

formations vitellines (f) ; 2° d'un corpuscule arrondi de substance nucléaire (k) situé à la base (b) du cône à l'intérieur du protoplasma. Par l'allongement de cette courte et large portion basale, les spermatozoïdes peuvent exécuter des mouvements amiboïdes et s'accoler à la surface des œufs d'abord dépourvus de membrane.

Au point où le contact du spermatozoïde avec l'œuf a lieu, il se forme ici, comme chez les Echinodermes un cône de conception ; dans lequel sans se modifier, le spermatozoïde pénètre et s'avance vers le centre du vitellus (fig. 17, II) qui l'entoure totalement. En même temps une mince membrane se constitue à la surface de l'œuf. Alors commence le processus de la maturation dans la vésicule germinative, les cellules polaires se forment (fig. 17, III et IV), par l'isolement dans l'œuf de la moitié du deuxième fuseau, le noyau femelle est constitué. En même temps le protoplasma du spermatozoïde pénétré dans l'œuf disparaît graduellement, se fondant dans le vitellus et il ne reste plus que le globule chromatique constituant le noyau mâle (fig. 17, IV et V).

Ensuite, les deux noyaux s'avancent vers le centre de l'œuf, sans s'unir. A cette période fait suite une longue période de repos.

Mais quand les premiers préparatifs de la division de l'œuf s'annoncent, la chromatine des noyaux mâle et femelle, alors qu'ils sont encore en marche l'un vers l'autre, se transforme en un long filament pelotonné. Le filament nucléaire de chacun des noyaux se divise en deux grosses anses égales, les chromosomes (fig. 17, V).

Aux pôles de la paire de noyaux apparaissent deux centrosomes, for-

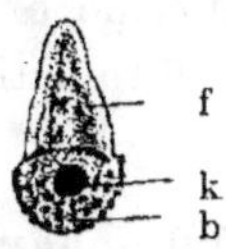

Fig. 24. — Corps spermatique d'Ascaris megalocephala (d'après Van Beneden). — k : noyau. — b : base du cône à mouvements amiboïdes, qui sert au spermatozoïde à se fixer à l'œuf. — f : substance graisseuse.

més vraisemblablement par division du centrosome du noyau mâle.

Au bout de quelque temps, les noyaux mâle et femelle perdent leur délimitation avec le vitellus, ou les deux paires de chromosomes deviennent libres ; ils s'avancent alors, de la façon connue, vers le milieu de l'œuf de façon à constituer la plaque équatoriale du fuseau (fig. 17, VI). Des nombreux faits acquis précédemment nous pouvons tirer les quatre importantes conclusions suivantes :

1º Le noyau mâle et le noyau femelle ont la même quantité de chromatine ; elle est partagée en un même nombre de chromosomes.

2º Par leur union dans la fécondation, ces deux noyaux donnent un noyau normal, c'est donc que par la maturation chacun d'eux a été réduit à moitié d'un noyau normal.

En d'autres termes, la formation de deux globules polaires chez l'œuf non mûr, et la division répétée, sans intercalation de stade de repos, de de la cellule-mère spermatique, empêchent, de la façon la plus simple lors du mélange des deux noyaux dans l'acte de la fécondation, une augmentation de la quantité de chromatine et du nombre des chromosomes qui eussent été le double de la masse et du nombre normaux pour l'espèce animale considérée.

3° Les œufs parthénogénétiques ne subissent aucune réduction de la substance [nucléaire, car chez eux, la formation du deuxième globule polaire n'a pas lieu (p. 21). Ils n'ont pas par suite besoin d'être fécondés.

4° Les chromosomes du premier fuseau de segmentation d'un œuf fécondé proviennent moitié du noyau mâle et moitié du noyau femelle, ils peuvent par suite être distingués en chromosomes mâles et en chromosomes femelles. Plus tard, comme cela se passe dans la division nucléaire, les quatre segments se divisent suivant leur longueur et, les centrosomes s'écartant l'un de l'autre, il se forme deux groupes de quatre anses-filles dont deux sont d'origine mâle, et les deux autres d'origine femelle. Ensuite chaque groupe donne le noyau de repos de la cellule-fille.

Nous avons d'après cela, la preuve incontestable que chaque noyau fille (Voir chap. III), dans chacune des moitiés de l'œuf résultant du premier processus de segmentation, renferme exactement la même quantité de chromatine d'origine mâle et de chromatine d'origine femelle.

Résumé du chapitre II.

1° Au moment de la maturation, la vésicule germinative se rapproche graduellement du pôle animal de l'œuf et subit une série de transforma-tions régressives (régression de la membrane et du réseau de linine, mélange du suc nucléaire avec le protoplasma).

2° Les parties constituantes de la vésicule germinative (chromosomes, etc.) donnent un fuseau nucléaire (fuseau polaire ou de direction).

3° Par la formation du fuseau polaire, les chromosomes de la vésicule germinative s'ordonnent d'une façon caractéristique, ils constituent les « *groupes quaternes* ».

4° Au point où l'une des extrémités du fuseau touche à la surface du vitellus, il se forme par un processus de division deux fois répété, deux cellules polaires (corpuscules de direction).

5° Après le deuxième processus de division, il reste moitié du fuseau nucléaire dans la couche vitelline superficielle, cette moitié constituera le noyau femelle. L'œuf est mûr.

6° Lors de la formation des cellules polaires, les quatre chromosomes de chaque groupe quaterne sont répartis de façon à ce que chacune des trois cellules polaires de l'œuf mûr contienne un chromosome de chacun des deux groupes.

7° Par le processus de maturation, la substance chromatique de la vésicule germinative est partagée en quatre (division de réduction), au lieu que dans une division cellulaire ordinaire cette substance serait partagée en deux.

8° L'œuf mûr possède seulement la moitié de la substance chromatique d'un œuf normal au stade vésiculeux de repos.

9° Chez les œufs qui se développent parthénogénétiquement (Arthropodes) il n'est ordinairement formé qu'une *seule cellule polaire*.

10° Ainsi qu'on l'a montré chez Ascaris megalocephala, les modifications éprouvées par la vésicule germinative ont leurs analogues chez la cellule spermatique au cours de la spermatogénèse.

11° A la maturation de l'œuf s'oppose la maturation du spermatozoïde.

12° Pendant la fécondation, un seul spermatozoïde pénètre dans un œuf sain (formation d'un cône de conception, formation de la membrane vitelline).

13° La tête du spermatozoïde donne le noyau mâle ; la pièce intermédiaire devient le centrosome (spermocentre), autour duquel s'irradient les particules protoplasmiques avoisinantes.

14 Le noyau femelle et le noyau mâle s'acheminent l'un vers l'autre et en règle générale se fusionnent immédiatement en un noyau de segmentation ; dans beaucoup de cas, ils restent distincts l'un ou l'autre pendant longtemps, pour donner ensuite ensemble un fuseau de segmentation.

15° Le noyau femelle et le noyau mâle possèdent la même quantité de substance chromatique, qui est partagée en un nombre bien déterminé de chromosomes pour chaque espèce animale (loi du nombre des chromosomes).

16° Les noyaux réduits dans leur substance chromatique à la suite du processus de maturation, en demi-noyaux, donnent à nouveau par leur union, dans la fécondation, des noyaux complets.

17° Par ce qui précède, le processus de la maturation doit être considéré comme une préparation à la fécondation.

18° Chez certains animaux, la fécondation de l'œuf se fait seulement après que la maturation est complètement terminée, chez d'autres au contraire, elle se fait en même temps que commence la maturation de l'œuf, de sorte que les deux phénomènes se pénètrent l'un l'autre.

19° *Théorie de la fécondation.* — La fécondation consiste dans la copulation de deux noyaux qui proviennent l'un d'une cellule mâle, l'autre d'une cellule femelle.

CHAPITRE III

Le processus de segmentation jusqu'à la formation
de la blastula.

Ordinairement, aussitôt après la fécondation, quand la cellule-œuf se trouve dans des conditions favorables, elle entre en voie de développement (fig. 25). La cellule-œuf se multiplie par divisions en 2, 4, 8, 16, 32, 64 cellules-filles, etc., et ainsi de suite suivant une progression géométrique, de façon à former une masse globuleuse constituée de cellules de plus en plus petites et de plus en plus nombreuses.

Au lieu de donner à cette multiplication de la cellule-œuf en cellules embryonnaires, le nom de processus de division, ce qui serait logique, on lui donne habituellement avec *Prévost* et *Dumas*, qui les premiers ont découvert le phénomène, le nom de processus de segmentation. Les deux auteurs français, qui étudiaient au microscope le développement de l'œuf de Grenouille, croyaient que par suite de l'action du liquide spermatique, sa surface était décomposée par des sillons de plus en plus nombreux en segments grands et petits.

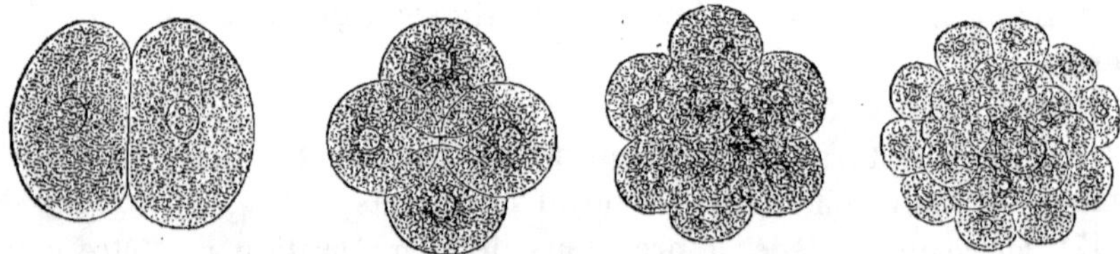

Fig. 25. — Différents stades du processus de segmentation d'après Gegenbaur.

C'est seulement à la suite d'observations plus étendues, et plus tard sous l'influence de la théorie cellulaire, que l'on reconnut peu à peu que les sillons gagnaient le centre de l'œuf et décomposaient toute la substance en segments, que ces segments sont des cellules, et que par suite, toute la première période du développement consiste dans la multiplication de la simple cellule-œuf en de nombreuses cellules-filles.

Néanmoins l'expression employée par Dumas et Prévost est restée. Cela arrive d'ailleurs fréquemment en biologie dans beaucoup d'autres cas, par exemple, pour le mot : « cellule ».

Dans le cours du processus de segmentation ou plus exactement de la division de l'œuf, on peut distinguer deux sortes de modifications : celles qui atteignent le noyau, et celles qui frappent le corps protoplasmique.

Pour ce qui concerne les premières, nous mentionnerons seulement, qu'avant la division, le noyau vésiculeux, ainsi que cela a lieu dans toute division cellulaire, entre en caryocinèse (Voir les *Traités d'histologie*) donnant ainsi un fuseau (fig. 26), et que d'une façon compliquée ses différents éléments se divisent en deux groupes qui se séparent, s'éloignent l'un de l'autre et finalement donnent deux noyaux-filles vésiculeux.

A la division compliquée de la substance nucléaire fait suite la division très simple du corps protoplasmique ou vitellus. Au moment où s'est constitué à l'intérieur du vitellus le fuseau nucléaire et où les chromosomes se sont ordonnés en deux groupes-filles, un sillon circulaire apparaît à la surface de l'œuf (fig. 27). Il correspond à un plan perpendiculaire

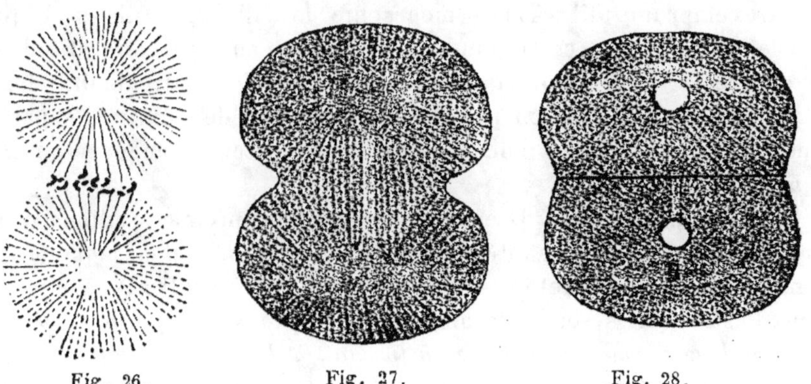

Fig. 26.   Fig. 27.   Fig. 28.

Fɪɢ. 26. — Figure nucléaire d'un œuf de Strongylocentrotus. 1 h. 20 m. après la fécondation. — Œuf traité par des réactifs ; d'après Hertwig.

Fɪɢ. 27. — Œuf d'un Oursin au moment de la division, grossi 30 fois. — Un sillon circulaire coupe le vitellus et le partage en deux suivant un plan perpendiculaire à l'axe nucléaire et à l'axe longitudinal de la figure en haltère.

Fɪɢ. 28. — Œuf d'Oursin après la division en deux. — Dans chaque fragment se trouve un noyau-fille vésiculeux, les radiations du protoplasma commencent à disparaître. Les figures 27 et 28 sont dessinées d'après les objets vivants ; d'après Hertwig.

au milieu de l'axe longitudinal du fuseau nucléaire. Rapidement le sillon se creuse et entame la substance de l'œuf qui, en un temps très court, est partagé en deux moitiés égales, contenant chacune une moitié du fuseau avec un groupe de chromosomes-filles.

Vers la fin de cette division transversale, les deux moitiés de l'œuf tiennent seulement encore par la portion médiane du fuseau nucléaire qui est coupée la dernière de toutes, mais lorsque la division est terminée ; les deux moitiés se mettent en contact à nouveau dans toute l'étendue de leur surface de division et elles s'aplatissent réciproquement, de sorte que chacune d'elles ressemble à peu près à une demi-sphère (fig. 28).

Les petits œufs, pauvres en vitellus, permettent facilement de reconnaître que dans les deux ou trois premiers stades de la segmentation, les plans de segmentation se constituant occupent une direction rigoureusement constante par rapport l'un à l'autre. De même que constamment le second plan partage en deux le premier et le coupe perpendiculairement, le troisième est à nouveau perpendiculaire aux deux premiers et passe par le milieu de l'axe suivant lequel ils se coupent. Si on considère les extrémités de cet axe comme étant les deux pôles de l'œuf, on peut désigner les deux premiers plans comme des *méridiens* et le troisième comme *équateur*. Sur la proposition de *Grœnroos* et de *Sobota* on a fait d'autres emprunts utiles à la Cosmographie : les sillons, parallèles à l'équateur et qui, par suite, correspondent en direction aux degrés de latitude de la sphère terrestre seront *des sillons en latitude* (Latitudinalfurchen). Enfin les plans de division parallèles à la surface de l'œuf, qui séparent une portion superficielle d'une autre située plus centralement seront *dits tangentiels*.

La position nettement déterminée que les trois premiers sillons occupent par rapport l'un à l'autre résulte de la réciprocité dans laquelle sont tenus le noyau et le protoplasma par rapport l'un à l'autre. A ce sujet, les deux lois suivantes sont à formuler : 1° *Les plans de segmentation coupent en deux normalement l'axe du fuseau ;* 2° *L'axe du fuseau nucléaire est à nouveau dans une position dépendante de la forme et de la différenciation du corps protoplasmique enveloppant ;* et, en effet, les deux pôles du noyau se placent *dans la direction de la plus grosse masse protoplasmique.*

Par exemple dans une sphère où le protoplasma est réparti également, le fuseau est au centre, suivant la direction d'un rayon quelconque ; dans un corps protoplasmique de forme ovale, il est par contre dirigé suivant la direction du plus grand diamètre. Dans un disque protoplasmique circulaire, l'axe nucléaire est parallèle à la surface suivant un diamètre quelconque du disque ; par contre, dans un disque de forme ovale, l'axe se place à nouveau dans le sens du plus grand diamètre.

Ces différentes remarques étant faites, revenons à notre cas précédemment étudié. La première division étant terminée, chaque cellule-fille forme une demi-sphère. D'après notre règle le fuseau-fille ne peut se placer perpendiculairement à la base de la demi-sphère, mais au contraire il doit lui être parallèle, ce qui amène une division en deux quadrants. Ensuite, l'axe du fuseau doit à nouveau coïncider avec le plus grand axe du quadrant qui par là sera divisé en deux octants.

Mais le processus de la segmentation décrit ci-dessus donne lieu à quelques variations importantes, qui n'atteignant pas le noyau, influent sur la forme des segments suivant lesquels l'œuf est divisé. Ces divergences sont causées ici en particulier et comme on le montrera plus en détail, par le contenu variable de l'œuf en matériaux de réserve et par leur répartition différente décrite précédemment. Par suite on peut répartir les différentes formes de segmentation en deux grands groupes présentant chacun deux sous-groupes réunis par des formes de transition. Dans le premier groupe, on place les œufs atteints totalement par la segmentation. La segmentation est dite *totale*. Suivant que les différentes parties résultant de la division seront de taille égale ou inégale, la segmentation sera *égale* ou *inégale*.

A la division totale s'oppose la *division partielle*. Elle se rencontre dans les œufs qui possédant un très riche matériel deutoplasmique sont de taille considérable, et chez lesquels la distinction précédemment établie entre la partie constituée de vitellus formatif et celle constituée de vitellus nutritif est très nette. Dans ce cas le vitellus formatif seul se divise pendant que la masse principale de l'œuf, le vitellus nutritif, reste indivise, et demeure en totalité intacte en vue du développement embryonnaire ; d'où le nom de division partielle. Elle offre aussi deux types, elle est *discoïdale* ou *superficielle,* selon que le vitellus formatif constitue un disque reposant sur le vitellus nutritif, ou constitue une épaisse couche superficielle enveloppant ce dernier.

Remak a désigné les œufs à segmentation totale du nom d'*œufs holoblastiques*, et ceux à segmentation partielle du nom d'œufs *méroblastiques*.

Nous pouvons d'après cela donner le schéma suivant de la division :

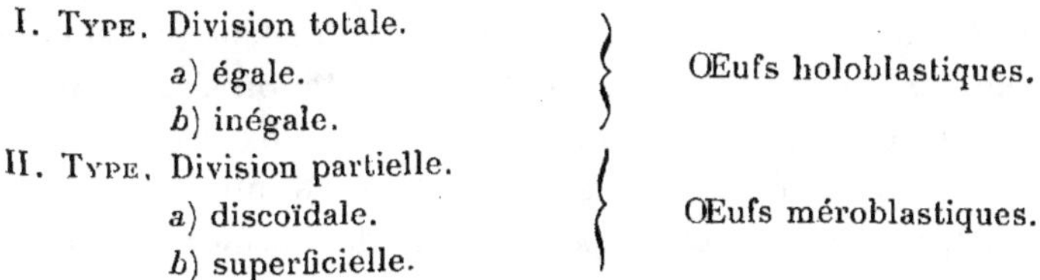

I. Type. Division totale.
    a) égale.   } OEufs holoblastiques.
    b) inégale.
II. Type. Division partielle.
    a) discoïdale.   } OEufs méroblastiques.
    b) superficielle.

PREMIER TYPE

a) La division totale et égale.

Le type de la division égale, dont les caractères nous sont connus par les considérations introductives de ce chapitre (fig. 25), est très commun chez les Invertébrés. Chez les Vertébrés il s'observe seulement chez l'Amphioxus et chez les Mammifères. Cependant chez eux on décèle déjà de bonne heure une légère différence entre les grandes cellules embryonnaires. Aussi plusieurs observateurs ont proposé de considérer la division de l'œuf de l'Amphioxus et des Mammifères comme inégale.

Si je ne me range pas à cet avis, c'est qu'au fond, les différences observées entre les cellules sont de nature insignifiante ; le noyau dans la cellule-œuf, ainsi que dans les segments résultant de la division,

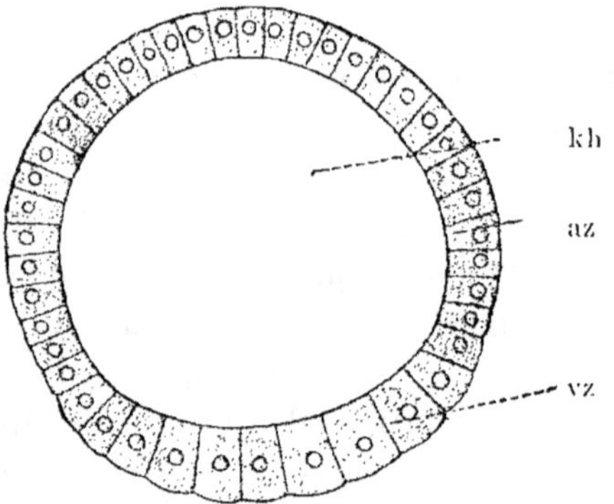

Fig. 29. — Blastula de l'Amphioxus ; d'après Hatschek. — kh : cavité blastocélienne. — az : cellules animales. — vg : cellules végétatives.

occupe une position centrale. Et, en outre, parce que les différents modes de division ne sont pas, somme toute, nettement délimités, mais au contraire, ils sont unis par des formes de passage.

Ordinairement, aussitôt après les premières divisions apparaît à l'intérieur du germe une petite cavité résultant de ce que les cellules s'arrondissent, s'écartent un peu les unes des autres et sécrètent un liquide. Dans le cours ultérieur de la segmentation, la cavité du germe, ou comme elle fut précédemment nommée, la cavité de segmentation s'agrandit de plus en plus de façon à atteindre comme chez l'Amphioxus (fig. 29) et chez les Mammifères, des dimensions considérables, ce qui amène naturellement un agrandissement correspondant de la surface totale du germe.

On a désigné les formations cellulaires résultant de la segmentation de l'œuf, selon que l'on considère les premiers stades ou les derniers comme Morula (fig. 25, dernier stade) et comme Blastula (fig. 29).

Il s'agit d'une morula (fig. 25) tant que la cavité germinative n'est pas encore constituée, ou commence seulement à être visible ; les cellules embryonnaires sont encore peu nombreuses, et par suite encore relativement de grandes tailles. Elles sont faiblement unies entre elles et proéminent à la surface comme les grains d'un fruit de mûre.

Par contre, on donne au germe le nom de blastula, lorsque dans le cours ultérieur de la segmentation, la cavité circulaire interne s'est considérablement agrandie et que la surface extérieure présente à nouveau une surface unie. Les cellules sont devenues très nombreuses et très petites, elles s'ordonnent en une couche superficielle, ainsi que le montre la figure ci-contre de la blastula de l'Amphioxus (fig. 29), où accolées l'une à l'autre, elles s'unissent fortement ensemble et se limitent vers la face externe par une surface plane. Elles constituent, pour employer une expression consacrée, en histologie, *un épithélium*.

b) La segmentation totale et inégale.

Le second mode de segmentation se rencontre parmi les Vertébrés, chez les Cyclostomes, chez quelques Ganoïdes (Stör) et chez les Amphibiens, dont les œufs sont déjà plus riches en vitellus, plus grands et atteignent environ une grosseur variant entre la taille d'un grain de millet et celle d'un pois. Nous prendrons comme type d'étude l'œuf de Grenouille dont la structure a été déjà décrite précédemment.

Aussitôt après la ponte dans l'eau et après la fécondation, l'œuf s'oriente de façon à ce que, dans le gonflement de l'enveloppe gélatineuse, la portion pigmentée, ou pôle animal, soit en haut ; car elle contient surtout du protoplasma et moins de granulations vitellines, et est plus légère que la portion végétative. L'inégalité dans la répartition du matériel deutoplasmique détermine une position autre du noyau de segmentation. Alors que celui-ci dans tous les cas où les matériaux de réserve sont uniformément répartis, occupe une position centrale, il est situé, partout où l'œuf se compose d'une moitié riche en vitellus et d'une autre riche en protoplasma, dans l'étendue de ce dernier. Par suite, on trouve le noyau de l'œuf de Grenouille dans l'hémisphère pigmenté situé vers le haut.

Aussi, quand le noyau se prépare à la division, l'axe du fuseau ne peut plus être dirigé dans la direction d'un rayon quelconque de l'œuf. Par suite de l'inégale répartition du protoplasma dans l'œuf, il est sous l'influence de la portion protoplasmique pigmentée de l'œuf, qui, vu son moindre poids spécifique, est disposé sur la partie riche en plaquettes vitellines à la façon d'une calotte et s'étend sur elle horizontalement. Mais dans un disque protoplasmique horizontal, le fuseau nucléaire est d'après la règle donnée précédemment (p. 38), orienté horizontalement (fig. 30, sp), par conséquent le plan de division doit se former dans la direction verticale. Tout d'abord, un petit sillon apparaît au pôle animal, qui est plus directement sous l'influence du fuseau nucléaire, et contient le plus de protoplasma déterminant la mécanique de la segmentation. Lentement le sillon progresse vers le bas, et divise le pôle végétatif. A la suite de cette première division, nous avons obtenu deux demi-sphères (fig. 32, 2), dont chacune se compose d'un quart supérieur riche en protoplasma et d'un quart inférieur pauvre en protoplasma. Aussi la position du noyau en vue d'une nouvelle division est-elle à nouveau nettement déterminée. D'après la règle établie précédemment, nous devons chercher le noyau dans le quart riche en protoplasma et l'axe du fuseau devra se placer parallèlement à son axe longitudinal, il devra donc être horizontal. Le deuxième plan de segmentation est vertical comme le premier et le coupe normalement.

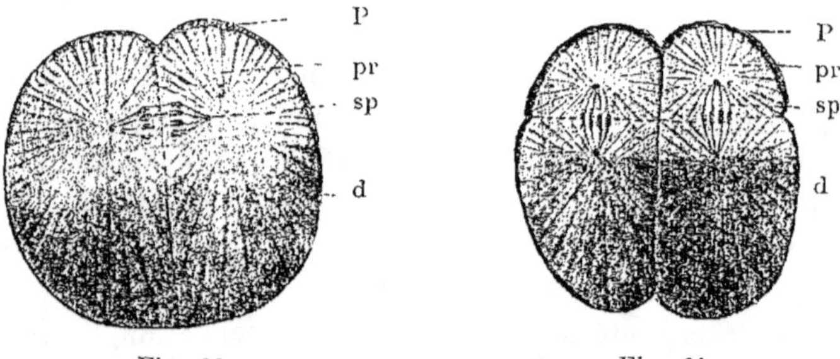

Fig. 30.   Fig. 31.

Fig. 30 et 31. — Schéma de la division de l'œuf de Grenouille.
Fig. 30. — Premier stade de la segmentation. — Fig. 31. — Troisième stade. — Les quatre segments des deux premiers stades commencent à être divisés en huit par un sillon équatorial. — p : couche pigmentaire de l'œuf au pôle animal. — pr : protoplasme. — d : deutoplasme. — sp : fuseau nucléaire.

Après la fin de la deuxième division, l'œuf des Amphibiens présente quatre quadrants (fig. 32, 4) qui sont séparés les uns des autres par des plans de division verticaux et possèdent deux sortes de pôles différents : un pôle supérieur plus léger, riche en protoplasma et un pôle inférieur plus lourd, riche en deutoplasme. Dans les œufs à segmentation égale, l'axe du fuseau nucléaire se place pour le troisième stade de la segmentation, parallèlement à l'axe longitudinal du quadrant. C'est aussi ici le cas, mais d'une façon quelque peu modifiée. Par suite de la grande abondance du protoplasma dans la moitié supérieure du quadrant, le fuseau ne peut pas, comme dans les œufs à segmentation égale, être situé exactement au milieu ; il sera au contraire plus rapproché du pôle animal de l'œuf (fig. 31, sp). De plus, ce fuseau est rigoureusement vertical, car les quatre quadrants des œufs des Amphibiens sont toujours orientés de cette façon dans l'espace à cause de la différence de poids entre leurs deux moitiés. Par suite, le troisième plan de segmentation devra être horizontal et il sera situé au-dessus de l'équateur de l'œuf, plus ou moins près du pôle animal (fig. 32, 8).

Les produits de la division sont très différents, tant au point de vue de la taille que de la constitution ; c'est pourquoi on a désigné ce mode de division sous le nom de segmentation inégale. Les quatre segments supérieurs sont plus petits et plus pauvres en vitellus que les quatre segments inférieurs plus grands et plus riches en vitellus ; d'après le pôle auquel ils appartiennent, on les dénomme cellules animales et cellules végétatives.

Dans le cours ultérieur du développement, la différence entre les cel-

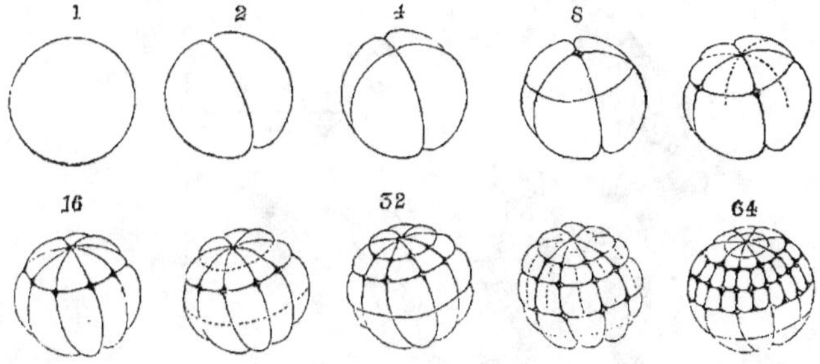

F_{IG}. 32. — Segmentation de Rana temporaria d'après Ecker. — Les nombres placés au-dessus des figures donnent le nombre correspondant au nombre des segments du stade considéré.

lules végétatives et les cellules animales augmente de plus en plus ; plus les cellules sont riches en protoplasma, plus elles se divisent rapidement et fréquemment. Au quatrième stade, les quatre segments supérieurs sont tout d'abord divisés en huit par des sillons méridiens verticaux ; peu de temps après les quatre inférieurs le sont également de la même façon ; de sorte que l'œuf est maintenant composé de huit petites cellules et de huit grandes (fig. 32, 16). Après un temps de repos court, les huit segments supérieurs se divisent à nouveau les premières par un sillon en latitude, puis un peu plus tard, les huit segments inférieurs (fig. 32, 32) se divisent de la même façon.

Par le même procédé les seize segments en donnent soixante-quatre (fig. 32, 64). Mais aux stades suivants, les divisions se succèdent plus rapidement dans la portion animale de l'œuf que dans la moitié végétative.

Ainsi, tandis que dans la moitié supérieure les trente-deux cellules sont déjà, par des divisions successives se succédant rapidement, divisées en cent vingt-huit segments, on ne trouve encore dans la moitié inférieure que trente-deux cellules se préparant seulement à la division.

Aussi le résultat final de la segmentation est une morula dont les deux moitiés sont très différentes : la portion supérieure ou animale est formée de petites cellules pigmentées, la portion inférieure comprend de grandes cellules claires, riches en vitellus.

En considération de la marche du processus de la segmentation inégale et d'une série d'autres phénomènes, la règle suivante a été formulée par *Balfour* : *la rapidité de la division est proportionnelle à la concentration du protoplasma renfermé dans l'objet en voie de division*. Les cellules riches en protoplasma se divisent plus rapidement que d'autres chargées de deutoplasme.

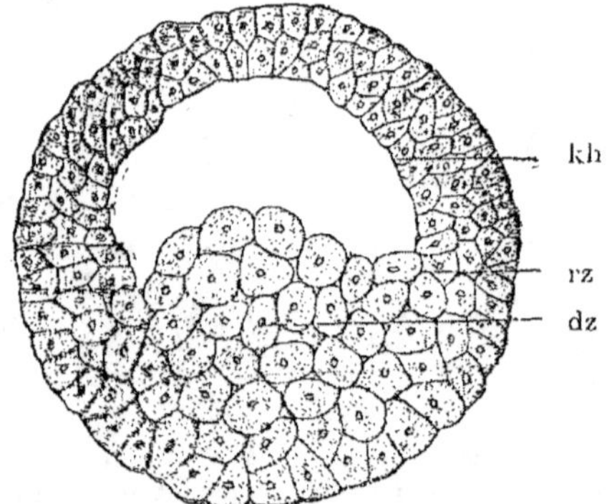

Fig. 33. — Blastula du Triton taeniatus. — kh : cavité blastocélienne. — dz : cellules riches en deutoplasme. — rz : zone marginale.

Déjà au stade de huit cellules, il existe une petite cavité germinative constituée par la séparation des huit segments. Elle s'agrandit proportionnellement à la multiplication des cellules. Mais par suite de l'inégalité de taille de ces dernières, elle est située ici autrement que dans la segmentation égale ; elle est excentrique et plus près du pôle animal de la morula. Plus tard, la blastula sera modifiée d'une façon analogue (fig. 33).

Sa paroi, faite ordinairement de plusieurs couches de cellules, présente une épaisseur très inégale par suite de la différence de taille entre les cellules animales et les cellules végétatives. Au pôle animal, elle est mince, au pôle végétatif, au contraire, elle est si épaisse qu'une proéminence constituée de grandes cellules vitellines, s'avance dans la cavité de la blastula qu'elle refoule, déterminant ainsi sa position excentrique.

La blastula se trouve différenciée polairement et développée inégalement. Nous pouvons désigner respectivement la portion mince de la paroi et la portion épaisse comme plafond et plancher de la blastula.

DEUXIÈME TYPE

a) LA SEGMENTATION PARTIELLE DISCOÏDALE.

Les Téléostéens, les Sélaciens, les Reptiles et les Oiseaux présentent parmi les Vertébrés un type de segmentation très différent. Ces Vertébrés ont pour la plupart au moins des œufs qui atteignent de très grandes dimensions et présentent un contenu extrêmement abondant en deutoplasme.

L'œuf de Poule nous offre un exemple classique pour l'exposition de la segmentation discoïdale. Le processus de la segmentation de l'œuf de Poule s'accomplit tout entier à l'intérieur de l'oviducte au moment où le vitellus s'entoure de l'enveloppe albumineuse et de la coquille calcaire.

Elle est entièrement limitée au vitellus formatif, au disque germinatif; de sorte que la plus grande portion de l'œuf contenant le vitellus nutritif reste indivise. Cette portion constituera plus tard un appendice de l'embryon, le sac vitellin, qui peu à peu est utilisé comme matériel nutritif.

De même que chez l'œuf de Grenouille la portion animale pigmentaire plus légère est constamment tournée vers le haut, de même chez l'œuf de Poule, dans quelque position qu'on le tourne, le disque germinatif est toujours vers le haut, car il est plus léger ; comme dans l'œuf de Grenouille, où les deux premiers sillons sont verticaux et commencent au pôle animal, dans l'œuf de Poule (fig. 34) un premier et un deuxième sillon méridiens commencent au milieu du disque. Ils se coupent à angle droit et pénètrent du haut dans la profondeur suivant une direction verticale. Mais alors que, dans l'œuf de Grenouille, le premier plan de segmentation se poursuit jusqu'au pôle opposé, dans l'œuf de Poule, il intéresse seulement le disque germinatif qu'il partage en deux segments égaux, reliés par une large base à la masse deutoplasmique indivise, et restant ainsi en liaison. Ensuite chacun des quatre segments est encore une fois partagé en deux par un nouveau sillon méridien. Les segments ainsi constitués correspondent à des découpures circulaires se touchant au centre du disque germinatif par leur extrémité pointue et dont l'extrémité large est tournée vers la périphérie.

Dans chacun de ces segments, la pointe est ensuite séparée par un sillon parallèle à l'équateur de l'œuf (sillon de latitude), ce qui donne des seg-

ments de division centraux plus petits et de plus grands périphériques
(fig. 35).

Par l'alternance de sillons méridiens et de sillons parallèles à l'équateur, le disque germinatif est segmenté en portions de plus en plus nom-

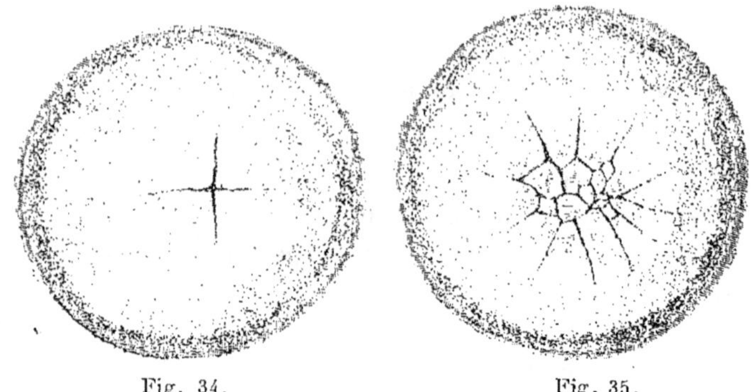

Fig. 34.   Fig. 35.

Fig. 34. — Disque germinatif d'un œuf de Poule, extrait de l'oviducte, avec quatre segments ; d'après Kölliker.

Fig. 35. — Disque germinatif d'un œuf de Poule, extrait de l'oviducte avec onze segments ; d'après Kölliker.

breuses et disposées les plus petites au centre du disque, par conséquent
immédiatement au pôle animal, les plus grandes à la périphérie (fig. 36).

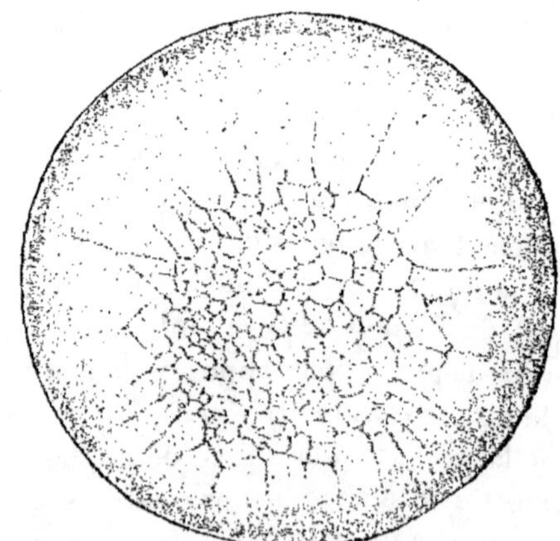

Fig. 36. — Disque germinatif d'un œuf de Poule, extrait de l'oviducte avec de nombreux
segments de bordure ; d'après Kölliker.

Ces dernières sont appelés segments de bordure ; elles ne sont pas séparées à la périphérie de la masse deutoplasmique indivise. Elles sont séparées les unes des autres par les sillons méridiens terminés librement.
Leur nombre à la périphérie du disque germinatif croît au fur et à me-

sure que la segmentation progresse, c'est ainsi que les grands et rares segments de bordure des premiers stades sont constamment divisés suivant leur longueur par de nouveaux sillons méridiens (Comparez les fig. 35 et 36). En même temps, des sillons en latitude détachent de l'extrémité pointue polaire de petits segments, de sorte que, au centre du disque germinatif se trouve une région de petites cellules, entourée comme d'une auréole par les grandes cellules de bordure. Le disque à sa bordure conserve la faculté de s'accroître, et s'étend de plus en plus en surface.

Une étude plus approfondie exige maintenant la connaissance des rapports qui existent entre les segments de division de la couche superficielle et la masse vitelline sous-jacente. Pendant quelque temps, les seize premiers segments sont en continuité directe, vers l'intérieur, par la couche la plus profonde indivise du disque germinatif. Ils sont seulement délimités latéralement l'un de l'autre par des sillons visibles à la surface. Mais au cinquième stade les choses changent. Dans les

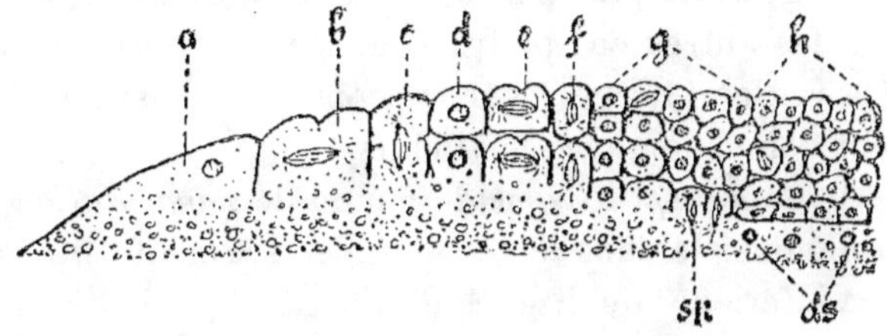

Fig. 37. — Coupe schématique d'un disque germinatif d'un œuf méroblastique. — ds : syncytium vitellin. — sp : fuseau placé dans une direction radiaire.

petits segments centraux du disque, les noyaux se placent, pour leur transformation en fuseau, dans la direction d'un rayon de l'œuf ; de sorte que les plans de segmentation se forment tangentiellement à la surface de l'œuf et séparent l'un de l'autre deux segments, l'un situé vers l'extérieur et l'autre vers l'intérieur. Le premier est seul totalement isolé comme cellule embryonnaire, le second par contre tient encore par sa base, comme précédemment le segment total à la masse deutoplasmique indivise. Par suite de l'apparition des plans de segmentation tangentiels, le disque germinatif commence, dans une petite région du pôle animal qui s'étend ensuite peu à peu vers la périphérie, à présenter deux, puis plusieurs assises de cellules (fig. 37).

Le schéma, ci-dessus dessiné par moi, d'après un exemple donné par Sobotta, rend très intelligible la totalité des faits caractéristiques de la segmentation de l'œuf des Sélaciens, des Reptiles et des Oiseaux. Ce schéma (fig. 37) représente une coupe transversale d'un disque germi-

natif d'Oiseau déjà avancé dans la segmentation. A gauche, on voit encore un assez grand segment de bordure (a) qui par sa base adhère à
l'assise vitelline située au-dessous. A un stade précédent, le segment (b)
s'est séparé par un sillon en latitude du segment de bordure, qui à ce
moment était encore plus grand et s'avançait plus au centre, mais la
connexion avec le deutoplasme est encore conservée. Par l'alternance de
sillons méridiens et de sillons en latitude le disque est divisé plus loin
en de plus petits segments, à peu près de la même forme que le segment (c) plus central et par suite un peu plus âgé. Dans ce segment
l'axe du fuseau nucléaire est placé dans la direction d'un rayon de l'œuf,
de sorte qu'il sera bientôt divisé par un plan de segmentation tangentiel
en une moitié superficielle entièrement délimitée et en une moitié inférieure, ainsi que cela a déjà eu lieu pour les cellules plus centrales (d, e,
f). Des plans de segmentation dirigés dans les trois directions de l'espace, tantôt méridiens, tantôt en latitude, tantôt tangentiels, déterminent,
dans les portions g, h, de plus petites cellules de divisions disposées les
unes au-dessus des autres en quatre couches. En outre, les segments
inférieurs de la région (d, g) ont encore conservé, ainsi que le segment
de bordure, leur connexion avec le vitellus.

On a donné le nom de *postsegmentation* ou de *segmentation ultérieure*
au processus qui consiste dans la division des segments situés à la bordure et à la face inférieure du disque germinatif, et par lequel des cellules
se détachent peu à peu complètement du vitellus et viennent contribuer
à l'augmentation du disque germinatif en étendue et en épaisseur. Ce
processus dure un certain temps, il cesse quand le vitellus formatif est
décomposé tout entier en cellules et quand la limite du vitellus nutritif
pauvre en protoplasme est atteinte. Il existe alors une séparation très
nette entre le disque germinatif et le matériel vitellin. Ultérieurement,
dans la couche limite du vitellus nutritif étalée sous le disque germinatif, on trouve par suite des dernières divisions cellulaires en direction
tangentielle de nombreux noyaux (fig. 37, ds, 38). Disposés dans un lit
de protoplasme (fig. 38), ces noyaux ont été décrits par *Ruckert* sous le
nom de *Mérocytes. H. Virchow* a donné le nom de *syncytium vitellin* à la
couche superficielle du vitellus, pourvue de noyaux, qui s'étend sous le
germe cellulaire. Dans ce syncytium, il distingue un syncytium central
qui apparaît le premier et est plus pauvre en noyaux, d'un syncytium de
bordure plus riche en noyaux s'étendant à la périphérie du disque germinatif (Périblaste, Agassiz et Whitman) (fig. 38, A et B). Les noyaux contenus dans le syncytium se multiplient encore pendant un certain temps
par division directe ; puis ils subissent dans le vitellus des modifications

de structure caractéristiques. Souvent, ils atteignent une taille considérable, comme dans les œufs des Téléostéens (fig. 38, B), deviennent très irréguliers, et ne semblent plus être susceptibles que de division amitotique (*Ziegler*). Ces noyaux ne jouent aucun rôle dans la formation des feuillets germinatifs et par conséquent du corps embryonnaire; ils jouent seulement un rôle dans l'utilisation et la résorption du vitellus (*H. Virchow*).

Cette couche à noyaux vitellins, ou syncytium vitellin, constitue une importante formation de passage et de liaison entre le germe segmenté et le vitellus nutritif indivis. La post-segmentation précédemment décrite

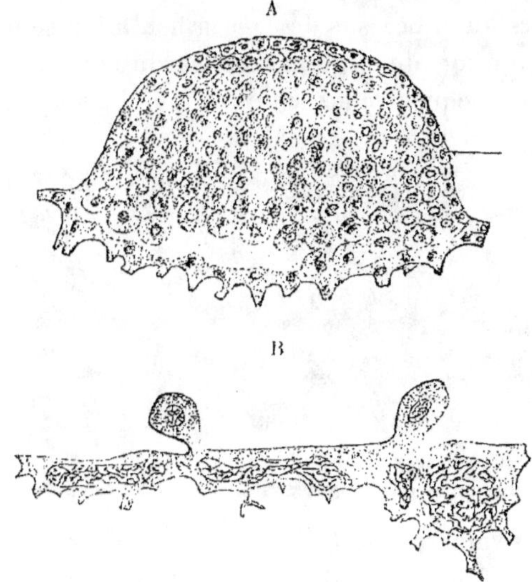

Fig. 38. — A : Disque germinatif et syncytium vitellin de Saumon d'après Hoffmann. Grossissement 35:1. — B: Une portion du syncytium fortement grossi. En dehors des gros mérocytes on voit deux cellules qui font saillie vers le disque germinatif; on discute pour savoir si elles se séparent du syncytium vitellin ou si elles doivent s'unir secondairement à lui.

et à laquelle plus tard se joint le syncytium vitellin (périblaste, mérocytes), sont des formations qui, dans les œufs méroblastiques, sont déterminées par le très grand développement du matériel vitellin.

Si à la fin de ce chapitre nous établissons un parallèle entre la segmentation partielle et la segmentation inégale que nous avons décrites dans l'œuf de Poule et l'œuf de Grenouille, nous verrons qu'il n'est pas difficile de distinguer la première de la deuxième et de trouver la cause de leur origine. C'est la quantité plus grande de vitellus qui amène l'inégale

Hertwig   4

répartition de la substance de l'œuf et le changement de position du noyau de segmentation. Avec l'œuf de Grenouille, le processus de différenciation est encore à un stade transitoire qui devient définitif avec l'œuf de Poule (fig. 6). Aussi la substance protoplasmique, qui déjà dans l'œuf de Grenouille s'accumule abondamment au pôle animal, est dans l'œuf de Poule plus concentrée à ce pôle, et se distingue, comme un disque à noyaux de segmentation, du vitellus nutritif.

Le vitellus nutritif s'accumule en grande quantité au pôle opposé où l'on ne trouve plus qu'une substance protoplasmique relativement pauvre, remplissant incomplètement les intervalles entre les grosses granulations vitellines.

Lorsqu'au cours du processus de la segmentation se manifestent les phénomènes d'évolution du protoplasma et du noyau, le deutoplasme reste passif, par conséquent chez les œufs méroblastiques la substance

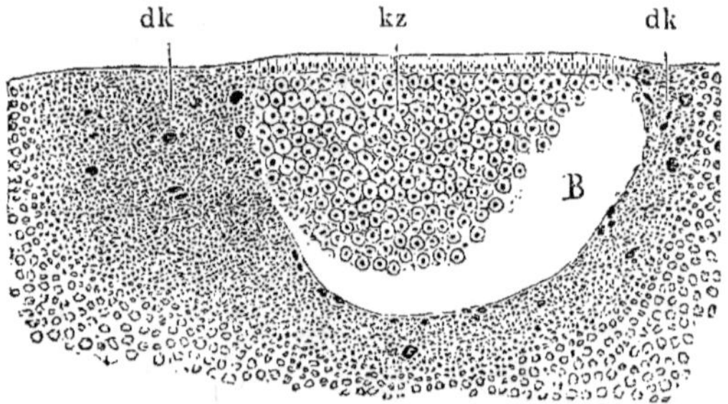

Fig. 39. — Coupe médiane à travers une blastula de *Pristiurus* d'après Ruckert.
B : cavité blastocélienne. — dk : noyaux vitellins. — kz : cellules germinatives.

active ne peut plus vaincre l'inertie de la substance passive qui reste indivise. Déjà dans l'œuf de Grenouille (fig. 30 et 31) une spécificité sensible du pôle animal se montre au cours de la segmentation. C'est au pôle animal qu'est placé le noyau, c'est là que se produisent les figures radiaires du protoplasma. C'est au pôle animal que débutent les deux premiers sillons de segmentation, qui ne gagnent que plus tard le pôle végétatif. C'est à ce pôle aussi que plus tard la segmentation devient la plus active, ce qui amène une distinction entre les petites cellules animales et les grandes cellules végétatives (fig. 32). Dans l'œuf de Poule, la spécificité du pôle animal atteint son maximum d'intensité. La distinction en deux substances, vitellus formatif et vitellus nutritif réparties en masses très inégales dans le processus du développement est très fortement accusée. Non seulement les sillons de segmentation commencent au pôle animal, mais ils y sont entièrement limités (fig. 34-37). De sorte que d'un côté, nous avons un disque composé de petites cellules animales (fig. 37 et 38, A) et de l'autre côté, une masse vitelline considérable et indivise correspondant aux cellules végétatives de l'œuf de Grenouille. *Les noyaux vitellins épars à la surface du vitellus, sous le disque germinatif (fig. 37, ds et 38, A et B) sont équivalents aux noyaux des cellules végétatives de l'œuf de Grenouille.*

On peut reconnaître aussi, chez les œufs méroblastiques à disque germinatif un stade blastula (fig. 39).

En effet, il se produit bientôt, entre l'assise inférieure des cellules embryonnaires et le syncytium central, de petites scissures remplies d'albumine qui se réunissent et forment, selon l'espèce animale considérée, tantôt une petite, tantôt une grande cavité germinative (B).

La blastula offre ici cette particularité, que seulement une très petite portion de sa paroi, correspondant au disque germinatif, est formée de cellules, tandis que la portion restante est constituée par le vitellus nutritif. L'une de ces portions par comparaison avec l'œuf de Grenouille, est le plafond, l'autre est le plancher de la blastula.

b) La segmentation partielle superficielle.

Le deuxième sous-groupe de la segmentation partielle est fréquent chez les Arthropodes. Il se rencontre notamment dans les œufs où une masse centrale de vitellus nutritif est enveloppée d'une couche de vitellus

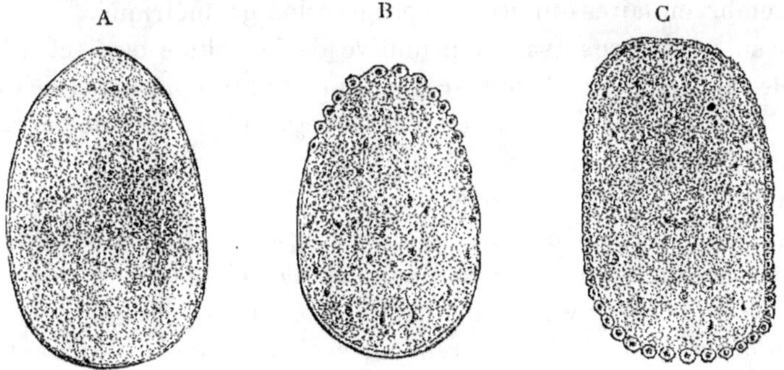

Fig. 40. — Segmentation superficielle de l'œuf des Insectes (Pieris crataegi) ; d'après Bobretzky. — A : Division du noyau de segmentation. — B : Déplacement des noyaux en vue de la formation de l'enveloppe germinative (blastoderme). — C : Formation de l'enveloppe germinative.

formatif. De même que de la segmentation égale à la segmentation inégale on trouve des formes de passage, on observe aussi ici de nombreuses variations. Dans la segmentation partielle superficielle typique, le noyau de segmentation est au centre du vitellus nutritif, entouré d'une enveloppe protoplasmique. Là, il se partage en deux noyaux-filles sans qu'il s'ensuive pour cela une division de la cellule-œuf (fig. 40). Les noyaux-filles se partagent ensuite en quatre, ceux-ci en huit, seize, trente-deux noyaux et ainsi de suite, pendant que la totalité de l'œuf reste toujours indivise (fig. 40, A). Plus tard, les noyaux s'éloignent les uns des autres et pour la plus grande partie s'avancent peu à peu vers la surface de l'œuf où ils pénètrent dans l'assise protoplasmique, dans laquelle ils se disposent à des distances régulières les uns des autres A ce moment, cette assise commence à se diviser en un nombre de cellules égal au nombre des noyaux qu'elle contient ; la masse vitelline centrale reste indivise (fig. 40, B et C). Finalement elle est enveloppée par une enveloppe constituée de petites cellules ou enveloppe germinative. Au lieu d'un vitellus polaire (télolécithe) nous avons un vitellus central (centrolécithe). Dans celui-ci, restent, comme dans les œufs méroblastiques des Vertébrés, quelques noyaux vitellins enveloppés de protoplasm (mérocytes).

Résumé du chapitre III.

1º A la fécondation fait suite immédiatement le processus de segmentation ou de division par laquelle l'œuf est décomposé en un nombre de cellules embryonnaires qui croît en progression géométrique.

2º Par suite de l'organisation primitive de la cellule-œuf, et spécialement de la disposition et de la répartition du protoplasme et du deutoplasme, la division du contenu de l'œuf en segments se fait de façon variable chez les diverses espèces d'animaux.

3º Schéma des différentes sortes de segmentation :

I. **Segmentation totale** (œufs holoblastiques). — Les œufs qui sont le plus souvent de petite taille contiennent une faible quantité de matériaux de réserve et se divisent totalement en cellules filles.

Segmentation égale. — Elle se rencontre chez les œufs contenant une faible quantité de deutoplasme également répartie (œufs alécithes) ; le processus de division donne des segments d'égale grandeur (Amphioxus, Mammifères).

Segmentation inégale. — Elle se rencontre chez les œufs où le deutoplasme est déjà plus abondant et réuni au pôle végétatif de l'œuf. Le noyau de segmentation est situé au pôle animal riche en protoplasme. Généralement, après la troisième division de segmentation les segments sont de taille différente (Cyclostomes, Amphibiens).

II. **Segmentation partielle** (œufs méroblastiques). — Ces œufs sont souvent très gros et contiennent une quantité considérable de deutoplasme. Par suite de l'inégale distribution de ses matériaux, le contenu de l'œuf se sépare inégalement en vitellus formatif, où se fait la segmentation, et en vitellus nutritif qui reste indivis et est utilisé à la croissance de l'organisme.

Segmentation discoïdale. — On la rencontre chez les œufs à différenciation polaire, et qui par suite présentent un vitellus nutritif rassemblé au pôle végétal et un pôle animal à vitellus formatif. Le processus de segmentation est limité au pôle animal ou disque germinatif qui donne un disque cellulaire (Sélaciens, Téléostéens, Reptiles, Oiseaux).

Segmentation superficielle. — Elle se rencontre chez les œufs à vitellus nutritif central. Dans les cas typiques le noyau situé au milieu de l'œuf, se divise seul à plusieurs reprises. Les nombreux noyaux filles ainsi obtenus gagnent l'enveloppe protoplasmique circulaire qui entoure le vitellus nutritif. Cette enveloppe se divise en segments nombreux en nombre égal aux noyaux qui s'y trouvent. Une membrane germinative est ainsi constituée (beaucoup d'Arthropodes).

4° Les œufs à segmentation totale sont désignés comme œufs holoblastiques, les œufs à segmentation partielle comme méroblastiques.

5° La direction et la place des premiers plans de segmentation est rigoureusement déterminée et conforme à l'organisation de la cellule. Elle est réglée par les trois principes suivants :

Premier moment : Le plan de division partage en deux toujours perpendiculairement l'axe du noyau se préparant à la division.

Deuxième moment : La position de l'axe du noyau pendant la division est dépendante de la forme et de la différenciation du protoplasma environnant.

Quand le protoplasma a une forme sphérique, l'axe du fuseau nucléaire situé au centre est disposé dans la direction d'un rayon quelconque. Dans un corps protoplasmique de forme ovale l'axe est par contre dans le sens du plus grand diamètre. Dans un disque circulaire l'axe nucléaire se dispose parallèlement à la surface dans le sens d'un diamètre quelconque du disque ; par contre, dans un disque ovale, l'axe est à nouveau dans la direction du plus grand diamètre.

Troisième moment : Dans les œufs à segmentation inégale qui, par suite de leur matériel deutoplasmique polaire et inégalement réparti sont géocentriques et par conséquent occupent une position d'équilibre fixe, les deux premiers plans de segmentation sont verticaux, le troisième est horizontal et situé au-dessus de l'équateur de l'œuf.

6° Pendant le cours de la segmentation, il se forme entre les cellules embryonnaires une petite cavité qui s'agrandit peu à peu (cavité germinative ou cavité de segmentation).

7° Les formations embryonnaires résultant de la segmentation de l'œuf sont désignées comme morula (mûre) et comme blastula.

8° Par son développement, la morula donne la blastula. La morula est constituée par de grandes cellules embryonnaires peu nombreuses, faiblement adhérentes entre elles, proéminentes à la surface à la façon des grains du fruit du mûrier et qui finalement circonscrivent une petite cavité intérieure : la cavité germinative ou de segmentation.

9° La blastula renferme une cavité plus grande, résultant du développement de la cavité de la morula ; elle est constituée par de nombreuses et très petites cellules qui sont intimement unies en une membrane épithéliale à surface lisse.

10° Etant donnée l'organisation primitive et très différente des œufs et par suite la variabilité conditionnelle de la marche du processus de la segmentation (Voyez le schéma), les stades morula et blastula présentent chez les différents types d'œufs des modifications caractéristiques.

CHAPITRE IV

Théories physiologiques du développement et expérimentation.

1. — Théorie de l'idioplasma.

Aux résultats des observations laborieuses et étendues qui font l'objet des trois premiers chapitres, se rattachent des considérations théoriques et expérimentales, grâce auxquelles on a essayé de pénétrer encore plus intimement et par des voies très diverses, le secret de la génération sexuelle et du développement.

Du jour où il fut établi, que l'œuf et le spermatozoïde sont de simples cellules animales prenant naissance dans les organes génitaux, la théorie de la préformation avec son ancienne conception fut définitivement écartée. Mais les questions scientifiques dont elle semblait donner la solution restaient inexpliquées. En effet, bien que l'œuf ne représente pas le futur organisme en miniature, comme l'enseignaient les préformistes, il doit cependant renfermer les éléments essentiels qui sont les déterminants de l'apparition de cet organisme. Ou ainsi que l'on s'exprime ordinairement, les ébauches nécessaires à la production d'un organisme d'espèce bien déterminée. Or, d'après la loi de la nature, de chaque espèce de cellule-œuf naît toujours un seul organisme de même espèce. Par la substance de la cellule-œuf, l'organisme maternel transmet à l'enfant ses particularités.

Il en est de même de la substance du spermatozoïde ; par lui, l'enfant hérite des particularités individuelles spécifiques du père ainsi qu'il a hérité de celles de la mère. Ce fait apparaît très évident dans la génération d'un bâtard, dans l'accouplement d'individus qui, par des différences dans leur organisation, donnent naissance à des variétés différentes d'une espèce ou à des espèces différentes.

Un produit bâtard montre souvent dans une curieuse combinaison, à côté des particularités propres à l'espèce animale à laquelle l'œuf appartient, des particularités complètement étrangères d'une deuxième espèce animale se rapportant à l'individu qui a fourni l'élément mâle. Fréquemment même, ces derniers caractères apparaissent plus nettement que les premiers, et leur transmission ne peut s'être faite que par la masse de substance infiniment petite du spermatozoïde.

L'œuf et le spermatozoïde représentent donc également les ébauches d'un nouvel individu, qui tiendra par ses caractères le milieu entre le père et la mère ; ou autrement dit. qui est un mélange des deux.

Des considérations d'un autre ordre nous montrent que la substance fondamentale doit être extraordinairement compliquée. En effet, autant il y a de millions d'espèces de plantes et d'animaux peuplant notre globe, différentes par l'aspect, autant il y a de sortes de cellules germinatives qui doivent différer l'une de l'autre par les caractères de leur substance fondamentale ; chacune doit renfermer en elle le principe des particularités spéciales à son espèce. Mais nous ne pouvons observer ces faits.

Si, afin de se faire une idée des particularités merveilleuses de la substance fondamentale, on étudie avec soin les milliers d'indices qui différencient un Mammifère d'un Oiseau ou d'un Lézard ; si on remarque que dans une même espèce animale, les différents individus sont séparés les uns des autres par des différences légères et que tous ces nombreux caractères importants ou minimes par lesquels les individus diffèrent sont transmis néanmoins par les cellules germinatives aux générations suivantes, nous sommes forcés d'admettre avec de telles considérations que chaque cellule germinative doit posséder une organisation élevée différente pour chaque sorte d'organisme. Avec cela il faudrait admettre en outre que cette organisation est du domaine moléculaire, ou comme le dit *Nageli*, du domaine *micellaire*, c'est-à-dire au delà des limites de ce que nous pouvons observer actuellement. Car même avec les plus forts grossissements, nous sommes loin de trouver dans la substance fondamentale des cellules sexuelles des différences qui pourraient servir de substratum aux caractères distinctifs.

L'hypothèse suivant laquelle les deux sortes de cellules sexuelles transmettraient également, par une substance fondamentale très élevée en organisation, les caractères des deux parents aux descendants, paraît quelque peu en contradiction avec ce fait : à savoir que l'œuf et le spermatozoïde sont très différents par leur volume et par leur poids, en même temps qu'ils contribuent très inégalement à former la masse de substance d'où l'embryon tire son développement. Ainsi d'après une évaluation de *Thuret*, l'œuf de fucus a une masse plus grande 30 ou 60.000 fois que le spermatozoïde de la même espèce. Mais entre les produits sexuels des animaux, cette différence devient généralement des milliers et des millions de fois plus grande, tel est par exemple, le cas en poids et en volume, de l'œuf de Poule et du spermatozoïde du Coq.

Il semble donc, que l'action de la minime quantité de substance d'origine paternelle est nulle en présence de l'influence qui doit résulter de la masse de substance infiniment plus grande de l'œuf et, par suite, ne peut avoir aucune valeur.

Il y a ici une contradiction qui demande une explication ; elle est la conséquence de l'hypothèse admettant que les deux sortes de produits génitaux se composent de substances d'importance inégale au point de vue de la transmission des caractères venant des parents. Une première substance sert de substratum aux caractères héréditaires, elle est répartie en quantité à peu près égale dans l'œuf et dans le spermatozoïde. Une deuxième substance, n'ayant qu'une importance minime ou nulle au point de vue de la transmission des particularités héréditaires et qui fait presque totalement défaut dans le spermatozoïde, alors que par contre dans l'œuf, elle est accumulée en quantité énorme, détermine la différence de taille, signalée plus haut, entre l'œuf et le spermatozoïde.

A la première, Nägeli a donné le nom d'*idioplasma* et à la seconde celui de *plasma nourricier* ; cela sans indiquer dans laquelle des parties constituantes de la cellule-œuf ou du spermatozoïde nous avons à les chercher.

Des hypothèses qui naquirent des considérations théoriques suscitées par Nägeli, on a cependant pu tirer un principe s'appuyant sur des faits (*Oscar Hertwig. E. Strassburger*) Il y a en effet, dans l'œuf et dans le spermatozoïde, une masse minima de substance qui est la condition nécessaire de l'hypothèse, et qui en même temps joue le rôle prépondérant dans le processus de la fécondation. Elle est contenue dans les noyaux de l'œuf et du spermatozoïde, qui par leur union donnent le noyau germinatif. Ces noyaux ont sensiblement le même poids et le même volume, surtout en ce qui concerne la chromatine. En effet, les observations rapportées précédemment (Voir p. 32) relatives à l'Ascaris megalocephala (*Van Beneden*), nous ont clairement montré que le noyau du spermatozoïde et le noyau de l'œuf possèdent chacun deux chromosomes, que par suite, chacun d'eux apporte des quantités de substance exactement équivalentes à la formation du noyau germinatif, l'un fournissant deux chromosomes mâles, l'autre deux chromosomes femelles.

Le noyau cellulaire contient l'idioplasma ou, pour employer une expression allemande, la *substance fondamentale* ou la *masse héréditaire* et pour le montrer, nous avons deux observations très importantes. Nous avons déjà dit précédemment que les deux chromosomes mâles et femelles du noyau germinatif se divisent selon la longueur en deux segments-filles qui s'éloignent les uns des autres vers les deux pôles de l'axe nucléaire où, si l'œuf s'est divisé en deux cellules-filles, ils forment les noyaux. *De cette façon, par suite du processus compliqué de la caryoci-*

nèse, les deux produits de segmentation de l'œuf possèdent une quantité exactement égale de chromatine du noyau mâle et du noyau femelle. Il est facile de comprendre que par les divisions nucléaires ultérieures, les masses héréditaires paternelle et maternelle qui se multiplient par la croissance, sont réparties en égale quantité dans les générations cellulaires dérivant les unes des autres.

La deuxième observation porte sur le processus caractéristique de la maturation de la cellule-œuf du spermatozoïde d'après lequel comme nous l'avons vu précédemment, leur masse chromatique subit une réduction qui l'amène à n'être plus que moitié de la masse d'un noyau normal. *Nous voyons là une préparation au processus de la fécondation, qui a pour but d'empêcher l'accroissement des deux masses héréditaires à chaque nouvel engendrement.* En effet : « Si à chaque multiplication, par fécondation, remarque Nägeli, le volume de l'idioplasma créé d'une façon quelconque, se doublait, les idioplasmes se seraient tellement accrus qu'après un nombre de générations peu élevé, même à eux seuls, ils ne trouveraient plus place dans le spermatozoïde. »

Toute une série de faits très frappants, acquis par l'étude du processus de la génération, vient confirmer cette hypothèse que la masse héréditaire est contenue dans les noyaux des cellules sexuelles.

Si l'œuf et le spermatozoïde possèdent des quantités égales d'idioplasma l'énorme taille des premiers doit donc tenir à une agglomération de substances non idioplasmiques. Et il est indiscutable que celles-ci appartiennent à la série des matériaux de réserve entassés dans l'œuf et qui plus tard sont peu à peu employées comme matériaux nutritifs.

Néanmoins, il reste toujours la question de savoir comment se sont formées de si grandes différences de volume et de forme entre les deux sortes de cellules qui s'unissent dans l'acte de fécondation. Ce qui suit va nous renseigner. Dans la formation d'un germe capable de se développer, qui résulte de l'union des deux cellules, nous avons affaire à deux sortes de considérations qui, si elles tendent au même but, sont néanmoins contraires. Premièrement les cellules, dont les masses héréditaires s'unissent en une substance fondamentale mixte, devraient avoir la même faculté de se rechercher et de s'unir.

Mais, en second lieu, il faut considérer que le processus de développement d'un organisme se produit dans un temps relativement court ; il faut donc que dès le début il existe une grande quantité de substance favorable au développement qui généralement est fourni non pas indirectement au moyen de l'alimentation, mais directement par des cellules embryonnaires qui se forment et se différencient. Pour réaliser avantageusement le premier desideratum les cellules sexuelles devraient donc être très mobiles, très actives. Et d'autre part, en vue de la seconde condition à réaliser, elles devraient entasser de la substance favorable au développement et par là s'accroître en volume, ce qui naturellement aurait pour conséquence d'entraver la motilité. La nature a atteint ces deux buts en répartissant, d'après le principe de la division du travail, des caractères qui dans un seul corps sont incompatibles, parce qu'ils sont contraires, entre les deux cellules qui s'unissent dans l'acte de fécondation. Elle a fait d'une part une cellule mobile, active, fécondante, c'est-à-dire la cellule mâle ; d'autre part, une cellule passive qui conçoit, c'est-à-dire la cellule femelle. La cellule femelle a le rôle d'entasser les substances nécessaires à la nourriture et à l'accroissement du protoplasma cellulaire au cours du rapide processus du développement. Par suite, elle a entassé en elle dans l'ovaire du matériel vitellin et des matériaux de réserve pour l'avenir. De sorte, qu'elle s'est accrue démesurément et qu'elle est devenue incapable de se mouvoir. Mais comme pour déterminer le processus du développement, il faut qu'une deuxième cellule provenant d'un autre individu s'unisse à la première, et comme des corps immobiles ne pourraient se réunir, l'élément mâle correspondant a donc dû être modifié en vue de ce but. Afin de pouvoir progresser et de faciliter l'union avec la cellule-œuf fixe, l'élément mâle est transformé en un filament contractile, et plus il est approprié à son rôle, plus il est complètement débarrassé de toutes les substances, qui par exemple comme le matériel vitellin ou même le protoplasme, seraient des entraves à son but principal. En même temps, le spermatozoïde a adopté aussi une forme qui est la plus favorable en vue de la pénétration à travers les enveloppes protectrices dont l'œuf est entouré, et le vitellus.

La justesse de nos conceptions est surtout confirmée par des faits pris dans le règne végétal.

On trouve des plantes très inférieures chez lesquelles les deux cellules sexuelles qui se conjuguent sont tout à fait semblables, également petites et mobiles. Chez d'autres espèces voisines de ces plantes, on observe une différenciation graduelle ; l'une des cellules sexuelles devient plus volumineuse, plus riche en vitellus et en même temps incapable de se mouvoir ; l'autre cellule, au contraire, devient plus petite et plus mobile. Ceci est la conséquence naturelle de ce que la cellule fixe doit être recherchée par la cellule mobile. Aussi nous pouvons reporter les expressions de « mâle et femelle » aux noyaux de ces éléments cellulaires sexuellement différenciés, même s'ils sont équivalents dans la masse de leur substance. Seulement par la dénomination de noyau mâle et de noyau femelle nous ne devons pas entendre autre chose qu'un noyau qui appartient à une cellule mâle ou à une cellule femelle.

2. — Reproduction sexuelle et parthénogénèse.

On peut se rendre compte du rôle important que joue la reproduction sexuelle pour la conservation de la vie organisée, d'après sa fréquence et sa généralité dans tout le règne organique. En effet, même dans le monde des organismes inférieurs monocellulaires : chez les Infusoires, Rhizopodes, Grégarines, Coccidies, et chez les Algues et les Champignons inférieurs l'existence de la reproduction sexuelle est démontrée de plus en plus par des recherches approfondies. Mais quelle est sa signification essentielle ? quels avantages présente-t-elle sur le reproduction asexuée ? Toutes ces questions restent encore enfouies dans l'obscurité la plus profonde. Il paraît résulter de la comparaison entre certaines données de la fécondation bâtarde et de la fécondation normale, que le produit de la génération est d'autant plus parfait que les individus générateurs sont peu différents et que par suite leurs cellules sexuelles sont, elles aussi, peu différentes dans leur constitution et dans leur organisation. Avec *Darwin*, nous pourrions examiner l'utilité de la fécondation dans « l'union des éléments physiologiques légèrement différents d'individus peu différents »; et avec *Spencer*, « rechercher le but principal de la reproduction sexuelle en ce qu'elle détermine un nouveau développement par la destruction de l'équilibre approximatif dans lequel sont tenues les molécules des organismes parents ». Mais ces explications sont tellement imprécises et générales qu'elles ne peuvent nous satisfaire.

Il nous reste à répondre à la question de savoir pourquoi dans de nombreux embranchements de la série animale la reproduction sexuée est devenue une nécessité absolue pour la conservation de l'espèce, tandis que dans d'autres on trouve, à la fois à côté l'une de l'autre, la reproduction sexuée et la reproduction asexuée, ou alternativement l'une après l'autre, et dans de nombreux cas, la reproduction asexuée existe seule. L'explication de la parthénogénèse est difficile à donner, par exemple dans un groupe aussi élevé en organisation que l'est le groupe des Arthropodes. Par parthénogénèse on entend le développement des cellules-œufs sans fructification préalable, ainsi qu'on l'a observé chez les Aphides, les Abeilles, et chez plusieurs Crustacés. Il est très intéressant d'étudier la différence qui existe entre les œufs parthénogénétiques et les œufs qui sont dans la nécessité d'être fécondés, bien qu'on n'explique pas ainsi d'où les œufs, dans certaines divisions du règne animal, tiennent la propriété de se développer par parthénogénèse, et à quelle organisation elle correspond.

Ordinairement, chez les œufs parthénogénétiques, il ne se forme qu'un seul globule polaire. La formation du deuxième globule polaire, amenant chez les œufs qui sont dans la nécessité d'être fécondés, une réduction de moitié de la substance fondamentale, n'a pas lieu. Dans la parthénogénèse, la réduction qui, dans une certaine mesure, suppose par la suite la fécondation, n'a plus aucun but, et elle n'a pas lieu, parce que l'œuf, d'après son organisation et la constitution de sa substance fondamentale, n'est plus dans la nécessité d'être fécondé.

Nous pouvons enfin encore signaler comme non résolue la question d'après laquelle, la substance fondamentale des animaux à sexes séparés est destinée à donner tantôt une forme mâle, tantôt une forme femelle. Chez beaucoup d'espèces animales, la proportion entre les produits mâles et les produits femelles oscille dans des limites très étroites. Ainsi chez l'Homme, par exemple, les statistiques donnent 100 filles pour 106,3 garçons A ce sujet on a émis en ces derniers temps, surtout en ce qui concerne l'Homme, de nombreuses hypothèses mais qui sont sans valeur.

3. — Observations et expériences sur le rôle de la substance fondamentale dans l'organisation de l'embryon.

Bien que l'on rejette la théorie de la préformation prise dans son ancienne acception, on a cependant de tout temps essayé d'établir s'il est possible qu'il existe des rapports régis par des lois entre l'organisation du germe au commencement du développement et l'organisation définitive de l'embryon. On comprend que l'attention se soit surtout portée presque exclusivement sur la cellule-œuf, par la raison bien simple qu'elle fournit d'une façon prépondérante les matériaux nécessaires à la construction du corps embryonnaire.

Mais si l'on considère la chose de haut, on doit la regarder, au début tout au moins. comme une recherche toute particulière et sans portée. Car la substance fondamentale (idioplasma) se trouve tout aussi bien dans le spermatozoïde que dans la cellule-œuf, de sorte que ces questions se rapportent aussi bien à l'une qu'à l'autre de ces cellules.

Dans les trente dernières années, on a donné trois théories différentes sur le rôle que joue la substance fondamentale dans l'organisation de l'embryon :

1º La théorie des centres germinatifs producteurs d'organes ;

2º La théorie de la mosaïque et du plasma germinatif ;

3º La théorie de la biogénèse.

a) **Théorie des centres germinatifs producteurs d'organes.**

Plusieurs observateurs ont remarqué que les premiers plans de division,
suivant lesquels l'œuf se divise en deux, quatre et huit cellules, correspondent plus ou moins exactement chez des espèces animales différentes
aux trois plans principaux que l'on peut mener à travers le corps des
animaux à symétric bilatérale (œufs des Nématodes, des Ascidiens, des
Amphibiens). Dans certains cas, c'est le premier plan qui correspond au
plan médian de l'embryon en voie de formation, dans d'autres, c'est le
second. Chez'certaines espèces animales, *il est même possible de dire
avant la première division de l'œuf, comment s'orientera plus tard l'embryon.* Ainsi le grand axe des œufs de forme ovale ou allongée correspond
à l'axe longitudinal de l'embryon. Parfois, on peut déterminer chez eux
d'après de légères différences dans la répartition de la substance, dans
la pigmentation, et d'après d'autres indices semblables à quelle extrémité
de l'axe longitudinal se trouveront la tête et la queue, et de plus quelle
face de l'œuf donnera la face dorsale ou la face ventrale.

Ainsi, dans l'œuf de Poule, on peut, sans ouvrir la coquille calcaire,
d'après une loi s'appuyant sur de nombreuses expériences, indiquer avec
une grande probabilité quelle sera la position prise par l'embryon en se
développant. Si on place devant soi un œuf, de façon que le pôle obtus
soit à gauche, le pôle pointu à droite, la ligne réunissant les deux pôles
de l'œuf sépare le disque germinatif en deux moitiés : l'une tournée vers
l'observateur donnera l'extrémité postérieure de l'embryon, l'autre moitié
antérieure donnera l'extrémité antérieure correspondant à la tête. Déjà
au cours du processus de la segmentation les deux parties offrent des
caractères différentiels, car, dans la partie antérieure, la segmentation
du disque germinatif s'effectue plus lentement que dans la partie postérieure. Dans la première moitié on trouve des cellules embryonnaires
plus grandes et dans la seconde moitié elles sont plus petites, et plus
nombreuses.

De ces observations et des considérations s'y rattachant est née la conception suivante : « On peut dire quelle sera la place, dans l'espace, de
l'ébauche de tel organe dans un œuf fécondé et même dans un œuf non
fécondé, par conséquent encore dépourvu de segmentation morphologique. » C'est la théorie des centres germinatifs producteurs d'organes.

On peut facilement montrer que les faits sur lesquels s'appuie le principe de cette théorie peuvent facilement recevoir une interprétation
tout autre.

Comme on l'a vu aux pages 3 et 38, la cellule-œuf mère est composée,
et en particulier quand elle atteint une taille appréciable, de différentes

substances dont le poids spécifique est inégal et dont l'importance est variable au point de vue du processus vital. Nous trouvons, d'une part, le protoplasma et, d'autre part, tous les matériaux qui constituent le vitellus. Déjà, lors de la formation dans l'ovaire, mais principalement pendant les derniers stades de la maturation et de la fécondation, ces substances sont réparties dans l'œuf d'après leur poids. Les cellules-œufs reçoivent de cette façon une organisation différente selon les diverses classes d'animaux, organisation que l'on a désignée du nom de différenciation polaire. Par suite de cette différenciation le centre de gravité de l'œuf devient excentrique ; et les œufs, en supposant qu'ils ne soient pas soumis à l'action d'autres influences venant contrebalancer l'action de la pesanteur, tendent à occuper dans l'espace une position d'équilibre stable. De sorte qu'ils tournent vers le haut la portion formée des substances les plus légères (pôle animal), et vers le bas la portion opposée plus lourde (pôle végétatif). ·

Outre cette différenciation polaire, il se forme en même temps dans certaines cellules-œufs une organisation symétrique bilatérale, en ce que les substances de poids différent et, d'importance physiologique inégale, se répartissent également de chaque côté d'un plan de symétrie. Comme le plan de symétrie se place constamment, en vertu de la pesanteur dans la direction verticale, il a la valeur d'un plan d'équilibre. Toutes ces particularités propres peuvent se rencontrer de même dans toute autre cellule qui présente un abondant matériel nutritif. .

La forme de l'œuf et la différenciation de son contenu exercent une influence considérable et même en quelque sorte directrice sur toute une série de processus du développement, mais surtout sur les premiers stades du développement. En premier lieu, elles déterminent les directions des plans de division, d'après un ensemble de lois très précises. Ainsi dans un œuf de forme ovale, par exemple, le premier plan de division est presque toujours dirigé sans exception d'après la règle donnée à la page 38, verticalement et perpendiculaire au grand axe ; il correspond à un plan transversal du futur corps embryonnaire. Le second plan de division, qui doit couper perpendiculairement le premier, coïncide sensiblement avec le plan médian du futur embryon. Dans un œuf sphérique, mais à symétrie bilatérale, le fuseau nucléaire de division est disposé habituellement de façon à ce que le premier plan de division coïncide avec le plan de symétrie.

De même, la forme de la cellule-œuf et la différenciation de son contenu sont en second lieu aussi des déterminants pour certains caractères des stades futurs de l'embryon : blastula et autres.

En effet, pendant le processus de la segmentation, les seuls éléments qui à la fois, s'accroissent et se déplacent dans l'espace de l'œuf, sont les noyaux. Ils changent de position, car après chaque division les noyaux-filles se séparent et s'éloignent dans des directions opposées, ils semblent se repousser mutuellement comme les pôles de même nom de deux aimants. Partant de là, la décomposition de la grosse cellule-œuf en cellules-filles devenant de plus en plus petites, n'a aucune influence sur la répartition ultérieure des éléments de poids et d'importance différente, et par suite, cette répartition est peu changée. Par conséquent, les cellules de la région inférieure seront encore aux stades ultérieurs du développement plus riches en matériel vitellin et les cellules supérieures plus riches par contre en protoplasma. Par là, il existe encore une différence dans la taille de ces deux sortes de cellules, et les cellules riches en protoplasma se divisent plus rapidement que les cellules pauvres en protoplasma. Il se formera donc différents centres constitués de cellules de taille différente et se multipliant avec une vitesse différente.

Puisque par les premiers processus du développement, ni la forme de l'œuf n'est changée, ni la répartition inégale primitive des différentes substances renfermées dans les cellules dont le nombre augmente constamment par la division ; il s'ensuit que l'œuf non segmenté et la blastula, résultant de la segmentation, doivent avoir des rapports à deux points de vue. En effet, un œuf ovale donne une blastula ovale, un œuf sphérique, différencié polairement et éventuellement à symétrie bilatérale, donne une blastula présentant les mêmes particularités. *L'œuf non fécondé et la blastula doivent donc avoir à peu près le même plan de symétrie et d'équilibre.* car il est absolument indifférent, pour cela, que les substances de poids différents soient contenues dans une grande cellule-œuf unique ou réparties dans différentes cellules résultant de sa segmentation. La forme de la blastula et l'inégale répartition des substances qui lui viennent de l'œuf doivent avoir naturellement aussi à nouveau quelque influence sur les stades suivants du développement ; aussi, on ne doit pas s'étonner si ces substances sont orientées dans une certaine mesure conformément à la première organisation de la cellule œuf.

A ce point de vue, l'œuf qui vient d'être fécondé, peut être considéré en quelque sorte comme une forme, à laquelle doit s'adapter le futur embryon, surtout aux premiers stades de son développement. Ainsi s'explique de la façon la plus simple et la plus naturelle les faits qui ont servi de base au principe de la théorie des centres germinatifs producleurs d'organes. Par conséquent, on ne peut donner ces faits à l'appui de cette hypothèse, puisque déjà dans l'œuf non segmenté l'organisation de l'embryon, en « centres germinatifs producteurs d'organes » est établie. On peut d'ailleurs démontrer la justesse de cette manière de voir de bien d'autres façons différentes. On peut piquer l'œuf de nombreux animaux avec une aiguille à pointe très fine, de façon à faire sortir une partie du contenu ; on peut ainsi bouleverser complètement l'intérieur de gros œufs (Grenouille, Axolotl). Néanmoins, il se développe cependant dans bien des cas un embryon normal, ce qui serait absolument impossible si l'œuf était différencié en centres germinatifs. Tout cela prouve la valeur de cette thèse : *que l'œuf non en voie de développement n'a pas une organisation autre que celle d'une cellule ; et qu'il est aussi différent de l'organisation multi-cellulaire du corps de l'animal auquel il donnera naissance, que le sont les autres cellules du corps de cet animal à l'état adulte. La structure cellulaire et la structure animale multi-cellulaire ne sont pas comparables.*

b) Théorie de la mosaïque.

Tandis que la théorie « des centres germinatifs producteurs d'organes » répartit les ébauches dans toute l'étendue du corps protoplasmique de la cellule-œuf, la théorie de la mosaïque et du plasma germinatif est la conséquence de l'hypothèse émise page 58 : les noyaux de la cellule-œuf et du spermatozoïde sont porteurs de la substance fondamentale ; et celle-ci, au cours du processus du développement, serait répartie inégalement au point de vue qualitatif entre les cellules, ce qui amènerait leurs différences.

La répartition de l'idioplasma en assemblages complexes de valeur différente commence avec les premières divisions de l'œuf. Aussi, conformément à cela, on interprétera de la manière suivante le rapport qui existe entre les trois premiers plans de segmentation et les trois plans principaux du corps des animaux à symétrie bilatérale : c'est que, par les premières divisions nucléaires, les différents matériaux de formation ainsi que les forces différenciées sont distinctes les unes des autres pour donner les différentes régions du corps. Aussi, si, après la première ou la deuxième division, on détruit une cellule, d'après la théorie de la mosaïque, les cellules restantes se développeront pour former seulement une partie déterminée de l'embryon, car elles renferment seulement le matériel et la force propre à la formation d'une partie du corps, par suite d'une division qualitative inégale du noyau, et elles sont spécialisées en vue d'une tâche nettement déterminée dans le plan du développement.

Hertwig5

Si l'on détruit l'une des deux premières sphères de segmentation, celle qui restera se développera en une moitié droite ou gauche du corps (Hémi-embryon latéral). Par la destruction des deux cellules antérieures ou des deux cellules postérieures correspondant au stade de division de quatre cellules, on obtient soit seulement le développement de la moitié postérieure soit celui de la moitié antérieure (Hémi-embryon postérieur et antérieur), etc. Ainsi, le processus du développement des différentes régions et organes du corps, consiste, ainsi que l'indique le nom de la théorie, en un travail de mosaïque, où chaque cellule de segmentation se développe indépendamment des autres, conformément aux propriétés et aux forces particulières qu'elle seule possède, en vue d'arriver au but final.

On peut élever une objection sérieuse contre cette façon de voir purement théorique. *La division d'une cellule est le point de départ d'un organisme. Or par la voie de la reproduction, ainsi que le montre tout le monde organique, les particularités de l'espèce sont transmises avec une grande ténacité d'une génération à l'autre.* Une reproduction hétérogène, c'est-à-dire une reproduction à la suite de laquelle une espèce donnerait naissance spontanément à une espèce toute différente, n'existe pas, comme on le croyait, dans la nature. *Par conséquent dans la division d'une cellule, sa substance fondamentale, et si celle-ci est renfermée dans le noyau, la substance nucléaire doit être divisée identiquement au point de vue héréditaire* Donc, une division héréditaire inégale, comme l'admet la théorie de la mosaïque et du plasma germinatif est une hypothèse contraire aux faits de la génération.

La théorie de la mosaïque est encore contredite directement par les deux séries d'expériences suivantes. On peut, par des actions mécaniques extérieures, par compression de l'œuf, dans des directions différentes, modifier sa forme et conséquemment, de la même façon, le processus de la segmentation. Les plans de divisions affectent des directions tout autres que dans le cours du développement normal. A chaque division, les nouveaux noyaux-filles sont donc mis en rapport avec des portions toutes différentes de substance vitelline. Malgré cela, on voit de tels œufs donner des embryons normaux avec les organes situés normalement. Cela serait impossible, si la théorie de la mosaïque était exacte, si, par le processus de la segmentation, les cellules embryonnaires étaient dotées de substances nucléaires différentes qualitativement, conséquence d'une division héréditaire inégale et spécifiant les cellules d'avance dans un rôle déterminé. Aussi, de cet « amas de noyau, confusément répartis » devraient, d'après la théorie, naître les difformités les plus bizarres.

Les faits suivants relevant d'une autre série d'expériences sont encore plus probants. Par différents moyens, on a séparé les uns des autres les premiers segments des œufs de certaines espèces animales convenablement choisis (Echinodermes, Ascidies, Méduses, Amphioxus, Amphibiens), soit totalement, ou au moins partiellement. Et on a vu, alors, chaque partie se développer absolument de la même façon que se fut développé l'œuf entier. A la fin du processus de segmentation, il se forme une blastula normale, qui donne une gastrula de laquelle naîtront les formes embryonnaires suivantes, qui sauf leur taille plus petite, ressemblent entièrement aux formes normales résultant du développement de l'œuf entier. La figure 41 nous montre quatre blastulas d'Amphioxus qui diffèrent seulement par leur taille. La blastula A vient d'un œuf normal, B vient d'une des moitiés du stade bi-cellulaire, cette moitié ayant été séparée de l'autre par secousses, C résulte du développement d'un quart d'œuf et même D d'un huitième d'œuf entier à son origine.

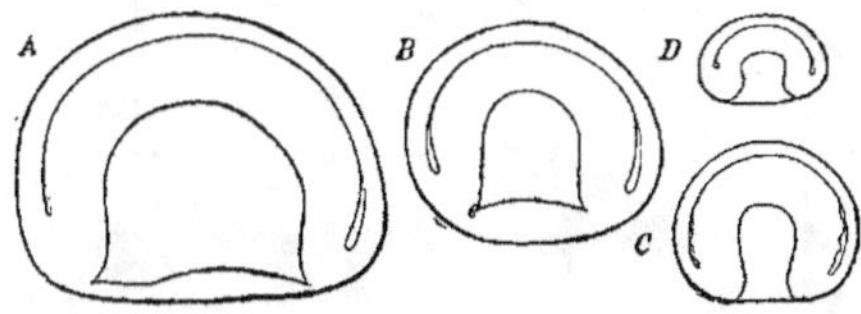

Fig. 41. — Gastrula normale et gastrula partielles de l'Amphioxus , d'après Wilson.
A : Gastrula provenant d'un œuf entier.
B : D'une des cellules isolées du stade bi-cellulaire.
C : Du stade quadri-cellulaire.
D : Du stade octo-cellulaire.

Il arrive aussi souvent que les cellules résultant d'une division ne sont pas complètement séparées les unes des autres par l'opération. De tels œufs donnent alors naissance à des difformités doubles et même plus nombreuses, c'est-à-dire à deux ou trois embryons qui restent unis par certaines parties de leur corps sur une étendue plus ou moins grande, comme les Jumeaux siamois.

De toute cette étude, il ressort que, ni la « théorie des centres germinatifs producteurs d'organes », ni la théorie de la mosaïque et du plasma germinatif ne tiennent debout, la dernière surtout, car toutes les cellules embryonnaires reçoivent, par des divisions successives égales au point de vue héréditaire, de la cellule-œuf, la masse héréditaire également transmise. Chaque cellule embryonnaire peut dans des conditions convenables, et lorsque d'autres causes n'interviennent pas, se développer et donner un embryon complet.

Ici se place avec son explication la

c) **Théorie de la biogénèse.**

Est-ce sous l'influence de certaines conditions extérieures qu'une cellule embryonnaire se développe seulement en une partie d'un embryon, ou à elle seule en un embryon entier, ou en une partie d'une formation multiple ? Se trouve-t-elle sous l'influence des autres cellules embryonnaires avec lesquelles elle est unie en un tout, en un agrégat, ou se sépare-t-elle de l'ensemble pour se développer seule ?

Qui s'intéressera plus à fond à ces questions ardues et fondamentales les trouvera exposées en détail, ainsi que la critique, dans le deuxième volume de mon *Anatomie et physiologie de la cellule et des tissus.*

CHAPITRE V

Étude des feuillets germinatifs.

Dans le 3ᵉ chapitre, nous avons suivi le processus de la segmentation de l'œuf jusqu'à la formation du disque germinatif. Les cellules embryonnaires qui, au commencement de la segmentation, étaient le plus souvent disposées les unes à côté des autres sans cohésion, deviennent plus intimement et plus fortement unies à leur surface et ont ainsi constitué *un épithélium*, pour nous servir de l'expression employée en histologie.

En embryologie, on donne à cette membrane épithéliale formée à la suite du processus de la segmentation le nom de *feuillet germinatif*. L'étude de ses modifications dans les périodes suivantes constitue presque entièrement le sujet de notre 5ᵉ chapitre sous le titre de « *Etude des feuillets germinatifs* ».

Ici, un nouveau principe entre en ligne de compte dans le développement : c'est le principe de l'accroissement inégal, qu'avec *W. His* nous allons esquisser brièvement. Pendant la période qui vient de s'écouler, le fait caractéristique était la multiplication plus ou moins uniforme des cellules embryonnaires. Mais à présent, après leur union en une membrane épithéliale ou feuillet germinatif, dans lequel les cellules sont réparties d'après une loi déterminée et d'une façon déterminée, il se forme des cantons nettement délimités et d'accroissement inégal ; ce qui détermine dans le matériel cellulaire jusque-là uniforme, des formations cellulaires de grandeur différente qui sont nettement distinctes les unes des autres. Certaines, spéciales par leur forme caractéristique et leur situation, s'indiquent comme les ébauches des différents organes. Par là nous concevons plus encore l'importance du principe de l'*accroissement inégal*.

En effet, si dans une membrane cellulaire les parties élémentaires isolées continuent à se diviser *également*, la conséquence sera une augmentation de la membrane en épaisseur et en étendue. L'augmentation en épaisseur se fera par des plans de segmentation, orientés parallèlement à la surface de la membrane. L'étendue en surface se fera au contraire par des plans perpendiculaires à cette surface. Par l'augmentation de la surface, les cellules primitives sont graduellement séparées les unes des autres par l'intercalation de nouvelles cellules-filles, absolument comme si elles étaient molles et malléables et reliées par un ciment mou. Supposons qu'un tel accroissement, seul, ait lieu au cours du développement ultérieur de la blastula, il ne pourrait en résulter qu'un globe cellulaire creux augmentant toujours en épaisseur et en circonférence.

Le résultat de l'*accroissement inégal* de la surface se présente sous un autre aspect. Si, dans le milieu d'une membrane, un groupe de cellules vient seul à se diviser à plusieurs reprises dans un temps très court, par des plans verticaux, il prendra subitement une surface beaucoup plus grande. Par suite de l'accroissement, une pression énergique sera exercée sur les cellules voisines qui tendront à se séparer. Mais dans ce cas, comme dans le cas de l'accroissement interstitiel par divisions lentes et égales cette séparation n'a pas lieu, car les cellules environnantes constituent un entourage passif, une sorte de bordure consistante, selon l'expression de His, à la partie en voie d'accroissement, qui, par suite de sa

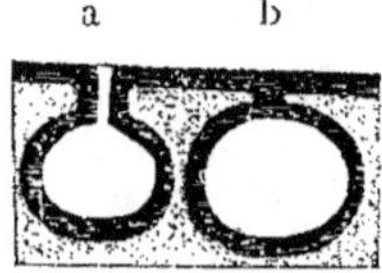

Fig. 42. — Schéma de la formation de la vésicule auditive.

a : fossette auditive. — b : vésicule auditive qui s'est constituée par séparation et est encore unie au feuillet germinatif externe par un pédicule épithélial plein.

croissance rapide réclame, pour elle une plus grande surface. Elle doit, par conséquent, chercher à s'étendre autrement pour agrandir sa surface ; elle sortira, soit d'un côté, soit de l'autre, du niveau de la portion demeurée passive, et constituera un pli. Ce dernier s'agrandira ultérieurement, dépassant de plus en plus le niveau primitif, si ses cellules continuent à se diviser. De cette façon, par l'accroissement inégal de la membrane cellulaire primitivement homogène, une partie distincte ou un organe particulier s'est constitué.

Dans le feuillet germinatif constituant la paroi de la cavité blastocélienne nous distinguerons deux faces, ainsi que dans toutes les membranes épithéliales qui en dérivent plus tard. L'une *interne*, tournée vers la cavité blastocélienne est la base de l'épithélium, l'autre *externe* est la surface libre. Naturellement, les groupes cellulaires à accroissement rapide peuvent naître soit sur l'une, soit sur l'autre de ces surfaces. Si ces groupes dépassent le niveau général du côté basal de l'épithélium, on désigne le fait en embryologie du nom d'*invagination* ; au contraire, si l'accroissement se fait sur la face libre, c'est une *évagination*. L'invagination et l'évagination peuvent prendre les formes et les dimensions les plus variables et revêtir les aspects les plus divers, et cela d'autant plus, qu'à chaque division particulière d'accroissement, elles croissent plus rapidement que leur entourage et s'étendent plus par suite de l'accroissement inégal.

Au cours du développement, se forment, du feuillet germinatif par invagination, des sacs (fig. 42), ou, si l'accroissement se continue davantage dans le sens de la longueur, des canaux, des tubes (fig. 43). Ces derniers poussent de place en place des ramifications latérales, qui finalement donnent un système de canaux richement ramifié en forme d'arbre. Quand l'invagination se fait suivant une ligne longitudinale de la membrane épithéliale, elle donne une gouttière.

Le processus d'évagination n'est pas moins important au point de vue du développement des formes animales que le précédent. De même que le processus d'invagination, il se produit d'après des procédés très variés

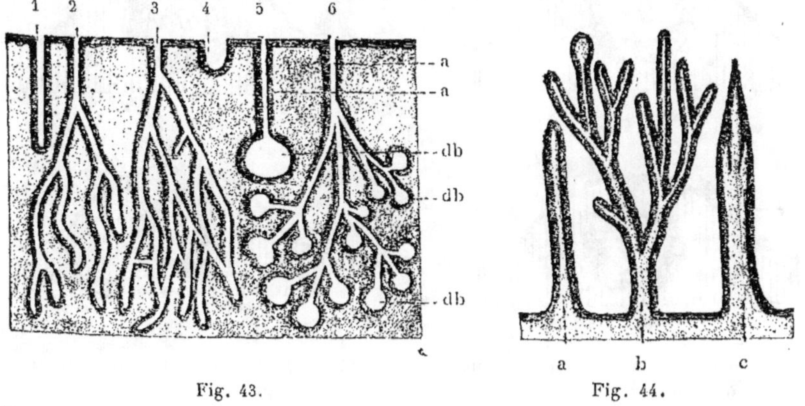

Fig. 43.   Fig. 44.

FIG. 43. — Schéma de la formation des glandes. — 1 : glande simple en tube. — 2 : glande en tube ramifiée. — 3 : glande en tube ramifiée avec réseau de communication. — 4 et 5 : glande alvéolaire simple ; a : canal excréteur. — db : acinus glandulaire. — 6 : glande alvéolaire ramifiée.

FIG. 44. — Schéma de la formation des papilles et des villosités. — a : papille simple. — b : papille ramifiée ou houppe de villosité. — c : papille simple dont la charpente conjonctive se prolonge en trois points.

(fig. 44). Par l'accroissement d'une petite portion circulaire de la membrane cellulaire, il se forme des proéminences en forme de boutons parmi lesquelles on distingue des papilles, des villosités ; et de même qu'un canal peut donner un système de canaux ramifiés, ces touffes peuvent, aussi, par suite d'accroissements locaux qui déterminent leur bourgeonnement latéral, donner des branches de 2ᵉ, 3ᵉ, 4ᵉ ordre, et constituer ainsi des houppes de villosités.

Si l'évagination se fait tout le long d'une ligne, il se forme à la surface libre des arêtes extérieures ou des feuillets à plis.

Presque tous les faits embryonnaires, qui se présenteront à nous au cours de l'étude des feuillets se forment ainsi, des façons les plus différentes, soit par invagination, soit par évagination. Le matériel cellulaire embryonnaire présente ainsi sur un très petit espace un développement de surface considérable et une division en de nombreux cantons. C'est d'une simple blastula que dérivent finalement les structures compliquées des nombreuses et différentes espèces d'animaux Invertébrés et Vertébrés. Au point de vue embryologique, celles-ci se laissent définir comme des corps provenant de lames épithéliales qui, par des invaginations et des évaginations fréquentes, s'effectuant d'après un plan déterminé, et par des formations de plissements de différentes sortes, ont acquis une struc-

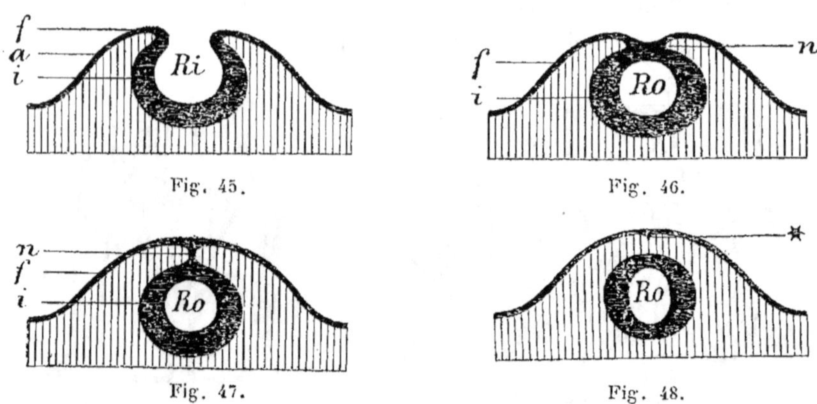

Fig. 45.

Fig. 46.

Fig. 47.

Fig. 48.

Fig. 45-48. — Quatre schémas du développement de la paroi de l'ébauche d'un tube circulaire qui expliquent les processus de soudure et de séparation.

Ri : gouttière en coupe transversale. — Ro : tube en coupe transversale — a : lame externe. — i : lame interne du pli du feuillet germinatif externe. — f : sommet du pli auquel la lame interne passe à la lame externe. — n : soudure du sommet droit avec le sommet gauche. — *) reste du sillon de soudure du feuillet germinatif externe.

ture de surface extérieure complexe et un système de cavités intérieures plus compliqué encore. A ce processus principal rapidement expliqué de la constitution du corps animal se joignent des procédés particuliers de moindre importance, tels que : 1° soudure et régression des lamelles épithéliales et 2° formation d'un tissu interstitiel ou mésenchyme entre les feuillets épithéliaux limites. Les processus de soudure et de régression interviennent dans le développement de divers organes. Grâce à ces processus, les invaginations en forme de gouttières deviennent des tubes, les fossettes et les canaux donnent des vésicules et des sacsclos.

Le processus se présente toujours à l'observateur de la même façon (fig. 45-48). Les bords repliés (fig. 45, f) limitant une invagination en forme de gouttière (Ri) s'avancent l'un vers l'autre jusqu'à ce qu'ils se rencontrent suivant une ligne, s'accolent l'un à l'autre fortement et se soudent ensemble, suivant une ligne de contact qu'on a nommé *la ligne de suture* (fig. 46, n). Chaque pli est constitué de deux feuillets qui, à son sommet, passent l'un dans l'autre ; le feuillet intérieur (fig. 45, i) constitue la paroi de la gouttière, l'autre, le feuillet extérieur (a), se continue à la surface du corps ; et au rebord du pli, passe dans le premier.

La soudure se fait uniquement au bord du pli, le long de la ligne de suture (fig. 46, n), de façon que les feuillets correspondants du côté gauche et du côté droit, le feuillet extérieur gauche avec le feuillet extérieur droit, le feuillet intérieur gauche avec le feuillet intérieur droit, se soudent. Il se constitue ainsi un large pont intermédiaire de substance qui unit dans sa longueur le tube résultant de la suture des bords de la gouttière avec la couche épithéliale limitante extérieure du corps. Ultérieurement a lieu une séparation plus complète, car le pont de substance intermédiaire, large au début (fig. 47, n), se rétrécit, puis finalement se rompt (fig. 48), l'une de ses portions restant adhérente au feuillet extérieur (*), l'autre à la paroi du tube. Le processus d'union et le processus de séparation dans la formation par soudure ont lieu presque simultanément. On les observe fréquemment dans d'autres cas. C'est ainsi, par exemple, que si une petite fossette (fig. 42) par la soudure et la fusion de ses bords donne une vésicule close, celle-ci reste en liaison au point où la soudure s'est faite par un pont de substance intermédiaire avec le feuillet épithélial externe. Plus tard, apparaît un processus de séparation à la suite duquel le pédicule de la vésicule se réduit et se rompt.

C'est ainsi qu'à différents stades du développement, se constituent dans les lames épithéliales, par invagination et séparation, des organes totalement clos, enfoncés dans l'épaisseur tels que le tube nerveux, le labyrinthe de l'oreille, les glandes cutanées. Le processus de fusion entre les points de contact des formations épithéliales comporte des variations nombreuses et profondes. Les branches latérales des tubes épithéliaux, richement ramifiées peuvent si elles se rencontrent s'aboucher l'une dans l'autre (fig. 43) aux points de contact, ainsi que cela arrive dans de nombreuses espèces de glandes tubulaires composées (fig. 43, 3) ; vu que, à la place de la soudure, les cellules situées au centre s'écartent et les petits tubes communiquent ensemble. Ainsi, un système de tubes, ramifié en forme d'arbre, peut donner peu à peu un réseau.

La soudure peut enfin avoir une plus grande extension, quand les deux

faces, tournées l'une vers l'autre, de la membrane invaginée s'accolent
plus ou moins complètement de façon à former une membrane unique.
C'est ce qui arrive, par exemple, dans la fermeture des fentes branchiales
embryonnaires, dans la formation des trois canaux semi-circulaires de
l'organe auditif ou dans la soudure des faces en contact des cavités
séreuses.

Un processus ultérieur très important pour les formations embryonnaires et qui par sa structure particulière doit être distingué des lames
épithéliales, c'est la formation *du tissu interstitiel ou mésenchyme*. Le
mésenchyme se constitue de la façon suivante : la face basale des lamelles
épithéliales donne une substance fondamentale gélatineuse très riche
en eau qui remplit les fentes et les espaces situés entre elles et dérivant

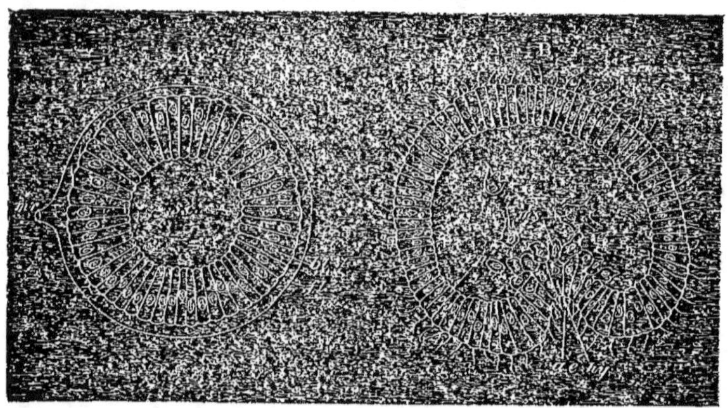

Fig. 49. — Deux stades du développement de Olothuria tubulosa, en coupe transversale, optique, d'après Selenka ;
A : blastula à la fin de la segmentation.
B : stade de la gastrula.
    mr : micropyle. — fl : chorion. — sc : cavité de segmentation dans laquelle est le
noyau gélatineux. — bl : feuillet germinatif (blastoderme). — cp : feuillet germinatif
externe. — hy : feuillet germinatif interne. — ms : cellule amiboïde détachée du
feuillet germinatif interne. — ac : intestin primitif.

de la cavité de la blastula. D'autre part, de certains cantons déterminés
des feuillets germinatifs, se détachent des cellules devenant libres et
indépendantes et qui émigrent.

Suivant l'espèce animale considérée, le mésenchyme apparaît à des
moments très différents du développement embryonnaire. Chez les Echinodermes, par exemple, il existe déjà au stade de la blastula (fig. 49, A).

Chez eux, c'est tout d'abord dans la cavité de la blastula (A) une substance molle et homogène, *le noyau gélatineux* (sc), sécrétée par les cellules

épithéliales. Puis, à l'intérieur de cette substance, émigrent des cellules, se détachant de certains points de l'épithélium (fig. 49, B, ms). Là, ces cellules perdent leur caractère épithélial et, à la manière des corpuscules lymphoïdes, émettent des prolongements. Bientôt, comme de véritables cellules voyageuses, elles se répandent dans toute la masse gélatineuse. Chez les Mammifères, la formation du mésenchyme apparaît seulement à des stades ultérieurs, alors que le nombre des feuillets germinatifs est déjà porté par formation de plis, de 2 à 4.

Nous entendons ici, par feuillet germinatif, d'après notre définition donnée plus haut, une couche de cellules embryonnaires disposées en un épithélium. Par conséquent, au point de vue histologique, le tissu gélatineux fondamental est différent des feuillets germinatifs. Une fois constitué, le mésenchyme se développe ultérieurement comme un tissu indépendant où les cellules émigrées dans la substance gélatineuse, et que nous pouvons aussi nommer germes du mésenchyme, à un stade déterminé du développement, se multiplient abondamment, sans interruption, par division. Par son accroissement, le mésenchyme remplit peu à peu toutes les lacunes qui prennent naissance lorsque les deux feuillets germinatifs limites, par des plis et des évaginations, donnent des formations de plus en plus complexes.

Le mésenchyme s'étend partout en une couche et constitue un support pour les cellules épithéliales. D'autre part, certaines cellules mésenchymateuses peuvent perdre leur caractère histologique primitif de cellules nutritives de la substance fondamentale. Elles élaborent par place, à leur surface de la substance contractile et deviennent, comme on l'a observé chez certaines espèces animales, des cellules musculaires lisses.

Dans notre aperçu général, nous avons, dans les stades ultérieurs du développement, outre le principe d'accroissement inégal, à tenir compte d'un second principe, également d'une importance fondamentale. C'est le principe *de la division du travail*, et *de la différenciation histologique*. Dans une même masse les cellules embryonnaires, toujours de plus en plus nombreuses, sont réparties en cantons distincts et, peu à peu, prennent un aspect différent : elles acquièrent, comme on dit, une différenciation histologique. Les unes deviennent des cellules glandulaires, d'autres des cellules musculaires, d'autres des cellules nerveuses et des cellules sensorielles, d'autres enfin des cellules sexuelles. Les cellules différenciées d'après un même mode se réunissent généralement et constituent un tissu particulier. Par la différenciation histologique, qui s'accomplit peu à peu au cours du développement, nous avons une preuve tangible de la division physiologique du travail s'établissant dans l'agrégat constitué par les cellules embryonnaires primitivement semblables. Pour comprendre ce fait, rappelons-nous que la vie de tous les corps organisés résulte de l'ensemble des différentes fonctions. Les organismes reçoivent du dehors des matériaux dont ils prennent ce qui est utile à leur corps et rejettent ce qui est inutile (fonction de nutrition et d'échange). Ils peuvent changer la forme de leur corps par contraction et par extension (fonction de mouvement). Ils sont dans la possibilité de réagir contre les excitations extérieures (fonction d'irritabilité). Ils ont enfin la faculté de donner naissance à des formes qui leur sont semblables (fonction de reproduction).

Chez les organismes pluricellulaires inférieurs, les différentes parties distinctes remplissent de la même manière toutes les différentes fonctions indispensables à la vie organisée, et que nous venons d'énumérer. Mais, plus un organisme sera perfectionné, plus nous voyons ses différentes cellules se répartir suivant les fonctions de la vie. Les unes se chargent par préférence de la fonction de nutrition, d'autres du mouvement, d'autres de la sensibilité, d'autres de la reproduction. Et, à cette division du travail, est liée en même temps un grand perfectionnement dans l'exécution des fonctions. En vue d'une division du travail, chaque cellule perfectionne en quelque sorte comme un maître ouvrier qui ferait tout par lui-même, ses instruments de travail particuliers : substance intercellulaire, qui sert de soutien et de liaison entre les organes, fibrilles contractiles à mouvements énergiques, voies pour la propagation de l'excitation, etc. Les cellules embryonnaires deviennent ainsi les différentes sortes de tissus cellulaires. L'étude suivante du développement comprend donc, ainsi que nous le montrent ces considérations introductives, deux parties :

1° D'une part, l'étude de la formation ;

2° D'autre part, l'étude de la différenciation histologique.

Chez les organismes les plus élevés, la formation s'accomplit principalement dans les premiers stades ; la différenciation histologique n'apparaît que dans les stades de la fin du développement.

L'étude des feuillets germinatifs constitue un des chapitres les plus difficiles de l'embryologie et actuellement elle offre encore de nombreux points sujets à discussion. Pour cette raison, nous n'aborderons ici, dans « les Eléments », que les points où nos connaissances sur la formation des feuillets germinatifs chez les Vertébrés sont définitivement fixées.

Pour mieux comprendre les faits que nous allons exposer, il importe de remarquer que le processus de formation des feuillets germinatifs comprend deux phases. Dans la première phase, la blastula devient une forme embryonnaire très caractéristique, la gastrula (Darmlarve) dont la paroi du corps est constituée par deux feuillets. Sa formation constitue la *gastrulation*. Avant que ce processus ait atteint entièrement sa fin, la deuxième phase commence déjà, dans certains cas très tôt, dans d'autres plus tard Il se forme, entre les deux premiers feuillets germinatifs, deux nouveaux feuillets, plus larges, les feuillets moyens. Dans la première phase, le germe possède *deux feuillets* et *quatre* dans la deuxième. La manière et la méthode, suivant lesquelles se passent les deux processus, offrent, dans les différentes classes de Vertébrés, d'après l'organisation primordiale de l'œuf, dont dépendent déjà la forme particulière du processus de segmentation et la constitution spéciale de la blastula, également de très profondes modifications.

Nous commencerons par les faits les plus simples observés chez l'Amphioxus et les Amphibiens. Nous passerons ensuite à des faits plus complexes chez les Poissons, Reptiles, Oiseaux et Mammifères.

1. — La formation des feuillets germinatifs chez l'Amphioxus.

Ainsi que nous l'avons montré précédemment chez l'Amphioxus, la blastula est limitée par des cellules cylindriques fortement unies entre elles et qui constituent un épithélium simple (fig. 50). A un endroit qui peut être désigné comme pôle végétatif (VP), les cellules (vz) sont un peu plus grandes et elles ont un aspect trouble dû à la présence de granulations vitellines.

C'est à ce point que le processus de formation de la gastrula prend naissance. L'aire végétative commence tout d'abord à s'aplatir, puis elle s'invagine vers le centre de la sphère. Ensuite l'invagination devient de plus en plus profonde, pendant que parallèlement, la cavité blastocélienne diminue graduellement. La portion invaginée (fig. 51, ik) va s'appliquer, par la disparition complète de la cavité intérieure, contre la face interne de la portion opposée, non invaginée, de la blastula. Le résultat final est que la sphère à paroi simple a donné un germe caliciforme à double paroi, la *gastrula*.

La nouvelle cavité, qui résulte de l'invagination, ne doit pas être confondue avec la cavité blastocélienne qu'elle a supplantée. C'est *l'intestin primitif* (ud), son ouverture est *la bouche primitive* (u). L'intestin primitif et la bouche primitive ne sont pas non plus l'équivalent du tube intestinal et de la bouche des animaux adultes. Certes, le premier fournit la presque totalité du tube digestif, mais il donne aussi naissance à un grand nombre d'autres organes, tels que les futures cavités thoracique et générale.

Aussi la destination future de l'intestin primitif est mieux rendue par l'expression *de cavité générale intestinale* ou *cœlenteron*, sous laquelle on le désigne encore.

Enfin, la bouche primitive est chez les Vertébrés une formation transitoire. Elle se ferme plus tard et disparaît à l'exception d'un reste, qui devient l'anus, alors que la bouche définitive ou secondaire est entièrement formée à nouveau.

Les deux assises de cellules de la gastrula, qui passent l'une à l'autre au bord de la bouche primitive, constituent les *deux feuillets germinatifs primaires*. D'après leur position, l'un est le *feuillet externe* (ak), l'autre le *feuillet interne* (ik). Alors que dans la blastula les différentes cellules sont encore peu différentes les unes des autres, avec le processus de la

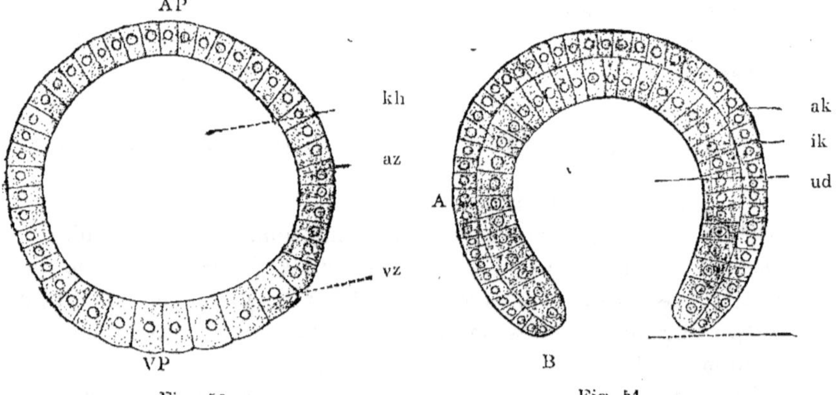

Fig. 50. — Blastula de l'Amphioxus lanceolatus ; d'après Hatschek.
kh : cavité blastocélienne. — az : cellules animales. — vz : cellules végétatives. — AP : pôle animal. — VP : pôle végétatif.

Fig. 51. — Gastrula de l'Amphioxus lanceolatus ; d'après Hatschek.
ak : feuillet germinatif externe. — ik : feuillet germinatif interne. — u : bouche primitive. — ud : intestin primitif.

gastrulation commence à se faire une division du travail entre les deux feuillets germinatifs. Division du travail connue chez la larve libre nageante des Invertébrés. Le *feuillet germinatif externe* (ak) (aussi appelé ectoblaste, ectoderme) sert d'organe protecteur du corps et, en même temps, d'organe de la sensibilité ; et, dans le cas où, comme chez l'Amphioxus, des cils se développent sur les cellules, c'est lui qui préside aux mouvements de l'animal. Le *feuillet germinatif interne* (ik) (entoblaste ou entoderme) revêt la cavité générale intestinale et sert à la nutrition.

Les deux assises de cellules diffèrent donc l'une de l'autre aussi bien par leur situation que par leurs fonctions ; car chacune d'elles a reçu une tâche spéciale. Aussi à ce point de vue, sont-elles désignées par *C. E. v. Baer*, comme les deux organes primordiaux du corps.

Chacun des feuillets donnera un nombre nettement déterminé d'organes définitifs ; le feuillet externe fournit : l'enveloppe épithéliale du corps, l'épiderme avec des glandes et des poils, l'ébauche du système nerveux, et les parties les plus importantes fonctionnellement des organes des sens ; aussi les anciens embryologistes lui donnaient-ils le nom de membrane sensorielle. Le feuillet germinatif interne au contraire donne les autres organes du corps : l'intestin avec ses glandes, la cavité du corps, les muscles, etc. ; c'est-à-dire la plus grand masse du corps, aussi a-t-il au cours du développement, à subir de nombreuses et profondes modifications.

Au début, la gastrula de l'Amphioxus a la forme d'une coupe ovale peu profonde, comme nous pouvons nous le représenter en imaginant supprimée la portion de la paroi comprise entre A et B (fig. 51). La bouche primitive est donc ovale et largement ouverte. Mais bientôt elle devient de plus en plus étroite et finalement ne présente plus qu'un très petit orifice imperceptible. Elle persiste longtemps ainsi et quand l'embryon commence à s'accroître beaucoup en longueur, elle est toujours située à l'extrémité postérieure où elle s'ouvre librement à la face dorsale.

La question de savoir comment se fait la fermeture de la bouche primitive est une question fortement discutée, depuis plusieurs années ; notamment à savoir si cette fermeture est concentrique ou excentrique.

La fermeture est concentrique, si le bord de la bouche primitive, sur toute sa périphérie, se resserre également, de façon à ne plus laisser plus tard qu'une petite ouverture correspondant à peu près au milieu de l'ouverture primitive. A l'idée d'une fermeture excentrique on associe la notion suivante :

Le rapetissement de la large bouche primitive se fait en un point nettement déterminé et qui correspond à la tête de l'embryon plus âgé. Les cellules des bords droit et gauche où le feuillet externe passe au feuillet interne s'accroissent les unes vers les autres et se soudent peu à peu suivant une ligne qui correspond au plan médian de l'embryon. La bouche primitive se ferme ainsi d'avant en arrière, où persiste un petit reste qui se trouve être son extrémité postérieure ou caudale. Dans la figure 51 par exemple, le rapetissement de la bouche primitive, d'après cette théorie, résulterait de ce que la portion de la paroi du calice comprise entre A et B s'est nouvellement constituée de la manière indiquée. Par l'oblitération (concrescence) de la bouche primitive, la région dorsale de l'embryon se forme ; cette région donne naissance à la chorde, au tube nerveux et aux segments primordiaux.

On comprend facilement, que selon que l'on admet pour la bouche primitive une fermeture concentrique ou une fermeture excentrique, les axes de la gastrula reçoivent une orientation toute différente au point de vue des futurs axes principaux de l'embryon devenu vermiforme.

Il est difficile de prendre une décision sur cette question chez l'Amphioxus. Cependant, il existe, chez les autres Vertébrés une série de faits qui tendraient à prouver que la fermeture de la bouche primitive se fait excentriquement.

Après l'achèvement de la gastrulation il se produit, chez l'Amphioxus et chez tous les autres Vertébrés, simultanément en plusieurs points du corps des modifications dont l'étude ne peut être séparée, car elles influent les uns sur les autres.

Quatre organes nouveaux principaux du corps des Vertébrés se forment : 1° les deux feuillets germinatifs moyens, qui délimitent la cavité du corps ; 2° le feuillet glandulo-intestinal qui revêt l'intestin secondaire des Vertébrés ; 3° la base du squelette axial, la chorde dorsale ; 4° le système nerveux central. Ce dernier tire son origine du feuillet externe, les trois autres dérivent du feuillet interne.

L'ébauche du système nerveux central se constitue de la façon suivante. Les cellules du feuillet externe s'accroissent en hauteur pour devenir de longs cylindres qui s'ordonnent en une *plaque médullaire* ou *plaque nerveuse* (mp) dans la région dorsale (fig. 52 mp) correspondant au sillon, qui, selon moi, est formé par la soudure des bords de la bouche primitive. La plaque devient ensuite, par invagination, une gouttière qui longe le plafond de l'intestin primitif, comme une rainure (ch).

On trouve par suite, aux points où les bords de la gouttière passent à la partie du feuillet germinatif externe formée de petites cellules ou *feuillet cutané* (hb), une solution de continuité. Mais alors le feuillet cutané croît des deux côtés par dessus la plaque nerveuse creusée, jusqu'à ce que ses deux moitiés se rencontrent sur une ligne médiane et s'unissent. Il se forme ainsi, dans la région dorsale de l'embryon (fig. 53 et 54), un canal dont la paroi inférieure est la plaque médullaire arquée (mp) et la paroi supérieure, l'épiderme développé par dessus (ak).

A un stade plus avancé, chez l'Amphioxus, la plaque médullaire située sous l'épiderme se transforme en un tube nerveux car ses bords s'infléchissent l'un vers l'autre et s'unissent (fig. 55, n). L'ébauche différenciée du système nerveux s'étend tellement vers l'extrémité postérieure de l'embryon, qu'elle rencontre le reste de la bouche primitive qui s'y trouve, et est ainsi comprise dans la fermeture du tube nerveux à son extrémité postérieure. De sorte que le tube nerveux et le tube digestif communiquent entre eux à l'extrémité postérieure de l'embryon par la bouche primitive (fig. 56, cn). Ils forment un canal constitué de deux branches, ce canal rappelle la forme d'un siphon. La branche supérieure, le tube nerveux, communique quelque temps avec l'extérieur à l'extrémité antérieure. La portion repliée de la deuxième branche du siphon, qui correspond à la bouche primitive, constitue la liaison entre le tube nerveux et le tube digestif, et porte le nom de *canal neurentérique* (fig. 56, cn), formation, que nous rencontrerons à nouveau dans le développement des autres Vertébrés.

En même temps que le tube nerveux, se développent les *deux feuillets germinatifs moyens* et la *chorde dorsale* (fig. 52 et 53). A l'extrémité anté-

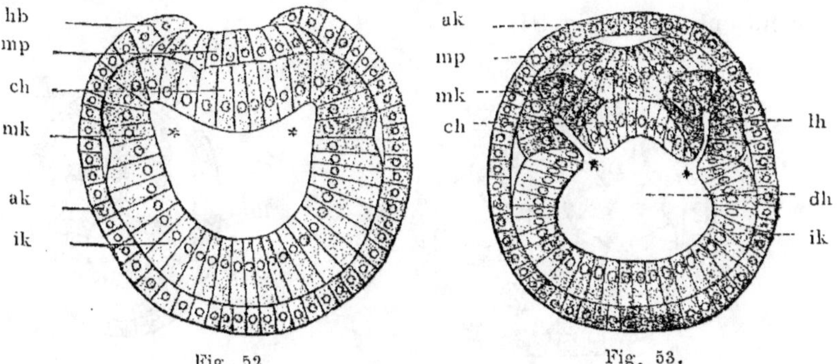

Fig. 52.   Fig. 53.

FIG. 52. — Coupe transversale d'un embryon d'Amphioxus chez lequel le premier segment primordial est formé ; d'après Hatschek.
ak, ik, mk : feuillets germinatifs, externe, interne, moyen. — hb : feuillet corné. — mp : plaque médullaire. — ch : chorde. — * évagination de la cavité de l'intestin primitif.
FIG. 53. — Coupe transversale d'un embryon d'Amphyoxus, dont le cinquième segment primitif est formé ; d'après Hatschek.
ak, ik, mk : feuillets germinatifs, externe, interne, moyen. — mp : plaque médullaire. — ch : chorde. — dh : cavité intestinale. — lh : cavité du corps.

rieure de l'embryon, au plafond de l'intestin primitif, apparaissent près l'une de l'autre deux petites évaginations, ce sont les *deux sacs du corps* (mk) qui, de chaque côté de la plaque médullaire arquée, croissent vers le haut et latéralement. Ils s'agrandissent ainsi lentement par le processus d'évagination, et de la région antérieure gagnent la région postérieure de la larve ou finalement ils atteignent la bouche primitive. La portion étroite de la paroi de l'intestin primitive comprise entre les deux sacs et délimitée par les deux astérisques, représente l'*ébauche de la chorde* (ch) ; elle est située sous la portion médiane de la gouttière médullaire.

Le feuillet primaire interne s'est ainsi décomposé *en trois parties différentes* : 1° l'ébauche de la chorde dorsale (ch) ; 2° les cellules (mk) qui revêtent les deux sacs du corps et constituent le feuillet moyen et ; 3° la partie restante destinée à la formation de l'intestin (dh) et qui est à désigner comme feuillet glandulo-intestinal.

Les processus suivants ont pour but d'isoler les unes des autres les différentes parties non encore distinctes, par séparation et soudure, de façon à constituer les différentes cavités. Le processus de séparation commence à l'extrémité antérieure de l'embryon et se continue de là vers le reste ouvert de la bouche primitive. Tout d'abord, les cavités du corps s'approfondissent (fig. 53, lh) et perdent toute connexion avec l'autre cavité (dh), car les cellules circonscrivant leurs entrées se soudent fortement entre elles (fig. 54).

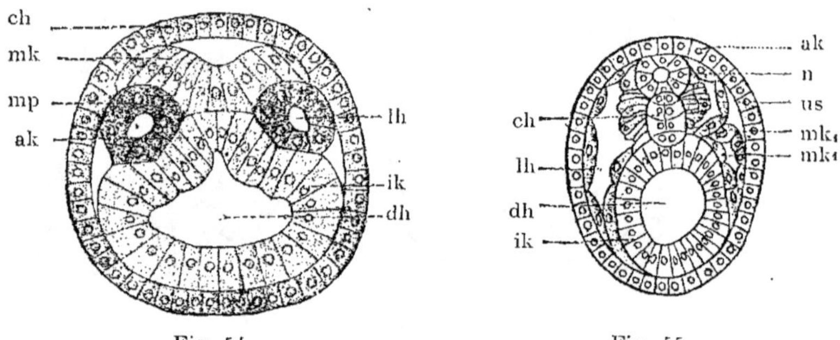

Fig. 54.   Fig. 55.

Fig. 54. — Coupe transversale d'un embryon d'Amphyoxus dont les cinq segments primordiaux sont bien formés ; d'après Hatschek.
ak, ik, mk : feuillets germinatifs externe, interne, moyen. — mp : plaque médullaire. — ch : chorde. — dh : cavité intestinale, — lh : cavité du corps.
Fig. 55. — Coupe transversale passant par le milieu du corps d'un embryon d'Amphioxus avec 11 segments ; d'après Hatschek.
ak, ik, mk : feuillets germinatifs externe, interne, moyen. — dh : cavité intestinale. — n : tube nerveux. — ch : chorde. — lh : cavité du corps.

De cette façon le feuillet glandulo-intestinal (ik) confine directement à l'*ébauche de la chorde dorsale* (ch). Cette dernière est d'ailleurs aussi en voie de modification. L'ébauche aplatie, s'est tellement arquée, par élévation de ses bords latéraux, qu'il en résulte une profonde gouttière chordale, ouverte en dessous. Plus tard, les parois latérales de la gouttière s'appliquent fortement l'une contre l'autre et une tige cellulaire pleine est formée, elle contribue à la fermeture de l'intestin secondaire, et apparaît comme une condensation de la paroi. Mais bientôt (fig. 55), la tige cellu-

laire (ch) se sépare de l'ébauche intestinale ; l'intestin se ferme complètement pour donner un tube résultant de ce que ses deux bords marqués
dans la figure 53 avec des astérisques placées sous la chorde s'accroissent
l'un vers l'autre et s'unissent par une suture médiane.

Le résultat final de tous ces processus nous est montré dans son ensemble par la coupe transversale (fig. 55). L'intestin primitif primitivement existant s'est décomposé en trois cavités : l'intestin (dh) restant et
ventral, et situés dorso-latéralement par rapport à lui, les deux sacs du
corps (lh) qui s'accroissent constamment.

Entre les deux sacs se trouve la chorde (ch) au-dessous de laquelle est
l'intestin, le tube nerveux (n) étant au-dessus. Les cellules isolées par
séparation de l'intestin primitif, qui dans les figures 52-55 sont d'une
teinte plus foncée et entourent les cavités du corps (lh), constituent le
feuillet moyen (mk). La lame voisine du feuillet externe constitue le

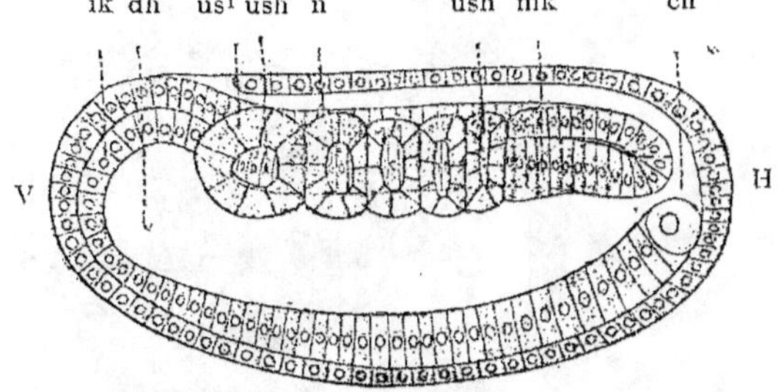

Fig. 56. — Coupe optique longitudinale d'un embryon d'Amphioxus à cinq segments
primordiaux ; d'après Hatschek.
V : extrémité antérieure. — H : extrémité postérieure. — ik, mk : feuillet interne et
feuillet moyen. — dh : cavité digestive. — n : tube nerveux. — cn : canal neurentérique. — us¹ : premier segment primordial. — ush : sa cavité.

feuillet moyen pariétal (mk¹), sa lame qui touche à la chorde, au tube
nerveux, à l'intestin est le *feuillet moyen viscéral* (mk²).

Le processus de séparation étudié commence, ainsi que nous l'avons
déjà dit, à l'extrémité antérieure de l'embryon et de là, gagne lentement
pas à pas l'extrémité postérieure. Aussi peut-on, par l'examen d'une série
de coupes faites sur un embryon, suivre les différents stades sur un seul
et même objet.

Dans la description, j'ai représenté les choses comme si deux simples
sacs du corps étaient constitués des deux côtés du tube digestif chez
l'Amphioxus. Mais les faits sont bien plus complexes. Tandis que
chez l'embryon (fig. 56) les sacs du corps s'agrandissent vers l'extrémité
postérieure, ils éprouvent déjà de grandes modifications dans leur extré-

mité antérieure. Par des plissements, ils se divisent en segments situés les unes derrière les autres, ce sont les *segments primordiaux* (us). Pour le moment je ne m'étends pas davantage sur ce point, je reviendrai à l'étude didactique du développement des segments primordiaux dans un chapitre suivant.

2. — La formation des feuillets germinatifs chez les Amphibiens.

Dans la blastula inégale des Amphibiens (fig. 33) la région annulaire ou le plafond mince passe au plancher épais, est désignée sous le nom de *zone limite*. A un petit endroit de celle-ci, qui dans la position normale de l'œuf est toujours situé vers le bas, une invagination commence à se former. Par l'examen de l'œuf, on voit apparaître à la surface une petite fente falciforme, nettement délimitée, qui s'agrandit et ensuite se présente comme

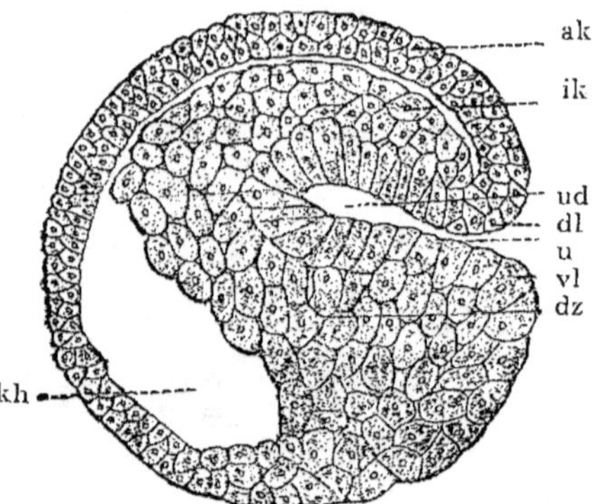

Fig. 57. — Coupe longitudinale d'une blastula de Triton où l'invagination est commencée. ak, ik : feuillet germinatif externe et interne. — kh : cavité blastocélienne. — ud : intestin primitif. — u : bouche primitive. — dz : cellules vitellines ; dl, vl : lèvres de l'intestin primitif dorsale et ventrale.

une gouttière incurvée en fer à cheval (fig. 59 C et A,u). Sur l'un de ses bords, elle est limitée, chez la Grenouille, par de petites cellules fortement pigmentées, et sur l'autre par de grands éléments clairs.

Cette gouttière correspond à la bouche primitive, car comme le montre une coupe transversale (fig. 57), de petites cellules appartenant au plafond de la blastula, s'invaginent au bord pigmenté et formé de petites cellules, bord que nous nommerons lèvre antérieure ou dorsale (dl) de la bouche primitive. Au contraire, à l'autre bord non pigmenté à la lèvre postérieure ou ventrale (vl), les éléments riches en deutoplasme de la portion végétative pénètrent dans l'intérieur de la blastula. L'intestin primitif (ud) ainsi constitué, tout d'abord est étroit en comparaison de la cavité blastocélienne (kh) encore considérable. Mais bientôt le rapport change

de plus en plus en sa faveur. Il s'agrandit, vu qu'il croît proportionnellement au matériel cellulaire qui toujours s'invagine de plus en plus en
un large sac, et graduellement déplace complètement la cavité blastocélienne (fig. 58). Les petites cellules venant de la lèvre dorsale donnent le
plafond de l'intestin primitif, pendant que les grandes cellules de la
moitié végétative de la blastula en constituent le plancher. Les cellules
végétatives ou masse deutoplasmique totale sont, à la fin du processus
d'invagination, complètement contenues à l'intérieur de la gastrula, et
entièrement entourées par les petites cellules de la moitié animale de la
blastula. Par suite, chez la Grenouille, la surface totale du germe, où les
petites cellules sont fortement pigmentées, apparaît complètement noire
à l'exception d'un point gros environ comme une tête d'épingle et qui
correspond à la bouche primitive. A cet endroit, sort de l'intestin pri-

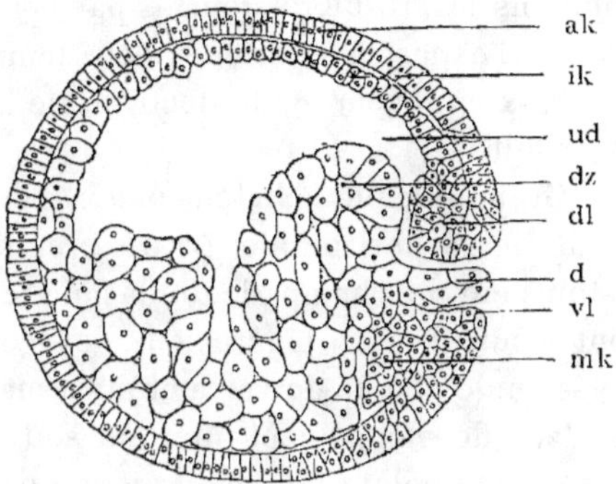

FIG. 58. — Coupe longitudinale d'une gastrula de Triton. — ak, ik, dz, dl, vl, ud :
comme dans la figure 57. — d : bouchon vitellin. — mk : feuillet germinatif moyen.

mitif une partie de la masse deutoplasmique claire, qui vient fermer son
entrée à la façon d'un bouchon (d), c'est pourquoi elle a aussi reçu le nom
de bouchon deutoplasmique de *Rusconi*.

Chez la Salamandre aquatique, des deux feuillets germinatifs de la gastrula le feuillet extérieur se réduit plus tard à une simple couche de cellules cylindriques régulièrement disposées. Chez la Grenouille, au contraire, le feuillet extérieur comprend jusqu'à deux ou trois assises de
petits éléments, en partie cubiques et fortement pigmentés.

Le feuillet germinatif interne est constitué au plafond de l'intestin,
primitif, également par de petites cellules (pigmentées chez la Grenouille),
et de l'autre côté par de grandes cellules vitellines qui, disposées en couches nombreuses, constituent une masse proéminant considérablement
dans l'intestin primitif et le remplissant en partie. De cette façon la

gastrula des Amphibiens conserve de nouveau dans l'eau une position déterminée ; la masse deutoplasmique étant la partie la plus dense se placera toujours vers le bas (fig. 58).

Le germe des Amphibiens est déjà maintenant un corps à symétrie parfaitement bilatérale. La paroi de la gastrula formée par la portion deutoplasmique donnera la face ventrale du futur animal, la paroi opposée supérieure, ou plafond de l'intestin primitif, donnera le dos. La bouche primitive nous désigne l'extrémité postérieure future, et la partie opposée, la tête. On déterminera ainsi dans la gastrula un axe longitudinal, un axe dorso-ventral et un axe transversal, qui correspondront aux axes futurs de l'animal.

Dans le processus de la gastrulation et spécialement dans les modifications de la bouche primitive, des aperçus plus importants sont obtenus si nous combinons les résultats fournis par l'observation exacte du développement avec l'expérience, et en même temps cela nous fournit un argument précieux en faveur de la doctrine de la fermeture excentrique de la bouche primitive.

Les œufs de Grenouille immédiatement après la fécondation sont placés sur une lame de verre horizontale. Là, ils prennent bientôt une position normale, et tournent le champ deutoplasmique plus clair et plus lourd en bas. Ils sont ensuite pressés légèrement, de façon convenable, par application d'une seconde plaque de verre et ainsi maintenus dans leur position, sans que leur développement ultérieur soit aucunement gêné. Pour peu que l'on prenne quelques précautions, on peut suivre sans interruption, le développement de la bouche primitive d'un œuf fixé de cette façon dès sa première apparition, car on peut tourner de temps en temps la surface inférieure où se passent les processus du développement vers le haut, et on l'examine sous le microscope. On peut ainsi, en traçant des traits à l'encre de Chine sur la plaque de verre, établir exactement sa position primitive et ses positions suivantes. A l'aide de cette disposition expérimentale indiquée, on peut établir que la petite gouttière correspondant à la bouche primitive s'étend du lieu de son origine primitive largement à droite et à gauche dans la région de la zone marginale de *Gölle* et finalement entoure tout le deutoplasme (fig. 59, C et A). Bientôt elle prend la forme caractéristique d'un fer à cheval. Pendant que les extrémités libres de celui-ci continuent à s'agrandir par l'extension considérable de l'invagination en arrière, la partie médiane de la gouttière constituée primitivement change de position. La limite du reploiement, se détachant par une ligne pigmentée, du feuillet germinatif externe dans le feuillet interne ou lèvre antérieure de la bouche primitive croît gra-

duellement de l'avant vers l'arrière par-dessus le champ vitellin blanc.
De plus, les extrémités de la gouttière en forme de fer à cheval, gagnent
toujours de plus en plus également vers l'arrière, de sorte que finalement
elles s'unissent à la limite du champ vitellin, vis-à-vis le point où était
située la première gouttière primitive et le fer à cheval est devenu un
cercle. Le cercle est assez large au commencement, de sorte qu'une
partie considérable du champ vitellin est visible de l'extérieur comme
bouchon de *Rusconi*. Mais, ultérieurement, il devient toujours plus
étroit, parce que le recouvrement du champ deutoplasmique se fait
d'avant en arrière (fig. 59, D). Plus tard, il se transforme en une fente
à peine visible (fig. 59, B) qui coïncide avec l'axe longitudinal de l'embryon.

Il résulte de ces observations, que la bouche primitive falciforme au

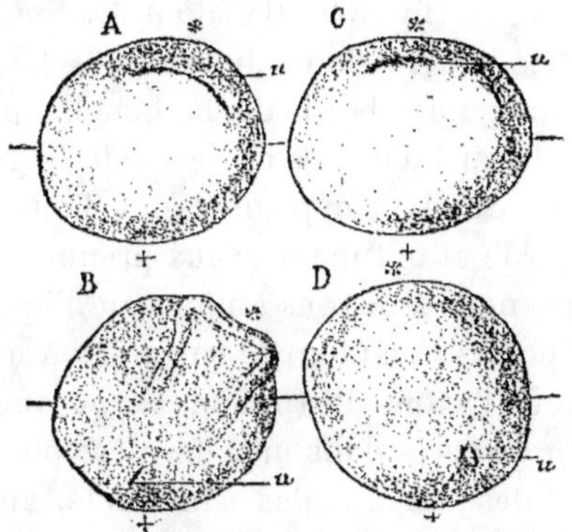

FIG. 59. — Deux œufs de Grenouille à deux stades différents (A et C : au commence
ment de la gastrulation. — B et D : à la fin de celle-ci). — Peu après la fécondation, ils furent fixées entre deux plaques de verre horizontales et par suite maintenus
en une portion déterminée.
B : Stade plus âgé de A. — D : Stade plus âgé de C. — u : bouche primitive. — * :
extrémité céphalique. — + : extrémité caudale de l'œuf.

début s'agrandit au delà de son lieu primitif d'origine le long du bord du
champ vitellin et gagne peu à peu toute la surface inférieure de l'œuf.
La première position de la bouche correspond à la tête, la dernière à
l'extrémité caudale de l'embryon, comme nous le montre également
l'étude d'œufs fixés. Si nous comparons le jeune stade A avec le stade
plus âgé B (fig. 59), nous voyons, à une faible distance en avant de la
gouttière correspondant à la première ébauche de la bouche (A,u), apparaître le bourrelet cervical transversal antérieur (B). Au cours ultérieur
du développement, la bouche primitive devenue un cercle complet et
transformée peu à peu en une simple fente (B,u) présente dans son voisi-

nage le bourgeon caudal, et finalement sa portion postérieure donne l'anus (V. à ce sujet le chap. IX).

Entre les points ainsi exactement déterminés comme extrémité céphalique et extrémité caudale, à la face inférieure de l'œuf fixé, est comprise la partie de la paroi de la gastrula qui donnera le dos de l'embryon (fig. 59, B); et en effet, nous voyons bientôt apparaître ici des prolongements postérieurs du bourrelet cervical, les bourrelets médullaires, sur lesquels nous reviendrons bientôt.

Si ce que nous avons dit précédemment pour l'Amphioxus est exact, le dos est donc bien formé par la soudure se faisant excentriquement d'avant en arrière, des bords de la bouche primitive. La ligne où la soudure a lieu, se laisse reconnaître plus tard, ainsi qu'il me semble, comme un mince sillon allant de l'avant à l'arrière, au reste de la bouche primitive, la gouttière dorsale (fig. 59, B), dont les bords donneront ensuite un peu plus tard les bourrelets médullaires.

Dans le voisinage des bords de la bouche primitive, dès sa première ébauche, et plus tard dans les environs de la gouttière dorsale, d'importants processus du développement ont lieu. Les feuillets germinatifs moyens, la chorde et le tube nerveux prennent naissance.

Et à ce sujet, nous trouvons à nouveau d'importants points de comparaison et des points homologues entre les Amphibiens et l'Amphioxus.

Ainsi que nous l'avons dit (p. 75), avant que la gastrulation arrive à sa fin, en quelque sorte dans une dernière phase de celle-ci, une masse de petites cellules polygonales s'intercale, au voisinage de la bouche primitive formée en cercle, dans l'intervalle séparant le feuillet germinatif externe du feuillet glandulo-intestinal, et engendre entre les deux une nouvelle assise moyenne, le mésoblaste.

Une coupe frontale (fig. 60) à travers une gastrula d'Axolotl nous montre le commencement de ce processus. La figure 61, qui représente une coupe transversale à travers un embryon de Triton, nous offre un stade déjà plus avancé où la gouttière dorsale est déjà légèrement indiquée et où la bouche est transformée en une petite fente longitudinale.

Le feuillet germinatif moyen se continue à son origine dans le voisinage de la bouche primitive, d'une part à l'extérieur avec le feuillet germinatif externe et d'autre part, à l'intérieur avec le feuillet glandulo-intestinal.

Nous désignerons ces points de passages, comme lèvres de la bouche primitive et comme lèvres de l'intestin primitif. Entre la lèvre de la bouche et la lèvre de l'intestin, nous voyons bientôt se former, tantôt plus ou moins nettement, une fente étroite plus ou moins large (fig. 61), qui pénétre de l'intestin primitif dans le feuillet germinatif moyen et le décompose en un feuillet viscéral (mk²) et en un feuillet pariétal (mk¹). Si nous nous figurons ces fentes pénétrant encore plus avant dans le mésoblaste, nous aurons la figure 63 représentant le développement du feuillet germinatif moyen des Vertébrés, et grâce à laquelle il se laisse facilement comprendre.

Les feuillets germinatifs moyens sont, de même que chez l'Amphioxus, les parois de poches formées par évagination. Leur cavité (lh) est la cavité du corps, qui, au voisinage de la bouche primitive, communique avec l'intestin. Leur paroi comporte un feuillet pariétal (mk¹) et un feuillet viscéral (mk²) accolé à la masse deutoplasmique.

Le premier feuillet se continue, à la bouche primitive, dans le feuillet germinatif externe ; le second passe à la masse deutoplasmique ou au feuillet germinatif interne secondaire. On observe fréquemment dans le

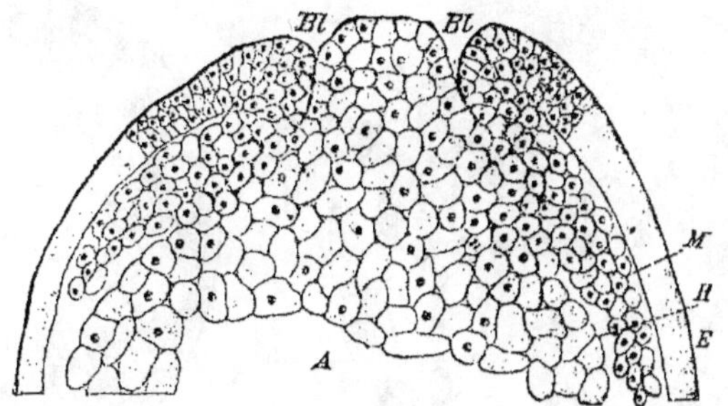

Fig. 60. — Coupe frontale à travers une gastrula d'Axolotl au stade VIII ; d'après Brachet.
Bl. Bouche primitive (blastoporus). — A : Intestin primitif. — E : Feuillet germinatif externe. — H : Feuillet germinatif interne. — M : Feuillet germinatif moyen.

développement, que des formations en plis d'un feuillet germinatif pendant longtemps ne présentent aucune cavité ; elle se dessine seulement plus tard. On a donné à ces plis, dont les deux feuillets sont fortement appliqués l'un contre l'autre, le nom de *plis clos*.

Si cette façon de voir est exacte les feuillets germinatifs moyens sont par suite à considérer, chez les Amphibiens, comme chez l'Amphioxus, comme étant des *diverticules de l'intestin primitif*. Il existe simplement une différence entre l'Amphioxus et les Amphibiens dans le moment où les diverticules apparaissent.

Chez l'Amphioxus, la gastrulation est terminée avant la formation des poches cœlomiques, qui se développent ici visiblement par évagination de la paroi de l'intestin primitif. Chez les Amphibiens, comme en général

chez tous les Vertébrés, la marche de la gastrulation est plus lente, liée
au contenu vitellin de l'œuf. Elle est encore dans son plein alors que
déjà les sacs du corps se forment aux dépens d'un matériel cellulaire qui
s'enfonce de l'extérieur vers l'intérieur.

Le développement des feuillets germinatifs apparaît maintenant en
quelque sorte comme une deuxième phase de la gastrulation. Dans la
première phase, principalement, les cellules vitellines s'invaginent, elles
servent à la délimitation de l'intestin secondaire. Dans la seconde phase,
de petites cellules provenant de la portion animale de la blastula, s'invaginent, de façon à se glisser, hors du bord latéral et postérieur de la
bouche primitive, comme un demi-arc ouvert du côté de la tête, dans la
fente comprise entre le matériel deutoplasmique primitivement invaginé
et le feuillet germinatif externe.

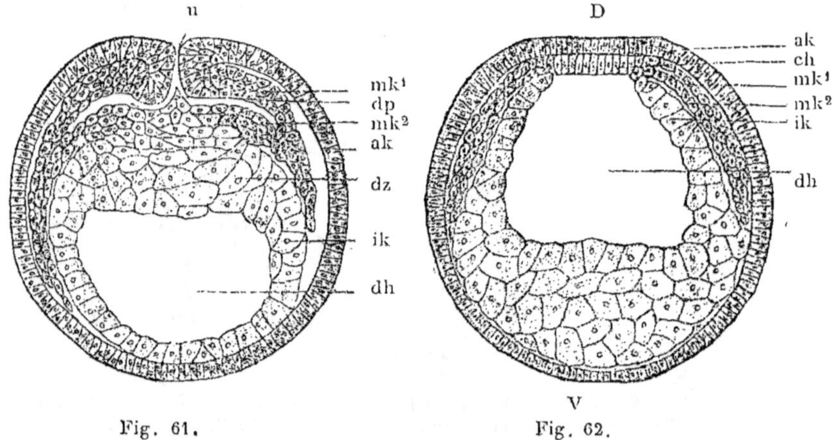

Fig. 61.   Fig. 62.

Fɪɢ. 61. — Coupe transversale passant par la bouche primitive d'un embryon de Triton
avec gouttière dorsale développée.
Fɪɢ. 62. — Coupe transversale du même embryon au voisinage de la bouche primitive.
ak, ik : feuillets germinatifs externe et interne. — mk¹, mk² : lames pariétale et viscérale du feuillet germinatif moyen. — u : bouche primitive. — dz : cellules vitellines.
— dp : bouchon vitellin. — dh : cavité intestinale. — ch : chorde. — D : dos. —
V : face ventrale.

Chez l'embryon de Triton, auquel est empruntée la figure 61, comme en
général chez de plus vieux embryons d'Amphibiens dont la bouche primitive est déjà réduite à un petit cercle ou à une fente, le feuillet germinatif moyen est déjà bien développé dans une région située en avant
de la bouche primitive, et la figure 62 offre ici des faits qui ont beaucoup
de points de ressemblance avec ceux qui ont été décrits chez l'Amphioxus.
L'embryon est divisé en deux par un étroit sillon de la paroi dorsale situé en

avant de la bouche primitive. La paroi dorsale se compose de deux feuillets germinatifs : du feuillet germinatif externe (ak) qui s'épaissit ici pour
donner la plaque nerveuse et d'une simple couche de cellules cylindriques (ch) située au-dessous de celle-ci, et qui correspond à l'ébauche
de la chorde de l'Amphioxus. De chaque côté de l'ébauche de la chorde
est situé le feuillet moyen (mk¹ et mk²) qui sépare l'un de l'autre les
feuillets primaires. Il se compose de deux couches de petits éléments arrondis, la couche extérieure (mk¹) se rattache à l'ébauche de la chorde
(ch), la couche intérieure (mk²) est unie au feuillet glandulo-intestinal
qui se termine par un bord libre à droite et à gauche de l'ébauche de la
chorde dorsale. Si nous nous représentons que dans la figure 62 les
assises cellulaires qui composent les feuillets germinatifs moyens à droite
et à gauche, sont séparés, de même que dans le voisinage de la bouche

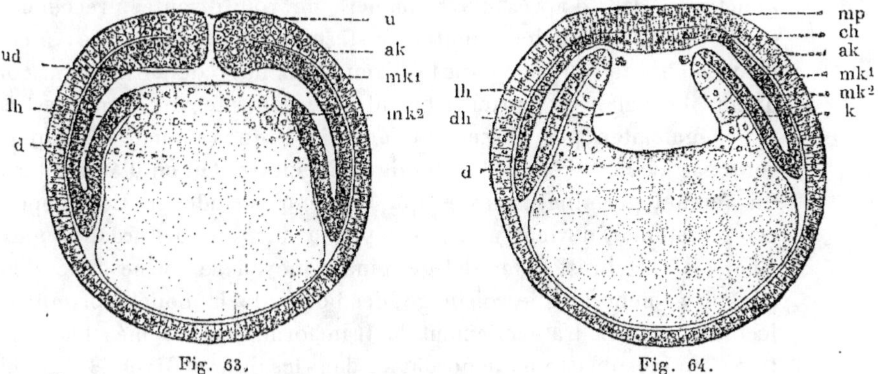

Fig. 63 et 64. — Deux schémas pour le développement des feuillets germinatifs moyens
et des cavités du corps des Vertébrés.
Fig. 63. — Coupe transversale passant par la bouche primitive.
Fig. 64. — Coupe transversale au voisinage de la bouche primitive.
u : bouche primitive. — ud : intestin primitif. — lh : cavités du corps. — dh : cavité
intestinale. — d : vitellus. — ak : feuillet germinatif externe. — mk¹, mk² : lame pariétale, viscérale du feuillet germinatif moyen. — mp : plaque médullaire. — ch :
chorde.

primitive (fig. 63), nous aurons le schéma représenté par la figure 64.

A gauche et à droite de la chorde, aux points marqués par les deux
astérisques les deux sacs cœlomiques (lh) sont en communication avec
l'intestin primitif qui en arrière se continue dans la poche entourant
circulairement la bouche primitive. Le feuillet germinatif moyen viscéral
forme avec le feuillet glandulo-intestinal contigu, auquel il passe des
deux côtés de la chorde (*), une sorte de cloison qui peut être désignée
comme pli intestinal et qui décompose l'intestin primitif en trois cavités :

l'intestin restant ou intestin secondaire (dh) et les deux sacs du corps (lh).
Le schéma est facile à rapprocher de la coupe transversale d'un embryon
d'Amphioxus donnée à la figure 53. Il nous suffira de remplacer à la face
ventrale, l'épithélium simple par la masse deutoplasmique, et d'agrandir
les deux petits sacs du corps (lh) considérablement vers le bas entre la
masse vitelline et le feuillet germinatif externe.

Chez les Amphibiens, le feuillet germinatif moyen se laisse décomposer
suivant les régions du feuillet glandulo-intestinal considérées en deux
portions, ainsi que l'histoire de sa formation nous l'a appris : une
portion qui s'étend des deux côtés de la chorde et une deuxième qui
entoure la bouche primitive. La première portion constitue le mésoblaste
parachordal ou gastral ; la seconde, le mésoblaste péristomal. Mais cette
différence a simplement une signification topographique sans importance
génétique, car, d'après notre manière de voir discutée précédemment
(p. 79 et 86), la bouche primitive se ferme d'avant en arrière ; à ce moment la chorde se forme dans le champ de la ligne de suture. Par conséquent, il est clair que, primitivement, le mésoblaste parachordal est constitué également par plissement, aux bords de la bouche alors qu'ils ne
sont pas encore réunis dans la ligne de suture. Ou en d'autres termes :
un feuillet germinatif moyen, qui, aux jeunes stades du développement
est péristomal, devient aux stades plus avancés parachordal ou gastral.
Chez les Vertébrés, le feuillet germinatif moyen se forme généralement
par plissement dans le voisinage des bords de la bouche primitive. Le
lecteur comprendra facilement la transformation du mésoblaste péristomal en mésoblaste parachordal si, dans les figures 61 et 63 il réunit les
deux lèvres de la bouche primitive et les laisse se transformer complètement de la façon décrite page 72. Il sera conduit du schéma (fig. 63) à
l'autre schéma (fig. 64).

Plus tard, se fait une séparation complète du mésoderme, de la chorde
et de l'intestin, aux points où ils sont encore en liaison. Là encore, il y a
analogie complète avec ce qui existe chez l'Amphioxus. Ce processus de
séparation est préparé chez le Triton par l'incurvation de la *plaque chordale* qui devient la *gouttière chordale* (fig. 65, ch). Pendant qu'elle se continue encore par ses bords avec l'assise pariétale du feuillet germinatif
moyen (mk¹) deux petits plis chordaux se constituent au plafond de l'intestin primitif et forment la gouttière. Par leur bord libre, ils touchent à
la limite du rebord auquel la lame viscérale du feuillet germinatif moyen
(mk²) passe au feuillet glandulo-intestinal (ik) et forme le pli intestinal.

On peut comparer le stade correspondant de l'Amphyoxus (fig. 54) avec
ce qui existe ici. Au stade suivant (fig. 66), la plaque médullaire épaissie,

est formée de longues cellules cylindriques, qui se distinguent nettement des petits éléments cubiques du feuillet corné ; le feuillet germinatif moyen commence à se détacher au point de l'invagination ; la lame pariétale se sépare de l'ébauche de la chorde dorsale et également la lame viscérale du feuillet glandulo-intestinal ; et les deux lames s'unissent ensuite par les bords suivant lesquels elles se sont détachées.

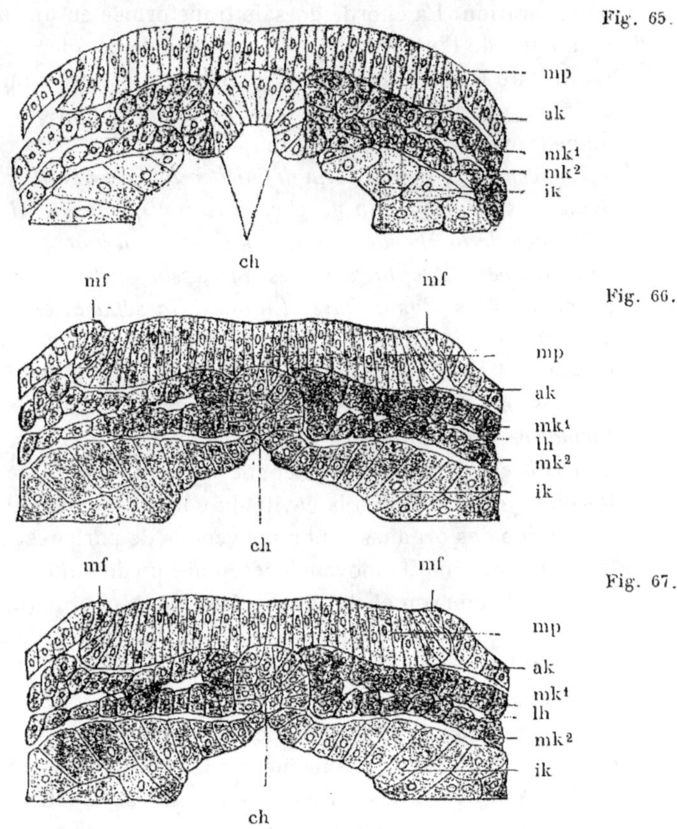

FIG. 65-67. — Trois coupes transversales d'une série faite sur un embryon de Triton dont les bourrelets médullaires commencent à faire saillie.
Ces coupes sont destinées à montrer le développement de la chorde dorsale aux dépens de son ébauche, ainsi que la séparation des deux feuillets du feuillet germinatif moyen. — ak, ik, mk1, mk2 : comme précédemment. — mp : plaque médullaire. — mf : replis médullaires. — ch : chorde. — lh : cavité du corps.

Par ce processus, l'ébauche du sac du corps ou du feuillet germinatif moyen est close de tous les côtés et séparée des formations voisines. En même temps, l'ébauche chordale (ch) et feuillet glandulo-intestinal (ik) se sont unis, appliqués intimement l'un contre l'autre comme dans la coupe de l'embryon d'Amphioxus (fig. 54) par leurs bords libres, de sorte que la première paraît être comme une condensation du feuillet glandulo-intestinal et participe encore pendant un certain temps à la délimitation de l'intestin.

Mais ce stade se modifie rapidement à la suite d'un deuxième processus de séparation. La chorde dorsale transformée en un tube plein, se sépare peu à peu de l'intestin (fig. 67) par suite de ce que, au-dessous d'elle, les moitiés du feuillet germinatif glandulo-intestinal composées de grandes cellules s'accroissent l'une vers l'autre et s'unissent en une suture médiane (voyez Amphioxus, fig. 55).

La fermeture de l'intestin définitif à la face dorsale, la séparation des deux sacs du corps du feuillet germinatif interne et la constitution de l'ébauche de la chorde dorsale sont, par conséquent, chez les Amphibiens, comme chez l'Amphioxus, des processus qui présentent entre eux les connexions les plus intimes. Là aussi, la séparation des parties dénommées commence à l'extrémité correspondant à la tête de l'embryon et progresse lentement vers l'extrémité postérieure. A l'extrémité postérieure de tous les embryons des Vertébrés persiste encore longtemps une zone néoformative par l'intermédiaire de laquelle l'accroissement du corps se poursuit en longueur. Maintenant apparaît bientôt le moment où chez les embryons de Triton la cavité du corps devient visible ; car, lorsque la séparation des organes dont nous venons de parler est terminée, les deux feuillets germinatifs moyens s'écartent l'un de l'autre à l'extrémité céphalique de l'embryon et des deux côtés de la chorde (fig. 68) ; il se forme ainsi une cavité du corps droite et gauche (enterocœle) qui, aux stades précédents, n'était pas visible, à mon avis, seulement à cause du contact intime de leurs parois.

Encore un mot sur la première ébauche du système nerveux central chez les Amphibiens. De même que la chorde se forme gastralement par rapport à la ligne de suture des bords de la bouche primitive, la plaque nerveuse se forme en dehors de cette ligne. A gauche et à droite de la gouttière dorsale, qui indique dans la suite la position primitive de la ligne de suture (fig. 59, B) le feuillet germinatif externe s'épaissit le long de deux étroites bandes, car les cellules croissent en longueur et deviennent cylindriques (fig. 65-67) ; ces bandes se distinguent ainsi nettement du feuillet corné, dont les cellules demeurent cubiques ou s'aplatissent davantage. La plaque médullaire formée de deux moitiés nettement distinctes croît plus rapidement que la formation voisine et s'incurve par suite en une gouttière peu profonde : le sillon médullaire. Celui-ci devient

peu à peu plus profond. Les bords de la plaque médullaire par lesquels
elle se continue avec le mince feuillet corné s'élèvent peu à peu plus nettement sur la face de l'œuf et forment les plis médullaires caractéristiques
de cette période, ou bourrelets médullaires (fig. 68, mf).Plus tard, ceux-ci
s'accroissent l'un vers l'autre et se rapprochent de sorte que le sillon se
transforme en un tube, qui est encore ouvert à l'extérieur par une étroite
fente longitudinale. Finalement, la fente (fig. 69) diminue, les bords des
plis se rejoignent entièrement ; le tube médullaire clos (n) se sépare complètement ensuite de la façon indiquée à la page 72, le long de la ligne

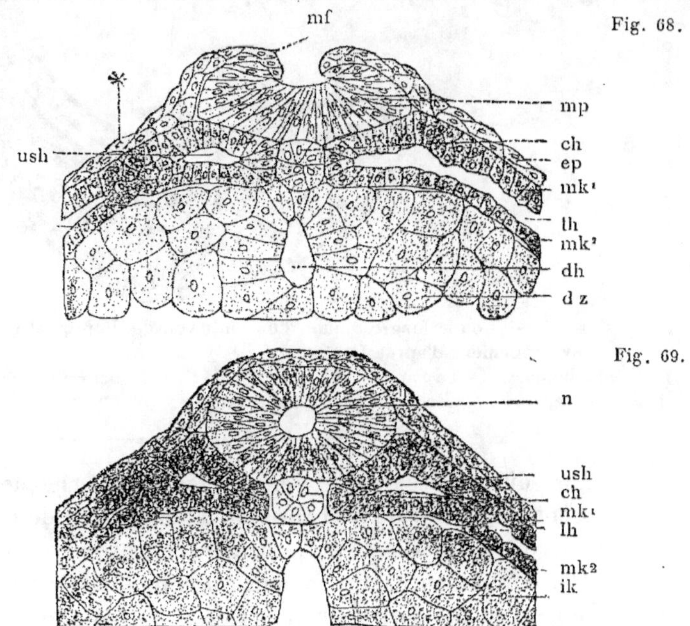

Fig. 68. — Coupe transversale d'un embryon de Triton, dont la gouttière médullaire
est presque fermée.
Fig. 69. — Coupe transversale passant par un embryon de Triton avec tube nerveux
clos et segments primordiaux complètement formés.
mf : replis médullaires. — mp : plaque médullaire. — n : tube nerveux. — ch : chorde.
— ep : épiderme ou feuillet corné. — mk : feuillet germinatif moyen. — mk¹, mk² :
feuillet moyen pariétal et viscéral. — ik : feuillet germinatif interne. — ush : cavité
du segment primordial.

de cicatrisation ou de suture, de la membrane cellulaire, dont il était
primitivement une partie constituante et devient un organe complètement indépendant.

En outre, il se forme aussi chez les Amphibiens, comme chez l'Amphioxus, un canal neurentérique. Les deux moitiés de la plaque médullaire et plus tard les bourrelets médullaires entourent, en s'accroissant d'avant en arrière, le reste de la bouche primitive, et comme finalement, dans cette région, la gouttière médullaire se ferme en un tube, la bouche primitive s'ouvre dans ce dernier, et forme le canal neurentérique ; chez l'Amphioxus (fig. 56) ; la communication entre l'intestin et le canal central de la moelle dorsale a déjà été décrite, elle est visible sur la coupe longitudinale ci-contre d'un embryon plus âgé de Bombinator (fig. 70 ne) (pour plus de développement, voyez le chapitre IX).

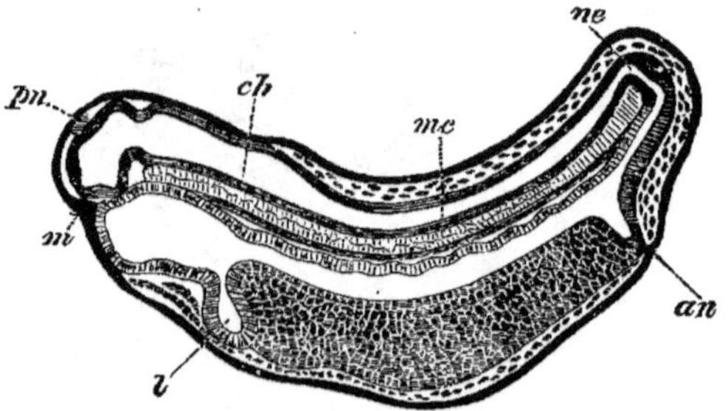

Fig. 70. — Coupe longitudinale d'un embryon de Bombinator plus avancé dans son développement d'après Götte.
m : bouche. — an : anus : — l : foie. — ne : canal neurentérique. — mc : tube médullaire, — ch : chorde. — pn : glande pinéale.

Des difformités qui s'obtiennent facilement chez les Amphibiens fournissent, en faveur de la théorie de la fermeture de la bouche primitive, se faisant excentriquement, une preuve très importante.

Par d'ingénieuses dispositions, on a pu obtenir que chez des œufs de Grenouille, une partie seulement de la gastrulation, de l'invagination du matériel cellulaire ait lieu, et qu'à la suite d'un certain endommagement de l'œuf, la fermeture excentrique de la bouche primitive s'interrompe partiellement ou même totalement. Dans ces conditions les bords de la bouche primitive forment un gros bourrelet circulaire, qui entoure la totalité du champ vitellin visible de l'extérieur comme un bouchon vitellin de *Rusconi* énormément développé ?

Malgré l'empêchement apporté à la fermeture de la bouche primitive, et à la suite duquel la totalité de la région dorsale de l'embryon n'est pas convenablement fermée, les processus de différenciation se produisent dans le matériel cellulaire du bord de la bouche primitive, qui par son oblitération devait former le dos ; mais maintenant il se forme sur les côtés gauche et droit au bord de la bouche primitive une demi plaque médullaire, une demi-ébauche de la chorde, seulement une série de segments primordiaux, dont la formation est traitée dans le chapitre VI. Les figures 71 et 72 présentent une monstruosité d'arrêt très démonstrative à l'appui de l'exactitude de la théorie de fermeture de la bouche primitive et, que d'ailleurs, les œufs de Grenouille recueillis dans la nature montrent aussi quelquefois. La figure 71 représente un embryon de Grenouille entier difforme. On peut dans la formation ovale assez semblable à une coupe peu profonde, distinguer facilement l'extrémité céphalique et l'extrémité caudale (k et ar). A la première, est constituée la partie la plus antérieure de la plaque cervicale entourée par d'épais bourrelets médullaires, et au bord postérieur de laquelle une dépression conduit dans la cavité intestinale céphalique (kd). Derrière elle, la région dorsale entière est ouverte en une fente, par laquelle le vitellus nutritif est visible de l'extérieur. Le gros bouchon vitellin remplissant la bouche primitive est entouré circulairement par le bord de la bouche primitive (ur) qui continue

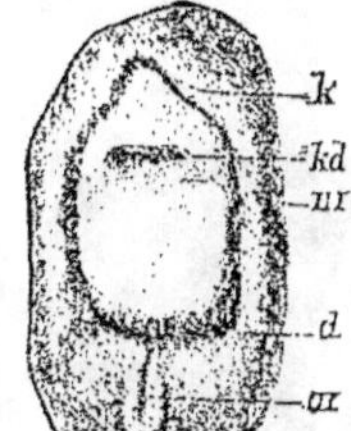
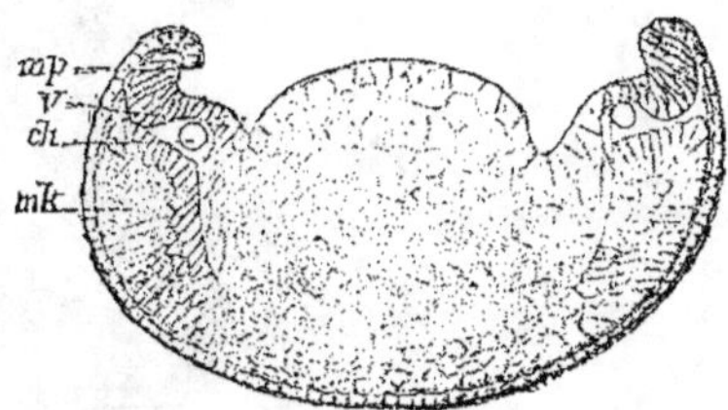

Fig. 71.   Fig. 72.

Fig. 71. — Vue de face dorsale d'un embryon de Grenouille monstrueux avec énorme bouche primitive.

k : tête. — kd : entrée de la cavité intestinale de la région céphalique. — ur : bord de la bouche primitive. — ar : gouttière anale. — d : entrée de l'intestin caudal.

Fig. 72. — Coupe transversale passant par les 2/3 du tronc de la malformation représentée figure 71.

mp : plaque médullaire. — v : point de liaison de la plaque médullaire avec le vitellus. — ch : chorde. — mk : feuillet germinatif moyen.

longuement en arrière les bourrelets cervicaux. Ce bord est fortement épaissi, car il est déjà différencié en organes distincts. Comme la coupe transversale (fig. 72), passant sensiblement par le milieu de l'embryon représenté dans la figure 71, le montre, le bord de la bouche primitive se trouve déjà à un stade embryonnaire assez avancé : il s'est décomposé en demi-plaques médullaires (mp), en demi-chordes (ch), en demi-feuillets germinatifs moyens (mh) et en demi-segments primordiaux.

L'observation suivante parle encore en outre, dans une haute mesure, en faveur de notre théorie de fermeture la bouche primitive. Des diffor-

mités d'arrêt chez la Grenouille, et qui montrent bien la fente de la
bouche primitive dans les figures 71 et 72, peuvent néanmoins donner
un embryon presque normal. Cela par accroissement de leurs moitiés
d'organes séparées, de la même manière que le font les bords de la
bouche primitive dans le processus normal, par-dessus le champ vitellin
à droite et à gauche de la ligne médiane et graduellement d'avant en
arrière, la moitié gauche et la moitié droite de la demi-moelle dorsale,
la moitié gauche et la moitié droite de la demi-chorde dorsale commencent
à s'unir. Des difformités semblables plus âgées sont représentées à l'appui
de la théorie dans les figures 73 et 74, en vue d'ensemble et en coupe
transversale. Dans la figure 73, l'extrémité céphalique et la portion du
tronc correspondant à la région thoracique sont formées normalement
en entier ; par contre, dans la région des reins et dans la région sacrée
se montre encore une division des organes axiaux dorsaux et une ouverture qui renferme un bouchon vitellin rond, et par là se laisse encore

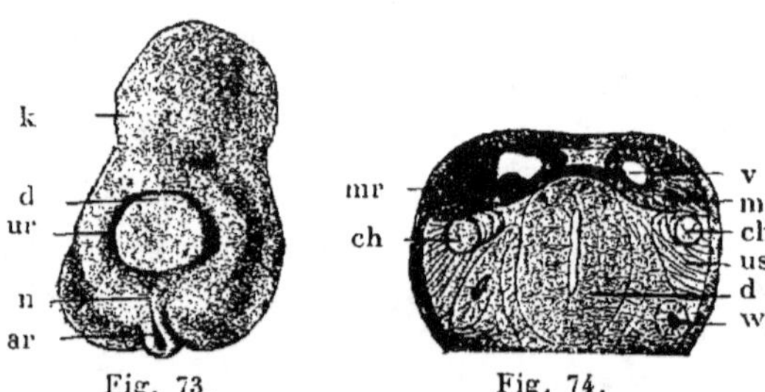

Fig. 73.   Fig. 74.

Fig. 73. — Malformation plus âgée de Rana fusca, avec bouche primitive en avant de
l'extrémité caudale ; d'après Hertwig.
k : tête. — d : bouchon vitellin. — ur : bord de la bouche primitive. — ar : gouttière
anale. — n : ligne de suture.
Fig. 74. — Coupe transversale d'une malformation plus âgée de Rana fusca avec bouche
primitive, un peu en avant du bouchon vitellin ; d'après Hertwig.
ch : chorde. — d : intestin. — ur : segment primordial. — wg : canal de Wolff. — v : pont
de substance unissant les deux moitiés de la moelle dorsale (m).

reconnaître comme le reste subsistant de la bouche primitive (blastopore).

Une coupe transversale un peu en avant de la bouche primitive montre
(fig. 74) que les ébauches de la chorde et du tube nerveux sont encore
doubles, mais la comparaison de la coupe transversale à un plus jeune
stade (fig. 72), montre qu'elles sont déjà plus rapprochées du plan médian
dorsal.

En même temps, chacune des demi-plaques médullaires incurvée de
la figure 72 s'est fermée pour donner un tube. Si on continue la série des
coupes à laquelle la figure 74 est empruntée. plus loin vers la tête, on

voit les doubles ébauches de la chorde et de la moelle dorsale se rapprocher toujours plus près l'une de l'autre, jusqu'à ce qu'elles s'accolent et s'unissent insensiblement en une seule chorde dorsale et en un seul tube nerveux.

Des difformités analogues à celles qui sont observées chez les œufs de Grenouille peuvent être rencontrées chez les Poissons (Truite) et chez les Vertébrés plus supérieurs (Poulet), peut-être même chez l'homme et sont connues ici sous le nom de Spina bifida. Elles sont d'un très grand intérêt lorsqu'elles (comme on l'a vu ci-dessus) reposent sur le développement entravé d'un des plus anciens et des plus primitifs organes du corps des animaux vertébrés, la bouche primitive, c'est-à-dire sur l'absence de sa fermeture normale.

3. — La formation des feuillets germinatifs chez les Poissons.

La constitution caractéristique de la blastula des œufs méroblastiques est la suivante (page 50, fig. 39) : Elle se compose : 1º d'une portion de paroi cellulaire, comparable au plafond de la blastula des Amphibiens, et 2º de vitellus nutritif non divisé en cellules distinctes, parfois extrêmement développé, ce qui détermine naturellement d'importantes modifications dans la manière dont les feuillets germinatifs se développent. Au cours du développement ultérieur, le vitellus nutritif est purement passif ; il se liquéfie peu à peu et est utilisé pour la nutrition des cellules du germe au cours de son accroissement rapide. Les processus formatifs ultérieurs se passent uniquement dans la portion de la paroi de la blastula, segmentée en cellules distinctes. Ils sont encore très faciles à suivre chez les Poissons et en particulier chez les *Sélaciens*. Ils se rattachent assez nettement aux phénomènes décrits chez les Amphibiens. Ces processus nous conduisent aux trois sortes de transformations suivantes :

1º Le germe cellulaire commence à s'étendre graduellement en surface ; puis il se décompose en deux, et plus tard en quatre feuillets germinatifs. Dans les premiers stades de cette transformation, il repose sur le vitellus nutritif à la façon d'un disque à bords nettement délimités (fig. 75). Pendant que, dans une petite région du disque les organes primitifs de l'embryon : tube nerveux, chorde, segments primordiaux, etc., s'esquissent, les feuillets germinatifs très minces s'étendent toujours de plus en plus à la surface du vitellus nutritif et finalement l'enveloppent tout entier.

2º Le développement des feuillets germinatifs s'accomplit de façon qu'une invagination se forme au bord postérieur du germe cellulaire. Cette invagination conduit à l'ébauche du feuillet germinatif interne. Par

conséquent, ici aussi, la blastula se transforme en une gastrula. Bientô
s'ajoute à cela l'invagination des feuillets germinatifs moyens.

3° La fermeture de la bouche primitive se fait chez les Sélaciens comm
dans les œufs d'Amphibiens, par une oblitération excentrique progressar
de l'avant vers l'arrière, la moitié gauche de son bord se soudant avec l
moitié droite. La région dorsale embryonnaire est ainsi formée. Dans cett
région se développeront plus tard la chorde, le tube nerveux et les seg
ments primordiaux.

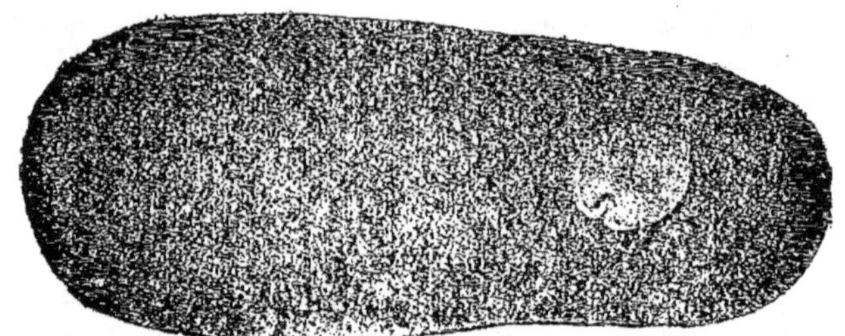

Fig. 75. — Œuf de Scyllium canicula avec un germe cellulaire, qui est déjà décompos
en deux feuillets germinatifs, et montre au bord postérieur la première ébauche de l
plaque médullaire. Photographie de l'Institut biologique, d'après une préparation d
M. Jablonowski.

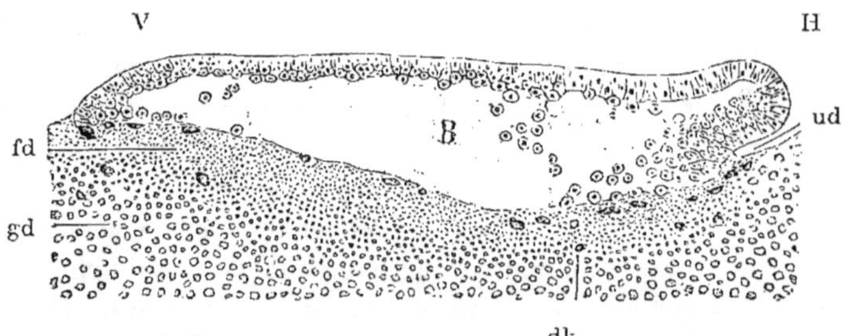

Fig. 76. — Coupe médiane d'une blastula de Pristiurus dont le processus de formation
de la gastrula commence ; d'après Rückert.

ud : première ébauche de l'intestin primitif. — B : cavité blastocélienne. — dk : noyaux
vitellins. — fd : fines granulations de vitellus. — gd : grosses granulations vitellines.
— V : bord antérieur. — H : bord postérieur de la blastula.

A cette description sommaire, il convient d'ajouter encore quelques remarques explicatives.

Par une vue de face, comme par des coupes transversales (fig. 76), on
aperçoit bientôt dans le germe en voie de développement, qui, disposé à
la façon d'un verre de montre sur la cavité blastocélienne (B), repose par
ses bords sur le vitellus nutritif, deux régions distinctes : une région antérieure (V) mince et pour cette raison transparente, et une région postérieu-

re (H) composée d'un grand nombre de cellules, qui paraît plus sombre et possède un bord plus épais, et qui bientôt se sépare nettement du vitellus nutritif par une profonde gouttière. Le développement du feuillet germinatif interne se fait au bord postérieur épaissi. Il s'y forme d'abord, ainsi que le montre la coupe transversale, une petite invagination (ud) qui peu à peu, pénètre plus profondément (fig. 77). Par suite, la région postérieure du germe est formée, sur une grande étendue, de deux feuillets. Entre le feuillet germinatif invaginé ou inférieur et le vitellus nutritif, un intestin primitif étroit est formé. Peu à peu, il supplante la cavité blastocélienne (fig. 77, ud).

Le bord postérieur du disque, dans lequel l'invagination se développe graduellement à gauche et à droite du point où elle a commencé, et où le feuillet germinatif externe (ek) passe au feuillet germinatif interne (en) (fig. 77, dl) correspond par suite à la lèvre antérieure de la bouche primitive de la gastrula des Amphibiens (fig. 57, dl). La gouttière de la bouche primitive forme un demi-cercle à concavité dirigée en avant.

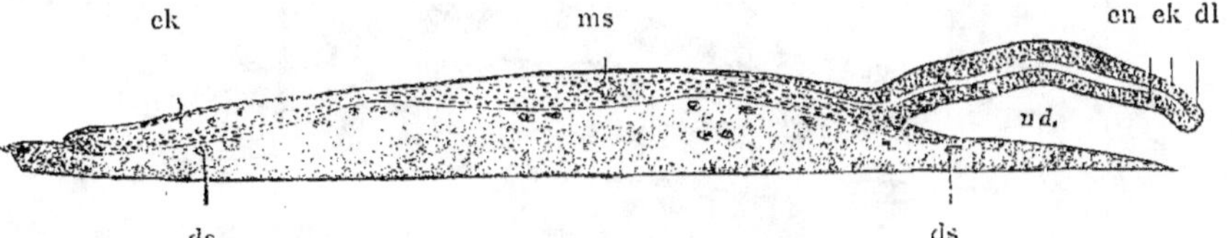

Fig. 77. — Coupe médiane de la membrane germinative représentée dans la figure 79 ; d'après Ziegler.
ek : feuillet germinatif externe. — en : feuillet germinatif interne. — ud : intestin primitif. — ds : syncytium vitellin. — dl : lèvre dorsale de la bouche primitive. — ms : mésenchyme.

La formation du feuillet germinatif moyen présente aussi une grande ressemblance avec le processus de la gastrulation chez les Amphibiens. Car bientôt après la première ébauche du petit sac intestinal primitif dirigé vers l'extrémité céphalique, le feuillet germinatif moyen commence déjà à apparaître ; nous pouvons également dans la suite y distinguer une portion péristomale et une portion gastrale.

Une masse compacte de petites cellules (mk) se développe au bord épaissi de la bouche primitive (fig. 78), dans l'espace compris entre les deux feuillets germinatifs primaires le long d'une profonde gouttière (*) à laquelle on a donné le nom de sinus cœlomique ou de gouttière de formation du mésoderme. Elle correspond à la fente qui, chez les Amphibiens, s'engage dans le feuillet germinatif moyen au voisinage du blastopore et sépare la lèvre de la bouche primitive, qui apparaît tout d'abord, de la lèvre intestinale (fig. 61 et texte à la p. 88).

Représentons-nous la masse compacte de cellules, qui sur la coupe représente le feuillet germinatif moyen, dédoublée en deux feuillets ; nous obtenons ainsi deux poches s'ouvrant au bord de la bouche primitive, et qui correspondent aux deux sacs du corps (fig. 63, lh) du schéma donné pour les Amphibiens.

Nous pouvons modifier ce dernier schéma de façon qu'il puisse pour la circonstance nous servir dans une certaine mesure chez les Sélaciens. Il suffit pour cela de se représenter le vitellus considérablement augmenté, la bouche primitive considérablement agrandie et la partie du germe non formée de cellules vitellines, étalée à plat sur le vitellus.

Chez les Sélaciens se réalisent aussi une série de transformations qui sont en faveur de notre manière de voir relative à la fermeture de la bouche primitive, c'est-à-dire à la façon dont se forme au bord postérieur du germe discoïde, la soudure, progressant d'avant en arrière, de la moitié gauche avec la moitié droite du bord de la bouche primitive, soudure qui commence à l'endroit où la première invagination s'est produite. Déjà

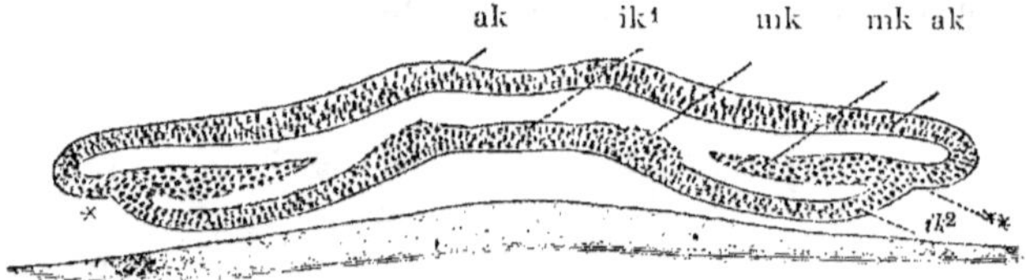

Fig. 78. — Coupe transversale d'un germe de Sélacien passant par la ligne sch de la figure 79 ; d'après Ziegler.
ak, ik¹ : feuillets germinatifs externe et interne (entoblaste chordal). — ik² : feuillet germinatif interne. — mk : feuillet germinatif moyen. — ** : gouttière de formation du mésoderme aux dépens de laquelle se développe le feuillet germinatif moyen.

par une vue de face du germe des Sélaciens, on constate un renfoncement caractéristique de son bord, qui est connu sous le nom de *cran de bordure* (fig. 79, rk). A une faible distance de celui-ci, se développe de bonne heure la paroi antérieure de la plaque nerveuse en tant que bourrelet cervical transversal (fig. 79 et 75), correspondant à la formation analogue précédemment décrite chez les Amphibiens (p. 87, fig. 59). Par suite, une portion du germe est ainsi déterminée comme extrémité céphalique ; la croissance ultérieure de l'embryon se continue de la manière suivante : au segment céphalique du corps différencié en premier lieu s'ajoutent successivement l'un derrière l'autre au fur et à mesure de l'agrandissement en surface du disque germinatif, les segments suivants : d'abord le cou, la région thoracique, la région lombaire, et enfin la région caudale, ce qui fait que la distance entre le bourrelet cervical transversal primitivement formé et le cran de bordure devient toujours plus grande.

Pour faire comprendre comment, au cours de cet accroissement, une
soudure d'avant en arrière des moitiés du bord de la bouche primitive
situées à gauche et à droite du cran de bordure s'est produite, nous aurons
recours au schéma suivant (fig. 80), dont l'explication est donnée plus
loin. Dans la région dorsale de l'embryon comprise entre le bourrelet cervical et le cran de bordure se différencient peu à peu les différents
organes axiaux : tube nerveux, chorde, et sur les côtés de cette dernière,
le mésoblaste gastral ou parachordal. Les plus vieux stades du développement des organes considérés se trouvent en avant et les plus jeunes en
arrière, car ainsi qu'il l'a déjà été dit précédemment, les portions postérieures se constituent seulement plus tard.

Comme la portion postérieure du bord du germe discoïde contribue

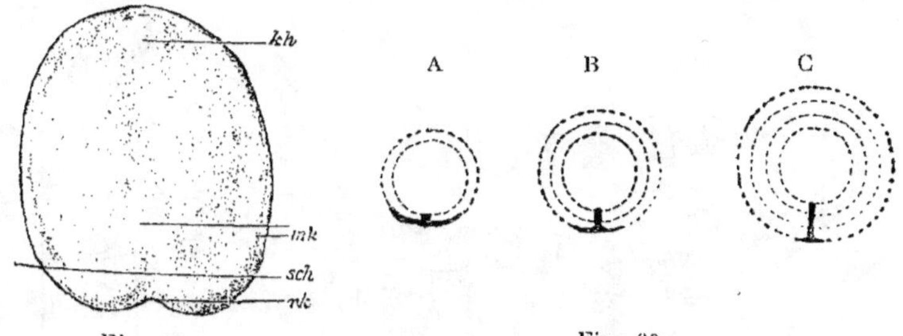

Fig. 79.   Fig. 80.

Fig. 79.— Vue de face de la membrane embryonnaire d'un Sélacien (Torpedo ocellata)
séparée du vitellus ; d'après Ziegler.
kh : cavité blastocélienne.— mk : point limite jusqu'où se forme le feuillet germinatif
moyen au bord postérieur. — rk : cran de bordure. — k : extrémité céphalique),
bourrelet cervical transversal.
Fig. 80. — A, B, C : Schémas montrant la soudure de la moitié droite du bord de la
bouche primitive avec la moitié gauche suivant une ligne de suture.
La région dorsale de l'embryon dans laquelle se développerait les organes axiaux de
l'embryon est ainsi formée.
Les lignes ponctuées indiquent la grosseur du disque germinatif au cours de son développement.
Les lignes noires représentent le bord de la bouche primitive et le sillon cellulaire
constitué par la soudure de sa moitié gauche avec sa moitié droite et dont se séparent ensuite la chorde, le tube nerveux, les segments primordiaux.

seule à la formation des organes axiaux de l'embryon, je l'ai désigné
comme bord formatif embryonnaire ou simplement bord de la bouche
primitive, et je l'ai distingué de la portion antérieure à laquelle j'ai donné
le nom de bord d'accroissement et qui, par son extension en surface enveloppe la surface du vitellus nutritif de minces enveloppes cellulaires.

Une série de coupes transversales à travers la région dorsale donne
exactement les mêmes figures que celles que nous avons déjà appris
à connaître lors du développement de l'Amphioxus et des Amphibiens
(comp. les fig. 81 et 82 avec les fig. 62, 65-69 du Triton et les fig. 52,
55 de l'Amphioxus).

A droite et à gauche du plan médian, où à un stade plus avancé a lieu
la soudure des bords de la bouche primitive, la région dorsale se compose
(fig. 81) seulement des deux feuillets germinatifs, dont le feuillet externe a
fourni la plaque nerveuse transformée en gouttière (mr), et le feuillet interne, l'ébauche de la chorde (ch). Des deux côtés de ces ébauches, le
germe commence à être formé de trois feuillets, car au point marqué de
deux astérisques, le feuillet germinatif moyen (mésoblaste gastral ou parachordal) se développe entre les deux feuillets germinatifs primaires. Ce

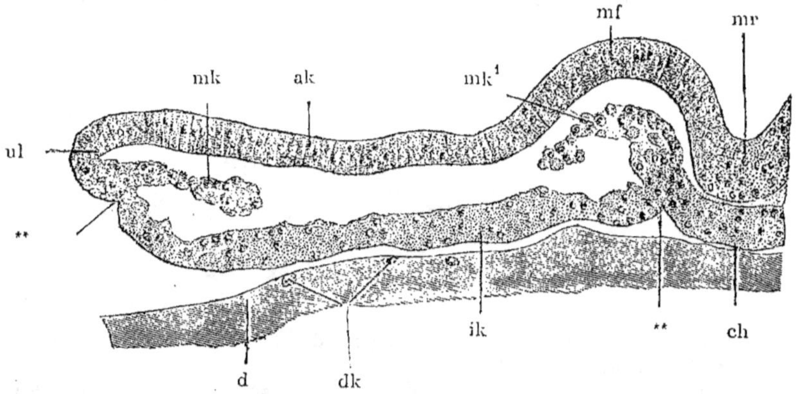

Fig. 81. — Coupe transversale d'une ébauche embryonnaire de Pristiurus melanostomus
(stade B de Balfour), en dehors de la moitié antérieure ; d'après Rabl.
ak, ik, mk : feuillet germinatif externe, interne, moyen. — mk, mk¹ : mésoblaste péristomal et gastral. — mf : repli médullaire. — mr : gouttière médullaire. — ul : lèvre
de la bouche primitive. — ** : sinus cœlomique ou gouttière mésodermique primitive. — d : vitellus. — dk : noyaux vitellins. — ch : ébauche chordale.

point est pourvu d'une profonde rainure qui correspond au sinus cœlomique du bord de la bouche primitive, et qui fournit le mésoblaste péristomal
(fig. 81**, mk). Les sinus cœlomiques parachordal et péristomal se continuent l'un avec l'autre, comme les portions du feuillet germinatif moyen
auxquelles ils donnent naissance, de chaque côté du cran de bordure. Ce
fait montre aussi, par suite, qu'il existe au fond du cran de bordure une
ligne de suture ; ceci justifie l'hypothèse suivante : que les bords de la
bouche primitive se soudent bien d'avant en arrière.

Aux stades ultérieurs, la gouttière nerveuse se transforme en un tube suivant le procédé indiqué page 96. L'ébauche de la chorde donne la chorde définitive (fig. 82, ch) et en dessous se forme le feuillet glandulo-intestinal (ik) ; le feuillet germinatif moyen (mk) perd sa connexion avec l'ébauche de la chorde et le feuillet glandulo-intestinal au point marqué, dans la figure 81 par 2 astérisques.

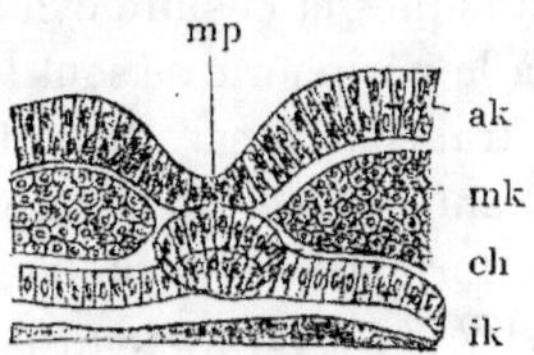

FIG. 82. — Coupe transversale de l'ébauche embryonnaire d'un Sélacien ; d'après Balfour.
ak, ik, mk : feuillet germinatif externe, interne, moyen. — ch : chorde. — mp : plaque médullaire.

4. — La formation des feuillets germinatifs chez les Reptiles, les Oiseaux et les Mammifères.

a) Les premiers stades chez les Reptiles et les Oiseaux.

Dans les gros œufs, riches en vitellus, des Reptiles et des Oiseaux, l'examen du germe est lié directement dans les premiers stades à des difficultés techniques spéciales.

Maints faits montrent qu'ici aussi le développement du feuillet germinatif interne se fait en substance d'après le même principe que chez les Amphibiens et les Sélaciens, ce qui était à prévoir d'après l'état actuel de la question relative aux feuillets germinatifs.

Quand le germe cellulaire, au cours ultérieur du développement commence à s'étendre davantage à la surface du vitellus nutritf, son centre devient plus mince et plus transparent ; et une petite cavité se forme en dessous de lui par la liquéfaction du vitellus.

On peut maintenant déterminer, dans une vue de face (fig. 83) comme dans le germe discoïde des Poissons, un champ médian circulaire un peu plus clair, l'Area pellucida ou l'aire transparente des anciens auteurs (hf) et un bord plus sombre, annulaire, l'Area opaca ou l'aire opaque (df).

La différence entre ces deux zones devient encore bien plus nette quand on sépare le disque germinatif du vitellus et qu'on l'examine dans une solution de sel de cuisine. Les phénomènes qui suivent sont plus faciles à suivre et à expliquer chez les Reptiles, que chez les Oiseaux et les Mammifères. On voit chez les Reptiles, apparaître au milieu de la membrane

germinative et de l'aire transparente, un point un peu moins transparent,
qui à l'examen du germe séparé du vitellus apparaît blanchâtre sur un
fond noir (fig. 84). Cette formation est désignée sous le nom d'*écusson
embryonnaire* (sch). Elle résulte de ce fait, que dans son étendue les cellules constituant l'épithélium de la membrane germinative sont devenues
plus hautes, d'abord cubiques et ensuite cylindriques ; pendant ce temps
les cellules disposées à la périphérie se sont toujours plus aplaties et par
suite paraissent plus transparentes. Bientôt, on peut reconnaître à cet
écusson ovale un bord antérieur et un bord postérieur, car de ce dernier
se détache une petite formation blanchâtre, formant comme une saillie
dirigée en arrière, c'est le *bourgeon primitif (Mehnert)* ou la *plaque primitive (Will)*, le point de départ et le centre de toutes les formations
ultérieures (fig. 84, pr).

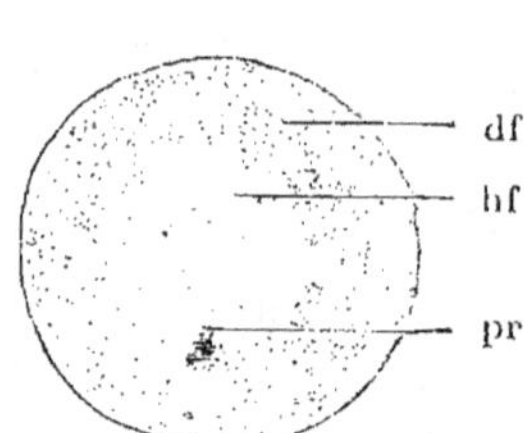

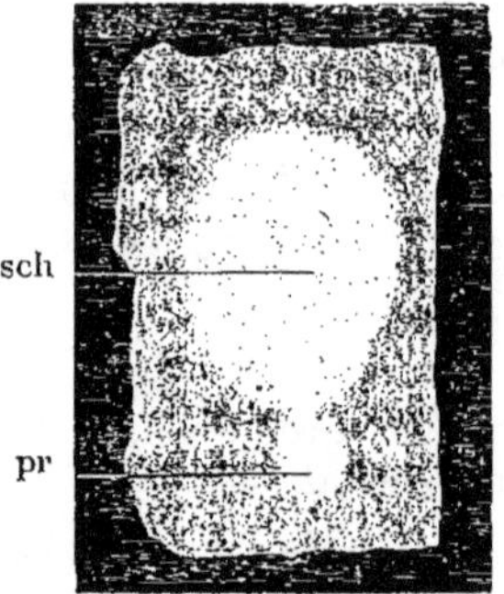

Fig. 8.   Fig. 84.

Fig. 83. — Membrane germinative d'un oiseau aquatique, Haliplana, avec aire sombre
    et aire transparente (df et hf), on voit la première indication de la ligne primitive (pr) :
    d'après Schauinsland.
Fig. 84. — Plaque embryonnaire avec plaque primitive d'un embryon de Lacerta mur. :
    d'après Will.
sch : écusson embryonnaire, — pr : plaque primitive.

Déjà à cet état de bourgeon primitif, en tant que futur centre formatif,
une très grande différence existe, entre les feuillets germinatifs des Reptiles, auxquels se rattachent les Oiseaux et les Mammifères, et les feuillets
germinatifs des œufs méroblastiques des Elasmobranchiens et des Téléostéens.

Car, pendant que chez ceux-ci les processus qui conduisent au développement du corps embryonnaire, prennent naissance au bord de la
membrane germinative, ils se développent dans la classe des Vertébrés
que nous étudions maintenant, plus ou moins approximativement *en
son milieu*. Par suite, l'extrémité postérieure de l'embryon est dans le premier cas, jusqu'au moment où le bourgeon caudal apparaît, toujours unie

avec le bord de la membrane germinative : on peut dire en s'exprimant
brièvement que : l'embryon se développe *par le bord*, et en effet, comme
nous l'avons vu, il se développe à l'aide du matériel cellulaire du bord,
qui représente en même temps la lèvre de la bouche primitive. Dans le
deuxième cas, le bord de la membrane germinative, dans le développement de l'embryon, ne joue aucun rôle et il a généralement d'autres
propriétés que chez les Elasmobranchiens et les Téléostéens, chez lesquels
il prend une grande extension au bord de la bouche primitive. L'embryon se forme, pour exprimer à nouveau la chose par une expression
caractéristique : *par le centre*.

Le développement du feuillet germinatif interne procède de la plaque
primitive. La teinte plus sombre est déterminée ici contrairement à ce qui
existe dans l'écusson embryonnaire, à hautes cellules cylindriques, par une
prolifération considérable des cellules ; il se forme ainsi un bourgeon épais
constitué d'éléments en partie fermement unis, en partie sans cohésion.
Ensuite, les cellules vitellines disséminées dans la cavité germinative, se
réunissent à ce bourgeon pour former une deuxième couche située sous le

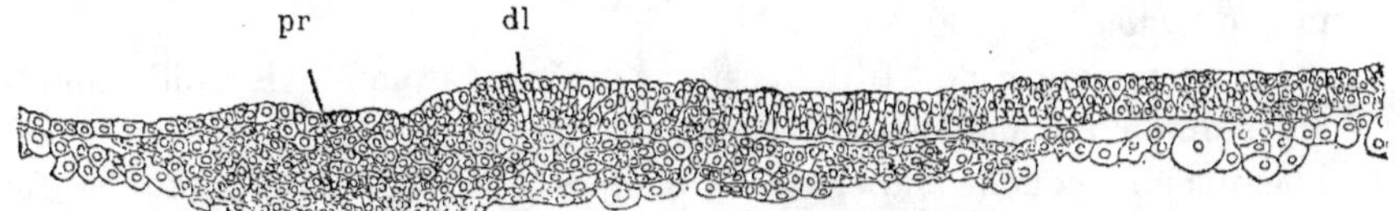

FIG. 85. — Coupe médiane de la membrane germinative avec plaque primitive de
Lacerta muralis ; d'après Weldon.
pr : plaque primitive. — dl : lèvre dorsale de la bouche primitive.

plafond de la blastula, sous les cellules cylindriques de l'écusson ; ces
cellules sont ordinairement aplaties, de forme et de grandeur différentes et généralement présentent peu de cohésion entre elles. Elles représentent le feuillet germinatif interne nouvellement formé, qui est
décrit par *Kupffer* comme Paraderme ou feuillet vitellin, par *van Beneden* comme Lecikophor (fig. 85).

Chez les Oiseaux, les phénomènes sont analogues à ceux qui existent
chez les Reptiles, quoique chez eux il n'existe pas de plaque primitive.
Aussitôt après la ponte, la membrane germinative de la Poule examinée
sur une coupe transversale, présente plusieurs couches cellulaires qui
se distinguent les unes des autres par leur constitution. Les *cellules superficielles* sont réunies les unes aux autres en une ferme membrane
épithéliale, elles sont cubiques ou cylindriques, et, dans l'étendue de
l'aire transparente, séparées des couches cellulaires profondes par une
fente étroite ; au contraire, dans la région limite de l'air sombre, elles

n'en sont pas distinctes. Les cellules situées au-dessous ont un caractère moins constant et sont disposées, moins l'œuf est avancé dans son développement, par petits groupes et cordons irréguliers sans cohésion, qui forment une sorte de réseau.

Dans le milieu de l'area pellucida, la couche inférieure est plus mince et s'étend au-dessus d'une petite cavité, qui la sépare du vitellus blanc du noyau de *Panders*, c'est la cavité germinative ou cavité sous-germinale. Dans cette cavité se trouvent des sphères de segmentation isolées reposant en partie immédiatement sur le plancher de vitellus blanc, qui renferme lui-même un nombre considérable de noyaux et représente le syn cytium vitellin central de *Virchow*.

Vers la région de bordure (Area opaca) la couche inférieure, correspondant particulièrement au futur bord postérieur, devient plus épaisse et s'applique sur le vitellus blanc, qui constitue avec ses noyaux épars un syncytium vitellin périphérique. On a désigné le bord cellulaire total, quelque peu épaissi de la membrane germinative comme *bourrelet marginal* (*Götte*) ou bourrelet germinatif (*Kölliker*) ou bourrelet blastodermique (*Duval*).

Le germe ainsi constitué n'est pas encore, à mon avis, didermique, ainsi qu'on l'admet souvent. Il est seulement à la fin du stade de la blastula ; la couche superficielle composée de cellules cubiques fortement unies correspond au plafond de la blastula, l'étroite fente située au-dessous d'elle, à la cavité de segmentation ou cavité de la blastula, et les cellules végétatives sans cohésion répandues sur le plancher blanc sont comparables au plancher de la blastula.

Le feuillet germinatif interne n'existe que quand les cellules généralement sphériques et d'abord sans cohésion, se sont réunies ensemble, par suite d'un fort aplatissement, en une véritable membrane plus consistante.

Parfois cette transformation commence déjà avant l'incubation, dans la plupart des cas, elle en est la conséquence immédiate.

Dans les coupes longitudinales (fig. 86 et 87), à l'arrière de l'aire claire, sous la couche superficielle de cellules cylindriques constituant le plafond primordial de la blastula devenu maintenant le feuillet germinatif externe, on trouve séparée de lui par une fente profonde, une mince couche de cellules aplaties : l'entoderme.

Il rejoint en arrière le bourrelet marginal devenu plus épais, dans une région comparable à la plaque primitive des Reptiles. En avant et latéralement il se termine par un bord libre irrégulier.

Dans la portion antérieure de l'aire transparente, le feuillet germinatif externe, jusqu'au bourrelet marginal antérieur, s'étend directement au-dessus d'une cavité que l'on désigne sous le nom de cavité blastocélienne, et que l'on peut continuer en arrière dans la cavité intestinale primitive. Comme dans les stades antérieurs, des cellules embryonnaires rondes et isolées, sont disséminées dans la cavité et sur le plancher vitellin ; elles diminuent peu à peu en nombre et sont utilisées pour l'accroissement du feuillet germinatif inférieur.

Parmi ces cellules on trouve aussi de grosses et de petites sphérules isolées, uniquement formées de vitellus, ce sont les Mégasphères de *His*, qui ne sont pas autre chose que des boules détachées du vitellus et servant à la nutrition des cellules des feuillets germinatifs. Après une plus longue période d'incubation, le feuillet germinatif interne progresse en avant et latéralement par son bord libre de sorte que finalement il s'unit au bourrelet marginal. Le feuillet germinatif interne est constitué (fig.88).

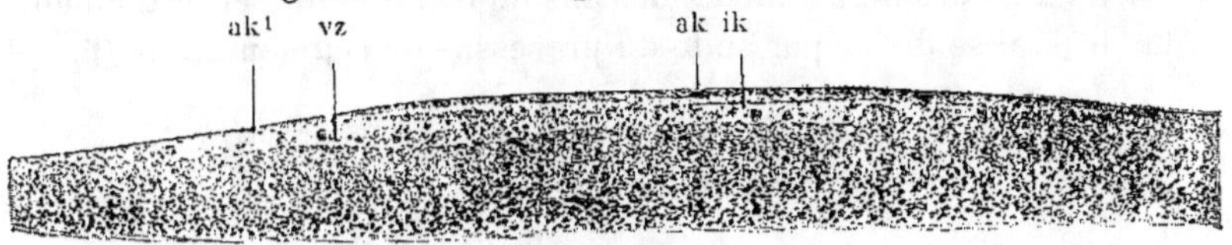

Fig. 86.

Fig. 87.

FIG. 86. — Coupe transversale sagittale de la membrane germinative d'un poulet quelques heures après le commencement de l'incubation ; d'après Hertwig.

FIG. 87. — Portion de la membrane germinative représentée dans la figure 86, au point où le feuillet germinatif interne se termine par un bord libre ; fortement grossie ; d'après Hertwig.

ak, ik : feuillet germinatif externe et interne. — vz : cellules végétatives isolées. — ak¹ : région du feuillet germinatif externe sous laquelle le feuillet germinatif interne fait encore défaut.

Comme il résulte de cet exposé, la manière suivant laquelle le feuillet germinatif interne se forme chez les Reptiles et les Oiseaux, ressemble très peu aux formes de gastrulation décrites jusqu'à présent chez l'Amphioxus, chez les Amphibiens et les Poissons.

Il n'y a plus aucune trace d'une véritable invagination. Le phénomène se laisse plutôt définir comme un accroissement en épaisseur du plafond de la blastula, auquel s'ajoutent les cellules végétatives disséminées qui s'unissent fortement en un feuillet germinatif interne.

Jusqu'à quel point ce processus est-il dérivé des formations primordiales par existence de formes transitoires et comment peut être inter-
prétée une modification aussi profonde de la gastrulation ? Nous ne pouvons nous étendre sur ce sujet, cela nous conduirait trop loin (voyez
précisément à ce sujet la 7e édition du *Traité de l'embryologie comparée
et expérimentale* (p. 824 et 859).

Le développement du feuillet germinatif interne chez les Mammifères
se ramène aussi difficilement que chez les Oiseaux, à la gastrulation des
autres Vertébrés. L'objet utilisé le plus souvent pour les recherches dont
nous allons faire un exposé, est habituellement le Lapin, on a, en outre,
encore étudié la Chauve-souris, la Taupe, le Porc, le Mouton, le Hérisson,
les Marsupiaux, etc.

Pendant que l'œuf des Mammifères progresse lentement dans les trompes à l'aide des mouvements des cils de l'épithélium et est amené dans
l'utérus, il se divise par suite du processus de segmentation (fig. 25) en

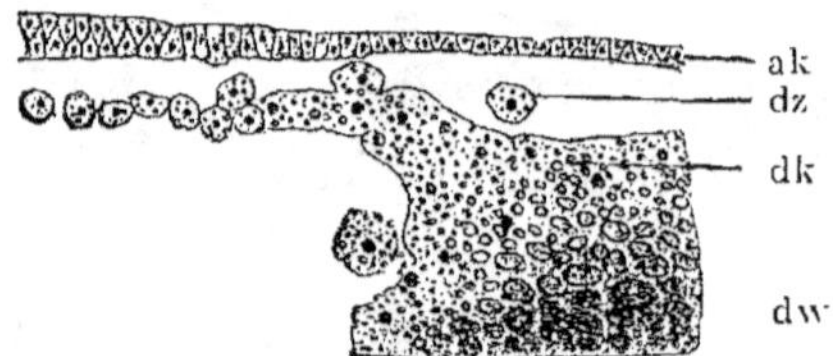

Fig. 88. — Coupe transversale à travers le bord du disque germinatif d'un œuf de
poule, 6 heures après le début de l'incubation; d'après Duval.
ak : feuillet germinatif externe. — dz : cellules vitellines. — dk : noyau vitellin. —
dw : rempart vitellin.

un amas sphérique de petites cellules. Puis il se forme à l'intérieur de cet
amas par sécrétion d'un liquide, une petite cavité en forme de fente
(fig. 89 kb). Le germe est arrivé au stade de la blastula. La paroi de la
blastula ou Vesicula blastodermica, comme on le sait depuis un travail
de *Bischoff*, est formée d'une seule assise de cellules polygonales disposées en mosaïque, excepté en un point où la paroi, comme dans la
blastula des Amphibiens, est épaissie en un amas de cellules granuleuses
et plus sombres, qui fait saillie dans la cavité de la blastula.

Dans la suite, le fait particulièrement caractéristique du développement
ultérieur des Mammifères et qui ne se rencontre chez aucun autre Vertébré, est que la blastula s'agrandit extraordinairement (fig. 90) par suite
de la sécrétion d'un liquide qui renferme beaucoup d'albumine. Ce liquide
se coagule par addition d'alcool. Bientôt la blastula atteint un diamètre
de 1 millimètre. Evidemment, la zona pellucida (zp) est aussi modifiée
par suite de cette croissance et elle s'étend en une mince pellicule. Elle

est recouverte par une couche gélatineuse sécrétée par les parois de l'o-
viducte. La paroi de la blastula est devenue très mince chez un œuf de
Lapin de 1 millimètre de diamètre. Les cellules disposées en mosaïque
sur une couche unique se sont fortement aplaties.

La masse cellulaire qui fait saillie dans la cavité de la blastula s'est
aussi transformée et s'est étalée de plus en plus en surface suivant une
plaque discoïdale, qui se continue insensiblement par ses bords amincis
avec la paroi amincie de la blastula. Les processus ultérieurs du développement, comme dans le disque germinatif des Reptiles et des Oiseaux s'accomplissent, en toute première ligne, dans cette plaque. Les cellules superficielles sont aplaties en une mince membrane, comme dans la paroi

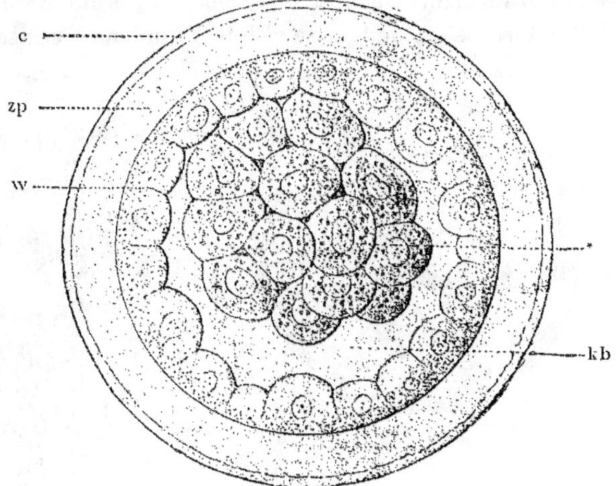

Fig. 89. — Blastula d'un œuf de Lapin ; d'après E. van Beneden.
c : enveloppe albumineuse. — zp : zone pellucide. — w : assise cellulaire simple formant
la paroi de la blastula. — kb : cavité de segmentation qui s'agrandit peu à peu pour
former la cavité blastocélienne. — * : amas de cellules embryonnaires.

de la blastula ; ses autres éléments sont disposés en double et même en
triple couche, ils sont, au contraire, plus grands et plus riches en protoplasma.

Jusqu'à ce moment, l'œuf des Mammifères se trouve toujours au stade
de blastula ; il se compose essentiellement d'un seul feuillet germinatif.

Les deux feuillets germinatifs apparaissent seulement lorsque les œufs
ont atteint plus d'un millimètre de diamètre et sont âgés d'environ
5 jours. Au point où existait primitivement le disque cellulaire, une tache
blanchâtre apparaît à l'examen de la surface de l'œuf (fig. 91), circulaire

au début, elle devient plus tard ovale et piriforme. Elle correspond à
l'écusson embryonnaire des Reptiles (Arca embryonalis, *tache embryonnaire de Kölliker*). Aussi on la désigne des mêmes noms. Elle se compose de deux feuillets germinatifs séparés l'un de l'autre par une fente
nette (fig. 92). De ces deux feuillets, le feuillet germinatif interne (ik) est
formé d'une seule assise de cellules fortement aplaties. Le feuillet germinatif externe (ak) est, au contraire, bien plus épais et donne, par suite,
son aspect sombre à la portion de la paroi vésiculaire qui forme l'écusson. Il est composé de deux assises de cellules : 1° une couche profonde de
grands éléments cubiques ou arrondis et 2° une assise superficielle de cellules plates, distinctes, qui ont d'abord été décrites exactement par
Rauber et qui forment la *couche de Rauber*. Près du bord de l'écusson,
le feuillet externe s'amincit, il se réduit à une seule assise de cellules et

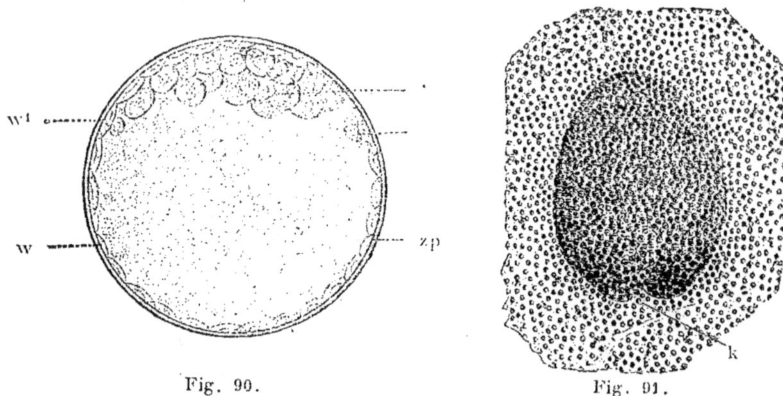

Fig. 90.   Fig. 91.

FIG. 90. — Blastula plus âgée d'un lapin ; d'après E. van Beneden.
zp : zone pellucide. — w : paroi simple de la blastula plus amincie que dans la figure 89.
* : amas des cellules embryonnaires de la figure 89, aplati en un disque qui est accolé
  aux cellules aplaties de la paroi vésiculaire w1.
FIG. 91. — Vue de face d'une portion de la membrane germinative avec écusson embryonnaire d'un œuf de Chien, 16 jours après le dernier accouplement ; d'après Bonnet.
k : cran de bordure.

il se continue par les grands éléments aplatis, que nous avons vus, au
stade blastula, constituer uniquement la plus grande partie de la paroi
vésiculaire.

Le feuillet germinatif interne n'existe primitivement que dans une petite partie de la paroi vésiculaire, dans l'écusson et dans son voisinage le
plus immédiat ; il se termine par un bord dentelé libre, où se trouvent
des *cellules amœboïdes* lâchement unies les unes aux autres. La multiplication de ces cellules et leur changement de place déterminent l'accrois-

sement ultérieur du feuillet. Celui-ci s'étend progressivement chez les
œufs plus âgés, de l'écusson jusqu'au pôle opposé de l'œuf, ce qui fait
que finalement la blastula tout entière est formée de proche en proche de
deux feuillets. Pendant que s'accomplit ce phénomène, des modifications
surviennent aussi dans l'écusson agrandi et devenu ovale. La couche
de Rauber disparaît, les cellules cubiques ou sphériques sous-jacentes

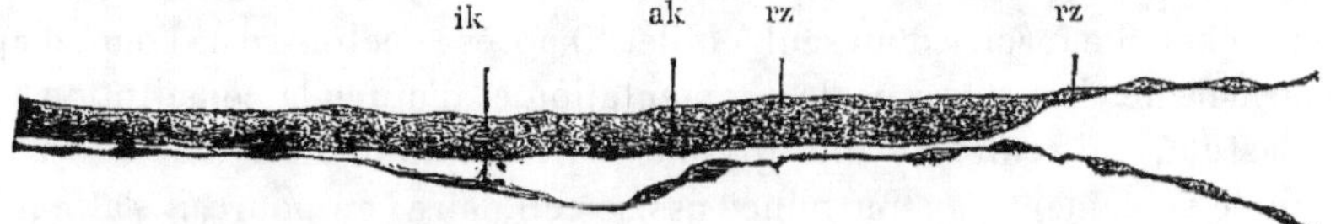

FIG. 92. — Coupe passant par l'écusson embryonnaire d'un germe de Lapin 5 jours
après l'accouplement ; d'après Kölliker.
ak, ik : feuillet germinatif interne et externe. — rz : couche de Rabuer.

deviennent cylindriques et s'unissent plus fortement ensemble. A ce
moment les deux feuillets germinatifs primaires sont uniquement formés
d'une seule assise de cellules. Les deux figures suivantes font comprendre
cette disposition ; elles représentent, sous deux aspects différents, un
œuf de Lapin âgé de 7 jours. Par *une vue* de face (fig. 93) on voit

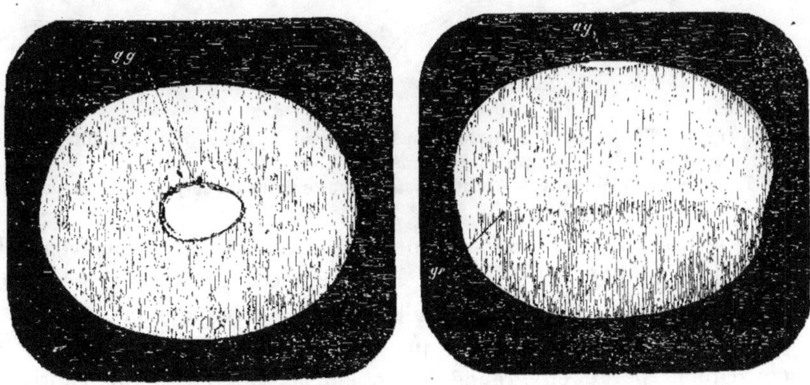

Fig. 93.   Fig. 94.

Œufs de lapin, 7 jours après la fécondation, sans la zone pellucide, longueur 4,4 mm.
D'après Kölliker, gross. 10.
FIG. 93 : Vue de face. — FIG. 94 : Vue de profil.
an : écusson embyonnaire (area embryonalis). — ge : ligne de séparation délimitant la
portion de la paroi didermique, et la portion constituée par un seul feuillet.

l'écusson devenu ovale (ag). Par une *vue de profil* (fig. 94) on peut distinguer trois régions dans la blastula : 1° l'écusson (ag) ; 2° une zone occupant la moitié supérieure de la blastula et allant jusqu'à la ligne ge ; dans

.Hertwig   8 l'étendue de cette zone la paroi est encore formée de deux feuillets, mais les cellules du feuillet germinatif externe et du feuillet germinatif interne sont fortement aplaties ; et 3° une zone située en dessous de la ligne ge, où la paroi de la vésicule n'est formée que du feuillet germinatif externe.

Maintenant se pose la question importante de savoir comment se développe, chez les Mammifères, l'ébauche formée de deux feuillets aux dépens de l'ébauche formée d'un seul feuillet. D'après la petitesse de l'œuf, d'après la marche du processus de segmentation et d'après la constitution de la blastula, qui renferme une grande cavité remplie de liquide et est délimitée seulement par une mince assise cellulaire, on pourrait s'attendre à ce que la formation de la gastrula se fasse de la même manière que chez l'Amphioxus, et qu'une partie de la paroi de la blastula s'invagine et vienne s'appliquer contre l'autre pour donner une formation caliciforme. Mais il n'en est rien. Tous les faits connus à ce sujet prouvent particulièrement, que les œufs des Mammifères, au point de vue de la formation de leurs feuillets germinatifs, se rattachent plus directement aux gros œufs riches en vitellus des Reptiles et des Oiseaux.

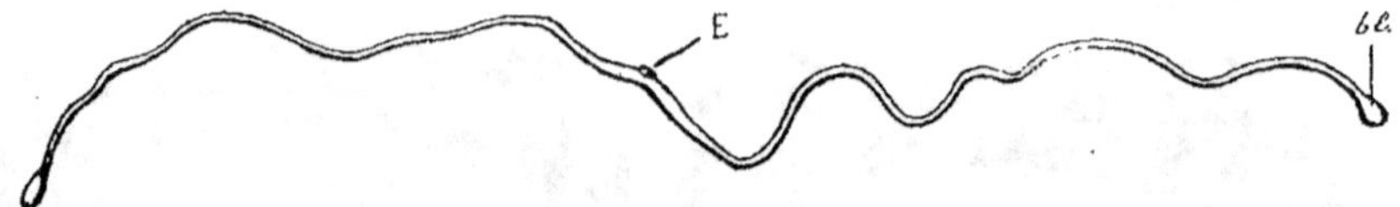

Fig. 95. — Œuf de Brebis formant un long boyau, 12 jours, 2 heures après l'accouplement (réduit aux 2/3) ; d'après Bonnet.
E : Écusson embryonnaire. — bl : renflement vésiculaire du boyau à ses extrémités.

Ce fait, ainsi que beaucoup d'autres qui seront traités plus en détail dans le chapitre VIII, montrent comme nécessaire l'hypothèse d'après laquelle les Mammifères descendraient d'animaux qui ont possédé de gros œufs riches en vitellus et qui ont été ovipares. Leurs œufs ont par conséquent perdu en grande partie leur contenu vitellin, d'après des principes que nous étudierons plus tard (chap. VIII) ; primitivement ils n'étaient pas pauvres en vitellus, mais ils le sont devenus ultérieurement ; leur gastrulation ne peut par suite se faire d'après le type primitif simple de l'œuf d'Amphioxus. Elle est considérablement modifiée de même que chez les Reptiles et les Oiseaux (voyez à ce sujet, le rapprochement dans mon *Traité d'embryologie* et dans le *Manuel*, Bd. I, p. 907).

Comme particularité caractéristique de plusieurs ordres de Mammifères (par exemple pour les Ruminants, les Suidés, etc.), il faut encore mentionner ce fait, que leur Vésicule blastodermique se développe primitivement en un fin boyau très long, qui se forme dans les cornes de l'utérus bifide. Un boyau semblable provenant de la Brebis est représenté dans la figure 95, réduit aux 2/3 d'après une préparation de *Bonnet* ; il a été extrait, de la corne de l'utérus 12 jours après l'accouplement. On voit le très petit écusson embryonnaire (E) dans le milieu du boyau.

b) La deuxième phase du processus de gastrulation.

La deuxième phase de la formation des feuillets germinatifs chez les Amniotes est marquée par une rapide extension du feuillet germinatif externe, qui fournit le matériel de l'ébauche de la chorde et du feuillet germinatif moyen. En même temps il se produit, chez les Reptiles, une invagination qui lors de sa découverte par *Kupffer* fut longtemps considérée comme étant la cavité de la gastrula, et qui serait ainsi l'équivalent de la cavité de la gastrula de l'Amphioxus et des Amphibiens. Quoique la ressemblance soit très grande, la comparaison doit être tenue pour inexacte, car les cellules qui s'invaginent et délimitent la cavité d'invagination, ne constituent pas le revêtement de l'intestin et par suite, ne fournissent pas le feuillet glandulo-intestinal, qui, dès la première phase de la gastrulation est déjà constitué (Paraderme de *Kupffer*). Au contraire, la masse cellulaire invaginée est comparable à la prolifération, qui chez les Amphibiens, lors de la deuxième phase de la formation des feuillets germinatifs, dans le voisinage du blastopore et chez les Elasmobranchiens, au bord de la bouche primitive, se glisse entre les feuillets primaires et constitue une sorte de pli clos, une poche cœlomique. La cavité d'invagination des Reptiles correspond par conséquent, seulement, à la cavité et aux fentes situées sous l'ébauche chordale, qui s'enfoncent de cet endroit et du bord de la bouche primitive entre les deux feuillets du mésoblaste. Par suite en raison de la destination ultérieure du matériel cellulaire, j'ai désigné cette invagination chez les Reptiles, sous le nom de *sac mésodermique*.

Nous apprenons à connaître ici une différence intéressante dans la formation des feuillets germinatifs entre les Vertébrés supérieurs et les Vertébrés inférieurs.

Alors que chez l'Amphioxus, les Cyclostomes, les Ganoïdes et les Amphibiens, les Elasmobranchiens et les Téléostéens, le caractère net d'invagination apparaît très nettement dans le développement du feuillet germinatif interne, plus ou moins modifié dans le feuillet germinatif moyen, c'est le contraire chez les Reptiles.

Le processus est le suivant : dans la plaque primitive, qui précé-

demment (p. 106) fut décrite comme centre de toutes les formations ultérieures, se forme plus tard dans la masse cellulaire, avec laquelle le
feuillet glandulo-intestinal déjà existant est en connexion, une petite
cavité, qui se creuse peu à peu et se transforme en un cæcum (fig. 96).

Fig. 96. — Vue de face de la membrane germinative de la Couleuvre avec une large
bouche primitive en forme de fente ; d'après Hertwig.

Le sac mésodermique (fig. 97) s'accroît dans l'espace qui existe entre
les deux feuillets primaires déjà constitués et qui s'écartent l'un de l'autre,
son extrémité close est dirigée en avant. Son ouverture sur la plaque
(primitive fig.96) correspond pendant longtemps à une fente transversale

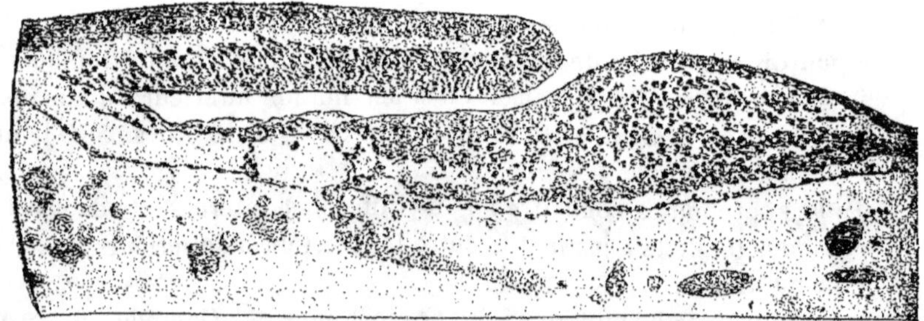

Fig. 97. — Coupe longitudinale de la membrane germinative de Couleuvre avec
grand sac mésodermique à peu de temps de la perforation de son plancher ;
d'après Hertwig.

qui est délimitée par une lèvre antérieure et par une lèvre postérieure.
La lèvre antérieure (fig. 97) est plus nettement marquée et fait plus
fortement saillie vers l'extérieur que la lèvre postérieure qui se perd

dans la plaque primitive sans démarcation nette. Plus tard, la lèvre antérieure se courbe en un croissant dont la concavité est dirigée en
arrière ; elle prend la forme d'un fer à cheval, entoure une petite pro-
tubérance faisant saillie vers l'extérieur et qui est comparable au bouchon vitellin de *Rusconi*. L'ouverture du petit sac correspond à la bouche
primitive des Amphibiens au moment, où, dans son étendue, s'ébauche
le feuillet moyen, par conséquent à la deuxième phase de la gastrulation ;
elle peut par suite, avec cette restriction, être considérée comme la *bouche primitive des Reptiles* à un stade très avancé.

En ce qui concerne le sac mésodermique des Reptiles, dont la couleu-

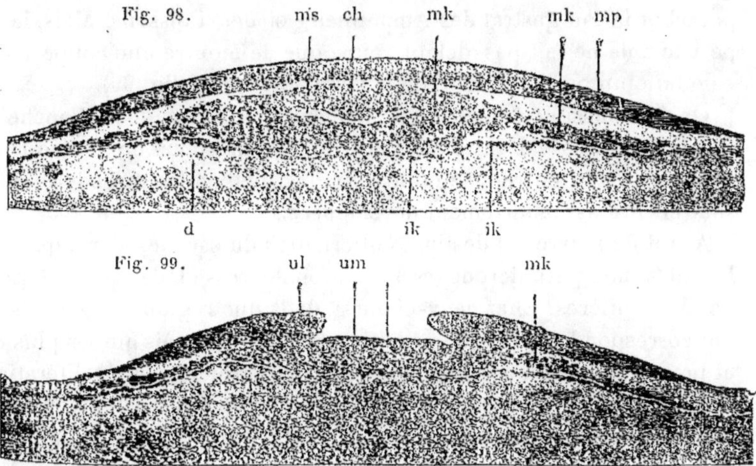

Deux coupes transversales du sac mésodermique d'une Couleuvre, dont le germe se
trouve à peu près au stade figuré dans la figure 96 ; d'après Hertwig.

Fig. 98. — Coupe transversale à une faible distance en avant de la lèvre antérieure de
la bouche primitive.

Fig. 99. — Coupe transversale en arrière de la lèvre antérieure de la bouche primitive.

ch : ébauche de la chorde. — d : vitellus. — ik, mk : feuillet germinatif interne et
moyen. — ms : cavité du sac mésodermique. — ul : lèvre latérale de la bouche primitive. — um : plancher du petit sac mésodermique. — mp : plaque médullaire.

vre est choisie comme type, il reste encore à établir les particularités et
les modifications suivantes. A cet effet, nous pratiquerons des coupes
longitudinales et transversales (fig. 97 et 98). Au plafond (fig. 77), séparé
par une étroite fente de l'épithélium cylindrique de l'écusson embryonnaire, est situé un sillon très épais, il se compose de grandes cellules
cylindriques et correspond à l'ébauche de la chorde des Vertébrés dont
il a été question jusqu'ici (fig. 53, 62, 81, ch). Le plancher, vers l'ex-

trémité antérieure, est aminci et formé de cellules plates ; à l'extrémité postérieure, au contraire, il s'épaissit et passe à la plaque primitive. Sur les côtés des parois du sac mésodermique, comme on le voit très nettement sur des coupes transversales (fig. 98), existent des masses cellulaires pleines : les feuillets germinatifs moyens pénètrent dans l'espace compris entre le feuillet interne et le feuillet externe à gauche et à droite de l'ébauche de la chorde et s'y rattachent comme deux ailes qui vont s'amincissant insensiblement vers leur bord. Séparés de toute part des feuillets limites par une fente, ils ne peuvent tirer leur origine que de la paroi du sac mésodermique. Ils correspondent au mésoblaste parachordal ou gastral des Amphibiens et des Poissons. Mais la partie péristomale ne fait pas défaut, ainsi que le montre une coupe transversale faite un peu en arrière de la lèvre antérieure (fig. 99).

On voit aussi également, latéralement aux lèvres de la bouche primitive qui embrassent entre elles l'extrémité antérieure de la plaque primitive, se glisser, entre les feuillets limites, deux ailes mésodermiques qui sont encore assez fortement développées.

Avant de suivre les destinées ultérieures du sac mésodermique chez les Reptiles, nous étudierons les formations correspondantes des Oiseaux et des Mammifères. Chez ceux-ci aussi, dans une région médiane délimitée qui correspond à la plaque primitive des Reptiles, mais qui est plus étroite et pour cela beaucoup plus longue, se constituent des proliférations du feuillet germinatif externe ; il en résulte un épaississement en forme de ruban fixé à sa surface inférieure. Ce ruban est connu depuis longtemps dans l'embryologie des Oiseaux et des Mammifères sous le nom de ligne primitive ; et on en a beaucoup parlé.

Chez les Oiseaux (fig. 100), comme chez les Mammifères (fig. 101), la ligne primitive se forme dans la région postérieure de l'aire transparente; elle correspond en direction avec le plan médian de l'embryon, elle a environ 1 millimètre de long et 0,2 millimètres de large.

Sur une vue de face du disque germinatif détaché et étalé sur un fond clair (fig. 100 et 101) elle apparaît comme un sillon sombre parce qu'elle est formée par de nombreuses cellules. A sa surface, particulièrement dans la partie antérieure, plus ou moins nettement marquée, apparaît la gouttière primitive. L'extrémité antérieure de ligne, particulièrement chez les Mammifères, est épaissie en un bouton primitif ou bouton de *Hensen*, dans lequel la gouttière primitive s'enfonce profondément et forme la fossette primitive.

Dans beaucoup de cas, l'extrémité postérieure s'élargit et prend la forme d'un croissant : c'est le bourrelet terminal ou bourrelet caudal (ck).

La ligne primitive, comme le montre une coupe transversale à travers un germe d'Oiseau (fig. 102) et de Mammifère (fig. 103) est formée purement et simplement par suite d'une multiplication active du feuillet

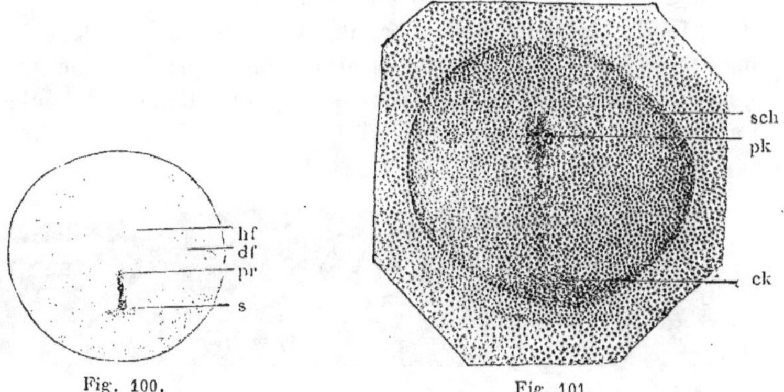

Fig. 100.   Fig. 101.

FIG. 100. — Disque germinatif d'un Oiseau d'eau, Haliplana, avec ligne primitive (pr) bien développée ; d'après Schauinsland.

s : croissant ou bourrelet terminal. — hf, df : aire transparente et aire sombre.
FIG. 101. — Ecusson embryonnaire d'un œuf de Chien ; d'après Bonnet.
pk : bouton de Hensen. — ck : bourgeon caudal ou bourrelet terminal.
sch : limite de l'écusson embryonnaire.

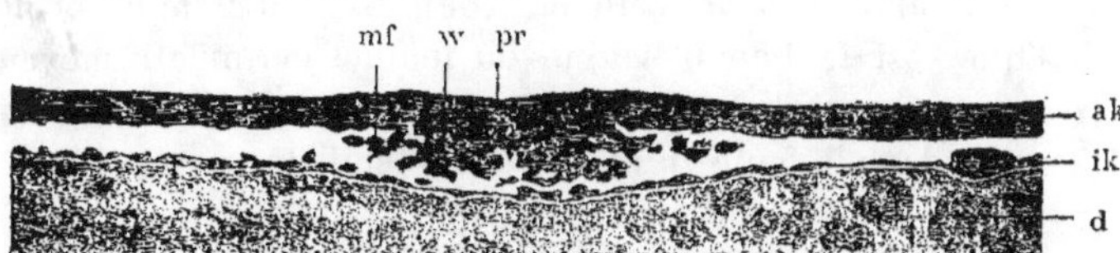

FIG. 102. — Coupe transversale passant par la ligne primitive du disque germinatif d'un Poulet, 10 heures après le commencement de l'incubation ; d'après Hertwig.
ak, ik : Feuillet germinatif externe et interne. — pr : gouttière primitive. — w : prolifération cellulaire. — mf : aile mésodermique. — d : vitellus.

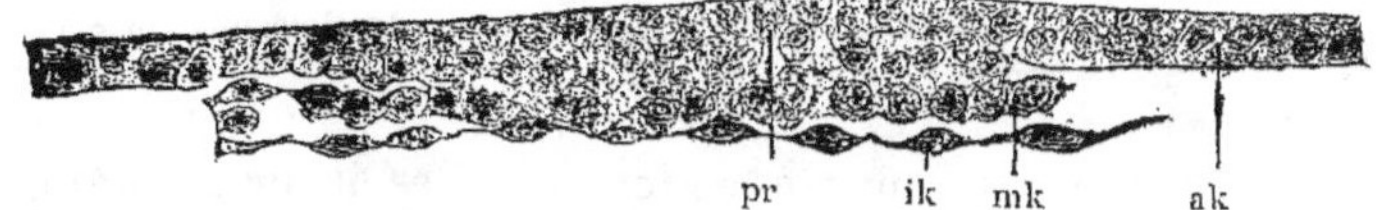

FIG. 103. — Coupe transversale par la ligne primitive d'un Lapin de 6 jours, 18 heures après l'accouplement ; d'après Kölliker.
Même légende que dans la figure 102.

germinatif externe, qui a lieu le long de la ligne axiale médiane et présente de très nombreuses figures de division nucléaire. Les éléments nouvellement formés se séparent du feuillet germinatif externe, à sa surface inférieure, et progressent, comme le laisse deviner la forme des cellules, par des mouvements amiboïdes, dans la fente entre les deux feuillets limités, formant ainsi un ruban.

Le feuillet germinatif interne (ik) ne participe pas dans la même mesure à ce processus de prolifération cellulaire ; il forme une simple couche de cellules très aplaties ; il est séparé nettement de toutes parts, par une scissure, de la ligne primitive.

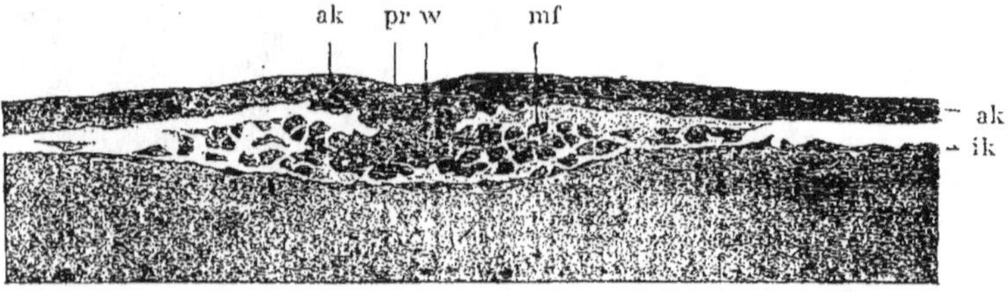

Fig. 104. — Coupe transversale passant par la ligne primitive d'un germe de Poulet qui est plus développé que dans la figure 102, également 10 heures après le commencement de l'incubation ; d'après Hertwig. — Même légende que dans la figure 102.

Comme la plaque primitive et le petit sac mésodermique chez les Reptiles, la ligne primitive des Oiseaux et des Mammifères, ainsi qu'un prolongement antérieur de celle-ci, connu sous le nom de prolongement céphalique, est le lieu d'origine du feuillet germinatif moyen. Comme chez les premiers, les cellules se multiplient aussi rapidement, et se glissent ici dans la fente entre les deux feuillets germinatifs limites, où

Fig. 105. — Coupe transversale passant par le nœud de Hensen d'un germe de Lapin âgé de 7 jours, 3 heures ; d'après Rabl.

elles fournissent deux annexes en forme d'ailes des deux côtés de la ligne primitive (fig. 104).

De leur point d'origine central, les deux ailes mésodermiques s'étendent, lorsqu'on examine des stades plus âgés, toujours de plus en plus vers la périphérie (fig. 105). Elles atteignent bientôt la limite entre l'aire transparente et l'aire opaque et pénètrent dans cette dernière, où elles se terminent par un bord mince. Le feuillet germinatif moyen ainsi constitué devient plus tard plus compact et est constitué de nombreuses cel-

lules ; alors il est, à cette période de son développement, abstraction
faite de la ligne primitive, profondément séparé des feuillets limites par
une fente ; il ne peut donc tirer de ceux-ci aucun matériel cellulaire en
vue de son accroissement. Bientôt après la formation du feuillet germinatif moyen, se développe, comme nous l'avons déjà mentionné, le prolongement céphalique de la ligne primitive, formation que l'on peut
homologuer au sac mésodermique des Reptiles.

Par l'examen de face du disque germinatif étalé, un sillon plus sombre
se montre à des stades un peu plus âgés, aussi bien chez des germes
d'Oiseaux (fig. 106 et 107), que chez des germes de Mammifères (fig. 108) ;

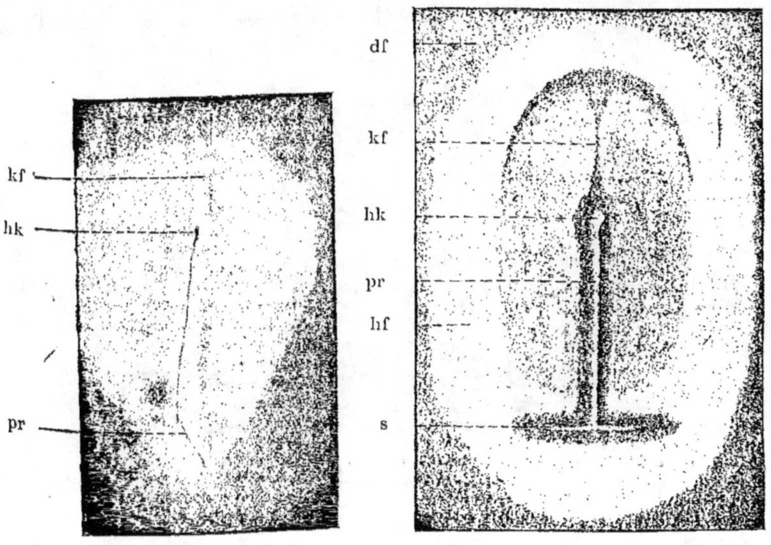

Fig. 106.   Fig. 107.

Fig. 106. — Ligne primitive avec court prolongement céphalique d'un disque germinatif de Poulet 26 heures après le commencement de l'incubation ; d'après
Hertwig.
Fig. 107. — Disque germinatif de Moineau avec ligne primitive et prolongement céphalique bien développé ; d'après Schauinsland.
df, hf : aire sombre et aire transparente. — pr : gouttière primitive de la ligne primitive. — kf : son prolongement céphalique. — hk : nœud de Hensen avec fossette
primitive, — s : croissant.

il s'étend, depuis le bouton de Hensen jusqu'à l'extrémité antérieure de
l'écusson embryonnaire.

Des coupes transversales chez un Mammifère, le Lapin, montrent la dis-

position représentée dans la figure 109. Un épais cordon cellulaire se
transforme des deux côtés en deux minces plaques cellulaires, qui sont
la continuation des ailes mésodermiques de la ligne primitive vers l'extrémité antérieure.

L'image diffère seulement de celle fournie par une coupe transversale

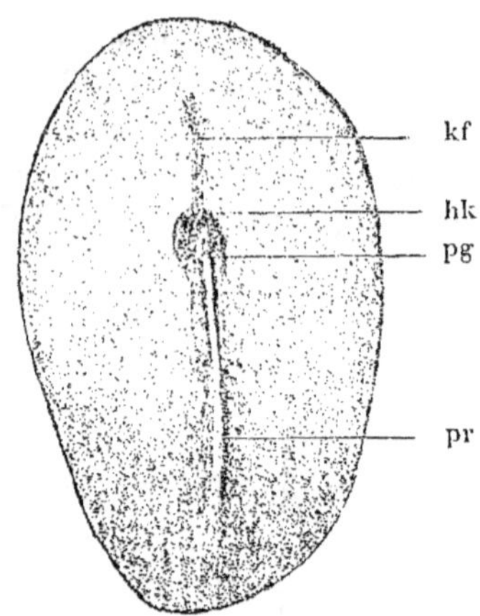

Fig. 108. — Ebauche embryonnaire de Lapin ; d'après E. Van Beneden, pr : ligne
primitive. — kf : prolongement céphalique. — hk : nœud de Hensen. — pg : fossette primitive.

Fig. 109. Coupe transversale passant par le prolongement céphalique d'un embryon de
Lapin âgé de 7 jours, 3 heures, auquel appartient aussi la figure 105 ; d'après Rabl.

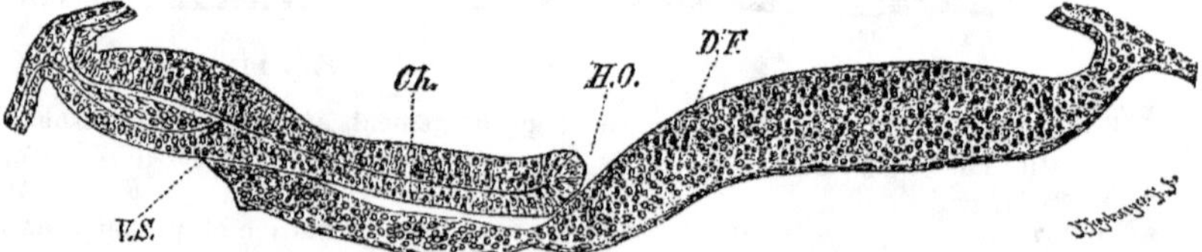

Fig. 110. — Coupe médiane, passant par le canal chordal, d'un embryon de Vespertilio murinus en avant de son ouverture ; d'après E. Van Beneden.— V.S. : ouverture
antérieure consistant en une fente transversale.— D.P. : ligne primitive.— H.O.
ouverture postérieure dans la fossette primitive. — Ch. : plaque chordale.

passant par la ligne primitive elle-même, en ce que le prolongement céphalique est nettement séparé du feuillet germinatif externe par un contour net et par conséquent, il avance librement depuis le bouton de

Hensen dans l'espace compris entre les feuillets limites. La coupe transversale du prolongement céphalique de Lapin diffère du sac mésodermique des Reptiles, à première vue, essentiellement, parce que dans le prolongement, toute trace d'une cavité fait défaut.

Chez les Reptiles, il existe un cordon cellulaire creux ; chez le Lapin, le cordon cellulaire est plein. Mais une telle différence est sans importance, et, fréquemment au cours du développement des invaginations et des évaginations disparaissent, c'est le cas qui se présente ici. Car l'embryologie comparée nous fait connaître plusieurs cas dans lesquels, chez les Mammifères, le prolongement céphalique possède une cavité, très étroite, il est vrai, qui débouche à l'extérieur dans la fossette du nœud de *Hensen*, ce canal est ordinairement décrit sous le nom de canal chordal. Il existe, par exemple, chez le Cobaye, la Brebis, et plus nettement encore chez la Chauve-souris. Van Beneden nous a donné la figure ci-jointe, d'une coupe longitudinale d'embryon de Chauve-souris, cette coupe ressemble énormément à la coupe longitudinale passant par le sac mésodermique de la courbure.

La meilleure preuve à l'appui de cette opinion, que la plaque primitive et le sac mésodermique des Reptiles d'une part, la ligne primitive et le prolongement céphalique des Oiseaux et Mammifères d'autre part, sont de formations homologues, nous est fournie par l'étude de leur développement ultérieur qui, dans des particularités importantes, montre une analogie extrêmement frappante.

c) Transformations ultérieures des organes primitifs chez les Reptiles, les Oiseaux et les Mammifères.

Chez les Reptiles, aussitôt après l'ébauche du sac mésodermique, arrive un stade, où la lame qui constitue son plancher s'unit le long d'une ligne située dans le plan médian, avec le mince feuillet germinatif interne. Ensuite, des ouvertures en forme de fentes apparaissent en grand nombre à la place où s'est faite l'union. Ces fentes s'élargissent peu à peu, jusqu'à constituer finalement une grande ouverture unique, par suite de la résorption des ponts cellulaires.

Le sac mésodermique s'ouvre donc maintenant dans l'espace placé sous le feuillet glandulo-intestinal, dans la cavité intestinale primitive. La figure 111 représente un disque germinatif de Gecko séparé du vitellus, dans laquelle on voit, par l'examen de la surface inférieure, les nombreuses ouvertures du plancher du sac mésodermique et les cordons cellulaires encore existants unis en un réseau, mais qui, plus tard, disparaîtront. Une coupe médiane et une coupe transversale (fig. 112 et

113), à travers le sac mésodermique perforé d'une Couleuvre nous montrent aussi très bien les changements provoqués par le percement.

Par l'atrophie de la plaque qui constitue le plancher, l'ébauche de la chorde est maintenant placée au plafond de l'intestin primitif, et en arrière elle se continue avec la lèvre antérieure de la bouche primitive, sous laquelle est placée la plaque primitive, séparée par un canal, qui conduit

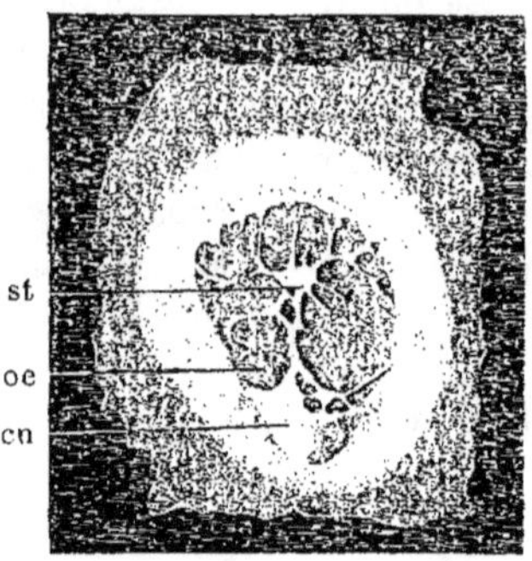

Fig. 111. — Disque germinatif de Gecko séparé au vitellus et vue par la face inférieure ; d'après Will.

oe : ouvertures causées par la perforation du plancher du sac mésodermique, st : cordons cellulaires. — cn : paroi inférieure du canal neurentérique.

de l'extérieur dans l'intestin primitif. Ce canal correspond au canal neurentérique, quand plus tard la plaque nerveuse se transforme en un tube nerveux et par suite, comme chez l'Amphioxus (fig. 56), incorpore en elle le reste de la bouche primitive.

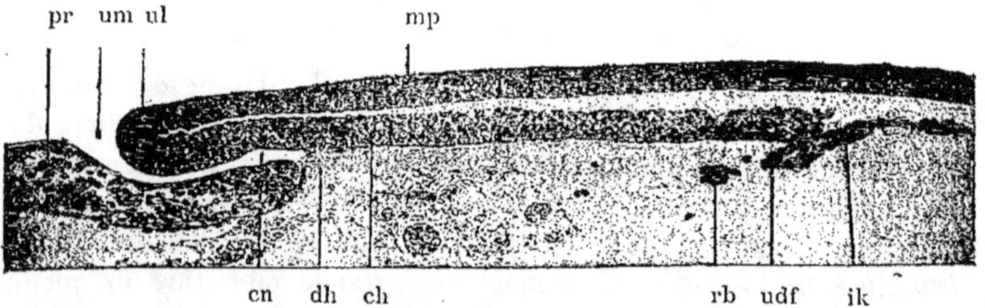

Fig. 112. — Coupe longitudinale passant par le sac mésodermique d'une Couleuvre dont la perforation du plancher est terminée ; d'après Hertwig.

pr : plaque primitive qui se continue en avant avec le plancher du sac mésodermique.— rb : reste du plancher. — udf : pli intestinal. — ch : ébauche de la chorde. — ul : lèvre antérieure de la bouche primitive. — mp : plaque médullaire. — ms : cavité du sac mésodermique. — um : bouche primitive. — ik : feuillet germinatif interne.

Une coupe transversale fournit également vers l'ouverture une image analogue à celle que nous connaissons déjà chez les Vertébrés inférieurs.

Des deux côtés de l'ébauche de la chorde située sous la plaque nerveuse et au plafond de l'intestin primitif, naît le feuillet germinatif moyen et il se continue à son origine, à gauche et à droite de la place de percement du sac, dans le feuillet glandulo-intestinal par les deux plis intestinaux (udf). Le rapport des ébauches primitives les unes aux autres est exactement le même, que ce que nous avons appris à connaître dans les figures 53, 62, 81.

Pour ce qui concerne les phénomènes correspondants chez les Oiseaux et les Mammifères, on doit signaler comme premier point de concordance que chez eux aussi a lieu une soudure avec le feuillet germinatif interne. Celle-ci apparaît d'abord dans l'étendue du nœud de *Hensen* et se prolonge en avant dans tout le prolongement céphalique et en arrière sur une étendue plus ou moins grande de la ligne primitive. Il en résulte des coupes, semblables à celles qui sont représentées dans les figures 114 et 115 chez le Poulet, dans la figure 116 chez le Lapin. Les figures 114 et 116 montrent

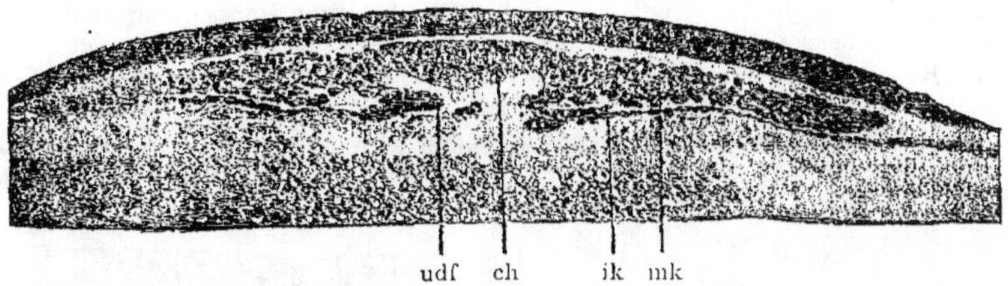

Fig. 113. — Coupe transversale, passant par le sac mésodermique d'une Couleuvre à un endroit où la perforation est terminée ; d'après Hertwig.
ik, mk : feuillet germinatif interne et moyen. — ch : ébauche de la chorde. — udf : pli intestinal.

la soudure au nœud, dans l'étendue duquel, de même qu'à l'extrémité antérieure de la ligne primitive, les trois feuillets germinatifs sont fermement unis les uns aux autres. Par contre, la figure 115 montre que dans le prolongement céphalique, une soudure a lieu seulement avec le feuillet glandulo-intestinal, alors qu'au contraire le feuillet germinatif externe est séparé maintenant par une fente, comme dans la région correspondante (fig. 113) chez les Reptiles.

Une deuxième analogie, très importante, avec les phénomènes qui se passent chez les Reptiles est l'apparition si caractéristique d'une ou plusieurs ouvertures à des endroits déterminés des feuillets germinatifs.

L'analogie atteint son maximum dans les cas où un canal chordal s'est développé dans le prolongement céphalique, comme chez le Cobaye, la Brebis et la Chauve-souris La figure 117 correspond à la

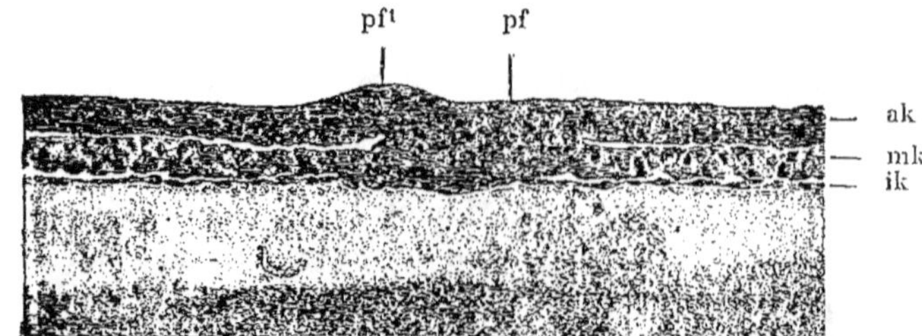

Fig. 114.

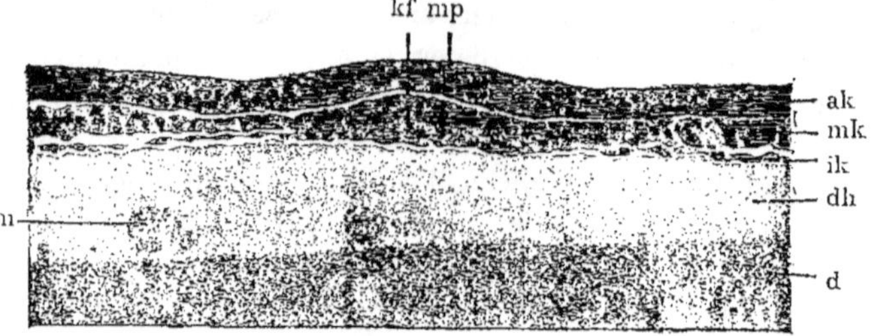

Fig. 115.

FIG. 114. — Coupe transversale passant par le nœud de Hensen d'un embryon de Poulet, 25 heures après le commencement de l'incubation ; d'après Hertwig.

FIG. 115. — Coupe transversale passant par le prolongement céphalique du même embryon. — ak, ik, mk : feuillet germinatif, externe, interne, moyen. — pf¹, pf : plis primitifs limitant à droite et à gauche, la gouttière primitive. — kf : prolongement céphalique. — mf : plaque médullaire. — d : vitellus. — dh : cavité intestinale. — m : mégasphères.

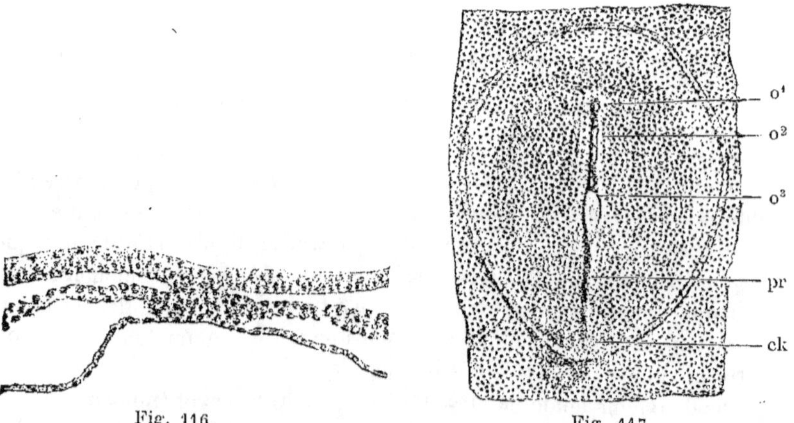

Fig. 116.   Fig. 117.

FIG. 116. — Coupe transversale passant par le nœud de Hensen d'un embryon de Lapin qui possède 5 segments primordiaux ; d'après Rabl.

FIG. 117. — Ecusson embryonnaire de Cobaye avec ligne primitive (pr) et prolongement céphalique dans lequel existent une série d'ouvertures 0¹, 0², 0³, du canal chordal ; d'après Lieberkühn.

ck : bourgeon caudal.

figure 111 du Gecko ; elle représente la lace intérieure d'un écusson embryonnaire de Cobaye étalé à plat avec la ligne primitive (pr) et le prolongement céphalique. Celui-ci montre un grand nombre de taches claires (O^1-O^3) plus ou moins grandes, placées les unes derrière les autres, ces taches ne sont pas autre chose que des ouvertures qui se sont formées par perforation du plancher du canal chordal. De même à la coupe médiane passant par le sac mésodermique ouvert de la Couleuvre (fig. 112) correspond la coupe médiane passant par un canal chordal ouvert, ainsi que Van Beneden l'a représenté, d'un germe plus âgé de Chauve-souris (fig. 118). La perforation du plancher, qui à un stade plus jeune existait encore tout entier (fig. 110) s'est effectuée à peu près dans toute la longueur et a laissé seulement deux ponts intacts, une partie du plancher à l'extrémité antérieure, qui persiste encore longtemps, et une portion postérieure, laquelle forme, comme chez Gecko, un prolongement de la ligne primitive, en avant. L'ouverture du canal chordal à l'extérieur, qui déjà dans des germes plus jeunes existe au nœud de *Hensen*, établit

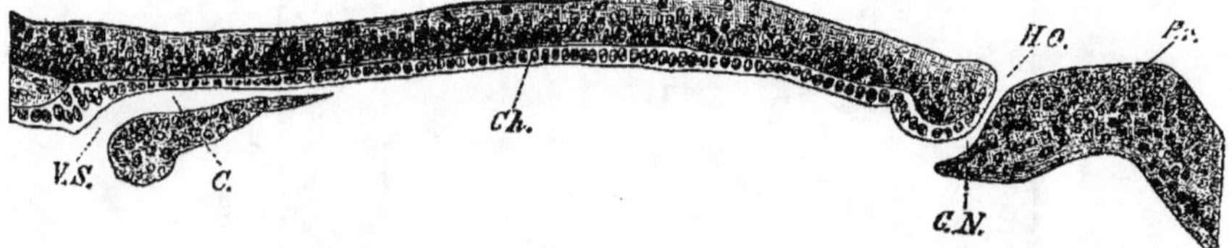

Fig. 118. — Coupe médiane passant par le canal chordal perforé d'un embryon de Vespertilio murinus ; d'après Van Beneden.
C. N. : canal neurentérique. — C : partie antérieure persistante du canal chordal, Pr. la ligne primitive. — V. S. : ouverture antérieure. — H. O. : ouverture du canal chordal primordial.

(fig. 118) une communication entre l'intestin primitif et la surface de la plaque médullaire, et plus tard, avec la gouttière médullaire et enfin avec la cavité de l'extrémité terminale du tube nerveux, et par suite on peut dès maintenant la désigner comme canal neurentérique.

Dans les cas où un canal chordal n'existe pas, il se produit, à un stade du développement plus ou moins âgé, au moins à un endroit, une ouverture de perforation, probablement au bouton de *Hensen*, où nous savons déjà que la gouttière primitive se continue et s'élargit en une petite fossette (fig. 119). Par la destruction de son plancher, il se forme un canal (cn) qui précisément doit être désigné comme canal neurentérique, puisque plus tard, lorsque la gouttière primitive (pr) est transformée en un tube par la soudure des plis médullaires, il établit une communication caractéristique entre le tube nerveux et le tube intestinal (fig. 119).

Même chose a été aussi observée chez un très jeune embryon humain
(*Graf Spee*). L'ébauche embryonnaire en forme de semelle de botte
(fig. 120) montre une gouttière médullaire ouverte, et à son extrémité
postérieure une courte ligne primitive (pr) avec bouton de Hensen, celui-
ci est traversé par un canal, qui est même singulièrement large, comme
le montre la coupe transversale placée au-dessous (fig. 121).

Si, pour terminer, nous comparons encore en quelques points, la formation des feuillets germinatifs chez les Vertébrés amniotes et les Vertébrés anamniotes, l'embryologie comparée conduit à la conclusion suivante : la plaque primitive des Reptiles et l'ouverture située à son

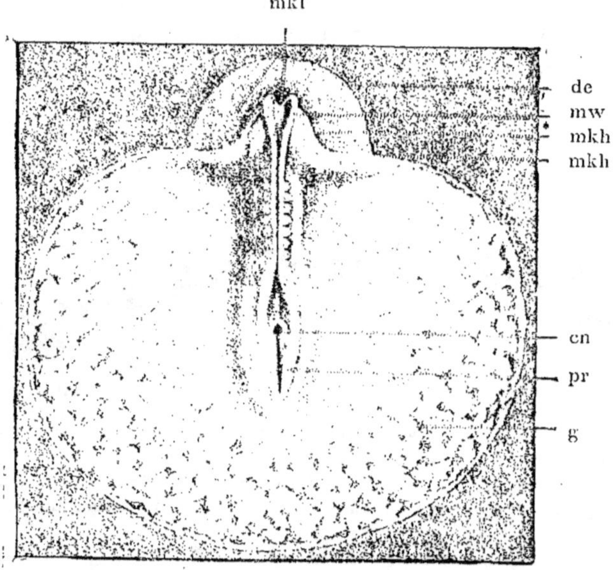

Fig. 119. — Disque germinatif de Diamedea avec 7 paires de segments primordiaux, aire vasculaire, gouttière médullaire et bourrelets médullaires ; d'après
Schauinsland.

cn : canal neurentérique (fossette primitive). — pr : gouttière primitive.— g : ébauches
vasculaires.— de : une partie de l'entoderme vitellin non encore revêtue par le feuillet
germinatif moyen. — mw : bourrelet médullaire. — mkh : pointes mésodermiques.
— mkf : région du disque germinatif dépourvue de mésoderme, aux dépens de laquelle se forme le proamnios.

extrémité antérieure, comme la ligne primitive des Oiseaux et des Mammifères, correspondent à la bouche primitive des Vertébrés inférieurs.
Certainement de grandes modifications sont à faire, notamment en ce
qui concerne la réduction de la bouche primitive à une ouverture insignifiante.

La gouttière primitive est à un certain moment de sa formation, la seule place du disque germinatif des Amniotes dans l'étendue de laquelle les trois feuillets germinatifs, alors peu développés, sont unis les uns aux

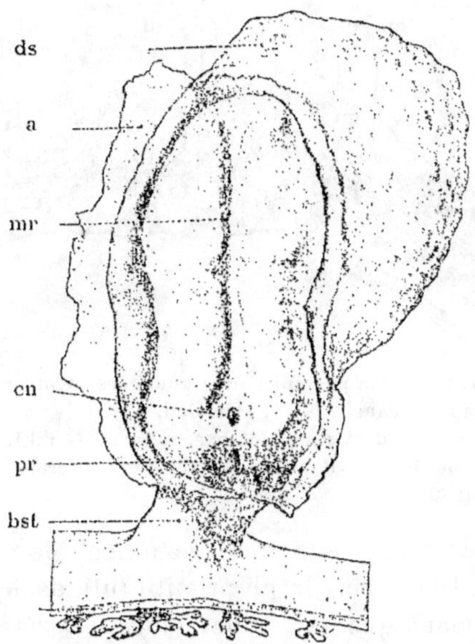

Fig. 120. — Face dorsale d'un disque embryonnaire humain, en forme de semelle de botte avec sac vitellin. L'amnios est ouvert. Longueur 2 mm ; d'après Graf Spee.
a : amnios. — bst : pédicule ventral. — cn : orifice extérieur du canal neurentérique. — ds : sac vitellin. — mr : gouttière médullaire. — pr : ligne primitive.

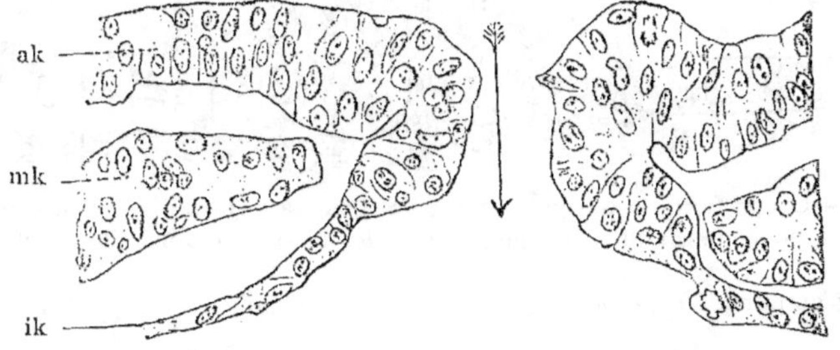

Fig. 121. — Coupe transversale passant par le canal neurentérique de l'embryon humain représenté dans la figure 120 ; d'après Graf Spee.
ak, ik, mk : feuillet germinatif externe, interne, moyen.

autres le long d'un étroit sillon, et ne se distinguent pas comme assises distinctes, alors qu'ils sont nettement séparés latéralement par une fente.

Les trois coupes transversales suivantes, très instructives, passant par la gouttière primitive d'embryons de Mammifères et humains nous montrent nettement cet important état de chose. Les trois feuillets germinatifs sont accolés sur une certaine étendue, l'un au-dessous de l'autre, à la gouttière primitive fortement marquée, d'une ébauche embryonnaire de Lapin (fig. 122, pr), par une masse cellulaire commune. En outre, on

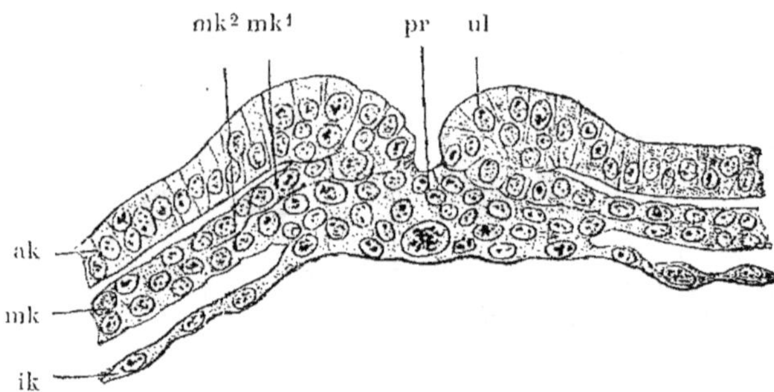

Fig. 122. — Coupe transversale passant par la gouttière primitive (bouche primitive) d'un embryon de Lapin ; d'après E. V. Beneden.
ak, ik, mk : feuillet germinatif externe, interne, moyen. — mk¹, mk² : lames pariétale et viscérale du feuillet germinatif moyen. — ul : lèvre latérale de la bouche primitive. — pr : gouttière primitive.

peut observer avec assez de netteté, comment le feuillet germinatif interne (ak) se continue dans le pli primitif (ul), dans le feuillet pariétal moyen (mk¹), pendant que le feuillet moyen viscéral (mk²) passe au feuillet glandulo-intestinal (ik) formé d'une seule assise de cellules.

Entre les plis primitifs ou lèvres de la bouche primitive (ul), on a décrit

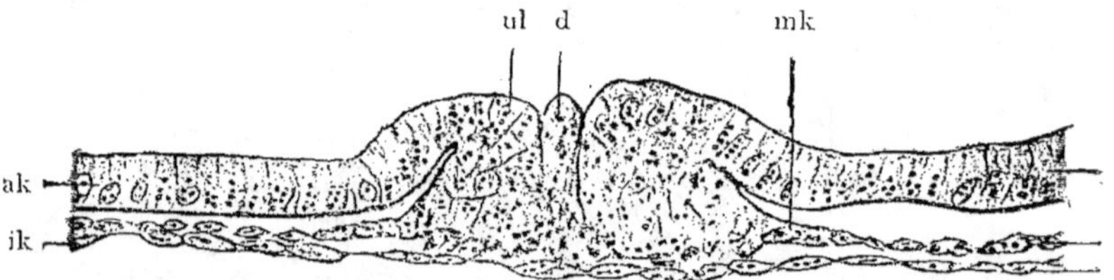

Fig. 123. — Coupe transversale passant par la gouttière primitive d'un embryon de Lapin avec bouchon vitellin (d) compris entre les deux lèvres primitives (ul) ; d'après Carius.
ak : feuillet germinatif externe. — ik : interne. — mk : moyen.

chez les embryons de Lapin et de Chauve-souris, une formation analogue (fig. 123, d) au bouchon vitellin des Amphibiens.

L'examen fait par *Graf Spee*, d'un embryon humain très jeune est certainement d'un grand intérêt général, il a fourni une image en coupe transversale (fig. 124) qui ressemble à s'y méprendre à la formation donnée par le Lapin. On y voit une gouttière primitive profondément creusée, et à la lèvre primitive, facilement reconnaissable (ul), le passage du feuillet germinatif externe (ak) au feuillet moyen pariétal (mk¹). Le feuillet moyen viscéral est nettement séparé du précédent sur une grande étendue : il passe sous la gouttière primitive au feuillet germinatif interne,

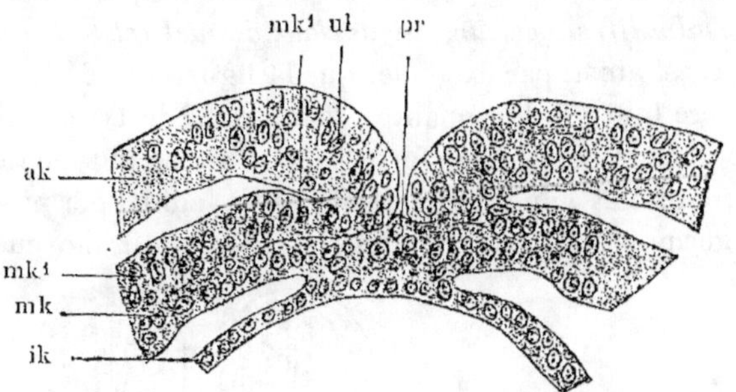

Fig. 124. — Coupe transversale passant par la gouttière primitive d'un embryon humain, dans la région du canal neurentérique (pr), d'après Graf Spee. — Même légende que dans la figure 122.

de sorte que les bords de ces plis sont unis des deux côtés l'un sous l'autre à la masse cellulaire qui forme le plancher de la gouttière primitive.

Si nous poursuivons la comparaison commencée, nous voyons que le sac mésodermique des Reptiles et le prolongement céphalique des Oiseaux et des Mammifères, correspondent chez les Vertébrés anamniotes, à la

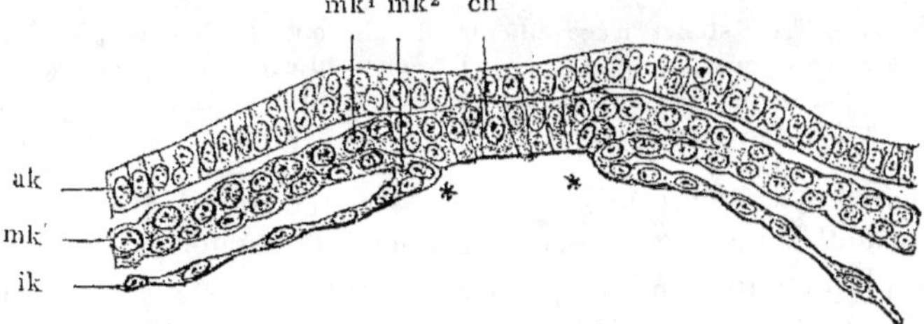

Fig. 125. — Coupe transversale passant par l'ébauche embryonnaire d'un germe de Lapin ; d'après E. Van Beneden.
ak, ik, mk : feuillet germinatif externe, interne, moyen. — mk¹, mk² : lame pariétale et viscérale du feuillet germinatif moyen. — ch : chorde.

portion embryonnaire, fournissant l'ébauche chordale, et située en avant de la bouche primitive au plafond de l'intestin primitif, etc.

Les coupes passant par la *région antérieure de la gouttière primitive* examinée à des stades différents du développement fournissent à ce sujet des résultats analogues aux coupes pratiquées en avant de la bouche primitive chez l'Amphioxus (fig. 50-53), les Amphibiens (fig. 62-66), les Sélaciens (fig. 78, 79), etc.

Le long d'un étroit sillon situé dans le plan médian devant la bouche primitive chez ceux-ci, en avant de la gouttière primitive chez les premiers, l'ébauche embryonnaire est formée seulement de deux feuillets germinatifs, dont l'inférieur est destiné à fournir la chorde. Des deux côtés de cette région, chez tous les Vertébrés, l'ébauche didermique se transforme en une ébauche tridermique, car le feuillet moyen vient s'ajouter au feuillet germinatif supérieur, en dessous duquel est le feuillet glandulo-intestinal. C'est ainsi, par exemple, que la figure 125 de Lapin ressemble d'une manière tout à fait frappante à la figure 62 de Triton. Elle nous montre l'ébauche de la chorde (ch) formée d'une assise unique de cellules cylindriques, limitée à gauche et à droite par le feuillet germinatif moyen et le feuillet germinatif interne. Le feuillet germinatif moyen se compose

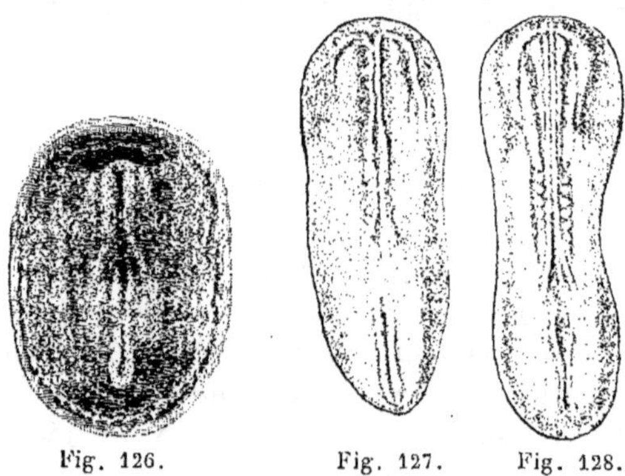

Fig. 126.   Fig. 127.   Fig. 128.

FIG. 126-128. — Trois stades d'âge différent d'embryons de Poulets pour montrer les rapports entre la gouttière primitive et la région du corps située en avant d'elle et dans laquelle les ébauches du système nerveux central croissent de plus en plus en longueur ; d'après Keibel et Abraham.

d'une assise pariétale (mk^1) et d'une assise viscérale (mk^2) de cellules aplaties, dont la première passe à l'ébauche de la chorde, la dernière au bord du pli intestinal indiqué par un astérisque passe en se repliant à l'épithélium aplati, unistratifié, du feuillet glandulo-intestinal (ik).

L'endroit du repli avance même, comme chez les Amphibiens, nettement dans l'intestin primitif comme une lèvre. A part cette union avec les parties latérales de l'ébauche chordale, le feuillet germinatif moyen est partout nettement séparé par une fente des feuillets limites.

Comme chez les Anamniotes, nous pouvons aussi distinguer chez les Amniotes deux parties dans le feuillet germinatif moyen aussitôt après sa première ébauche, une partie péristomale qui se forme dans les environs de la plaque primitive et de la ligne primitive, et une partie parachordale, qui se développe des deux côtés du sac mésodermique des Reptiles et du prolongement céphalique des Oiseaux et des Mammifères.

De faits enfin, dont la description et l'exposition nous entraîneraient trop loin ici, il s'ensuit encore qu'entre les Anamniotes et les Amniotes existent les trois importantes concordances suivantes : la région antérieure du corps s'allonge chez ceux-là par soudure des bords de la bouche primitive, chez ceux-ci par la transformation de la plaque et de la ligne primitive. Et, pendant très longtemps, la perte résultant des changements à son extrémité antérieure, dans la région du bouton de *Hensen,* est compensée par l'accroissement propre de la plaque primitive et de la ligne primitive. Par suite, on trouve une ligne primitive (ou une plaque primitive) encore visible, chez des embryons, à des stades différents : au stade de la plaque médullaire, de la gouttière médullaire, et du tube nerveux fermé déjà en partie (fig. 126, 127, 128), après l'ébauche profondément différenciée du système nerveux central. Seulement, à partir d'un stade déterminé la ligne primitive décroît rapidement en longueur, c'est au moment où elle est enfermée dans le tube nerveux. Enfin, elle est utilisée dans l'accroissement en longueur du tronc et de la queue, sauf une très petite portion finale qui devient l'anus. A la suite de toutes ces transformations, le mésoblaste se transforme de mésoblaste péristomal en mésoblaste parachordal.

Comment à des stades plus avancés du développement chez les Reptiles, les Oiseaux et les Mammifères, la plaque nerveuse se transforme en tube nerveux, l'ébauche chordale en chorde ; et comment le feuillet germinatif moyen se sépare de son point de liaison médian ? Pas n'est besoin de décrire tous ces faits isolément avec plus de détails, puisque tous s'accomplissent essentiellement d'après la manière décrite précédemment (p. 92).

Résumé du chapitre V.

A. — *La Blastula.*

1° Aux dépens de l'amas provenant des cellules de segmentation (Morula), se développe chez tous les Vertébrés une blastula creusée d'une cavité blastocélienne (Blastocœle).

2° Il existe chez les Vertébrés quatre espèces de blastula différentes, selon la contenance en vitellus et la répartition de celui-ci.

a) Chez l'Amphioxus, la cavité blastocélienne est très grande et sa paroi consiste en une seule assise de grandes cellules cylindriques à peu près semblables.

b) Chez les Cyclostomes et les Amphibiens, la cavité blastocélienne est étroite ; une moitié de sa paroi est mince et formée de une ou plusieurs assises de petites cellules, l'autre moitié est fortement épaissie et formée de grandes cellules vitellines disposées en plusieurs assises superposées les unes au-dessus des autres.

c) Chez les Poissons, les Reptiles et les Oiseaux (œufs méroblastiques) la cavité blastocélienne est considérablement réduite et fissiforme. Seul son plafond ou sa paroi dorsale est formé par des cellules disposées en une sorte d'épithélium ; son plancher ou sa paroi ventrale par contre est formé, en partie de cellules sans cohésion entre elles et en partie d'une masse vitelline non segmentée en cellules, qui renferme en son centre comme au voisinage du bord de la membrane germinative des noyaux vitellins (syncytium vitellin central et périphérique).

d) Chez les Mammifères, la cavité blastocélienne est très vaste, remplie d'un liquide albuminoïde ; sa paroi est formée d'une seule couche de cellules hexagonales fortement aplaties, à l'exception d'un point plus épais, où des cellules plus grandes, disposées en plusieurs assises superposées, font saillie à l'intérieur.

B. — *La première phase de la formation des feuillets germinatifs, la Gastrula avec deux feuillets germinatifs.*

1° Aux dépens de la Blastula se développe par invagination d'une partie de sa paroi, une forme didermique, la larve caliciforme ou Gastrula.

2° Les deux lamelles du calice double sont : le feuillet germinatif externe et le feuillet germinatif interne (Ectoblaste, Entoblaste, Ectoderme, Entoderme) ; l'espace en forme de fente qui sépare les deux feuillets est la cavité blastocélienne oblitérée ; la cavité résultant de l'invagination est la cavité de l'intestin primitif, son ouverture à l'extérieur, la bouche primitive (Blastopore, Prostoma, gouttière du croissant, gouttière primitive).

3° Aux quatre espèces de blastula correspondent quatre sortes de larves caliciformes.

a) Chez l'Amphioxus, l'intestin primitif est large et chaque feuillet germinatif est formé d'une seule assise de cellules cylindriques.

b) Chez les Cyclostomes et les Amphibiens, la masse des cellules vitellines s'accumule à la paroi ventrale de l'intestin primitif dans le feuillet germinatif interne et forme une saillie, par suite de laquelle l'intestin primitif est réduit à une fente.

c) Chez les Poissons, les Reptiles et les Oiseaux, la formation des deux feuillets, reste au début limitée au disque germinatif, parce que le vitellus indivis ne s'invagine pas en raison de son volume considérable. Le *disque germinatif* est didermique, car chez les Poissons en un point de son bord a lieu un repli interne et une invagination des cellules ; chez les Reptiles et les Oiseaux, la formation du feuillet germinatif interne s'effectue indépendamment du bord du disque germinatif et à quelque distance de ce bord, sans invagination certaine, par *l'accroissement* du plafond de la blastula à travers les cellules vitellines. Le vitellus est entouré d'abord peu à peu, et finalement en totalité par une enveloppe cellulaire, car le bord du disque germinatif se développe autour de lui.

d) Chez les Mammifères, le feuillet germinatif interne tire son origine de la partie épaissie de la blastula. Au début de son développement, le feuillet germinatif interne se termine en dessous par un bord libre, de sorte que l'intestin primitif n'est délimité, pendant un certain temps, du côté ventral, que par le feuillet germinatif, externe. Cette particularité est comparable à ce qui existe chez les Reptiles et chez les Oiseaux en supposant que le matériel vitellin disparaisse chez eux avant qu'il soit complètement enveloppée par le feuillet germinatif interne.

4° Chez les Vertébrés, la Gastrula présente une symétrie bilatérale bien nette, de sorte qu'on peut facilement y distinguer les futures extrémités céphalique et caudale, les futures faces dorsale et ventrale du corps. La bouche primitive (gouttière du croissant, gouttière primitive) correspond à l'extrémité caudale. La face ventrale correspond à la situation qu'occupe le matériel vitellin segmenté ou non segmenté.

C. — *La deuxième phase de la formation des feuillets germinatifs,*
feuillet germinatif moyen et cavité du corps.

1° Chez l'Amphioxus, les feuillets germinatifs moyens, qui renferment les cavités du corps, se forment comme des évaginations en forme de sacs (poches du Cœlome) au plafond de l'intestin primitif des deux côtés de l'ébauche de la chorde. Par suite, le feuillet germinatif interne primaire est chez l'Amphioxus, séparé en trois portions.

a) Le revêtement épithélial du tube digestif définitif (feuillet germinatif interne secondaire en feuillet glandulo-intestinal).

b) Le revêtement épithélial de la cavité du corps ou le feuillet germinatif moyen, dans lequel il y a lieu de distinguer un feuillet pariétal et un feuillet viscéral.

c) L'ébauche de la chorde.

2° Chez les Cyclostomes, les Amphibiens, les Elasmobranchiens, des masses cellulaires pleines se glissent entre le feuillet germinatif interne et le feuillet germinatif externe ; ce sont les ébauches du feuillet germinatif moyen. Ces ébauches se forment :

a) Dans le pourtour de la bouche primitive ouverte, c'est le mésoblaste péristomal ;

b) Aux dépens de la bouche primitive, mais en avant, au plafond de l'intestin primitif, à quelque distance de la ligne médiane des deux côtés de l'ébauche de la chorde ; c'est le mésoblaste gastral ou parachordal.

3° Les ébauches pleines du mésoblaste sont à considérer comme des plis épithéliaux qui, si on se les représente ouvertes, forment des poches cœlomiques, comparables aux poches cœlomiques de l'Amphioxus. Les feuillets germinatifs moyens sont par suite à interpréter comme les parois épithéliales de la cavité du corps.

4° S'il est exact que les premières ébauches du mésoblaste viennent de la bouche primitive qui se ferme par soudure de ses bords d'avant en arrière et que l'ébauche de la chorde vienne de la surface épithéliale interne de la ligne de suture des lèvres de la bouche primitive, le mésoblaste parachordal procède du mésoblaste péristomal.

5° De la ligne d'origine péristomale et parachordale, les feuillets germinatifs moyens s'étendent en avant et du côté ventral.

6° Chez les Reptiles, le feuillet germinatif moyen tire son origine de la plaque primitive, qui se creuse et présente une petite cavité, qui s'agrandit vers l'avant et s'engage comme sac mésodermique entre l'écusson embryonnaire et le feuillet glandulo-intestinal. Le feuillet germinatif moyen présente un segment péristomal et un segment parachordal, dont le premier se forme au voisinage de la plaque primitive creuse, le deuxième sur les côtés du sac mésodermique.

7° Chez les Oiseaux et les Mammifères, le feuillet germinatif moyen vient :

1° Du sillon primitif, qui se forme par prolifération du feuillet germinatif externe (nœud de *Hensen*, gouttière primitive, bourgeon caudal).

2° Du prolongement céphalique qui est le prolongement de l'extrémité antérieure du sillon primitif (Mésoblaste péristomal et parachordal).

8° Le sillon primitif et le prolongement céphalique sont les homologues de la plaque primitive et du sac mésodermique des Reptiles, aussi on trouve encore, de ci de là, dans le prolongement céphalique une cavité que l'on a désignée comme canal chordal.

9° Le sac mésodermique des Reptiles et le sillon primitif des Oiseaux s'unissent par leur face inférieure, le long d'un sillon avec le feuillet glandulo-intestinal, sur lequel se forment, à la place de suture, des perforations (ouverture du sac mésodermique et du canal chordal).

10° La plaque primitive des Reptiles et le sillon primitif des Oiseaux et des Mammifères avec sa cavité primitive et sa gouttière primitive correspondent à la bouche primitive des Vertébrés anamniotes et sont à désigner comme bouche primitive close. Les perforations survenues plus tard dans son domaine sont à considérer par suite comme des réouvertures de la bouche primitive close en forme de fente (et en particulier le canal neurentérique).

11° Pendant que lors de leur première ébauche, le feuillet germinatif moyen, l'ébauche de la chorde, le feuillet glandulo-intestinal chez tous les Vertébrés et aussi bien dans la région péristomale que dans la région parachordale, sont en connexion étroite, ces ébauches se séparent plus tard les unes des autres par séparation.

Premièrement, les sacs du corps se détachent de l'ébauche de la chorde et du feuillet glandulo-intestinal, et les bords devenus libres du feuillet moyen pariétal et viscéral se soudent.

Deuxièmement, l'ébauche de la chorde se replie en une gouttière chordale, et celle-ci se transforme en une tige pleine qui s'isole totalement du feuillet glandulo-intestinal.

Troisièmement, le feuillet germinatif intestinal se transforme en un canal par une suture dorsale.

12° Le développement des trois ébauches et en général d'autres organes différents commence à l'extrémité céphalique de l'ébauche embryonnaire et progresse de là vers la bouche primitive, où longtemps encore a lieu une néo-formation continuelle des différentes parties et où se continue l'accroissement du corps en longueur.

13° La bouche primitive occupe primitivement toute la face dorsale de l'ébauche embryonnaire ; mais elle commence à se fermer de très bonne heure d'avant en arrière par une longue suture, pendant que, réciproquement, elle s'agrandit encore en arrière par accroissement. La distance entre le reste demeuré ouvert de la bouche primitive et l'extrémité de la tête, devient par suite graduellement de plus en plus grande au fur et à mesure que l'embryon devient plus âgé.

14° La bouche primitive (gouttière primitive) se ferme entièrement à des stades ultérieurs du développement par soudure de ses bords, et, exception faite pour l'anus, ne fournit aucun des organes de l'adulte (Pour plus de renseignements à ce sujet, voyez dans deuxième partie du Traité).

15° Avant l'atrophie, la bouche primitive (gouttière primitive) est entourée par les bourrelets médullaires et communique avec la portion terminale du tube nerveux, ce qui établit une communication directe entre le tube nerveux et le tube intestinal : c'est le canal neurentérique. Par la fermeture du canal neurentérique, a lieu plus tard la séparation des deux organes situés l'un au-dessous de l'autre et communiquant pendant longtemps.

CHAPITRE VI

Le développement des segments primordiaux, la formation de la substance conjonctive et du sang.

Après la formation des feuillets germinatifs moyens on voit se dérouler deux importants processus. L'un d'eux conduit à une division des feuillets germinatifs moyens, qui forment les deux lames latérales et deux rangées de corps cubiques, situées à droite et à gauche de la chorde : ces corps sont les *segments primordiaux*, auxquels on a donné aussi antérieurement le nom moins exact de vertèbres primordiales. L'autre processus, qui s'accomplit à peu près au même moment, au moins chez les Vertébrés supérieurs, conduit à la formation d'ébauches, dont dérivent les substances de soutènement et le sang des Vertébrés.

a) Les segments primordiaux.

Pour ce qui concerne en premier lieu la formation des segments primordiaux, leur apparition est plus voisine chez l'Amphioxus, que chez les autres Vertébrés, du premier développement du feuillet germinatif moyen ; on peut nettement constater qu'elle est due à un processus de plissement, qui se répète plusieurs fois de la même façon. Dès que, à gauche et à droite de l'ébauche de la chorde, les poches cœlomiques se forment aux dépens de l'intestin primitif (fig. 53), leur paroi commence déjà, à une faible distance de l'extrémité céphalique, à former un pli perpendiculaire à l'axe longitudinal de l'embryon ; ce pli s'accroît de haut en bas et de dehors en dedans à l'intérieur de la cavité du corps. Bientôt après il se forme de la même manière (fig. 56), à gauche et à droite à une faible distance derrière le premier pli, un deuxième pli, derrière le deuxième un troisième puis un quatrième pli transversal et ainsi de suite au fur et à mesure que le corps embryonnaire s'allonge et que l'ébauche du feuillet germinatif moyen s'agrandit par la progression de l'invagination vers la bouche primitive. Ainsi, chez l'Amphioxus, chaque poche du corps est divisée dès sa première apparition en une série de petits sacs placés les uns derrière les autres.

Dans l'embryon représenté par la figure 56, on compte de chaque côté cinq segments primordiaux derrière lesquels, par accroissement ultérieur, s'en ajoutent toujours de nouveaux, car le processus d'invagination progresse encore vers la bouche primitive, au delà du point marqué mk et donne par plissement transversal un nombre considérable de segments primordiaux, dont le nombre, chez une Larve âgée seulement de 24 heures, s'élève déjà à 17 paires. Les segments primordiaux sont symétriquement disposés des deux côtés du tube nerveux et de la chorde (fig. 129) :

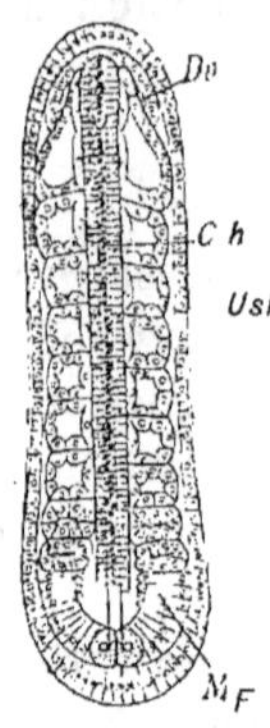

Fig. 129. — Coupe frontale d'un embryon d'Amphioxus avec neuf paires de segments primordiaux des deux côtés de la chorde ch ; d'après Hatschek. Dv : sac entodermique. — MF: pli mésodermique non segmenté, — Ush : cavité du segment primordial.

au début, ils présentent encore une ouverture, par laquelle leur cavité (Ush) est en communication avec la cavité intestinale.

Mais bientôt ces ouvertures commencent à se fermer l'une après l'autre, vu que leurs bords s'accroissent l'un vers l'autre et se juxtaposent, et cela dans l'ordre même suivant lequel ces parties se succèdent d'avant en arrière.

En même temps, les segments primordiaux (fig. 55) s'agrandissent progressivement, aussi bien du côté dorsal que du côté ventral par l'accroissement et le changement de forme de leurs cellules.

Vers le haut, ils gagnent de plus en plus les côtés du tube nerveux, lequel, s'est complètement séparé de sa base maternelle, le feuillet germinatif externe.

Vers le bas, ils s'interposent entre l'intestin secondaire et le feuillet germinatif externe.

Finalement, il conviendrait aussi de signaler ici, qu'à un stade encore plus avancé, comme on peut le voir sur le côté droit de la figure 55, les portions dorsales des segments primordiaux se séparent des portions ventrales.

Les premières donnent par la disparition de leur cavité, la musculature striée transversalement du corps. De la cavité des dernières dérive la véritable cavité du corps, car les parois limitantes disjointes s'amincissent, se détruisent et disparaissent.

Des phénomènes semblables s'accomplissent d'une façon quelque peu différente chez les autres Vertébrés.

Chez les Amphibiens (Tritons) (fig. 68 et 69), le feuillet germinatif moyen, dont les cellules se développent en longs cylindres, s'épaissit des deux côtés de la chorde (ch) et de l'ébauche du système nerveux central (mp) qui, pendant ce temps, s'est arqué en une gouttière ; en même temps se dessine, dans la partie épaissie, par séparation l'une de l'autre des lamelles viscérale et pariétale, une cavité (ush) autour de laquelle les cellules cylindriques sont disposées en un épithélium. On distingue la partie médiane épaissie des feuillets germinatifs moyens désignée comme *lame segmentaire primitive*, des parties latérales ou *lames pariétales*, dont les cellules sont plus basses.

Tandis que, chez l'Amphioxus, le processus de segmentation intéresse la totalité du feuillet germinatif moyen, il n'atteint. chez les Amphibiens et de même chez tous les autres Vertébrés, que la lame segmentaire primitive, et laisse intactes, par contre, les lames pariétales. La métamérisation commence à l'extrémité de la tête et progresse lentement vers l'arrière. Elle s'effectue de la manière suivante : la lamelle épithéliale contiguë au tube nerveux et à la chorde se soulève en petits replis transversaux, placés à distance égale les uns des autres, qui proéminent dans la cavité de la lame segmentaire primitive et déterminent la formation de petits sacs placés les uns derrière les autres (fig. 130). Bientôt ensuite, chaque petit sac se détache des lames latérales (fig. 68 et 69).

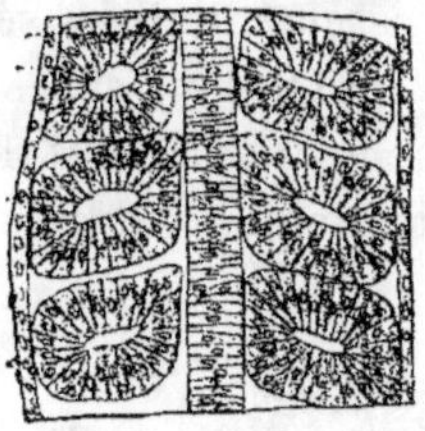

Fig. 130. — Coupe frontale de la région dorsale d'un embryon de Triton dont les segments primordiaux sont formés.
On voit des côtés de la chorde (ch) les segments primordiaux (us) avec leur cavité segmentaire primitive (ush).

Par suite, on trouve alors, aussi bien sur une coupe transversale que sur une coupe frontale, à gauche et à droite de la chorde et du tube nerveux, des vésicules cubiques dont la paroi est formée de cellules cylindriques, qui sont de toute part séparées des parties avoisinantes par une scissure, et qui intérieurement, présentent une petite cavité segmentaire primitive, un dérivé de la cavité du corps.

Parmi les Vertébrés issus d'œufs méroblastiques, les Sélaciens montrent le plus nettement le processus primitif de la formation des segments primordiaux. Lorsque les lamelles pariétale et viscérale du feuillet germinatif moyen se séparent l'une de l'autre, une cavité du corps bien nette se forme à droite et à gauche (fig. 133). Leur partie dorsale (mp) contiguë au tube nerveux présente des parois épaisses et correspond à la lame segmentaire primitive mentionnée précédemment, et qui en même temps que la cavité du corps se constitue, commence à se diviser en segments primordiaux. Dans la partie antérieure de l'embryon, une série de lignes transversales de séparation deviennent visibles, et leur nombre croît constamment d'avant en arrière. Très longtemps encore, les cavités des segments primordiaux séparés les uns des autres par les

sillons transversaux communiquent avec la cavité du corps ventral commune par une étroite ouverture. On peut, par suite, se représenter cette
disposition comme si la cavité du corps de l'embryon était garnie du côté
du dos d'une série d'évaginations en culs-de-sacs, placées les unes derrière les autres. Plus tard, les segments primordiaux (fig. 134, mp) se
séparent complètement de la cavité du corps et leurs parois épaissies
s'appliquent l'une contre l'autre, ce qui conduit ainsi les cavités segmentaires primitives à l'atrophie.

Tandis que chez les Sélaciens, il est encore facile de constater nettement que la formation des segments primordiaux repose sur un processus
de plissement et de séparation, ce processus est masqué chez les Reptiles, les Oiseaux et les Mammifères jusqu'à devenir méconnaissable. Cela
provient uniquement de ce que les deux lamelles du feuillet germinatif
moyen demeurent très longtemps fortement appliquées l'une contre l'au-

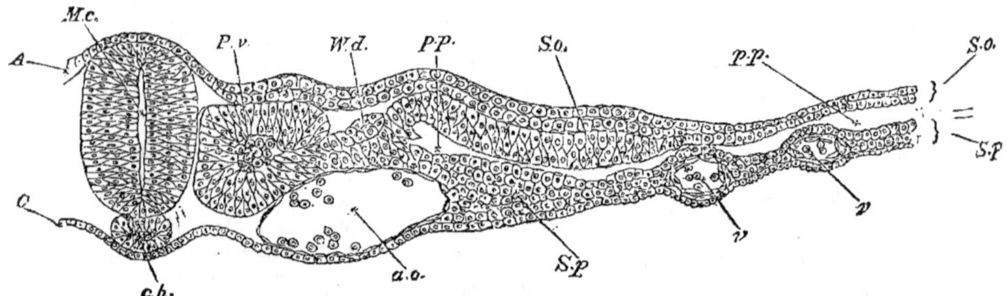

Fig. 131. — Coupe transversale de la région dorsale d'un embryon de Poulet de
45 heures ; d'après Balfour.
La coupe montre le feuillet germinatif moyen en partie divisé en un segment primordial.
(Pv) : et en plaque latérale présentant entre ses deux lames la cavité du corps (pp).
Mc : tube nerveux. — Pv : segment primordial. — ch : chorde. — A : feuillet germinatif externe. — C: feuillet germinatif interne. — ao: aorte. — v: vaisseau sanguin. — Vd : canal de Wolf.

tre ; qu'elles ne commencent à s'écarter que très tardivement et qu'enfin,
elles sont constituées de plusieurs assises de petites cellules. *Les processus de plissement et de séparation apparaissent alors comme la division
d'une lame cellulaire pleine en petites pièces cubiques.*

La partie du feuillet germinatif moyen contiguë à la chorde et au tube
nerveux forme, sur une coupe d'un embryon de Poulet (fig. 131) une
masse compacte (Pv) constituée par un grand nombre de petites cellules.
Cette masse tant qu'elle n'est pas divisée en fragments distincts, porte le
nom de lame segmentaire primitive. Dans notre figure, elle est encore
unie latéralement, par un mince pont cellulaire, aux lames pariétales,

dans l'étendue desquelles les feuillets germinatifs moyens plus minces, sont séparés l'un de l'autre par une fente : la cavité du corps.

Si on examine de face le disque germinatif, la région des lames segmentaires primitive paraît, comme on peut le voir dans la région postérieure de l'embryon de Lapin âgé de 9 jours (fig. 132), plus sombre que la région des lames pariétales ; de sorte qu'on a distingué les deux régions l'une de l'autre : l'une comme zone rachidienne stz) et l'autre comme zone pariétale (pz). Le développement des segments primordiaux débute chez le Poulet au commencement du 2e jour de l'incubation et chez le Lapin environ vers le 8e jour. Dans la zone rachidienne, à quelque distance de la gouttière primitive, environ vers le milieu de l'ébauche embryonnaire, à gauche et à droite de la chorde et du tube nerveux, apparaissent des lignes transversales claires (fig. 119, 127, 128 et 132), ce sont les fentes transversales, par lesquelles les lames segmentaires primitives sont divisées en petits segments primordiaux cubiques pleines (uw et us).

Plus tard se développe dans chaque segment primordial, probablement à la suite de la sécrétion d'un liquide, comme chez les Amphibiens et les Sélaciens, une petite cavité, autour de laquelle les cellules se disposent radiairement (fig. 137, ms). Cette cavité est ici aussi primitivement, comme chez les Sélaciens, en communication, latéralement, avec la cavité du corps, jusqu'à ce que le segment primordial se soit complètement détaché

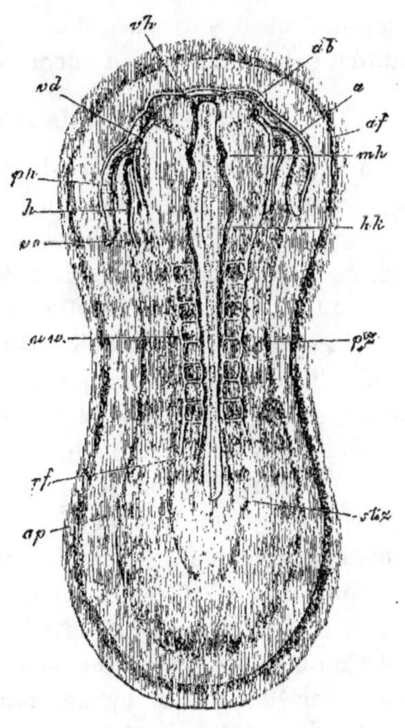

Fig. 132. — Embryon de Lapin de 9 jours vu par sa face dorsale ; d'après Kölliker 21 f. gross.

On distingue la zone rachidienne (stz) et la zone pariétale (pz). Dans la première existent huit paires de segments primordiaux de chaque côté de la chorde et du tube nerveux.

ap : aire claire. — rf : sillon dorsal. — vh : cerveau antérieur. — ab : vésicules aptiques humains. — mh : cerveau moyen. — hh : cerveau postérieur. — uw : segment primordial. — stz : zone rachidienne. — pz : zone pariétale. — h : cœur. — ph : partie péricardique de la cavité du corps. — vd : bord de l'orifice intestinal antérieur, vu par transparence. — af : repli amniotique. — vo : vessie omphalo-mésentérique.

Chez les Vertébrés, outre la région du tronc, une partie de la région céphalique de l'ébauche embryonnaire est encore atteinte par le processus de métamérisation que nous venons d'étudier.

Par suite, il y a donc lieu de distinguer, d'une part, des segments céphaliques et, d'autre part, des segments troncaux. Le nombre et la constitution des premiers sont encore matière à controverses.

b) **Formation de la substance conjonctive**.

Comme on l'a déjà montré dans l'introduction du cinquième chapitre, un tissu interstitiel se développe tout d'abord, entre les quatre feuillets germinatifs, qui d'après leurs propriétés histologiques sont à désigner comme tissus épithéliaux. *Ce tissu interstitiel* ou *mésenchyme* a un caractère très éloigné d'un épithélium et se différencie plus tard en de nombreuses et diverses sortes de substances de soutènement, en tissus conjonctif fibreux (tendons, ligaments, aponévroses, membranes fibreuses, cartilages, os, tissu lymphatique, etc.).

Parmi les Vertébrés, les objets les plus favorables pour observer sa première formation sont les embryons de Sélaciens, chez lesquels le mésenchyme apparaît très tôt et très abondamment. Il provient de différents endroits, mais le feuillet germinatif moyen est son lieu d'origine le moins discuté et le plus important ; les *segments primordiaux* sont ici encore à considérer en premier lieu.

Au moment où ils sont encore réunis par leur extrémité inférieure aux lames pariétales, et en même temps que la cavité du corps apparaît dans ces dernières, il se produit une prolifération cellulaire de leur portion contiguë à la chorde, et qui est désignée généralement sous le nom de sclérotome, contrairement à l'autre partie, le myotome.

En ce point, des cellules se détachent en grand nombre de la couche épithéliale de la pièce intermédiaire (fig. 133, sk). Elles s'éloignent de leur lieu d'origine par des mouvements actifs, comme les cellules du mésenchyme chez les animaux invertébrés, et se répandent dans l'espace compris d'une part entre la paroi interne (mp) du segment primordial et la chorde (ch) et le tube nerveux (nr) d'autre part. Dès leur origine, les cellules amœboïdes sont seulement séparées par de très petites quantités de substance interstitielle. Leur nombre s'accroît rapidement et par suite, la chorde, le tube nerveux et les segments primordiaux deviennent plus distants les uns des autres (fig. 134).

En même temps, et très tôt, disparaît la disposition segmentaire que présentaient les points de prolifération à leur toute première origine, car par leur extension, ils se réunissent en une assise compacte.

Le mésenchyme ainsi formé aux dépens du feuillet germinatif moyen des deux côtés de la chorde, fournit *l'ébauche du squelette axial* ; il forme le tissu squelettogène, car les masses formées du côté gauche et du côté droit se développent l'une vers l'autre et se fusionnent.

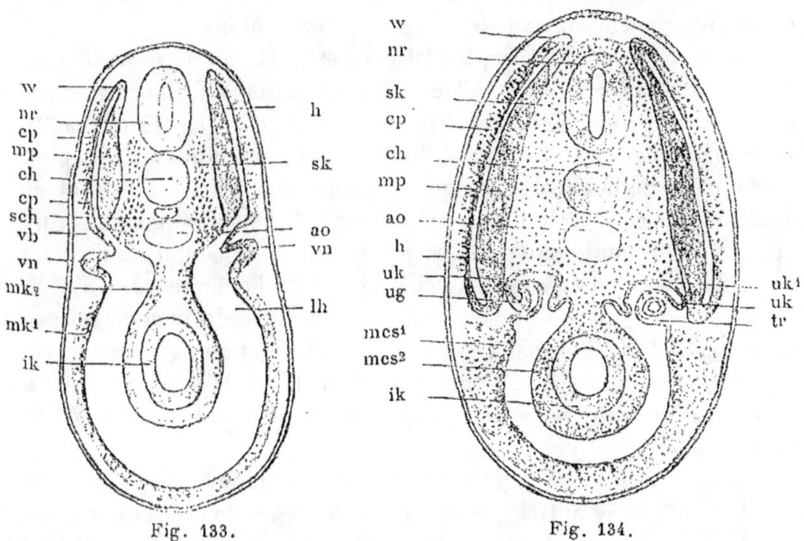

Fig. 133.   Fig. 134.

Fɪɢ. 133 et 134. — Coupes transversales schématiques d'embryons de Sélaciens, l'un plus jeune et l'autre plus âgé, pour faire comprendre le développement des principaux produits du feuillet germinatif moyen. — Modifiés d'après Wijhe.

Fɪɢ. 133. — Coupe passant par la région du pronéphros d'un embryon, dont les segments musculaires (m) commencent à se former.

Fɪɢ. 134. — Coupe transversale d'un embryon plus âgé, dont les segments musculaires viennent de se séparer.

nr : tube nerveux. — ch : chorde. — ao : aorte. — sch : cordon sub-notochordal. — mp : plaque musculaire.

w. zone d'accroissement, au niveau de laquelle la plaque musculaire se continue avec la plaque cutanée (cp). — cp : plaque cutanée. — vb : pièce intermédiaire unissant le segment primordial à la cavité du corps ; c'est aux dépens de cette pièce que se développent notamment les tubes segmentaires (fig. 134, uk). — sk : tissu squelettogène formé aux dépens de la paroi interne de la pièce intermédiaire (vb). — vn : pronéphros. — mk¹ et mk² : feuillets moyens pariétal et viscéral aux dépens des parois desquels se forme également du mésenchyme. — lh : cavité du corps. — ik : feuillet glandulo-intestinal. — h : cavité du segment primordial. — uk : tube segmentaire formé aux dépens de la pièce intermédiaire (vb) du schéma 133. — uk¹ : point où le tube segmentaire s'est détaché du segment primordial. — ug : canal de Wolf uni, à gauche, avec le tube segmentaire. — tr : néphrostome ou orifice mettant en communication le tube segmentaire avec la cavité du corps. — mes ¹, mes ² : mésenchyme qui se forme aux dépens du feuillet moyen pariétal et du feuillet moyen viscéral.

Comme le montre la figure 134, le mésenchyme (sk) entoure de toutes

parts la chorde (ch) et l'enveloppe de tous les côtés d'une gaine de substance conjonctive qui devient de plus en plus épaisse. De même il enveloppe circulairement le tube nerveux (nr) et forme la Membrana reuniens
superior des anciens embryologistes, l'ébauche fondamentale, dont se
différencient plus tard, les enveloppes conjonctives du tube nerveux et
celle des arcs vertébraux avec leur système ligamentaire.

On observe chez les Reptiles, les Oiseaux et les Mammifères des dispositions semblables à celles des Sélaciens. Les segments primordiaux qui,
à l'origine, sont pleins, se creusent bientôt d'une petite cavité (fig. 137),
autour de laquelle les cellules sont disposées en un épithélium complet.
Puis une partie de la paroi du segment primordial, situé en bas et en
dedans, commence à proliférer avec une rapidité extraordinaire et fournit une substance conjonctive embryonnaire qui se répand de la manière
décrite précédemment autour de la chorde et du tube nerveux.

Aux dépens de la partie dorsale et de la partie latérale du segment primordial (fig. 137, ms) qui n'ont pas subi de prolifération se forme, après
la disparition de la cavité du segment, l'ébauche de la musculature du
tronc. Par suite, cette partie est différenciée maintenant comme *plaque
musculaire*.

Une formation du mésenchyme a lieu, indépendamment des segments
primordiaux, en trois autres points du feuillet germinatif moyen ; aux
dépens du feuillet fibreux intestinal, aux dépens du feuillet fibreux cutané
et enfin, encore aux dépens de la paroi du segment primordial dirigée
vers l'épiderme et qui a reçu le nom de plaque cutanée de *Rabl*. C'est
encore chez les Sélaciens que ces transformations sont le plus facile à
observer.

De la lame latérale viscérale, qui dans les premiers stades, est composée
en partie de cellules cubiques et en partie de cellules cylindriques
(fig. 133, mk^2), se détachent des cellules isolées qui se répandent à la surface du feuillet glandulo-intestinal ; elles se concentrent aux endroits où
il n'existe aucun vaisseau. Elles donnent naissance au mésenchyme intestinal qui devient de plus en plus abondant, et qui se transforme plus tard,
partie en tissu conjonctif, partie en cellules musculaires lisses de la
Tunica muscularis (fig. 134, mes^2). Le même phénomène se produit à la
lame latérale pariétale. Des cellules s'en détachent qui se répandent entre
l'épithélium de la cavité du corps et l'épiderme, où elles forment une couche interstitielle de cellules mésenchymateuses (fig. 133, mk^1, fig. 134, mes^1).
Enfin, un point important pour la production du tissu conjonctif est
la plaque cutanée c'est-à-dire la couche épithéliale du segment primordial primitif contiguë à l'épiderme (fig. 133, cp). Ici, le processus s'accom-

plit plus tard que dans les autres points. Il commence par une prolifération cellulaire active qui peu à peu conduit à une disparition complète de la lamelle épithéliale. « La disparition a lieu, d'après *Rabl*, de la manière suivante : les cellules qui jusqu'alors présentaient un caractère épithélial, se séparent les unes des autres, et par suite perdent leur caractère épithélial. »

C'est probablement aux dépens de cette partie du mésenchyme que se développe le derme cutané.

c) **La formation de l'endothélium vasculaire et du sang**.

La question de l'origine de ces tissus est une des plus obscures de l'embryologie comparée. Même les auteurs qui dans ces dernières années cherchent à élucider ce sujet à l'aide des méthodes les plus perfectionnées, n'hésitent pas à reconnaître combien d'incertitudes il y a dans l'interprétation des faits qui se sont offerts à eux. Le plus inférieur des Vertébrés lui-même, qui se caractérise par la grande simplicité de sa structure et par l'interprétation facile de tous les processus du développement, l'Amphioxus lanceolatus, n'a pu nous servir pour résoudre cette question. Entrer dans le détail de ces observations litigieuses, contradictoires les unes avec les autres, dépasserait les limites de ces « Eléments d'embryologie ». Aussi nous bornerons-nous aux données suivantes :

L'*aire opaque des œufs méroblastiques* joue un grand rôle dans la question de l'origine du sang. Déjà à la fin du premier jour de l'incubation, apparaissent dans cette aire les ébauches des vaisseaux sanguins immédiatement sur le feuillet glandulo-intestinal ; elles se réunissent bientôt, dans une région entourée immédiatement par l'aire claire, en une *aire vasculaire* spéciale, l'*Area vasculosa*.

Les premières ébauches sont des amas cellulaires isolés, dont l'origine est encore contestée (fig. 119, g) ; ils se disposent bientôt en cordons cylindriques, ou irrégulièrement délimités, qui s'unissent les uns aux autres en un réseau à mailles serrées (fig. 135). Dans les mailles du réseau se trouvent d'autres groupes de cellules, qui plus tard, fournissent le tissu conjonctif embryonnaire et qui constituent les *îlots de substance* des auteurs (fig. 135, m). Au commencement du 2e jour de l'incubation les ébauches vasculaires pleines deviennent plus nettes et de plus elles se délimitent extérieurement par une paroi spéciale (fig. 135, g¹, fig. 136, gv) ; et de plus elles présentent une cavité intérieure. La paroi vasculaire se développe aux dépens des cellules les plus superficielles des cordons ; elle est constituée dès les premiers jours de l'incubation par une couche unique d'éléments polygonaux, très aplatis ; c'est pourquoi on a souvent aussi désigné les premiers vaisseaux de l'embryon, sous le nom de *tubes endothéliaux.*

La cavité des vaisseaux se forme probablement de la façon suivante : des tissus voisins, un fluide pénètre dans les cordons ' primitivement pleins et constitue le plasma du sang. Par suite de la pénétration de ce liquide, les cellules sont écartées les unes des autres et refoulées sur les côtés qui présentent de ci, de là, des épaississements de la paroi, des amas formés de cellules sphériques unies lâchement les unes aux autres, ces amas font saillie dans les cavités des vaisseaux (fig. 135,i).

Par suite, les vaisseaux devenus praticables sont très irrégulièrement constitués, car ils sont tantôt étroits, tantôt élargis, souvent des portions pleines alternent avec des portions creuses (fig. 135); tantôt les vaisseaux constituent des tubes endothéliaux entièrement creux remplis de liquide, tantôt ils sont plus ou moins rendus impraticables par suite de la présence d'agrégats cellulaires d'aspect différent et qui font saillie en dehors de la paroi. Les agrégats cellulaires eux-mêmes ne sont autre chose que *les foyers de formation des éléments figurés du sang.* Les petites cellules sphériques nucléées, qui renferment encore des granulations vitellines opaques deviennent tout

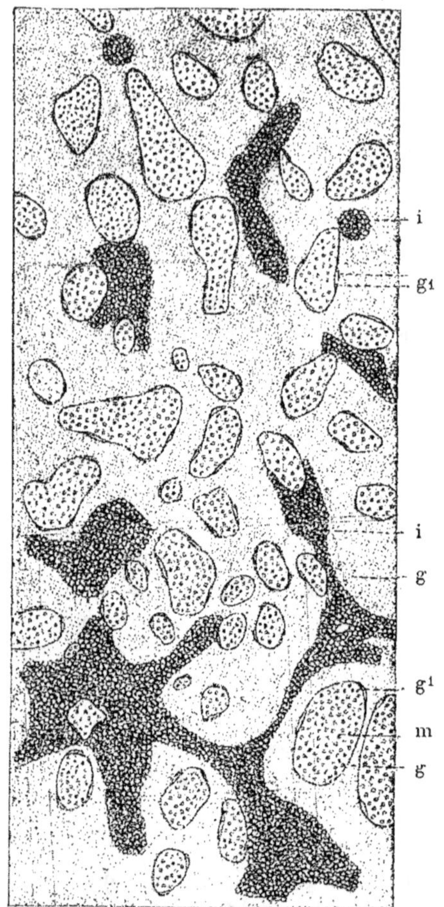

Fig. 135. — Fragment de l'aire vasculaire d'un embryon de Poulet, chez qui 12 segments primordiaux sont formés.

On voit le réseau des vaisseaux sanguins teinté en gris (g) dans lequel se trouvent les îlots sanguins (i). — Les mailles claires (m) du réseau sanguin, dont la paroi est formée par des cellules endothéliales (g1), forment les îlots de substances constitués de tissus gélatineux.

d'abord homogènes par la résorption de ces dernières ; ensuite, comme il se forme de l'hémoglobine à leur intérieur, elles prennent une teinte légèrement jaunâtre, qui peu à peu devient plus intense.

Si, à ce moment, on observe une membrane germinative détachée du vitellus, la zone dans laquelle a lieu la formation du sang se montre couverte de taches rougeâtres colorées avec plus ou moins d'intensité, et qui sont les unes arrondies, les autres allongées, d'autres enfin ramifiées. Ces points sont connus sous le nom *îlots sanguins* de la membrane germinative (fig. 119, g., 135, i).

De ces centres de formation les cellules superficielles se détachent. Elles tombent dans le plasma sanguin et deviennent ainsi les globules rouges du sang. Là, elles se multiplient, tout comme dans les îlots

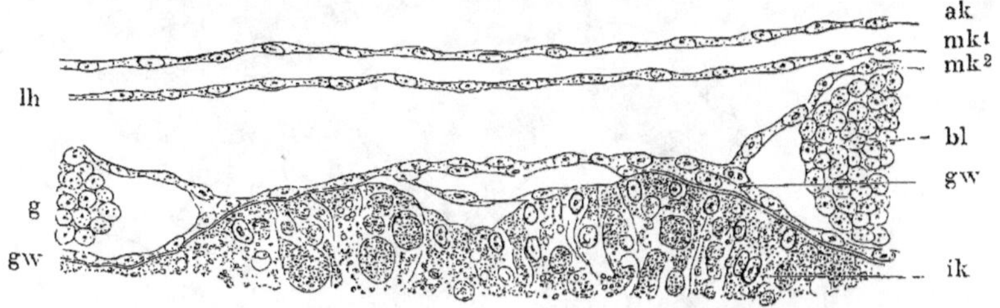

Fig. 136. — Coupe transversale intéressant une partie de l'aire vasculaire ; d'après Disse.

ak : feuillet germinatif externe. — ik : feuillet germinatif interne. — mk¹, mk² : lames pariétale et viscérale du feuillet germinatif moyen. — lh : cavité du corps extra-embryonnaire. — gw : paroi vasculaire, formée par des cellules endothéliales. — bl : cellules du sang. — g : vaisseau.

sanguins, par division, leurs noyaux présentent alors les diverses figures connues de la division karyokinétique.

Les divisions des cellules sanguines sont observées en grand nombre chez le Poulet, jusqu'au sixième jour de l'incubation. Plus tard, ces divisions deviennent plus rares et ensuite elles disparaissent totalement. *De même, chez les Mammifères et chez l'Homme (Fol), les premiers corpuscules du sang de l'embryon, qui, comme chez les autres Vertébrés ont à ce moment un véritable noyau cellulaire, peuvent se multiplier par division.*

Au fur et à mesure que des corpuscules sanguins se détachent des îlots sanguins ceux-ci deviennent de plus en plus petits et finissent par disparaître totalement ; les vaisseaux renferment alors, sans exception, au lieu d'un liquide clair, du sang rouge riche en éléments figurés (fig. 136, bl).

En même temps, dans les *îlots de substance* (fig. 135, m), s'accomplissent des modifications qui conduisent à la formation de la *substance conjonctive embryonnaire*. Les cellules primitivement sphériques s'écartent les unes des autres en sécrétant une substance interstitielle homogène. Elles prennent une forme étoilée (fig. 137, sp) et émettent des prolongements par lesquels elles s'unissent en un réseau situé dans la substance gélatineuse. D'autres cellules s'appliquent contre les tubes endothéliaux des vaisseaux.

Chez les Mammifères, se développe aussi de la même manière que

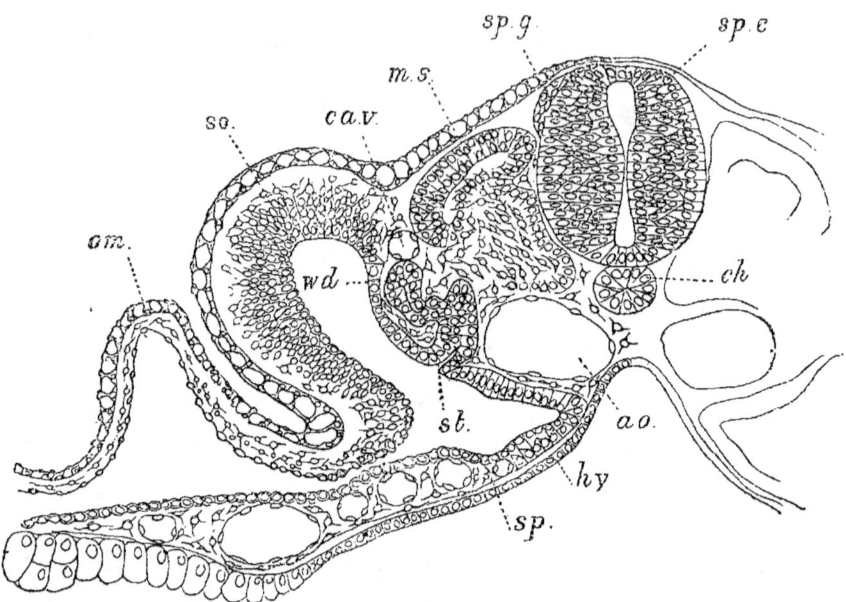

Fig. 137. — Coupe transversale du tronc d'un embryon de Canard pourvu d'environ 24 segments primordiaux ; d'après Balfour.

On voit les quatre feuillets germinatifs primitifs et les organes formés à leurs dépens séparés les uns des autres par une certaine quantité de substance conjonctive embryonnaire, renfermant des cellules étoilées, dans la substance conjonctive se trouvent des vaisseaux sanguins.

om : amnios. — so : lame latérale pariétale. — sp : lame latérale viscérale. — ud : canal de Wolf. — st : tube segmentaire. — cav : veine cardinale. — ms : plaque musculaire. — spg : ganglion spinal. — spc : moelle épinière. — ch : chorde. — ao : aorte. — hy : feuillet germinatif interne.

chez les Reptiles et les Oiseaux dans la région du feuillet germinatif moyen, qui confine à l'aire claire, une aire vasculaire spéciale, dans l'étendue de laquelle on peut observer des phénomènes analogues à ceux qui viennent d'être décrits.

Après la formation complète des vaisseaux et du sang, la région de l'aire opaque, dans laquelle se sont passés les processus décrits précédemment, est nettement délimitée vers l'extérieur dans tous les œufs méroblastiques aussi bien que dans les œufs des Mammifères (fig. 119). Car le réseau dense des vaisseaux sanguins est nettement limité en dehors par un large sinus de bordure circulaire (veine ou sinus terminal). En dehors de ce sinus terminal, il ne se forme plus à la surface du vitellus, ni sang, ni vaisseaux sanguins. Mais toutefois, les deux feuillets germinatifs primaires continuent à se développer encore davantage sur le vitellus, jusqu'à ce qu'ils l'aient totalement enveloppé. Nous devons donc maintenant distinguer deux régions circulaires dans l'aire opaque (fig. 142, 143) : l'*aire vasculaire* (gh) et l'*aire vitelline* (dh) ; l'*Area vasculosa* et l'*Area vitellina*.

L'aire transparente étant tout comme précédemment facile à reconnaître car elle n'est traversée que par quelques gros troncs vasculaires principaux qui se rendent à l'embryon, le corps embryonnaire en entier est entouré par conséquent de trois zones ou aires formées par la partie extra-embryonnaire des feuillets germinatifs. Nous avons étudié jusqu'ici la formation du sang dans l'aire opaque. Mais, comment se développent les vaisseaux dans le corps embryonnaire même ? Ici encore, nous devons faire ressortir l'incertitude de nos connaissances actuelles, de même que la diversité des résultats acquis à ce sujet. Après des recherches chez les embryons de Sélaciens, qui sont les objets les plus favorables à l'étude de la genèse du sang et des vaisseaux sanguins, ces derniers se formeraient comme les sacs cardiaques, dans le sein du mésenchyme, aux dépens des travées de cellules qui sont plus ou moins comprimées les unes contre les autres (*Rückert, Mayer*). Les travées de cellules se creusent à leur intérieur et donnent par là la paroi vasculaire endothéliale.

Par contre, on ne peut encore répondre avec une certitude complète de l'origine des cellules formant les vaisseaux des feuillets germinatifs. Les premiers vaisseaux s'accroissent (après qu'ils se sont ébauchés) d'eux-mêmes plus loin, et sont par une sorte de bourgeonnement l'origine de nouvelles ramifications latérales. On observe que de la paroi des vaisseaux déjà creux, naissent de minces bourgeons, formés de cellules allongées en fuseau, ces bourgeons s'unissent avec d'autres par des ramifications transversales de façon à former un réseau. Les plus jeunes et les plus fins de ces bourgeons se composent seulement de quelques petites cellules disposées les unes à côté des autres ou même seulement d'une seule cellule isolée, qui se dresse comme une proéminence du canal endothélial et s'étire en un long filament protoplasmique. Dans les bourgeons pleins pénètre ensuite une petite évagination provenant des vaisseaux déjà formés ; cette évagination s'agrandit peu à peu et finalement s'élargit en un canal, dont la paroi est constituée par les cellules de l'ébauche distinctes les unes des autres. On ne trouve plus ici de formation des corpuscules sanguins. Toutes les cellules des bourgeons sont utilisées pour former la paroi des vaisseaux. Pendant que continuellement de nouveaux bourgeons naissent des vaisseaux ainsi formés, les ébauches vasculaires se répandent partout dans les vides entre les feuillets germinatifs et les organes résultant de ceux-ci par séparation.

Résumé du chapitre **VI**.

1º *Métamérisation des feuillets germinatifs moyens.*

1º Chez les Vertébrés, les feuillets germinatifs moyens se divisent par processus de plissement et de séparation en plusieurs ébauches.

2º Le processus de métamérisation du feuillet germinatif moyen présente deux types :

a) Chez l'Amphioxus les feuillets germinatifs moyens se divisent complètement aussitôt après leur première apparition, en segments primordiaux placés les uns derrière les autres.

Plus tard, seulement, chaque segment primordial se divise en une portion dorsale et en une portion ventrale.

Les segments dorsaux (véritables segments primordiaux) donnent la musculature striée transversalement du tronc.

Les segments ventraux donnent naissance à la cavité du corps, qui au commencement est segmentée, mais plus tard deviendra, par atrophie des cloisons de séparation, une cavité unique ;

b) Chez tous les autres Vertébrés, les ébauches des feuillets germinatifs moyens se divisent tout d'abord en une portion dorsale et en une portion ventrale, c'est-à-dire en plaques segmentaires primitives et lames latérales.

Les lames latérales restent indivises.

La cavité du corps, qui devient visible par suite de l'écartement du feuillet moyen pariétal et du feuillet moyen viscéral, constitue primitivement dans chacune des deux moitiés du corps, une cavité unique.

Les lames segmentaires primitives se métamérisent et donnent naissance aux segments primordiaux placés les uns derrière les autres.

3º La métamérisation des feuillets germinatifs moyens s'étend aussi à la région céphalique de l'embryon. On distingue par la suite :

a) Les segments céphaliques, dont le nombre n'est pas rigoureusement déterminé dans la classe des Vertébrés ;

b) Les segments troncaux, dont le nombre augmente constamment au cours du développement à l'extrémité postérieure du tronc.

2° *Développement du mésenchyme et du sang.*

1° Indépendamment des quatre feuillets germinatifs, qui constituent des lamelles épithéliales, d'autres germes spéciaux se développent encore chez les Vertébrés pour former les substances de soutènement et le sang ; ce sont les germes du mésenchyme, qui dans leur ensemble fournissent le feuillet intermédiaire.

2° Les germes du mésenchyme se constituent de la manière suivante : des cellules se détachent de l'assise épithéliale des feuillets germinatifs et pénètrent comme cellules migratrices dans les interstices compris entre les quatre feuillets germinatifs (le reste de la cavité blastocélienne) où elles se répandent.

3° Les feuillets germinatifs et les germes du mésenchyme (feuillet interstitiel) diffèrent par leur mode de formation. Les premiers se forment par plissement de la paroi de la blastula, les derniers par émigration de cellules isolées qui se détachent de certains points déterminés des feuillets germinatifs.

4° Les germes du mésenchyme se forment aux dépens de la paroi des segments primordiaux, de la plaque cutanée et de certains points particuliers des lames viscérales et pariétales du feuillet germinatif moyen, vraisemblablement aussi encore aux dépens d'autres points, comme par exemple du bord antérieur du germe.

5° Les vaisseaux sanguins se développent aussi bien dans le corps embryonnaire lui-même, et de façon analogue, que dans l'étendue de l'aire opaque des œufs méroblastiques.

6° L'origine des cellules aux dépens desquelles se forment les vaisseaux et le sang dans l'aire opaque est controversée pour le moment.

7° Dans la formation des vaisseaux dans l'aire opaque, on observe les phénomènes suivants :

a) Les cellules embryonnaires du feuillet intermédiaire sont disposées :

1° En un réseau de cordons ;

2° En îlots de substances.

b) Aux dépens des cordons cellulaires, à la suite de la sécrétion du plasma sanguin, se forment l'endothélium des vaisseaux sanguins primitifs et leur contenu cellulaire, c'est-à-dire les corpuscules sanguins (îlots du sang).

c) Les îlots de substance donnent naissance à la substance conjonctive
embryonnaire.

d) L'endroit où les vaisseaux sanguins et la substance conjonctive se
forment dans l'aire sombre, est délimité nettement vers l'extérieur
par un vaisseau circulaire appelé Sinus terminalis.

e) Comme après le développement du feuillet intermédiaire, les feuillets
germinatifs externe et interne continuent à s'étendre plus loin sur
le vitellus, il en résulte que le corps embryonnaire est entouré de
de 3 aires :

1° De l'aire transparente.

2° De l'aire vasculaire limitée par le Sinus circulaire.

3° De l'aire vitelline limitée par le bord d'enveloppement.

8° Les corpuscules rouges du sang de tous les Vertébrés possèdent,
dans les premiers stades du développement, la propriété de se multiplier
par division. Les corpuscules rouges du sang des Mammifères, possèdent
à ce moment, un noyau.

9° Le tableau suivant donne un aperçu de l'origine des organes et des
tissus que fournissent les feuillets germinatifs.

I. — Feuillet germinatif externe.

Epiderme.— Poils.— Ongles.— Epithélium des glandes de la peau. —
Système nerveux central et périphérique. — Epithélium des organes
des sens. — Le cristallin.

II. — Feuillet germinatif primaire interne.

1° Feuillet glandulo-intestinal ou feuillet germinatif interne secondaire,
épithélium du tube digestif et de ses glandes, épithélium de la vessie.

2° Ebauche de la chorde.

3° Les feuillets germinatifs moyens.

a) Segments primordiaux : musculature du corps striée ou volontaire.
Partie du mésenchyme.

b) Plaques latérales. Epithélium de la cavité pleuro-péritonéale, cellules sexuelles et épithélium des glandes génitales et de leurs conduits. Epithélium des reins et des uretères. Partie du mésenchyme.

c) Germes du mésenchyme. Groupes de substance conjonctive, vaisseaux et sang, organes lymphoïdes. Musculature lisse.

CHAPITRE VII

Développement de la forme extérieure du corps, du sac vitellin des Vertébrés, et des enveloppes fœtales des Reptiles et des Oiseaux.

Après avoir étudié dans les chapitres précédents les feuillets germinatifs des Vertébrés et leurs premières différenciations importantes en tube nerveux, chorde et segments primordiaux, ainsi que l'origine du sang et du tissu conjonctif, notre premier but sera d'étudier *le développement de la forme extérieure du corps*, qui se rattache directement *au développement des annexes embryonnaires.*

Entre les Vertébrés supérieurs et les Vertébrés inférieurs, il existe à ce sujet une différence très remarquable. Quand l'embryon d'un Amphioxus a traversé les premiers processus du développement, il s'allonge et présente déjà en grand et en totalité l'aspect vermiforme ou pisciforme de l'animal adulte. Mais plus nous nous élevons dans la série des Vertébrés, plus les embryons deviennent différents de l'animal adulte, quand ils se trouvent au stade de développement correspondant à celui de l'embryon d'Amphioxus. Ils prennent à ce moment des aspects particuliers et bizarres, car ils sont entourés d'enveloppes qui leur sont propres et munis d'annexes différentes, qui disparaissent plus tard.

Cette différence se ramène, *en premier lieu, à la plus ou moins grande accumulation du vitellus nutritif*, que nous avons déjà vue, dans les chapitres précédents, exercer une si grande influence sur tous les processus du développement. Le vitellus nutritif a pour le futur organisme une double importance. Au point de vue *physiologique*, c'est une source d'énergie féconde, qui permet au développement de se faire d'une façon continue, sans que l'embryon, déjà bien organisé, ait besoin de prendre sa nourriture au dehors. Au point de vue *morphologique*, au contraire, le vitellus joue le rôle d'un lest, qui, dans le développement direct et libre de ceux des organes chargés de sa réception et de son absorption, intervient pour le ralentir et le transformer. Déjà, dès le début du développement, nous pouvions voir comment, grâce à lui, le processus de segmentation et la formation des feuillets germinatifs sont ralentis, modifiés, et dans une certaine proportion nettement interrompus.

Pareillement, nous montrerons aussi ensuite comment la conformation normale du tube intestinal et du corps est acquise seulement progressivement par suite de la présence du vitellus.

En second lieu, chez les Vertébrés, la grande différence que nous offrent les embryons est déterminée par le milieu dans lequel les œufs se développent. Les œufs qui sont pondus dans l'eau, ainsi que cela se produit généralement chez les Vertébrés aquatiques, se développent d'une façon plus simple et plus directe que les œufs qui sont munis d'une enveloppe résistante et qui sont pondus à terre, ou que les œufs qui sont renfermés dans l'utérus jusqu'à la naissance de l'embryon.

Dans les deux derniers cas, l'organisme en voie de formation n'acquiert sa forme définitive que par des moyens très détournés ; car, à côté des *organes définitifs* s'en développent parallèlement d'autres, qui n'ont aucune valeur pendant la vie post-embryonnaire, mais qui, pendant la vie fœtale servent, partie comme *enveloppes protectrices* du corps délicat et mou, facile à endommager, partie pour la *respiration* et partie pour la *nutrition*. Ces organes, à la fin de la vie embryonnaire, ou bien s'atrophient, ou sont rejetés au moment de la naissance comme formations inutiles et sans importance. Mais comme ils se développent aux dépens des feuillets germinatifs, ils doivent aussi, avec raison, être considérés comme appartenant directement à l'organisme naissant et être considérés comme ses *organes embryonnaires* et par suite être décrits en même temps que la description de la forme.

Je veux diviser en *deux parties* le vaste sujet qui est à étudier ici :

Dans la *première partie*, nous chercherons comment l'embryon vainc l'obstacle qui s'oppose à lui par suite de la présence du vitellus et acquiert une forme correspondante à son état définitif ;

Dans la *seconde partie* en même temps la plus considérable, nous aurons à nous occuper plus spécialement des enveloppes embryonnaires et des organes annexes qui servent à différentes fins.

C'est chez les Amphibiens que l'accumulation du matériel vitellin provoque le moins de perturbations dans la marche du développement. Ils tiennent, à ce sujet, le milieu entre l'Amphioxus à développement direct, et les autres Vertébrés, et établissent entre eux une transition. Chez les Amphibiens, le vitellus prend part au processus de segmentation ; à la fin de ce processus il se trouve principalement accumulé dans les grandes cellules vitellines qui forment le plancher de la Blastula (fig. 33).

Lors de la Gastrulation, il est contenu dans la cavité intestinale primitive, qu'il remplit presque totalement (fig. 57 et 58) ; après la séparation du cœlome, les grandes cellules vitellines sont logées, de même, dans la paroi ventrale de l'intestin proprement dit (fig. 138, yk). Là, une partie d'entre elles sont dissoutes et modifiées et servent ainsi à l'accroissement des autres parties du corps ; les autres prennent directement part à la formation de l'épithélium de la paroi ventrale de l'intestin.

Par suite de la présence de l'amas considérable de cellules vitellines, l'embryon des Amphibiens présente, à un stade où la larve de l'Amphioxus est déjà très allongée et pisciforme, une constitution différente. Le corps sphérique au stade de la Gastrula devient ensuite ovale en s'allongeant.

Ensuite, aux deux extrémités de son axe longitudinal, l'extrémité céphalique et l'extrémité caudale commencent à apparaître comme deux

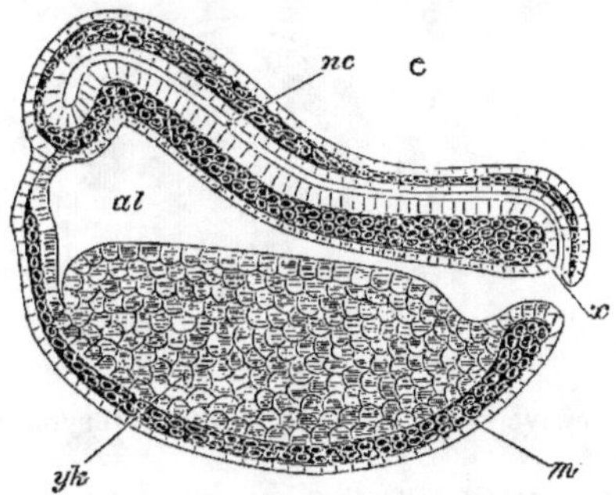

Fig. 138. — Coupe longitudinale schématique d'un embryon de Grenouille ; d'après Götte, emprunté à Balfour.
nc : tube nerveux. — x : communication entre celui-ci, la bouche primitive et le canal intestinal. — ak, yk : cellules vitellines. — m : feuillet germinatif moyen. — Pour simplifier, l'ectoderme est représenté par une seule assise de cellules.

petites tubérosités (fig. 138 et 70). La partie moyenne ou troncale comprise entre ces deux tubérosités s'arque quelque peu dans sa région dorsale où se sont développés le tube nerveux, la chorde et les segments primordiaux. De sorte que la tubérosité céphalique et la tubérosité caudale sont unies par une ligne concave. La portion ventrale du tronc au contraire est fortement renflée et ressemble à une hernie faisant saillie vers le bas et latéralement.

Cette hernie est remplie par les cellules vitellines, on la désigne sous le nom de *sac vitellin*.

Au fur et à mesure que progresse son développement, l'embryon prend de plus en plus un aspect pisciforme. L'extrémité antérieure et particulièrement l'extrémité postérieure du corps s'allonge considérablement en longueur. La région moyenne du tronc s'amincit, car le sac vitellin de-

vient plus petit par suite de la consommation du matériel vitellin, et finalement il disparaît totalement ; il contribue à former la paroi ventrale de
l'intestin et la paroi abdominale.

« *Les variations du cours normal du développement sont d'autant plus
grandes que le vitellus est plus abondant ; c'est ce que l'on observe chez
les œufs méroblastiques des Poissons, des Reptiles et des Oiseaux.* »

Le vitellus ne se segmente plus en un amas de cellules vitellines
comme chez les Amphibiens, il ne prend part au processus de la segmentation que dans une faible mesure, des noyaux pénètrent dans la couche
vitelline en contact avec le disque germinatif, s'entourent de protoplasme et se multiplient par division.

La forme de la Gastrula est modifiée jusqu'à ne plus être reconnaissa-

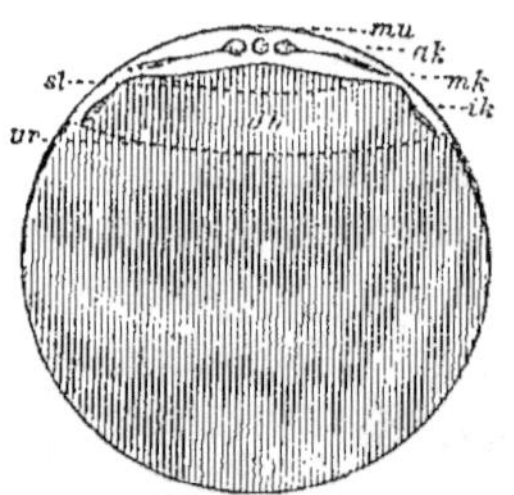

Fig. 139.— Coupe transversale schématique d'un embryon de Poulet au deuxième jour
de l'incubation.

Les trois feuillets germinatifs, le feuillet externe : ak le moyen : mk, l'interne : ik, sont
étalés à plat sur le vitellus nutritif. Le feuillet moyen se termine à la ligne ponc-
tuée par le sinus terminal qui limite l'aire vasculaire. — ur : bord d'enveloppement.

ble ; seule une petite partie de sa surface dorsale est formée de cellules,
qui sont disposées de façon à constituer les deux feuillets germinatifs
primaires (fig. 75 et 77).

La face ventrale, par contre, où chez les Amphibiens se trouvent les
cellules vitellines, forme une masse vitelline indivise. Nous voyons alors
ce fait caractéristique, que l'embryon de ces Vertébrés, si nous ne considérons pas le vitellus comme faisant partie du corps de l'embryon, se développe aux dépens de feuillets étalés à plat au lieu de se former aux
dépens d'une formation caliciforme (fig. 75 et 139).En outre,nous constatons, comme c'est déjà le cas chez les Amphibiens, mais plus profondément marquée, une différence très nette entre la face dorsale et la face
ventrale de l'œuf en voie de développement. A la première se forment,
tout d'abord, toutes les ébauches d'organes importants, le système nerveux, la chorde, les segments primordiaux (fig. 131), pendant que, à la
face ventrale, nous constatons seulement des modifications peu nom-

breuses et insignifiantes. Ces modifications consistent principalement en ce que les feuillets germinatifs s'étendent de plus en plus ventralement et s'accroissent autour de la masse vitelline (fig. 142-145), formant autour d'elle un sac clos constitué de plusieurs couches cellulaires.

Cet enveloppement du vitellus indivis par les feuillets germinatifs s'accomplit très lentement : il exige d'autant plus de temps que le matériel vitellin accumulé est plus volumineux ; ainsi chez les Oiseaux, par exemple, il n'est achevé qu'à un stade très avancé, alors que l'embryon a déjà atteint un haut degré d'organisation (fig. 145).

On a différencié, chez les œufs méroblastiques, la partie des feuillets germinatifs où apparaissent les premières ébauches des organes (tube nerveux, chorde, segments primordiaux, etc.) sous le nom d'aire embryonnaire, de l'autre région ou aire extra-embryonnaire. Cette distinction est utile et nécessaire, mais les noms d'embryonnaire et d'extra-embryonnaire auraient pu être mieux choisis, car évidemment tout provient de la cellule-œuf et par conséquent aussi l'aire extra-embryonnaire, qui fait partie de l'embryon.

Nous avons ainsi une double tâche à remplir ; en premier lieu, nous devons rechercher comment le corps des Vertébrés se forme avec ses extrémités céphalique et caudale dans l'aire embryonnaire aux dépens des feuillets germinatifs étalés à plat ; et, deuxièmement, décrire les transformations que subit l'aire extra-embryonnaire.

**1. — La formation du tronc par plissement des feuillets
germinatifs se transformant en tubes.**

Pour nous faciliter la description, nous désignerons le feuillet germinatif externe et le feuillet cutané fibreux sous-jacent d'un seul nom, la *lame troncale*, et également nous réunirons ensemble le feuillet glandulo-intestinal et le feuillet fibreux intestinal sous le nom de *lame intestinale*.

Par plissement de la lame troncale se forme le tube troncal ou paroi du corps ; de la lame intestinale se forme de la même manière le tube intestinal. Le processus de plissement se laisse facilement suivre dans toutes ses particularités chez le Poulet dans les premiers jours de l'incubation. Chez le Poulet, au commencement du deuxième jour de l'incubation, la tête apparaît tout d'abord ; car, à une faible distance de l'extrémité antérieure de la gouttière nerveuse se forme un petit pli transversal dont le sommet est dirigé vers le bas (fig. 140, kf). A la surface du disque germinatif, le pli céphalique, comme on le désigne dans les traités, détermine un sillon semi-circulaire limitant l'ébauche embryonnaire en avant, la gouttière marginale *de His*. La région ainsi délimitée constitue la *proéminence céphalique*.

Bientôt après, la lame troncale (fig. 137, so) se plisse de la même manière, à droite et à gauche de l'ébauche de la moelle dorsale, à une faible distance de la ligne médiane et donne les *plis latéraux*. Ces plis déterminent aussi à la surface des gouttières marginales latérales (fig. 119).

Enfin, beaucoup plus tard, l'extrémité postérieure de l'embryon se différencie comme *proéminence caudale* (fig. 146), car les plis latéraux entourent l'extrémité postérieure du sillon primitif et se réunissent pour former un pli caudal semi-circulaire à concavité dirigée en avant, qui à la surface, correspond à la gouttière marginale postérieure.

Par suite de ces processus de plissement de la plaque troncale, une petite portion des feuillets germinatifs, qui seule contribue à la forma-

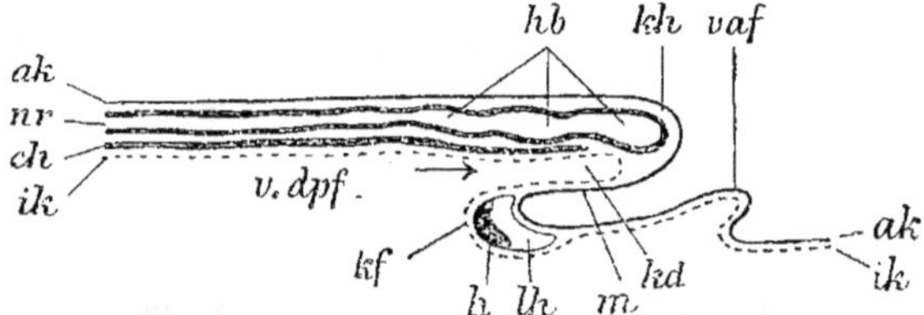

Fig. 140.—Coupe médiane schématique d'un embryon d'Oiseau destinée à l'explication de la formation de la tête et de l'amnios.

ak, ik : feuillets germinatifs externe et interne. — ch : chorde. — h : ébauche du cœur. — hb : vésicules cérébrales.— kd : cavité intestinale céphalique.— kf : repli céphalique. — kh : proéminence céphalique.— lh : cavité du corps. — m : cavité buccale. — ur : tube nerveux.— vdpf : entrée de l'intestin céphalique.— vaf : repli amniotique antérieur.

tion du corps définitif, est séparée de l'aire extra-embryonnaire beaucoup plus étendue, par une dépression complète marginale circulaire. L'aire extra-embryonnaire contribue à la formation du sac vitellin et des enveloppes fœtales.

Afin d'éviter toute méprise, appelons l'attention sur ce fait, que les gouttières marginales antérieure, latérales et postérieure forment ensemble une dépression circulaire unique, de sorte que le repli céphalique, le repli caudal et les replis latéraux, quand ils sont nettement marqués se continuent tous l'un dans l'autre et ne sont que des parties *d'un seul et même repli* qui entoure complètement l'ébauche embryonnaire. Comme les replis s'accroissent, le fond des gouttières dirigé primitivement vers le bas se dispose de façon qu'il se tourne vers le centre de l'aire embryonnaire ; puis elles s'accroissent d'avant en arrière, de droite à gauche les unes vers les autres et finalement se rencontrent dans une petite région qui correspond environ au milieu de la face ventrale embryonnaire et qui, dans la coupe médiane passant par ce point (fig. 143) est marquée par une ligne circulaire (hn). Ainsi est constitué un petit corps vermiforme, qui repose sur l'aire extra-embryonnaire et est réuni à cette dernière par un pédicule creux (hn), ce pédicule creux représente le point où les bords des replis se sont rencontrés de tous les côtés les uns dans les autres en s'accroissant. Mais une séparation complète de l'aire embryonnaire et de l'aire extra-embryonnaire n'a pas lieu.

Si l'on veut rendre plus claire et plus compréhensible la manière dont se passent ces faits, qui ont une très grande importance au point de vue de la connaissance du développement de la forme du corps, on peut se servir d'un modèle très facile à réaliser.

On étale à plat sur le dos de la main gauche, étendue sur une table, une serviette qui doit représenter le disque germinatif ; puis on replie la serviette avec la main droite, de façon qu'elle enveloppe un peu en dessous les extrémités des doigts de la main gauche. Le repli ainsi formé artificiellement correspond au repli céphalique décrit précédemment. Les extrémités des doigts qui, par suite du reploiement de la serviette, sont recouverts à la face inférieure, et font saillie vers l'extérieur sur la serviette étalée à plat, sont à comparer à la tubérosité céphalique.

De plus, nous pouvons nous représenter l'accroissement du repli céphalique en arrière, cela en repliant de plus en plus la serviette à la face inférieure des doigts vers le poignet.

Si on replie la serviette de la même façon autour des bords latéraux de la main, et si on repousse les replis ainsi formés artificiellement et constituant un anneau incomplet, présentant une solution de continuité au poignet, vers le centre de la paume de la main, la serviette présente par suite autour de la main une ligne de démarcation tubuliforme, qui, en un point, se continue par un pédicule avec le reste de la serviette étalée à plat.

En même temps que sont formées aux dépens des ébauches en forme de feuillets, les parois latérale et ventrale du corps, par processus de plissement visible extérieurement et que nous venons de décrire, un même état de chose se manifeste à l'intérieur de l'embryon dans la lame intestinale. Elle forme, comme la lame troncale, un pli intestinal antérieur, un pli postérieur et deux plis latéraux. Au moment où la tête de l'embryon se différencie (fig. 140) la portion de la lame intestinale correspondante à cette région se transforme tout d'abord en un tube appelé *l'intestin céphalique* (kd). Le même phénomène s'accomplit au troisième jour de l'incubation à l'extrémité postérieure de l'ébauche embryonnaire,

à laquelle commence à se montrer la partie caudale de l'embryon
(fig. 146). Par plissement de la lame intestinale se forme l'*intestin terminal*. Ces deux parties de l'intestin sont primitivement fermées en cul-de-
sac vers l'extérieur, c'est-à-dire vers la surface du corps. Il manque
encore à la tête un orifice buccal et à l'extrémité postérieure un anus.

Si maintenant on examine, par la face inférieure, l'aire embryonnaire
avec l'embryon en voie de formation et séparé du vitellus, le segment
antérieur et le segment postérieur du tube intestinal présentent une ouverture (fig. 140, v. dpf et 146), par laquelle on peut pénétrer de la face
vitelline dans les cavités closes. L'une de ces ouvertures est désignée
comme *orifice intestinal antérieur* et l'autre comme *orifice intestinal postérieur*.

La portion moyenne du tube digestif comprise entre les deux orifices
demeure encore pendant longtemps sous forme d'une ébauche constituant
un feuillet. Ensuite, elle s'infléchit quelque peu vers le bas (fig. 137 et
142) et forme sous la chorde dorsale la gouttière intestinale (fig. 142, dr),
qui se trouve entre l'intestin céphalique et le cul-de-sac intestinal postérieur. Par une forte proéminence des replis intestinaux latéraux (df) la
gouttière devient de plus en plus profonde, et finalement elle se ferme en
un tube de la même façon que la paroi troncale, par le rapprochement
des lèvres du pli en avant, en arrière et sur les côtés. Toutefois, en une
petite région, marquée sur les figures 143-145 par la ligne circulaire dn,
le processus de plissement et d'étranglement n'est pas complet , le tube
intestinal reste ici en continuité, par un pédicule creux, avec la partie
extra-embryonnaire de la lame intestinale entourant le vitellus.

**2. — La région extra-embryonnaire des feuillets germinatifs donne le
sac vitellin des Poissons et les enveloppes fœtales des Reptiles et des
Oiseaux.**

a) Le sac vitellin des Poissons.

Chez les Poissons, la région extra-embryonnaire des enveloppes fœtales fournit simplement un sac, qui enveloppe le vitellus. La figure 141
nous montre un embryon de Sélacien qui s'est développé par plissement
du stade discoïde représenté (fig. 75) de la façon décrite pour le Poulet.
Pendant ce temps, la plus grande partie de l'œuf constitue un volumineux sac vitellin qui est réuni au milieu de la face ventrale par un long
pédicule.

Les Téléostéens nous offrent une transition avec un stade où le sac
vitellin, comme chez les Amphibiens, n'est pas réuni par un pédicule à

l'intestin moyen, mais constitue seulement une large dilatation de celui-
ci et de la paroi ventrale.

Examinons de plus près maintenant la *structure du sac vitellin*. Comme
on l'a remarqué précédemment, les quatre feuillets germinatifs s'étendent
successivement autour de la masse vitelline indivise des œufs méroblastiques.

Dans le corps embryonnaire, les deux feuillets germinatifs moyens
sont maintenant séparés l'un de l'autre, et le cœlome existe entre eux, il
en est de même plus tard aussi dans l'aire extra-embryonnaire. Dans
l'étendue du feuillet germinatif moyen, il a reçu le nom, très convenablement choisi, de cœlome extra-embryonnaire ou de cœlome blastuléen
(cavité du blastoderme, *Kölliker*). Il divise l'enveloppe du sac vitellin
en deux lames dont l'interne est la continuation directe du tube intestinal, et l'externe la continuation de la paroi du tronc.

Plus exactement, nous avons donc, par suite, autour du vitellus un

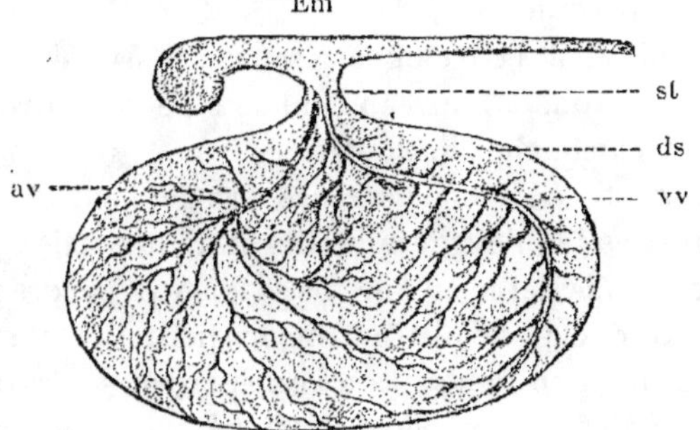

Fig. 141. — Embryon âgé de Requin (Pristusius) ; d'après Balfour.
em : embryon. — ds : sac vitellin — st : pédicule du sac vitellin. — av : artère vitelline.
— vv : veine vitelline.

double sac dont l'un peut être désigné comme *sac vitellin intestinal* et
l'autre comme *sac vitellin cutané* ; l'un n'est pas autre chose qu'une évagination en forme de sac du tube intestinal et l'autre de la paroi du tronc.

Il convient encore de mentionner que la séparation du sac vitellin du
corps embryonnaire peut être très variable et être plus ou moins complète, et que la liaison entre les deux soit constituée seulement par un
mince pédicule (fig. 141, st). Dans ce dernier cas, un examen plus minutieux montre que le pédicule est formé de deux tubes étroits, emboîtés
l'un dans l'autre, dont l'extérieur réunit le sac vitellin cutané à la paroi
ventrale, et l'interne le sac vitellin intestinal au tube intestinal. Le premier
est désigné comme pédicule cutané, le deuxième comme pédicule intes-

tinal, ou canal vitellin, ou canal vitello-intestinal. La place où le pédicule cutané s'unit à la paroi abdominale embryonnaire en son milieu est l'ombilic cutané, le point correspondant d'union du pédicule intestinal à l'intestin est l'ombilic intestinal. En définitive, le sac vitellin chez les Poissons a le même sort que chez les Amphibiens. Dans les cas extrêmes, comme chez les Sélaciens, il contribue même à la formation de la paroi intestinale et de la paroi du corps.

Le sac vitellin se plisse au fur et à mesure que son contenu est liquéfié et absorbé. Le sac vitellin intestinal devenu très petit, rentre dans la cavité du corps et ferme l'ombilic intestinal ; le sac vitellin cutané forme également par son atrophie l'ombilic cutané.

b) **Les enveloppes fœtales des Reptiles et des Oiseaux**.

Au sac vitellin, qui se présente chez les Amphibiens et chez les Poissons, s'ajoutent chez les Reptiles et chez les Oiseaux trois importantes annexes embryonnaires.

1° L'amnios ; 2° l'enveloppe séreuse ; et 3° l'allantoïde.

Nous prendrons à nouveau comme type de notre description l'état de choses qui existe chez le Poulet.

L'amnios et l'enveloppe séreuse proviennent de la région extra-embryonnaire des feuillets germinatifs et de la partie qui chez les Poissons constitue le sac vitellin cutané. Ils se forment encore par des plis qui, s'accroissant autour de l'embryon encore petit, lui constituent une double enveloppe. Déjà au moment où l'on aperçoit à l'extrémité antérieure de l'ébauche embryonnaire le repli céphalique semi-circulaire (fig. 140) par l'accroissement duquel se différencie la tête de l'embryon, le *repli amniotique antérieur* (vaf) se forme déjà à une faible distance de ce premier pli dans une région où le feuillet germinatif moyen manque au commencement du développement, de sorte que le feuillet germinatif externe et le feuillet germinatif interne sont directement en contact.

Tous les deux participent également à la formation du repli amniotique antérieur ou Proamnios (fig. 140). Tandis que le repli céphalique (kf) s'infléchit vers le vitellus, le repli amniotique, séparé de lui par le sillon marginal, s'élève en sens inverse vers l'extérieur et proémine à la surface du disque germinatif. Il croît, s'agrandissant rapidement, il se recourbe par son sommet en arrière, formant une sorte de capuchon à la tête, recouvrant, déjà à la fin du deuxième jour d'incubation, son extrémité antérieure comme un mince voile transparent qui est désigné sous le nom de capuchon céphalique (fig. 143, vaf).

A un stade un peu plus âgé se développent, à l'extrémité caudale et sur les faces latérales de l'embryon, le *repli amniotique postérieur* et les *replis latéraux*, et ici à un endroit où le feuillet germinatif moyen existe partout

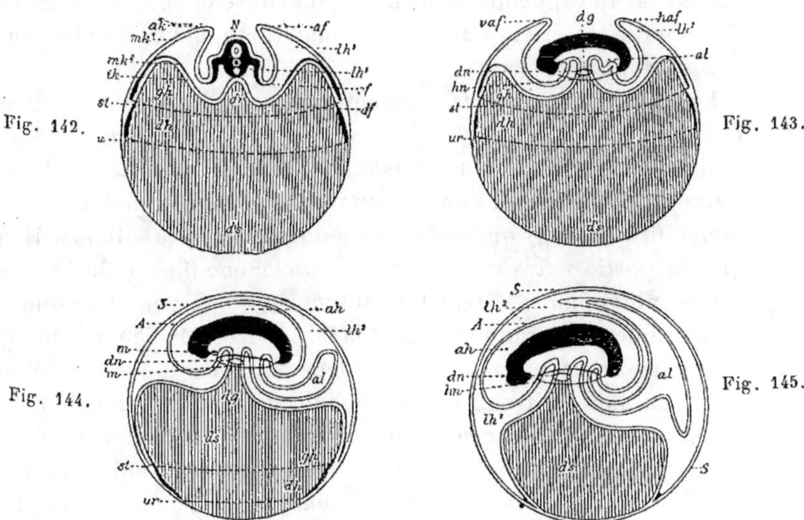

Fig. 142.   Fig. 143.   Fig. 144.   Fig. 145.

Fɪɢ. 142-145. — Coupes schématiques transversales et longitudinales d'un embryon de Poulet à des stades différents de l'incubation.
Pour plus de clarté, l'embryon est représenté beaucoup plus gros qu'il ne l'est par rapport au vitellus.
Fɪɢ. 142 et 143. — Coupes transversale et longitudinale d'un embryon de Poulet avec replis amniotiques bien développés au 3e jour de l'incubation.
Fɪɢ. 144. — Coupe longitudinale d'un embryon de Poulet avec sac amniotique clos : ah — enveloppe séreuse : S — allantoïde : al — et sac vitellin : ds, au commencement du 5e jour de l'incubation.
Fɪɢ. 145. — Coupe longitudinale d'un embryon de Poulet au 7e jour de l'incubation. Dans toutes les figures le dos de l'embryon est teint en noir foncé, l'intestin est clair ; le vitellus nutritif est hachuré par des lignes verticales ; dans toutes les figures l'explication est la même.
ak : feuillet germinatif externe. — af : repli amniotique. — vaf, haf, saf : replis amniotiques : antérieur, postérieur, latéraux. — A : amnios. — ah : cavité amniotique. — al : allantoïde. — dr : gouttière intestinale. — dg : canal vitellin. — df : replis intestinaux. — dn : ombilic intestinal. — dh : aire vitelline (Area vitellina) entre les lignes ponctuées st et ur. — ds : sac vitellin. — gh : aire vasculaire. — hn : ombilic cutané. — ik : feuillet germinatif interne. — lh : cavité du corps. — lh1 : partie embryonnaire de la cavité du corps. — lh2 : partie extra-embryonnaire (cœlome blastuléen). — mk : feuillet germinatif moyen. — mk1 : sa lame pariétale. — mk2 : sa lame viscérale. — n : tube nerveux. — S : enveloppe séreuse. — st : sinus terminal, limite externe de l'aire vasculaire. — gh : (Area vasculosa). — ur : bord d'enveloppement, il sépare le vitellus nutritif du feuillet germinatif enveloppant.

et est séparé en feuillet corné et en feuillet intestinal. Ils tirent par suite leur origine uniquement du plissement du feuillet germinatif externe et du feuillet corné qui lui est accolé. Le *repli amniotique postérieur* n'est encore que peu marqué au moment où la tête de l'embryon est déjà coiffée par le capuchon céphalique ; il se développe lentement et recouvre l'extrémité postérieure du corps formant le capuchon caudal (fig. 146, am et fig. 143, haf).

Les replis amniotiques s'élèvent en dehors des sillons marginaux latéraux (fig. 137, om et fig. 142, af) en sens inverse des replis latéraux, par le reploiement desquels les parois latérales et abdominales de l'embryon se forment. Ils s'éloignent de plus en plus par leur sommet de la lame intestinale (fig. 137, sp) qui reste étalée à la surface du vitellus. Il en résulte que la partie extra-embryonnaire du cœlome (fig. 142, lh²) ou cœlome extra-embryonnaire s'étend tout autour de l'embryon. Lorsque les replis amniotiques latéraux ont atteint la face dorsale de l'embryon (fig. 142, af) ils commencent à s'infléchir par leur bord vers la ligne médiane et forment autour du tronc des capuchons latéraux. Lorsque les replis de l'amnios, désignés par des noms particuliers, sont arrivés à leur complet développement, ils se continuent les uns avec les autres et ne sont que des portions d'un *repli annulaire unique*, et l'embryon est finalement entouré sur tout son pourtour par une sorte de rempart creux.

Les capuchons amniotiques, par suite de leur accroissement considérable, s'inclinent ensuite en avant et en arrière, à droite et à gauche, par dessus le dos de l'embryon (fig. 142-144, ah, vaf, haf), ils se rencontrent par leurs bords suivant le plan médian et se soudent là suivant une ligne, la ligne de suture amniotique, qui se ferme d'avant en arrière. Cependant longtemps, à une petite place, dans le voisinage de l'extrémité caudale, la soudure ne se fait pas, et un petit orifice persiste.

La soudure des replis amniotiques se fait exactement de la façon décrite en général page 72 (fig. 45-48), chaque repli (fig. 142 et 143) consiste en deux lames, l'une interne et l'autre externe. Ces deux lames sont en continuité l'une avec l'autre au bord de reploiement et sont séparées par une fente qui n'est qu'une partie du cœlome extra-embryonnaire. Le long de la ligne de suture amniotique se soudent les lames correspondantes de chaque côté, en même temps a lieu une séparation des lames internes et externes (fig. 144).

Par suite, à la face dorsale de l'embryon sont constituées deux enveloppes, *l'une interne, l'autre externe, l'Amnios* (A) et *l'enveloppe séreuse* (S).

L'amnios est un produit dérivant des lames internes des replis (fig. 144, ah). Il forme autour de l'embryon dans les premiers temps de sa formation, un sac étroit, qui présente seulement une très petite cavité amniotique remplie de liquide. L'enveloppe séreuse, qui est formée des lames externes des replis, tient au sac amniotique et forme une membrane très mince et transparente qui l'entoure extérieurement (fig. 144 et 145, S).

En ce qui concerne le sort ultérieur des deux enveloppes, le *sac amniotique* demeure jusqu'à la fin du développement uni à la paroi centrale de l'embryon en un petit point, qui constitue l'ombilic cutané. Dans les figures 143-145 cette place est marquée par une ligne circulaire (hn). A ce point, les couches primitives de la paroi du tronc se continuent dans les couches correspondantes de l'amnios, ainsi par exemple, l'épiderme du corps se continue avec la couche épithéliale qui revêt la cavité amniotique. L'ombilic cutané des Reptiles et des Oiseaux correspond, par conséquent, à la formation de même nom des Poissons (fig. 141, st) où le sac vitellin se continue dans la paroi ventrale par son prolongement en forme de pédicule.

Comme chez les Poissons, l'ombilic cutané délimite (fig. 143, hn) une ouverture, il relie la portion de la cavité du corps (lh₁) située dans l'embryon, à la portion extra-embryonnaire se trouvant entre les enveloppes fœtales (lh²). Par cet orifice passe en outre le pédicule allant du sac vitellin au tube intestinal embryonnaire ou canal vitellin qui est marqué dans les figures désignées ci-dessus par un petit cercle (dn). '

Le sac amniotique s'agrandit après quelques jours d'incubation par sécrétion d'un liquide albuminoïde et salé, le liquide amniotique.

En même temps, sa paroi devient contractile. Dans sa couche cutanée, des cellules se transforment en fibres contractiles qui chez le Poulet déterminent des mouvements rythmiques au 5ᵉ jour de l'incubation. On peut observer, chez un œuf dont la coquille calcaire est intacte, environ 10 contractions à la minute, en tenant l'œuf dans une source vive de lumière et en employant l'ooscope construit par *Preyer*.

L'enveloppe séreuse (S) est une membrane complètement transparente et très délicate, qui est intimement accolée à la membrane vitelline. Elle est formée par deux minces couches cellulaires, qui tirent leur origine du feuillet germinatif externe et du feuillet moyen pariétal. Primitivement, l'enveloppe séreuse n'existe comme formation distincte que dans l'étendue de l'amnios et de l'embryon, lorsque la cavité du corps se forme dans le feuillet germinatif moyen. Elle s'agrandit ensuite au fur et à mesure que le vitellus est englobé et que l'aire vasculaire s'étend plus vers le bas (fig. 145). Le feuillet moyen pariétal se sépare de plus en plus du feuillet moyen viscéral, jusqu'à ce que finalement il en résulte (vers la fin de l'incubation chez le Poulet) une séparation complète sur tout le pourtour de la sphère vitelline.

En même temps, la paroi du sac vitellin se transforme tandis qu'au commencement de l'englobement, elle était formée sur une grande étendue par tous les feuillets germinatifs, elle n'est plus constituée après la séparation de la séreuse que par le feuillet glandulo-intestinal et le feuillet moyen viscéral.

Pendant que se fait le développement de l'amnios, il se forme chez les Reptiles et chez les Oiseaux un organe embryonnaire qui n'est pas moins important, *l'allantoïde (sac urinaire)*. Il est destiné à remplir deux fonctions à la fois.

Premièrement, il est destiné, comme son nom l'indique, à la réception des produits d'excrétion, qui sont fournis par les reins et les corps de Wolff pendant la vie embryonnaire. En second lieu, il est encore en rai-

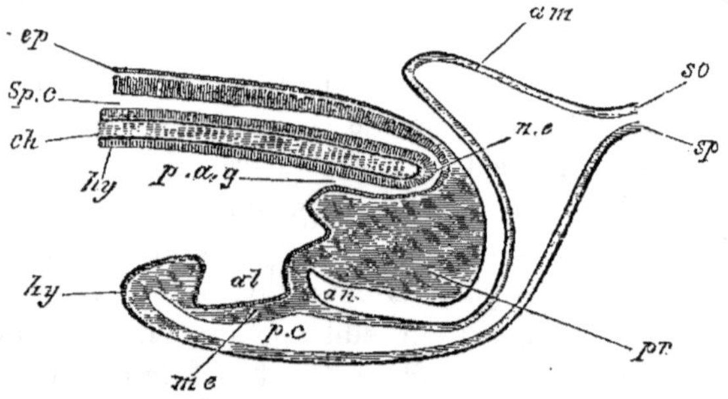

Fig. 146. — Coupe longitudinale schématique de l'extrémité postérieure d'un embryon de Poulet au moment de la formation de l'allantoïde ; d'après Balfour.

La coupe montre que le tube nerveux sp.c est en communication par son extrémité avec l'intestin terminal p.a.g, par un canal neurentérique ne; ce dernier traverse le reste du sillon primitif, pr qui est replié sur la face ventrale.

ep : feuillet germinatif externe. — ch : chorde. — hy : feuillet glandulo-intestinal. al : allantoïde. — me : feuillet germinatif moyen, an : point où se formera l'anus. — am : amnios. — so : lame cutanée. — sp : lame intestinale.

son de sa richesse en vaisseaux sanguins et de la position superficielle qu'il occupe, l'organe le plus important de la respiration embryonnaire.

L'allantoïde tire son origine de la partie la plus reculée de l'intestin terminal, qui plus tard forme le cloaque. Chez le Poulet, sa première ébauche est déjà visible à la fin du deuxième jour, à un moment où les parois de l'intestin terminal sont encore en voie de développement. Elle se présente ici comme une petite évagination (al) en cul-de-sac, de la paroi antérieure de la lame intestinale (fig. 143 et fig. 146, al).

L'évagination est tapissée intérieurement par le feuillet glandulo-intestinal et recouverte extérieurement par la prolifération du feuillet fibreux intestinal. L'allantoïde s'agrandit rapidement formant une vésicule qui proémine dans la cavité du corps (fig. 143, al). Ensuite son extrémité aveugle s'élargit, tandis que sa partie initiale en connexion avec l'intestin terminal, se rétrécit et se transforme en un pédicule creux, le canal urinaire ou ouraque. Au quatrième jour, l'allantoïde a pris un tel développement, qu'elle ne trouve plus de place dans la cavité du corps embryonnaire et elle s'engage alors dans sa partie extra-embryonnaire entre l'ombilic intestinal et l'ombilic cutané (fig. 144, al).

Elle occupe ainsi l'espace compris entre le sac vitellin (ds) et l'amnios (A) ; elle atteint ensuite la surface interne de l'enveloppe séreuse (S) et s'étale en-dessous d'elle sur une grande étendue et cela sur le côté droit du corps embryonnaire (fig. 145).

A l'égard des *destinées ultérieures des enveloppes fœtales* chez le Poulet, nous pouvons encore ajouter quelques brèves remarques.

Pendant la période allant du cinquième au onzième jour, c'est-à-dire environ jusqu'au milieu de l'incubation, le sac vitellin, l'amnios, l'allantoïde subissent les transformations suivantes :

L'aire vasculaire s'étend, de la façon décrite précédemment, sur une plus grande étendue de la paroi du sac vitellin, qui présente encore une taille considérable. Au septième jour, elle en recouvre environ les deux tiers (fig. 145) et au dixième les trois quarts. Le sinus terminal devient moins visible et la délimitation nette avec la portion non-vasculaire disparaît. Le contenu du sac vitellin se liquéfie par suite de modifications chimiques du vitellus. A la suite de l'agrandissement du cœlome extra-embryonnaire, l'enveloppe séreuse (S) se soulève par sa surface jusqu'au point où s'étend l'aire vasculaire. Pendant ce temps, l'allantoïde s'insinue dans l'espace qui résulte de cette séparation (fig. 145, al). Celle-ci, jusqu'au dixième jour, s'agrandit tellement, que seule une petite partie du sac vitellin et de l'amnios n'est pas recouverte par elle. En même temps, elle a perdu sa forme de sac. Car entre son feuillet externe qui est accolé sur presque toute la face interne de l'enveloppe séreuse, et son feuillet interne, qui touche à l'amnios et au sac vitellin, il n'existe plus qu'une cavité fissiforme insignifiante remplie d'urine.

A ce moment, l'allantoïde est, en outre, un organe très richement vascularisé : les vaisseaux sont des ramifications des vaisseaux ombilicaux dont nous aurons à nous occuper dans un article ultérieur sur le système vasculaire sanguin. Le réseau vasculaire est le plus serré dans son feuillet externe, qui s'étale à la surface de l'œuf ; il sert à la respiration embryonnaire. Car, par le sang circulant superficiellement, l'acide car-

bonique est rejeté et l'oxygène absorbé, en partie directement à travers
la coquille de l'œuf, en partie par l'intermédiaire de la chambre à air (fig. 9,
ach) se trouvant au pôle obtus de l'œuf : la chambre à air est accolée sur
une grande étendue à l'allantoïde. Outre la respiration, l'allantoïde sert
encore à la *résorption de l'albumen*, qui pendant l'incubation s'épaissit de
plus en plus et s'accumule au pôle aigu de l'œuf en une masse compacte.
L'allantoïde entoure cette masse et l'enveloppe à la façon d'un sac dont
la surface épithéliale est formée par l'enveloppe séreuse qui a été refoulée par l'allantoïde en voie d'accroissement. A la surface interne du sac
de l'albumen (*H. Virchow*) se développent des villosités richement vascu-
larisées, qui pénètrent à l'intérieur de l'albumen et qui furent décrites par
Duval qui le premier signala ces dispositions sous le nom de Placenta.

La *chambre à air* éprouve aussi, pendant l'incubation, des modifications ; elle s'agrandit par la séparation des deux feuillets de la membrane
coquillaire, entre lesquels elle est située (fig. 9) et forme un réceptacle
à air.

L'*amnios* enfin, qui au début de son développement est intimement
accolé à l'embryon, s'agrandit et se transforme en un sac complètement
rempli de liquide amniotique (fig. 145, A). Les contractions rythmiques
décrites précédemment atteignent au huitième jour leur maximum de
fréquence et d'énergie et de là, à la fin de l'incubation, elles vont en dimi-
nuant en rapidité et en intensité.

A la suite de tous ces phénomènes d'accroissement, l'embryon exige
maintenant avec ses annexes un plus grand espace qu'au commencement
de l'incubation. Il l'obtient de ce fait que l'albumen enveloppant le vitellus
s'amoindrit considérablement, car le liquide disparaît, partie par évapo-
ration à l'extérieur, partie aussi par résorption du côté de l'embryon.
La membrane vitelline s'est rompue au cours de l'accroissement.

Dans la deuxième période de l'incubation qui s'étend du onzième jusqu'au vingt et unième jour, jour de l'éclosion du Poulet, le sac vitellin,
par suite de la résorption totale de son contenu, devient de plus en plus
flasque, de sorte que sa paroi se plisse.

Il est maintenant séparé complètement de l'enveloppe séreuse, par la
cavité du corps extra-embryonnaire qui s'est étendue autour de lui, et il
est rapproché de la paroi ventrale par le raccourcissement du pédicule
intestinal. Au dix-neuvième jour de l'incubation, il commence même à
pénétrer dans la cavité abdominale par l'ombilic cutané devenu très étroit.
Il prend, pendant qu'il traverse la paroi ventrale la forme d'un sablier. Il
contribue ainsi à la fermeture de la paroi intestinale.

L'*amnios* subit également une atrophie, en tant que le liquide diminue et même disparaît presque totalement jusqu'à ce que la membrane s'applique de nouveau intimement au corps embryonnaire.Pendant ce temps, l'albumen a été aussi presque complètement utilisé. Seule, l'allantoïde continue à se développer, elle s'étend finalement sur toute la surface interne de l'enveloppe séreuse, de sorte que ses bords se touchent et se soudent en un sac enveloppant complètement l'embryon et l'amnios. Elle s'accole si intimement à l'enveloppe séreuse qu'il n'est plus possible de les séparer.

L'*urine* diminue également à la fin de l'incubation, et, tout comme le liquide amniotique, disparaît totalement. Par suite de cela, il y a formation d'un précipité des sels de l'urine dans la cavité de l'allantoïde ; ces sels deviennent de plus en plus abondants. Finalement, l'amnios et l'allantoïde s'atrophient complètement ; car le Poulet, peu de temps avant l'éclosion, rompt avec son bec les enveloppes qui le recouvrent, et commence à respirer directement l'air contenu dans la chambre à air considérablement agrandie. Une conséquence de ce fait est que la circulation du sang dans l'allantoïde se ralentit et finalement disparaît complètement.

Les vaisseaux ombilicaux afférents s'oblitèrent. L'amnios et l'allantoïde même se dessèchent et ensuite se détachent de l'ombilic cutané, qui s'oblitère dans la dernière journée d'incubation avant l'éclosion, et sont abandonnés, lorsque le poulet quitte la coquille de l'œuf, sous forme de résidus insignifiants.

Résumé du chapitre VII.

1º Chez les Vertébrés, dont l'œuf renferme peu de vitellus, l'embryon prend, après la formation des feuillets germinatifs, une forme allongée, pisciforme.

2º Dans les œufs riches en vitellus, une petite portion des feuillets germinatifs, l'ébauche embryonnaire, contribue seule à la formation du corps du Vertébré ; la région extra-embryonnaire, beaucoup plus étendue, est employée à la formation du sac vitellin et des enveloppes fœtales (ce dernier cas chez les Reptiles et chez les Oiseaux).

3º Les différents feuillets de l'ébauche embryonnaire se séparent de l'aire extra-embryonnaire et se plissent de façon à former des tubes creux, la lame troncale donnant la paroi du tronc, la lame intestinale donnant le tube intestinal (repli céphalique, repli caudal, gouttière intestinale, replis intestinaux).

4º Les deux tubes creux demeurent en connexion avec la région extra-embryonnaire des feuillets germinatifs par des pédicules.

5° Chez les Poissons il se forme aux dépens de l'aire extra-embryonnaire des feuillets germinatifs, le sac vitellin. Il est composé de deux sacs séparés par un prolongement de la cavité du corps de l'embryon, l'un de ces sacs est le sac vitellin intestinal, l'autre le sac vitellin cutané.

6° Le point, où le sac vitellin cutané se continue par un prolongement en forme de pédicule avec la paroi ventrale embryonnaire, porte le nom d'ombilic cutané ; le point de liaison correspondant du sac vitellin intestinal avec le milieu du tube intestinal est l'ombilic intestinal.

7° Chez les Poissons, après la résorption du matériel vitellin, le sac vitellin prend un aspect ridé et contribue à la fermeture de l'ombilic intestinal et de l'ombilic cutané.

8° Chez les Reptiles et les Oiseaux, l'embryon s'enfonce pendant son développement, dans le vitellus sous-jacent devenu plus liquide. Il est enveloppé par plissement de la région extra-embryonnaire de la lame troncale, par les replis amniotiques antérieur, postérieur et latéraux (capuchon céphalique, capuchon caudal, capuchons latéraux).

9° A la suite de ce processus de plissement deux sacs se forment autour du corps embryonnaire, l'amnios et l'enveloppe séreuse.

10° L'amnios est relié à la paroi ventrale de l'embryon par l'ombilic cutané.

11° L'ombilic cutané entoure un orifice par lequel la partie de la cavité du corps embryonnaire communique ave la partie extra-embryonnaire.

12° Le pédicule du sac vitellin traverse l'ombilic cutané pour se continuer à l'ombilic intestinal avec l'intestin.

13° Aux dépens de la paroi ventrale de la dernière partie de l'intestin terminal (cloaque) se forme par évagination l'allantoïde qui se transforme en une vésicule pédiculée : 1° dans la cavité du corps ; 2° traversant l'ombilic cutané, elle s'étend dans la partie extra-embryonnaire, et de là, elle s'étend entre l'amnios et l'enveloppe séreuse et fonctionne grâce à sa riche vascularisation comme organe respiratoire.

14° A la fin du développement embryonnaire, le sac vitellin devenu de plus en plus petit par suite de l'absorption du vitellus s'engage par l'ombilic cutané ouvert, dans la cavité du corps et contribue à la fermeture de l'ombilic intestinal.

15° L'amnios, l'enveloppe séreuse et la partie de l'allantoïde développée en dehors du corps embryonnaire se détachent, étant devenus des formations inutiles, au niveau de l'ombilic cutané qui se ferme.

CHAPITRE VIII

Les enveloppes fœtales des Mammifères et de l'Homme.

1. — Enveloppes fœtales des Mammifères.

Pendant les premiers stades de leur développement, les enveloppes fœtales des Mammifères présentent une identité remarquable avec celles des
Reptiles et des Oiseaux (fig. 147). Nous trouvons un sac vitellin avec un
rich réseau vasculaire (UV), un amnios (am), une enveloppe séreuse (sz)
et une allantoïde (ALC). Nous remarquons aussi que l'embryon ne se

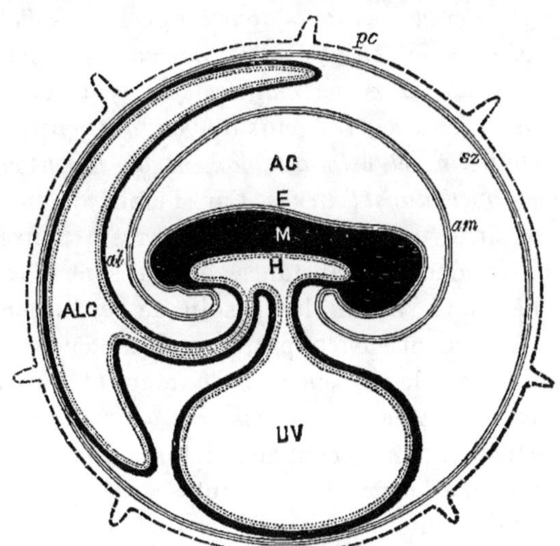

Fig. 147. — Schéma des enveloppes d'un Mammifère. D'après Turner. — pc : zone
pellucide avec villosités (Prochorion). — sz : enveloppe séreuse. — E : feuillet germinatif externe de l'embryon. — am : amnios. — AC : cavité amniotique. — M : feuillet
germinatif moyen de l'embryon. — II : feuillet germinatif interne. — UV : sac vitellin (vesica umbilicalis). — ALC : cavité de l'allantoïde. — al : allantoïde.

forme qu'aux dépens d'une petite région de la vésicule blastodermique ;
enfin il se sépare de même de la région extra-embryonnaire avec laquelle il ne reste uni que par un pédicule intestinal et un pédicule
membraneux.

Cette conformité est frappante et digne d'attirer l'attention, si nous considérons que les processus du développement indiqués précédemment sont déterminés par l'accumulation du matériel vitellin dans les œufs des Reptiles et des Oiseaux, alors que les œufs de la plupart des Mammifères sont presque totalement dépourvus de vitellus, qu'ils sont de très petite taille et subissent une segmentation totale et, à tous ces points de vue, se rapprochent plus des œufs de l'Amphioxus.

Pourquoi alors le germe des Mammifères éprouve-t-il, malgré ces considérations, des métamorphoses, qui, dans d'autres cas, sont la conséquence immédiate de l'amas de vitellus ? Pourquoi se développe-t-il un sac vitellin, ne renfermant aucun vitellus, et pourvu d'un système vasculaire sanguin, destiné à l'absorption de ce vitellus ? Pour expliquer ces phénomènes, nous aurons recours à une hypothèse, qui a déjà été émise lors de l'étude de la formation des feuillets germinatifs des Mammifères, hypothèse que l'on peut formuler à peu près ainsi : *Les Mammifères doivent dériver d'animaux ovipares dont les gros œufs étaient abondamment pourvus de vitellus, et chez lesquels, par suite, les enveloppes fœtales se sont développées de la même manière que chez les Reptiles et chez les Oiseaux. Puis, chez eux, les œufs doivent avoir perdu, secondairement, leur contenu vitellin, et cela du moment où ils ont cessé d'être pondus pour se développer dans l'utérus.* Car, l'embryon en voie de développement trouve ainsi une source de nourriture nouvelle et abondante, presque illimitée, dans les substances qui lui sont fournies par les parois de l'utérus. Par suite, il n'a plus besoin de renfermer de vitellus. Mais les formations formant enveloppes, dont l'existence avait été primitivement déterminée par la présence du contenu vitellin des œufs, ont persisté, car elles étaient encore nécessaires à beaucoup d'autres points de vue, elles participent, changeant de fonctions, à la *nutrition utérine*, subissant des transformations correspondantes.

Trois faits sont à citer en faveur de cette hypothèse. Premièrement, les œufs, dans les classes de Mammifères les plus inférieures, comme chez les Monotrèmes et les Marsupiaux, sont encore plus volumineux que chez les animaux placentaires. Ils s'en distinguent par un contenu vitellin plus considérable. Ils forment à cet égard une transition avec ceux des Reptiles et des Oiseaux. En second lieu, il a été observé que les Monotrèmes (Echidna et Ornithorhynchus), la classe la plus inférieure des Mammifères, pondent des œufs comme les Reptiles et les Oiseaux. Troisièmement, chez les Marsupiaux, qui, tout proches des Monotrèmes, sont à considérer comme des Mammifères très inférieurs, bien que le développement ait lieu dans l'utérus, les enveloppes fœtales persistent dans un état assez voisin de celui des Oiseaux et des Reptiles. L'embryon, enveloppé dans un large amnios, possède un sac vitellin très volumineux, riche en vaisseaux, et qui s'étend jusqu'à la membrane séreuse, une petite allantoïde et une membrane séreuse. La dernière est appliquée fortement contre la paroi de l'utérus, sans toutefois lui être étroitement unie. Après la résorption du vitellus, les substances fournies par l'utérus sont vraisemblablement assimilées par le réseau vasculaire sanguin du sac vitellin. Ainsi commence à apparaître chez les Marsupiaux, un mode de nutrition intra-utérine, mais, exception faite de cela, l'embryon, avec ses enveloppes, est placé dans la cavité utérine, comme l'embryon des Oiseaux ou des Reptiles l'est avec ses enveloppes dans la solide coquille de l'œuf.

Pour la description des enveloppes fœtales, nous prendrons comme type ce qui existe chez le Lapin, car c'est l'étude de son développement qui est la mieux connue. Ensuite pour nous faciliter l'étude de la structure du placenta humain, nous montrerons, dans une courte esquisse, comment, dans la classe des Mammifères, d'étroites relations anatomiques et physiologiques s'établissent de diverses manières entre la muqueuse utérine et les enveloppes fœtales.

Quand, chez le Lapin, l'œuf, arrivé dans l'utérus, s'y est transformé en blastula décrite précédemment, il est encore entouré de la zone pellucide. Toutefois celle-ci est transformée en une mince pellicule (prochorion), qui disparaîtra plus tard. La blastula croît rapidement ; de 1,5 mm. au cinquième jour elle atteint 5 mm. au septième jour.

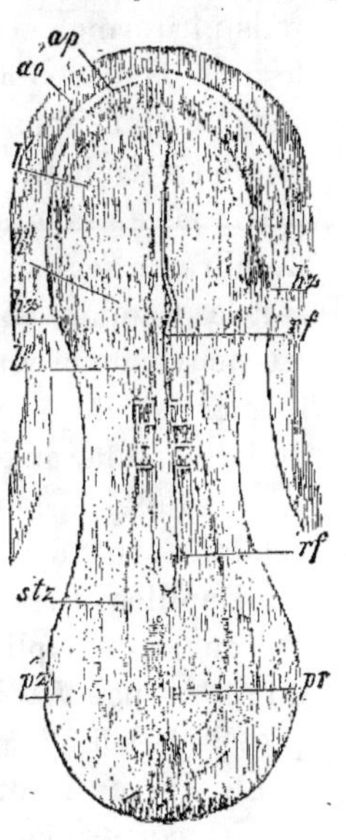

Fig. 148. — Ebauche embryonnaire d'un Lapin de 9 jours avec une partie de l'aire claire ; d'après Kölliker.

ap, ao : aire claire, aire sombre. — h', h'', h''' : plaque médullaire dans la région de la 1re, 2e, 3e vésicule cérébrale. — stz : zone rachidienne. — pz : zone pariétale. — rf : gouttière médullaire. — pr : ligne primitive.

Par suite de cet accroissement, le prochorion s'applique si intimement à la face interne de l'utérus au septième et au huitième jour, qu'il devient de plus en plus difficile, et finalement impossible, de retirer les œufs sans lésion. Car, par la déchirure du prochorion collé à la paroi utérine, la mince blastula, qui lui adhère fortement, s'endommage généralement et s'ouvre, puis s'affaisse par suite de l'écoulement de son contenu. Ce contenu a, lui aussi, subi des modifications, que l'examen accentue ; il a pris une consistance telle qu'il est devenu presque aussi épais que l'albumine de l'œuf de Poule. Pendant la fixation, l'ébauche embryonnaire s'agrandit et prend, alors qu'elle était primitivement ronde, une forme de plus en plus allongée. Au septième jour, elle devient ovale (fig. 108), puis piriforme, et, au huitième jour, elle prend la forme d'une semelle longue d'environ 3,5 mm. (fig. 148).

Ainsi que nous l'avons déjà montré dans le chapitre précédent, le feuillet germinatif moyen s'étend, pendant ce temps, dans l'ébauche embryonnaire, la gouttière médullaire (fig. 148, rf), la chorde ; un certain nombre de segments primordiaux se forment, et au huitième jour, apparaît la première ébauche des vaisseaux et du sang dans l'aire vasculaire. Au neuvième et au dizième jour, l'ébauche embryonnaire se plisse pour former le corps embryonnaire, puis elle se sépare de la partie restante de la blastula, aux dépens de laquelle, en même temps, différentes enveloppes fœtales commencent à se développer. Chez les Mammifères, tous ces faits sont, dans leurs premiers stades, analogues à ce qui existe chez les Reptiles et les Oiseaux, ainsi que nous allons le montrer brièvement.

Pour cette explication, nous nous servirons des figures schématiques données par *Kölliker*, et que l'on trouve dans la plupart des traités (fig. 149, 1-5).

Le schéma 1 nous montre une vésicule blastodermique, qui, chez le Lapin, correspond au septième et au huitième jour. A l'extérieur, elle est encore entourée d'une zone pellucide (d) très mince, encore appelée prochorion, et qui, chez beaucoup de Mammifères, présente à sa surface des amas d'albumine et des villosités, résultant de la précipitation d'un liquide sécrété par la muqueuse utérine. Le feuillet germinatif interne (i), qui, dans une vésicule blastodermique un peu plus jeune, comme celle représentée par la figure 94, s'étend seulement jusqu'à la ligne ge, et laisse à découvert un tiers de sa surface interne, s'est développé maintenant jusqu'au pôle végétatif.

Le feuillet germinatif moyen (m) est en plein développement et occupe environ le quart de la paroi de la vésicule. L'ébauche embryonnaire comprend une petite partie de cette région à trois feuillets, qui se trouve ainsi à peu près au stade de développement que nous présente vue de face, la figure 108.

Le schéma 2 représente un embryon beaucoup plus développé (correspondant environ au neuvième jour chez le Lapin) ; le feuillet germinatif moyen recouvre le tiers de la vésicule blastodermique et renferme une cavité cœlomique nettement visible, car le feuillet moyen pariétal et le

Fig. 149. — Cinq figures schématiques pour montrer le développement des enveloppes fœtales d'un Mammifère ; d'après Kölliker.

Dans les figures 1-4, l'embryon est représenté en coupe longitudinale.

1° Œuf avec zone pellucide, vésicule blastodermique, aire et ébauche embryonnaire.

2° Œuf dans lequel le sac vitellin et l'amnios commencent à se former.

3° Œuf dans lequel s'esquissent, par soudure, des replis de l'amnios, le sac amniotique, l'enveloppe séreuse et l'allantoïde.

4° Œuf, avec enveloppe séreuse recouverte de villosités, grande allantoïde et embryon dans lequel l'ouverture buccale et l'ouverture anale sont formées.

5° Figure schématique d'un jeune œuf humain, dans lequel la couche vasculaire de l'allantoïde s'est appliquée contre l'enveloppe séreuse et a pénétré dans les villosités. L'enveloppe séreuse prend alors le nom de chorion. La cavité de l'allantoïde est tout à fait réduite, le sac vitellin est devenu très petit, et la cavité amniotique prend de l'extension.

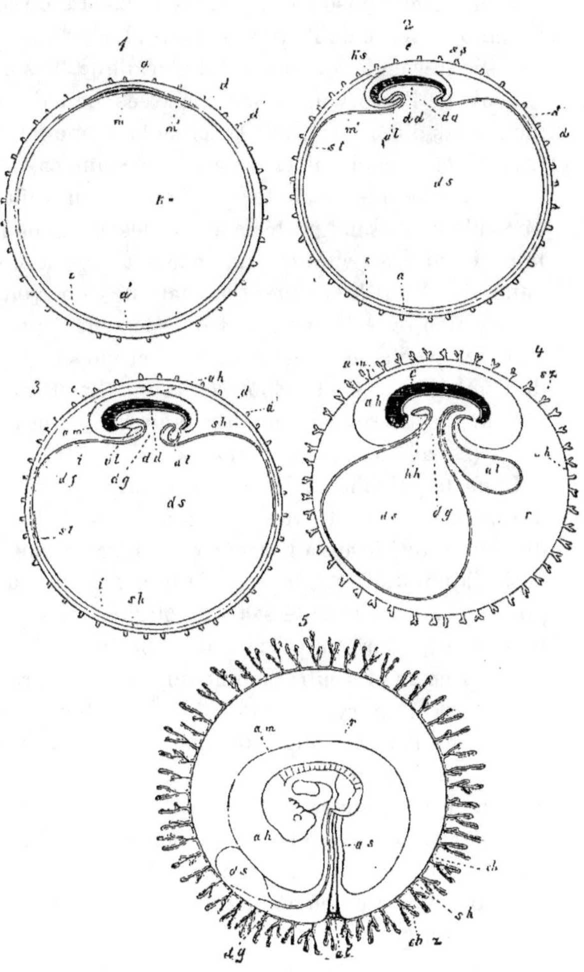

d : membrane vitelline (zone pellucide). — d' : villosités de celle-ci. — sh : enveloppe séreuse. — ch : chorion. — chz : villosités du chorion. — am : amnios. — ks, ss : replis céphalique et caudal de l'amnios. — a : feuillet germinatif externe. — a' : le même, dans la région extra-embryonnaire de la vésicule blastodermique. — m : feuillet germinatif moyen. — m' : le même, extra-embryonnaire. — df : aire vasculaire. — st : sinus terminal. — kh : cavité de la vésicule blastodermique, qui deviendra plus tard la cavité du sac vitellin ds. — dg : pédicule du sac vitellin (canal vitellin. — al : allantoïde. — e : embryon. — r : espace compris entre le chorion et l'amnios ; partie extra-embryonnaire de la cavité du corps, qui contient un liquide riche en albumine. — vl : paroi ventrale du corps. — hh : cavité péricardique.

Hertwig   12

feuillet moyen viscéral se sont séparés l'un de l'autre, aussi bien dans
l'aire embryonnaire que dans l'aire extra-embryonnaire. Le feuillet
moyen s'étend jusqu'au point marqué (st), où le sinus terminal marque
la limite externe de l'aire vasculaire. L'ébauche embryonnaire commence
à se séparer de la vésicule blastodermique. Les extrémités céphalique et
caudale de l'embryon se sont séparées de l'aire transparente par plissements des différents feuillets, et de la même manière que chez le Poulet.
Comme chez ce dernier, il s'est formé une cavité intestinale céphalique
et une cavité intestinale terminale, avec un orifice intestinal antérieur et
un orifice intestinal postérieur, par lesquels chaque intestin s'ouvre dans
la cavité du sac vitellin. En même temps a lieu le développement de
l'amnios. Dans la coupe schématique, on voit que le cœlome extra-
embryonnaire est devenu très spacieux, que le feuillet germinatif
externe, accolé fortement au feuillet moyen pariétal, s'est élevé autour
de l'embryon et s'est disposé en replis (ks et ss) : le repli amniotique antérieur (ks) se réfléchit au-dessus de la tête et le repli amniotique postérieur (ss) au-dessus de la queue.

Dans le schéma 3, les replis amniotiques se sont considérablement
agrandis et se sont avancés l'un au devant de l'autre au-dessus du dos
de l'embryon, jusqu'à rencontre de leurs bords. Le feuillet externe des
replis amniotiques, qui dans la figure 3 est encore en connexion, à la
place de suture, avec le sac amniotique, mais qui, plus tard, s'en sépare
totalement, représente, comme chez le Poulet, la membrane séreuse.
Celui-ci ne se présente comme tel, tout d'abord, que dans la région immédiate de l'embryon, pendant que plus bas, il est encore fortement uni
avec le feuillet glandulo-intestinal qui se continue avec lui dans la vésicule blastodermique qui, ici, n'est encore que didermique. Le schéma 3
nous montre en outre la première ébauche de l'allantoïde (al) qui, ainsi
que nous l'avons montré précédemment (p. 168), se forme par une évagination de la paroi antérieure de l'intestin terminal et, chez le Lapin,
constitue déjà au neuvième jour, une petite vésicule pédiculée, très riche en vaisseaux.

Le schéma 4 nous montre les enveloppes fœtales beaucoup plus avancées dans leur développement. Le prochorion a disparu, par suite de l'accroissement de la vésicule blastodermique tout entière, et ne constitue
donc plus une enveloppe particulière. A l'extérieur, comme nous le
voyons, se trouve la membrane séreuse qui s'est transformée d'une manière frappante. Premièrement, elle s'est séparée totalement de l'amnios ;
néanmoins, il est à remarquer ici, qu'il subsiste longtemps, chez quelques Mammifères et notamment chez l'Homme, un pédicule d'union en-

tre les deux enveloppes au point de la suture amniotique. Deuxièmement
l'enveloppe séreuse s'est partout séparée du sac vitellin, et entoure, comme
une mince vésicule, l'embryon avec toutes ses autres enveloppes. Cette
disposition est déterminée par ce fait, que le feuillet germinatif moyen,
qui, dans la figure 3, recouvrait seulement un hémisphère de la vésicule
blastodermique primitive, s'est étendu maintenant sur l'autre hémisphère
et s'est divisé en ses deux feuillets. La paroi de la partie extra-embryon-

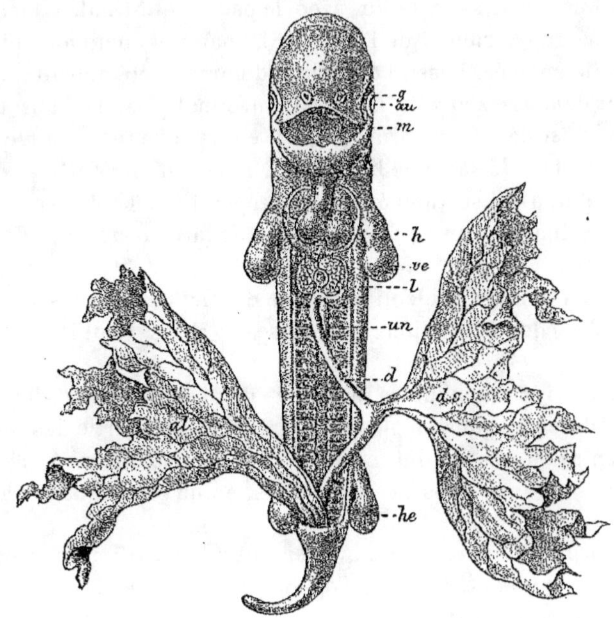

Fig. 150. — Embryon de Chien de 25 jours. — Grossi 5 fois, étalé et vu par la face
ventrale ; d'après Bischoff.
d : tube intestinal. — ds : sac vitellin. — al : allantoïde. — un : corps de Wolff. — l :
les deux lobes du foie avec la coupe de la veine omphalo-mésentérique entre les deux.
— ve, he : extrémités antérieure et postérieure. — h : cœur. — m : bouche. — au :
yeux. — g : fossette olfactive.

naire de la vésicule blastodermique s'est divisée totalement, comme chez
le Poulet, en un sac externe, l'enveloppe séreuse, et en un sac vitellin,
séparé de la séreuse par le cœlome. Le sac vitellin (ds), sur toute
la surface duquel se développent des vaisseaux vitellin, est devenu
bien plus petit et se continue, dans l'intestin embryonnaire, par un pédicule très long et très mince, le canal vitellin (dg). Le sac amniotique (am)
s'est accru, il est rempli d'un liquide : le liquide amniotique. Ses parois

se continuent par l'ombilic abdominal avec la paroi ventrale de l'embryon. L'allantoïde (al) s'est transformée en une vésicule piriforme, richement vascularisée, qui pénètre entre le pédicule intestinal et l'ombilic abdominal à l'intérieur de la cavité du corps de la vésicule blastodermique (cœlome blastodermique) et s'étend jusqu'à l'enveloppe séreuse. Mieux que le schéma (fig. 149, 4), la figure 150, représentant un embryon de Chien de 25 jours, nous donne une idée des rapports des deux sacs vascularisés, l'allantoïde et le sac vitellin, avec le canal intestinal. L'embryon est débarrassé du chorion et de l'amnios. La paroi abdominale antérieure a été en partie enlevée, aussi, l'ombilic abdominal a été détruit ; à ce moment, il était déjà assez étroit. Le canal intestinal, visible dans toute sa longueur, s'est déjà transformé partout en un tube (d). Vers le milieu, il se continue dans le sac vitellin (ds) au moyen d'un court canal vitellin. Le sac vitellin a été sectionné dans la préparation. Tout à l'extrémité du canal intestinal se trouve fixée l'allantoïde (al) par un rétrécissement pédiculiforme.

Jusqu'à ce stade, l'identité dans le développement des enveloppes fœtales chez les Mammifères, les Oiseaux et les Reptiles est évidente et complète.

Mais, dès maintenant, le processus du développement devient, chez les Mammifères, de plus en plus différent, car « une partie des enveloppes fœtales entre en relation intime avec la muqueuse utérine et se transforme, compensant ainsi l'absence de vitellus, en un organe de nutrition de l'embryon ».

Les organes intéressants, qui servent à la nutrition intra-utérine, *présentent trois types différents, d'après lesquels on peut répartir les Mammifères en trois groupes.*

Dans le *premier groupe*, auquel appartiennent seulement les Monotrèmes et les Marsupiaux, les enveloppes fœtales sont, d'une façon générale, constituées comme chez les Reptiles et les Oiseaux. L'enveloppe fœtale séreuse la plus externe est lisse, et, par suite, chez les Marsupiaux, s'applique intimement contre la muqueuse utérine richement vascularisée dont elle reçoit, par l'intermédiaire de grandes cellules épithéliales vésiculeuses (*Selenka*) les matériaux nutritifs qu'elle transmet à l'embryon.

Dans le *deuxième groupe*, la nutrition intra-utérine se perfectionne, car l'enveloppe séreuse se transforme en une membrane villeuse ou chorion. Elle est pourvue de vaisseaux sanguins, car l'allantoïde s'est étalée au-dessous d'elle et s'est soudée à sa face interne par sa couche conjonctive, renfermant un réseau vasculaire provenant de l'épanouissement des vaisseaux ombilicaux. En second lieu, elle commence à former des plis, des villosités (fig. 149, 4 et 5) dans lesquels pénètrent immédiatement les prolongements vascularisés de la couche conjonctive. En troisième lieu, la muqueuse utérine et le chorion s'unissent plus intimement et plus fortement l'un à l'autre, de sorte que la muqueuse s'agrandit en surface et présente des évaginations et des invaginations dans lesquelles s'engagent les villosités. Toutes ces transformations n'ont d'autre but que de facili-

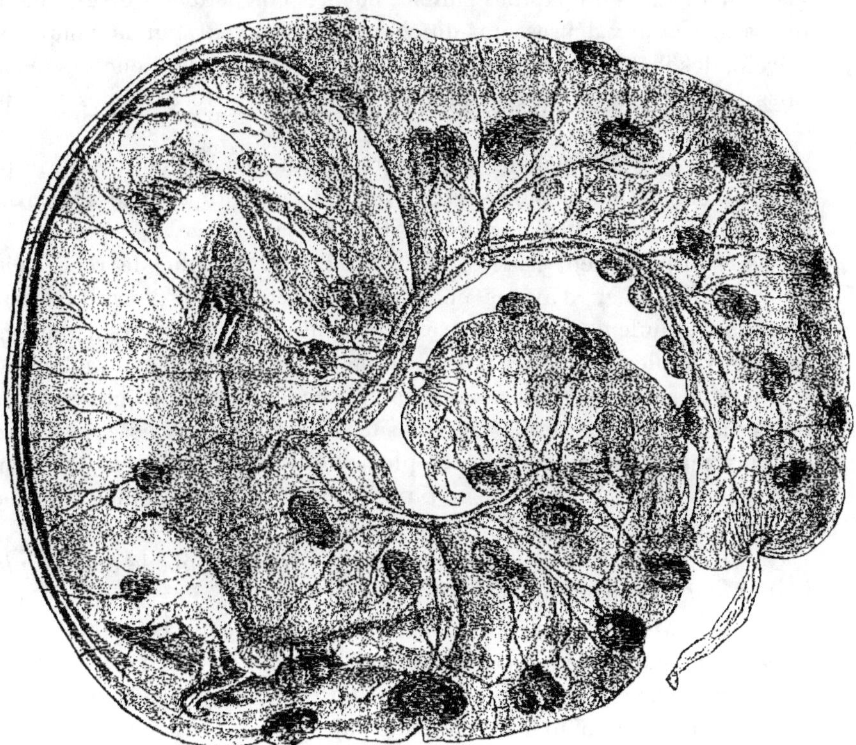

Fig. 151. — Utérus de Brebis, d'après O. Schultze.
L'embryon est : 1° placé dans le sac amniotique qui l'entoure directement ; 2° le tout est contenu dans le sac chorial dont la paroi renferme un grand nombre de vaisseaux sanguins se rendant à de nombreux cotylédons fœtaux formés dans le chorion.

ter les échanges de matériaux entre les tissus maternels et fœtaux et cela le plus directement possible. Nous rencontrons des enveloppes fœtales ainsi constituées chez les Suidés, les Périssodactyles, les Hippopotamides, les Tylopodes, les Tragulides, les Siréniens et les Cétacés. Chez le Porc, qui peut nous servir d'exemple, la vésicule blastodermique s'adaptant à la forme de l'utérus, comme nous l'avons déjà mentionné à la page 114, se transforme en un tube fusiforme. De même, les annexes embryonnaires internes, comme le sac vitellin et l'allantoïde, sont aussi étirées en deux longs tubes. Sur toute la surface du chorion, sauf aux deux extrémités du tube, se sont formées des séries de bourrelets très riches en vaisseaux, qui naissent de taches isolées, lisses, arrondies de la membrane et rayonnent autour d'elle. Sur leurs bords, ces bourrelets sont couverts de papilles simples encore plus petites. Correspondant aux saillies et aux dépressions du chorion se trouvent, sur la muqueuse utérine, des taches analogues lisses et arrondies, qui sont encore reconnaissables en ce que, là seulement, on trouve les ouvertures des glandes tubulaires utérines.

Dans le *troisième groupe* se développe, en vue de la nutrition intra-utérine, en un ou plusieurs points du chorion, un organe spécial, le placenta. Pendant que, sur une portion de la surface du chorion, les villosités disparaissent et que l'on ne rencontre plus que de rares vaisseaux sanguins, en d'autres points les villosités, avec leurs vaisseaux sanguins, pullulent, elles sont très abondantes et se recouvrent de nombreuses ramifications latérales et en même temps, elles contractent des relations étroites avec la muqueuse utérine. Celle-ci, partout où elle est en contact avec les touffes de villosités, devient très épaisse, très riche en vaisseaux sanguins, et est en pleine voie de prolifération. Elle renferme de nombreuses dépressions ramifiées, grandes et petites dans lesquelles s'engagent les villosités choriales.

On nomme le tout, un *placenta*, et on y distingue sous le nom de *placenta fœtal*, la partie du chorion recouverte de villosités et sous le nom de *placenta utérin*, la partie de la muqueuse utérine qui est adhérente au placenta fœtal. Les deux placentas réunis forment un organe destiné à la nutrition de l'embryon. Dans le détail, la formation du placenta présente des modifications qui ne sont pas sans importance.

Les *Ruminants* (fig. 151) présentent un type particulier, chez eux la vésicule blastodermique est étirée en deux pointes comme chez le porc. Dans son chorion se développent un grand nombre de petits placentas fœtaux, que l'on désigne sous le nom de *cotylédons*. Leur nombre varie beaucoup chez les différentes espèces, il est de 60 à 100 chez la Brebis et la Vache, 5 à 6 seulement chez le Chevreuil. Ils sont unis à des épaississements correspondants de la muqueuse utérine (fig. 152), les placentas utérins (C^1), mais cette union est assez lâche, de sorte qu'une traction faible suffit pour occasionner une séparation et pour enlever les villosités du chorion (C^2) des dépressions servant à les loger, tout comme nous tirons les doigts hors d'un gant. La figure 152 nous donne une idée de cet état de choses, elle nous montre une portion de la paroi utérine (u) avec un placenta utérin (C¹), la partie fœtale du cotylédon (C²) qui y adhère, et une portion du chorion (Ch). La partie fœtale et la partie maternelle du cotylédon ont été séparées l'une de l'autre par une traction. Dans le placenta utérin (C¹) on aperçoit de nombreuses petites dépressions, et dans le placenta fœtal (C²) les villosités du chorion serrées, touffues et ramifiées, qui ont quitté les dépressions. Le tissu fœtal et le tissu utérin sont en contact direct dans le placenta. Les villosités comme les dépressions de la muqueuse sont recouvertes par un épithélium. Les cellules épithéliales de la paroi utérine sécrètent, à leur intérieur, des gouttelettes

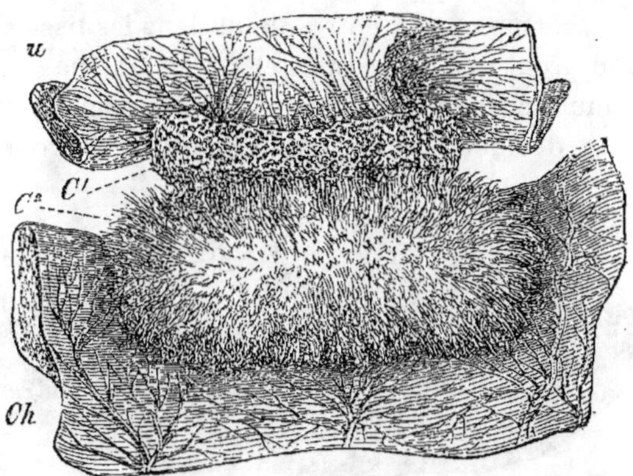

Fig. 152. — Cotylédon de Vache, la partie fœtale (C¹) et la partie maternelle (C²) sont partiellement séparées l'une de l'autre ; d'après Colin, figure empruntée à Balfour. u : paroi de l'utérus. — C¹ : portion utérine du cotylédon (placenta maternel). — Ch : chorion de l'embryon. — C² : portion fœtale du cotylédon (chorion frondosum du placenta fœtal).

de graisse et d'albumine ; elles se détachent en partie, donnent naissance à un liquide appelé le lait utérin. Ce liquide est éliminé du placenta utérin et sert à la nourriture du fœtus (Embryotrophe, d'après *Bonnet*). Il est à remarquer aussi que, chez les Ruminants, les glandes utérines ne s'ouvrent dans la muqueuse qu'entre les cotylédons.

Chez tous les autres Mammifères, qui possèdent un placenta, l'enchevêtrement des tissus fœtal et maternel est bien plus intime encore. L'union de part et d'autre est telle « *qu'il est maintenant impossible de détacher le chorion sans faire de lésions à la muqueuse utérine. Aussi, au moment de la mise-bas, une couche superficielle plus ou moins considérable se détache de la muqueuse utérine* ». On désigne cette portion qui se détache, sous le nom de *membrane caduque* ou *decidua*. On réunit ensemble, d'après *Huxley*, tous les Mammifères chez lesquels, par

suite du développement particulier du placenta, il se forme une telle
membrane, sous le nom de *Mammalia deciduata*, ou, plus brièvement,
de *deciduata* ; on leur oppose les autres Mammifères, qui présentent une
formation de placenta dont nous nous sommes précisément occupés, sous
le nom d'*indeciduata*. Il convient aussi de tenir compte du travail de
Strahl d'après lequel on a réparti les différentes formes placentaires, suivant qu'il existe seulement une faible union, facile à rompre, ou une
union plus ferme, entre les éléments fœtaux et maternels, en placentas
partiels, ou en placentas complets (Semi-placenta et Placenta vera). Dans
les semi-placenta, « les vaisseaux maternels inter ou post-partum ne sont
pas ouverts ». Dans les placenta vera, au contraire, par suite d'une union
étroite et des changements en résultant dans les tissus fœtaux et maternels, se produiront des lacérations et des hémorrhagies pendant la mise-
bas, et la muqueuse utérine subit une destruction partielle. Chez les
Mammifères à decidua et à placenta parfait, nous avons à distinguer deux

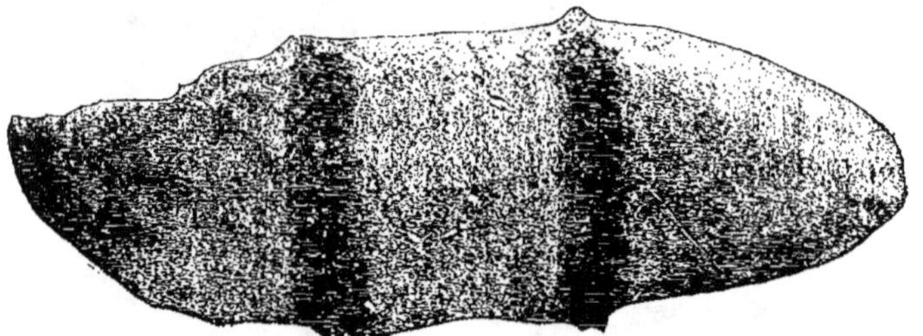

Fig. 153. — Sac chorial de Renard avec placenta zonaire extérieur.
Grandeur naturelle ; d'après Strahl.

sous-groupes ; dans l'un, le placenta est en forme d'anneau, et, dans l'autre, en forme de disque ; le premier, est un *Placenta zonaire* ; le second,
un *Placenta discoïde*.

Le *Placenta zonaire* se rencontre chez les Carnassiers. La vésicule
blastodermique affecte généralement chez eux une forme de tonnelet
(fig. 153). A l'exception des deux pôles, qui conservent une surface lisse,
le chorion est recouvert, sur une zone annulaire, de nombreuses villosités
arborescentes. Ces villosités s'enfoncent dans la muqueuse utérine épaisse
dans diverses directions ; il en résulte que sur une coupe, on a l'image
d'un *enchevêtrement irrégulier*.

Les cellules épithéliales de l'utérus, dans les points où elles sont contiguës aux villosités, se modifient. Elles se *transforment en un syncytium
riche en noyaux*, qui forme une limite entre les villosités *et les vaisseaux
sanguins maternels, qui se sont dilatés et ont acquis un calibre, supérieur*

de trois ou quatre fois à celui des capillaires fœtaux. Cet élargissement des vaisseaux sanguins maternels est caractéristique de la formation placentaire des deciduata, il ne se produit pas chez les indeciduata.

Le *placenta discoïde* est caractéristique des Rongeurs, des Insectivores, des Chéiroptères, des Lémuriens, des Primates et de l'Homme. Ici, la portion de la surface du chorion intervenant dans la formation du placenta est petite ; mais, par contre, les arborescences des villosités sont très développées ; l'union entre le placenta utérin et le placenta fœtal est des plus intimes ; les espaces sanguins utérins sont extrêmement dilatés chez les Singes et chez l'Homme, de sorte que les villosités du chorion y sont directement plongées et paraissent baigner immédiatement dans le sang maternel. Comme nous nous occuperons en détail du placenta humain, qui appartient à ce type, ces quelques remarques peuvent suffire momentanément.

Je termine ce chapitre en signalant la grande importance systématique des organes annexes fœtaux, qui, par leurs différences, ont servi à *Milne-Edwards*, *Owen* et *Huxley* pour établir une classification des Vertébrés que nous donnons dans le paragraphe 6 du résumé du chapitre VIII.

2. — Les enveloppes fœtales de l'Homme.

A. — Premiers stades du développement des enveloppes fœtales.

L'étude approfondie des premiers stades du développement de l'Homme qui s'accomplissent pendant les quatre premières semaines de la grossesse, est entourée de difficultés extraordinaires. Très rarement, l'embryologiste est en possession d'œufs humain jeunes, soit qu'ils proviennent d'une opération dans l'utérus ou qu'ils soient recueillis par un médecin à la suite d'une fausse couche. Dans ce dernier cas, les œufs, souvent, sont morts depuis longtemps et sont en décomposition. Enfin, la bonne conservation et l'examen précis d'objets aussi petits et délicats, exige un haut degré d'habileté.

Tout ceci nous explique comment il se fait que nous ne possédons sur les phénomènes de la fécondation et de la segmentation, sur la formation des feuillets germinatifs, sur les premières ébauches de la forme du corps, sur les enveloppes fœtales et sur un grand nombre d'organes, que très peu d'observations relatives à l'Homme. Aussi, nous sommes réduits aux déductions résultant de l'étude du développement des autres Mammifères. Nous supposons ainsi, que la fécondation a lieu normalement dans la partie initiale élargie des trompes, où les spermatozoïdes, qui

demeurent vivants pendant plusieurs jours ou même plusieurs semaines
dans les organes génitaux de la femme, attendent l'œuf détaché de
l'ovaire. Nous admettons que ce dernier arrive segmenté dans la cavité
de l'utérus, se fixe à la muqueuse et donne, suivant les règles connues
pour les Mammifères, dans les premières semaines de la grossesse, les
feuillets germinatifs, la forme extérieure du corps et les enveloppes fœtales. C'est seulement à la fin de la deuxième semaine que nous acqué-
rons quelques données positives. On trouve décrites, dans la bibliogra-
phie, des vésicules blastodermiques, dont le nombre augmente d'année
en année. La plupart proviennent de fausses couches ; elles ont 5 à 6 mil-

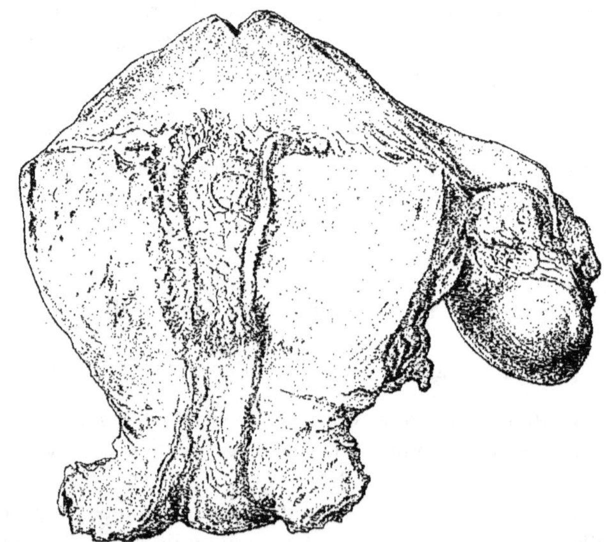

Fig. 154. — Utérus gravide de femme au 8ᵉ jour, ouvert en avant ; d'après Léopold.
Le point où est fixé l'œuf constitue une petite tache arrondie.

limètres de diamètre, et sont âgées de 10 à 15 jours. De l'étude de ces
vésicules blastodermiques, nous pouvons considérer comme établis les
deux faits suivants :

1o A la fin de la deuxième semaine, la vésicule blastodermique n'est
plus libre dans la cavité utérine. Par suite de l'hypertrophie de la muqueuse, elle est enfermée dans une capsule particulière. Les avis sur le
mode de formation de cette capsule se sont modifiés au cours des dernières années. Autrefois, on admettait généralement que l'œuf, à son entrée
dans l'utérus, s'arrêtait dans une dépression de la muqueuse utérine plissée et qui commence à se transformer en decidua : puis, que les bords de

la dépression s'accroissant au-dessus et tout autour de la vésicule blastodermique se soudaient de façon à former une capsule close. On indiquait
pour la place de cette soudure un point opposé à celui où l'œuf s'est
fixé ; ce point a été désigné sous le nom de cicatrice. Il manque de vaisseaux qui, ainsi que dans les glandes utérines, existent dans tout le reste
de la muqueuse hypertrophiée.

Les nouvelles recherches de *Peters* ont conduit à un résultat tout autre. *Peters* a eu l'occasion d'examiner, aussitôt après la mort, un œuf
humain âgé seulement de quelques jours, renfermé dans l'utérus bien
conservé d'une suicidée. D'après lui, l'œuf détruit l'épithélium au point

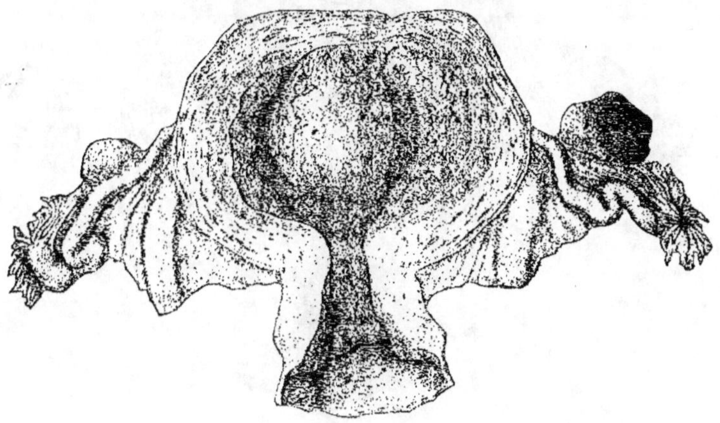

Fig. 155. — Utérus gravide d'une femme multipare qui s'est suicidée au 40ᵉ jour de la
grossesse ; d'après Coste. — Le sac fructifère est visible par suite de l'ouverture de la
paroi antérieure. L'œuf vient de l'ovaire gauche qui est par comparaison, bien plus
gros que l'ovaire droit par suite du développement d'un vrai corps jaune (corpus luteum verum).

où il est fixé à la muqueuse utérine, et, par là, pénètre dans le tissu conjonctif sous-jacent. En outre, le bord de la muqueuse qui entoure le
point d'implantation, et est toujours recouvert par l'épithélium de la cavité utérine, doit s'épaissir et recouvrir l'œuf. *Peters* est donc arrivé
dans l'ensemble, à la même interprétation que celle émise par *Graf Spee*,
à la suite de ses recherches soigneuses sur l'implantation de l'œuf chez
le Cobaye. D'après *Graf Spee*, l'implantation a lieu par « destruction de
l'épithélium compris entre l'œuf et le tissu conjonctif sous-épithélial » ;
de sorte que l'œuf est placé dans une cavité du tissu conjonctif. La figure
instructive donnée par l'embryologiste français *Coste* (fig. 155) nous
donne une idée exacte de l'aspect de la capsule à un stade un peu plus

avancé. Elle nous montre l'utérus, largement ouvert en avant, d'une
femme enceinte qui s'est suicidée environ vers le 40ᵉ jour de sa grossesse.
A sa paroi postérieure et au fond, une forte tubérosité fait saillie, c'est
la capsule. A côté de celle-ci, on voit l'ouverture de la trompe gauche
dans la cavité utérine. La muqueuse utérine richement vascularisée présente de larges vaisseaux sanguins, qui se continuent dans la capsule,
sauf dans une petite région de sa paroi antérieure, correspondant à la cicatrice mentionnée plus haut. L'embryon âgé de quarante jours est situé,
avec ses enveloppes, dans la capsule, où il est libre, ainsi que la figure 156

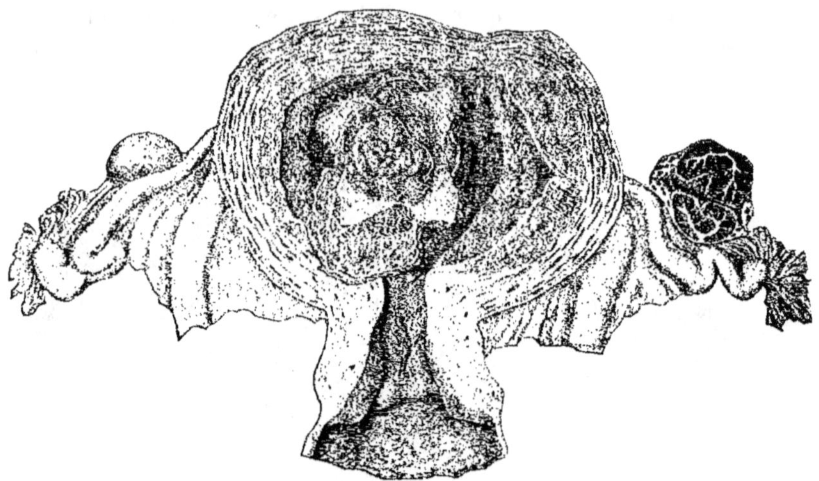

Fɪɢ. 156. — Figure 155 après l'ouverture du sac fructifère ; d'après Coste. — On voit
maintenant l'embryon avec ses enveloppes dont le chorion est ouvert par une ouverture cruciale, les quatre lèvres ont été réclinées. L'ovaire gauche et son corps jaune
sont ouverts par une incision médiane en deux. On voit la cavité du follicule de Graaf
qui est à nouveau remplie par suite de la prolifération de sa paroi.

nous le montre. Cette figure a été dessinée d'après la même préparation,
après ouverture de la paroi antérieure par une section circulaire, le mor-
ceau détaché a été récliné vers le bas.

Alors que, chez les Mammifères, la partie de la muqueuse utérine qui
concourt à la formation du placenta se détache seule, chez la femme une
déchirure beaucoup plus vaste de la couche superficielle a lieu dans
presque toute l'étendue de la surface interne de la cavité utérine. On
donne, ici aussi, à cette portion qui se détache, le nom de *membrane
caduque* ou *decidua*. On y distingue trois régions (fig. 157) : la partie enveloppant la vésicule blastodermique, comme *decidua reflexa* (dr) ; la
partie qui forme le fond de la dépression, dans laquelle l'œuf s'est fixé,

ou *decidua serotina* (ds) et le reste ou *decidua vera* (du). Avec la *decidua reflexa*, nous apprenons à connaître une formation qui n'apparaît complètement que chez l'Homme et les Primates, alors que l'on ne trouve que des éléments d'une formation analogue dans les autres classes, comme, par exemple, chez les Carnivores. La capsule ne remplissant pas totalement, au début, la cavité utérine, il existe entre la decidua reflexa et la decidua vera une cavité remplie de mucus.

2° Un deuxième fait, important à maints points de vue, c'est que, déjà dans des vésicules blastodermiques très jeunes et très petites, ainsi qu'elles le montrent toutes, le *chorion est bien développé et garni de nombreuses villosités*. Les villosités couvrent à peu près toute la surface

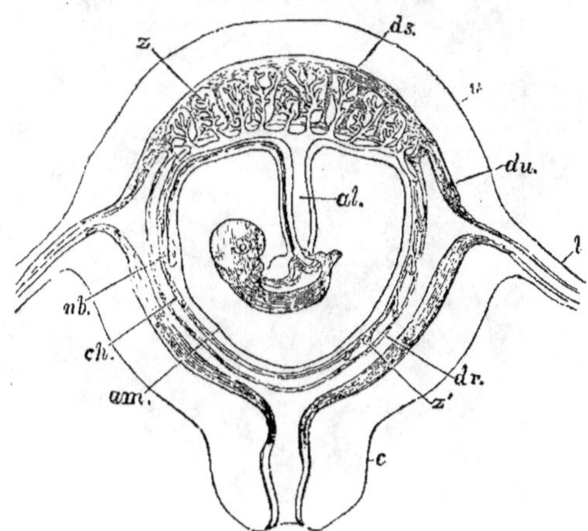

Fig. 157. — Coupe schématique de l'utérus gravide de la femme ; d'après Longet, figure empruntée à Balfour.
al : pédicule allantoïdien. — nb : vésicule ombilicale.— am : amnios. — ch : chorion. — ds : caduque sérotine. — du : caduque vraie. — dr : caduque réfléchie. — l : trompe. — c : col de la matrice. — z : villosités du placenta fœtal. — z' : villosités du chorion læve.

de l'œuf ; elles atteignent une longueur de 1 millimètre et sont en partie de simples proéminences cylindriques, et en partie déjà couvertes de ramifications. En maints points, elles ne sont pas encore adhérentes à la decidua. Comme le chorion lui-même, elles sont formées de deux couches, d'une couche épithéliale superficielle née de l'enveloppe séreuse, et d'une couche de tissu gélatineux embryonnaire, qui occupe l'axe des villosités, et paraît renfermer déjà, de place en place, des vaisseaux sanguins. Malheureusement, nous n'avons rien appris, ou nous avons appris peu de choses, par l'étude des tout plus jeunes œufs humains, sur le contenu

interne du chorion, c'est-à-dire sur les autres enveloppes fœtales et sur
l'ébauche embryonnaire elle-même, car leur contenu est souvent patho-
logiquement modifié ou décomposé et ne convient pas pour l'étude.
Toutefois, nous possédons néanmoins à ce sujet des renseignements
précis par l'étude de quelques vésicules blastodermiques âgées. Pour
l'exposé de la question dans ce traité, nous étudierons l'embryon humain
de 15 à 18 jours (fig. 158) rendu célèbre par l'admirable dessin de Coste,
quoique, depuis cette époque, quelques embryons plus jeunes, bien con-

Fig. 158. — Embryon humain de 15 à 18 jours avec ses enveloppes ; d'après Coste.
L'enveloppe extérieure, le chorion, est ouverte et réclinée.

servés, aient été soigneusement étudiés, comme par exemple celui décrit
par *Graf Spee* (comp. fig. 120).

Dans la figure 158, l'embryon a été entièrement retiré, avec ses enveloppes fœtales, de la capsule, par scission de la decidua reflexa. La membrane fœtale la plus externe, adhérente à la décidua reflexa, mais séparée
d'elle à ce moment, le chorion, est ouverte par une incision cruciale, et
les quatre lèvres de l'incision ont été écartées les unes des autres et fixées
de tous côtés. La surface externe est partout recouverte de petites villosités serrées les unes contre les autres et qui possèdent déjà de petites
ramifications latérales.

Le chorion présente encore à ce moment une cavité relativement considérable, le cœlome de la vésicule blastodermique (voyez p. 179 et 163),

lequel ne sera rempli qu'en partie par l'embryon avec son amnios et son sac vitellin. Mais, dans notre préparation, il convient d'examiner particulièrement une communication spéciale qui, chez les embryons humains, existe d'une façon tout à fait caractéristique entre leur extrémité postérieure et le chorion, par suite de la présence d'un cordon court et épais, le *pédicule abdominal* (His).

La figure 159 donne à un plus fort grossissement l'embryon et son pédicule abdominal séparé du chorion. Le tube nerveux est fermé, le corps est nettement segmenté (us) la tête laisse reconnaître les arcs viscéraux (vb); derrière elle, on voit, dans la région du cou, le cœur sous forme d'un boyau tortueux en forme d'S; l'ébauche de l'intestin qui, sur une grande partie, ne constitue pas encore un tube fermé, mais est encore réunie avec le sac vitellin volumineux (ds) dans la paroi duquel circulent plusieurs veines omphalo-mésentériques.

Quant au *pédicule abdominal* (bst), il naît un peu en avant de l'extrémité caudale (ah) du côté ventral. Il se compose d'abord d'un cordon de tissu gélatineux, qui émane de la cavité intestinale postérieure, et d'un canal épithélial qui est formé par l'évagination du feuillet glandulo-intestinal et correspond à l'allantoïde des Mammifères, beaucoup plus grand, et de forme vésiculeuse. En troisième lieu, on y trouve, des vaisseaux allantoïdiens, qui vont de l'embryon au chorion où ils se ramifient Enfin l'amnios se continue aussi sur le pédicule abdominal, lequel s'allonge en arrière en un fin cordon (am¹) qui gagne directement le chorion.

Le *pédicule abdominal* est une formation propre à l'embryon humain, ainsi que l'embryon de Coste semble le montrer, et dont l'origine est, avant tout, *liée à un mode de formation quelque peu spécial de l'amnios.* Par suite de ce que cette formation se termine en pointe en arrière (fig. 159, am¹) et qu'elle s'étend par cette extrémité jusqu'au chorion, il s'ensuit que la fermeture de l'amnios, chez l'embryon humain, a lieu tout à fait à l'extrémité postérieure du corps, et que par là, une liaison durable subsiste, à la place de fermeture, avec le chorion.

En second lieu, l'allantoïde intervient dans la formation du pédicule abdominal, dont le développement, quelque peu différent chez l'Homme, résulte peut-être de la particularité qu'offre l'amnios dans sa formation. Alors que, chez les Mammifères, l'allantoïde (fig. 147, al) constitue une grande vésicule pédiculée qui, traversant l'ombilic abdominal, s'étend jusqu'à l'enveloppe séreuse (sz) et lui amène les vaisseaux ombilicaux; *chez l'Homme, à aucun moment du développement, il ne se forme de vésicule allantoïdienne proéminant librement hors du cœlome. Elle constitue,* dès le commencement comme par la suite, une formation peu apparente, enfermée dans le pédicule abdominal. Celui-ci est formé, comme le montrent des coupes transversales : 1º d'un prolongement effilé de l'amnios, 2º d'une couche sous-jacente de tissu conjonctif embryonnaire, bien développée ; 3º de l'ébauche de l'allantoïde représentée par un canal très étroit, tapissé par un épithélium ; 4º des vaisseaux ombilicaux, les artères étant placées contre le canal allantoïdien, et les veines étant rapprochées de l'amnios.

Nous pouvons répondre, à la question de l'origine de ces parties, en considérant les faits connus chez les autres Mammifères : de très bonne heure, quand l'intestin terminal commence à se former, il se développe

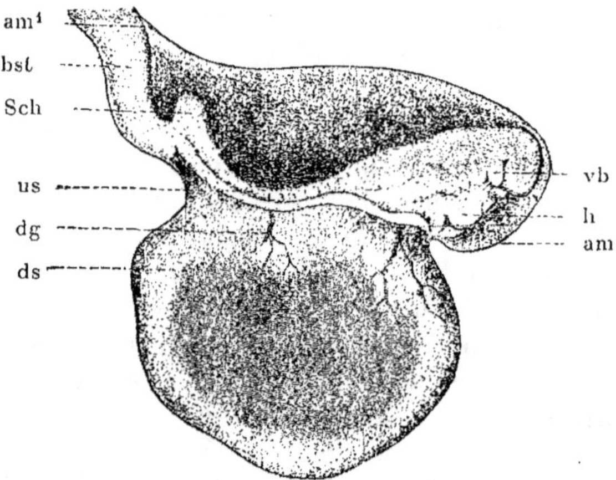

Fig. 159. — L'embryon humain de la figure 158, âgé de 15 à 18 jours, avec son sac vitellin, son amnios et son pédicule abdominal. Il est séparé du chorion et quelque peu grossi ; d'après Coste, figure empruntée à His.

His a, contrairement à l'original, quelque peu tordu l'extrémité inférieure du corps, qui dans la figure 4 de Coste se voyait par la gauche, afin de la montrer. — Le chorion est sectionné en am¹. — am : amnios.— am¹ : point de fixation de l'amnios au chorion. — bst : pédicule abdominal. — Sch : extrémité caudale. — us : segments primordiaux. — dg : vaisseaux vitellins. — ds : sac vitellin. — h : cœur. — vb : arcs viscéraux.

aux dépens de sa paroi ventrale, une saillie circulaire renfermant une petite évagination du feuillet glandulo-intestinal, c'est l'ébauche de l'allantoïde. La saillie allantoïdienne ne pénètre pas librement dans le cœlome comme chez les autres Mammifères (fig. 147, al), mais elle prolifère à la paroi ventrale abdominale entre son point de continuité avec l'amnios et la paroi ventrale de ce dernier (fig. 159, am¹) jusqu'au point d'union avec le chorion. L'évagination du feuillet glandulo-intestinal s'allonge ainsi en un étroit canal allantoïdien ; une puissante masse de tissu conjonctif amène les vaisseaux ombilicaux dans le chorion, s'étale alors, de la manière connue, à sa surface interne et pénètre dans les villosités de l'enveloppe séreuse.

L'allantoïde utilise ainsi, au cours de son développement, au lieu d'atteindre librement l'enveloppe séreuse, l'union qui existe déjà entre celle-ci et l'embryon, c'est-à-dire l'amnios allongé en pointe (am^1). Mais ce mode de développement provient peut-être de ce que l'extrémité postérieure de l'embryon, chez l'Homme, comme le montrent les figures 158 et 159, est fixée fortement à l'enveloppe séreuse par la suture de l'amnios, de sorte que l'allantoïde n'a à parcourir qu'un trajet très court pour atteindre la séreuse.

Alors que les débuts du développement humain sont encore très obscurs, nous possédons des aperçus satisfaisants sur des modifications que subissent les enveloppes fœtales chez l'Homme, dès la troisième semaine. Nous les examinerons dans l'ordre suivant : 1° le chorion ; 2° l'amnios ; 3° le sac vitellin, puis 4° les caduques qui proviennent de la muqueuse de l'utérus, enfin 5° le placenta et 6° le cordon ombilical.

1. Le **Chorion** dans les premières semaines de la gestation est couvert, sur presque toute sa surface, de villosités (fig. 149^5, chz, p. 177 et fig. 158) où se ramifient les branches terminales des vaisseaux ombilicaux. Leur croissance progresse ensuite régulièrement pendant un certain temps. Au début du troisième mois des différences commencent à apparaître entre la partie de la paroi utérine qui est directement en rapport avec la caduque sérotine et l'autre partie plus grande recouverte par la caduque réfléchie (fig. 157). Les villosités (z') développées sur cette dernière subissent un arrêt dans leur accroissement, celles développées sur l'autre région s'agrandissent considérablement et se transforment en de longues formations (z) ramifiées, épaisses à leur base, et qui, réunies en touffes, font saillie loin de la surface de la membrane qui les porte. Elles pénètrent dans les dépressions de la muqueuse utérine (ds). On donne à cette partie du chorion, dont nous aurons encore à nous occuper dans l'étude détaillée du placenta, le nom de *chorion frondosum* pour le distinguer de l'autre région ou *chorion læve* ou *chorion lisse*. L'expression de « chorion lisse », prise rigoureusement dans son sens, n'est pas très juste, car des villosités qui le recouvraient partout dès le début, il en reste encore quelques-unes, notamment dans le voisinage du placenta. Elles pénètrent dans la caduque réfléchie, qui se trouve ainsi plus intimement unie avec le chorion (fig. 157).

En même temps, une deuxième différence se manifeste entre le chorion frondosum et le chorion læve. Dans l'étendue de ce dernier, les vaisseaux sanguins ombilicaux issus des artères commencent à s'atrophier de plus en plus, tandis que le premier se vascularise de plus en plus richement, et finalement, renferme seul les branches terminales des artères ombilicales. Ainsi, l'une des régions du chorion est complètement dépourvue de vaisseaux ; l'autre, au contraire, très riche en vaisseaux, s'est transformée en un organe de nutrition pour l'embryon.

Au point de vue histologique, le chorion læve, qui à l'examen de sa surface est mince et transparent, se compose : 1° d'une membrane de tissu gélatineux qui, plus tard, se transforme en tissu conjonctif fœtal, et 2° d'un revêtement épithélial identique à celui de l'enveloppe séreuse primitive.

2. L'**Amnios** (am),après sa formation est appliqué contre la surface de l'embryon (fig. 158, 159). Mais le sac qu'il forme prend bientôt, par suite de l'accumulation du liquide amniotique dans sa cavité (fig. 149 ⁵), des dimensions plus considérables que chez les autres Mammifères. *Il remplit finalement toute la vésicule blastodermique et adhère dans toute son étendue à la surface interne du chorion* (ch) (fig. 157). Sa paroi est assez mince et transparente. Elle se compose, comme le chorion, d'une couche épithéliale et d'une couche de tissu conjonctif. L'épithélium, qui provient du feuillet germinatif externe, tapisse l'intérieur de la cavité amniotique et se continue, à l'ombilic cutané, avec l'épiderme de l'embryon. Au point où existe la connexion, cet épithélium est stratifié ; ailleurs, il est formé d'une seule couche de cellules pavimenteuses. La couche de tissu conjonctif est mince et se continue à l'ombilic avec le derme cutané.

Le *liquide amniotique* est légèrement alcalin et renferme environ 1 0/0 d'éléments fixes, parmi lesquels se trouvent de l'albumine, de l'urée et de la glucose. La quantité du liquide amniotique atteint son maximum au sixième mois de la gestation et souvent ne pèse pas moins d'un kilogramme. Puis, jusqu'au moment de la naissance, il diminue d'environ moitié, alors que l'embryon, à cause de son accroissement rapide, réclame pour lui de plus en plus d'espace. Par suite de circonstances anormales, la sécrétion du liquide amniotique peut devenir plus abondante et déterminer une sorte d'hydropisie de l'amnios ou hydramnion.

3. Le **Sac vitellin** (vésicule ombilicale, Vesicula umbilicalis) présente, chez l'Homme, un développement inverse de celui de l'amnios. Alors que celui-ci se développe de plus en plus, le sac vitellin se réduit à une formation qui finit par se soustraire à l'observation. Dans les œufs humains de la deuxième et de la troisième semaine (fig. 158, 159) il remplit (ds) un peu plus de la moitié de la vésicule blastodermique et n'est pas encore séparé de l'intestin qui se présente sous forme d'une gouttière. Dans les

embryons un peu plus âgés (fig. 160) le sac vitellin constitue une vésicule ovale, assez considérable, réunie par un *pédicule*, ou canal vitellin, au milieu de l'ébauche intestinale transformée maintenant en un tube. Le sang y est amené par les vaisseaux omphalo-mésentériques. A la sixième semaine (fig. 156) le canal vitellin ou Ductus omphalo-mésentéricus se transforme en un long tube mince, qui ne tarde pas à s'oblitérer et, par suite, se change en un cordon épithélial plein, auquel est fixée une petite vésicule ombilicale, qui, dès maintenant, surtout en comparaison de l'embryon considérablement agrandi, constitue une vésicule ovale peu apparente (fig. 157, ub). Maintenant, l'amnios remplit, par suite de l'amas de

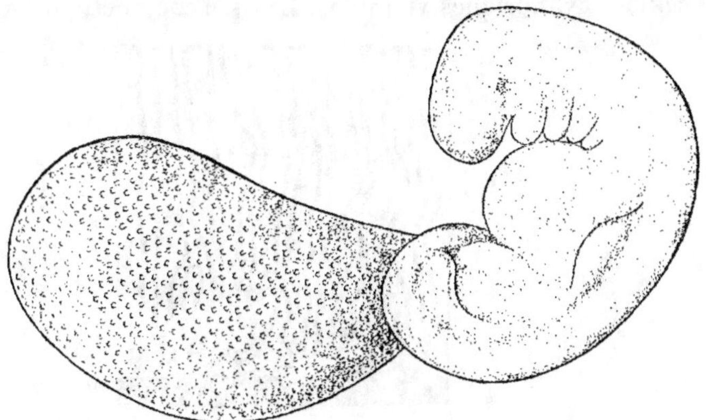

Fig. 160. — Embryon humain de quatre semaines. — Don de M. le professeur *Veit*.

liquide amniotique, toute la vésicule blastodermique (fig. 157). Il enveloppe à la fois le canal vitellin et le pédicule allantoïdien (al) et les entoure, en quelque sorte, d'une gaine (gaine amniotique). L'organe ainsi formé, le cordon ombilical, Funiculus umbilicalis, constitue maintenant l'unique liaison entre l'embryon plongé librement dans le liquide amniotique et la paroi de la vésicule blastodermique. Son point d'attache coïncide toujours avec le point où le placenta se développe.

La vésicule ombilicale, par suite de l'agrandissement de l'amnios est totalement reporté à la surface de la vésicule blastodermique, où elle est enfermée entre l'amnios (am) et le chorion (ch) à quelque distance du point d'attache du cordon ombilical. Elle demeure à cette place jusqu'au moment de la naissance, ayant des dimensions tout à fait rudimentaires ; ce n'est que par un examen minutieux qu'on l'y découvre et ordinairement à quelques centimètres du bord du placenta. Dans son plus long diamètre, elle mesure seulement de 3 à 10 millimètres.

4. Les **Deciduæ** ou *enveloppes fœtales caduques* se forment aux dépens de la muqueuse utérine, qui change considérablement de structure pendant la gestation.

La muqueuse normale, pas modifiée, présente une couche molle, épaisse environ de 1 millimètre, qui recouvre directement la musculature (M) de l'utérus, car ici la sous-muqueuse manque (fig. 161). Elle est traversée par de nombreuses *glandes utérines tubuleuses* (glandes utriculaires, Gl. u), qui s'ouvrent à la surface par un petit orifice, et qui, disposées l'une près de l'autre, descendent, par un trajet sinueux, à direction générale perpendiculaire jusqu'à la musculature (M), où elles se terminent souvent par une division dichotomique. La muqueuse et les glandes sont tapissées de cellules cylindriques vibratiles. Le tissu conjonctif qui sépare les glan-

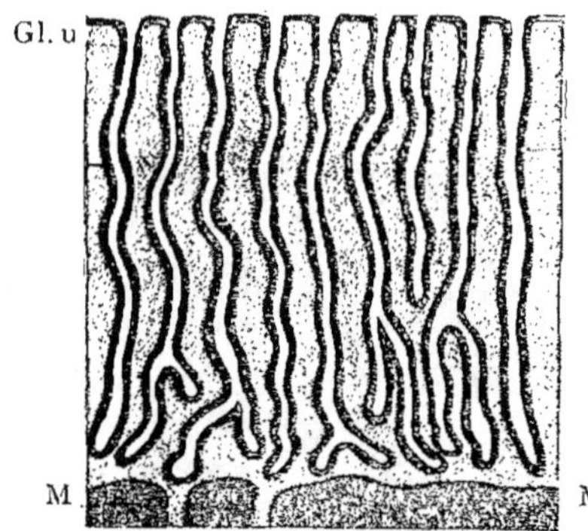

FIG. 161. — Coupe transversale de la muqueuse utérine ; d'après Kundrat et Engelmann.
Gl. u : glandes utérines. — M : couche musculaire de l'utérus.

des renferme de très nombreuses cellules, les unes fusiformes, les autres arrondies.

Dès le commencement de la gestation, la muqueuse subit des transformations profondes, intéressant chacun des différents tissus. Elles se différencient en des régions que nous avons déjà précédemment désignées comme caduque *vraie,* caduque *réfléchie* et caduque *sérotine*.

Dans la région de la caduque vraie, la muqueuse, au commencement de la gestation, s'accroît en épaisseur ; elle atteint jusqu'à 1 centimètre et même plus au moment où l'œuf en voie d'accroissement est en contact intime avec la paroi de l'utérus, c'est-à-dire vers la fin du 5e mois. A ce moment commence, en quelque sorte, *un deuxième stade,* dans lequel la muqueuse s'amincit de nouveau sous la pression exercée par l'œuf qui grandit. Finalement son épaisseur n'est plus que de 1 à 2 millimètres. En même temps, les glandes se transforment ainsi que le tissu conjonctif glandulaire.

Dans le premier stade, les glandes utérines s'agrandissent. Au début,

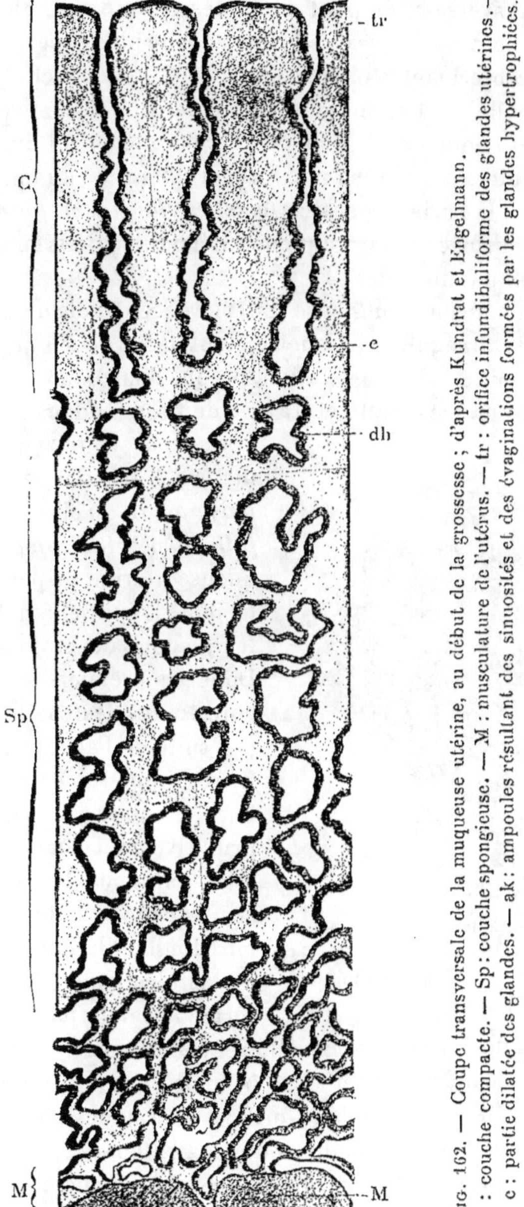

Fig. 162. — Coupe transversale de la muqueuse utérine, au début de la grossesse ; d'après Kundrat et Engelmann. C : couche compacte. — Sp : couche spongieuse. — M : musculature de l'utérus. — tr : orifice infundibuliforme des glandes utérines. — c : partie dilatée des glandes. — ak : ampoules résultant des sinuosités et des évaginations formées par les glandes hypertrophiées.

elles formaient des tubes épais réguliers ; ces tubes s'élargissent, surtout

dans leurs régions moyenne et postérieure (fig. 162), tandis que vers
leur orifice, ils restent droits et s'allongent, par le bas ils se contournent
en spirales et présentent des dilatations et des évaginations. Sur une
coupe transversale, on peut donc, dès maintenant, distinguer deux couches dans la caduque vraie : 1° une couche plus superficielle (C), plus compacte et renfermant plus de cellules, et 2° une couche plus profonde (Sp),
plus ampullaire et spongieuse. Dans la couche compacte, les glandes se
présentent comme des canaux droits parallèlement disposés et écartés les
uns des autres par suite d'une forte prolifération du tissu conjonctif. Elles
s'ouvrent à la surface par des *fossettes élargies en forme d'entonnoir* (tr).
Aussi, la surface de la muqueuse dépouillée de la musculature apparaît
percée comme un crible.

Dans la couche spongieuse (Sp) on rencontre de nombreux espaces (dh)
superposés, irréguliers, sinueux, dont la largeur s'accroît constamment
jusqu'au milieu de la gestation, et qui finalement, ne sont plus séparés
que par de minces septa et travées de tissu fondamental. Cet aspect s'explique par le fait que les glandes ont
un trajet très sinueux dans leur partie
moyenne et qu'elles se sont dilatées. *L'é-
pithélium cylindrique vibratile* de la muqueuse utérine disparaît peu à peu totalement. L'épithélium éprouve aussi dans
les glandes de profondes modifications.
Dans les premiers mois, il recouvre encore toutes les cavités, ce qui suppose,
par suite de l'agrandissement de ces dernières, une rapide multiplication cellulaire. Ensuite, les cellules cylindriques
primitivement hautes, deviennent les
unes cubiques, les autres parvimenteu-
ses; exception faite de la région glandulaire limitant la musculaire, dans laquelle
les cellules conservent plus au moins leur
forme normale jusqu'à la fin de la gesta-

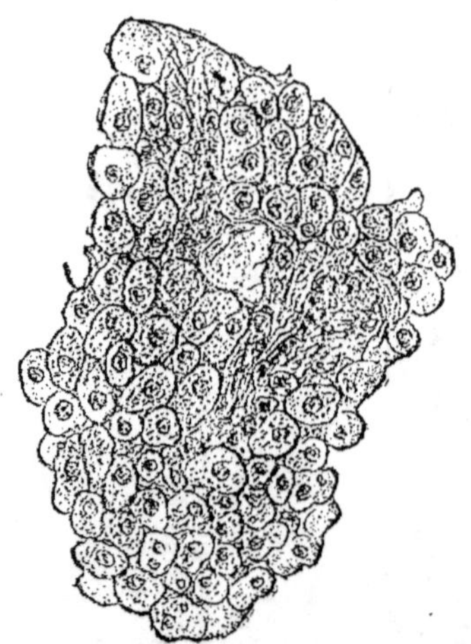

Fig. 163. — Cellules de la caduque
vraie de la femme au 2° mois de
la grossesse. — D'après une préparation de *Strahl*.

tion. Plus tard, elles servent à la régénération du revêtement épithélial de
la muqueuse utérine. Au 4° et au 5° mois on trouve toutes les cavités glandulaires tapissées, jusqu'aux orifices excréteurs par une mince assise de
cellules épithéliales cubiques ou pavimenteuses.

Un actif processus de prolifération a lieu également dans le tissu conjonctif, mais seulement dans la couche compacte supérieure. Des for-

mations sphériques de 30 à 40 μ prennent naissance dans celle-ci. Elles sont désignées par *Friedländer* sous le nom de *cellules de la caduque* (fig. 163). En certains points, elles sont tellement serrées les unes contre les autres qu'elles forment un véritable épithélium. On rencontre également ces cellules dans la couche spongieuse, mais là, dans les travées et les septa, elles sont plus allongées, fusiformes.

Pendant la seconde phase, au 6ᵉ mois, la caduque vraie s'amincit considérablement, à la suite de la pression exercée par l'œuf en voie d'accroissement. Son épaisseur diminue peu à peu, de 1 centimètre elle se réduit à 2 millimètres. En même temps, divers processus d'atrophie se manifestent en différents points de la surface. Les orifices glandulaires, qui donnaient à la face interne de la caduque un aspect criblé, deviennent de plus en plus difficiles à reconnaître, finalement ils disparaissent complètement. La *couche interne compacte* acquiert une structure régulière, dense, lamelleuse, par suite de la compression des cavités glandulaires qu'elle renfermait. Ces cavités comprimées s'aplatissent totalement, leur épithélium s'atrophie. Dans la *couche spongieuse* les cavités persistent, mais elles se transforment, par suite de la compression, en fentes qui sont dirigées parallèlement à la paroi de l'utérus. Elles sont séparées par des cloisons, qui sont encore plus délicates que pendant les premiers mois de la gestation. Les espaces glandulaires de la *couche compacte* ont *perdu leur épithélium*, ou bien ils présentent des débris cellulaires avec une masse muqueuse parsemée de fines granulations. Au contraire, du côté de la musculature utérine, les espaces glandulaires possèdent encore un épithélium complet de cellules cylindriques surbaissées ou cubiques.

La caduque réfléchie présente une grande analogie de structure avec la caduque vraie. D'après les recherches de *Sedgwick-Minot*, elle commence, dès le 2ᵉ mois, à présenter une dégénérescence hyaline. Cette dégénérescence est très avancée au 3ᵉ mois, au 6ᵉ mois et au 7ᵉ mois ; elle conduit à une atrophie complète se faisant par résorption.

La troisième portion de la muqueuse utérine ou *caduque sérotine* éprouve avec ses glandes, dans les premiers mois de la gestation des transformations semblables à celles de la caduque vraie. Par son union intime avec le chorion frondosum elle se transforme en un organe de nutrition pour l'embryon, *le placenta*.

La figure 164 nous offre une image instructive de la situation de l'œuf par rapport à l'utérus. Cette figure représente, d'après *Strahl*, une coupe transversale d'utérus humain au 5ᵉ mois de la gestation. Elle montre que déjà à ce moment, le sac amniotique s'est tellement agrandi, qu'il a supplanté totalement le cœlome blastodermique, et que partout il confine au chorion.

Elle montre également le cordon ombilical déjà très long, ainsi que les rapports du chorion, des caduques réfléchie et vraie, qui ne sont séparés par aucun espace, et constituent en quelque sorte une seule membrane. Enfin cette figure montre comment une portion de la muqueuse utérine et du chorion adjacent donnent naissance au placenta.

5. Le **Placenta** est un organe discoïde, très riche en vaisseaux san-

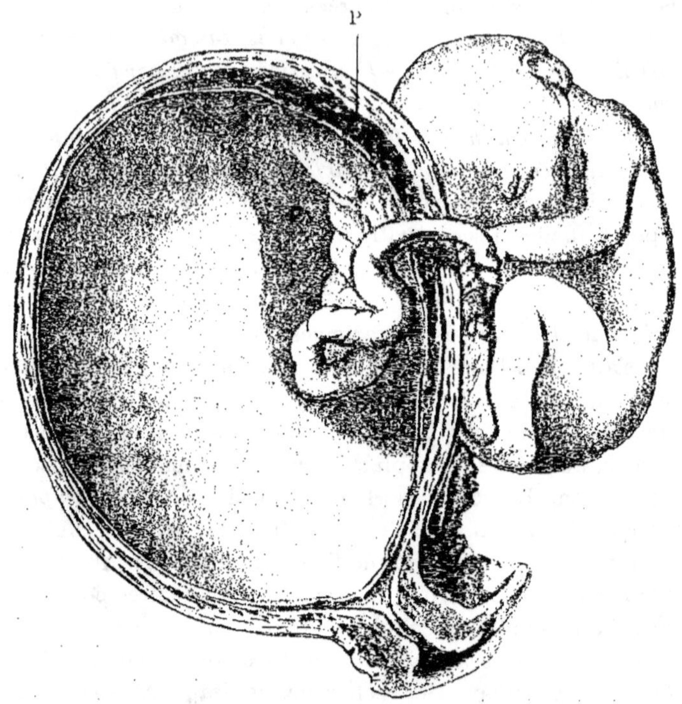

Fig. 164. — Coupe sagittale réduite d'un utérus gravide de femme au 5ᵉ mois ; d'après Strahl. — P : placenta.

guins, spongieux, onctueux au toucher, qui lorsqu'il a atteint son développement maximum mesure de 15 à 20 centimètres de diamètre et 3 à 4 centimètres d'épaisseur. Il pèse un peu plus de 500 grammes. La face tournée vers l'embryon est concave (fig. 157) et comme elle est recouverte par l'amnios (am) elle est complètement lisse. La face contiguë à la paroi utérine est connexe et après la séparation au moment de la délivrance, elle est rugueuse et divisée par des sillons profonds en lobes isolés ou *cotylédons* (fig. 165).

Généralement la position normale du placenta est au fond de l'utérus, où tantôt il se développe plus à gauche, tantôt plus à droite. Il peut ainsi recouvrir et fermer l'une ou l'autre des ouvertures des trompes (fig. 155). Dans de rares cas, le placenta, au lieu d'être fixé au fond, est attaché plus bas à la paroi utérine, vers l'orifice du col. C'est ce qui arrive, lorsque l'œuf fécondé, arrivant de la trompe dans la cavité utérine, se fixe, par suite de circonstances anormales, plus bas au lieu de se fixer dans la muqueuse même. Parfois, le point d'attache se trouve encore plus bas, dans le voisinage immédiat de l'orifice interne du col, qui plus tard est fermé par le placenta, soit en partie, soit totalement. Cette anomalie est connue sous le nom de *Placenta prævia (lateralis* ou *cen-*

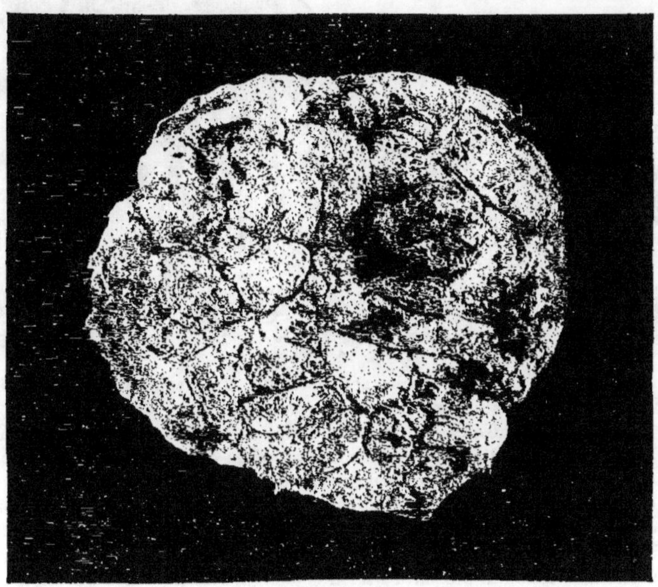

Fig. 165. — Surface de séparation d'un placenta humain mûr ; d'après Stahl, réduit de moitié.

tralis) et constitue un danger, car elle trouble la marche régulière de l'accouchement.

L'étude de la structure intime du placenta présente de grandes difficultés, car c'est un organe très mou, parcouru de larges et nombreux vaisseaux sanguins. Pour bien le décrire, nous partirons de ce fait qu'il se compose de deux parties, d'une partie fœtale (placenta fœtal) fournie par l'embryon, et d'une autre partie (placenta utérin) fournie par la mère.

Le *placenta fœtal* correspond à la région du chorion recouverte de nombreuses villosités ramifiées (chorion frondosum) (fig. 166, Ch). Les villosités (z) sont réunies en grosses touffes ou cotylédons partant de la *membrana chorii* (m). Elles se composent (1°) de gros troncs principaux (Z) naissant perpendiculairement à la membrana chorii ; ils s'enfoncent par leur extrémité (h¹) dans le placenta utérin adjacent où ils se fixent solidement ; 2° de nombreuses branches latérales(f) dirigées en tous sens, partant à angle droit ou à angle aigu du tronc principal. Elles sont couvertes à leur tour de fines ramifications secondaires. Un certain nom-

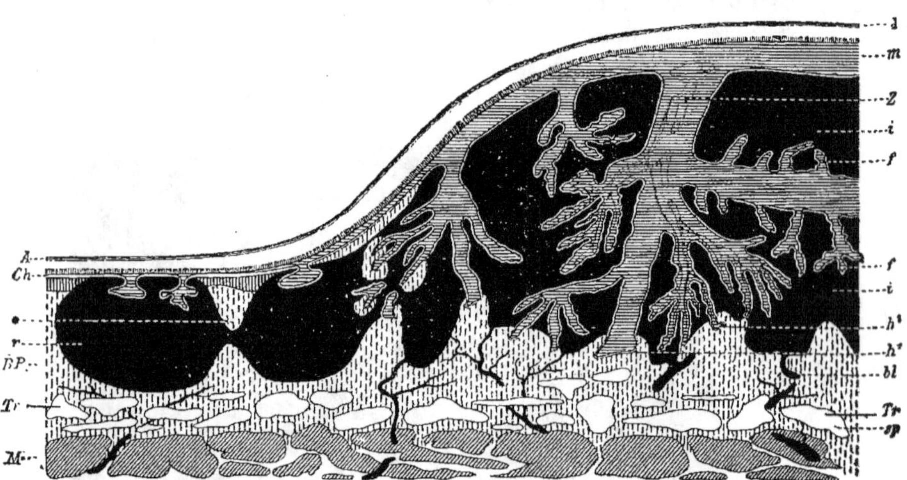

Fig. 166. — Coupe transversale, schématique, du placenta humain, vers le milieu du cinquième mois de la grossesse ; d'après Léopold.

Sur l'assise musculaire de l'utérus M repose la couche spongieuse de la caduque sérotine sp dans laquelle s'opère, au moment de la délivrance, le décollement du placenta suivant la ligne de séparation marquée par deux traits. A la couche spongieuse fait suite la couche compacte qui constitue le placenta maternel au moment de la naissance et se détache. Elle se compose : de la lame basale (Winkler) Bp ; de la lame obturante*, d'espaces sanguins intercalés, i ; d'artères afférentes, bl, et du sinus de bordure, r. Dans le placenta utérin est engagé le placenta fœtal. Il se compose : de la membrana chorii m, et des villosités qui en partent z, parmi lesquelles on distingue des prolongements fixes h₁ et h² et des prolongements libres f ; le chorion est tapissé intérieurement par l'amnios (A).

bre (h²) de ces ramifications latérales se fixent aussi par leurs extrémités dans le placenta utérin (*Langhans*). De sorte qu'il est impossible de séparer la partie fœtale de la partie maternelle du placenta si ce n'est par une violente secousse.

Kölliker s'appuyant sur ce fait que toutes les ramifications des villosités choriales ne sont pas fixées au placenta utérin, les a divisées en : ramifications fixées (h¹, h²), et en ramifications libres (f).

Chaque petit arbuste chorial reçoit, de la branche latérale de l'artère ombilicale circulant dans la membrana chorii, un vaisseau, qui se résout en rameaux plus fins, correspondant aux ramifications de l'arbuste. Les réseaux capillaires émanant de ces dernières ramifications, sont situés tout à fait superficiellement dans l'épithélium des villosités. Après avoir circulé dans ces vaisseaux, le sang passe dans les vaisseaux efférents, qui se réunissent en un seul tronc résultant de la réunion des vaisseaux des arbres choriaux.

Le système vasculaire du placenta fœtal est donc complètement clos. En aucune façon, il ne peut se faire un mélange direct du sang fœtal et du sang maternel. Par contre, les conditions d'un échange facile des éléments fluides et gazeux du sang sont réalisées par suite de la disposition superficielle des larges capillaires à paroi très mince.

Actuellement, tous les observateurs s'accordent pour reconnaître que dans *l'épithélium de la membrana chorii et des villosités*, on peut distinguer nettement deux couches (fig. 167) : 1°) une assise cellulaire re-

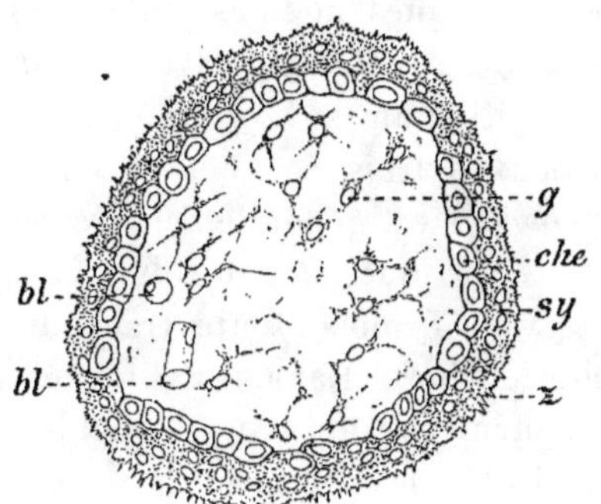

Fig. 167. — Coupe transversale d'une villosité choriale de l'embryon humain représenté fig. 160. — g : tissu gélatineux. — che : épithélium du chorion. — sy : syncytium. — z : dépression à la surface du syncytium. — bl : capillaires sanguins.

posant directement sur le tissu muqueux des villosités et sur le tissu conjonctif de la membrana chorii (*Langhans*) ; dans cette assise, les unités cellulaires se laissent facilement délimiter, nous la désignerons du nom *d'épithélium du chorion* et *d'épithélium des villosités* ; 2°) ; une assise protoplasmique plurinucléée, dont les cellules ne peuvent être délimitées, on la distingue de l'assise épithéliale sous le nom de *syncytium du chorion* et de *syncytium de villosités*. Il se colore fortement comme l'épithélium par l'acide osmique et les matières colorantes. Comme l'épithélium, il renferme de petits noyaux granuleux, et plus tard des vacuoles.

Par toutes ces particularités, le syncytium des villosités ressemble beaucoup à la couche protoplasmique plurinucléée dont se garnit, chez quelques Mammifères l'épithélium de le muqueuse utérine, lorsque la vésicule blastodermique s'y fixe et que le chorion se soude intimement (*Strahl*, *Lüsebrink*, *Selenka*, etc.). Les deux couches épithéliales se distinguent, chez l'Homme et chez les Mammifères assez nettement l'une de l'autre.

Déjà, dans des œufs humains âgés de quatre semaines, le revêtement du chorion et de ses villosités est nettement formé des deux assises. Au cours des mois suivants, il subit des modifications remarquables, qui, dans les différentes régions, dans la lame basale du chorion frondosum, dans le chorion læve, et dans les villosités, ont des résultats différents. Pour ce qui est, en premier lieu, de la couche profonde, ou épithélium du chorion, celle-ci s'épaissit, dans la région de la lame basale du chorion frondosum, de façon à former des nodules isolés et irréguliers. Entre ces nodules, au contraire, elle s'amincit et se réduit à une simple assise cellulaire. « Dans les villosités, la couche épithéliale, vers le premier mois, est toujours peu épaisse, ce n'est que vers le 4ᵉ mois qu'elle présente seulement quelques nodules isolés, les *bourgeons cellulaires* soigneusement décrits par *Langhans* et *Kastschenko* » (*Minot*). Dans le chorion læve, l'épithélium se conserve dans toute son étendue et forme une assise de deux à trois couches de cellules. La couche externe ou *syncytium du chorion* est généralement développée en raison inverse de l'épithélium. De sorte que, là où celui-ci est bien développé, elle est atrophiée. Aussi, au 7ᵉ mois, toute trace du syncytium a disparu dans l'étendue du chorion læve. Dans les villosités au contraire, le syncytium forme un revêtement continu dans lequel se constituent par place, des épaississements isolés, les soi-disant *îlots de prolifération*. En beaucoup de points, le syncytium du chorion est soumis à une métamorphose intéressante. Il se transforme en une substance hyaline, particulièrement réfringente, traversée de nombreuses fentes et lacunes et qui pour cette raison a reçu de *Langhans* le nom de *fibrine canalisée*. La quantité de cette substance augmente avec l'âge du placenta.

Les couches de fibrine canalisée, dont l'origine a été ramenée par plusieurs auteurs à un dépôt de fibrine s'effectuant en dehors des vaisseaux sanguins des cavités intervilleuses, se rencontrent à la surface des villosités aussi bien que dans la lame basale du chorion frondosum. La figure 168, empruntée à l'embryologie de *Sedg. Minot* donne une image de cette formation caractéristique.

La deuxième partie principale du placenta, *le placenta utérin*, se développe aux dépens de la portion de la muqueuse utérine désignée sous le nom de caduque sérotine. Au moment de la délivrance, le placenta utérin, ainsi que la portion correspondante de la caduque vraie, se détache de l'intérieur de l'utérus, à la ligne de séparation indiquée dans la figure 166, car les minces septa, de tissu conjonctif de la couche spongieuse sous-jacente, se déchirent. Le placenta utérin constitue alors une mince membrane de 0 mm. 5 à 1 millimètre seulement d'épaisseur, c'est la lame basale de *Winkler* (fig. 168, BP). Elle recouvre complètement le placenta

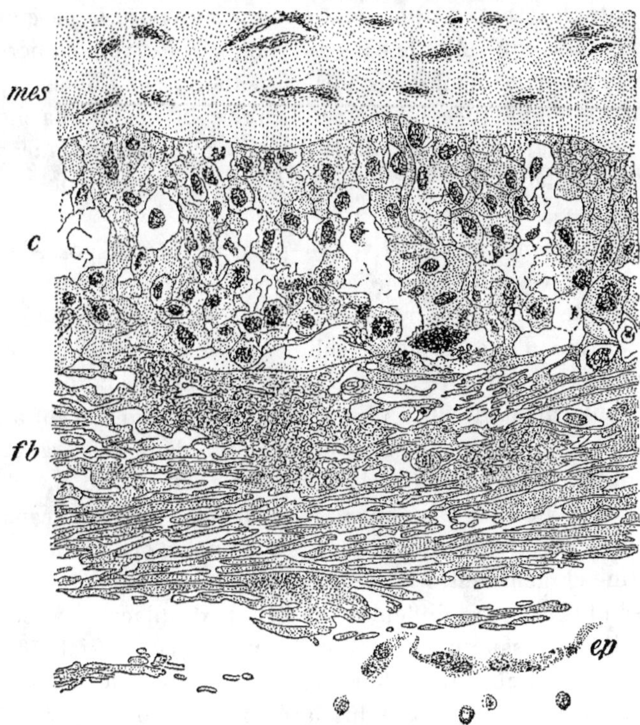

Fig. 168. — Chorion du placenta d'un fœtus de 7 mois. — Coupe transversale passant par l'ectoderme et la partie adjacente du stroma (G. 445) ; d'après Sedg. Minot. mes : stroma mésodermique. — c : couche cellulaire. — fb : couche de fibrine. — ep : résidus de l'épithélium.

fœtal qui est ainsi caché aux yeux lors de la délivrance. Le bord du placenta utérin se continue directement avec la caduque vraie et avec la caduque réfléchie.

La face du placenta utérin tournée vers la paroi utérine est découpée par des sillons profonds (fig. 165) en lobes distincts. Des cloisons de tissu conjonctif plus ou moins épaisses, les *septa placentaires* (fig. 157, p. 189), correspondant aux sillons prennent naissance à la face opposée de la membrane et l'engagent entre les arbuscules choriaux (fig. 157, z). Ils réunissent un certain nombre de ceux-ci en une touffe ou *cotylédon*. Supposons les cotylédons totalement enlevés, le placenta utérin présente alors un nombre de compartiments réguliers correspondant au même nombre de cotylédons. Ces compartiments sont encore décomposés en compartiments plus petits et moins profonds par des cloisons de tissu conjonctif plus fines provenant de la membrane et des septa. Dans le milieu du placenta, les septa n'atteignent pas par leur bord la base des arbuscules villeux, ainsi que c'est le cas dans une étroite région périphérique, où ils atteignent la membrana chorii (fig. 166, m) et s'unissent en une mince membrane appliquée intimement contre la membrana chorii, et qui est traversée par la partie initiale des villosités ; *lame obturante* (*Winkler*), [caduque placentaire subchoriale (*Kölliker*), anneau obturant subchorial (Waldeyer)].

La charpente conjonctive du placenta utérin possède, en général, les caractères de la couche compacte, riche en cellules de la caduque vraie et de la caduque réfléchie. Mais elle présente une différence, par l'apparition d'une forme de cellules toute particulière, appelées *cellules géantes*. Ce sont de gros amas protoplasmiques d'un aspect gris jaunâtre, renfermant de 10 à 40 noyaux. Elles commencent à se développer au 5e mois et se trouvent en grand nombre dans l'arrière-faix, où elles se rencontrent d'une part dans la lame basale, et d'autre part dans les septa, généralement dans le voisinage immédiat des gros vaisseaux. Elles se rencontrent aussi, disséminées, dans la couche spongieuse de la caduque sérotine et même entre les faisceaux musculaires superficiels de l'utérus.

Les plus grandes difficultés de l'étude du placenta utérin concernent les vaisseaux sanguins. De nombreux troncs artériels (fig. 166, bl) traversent la tunique musculaire de l'utérus et gagnent à travers la couche spongieuse, la lame basale du placenta utérin, où ils perdent leur tunique musculaire, et constituent de larges vaisseaux revêtus seulement d'un endothélium. De la lame basale, ils pénètrent, contournés en spirales, dans les septa placentaires. De cet endroit, il est impossible de les suivre plus loin en tant que vaisseaux clos ; *en aucun endroit ils ne se continuent par des capillaires*. Par contre, il est démontré qu'ils déversent leur contenu sanguin par des ouvertures ménagées dans les septa, dans un système de lacunes existant entre les arbuscules du chorion ou *espaces intervilleux* ou *interplacentaires* (i). Ces derniers sont délimités d'un côté, par la membrana chorii (m) avec ses villosités (z), de l'autre côté par la lame basale avec ses septa. Les espaces intervilleux constituent ensemble une cavité désignée sous le nom de cavité placentaire.

De la cavité placentaire, le sang passe dans de larges troncs veineux, qui ne sont autre chose que des canaux revêtus d'un endothélium. Ceux-ci constituent un réseau dans la lame basale du placenta utérin, particulièrement dans le milieu des cotylédons, et possèdent également des communications directes avec les espaces intervilleux.

Au bord du placenta, ils se réunissent ensemble et constituent le *sinus de bordure* (fig. 166*) ou *sinus annulaire* du placenta. Celui-ci ne doit pas être considéré comme un large vaisseau, mais bien comme un système de cavités irrégulières réunies ensemble.

Il résulte de la disposition que nous venons de décrire que les villosités choriales plongent directement dans le sang maternel. La circulation du sang, ainsi que l'exposition précédente le laisse déjà supposer, est ralentie par suite de l'élargissement considérable des vaisseaux sanguins.

Par suite de la conformation des espaces intervilleux, la circulation est irrégulière. En général, chaque cotylédon, ainsi que *Bumm* l'a signalé, présente un courant maternel sanguin propre. De sorte que, autant le placenta présente de cotylédons, autant il existe de courants. Vers le bas, contre la membrane du chorion, les courants des différents cotylédons se réunissent.

En atanomie fine et dans l'embryologie du placenta, il est deux questions sur lesquelles depuis une dizaine d'années, jusqu'à ces derniers temps, les opinions des observateurs divergent beaucoup. L'une concerne la formation du syncytium du chorion, et des villosités, afin de savoir s'il est d'origine fœtale ou maternelle, c'est-à-dire, s'il est un produit de l'épithélium du chorion et de l'épithélium des villosités, ou au contraire de l'épithélium de la muqueuse utérine, L'autre question concerne l'origine des espaces intervilleux, qui d'après quelques observateurs seraient des capillaires de la muqueuse utérine très fortement dilatés ; et d'après d'autres seraient des lacunes résultant de l'accolement incomplet du chorion et de la caduque sérotine et qui plus tard se remplissent du sang des vaisseaux ouverts.

Le lecteur trouvera des renseignements sur ces questions controversées dans le *Traité d'embryologie d'Hertwig*, VIIe édition, 1902, p. 315 à 321, et dans l'article de *Strahl*, sur les enveloppes fœtales et les placentas des Mammifères, publié dans le *Recueil d'études embryologiques comparées expérimentales*, Bd I, 1902.

6. Le Cordon ombilical (funiculus umbilicalis) est le trait d'union entre le placenta et le corps embryonnaire (fig. 157). C'est un cordon qui a à peu près l'épaisseur du petit doigt (11 à 13 mm.) et qui atteint la longueur considérable de 50 à 60 centimètres. Presque toujours, il présente une *torsion en spirale* bien nette, qui, en partant de l'embryon, va de gauche à droite. Le cordon ombilical présente fréquemment des renflements noduleux, pouvant avoir une double origine. Généralement, ils

résultent d'un développement inégal de la substance fondamentale gélatineuse (faux nœuds). Plus rarement, ils sont formés par un entortille-
ment du cordon, se faisant de la façon suivante : l'embryon, à la suite
des mouvements qu'il exécute dans le liquide amniotique, rencontre
par hasard une anse du cordon dans laquelle il s'engage, et peu à peu
la serre en un nœud (vrai nœud).

Le point d'attache du cordon ombilical au placenta se trouve généralement au milieu ou dans le voisinage du centre (*insertion centrale*) de
celui-ci. Cependant les exceptions à cette règle ne sont pas rares. C'est
ainsi que l'on distingue une *insertion marginale* et une *insertion velamentosa*. Dans le premier cas, le cordon ombilical s'insère sur le bord du
placenta. Dans le second cas, il est fixé à une distance plus ou moins
grande du bord du placenta, sur les enveloppes fœtales elles-mêmes ; de
là, il envoie de fortes ramifications vasculaires vers le placenta.

Je décrirai seulement sa structure intime à la fin de la gestation. Dans
cette description, j'aurai surtout en vue les parties suivantes : 1º la gelée
de *Wharton* ; 2º les vaisseaux ombilicaux ; 3º les résidus de l'allantoïde,
du canal vitellin et de la veine omphalo-mésentérique ; 4º la gaine amniotique.

1º La *gelée de Wharton* est un tissu gélatineux ou muqueux dans lequel sont logées les autres parties du cordon. Les caractères histologiques se modifient avec l'âge de l'embryon, car la substance fondamentale
gélatineuse contient plus tard de nombreuses fibres.

2º Les *vaisseaux ombilicaux* comprennent deux fortes artères (artères
ombilicales) qui conduisent le sang de l'embryon au placenta, et une
large veine ombilicale, par laquelle le sang retourne à l'embryon après
avoir passé par la circulation placentaire. Les deux artères sont contour-
nées en spirale, comme le cordon ombilical lui-même. Elles sont réunies
l'une à l'autre par une anastomose transversale à leur entrée dans le
placenta. Elles sont très contractiles et présentent une membrane musculaire épaisse formée de fibres transversales et longitudinales (tunica
muscularis).

3º Le *canal allantoïdien* et le *canal vitellin*, qui, dès les premiers mois
de la gestation, constituent les éléments principaux du cordon ombilical,
s'atrophient dans la suite, si bien qu'à la fin de la vie embryonnaire ils
sont réduits à l'état de résidus insignifiants. Ces canaux perdent leur
lumière, ils constituent dans la gelée de Wharton, des cordons de cellules épithéliales pleins. Finalement, ceux-ci disparaissent eux-mêmes
encore en partie et ne sont plus représentés que de place en place par
des traînées ou des nids de cellules épithéliales. Les vaisseaux vitellins

(veine omphalo-mésentérique) qui, au début du développement, ont un rôle à remplir, deviennent bientôt insignifiants et s'atrophient au fur et à mesure que les vaisseaux ombilicaux s'accroissent. On les retrouve rarement dans le cordon ombilical à terme (*Ahlfeld*) ; généralement, ils sont atrophiés totalement.

4° Au début du développement, l'amnios forme autour du canal allantoïdien et du canal vitellin une *gaine* que l'on peut isoler. Plus tard, la gaine se soude intimement à la gelée de Wharton, excepté au point d'attache avec l'ombilic où on peut encore l'isoler, comme une membrane spéciale, sur une petite étendue.

B. — LES ENVELOPPES FŒTALES PENDANT ET APRÈS LA NAISSANCE.

Comme conclusion à l'étude des enveloppes fœtales, quelques observations sur leur destinée au cours de la délivrance, peuvent encore trouver place ici.

A la fin de la gestation, au commencement des douleurs de l'enfantement, les enveloppes fœtales, qui forment autour de l'embryon une vésicule remplie par le liquide amniotique, se déchirent lorsque les contractions de la musculature utérine ont atteint une certaine énergie.

Le déchirement se produit ordinairement au point où la paroi de la vésicule est comprimée extérieurement par l'orifice utérin (rupture de la poche). A la suite de la rupture, le liquide amniotique s'écoule.

Sous l'influence de contractions plus longues et plus violentes, l'enfant est expulsé de la matrice et passe à travers la déchirure des enveloppes fœtales. L'enfant est né, alors que le placenta et les enveloppes fœtales demeurent encore généralement quelque temps à l'intérieur de la cavité utérine. Aussitôt la délivrance, la communication entre l'enfant et les enveloppes fœtales est rompue, car le cordon ombilical est lié à quelque distance de l'ombilic et sectionné.

Finalement, les enveloppes fœtales et le placenta se détachent à leur tour de l'intérieur de l'utérus et sont expulsés au dehors par de nouvelles contractions. Le tout constitue l'arrière-faix. Le décollement a lieu au niveau de la couche spongieuse des caduques vraie et sérotine.

L'arrière-faix se compose des enveloppes fœtales et des enveloppes maternelles, qui sont entièrement unies les unes aux autres : 1° de l'amnios ; 2° du chorion ; 3° de la caduque réfléchie ; 4° de la caduque vraie ; 5° du placenta (placenta utérin et placenta fœtal). Malgré l'union de ces différentes membranes, une séparation partielle des différentes enveloppes est encore possible.

Après la délivrance l'intérieur de l'utérus présente une sorte de grande écorchure. De nombreux vaisseaux sanguins y ont été rompus par suite du décollement du placenta et des caduques. Aussi dans les premiers jours des couches, des lambeaux de la couche spongieuse des caduques vraie et sérotine, qui sont restés après la délivrance, s'en détachent encore. La couche la plus profonde de la muqueuse subsiste seule directement appliquée sur la musculature de l'utérus. Elle renferme des restes de l'épithélium cylindrique des glandes utérines ainsi que nous l'avons déjà montré précédemment. Mais au cours de plusieurs semaines, elle se transforme de nouveau par un processus de prolifération très actif en une muqueuse normale, ce qui montre que l'épithélium superficiel se régénère vraisemblablement aux dépens des restes persistants de l'épithélium glandulaire.

Résumé du chapitre VIII.

1. — Les enveloppes fœtales des Mammifères.

1° Chez les Mammifères, il se forme de la même façon que chez les Reptiles et chez les Oiseaux : un sac vitellin, un amnios, une enveloppe séreuse, une allantoïde.

2° Sauf chez les Monotrèmes et les Marsupiaux, l'enveloppe séreuse se transforme en un chorion, car la séreuse développe à sa surface des villosités, et à sa surface interne s'étale la couche conjonctive de l'allantoïde renfermant les vaisseaux ombilicaux, cette couche pénètre dans les villosités.

3° Chez de nombreux Mammifères, certains points de l'enveloppe séreuse se transforment en un placenta. En ces points les villosités prennent un très grand développement, se ramifient et s'engagent dans les dépressions correspondantes de la muqueuse utérine (Lorsque le chorion donne naissance à plusieurs placentas, on les désigne du nom de colylédons).

4° On distingue au placenta :

    1° Un placenta fœtal, c'est-à-dire la partie du chorion qui a donné les villosités.

    2° Un placenta utérin, c'est-à-dire la partie de la muqueuse utérine qui a proliféré et qui présente les dépressions destinées à loger les villosités du placenta fœtal.

5° Le placenta fœtal et le placenta maternel peuvent s'unir d'une façon tellement intime, qu'au moment de la mise bas, une partie plus ou moins grande de la muqueuse utérine est expulsée avec le placenta fœtal. On a donné, à cette partie de la muqueuse, le nom de caduque.

6° En s'appuyant sur la constitution des enveloppes fœtales, on peut classer les Vertébrés de la manière suivante :

I. **Anamniotes**. — Vertébrés sans amnios :
(Amphioxus, Cyclostomes, Poissons, Amphibiens.)

II. **Amniotes**. — Vertébrés possédant un amnios, un sac vitellin, une enveloppe séreuse, une allantoïde.

   A. *Sauropsidés*. — Amniotes pondant des œufs.
   Reptiles et Oiseaux.

   B. *Mammifères*. — Excepté chez les Monotrèmes, les œufs se développent, chez tous, à l'intérieur de l'utérus.

     a) *Achoria*. — L'enveloppe séreuse ne donne pas ou donne seulement quelques villosités.
     (Monotrèmes, Marsupiaux.)

     b) *Choriata*. — L'enveloppe séreuse se transforme en un chorion.

Mammalia non deciduata

      1° Les villosités sont uniformément réparties :
       Périssodactyles, Suidès, Hippopotamidès, Tylopodes, Tragulides, Cétacés, etc.

      2° Placentalia. L'enveloppe séreuse est transformée en certains points en un placenta.

       α) Cotylédons nombreux. Semi-placenta (Strahl).
       Ruminants.

Mammalia deciduata

       β) Placenta zonaire. Placenta vera.
       Carnivores.

       γ) Placenta discoïde. Placenta vera.
       Primates, Rongeurs, Insectivores, Chéiroptères.

2. — Les enveloppes fœtales de l'Homme.

1° L'œuf humain se fixe habituellement au fond de la matrice entre les deux orifices des trompes. Il est entouré par la muqueuse qui lui forme une capsule.

2° La muqueuse utérine se transforme en enveloppes maternelles de l'œuf, les caduques, parmi lesquelles on distingue : la caduque sérotine, la caduque réfléchie et la caduque vraie.

   a) La caduque sérotine est la partie de la muqueuse, sur laquelle s'applique directement l'œuf après son entrée dans l'utérus, et où se développe plus tard le placenta.

   b) La caduque réfléchie est la partie de la muqueuse, qui entoure l'œuf.

   c) La caduque vraie se forme aux dépens du reste de la muqueuse tapissant la cavité utérine.

3° Lors de la formation des caduques, la muqueuse utérine subit des modifications profondes dans sa structure. Elle se divise, à la suite de la multiplication rapide des glandes utérines et de l'atrophie partielle de son épithélium en une couche interne compacte, et en une couche externe spongieuse.

4° Aux dépens de la paroi de la vésicule blastodermique, ne donnant pas naissance à l'embryon, se développent les enveloppes fœtales. Ces enveloppes se forment en même nombre et de la même façon générale que chez les autres Mammifères. Cependant, elles offrent quelques modifications importantes, dont les principales sont les suivantes :

a) L'amnios se forme d'avant en arrière, et demeure unie, à l'extrémité postérieure de l'embryon, avec l'enveloppe séreuse (futur chorion), par un court pédicule. Il contribue ainsi à la formation du soi-disant pédicule abdominal de l'embryon humain.

b) L'Allantoïde ne persiste pas, comme une vésicule libre, dans la partie extra-embryonnaire du cœlome. Mais elle longe, sous forme d'un canal étroit, la face inférieure étirée de l'amnios, jusqu'au chorion.

    Elle constitue ainsi, la partie principale du pédicule abdominal.

c) Le sac vitellin se transforme en une vésicule extrêmement petite, reliée par un long pédicule filamenteux (le canal vitellin) à l'intestin de l'embryon.

d) A la suite de l'accroissement énorme de l'amnios, qui finalement remplit toute la vésicule blastodermique (augmentation du liquide amniotique), le canal allantoïdien, le canal vitellin, les vaisseaux ombilicaux et vitellins sont complètement entourés et enveloppés par une gaine amniotique. Le cordon ombilical est ainsi formé (funiculus umbilicalis), il unit la surface interne de l'enveloppe fœtale à l'ombilic abdominal de l'embryon.

e) L'enveloppe séreuse présente généralement très tôt (2e semaine) des villosités sur toute sa surface. Lorsque le tissu conjonctif de l'allantoïde a pénétré à l'intérieur des villosités, elle devient le chorion.

f) Le chorion se divise en chorion læve et en chorion frondosum.

  α) Le chorion læve est cette partie du chorion qui est accolée à la caduque réfléchie, elle s'unit intimement à elle pendant que les villosités s'atrophient.

  β) Le chorion frondosum est constitué par la partie du chorion appliquée contre la caduque sérotine. Les villosités s'y développent en arbuscules très volumineux et richement ramifiés.

5° Par la pénétration des arbuscules villeux du chorion frondosum dans la caduque sérotine, et par leur union intime avec elle, se constitue un organe destiné à la nutrition de l'embryon, le placenta.

6° Le placenta se décompose en une partie fœtale et en une partie maternelle : 1° le placenta fœtal ou chorion frondosum et 2° le placenta utérin ou caduque sérotine primitive.

a) Le placenta fœtal comprend :

En premier lieu, la membrana chorii, dans laquelle s'étalent les ramifications principales des vaisseaux ombilicaux. A cette membrane s'insère le cordon ombilical. Cette insertion se fait habituellement au centre (insertio centralis), plus rarement à son bord (insertio marginalis) et plus rarement encore à une certaine distance du bord (insertio velamentosa).

En second lieu, des villosités choriales dont les ramifications fixées s'enfoncent par leurs terminaisons dans la muqueuse utérine, tandis que les prolongements libres plongent dans les espaces sanguins intervilleux du placenta utérin, ou espace placentaire.

b) Le placenta utérin se compose, comme la caduque vraie, d'une couche compacte se détachant à la naissance (Pars caduca) et d'une couche spongieuse, dans laquelle le décollement a lieu, et dont une partie demeure appliquée à la musculature (Pars fixa).

La couche compacte (lame basale de *Winkler*) envoie, entre les villosités choriales, des cloisons (septa placentæ) qui les divisent en faisceaux isolés, les cotylédons.

Entre les artères et les veines qui cheminent dans la lame basale et dans les septa sont intercalés de très larges espaces vasculaires sanguins, dans lesquels les villosités semblent plonger librement (espaces intervilleux, espace placentaire).

7° Au moment de l'accouchement, les caduques se détachent dans l'épaisseur de la couche spongieuse de l'utérus et constituent, avec les enveloppes fœtales et le placenta, l'arrière-faix.

8° Une muqueuse normale se reconstitue, les premières semaines après l'accouchement, aux dépens de la portion de la couche spongieuse restée adhérente à la musculature et aux dépens des restes des glandes utérines, dont l'épithélium régénère vraisemblablement l'épithélium de la muqueuse.

DEUXIÈME PARTIE

L'étude du développement des organes forme l'objet de la deuxième partie de l'ouvrage. — La meilleure classification du matériel volumineux étudié ici est celle qui considère successivement chacun des feuillets germinatifs, donnant naissance aux différents organes. Cependant, il convient, *a priori,* de faire remarquer, à ce sujet, que ce principe de classification ne doit être admis qu'avec une certaine restriction. Car les organes définitifs de l'adulte sont généralement des formations complexes, qui dérivent de deux ou même trois assises embryonnaires. C'est ainsi, par exemple, que les muscles se forment aux dépens de cellules du feuillet germinatif moyen et du mésenchyme ; le tube intestinal avec ses glandes présente des éléments des trois feuillets ; du feuillet germinatif interne, du feuillet moyen, et du mésenchyme. Néanmoins si on présente ces organes comme des dérivés d'un feuillet germinatif, cela tient à ce que les différents tissus qui entrent dans la constitution et le fonctionnement d'un organe n'ont pas la même importance. La structure et la fonction du foie ou du pancréas sont déterminées tout d'abord par les cellules glandulaires, qui dérivent du feuillet germinatif interne, alors que le tissu conjonctif, les vaisseaux sanguins, les nerfs, l'enveloppe séreuse qui, certes, font partie de la totalité de ces glandes, mais qui ne leur donnent pas leur constitution caractéristique sont de peu d'importance. Dans l'anatomie et la physiologie du muscle, le tissu musculaire est la partie fonctionnellement essentielle. Il en est de même de l'épithélium sensoriel dans les organes des sens. En envisageant la question à ce point de vue, on a une excellente raison de considérer les glandes de l'intestin comme des organes dérivant du feuillet germinatif interne ; les muscles, les organes génitaux, les organes urinaires comme appartenant au feuillet germinatif moyen et le système nerveux avec les organes des sens comme des productions du feuillet germinatif externe.

Par conséquent, l'étude du développement des organes du corps, se divise en quatre parties principales :

1° L'étude des formations dérivées du feuillet germinatif interne ;

2° L'étude des formations dérivées du feuillet germinatif moyen ;

3° L'étude des formations dérivées du feuillet germinatif externe ;

4° L'étude des formations dérivées du feuillet intermédiaire ou mésenchyme.

CHAPITRE IX

Les organes dérivés du feuillet germinatif interne.

Le tube digestif et ses organes annexes.

Lorsque la formation des feuillets germinatifs est terminée, et après les premiers processus d'organisation décrits dans le septième chapitre, le corps des Vertébrés se compose de simples tubes emboîtés l'un dans l'autre. Chacun de ces tubes, formés aux dépens de plusieurs feuillets cellulaires primitifs du germe, constitue l'un, le petit tube intestinal interne, l'autre, séparé du premier par la cavité du corps, le tube troncal.

Le *tube intestinal* dont nous allons suivre tout d'abord le développement ultérieur se compose de deux feuillets épithéliaux, fournis l'un par le feuillet glandulo-intestinal et l'autre par le revêtement épithélial de la cavité du corps, le feuillet moyen viscéral. Les deux feuillets sont séparés l'un de l'autre par le mésenchyme encore peu développé à ce moment. De ces trois couches, la couche glandulo-intestinale est sans contredit la plus importante, car c'est d'elle que dérivent en première ligne, tous les processus de différenciation dont nous allons parler maintenant plus longuement, processus que l'on peut facilement répartir en trois groupes.

En premier lieu, le tube intestinal est mis en communication avec l'extérieur par un grand nombre d'orifices : par les fentes branchiales, par la bouche et l'anus. En second lieu, il s'accroît considérablement en longueur et se divise en : œsophage, estomac, intestin grêle et gros intestin, avec leurs appareils de suspension (mésentères, épiploons). En troisième lieu, de nombreux organes, qui sont pour le plus grand nombre, en rapport avec la digestion, prennent naissance dans la paroi du tube intestinal.

1. — La formation des ouvertures du canal intestinal.

1° **Le développement de l'anus et de la queue.** — Au commencement du développement existe, comme unique ouverture de l'intestin à la surface du germe, la bouche primitive (gouttière primitive) qui marque l'endroit où se sont invaginés au stade de la blastula le feuillet interne et le feuillet moyen (chap. V, fig. 51, 57, 61, 77, 96). Chez les Vertébrés, son caractère essentiel est d'être une formation transitoire. Car, comme nous l'avons déjà montré précédemment (p. 87), ses bords commencent à se souder de l'avant à l'arrière, dès sa première apparition ; si bien que de cette façon se produirait bientôt une atrophie complète, si elle ne s'agrandissait pas par son extrémité postérieure dans une proportion égale à ce qu'elle perd en avant par sa fermeture.

Ainsi s'explique, qu'aux différents stades embryonnaires chez des embryons de 2, 10, 20, 25 segments primordiaux, etc., on trouve en avant de chaque extrémité postérieure, une portion de la bouche primitive (gouttière primitive) dont la fermeture n'est pas encore accomplie (fig. 126-128). Aux dépens du reste de la bouche primitive se forment finalement, à un certain stade, deux formations différentes, le canal neurentérique dont il a déjà été parlé, et qui n'est qu'une formation transitoire,

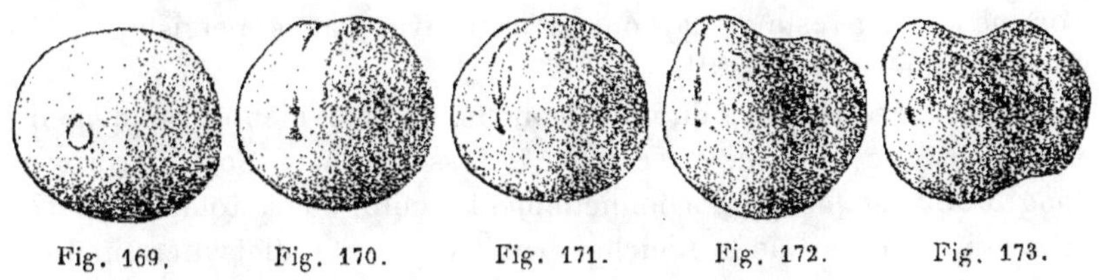

Fig. 169.   Fig. 170.   Fig. 171.   Fig. 172.   Fig. 173.

Fig. 169-173. — Œufs de Rana temp.; d'après Ziegler.

et l'anus, la seule partie qui tire son origine de la région de la bouche primitive, considérablement agrandie.

C'est chez les Amphibiens que se laisse suivre le plus facilement la formation de l'anus. Pour cela, nous examinerons les stades où la partie ouverte de la bouche primitive de l'œuf de Grenouille forme un petit anneau en dehors duquel le bouchon vitellin proémine comme une masse claire (fig. 169). Comme on peut le suivre facilement par l'observation continue d'un seul et même œuf, l'ouverture circulaire se transforme en peu de temps en une ouverture en forme de fente (gouttière primitive), car les bords de la bouche primitive, droit et gauche, s'accroissent l'un vers l'autre.

Les deux bords de la bouche primitive s'épaississent dans le milieu de la gouttière, se soudent l'un avec l'autre et par suite, décomposent la gouttière en une petite ouverture antérieure et une petite ouverture postérieure (fig. 170 et 171). L'ouverture antérieure donnera le canal neurentérique, l'ouverture postérieure, par contre, donnera l'anus. Le petit pont, formé par la soudure et qui sépare ces ouvertures, donne l'ébauche de la queue, à laquelle est accolé l'anus ; ce pont peut, par suite, être désigné comme *bourgeon caudal*. Le matériel cellulaire, renfermé dans le bourgeon caudal à sa formation, est primitivement partagé entre les deux moitiés séparées par la bouche primitive, ainsi que le montrent d'intéressantes monstruosités d'embryons de Saumon et de Grenouille, chez lesquels il existe parfois, une double queue avec une fente étendue correspondant à la bouche primitive (voir p. 97).

Comme, dans le cours ultérieur du développement, les bourrelets médullaires s'étendent loin en arrière, l'ouverture la plus antérieure des deux ouvertures tombe bientôt dans leur domaine, et si les bourrelets se soudent en un tube nerveux, elle est enfermée dans celui-ci (fig. 172 et 173). Ainsi se produit le stade décrit en premier lieu par *Kowalevsky* et *Götte*, où le tube nerveux et le canal intestinal constituent ensemble un tube en forme d'U, dont la portion recourbée constitue le *canal neurentérique* (fig. 70). De sorte que maintenant, à la surface de l'embryon, comme dernier reste de la bouche primitive, l'anus persiste seul sous forme d'une petite fossette (fig. 173).

La première ébauche du bourgeon caudal croît bientôt rapidement, en longueur, et commence à recouvrir la fossette anale. Son accroissement longitudinal se fait proportionnellement à celui de la totalité du corps. Et comme au bord de la bouche primitive les feuillets germinatifs externe, moyen et interne se rencontrent et donnent naissance à des organes axiaux : tube nerveux, chorde et segments primordiaux, les ébauches de tous ces organes se rencontrent aussi dans le bourgeon caudal. De nouveaux segments s'ajoutent par la zone d'accroissement reportée à l'extrémité caudale, ainsi que dans l'allongement du tronc. Ultérieurement, un petit prolongement du feuillet germinatif moyen y pénètre. Il renferme pendant longtemps une petite cavité, ainsi que le montre la figure de Bombinator (fig. 70). Ce prolongement est désigné généralement dans la littérature sous le nom d'*intestin caudal* ou d'*intestin postanal*. Plus tard, le cordon cellulaire s'atrophie, puis il perd sa cavité et se fond dans les autres tissus.

Plusieurs stades sont à considérer *au cours du développement ultérieur de l'anus*. Primitivement, l'ouverture anale présente la constitution de la bouche primitive dont elle dérive. Les trois feuillets germinatifs existent dans son étendue disposés l'un au-dessous de l'autre (fig. 174,A). Ils persistent pendant quelque temps tous les trois. Au niveau de la lèvre anale, le feuillet germinatif externe se recourbe dans le feuillet moyen pariétal, et en dedans, au niveau de la lèvre intestinale, le feuillet viscéral moyen passe au feuillet glandulo-intestinal. Il n'existe encore, par conséquent, à ce stade, strictement parlant, aucune connexion entre le feuillet germinatif interne et le feuillet germinatif externe, si ce n'est par l'intermédiaire du feuillet germinatif moyen.

Cet état de choses se modifie aux stades suivants. Le feuillet germinatif moyen perd dans la région anale sa connexion, d'une part à la lèvre anale avec le feuillet germinatif externe, d'autre part à la lèvre intestinale avec le feuillet glandulo-intestinal (fig. 174, B). Les sacs du corps sont alors clos et limités de toutes parts.

Conséquemment le feuillet germinatif interne et le feuillet germinatif externe se continuent maintenant tout d'abord directement l'un dans l'autre. A ce propos, deux modifications sont à signaler chez les Amphi-

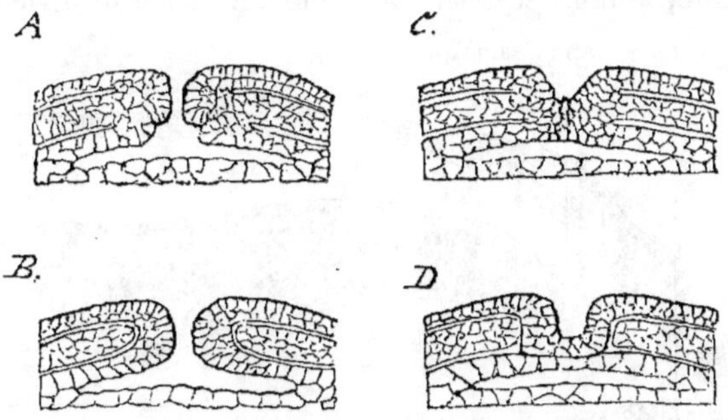

Fig. 174, A-D. — Quatre figures schématiques destinées à faire comprendre la transformation du reste de la bouche primitive en anus.

biens selon que le reste de la bouche primitive transformée en anus possède une ouverture perforée, ou est fermée par la soudure de ses bords. Dans le premier cas, l'ouverture anale (fig. 174, B) est ouverte de tout temps et constitue un tube épithélial qui conduit directement et immédiatement de l'extérieur dans l'intestin terminal. Dans le deuxième cas (fig. 174, C et D), le feuillet germinatif interne et le feuillet germinatif moyen se mettent directement en contact à la suite de la séparation du feuillet moyen et constituent une fermeture épithéliale, la *membrane anale*, membrane épithéliale généralement mince qui est formée d'une simple couche de cellules ectodermiques et de cellules endothéliales qui se forme entre la fossette anale et la cavité de l'intestin terminal, les séparant l'une de l'autre.

Dans ce cas, l'anus s'ouvre par ce fait, qu'au milieu de la membrane de fermeture, les cellules s'écartent les unes des autres.

Chez les autres Vertébrés, le développement de l'anus et de la queue se présente essentiellement de la même manière que chez les Amphibiens.

Il semble se former partout un intestin caudal, ou mieux un cordon entodermique caudal. Ce cordon s'atrophie plus ou moins tôt chez tous les
Vertébrés ; perd sa cavité dans les cas où il en possède une et se transforme en un cordon cellulaire plein. Il se sépare ensuite de l'intestin anal
et du tube nerveux et disparaît complètement. Le canal neurentérique,
dernier reste de la bouche primitive, cesse aussi d'exister.

A propos de la *formation de l'anus chez les Mammifères*, nous pouvons
encore donner ici quelques renseignements précis.

La première ébauche de l'anus se montre déjà chez des embryons qui
ne possèdent encore que quelques segments primordiaux. Tandis qu'à
l'extrémité antérieure de la ligne primitive existe le canal neurentérique,
la membrane anale se forme à son extrémité postérieure, car sur une
petite étendue, le feuillet germinatif moyen disparaît et le feuillet glan-

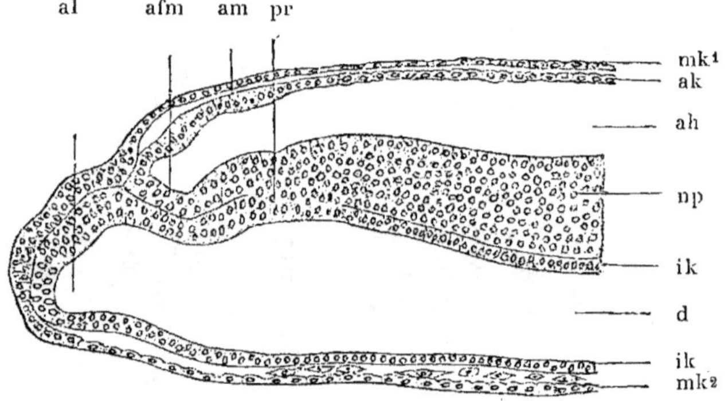

Fig. 175. — Coupe médiane de l'extrémité postérieure d'un embryon de mouton âgé
de 16 jours et possédant cinq paires de segments primordiaux ; d'après Bonnet.
al : allantoïde. — afm : membrane anale. — am : amnios. — ah : cavité amniotique. —
ak : feuillet germinatif externe et mk¹ : feuillet germinatif moyen qui contribue à la
formation de l'amnios. — np : passage de la plaque nerveuse au sillon primitif. —
pr : gouttière primitive dans la région du canal neurentérique. — ik : feuillet glandulo-intestinal. — mk² : feuillet fibreux intestinal. — d : tube intestinal.

dulo-intestinal et l'épiderme s'accolent intimement l'un à l'autre, bien que
toutefois, ils demeurent toujours séparés l'un de l'autre par une démarcation nette (fig. 175, afm). L'ébauche anale se trouve par conséquent
primitivement à l'extrémité postérieure de l'embryon et tout à fait à la
face dorsale. La portion de la ligne primitive comprise entre l'anus et le
canal neurentérique se transforme comme chez les Amphibiens en un
bourgeon caudal. Il proémine à un stade un peu plus âgé, comme la
figure 175 le représente, vers l'extérieur, sous forme d'une petite saillie
qui s'allonge graduellement pour former la queue des Mammifères (fig. 176,
sch). Le canal neurentérique situé dans la saillie est entouré par les bour-

relets médullaires et est incorporé dans le tube nerveux à la suite de leur fermeture complète. Chez les Mammifères se développe aussi un petit cordon entodermique qui s'atrophie plus tard. Plus le bourgeon caudal proémine vers l'extérieur (fig. 176, sch) et se trouve reporté au-dessus de la membrane anale (afm), plus la fossette anale primitivement située tout entière à la face dorsale se reporte à la face ventrale du corps embryonnaire.

Dans la figure 176, elle se trouve entre le bourgeon caudal (sch) et

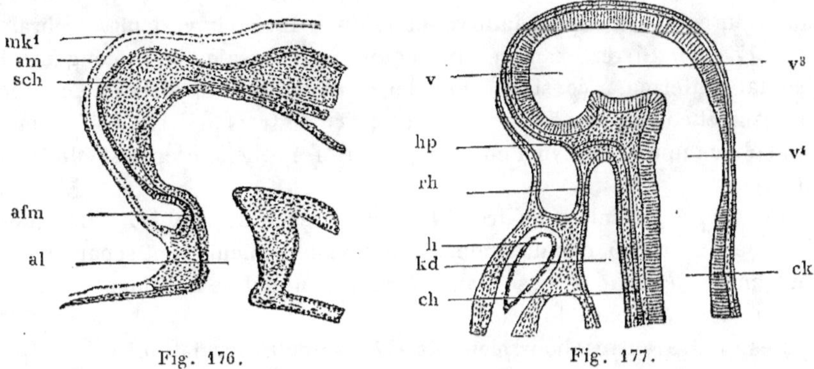

Fig. 176.   Fig. 177.

Fig. 176. — Coupe médiane de l'extrémité caudale d'un embryon de mouton âgé de 18 jours et possédant 23 paires de segments primordiaux ; d'après Bonnet.
sch : bourgeon caudal ou bourrelet terminal. — am : amnios.—mk¹ : son feuillet fibreux. — afm : membrane anale située ventralement et en avant du bourrelet terminal. — al : allantoïde.

Fig. 177. — Coupe médiane de la région céphalique d'un embryon de Lapin de 6 millimètres de longueur ; d'après Mihalcovics. — rh : membrane pharyngienne. — hp : point où se développe l'hypophyse. — h : cœur. — kd : intestin céphalique. — ch : chorde.— v : ventricule du cerveau antérieur. — v³ : 3ᵉ ventricule du cerveau moyen. — v⁴ : 4ᵉ ventricule du cerveau postérieur. — ck : canal médullaire.

l'ébauche de l'allantoïde (al). La résorption de la membrane anale se fait relativement tard. Chez les Ruminants, par exemple, elle se produit seulement lorsque l'embryon est âgé de 24 jours.

2° **Le développement de la bouche.** — Le feuillet germinatif externe forme chez tous les Vertébrés, à la face inférieure de l'ébauche céphalique, qui, au commencement, a l'aspect d'une tubérosité arrondie, une petite fossette peu profonde (fig. 177) qui coïncide avec l'extrémité aveugle de la cavité intestinale céphalique (kd).

Dans l'étendue de la fossette, le feuillet germinatif externe et le feuillet germinatif interne s'unissent en une mince membrane qui fut décrite par *Remak* sous le nom de membrane pharyngienne (fig. 177, rh). Par la destruction de cette membrane et par l'atrophie des lambeaux connus sous le nom de *voile du palais primitif*, la communication entre l'orifice buccal et la cavité intestinale céphalique est établie. Chez tous les Vertébrés amniotes, l'entrée de l'orifice buccal (fig. 178, mb) présente une forme analogue ; elle ressemble à une large ouverture pentagonale délimitée par *cinq bourrelets* dont la connaissance est d'une grande importance pour l'étude de la formation de la face.

L'un d'eux constitue une large saillie impaire, *le prolongement frontal*, qui délimite l'orifice buccal vers le haut. Sa formation est liée au développement du système nerveux central, qui s'étend jusqu'à l'extrémité antérieure de l'ébauche embryonnaire où il forme la vésicule cérébrale (fig. 177, v). Si on examine une coupe transversale, le prolongement frontal renferme, à ce stade, une large cavité qui appartient au tube nerveux et correspond à une vésicule formée de trois assises : l'épiderme, une ébauche mésenchymateuse, et la paroi épithéliale épaissie du tube nerveux.

La cavité buccale primaire et l'ébauche cervicale (fig. 177) contiguës l'une à l'autre au commencement du développement, sont séparées par une mince couche de tissu dans l'étendue duquel se développera entre autre choses, la base du crâne.

Les quatre autres bourrelets (fig. 178) sont des formations paires, qui délimitent la cavité buccale latéralement et en bas. Ils se forment par prolifération du tissu conjonctif embryonnaire dans lequel cheminent de gros vaisseaux sanguins. D'après leur position, ils sont désignés sous les noms de prolongements *maxillaires supérieurs* (ok) et de prolongements *maxillaires inférieurs* (uk). Les premiers s'attachent latéralement et directement au prolongement frontal (sf) ; ils en sont séparés par une gouttière, la gouttière naso-lacrymale dont nous parlerons dans un prochain chapitre ; elle est dirigée suivant une direction oblique, en haut et en dehors de la région de la face où se développe l'œil. Les prolongements maxillaires supérieurs et les prolongements maxillaires inférieurs sont séparés les uns des autres par une échancrure qui correspond à l'emplacement de la future commissure des lèvres. Les deux prolongements d'un même côté forment ensemble l'arc maxillaire membraneux.

3° **Le développement des fentes branchiales.** — Pendant que dans le voisinage de la bouche ces transformations s'accomplissent, de chaque côté du tronc apparaissent, immédiatement en arrière des arcs maxillaires, plusieurs fentes branchiales. Elles se développent d'une façon à peu près analogue chez les Sélaciens, les Téléostéens, les Ganoïdes, les Amphibiens et chez tous les Amniotes (fig. 178 et 179).

Aux dépens de l'épithélium de la cavité intestinale céphalique se forment des invaginations profondes (sch¹). Elles refoulent latéralement les feuillets germinatifs moyens, qui s'étendent jusque dans cette région, et s'accroissent ainsi jusqu'à la surface où elles entrent en rapport avec l'épiderme. En même temps, l'épiderme se creuse également d'un sillon en des points correspondants (fig. 178, 179), de sorte que, on peut dis-

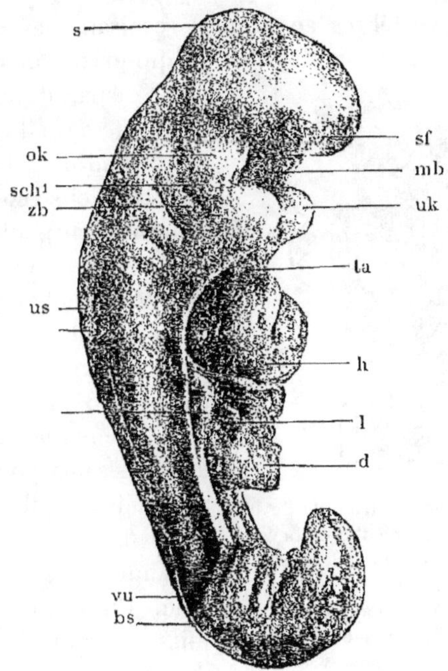

Fig. 178. — Embryon humain de trois semaines ; d'après His. — La paroi abdominale antérieure et le sac vitellin sont détachés.

s : éminence apicale. — sf : prolongement frontal. — mb : cavité buccale. — sk : prolongement maxillaire supérieur. — uk : prolongement maxillaire inférieur. — zb : arc hyoïdien. — sch¹ : première fente branchiale. — us : segment primordial. — ta : tronc artériel. — h : cœur. — l : foie. — d : intestin réséqué au point de passage avec le canal vitello-intestinal. — bs : pédicule abdominal avec veine ombilicale : vu.

tinguer des poches pharyngiennes internes, profondes, et des sillons pharyngiens superficiels ou sillons branchiaux. Pendant un certain temps, les deux sortes de sillons sont séparés par une très mince membrane d'occlusion, qui est formée aux dépens des deux feuillets épithéliaux, l'épiderme et l'épithélium de la cavité intestinale céphalique.

Les bandes de substance, qui existent entre les différentes poches pharyngiennes (fig. 178, 179 et 159) constituent les *arcs branchiaux ou œso-phagiens ou viscéraux*. Ils sont composés d'un axe formé par le feuillet germinatif moyen et le mésenchyme recouvert d'un rêvêtement épithélial qui est fourni dans la cavité pharyngienne par le feuillet germinatif interne, et à l'extérieur par le feuillet germinatif externe. On les distingue d'après leur ordre de succession, ainsi le premier bourrelet limitant la cavité buccale forme le premier arc branchial ; ensuite viennent le deuxième, le troisième, le quatrième arc pharyngien, etc.

Chez tous les Vertébrés aquatiques respirant par des branchies, la mince membrane d'occlusion épithéliale qui existe entre les arcs pharyngiens disparaît peu de temps après l'ébauche des sillons. Cette régression a lieu dans l'ordre suivant lequel ceux-ci se sont constitués. Un courant d'eau peut maintenant pénétrer de l'extérieur dans la cavité de l'intestin céphalique par les fentes qui existent partout. Il circule sur la surface muqueuse et sert à la respiration. Il se développe ensuite dans la muqueuse, des deux côtés des fentes pharyngiennes, un réseau vasculaire capillaire superficiel et serré dont le contenu effectue des échanges gazeux avec l'eau qui circule. En outre, la muqueuse se plisse par suite de l'agrandissement de sa surface respiratoire, elle forme de nombreuses lamelles branchiales disposées parallèlement et très serrées. Elles sont pourvues de réseaux vasculaires sanguins très riches. La portion la plus antérieure du canal

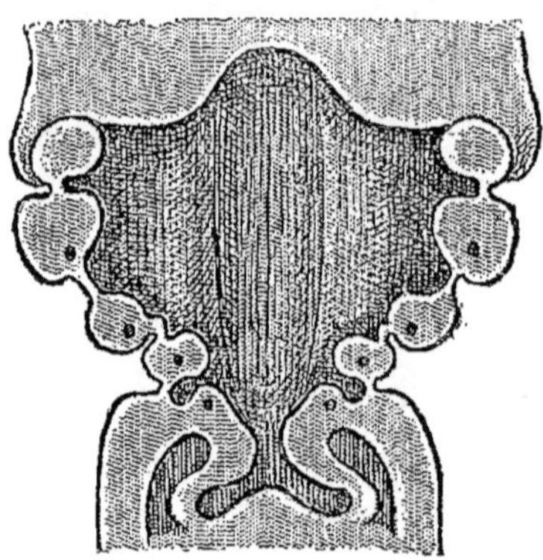

Fig. 179. — Reconstruction frontale de la cavité bucco-pharyngienne d'un embryon humain (Bl, His) de 4,5 mm. de l'extrémité nuchale à l'extrémité coccygienne ; d'après His, gros. : 30 f.— La figure montre les quatre sillons branchiaux externes et les quatre sillons internes avec leurs membranes d'occlusion. Dans les arcs viscéraux séparés par les sillons, on voit la coupe transversale, du deuxième au cinquième, du vaisseau sanguin viscéral. Par suite du développement rapide des arcs antérieurs les arcs postérieurs sont déjà reportés quelque peu en arrière.

intestinal située immédiatement derrière la tête s'est donc transformée en un organe respiratoire adapté à la vie aquatique.

Chez les Vertébrés amniotes supérieurs, les sillons branchiaux externes et internes, ainsi que nous l'avons déjà dit, se forment exactement de la même façon. Toutefois, ils ne se transforment jamais chez eux en un appareil respiratoire fonctionnant réellement : ils appartiennent par suite à la catégorie des organes rudimentaires. Sur la muqueuse respiratoire, il ne se forme plus aucune lamelle respiratoire, bien que cela ne soit pas constant et général dans le cas de la formation de fentes complètes. La mince membrane d'occlusion épithéliale subsiste fréquemment, entre les différents arcs branchiaux dans la profondeur des sillons visibles extérieurement. Par ces faits, ainsi que par des variations à mentionner dans le nombre des arcs branchiaux, se manifestent les différents stades d'un processus d'atrophie auquel est soumise la totalité de l'appareil viscéral dans la série des Vertébrés.

Le nombre des fentes branchiales arrivant à formation est variable dans les différentes classes des Vertébrés. C'est chez les Sélaciens que nous

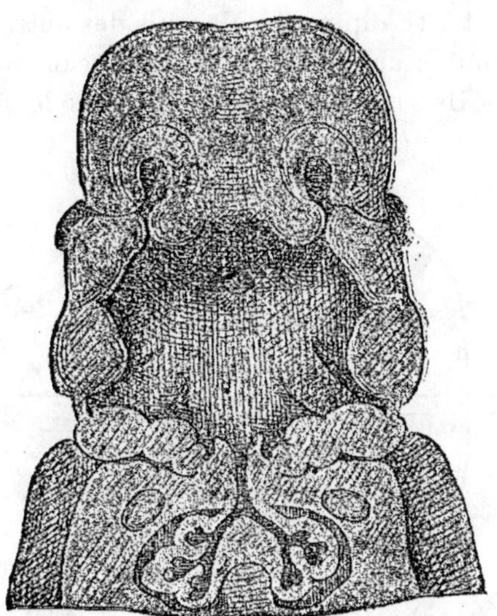

Fig. 180. — Reconstruction frontale de la cavité bucco-pharyngienne d'un embryon humain (embryon Rg. de His) de 11,5 mm. depuis l'extrémité coccygienne jusqu'à l'éminence nuchale ; d'après His. Gross. 12 f.
Le maxillaire supérieur est vu en perspective, le maxillaire inférieur en coupe transversale. — Les derniers arcs branchiaux ne sont plus visibles de l'extérieur, car ils sont reportés au fond du sinus cervical.

trouvons le nombre le plus élevé, il est de six, même de sept à huit dans quelques espèces.

Chez les Poissons osseux, les Amphibiens et les Reptiles, le nombre descend à cinq. Chez les Oiseaux, les Mammifères et chez l'Homme (fig. 178, 179 et 159), les fentes branchiales sont seulement au nombre de quatre.

Nous pouvons donc dire, d'une façon générale, que des Vertébrés inférieurs aux Vertébrés supérieurs, se produit une réduction du nombre des fentes branchiales parvenant à formation.

Chez l'embryon humain, les sillons branchiaux sont le plus visibles,

lorsqu'il a atteint une longueur de 3 à 4 millimètres (His) (fig. 178-179). Les
sillons externes et internes sont alors profondément creusés et séparés
l'un de l'autre par une mince membrane d'occlusion épithéliale. Ils diminuent de longueur de l'avant vers l'arrière. Des arcs branchiaux qui les
séparent, le premier est le plus volumineux et le dernier, le plus grêle, ils
forment, vus en coupe frontale, deux séries convergeant vers le bas, de
sorte que la cavité bucco-pharyngienne se rétrécit en forme d'entonnoir
en passant au tube intestinal.

A partir de la quatrième semaine du développement, les arcs pharyngiens commencent à se rapprocher les uns des autres, cela résulte de ce
que les deux premiers arcs se développent beaucoup plus que les suivants (fig. 180). « Ils s'emboîtent, ainsi que *His* le fait remarquer, à la
façon des tubes d'un télescope, de façon que, vus du dehors, le qua-

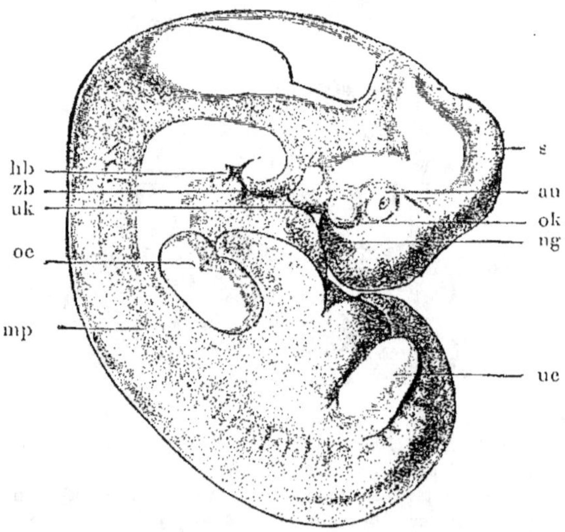

Fig. 181. — Embryon humain au milieu de la cinquième semaine, mesurant 9 millimètres de longueur de l'extrémité coccygienne à l'éminence nuchale ; d'après Rabl.
s : éminence apicale. — au : œil. — ok : maxillaire supérieur. — uk : maxillaire
inférieur. — zb : arc hyoïdien. — hb : sinus cervical. — ng. : fossette olfactive.
— oe : membre supérieur. — ue : membre inférieur. — mp : plaque musculaire
(segments du tronc).

trième arc se trouve d'abord entouré et recouvert par le troisième, et
celui-ci par le deuxième ; en revanche, à la face interne tournée vers le
pharynx, le quatrième arc remonte au-dessus du troisième, le troisième
au-dessus du deuxième. »

Il s'en suit que la longueur relative de la cavité bucco-pharyngienne
est moindre chez des embryons plus âgés que chez des embryons plus

jeunes. A la suite de cet accroissement inégal, qui s'accomplit absolument de la même façon chez les embryons d'Oiseaux et de Mammifères, une fossette profonde se forme à la surface et à la limite postérieure de la région céphalo-cervicale, c'est la *fossette cervicale* ou *Sinus cervical* (*Rabl*) ou *Sinus précervical* (*His*) (fig. 180 et 181, hb).

Au fond et à la paroi antérieure de la fossette cervicale se trouven les troisième et quatrième arcs branchiaux, qui maintenant ne sont plus visibles de l'extérieur. Le deuxième arc ou arc hyoïdien (zb) délimite en avant l'entrée du sinus. L'arc hyoïdien donne naissance progressivement en arrière à un court prolongement qui, extérieurement, recouvre la fossette cervicale et que *Rathke* et *Rabl* ont comparé avec raison à l'opercule branchial des Poissons et des Amphibiens. « Le prolongement operculaire se soude finalement avec la paroi latérale du corps. Et par suite, la fossette cervicale, qui correspond à la cavité située sous l'opercule branchial des Poissons et des Amphibiens, et renferme les arcs branchiaux, est fermée. » (Comp. la fig. 179 avec la fig. 180, et la fig. 160 avec la fig. 181.)

Le développement des fentes branchiales et de la fossette pharyngienne a aussi un intérêt pratique. Il existe parfois chez l'homme des fistules dans la région cervicale, qui peuvent pénétrer plus ou moins loin de l'extérieur dans l'intérieur, et peuvent même s'ouvrir dans la cavité pharyngienne. Elles sont dues à un état de choses embryonnaire persistant et qui consiste en ce que la fossette cervicale est demeurée en partie ouverte. De là, une communication peut être établie, chez les adultes, avec la cavité pharyngienne, alors que la deuxième fente branchiale s'est fermée normalement.

2. — Différenciation du tube intestinal en segments distincts et formation des mésos.

Au début, le tube digestif adhère largement (fig. 137) à la paroi dorsale du tronc, à la chorde (ch) et aux segments primordiaux (ms) par une large bande de tissu conjonctif embryonnaire dans laquelle sont contenues les ébauches des deux aortes primitives (av). Les cavités cœlomiques droite et gauche sont par suite encore séparées l'une de l'autre vers le haut par un large espace ; celui-ci se rétrécit au fur et à mesure que l'embryon devient plus âgé, pendant que se développe un méso, formation qui s'étend dans toute la longueur du tube digestif, sauf dans la portion antérieure. Il se développe de la façon suivante : le tube intestinal s'éloigne de la chorde ; en même temps, la large bande de tissu

conjonctif mentionnée ci-dessus devient de plus en plus étroite, se rétrécissant de droite à gauche, elle s'allonge au contraire dorso-ventralement. Les deux aortes renfermées dans cette bande se rapprochent et
finalement se fusionnent en un tronc impair, situé sur la ligne médiane
entre la chorde et l'intestin. Au cours ultérieur du processus, le tube
intestinal et la chorde ne sont plus unis que par une mince bande qui

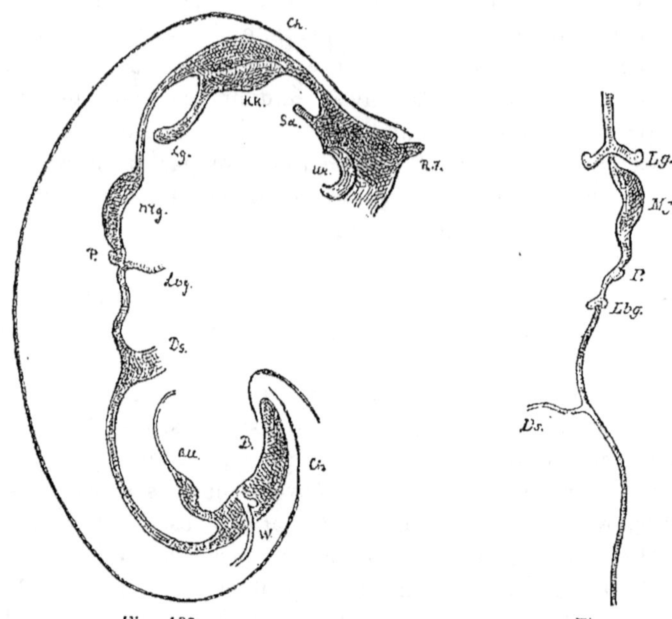

Fig. 182.   Fig. 183.

FIG. 182. — Tube digestif d'un embryon humain (R, His) mesurant 5 millimètres de lon
gueur de l'extrémité coccygienne à l'éminence nuchale ; d'après His. Gross. 20 f.
RT : poche de Rathke.— Uk: maxillaire inférieur. — Sd : glande thyroïde. — ch : chorde
dorsale. — Kk : entrée du larynx. — Lg : poumon. — Mg : estomac. — P : pancréas.
— Lbg, tube hépatique. — Ds : canal vitellin. — All : canal allantoïdien. — W : canal
de Wolff avec l'ébauche de l'uretère. — B : bursa pelvis.
FIG. 183. — Tube digestif d'un embryon humain (Bl, His) de 4,25 mm. de l'extrémité
coccygienne à l'éminence nuchale ; d'après His. Gross. 30 f.
Lg : poumon. — Mg : estomac. — P : pancréas. — Lbg : tubes hépatiques. — Ds : canal
vitellin.

s'étend de l'extrémité antérieure de l'embryon à l'extrémité postérieure.

La différenciation du tube intestinal en segments spéciaux et différents,
placés les uns derrière les autres, commence par la formation de l'estomac. L'estomac apparaît comme une petite dilatation fusiforme à quelque
distance derrière la portion respiratoire garnie par les fentes branchiales.
L'axe de cette dilatation correspond à l'axe longitudinal du corps (fig. 182

et 183, Mg). C'est ce que l'on observe chez l'embryon humain de quatre semaines. Le tube digestif embryonnaire tout entier présente maintenant à considérer cinq parties placées les unes derrière les autres : la cavité buccale, la cavité pharyngienne avec les fentes branchiales. Elle se rétrécit en forme d'entonnoir à l'œsophage, auquel fait suite l'estomac fusiforme et élargi. A celui-ci fait suite le reste du tube intestinal, qui est encore plus ou moins largement uni au sac vitellin (Ds). A l'exception des trois portions antérieures, il existe dans la totalité de la longueur de l'intestin, un méso ; la portion adhérente à l'estomac est désignée particulièrement sous le nom de *Mésogastre*.

Cette disposition persiste chez de nombreux Poissons et Amphibiens. Chez l'animal adulte, l'intestin traverse ainsi le cœlome suivant un trajet faiblement incurvé. L'estomac apparaît comme une dilatation fusiforme de ce tube.

Une modification se présente chez tous les Vertébrés supérieurs, elle est la conséquence d'un accroissement en longueur, plus ou moins considérable de l'intestin. L'accroissement du tronc étant moins rapide. La conséquence de ceci, c'est que l'intestin, pour trouver place dans la cavité du corps, doit former des sinuosités. Pour cela, certaines portions demeurent appliquées contre la colonne vertébrale, alors que d'autres s'en éloignent. Les premières sont fixées par un court mésentère et par suite sont moins mobiles; chez les dernières, la substance qui sert à leur suspension s'est allongée. par suite de leur changement de position, en une mince lamelle parfois très étendue. Ils ont acquis, dans une même mesure une mobilité plus grande.

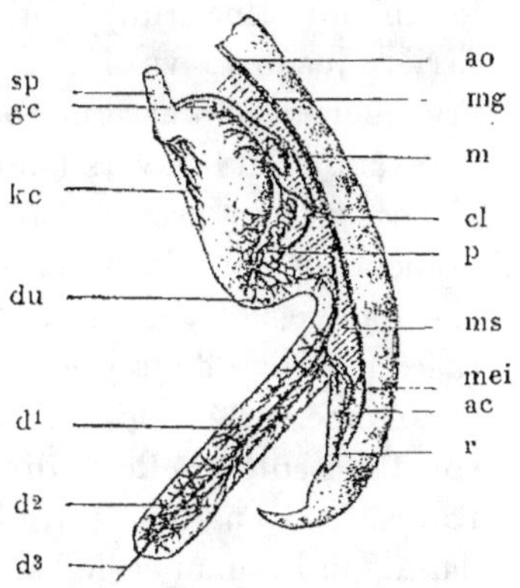

Fig. 184. — Schéma montrant la disposition du tube digestif chez un embryon humain de six semaines ; d'après Toldt.

sp : œsophage. — kc : petite courbure de l'estomac. — gc: grande courbure. — du : duodénum. — d¹ : partie de l'anse intestinale qui donnera naissance à l'intestin grêle. — d² : partie de l'anse intestinale qui donnera naissance au gros intestin et qui commence au cæcum. — d³ : point d'attache du canal vitellin. — mg : mésogastre. — m : rate. — p : pancréas. — r : rectum.— ao : aorte. — cl : tronc cæliaque. — mei : artère mésentérique inférieure.— ac : aorte caudale.

Les processus très compliqués du développement sont, aussi en partie, suffisamment expliqués, pour ce qui concerne les embryons humains, par d'admirables travaux. Chez les embryons humains de cinq et six semaines, la face postérieure de l'estomac, tournée vers la colonne vertébrale (fig. 184, ge), est fortement convexe, la paroi antérieure (kc) au contraire, recouverte à l'ouverture de la cavité abdominale par le foie déjà reconnaissable, est légèrement concave. Par suite, la ligne qui unit l'entrée à la sortie de l'estomac (cardia et pylore) passant à la face postérieure est beaucoup plus longue que la ligne correspondante menée à la face antérieure. Cette dernière sera la petite courbure (kc); la première, à laquelle s'insère le mésentère stomacal est la future grande courbure (gc). La portion faisant suite à l'estomac forme, par suite d'un accroissement considérable en longueur, des circonvolutions. Du pylore, le tube intestinal (du) se dirige tout d'abord, sur une petite étendue, en arrière jusqu'au voisinage de la colonne vertébrale, puis il se recourbe brusquement et décrit une anse considérable dont la convexité est dirigée en avant et en bas vers l'ombilic. L'anse se compose de deux branches disposées l'une près de l'autre presque parallèlement (d¹ et d²); entre ces branches s'étend le mésentère (ms) allongé dans la longueur. L'une de ces branches (d¹) est située en avant et en descendant; l'autre (d²) est située en arrière de la première et se dirige vers le haut. Au voisinage de la colonne vertébrale, elle se recourbe encore une fois, et fixée par un court mésentère, elle se dirige en ligne droite (r) vers le bassin jusqu'à l'anus. La transition entre la branche descendante et la branche ascendante, ou le sommet de l'anse, est logée dans la partie initiale creuse du cordon ombilical où celui-ci s'unit à la vésicule ombilicale par le canal vitellin (d³) en voie d'atrophie. A quelque distance de l'origine du canal vitellin, on remarque à la branche ascendante une petite dilatation (d²); elle se transforme plus tard en cæcum et marque le point important où l'intestin grêle et le gros intestin se différencient l'un de l'autre.

A la suite des premiers plissements, l'intestin se laisse, dès maintenant, diviser en quatre parties, qui deviennent encore distinctes dans la suite. La courte portion, allant de l'estomac à la colonne vertébrale et munie à ce moment d'un petit mésentère, donnera le duodénum (du). La branche antérieure descendante (d¹) ainsi que le sommet de l'anse fourniront l'intestin grêle; la branche postérieure ascendante se transformera en gros intestin (d²) et la portion terminale se recourbant à nouveau fournira l'S iliaque et le rectum (r).

Chez les embryons du troisième mois et des mois suivants, se produisent d'importantes modifications dans la position de l'estomac et de l'anse intestinale qui sont en rapport avec leur accroissement en longueur.

L'estomac subit une double rotation autour de deux axes différents et prend par suite de bonne heure une forme et une position qui correspondent à peu près à son état définitif (fig. 185 et 186). Puis son axe longitudinal qui relie le cardia au pylore, primitivement dirigé parallèlement à la colonne vertébrale, se place par suite d'une rotation autour de l'axe sagittal dans une position oblique et finalement presque transversale. A la suite de cela, le cardia est reporté maintenant dans la moitié gauche du corps vers le bras, et le pylore dans la moitié droite du corps plus en haut.

En même temps, l'estomac subit encore une seconde rotation autour de son axe longitudinal, à la suite de laquelle sa face latérale primitive-

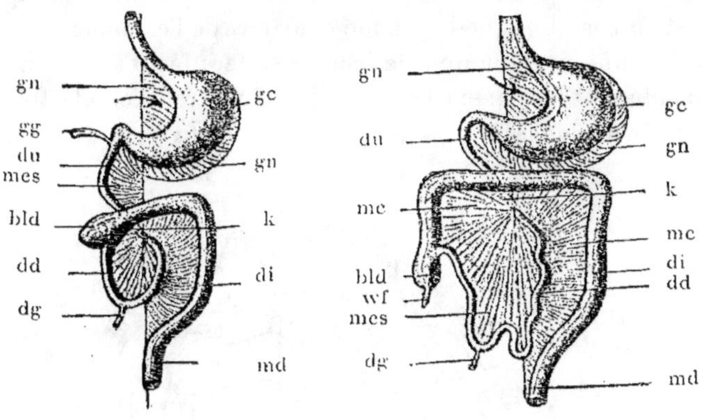

Fig. 185.   Fig. 186.

Fig. 185 et 186. — Figures schématiques destinées à montrer le développement du tube digestif et de ses mésentères chez l'Homme. — Fig. 185 : plus jeune stade. — Fig. 186 : stade plus âgé.

gn : grand épiploon qui se développe aux dépens du mésogastre (fig. 184). La flèche indique l'entrée de l'arrière-cavité de l'épiploon (Bursa omentalis). — gc : grande courbure de l'estomac. — gg : canal cholédoque. — du : duodénum. — mes : mésentère. — mc : mésocôlon. — dd : intestin grêle. — di : gros intestin. — dg : canal vitellin. — bld: cæcum. — wf: appendice vermiculaire. — k : point de croisement de l'anse intestinale primitive. Le gros intestin avec son mésocôlon croise le duodénum.

ment gauche devient antérieure, et sa face latérale droite devient postérieure. De sorte qu'à la suite de cette rotation, la grande courbure est située en bas et la petite en haut. Ces changements de position atteignent aussi la portion terminale de l'œsophage qui subit également une torsion spirale, de sorte que sa face latérale primitivement gauche devient antérieure. Ainsi s'explique la position asymétrique des deux nerfs vagues qui traversent le diaphragme, le nerf gauche à la face antérieure de l'œsophage, le nerf droit à la face postérieure. Le premier s'étale ainsi sur la face antérieure de l'estomac, le second sur la paroi opposée.

La rotation de l'estomac exerce naturellement une profonde influence
sur son méso, le mésogastre, et donne l'explication du développement
du *grand épiploon* (l'omentum maius).

Tant que l'estomac est vertical, son mésentère forme une lame verticale qui s'étend directement de la colonne vertébrale à la grande courbure encore dirigée en arrière à ce moment (fig. 184). Mais à la suite de
la rotation de l'estomac, le mésogastre s'étend en surface et s'agrandit,
car par suite de sa connexion avec l'estomac, il doit en suivre tous les
changements de situation.

De son insertion à la colonne vertébrale, il se dirige maintenant à gauche et en bas et gagne la grande courbure de l'estomac. Il prend ainsi une
forme et une position dont le lecteur se fera facilement une idée exacte
en combinant le schéma 185 avec la coupe transversale 187.

Il se forme ainsi une cavité séparée du reste de la cavité du corps, *l'ar-*

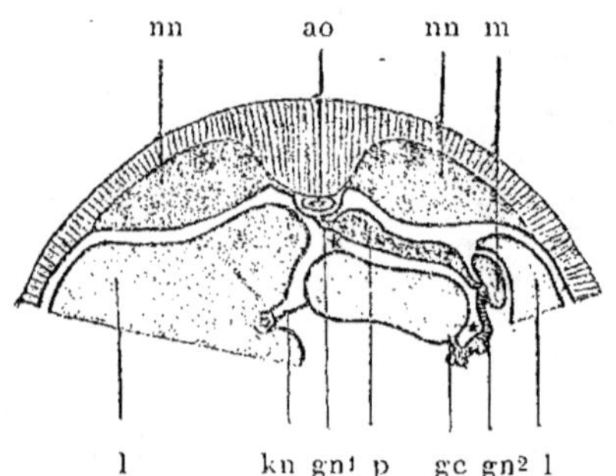

Fig. 187. — Coupe transversale schématique, du tronc d'un embryon humain, passant
dans la région de l'estomac, avec son mésogastre, et destiné à montrer la formation
de l'arrière-cavité des épiploons au commencement du troisième mois ; d'après Toldt.
nn : capsules surrénales. — ao: aorte. — l : foie. — m : rate.— p. : pancréas. — gn¹ :
origine du grand épiploon (mésogastre) à la colonne vertébrale. — gn² : la partie
du grand épiploon insérée à la grande courbure de l'estomac. — kn : petit épiploon.
— gc : grande courbure de l'estomac.— * : arrière-cavité du grand épiploon.

rière-cavité du grand épiploon (Bursa omentalis, fig. 187"). L'ouverture de
cette cavité est tournée vers le côté droit du corps, la paroi antérieure en
est constituée par l'estomac et les parois postérieure et inférieure par le
mésentère gastrique (gn², gn¹). Dans les figures schématiques 185 et 186,
l'entrée de l'arrière-cavité de l'épiploon est indiquée par la direction de
la flèche.

L'anse intestinale et son mésentère doivent subir, autour de leur ligne
d'insertion à la portion lombaire de la colonne vertébrale, une rotation
non moindre que celle qu'a subie l'estomac.

Les branches descendantes et ascendantes sont tout d'abord juxtaposées. Ensuite, la dernière, qui donnera le gros intestin (fig. 185) se replie *sur* la première suivant une direction oblique et croise dans une direction *transversale la partie initiale de l'intestin grêle* (k). Les deux parties, mais particulièrement l'intestin grêle, s'allongent considérablement en longueur à la fin du deuxième mois et décrivent des sinuosités.

La partie initiale du gros intestin ou cæcum, qui déjà au troisième mois présente un appendice vermiculaire falciforme (fig. 185, bld), s'engage alors entièrement dans la portion droite du corps vers le haut et en dessous du foie. De là, elle se dirige dans une direction transversale, passant en avant du duodénum et en arrière de la rate, jusque dans la région de celle-ci. Ensuite, elle se recourbe brusquement (Flexura coli lienalis) et descend dans la région gauche du bassin, où elle se continue avec l'S iliaque et le rectum. De sorte que, au troisième mois, on peut déjà distinguer dans le gros intestin : le cæcum, le côlon transverse, le côlon descendant. Le côlon ascendant manque encore.

Il se forme seulement dans les mois suivants (fig. 186) et de la façon suivante. Le cæcum primitivement situé sous le foie prend progressivement une position plus profonde. Au 7e mois, il vient se placer au-dessous du rein droit et au 8e mois, il descend jusqu'au-dessus de la crête iliaque.

En même temps, le cæcum s'est allongé, à la fin de la gestation il constitue une annexe assez volumineuse située au point de passage de l'intestin grêle et du gros intestin. De bonne heure, le cæcum présente un accroissement inégal (fig. 186, bld). La portion terminale, qui, souvent, constitue plus de la moitié de la longueur totale, se développe moins que l'autre portion fortement dilatée. La première constitue l'appendice vermiculaire (wf), la seconde, le cæcum proprement dit.

Chez le nouveau-né, l'appendice vermiculaire n'est pas encore aussi nettement séparé du cæcum que quelques années plus tard, où il se trans·forme en un appendice du diamètre d'une plume d'oie et d'une longueur de 6 à 8 centimètres. A l'intérieur de la région délimitée par les circonvolutions du gros intestin, s'étend l'intestin grêle. Il se développe aux dépens de la branche descendante de l'anse. En raison de son accroissement considérable en longueur, il forme de nombreuses sinuosités (fig. 186).

Primitivement, toutes les différentes régions de l'intestin, à partir de l'estomac, sont réunies à la portion lombaire de la colonne vertébrale, d'une façon lâche, par un *mésentère commun* (fig. 185 et 186). Le mésentère est soumis naturellement à l'influence de l'accroissement en longueur de l'anse intestinale, car sa ligne d'insertion à l'intestin s'allonge beaucoup plus en longueur que sa ligne d'insertion à la colonne vertébrale (Radix mesenterii). Par suite, le mésentère se transforme en une sorte de jabot à plis. Une telle disposition du mésentère est définitive chez beaucoup de Mammifères, tels que le Chien, le Chat, etc. Mais chez l'Homme, la disposition du mésentère devient, au quatrième mois, beaucoup plus complexe, *par suite de l'accolement et de la soudure de certaines parties de la lamelle mésentérique avec des parties voisines du péritoine* recouvrant soit la paroi abdominale postérieure, soit des organes voisins. Cette disposition constitue l'unique mode d'attache du duodénum

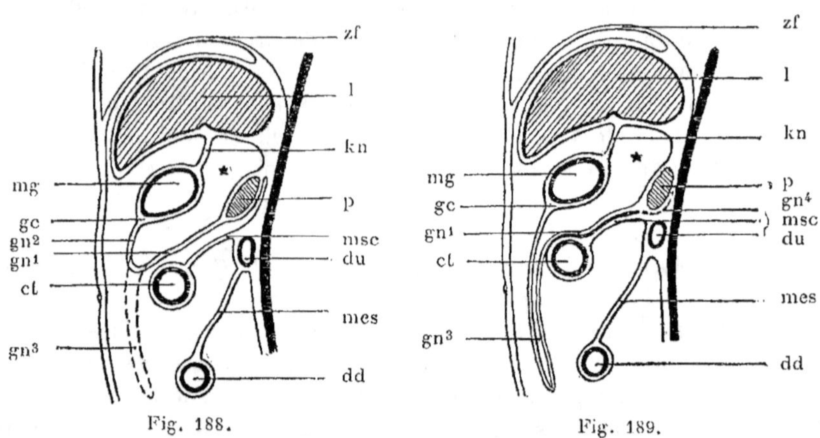

Fig. 188 et 189. — Deux schémas pour l'explication du développement du grand épiploon. — Stade plus jeune : fig. 188. — Stade plus avancé : fig. 189.
zf : diaphragme. — l : foie. — p : pancréas. — mg : estomac. — gc : grande courbure. — du : duodénum. — dd : intestin grêle. — ct : côlon transverse. — * : arrière-cavité des épiploons. — kn : petit épiploon. — gn¹ : lame postérieure du grand épiploon, partant de la colonne vertébrale. — gn² : lame antérieure du grand épiploon, insérée à la grande courbure de l'estomac. — gn³ : partie de l'épiploon développée sur l'intestin grêle. — gn⁴ : partie de l'épiploon renfermant le pancréas. — mes : mésentère de l'intestin grêle. — msc : mésocôlon du côlon transverse.

et du gros intestin qui, dans la première moitié de la période du développement embryonnaire, est seul constitué.

La courbure, en forme de fer à cheval, du duodénum, qui nous est connue et que nous avons décrite, se soude largement avec son mésentère, dans lequel se trouve logée la portion initiale du pancréas, à la paroi ventrale du tronc et s'unit à elle dans toute son étendue. Cette partie de l'intestin qui était mobile est devenue immobile (fig. 188, du). Le *gros intestin* (fig. 186, 188 et 189, ct) possède encore au troisième mois un appareil de suspension très long le reliant à la colonne vertébrale, et qui n'est autre chose qu'une partie du mésentère intestinal commun ; on le désigne sous le nom particulier de *Mésocôlon* (msc). A la suite de la torsion de l'anse intestinale primitive, que nous avons décrite précédemment, non seulement le côlon transverse seul est reporté transversalement au-dessus de l'extrémité du duodénum, mais aussi le mésocôlon très étendu qui lui correspond. Celui-ci s'unit ici sur une large étendue avec le duodénum et la paroi postérieure du tronc. Il acquiert ainsi une insertion secondaire nouvelle, allant de gauche à droite (fig. 189, msc) et semble être une partie détachée du mésentère intestinal commun. Le côlon transverse (ct) avec son mésocôlon, sépare maintenant la cavité du corps en une partie supérieure renfermant l'estomac, le foie, le duodénum et le pancréas, et en une partie inférieure contenant l'intestin grêle. Ainsi s'explique par l'embryologie ce fait important, que le duodénum, pour se rendre de la partie supérieure dans la partie inférieure, et se continuer avec le jéjunum, passe en dessous du mésocôlon tendu transversalement (fig. 186, 188, du).

Le mésentère du cæcum, ainsi que celui de la branche ascendante et de la branche descendante du gros intestin, contractent une soudure plus ou moins étendue avec le péritoine de la paroi du tronc. Aussi, chez l'adulte, les différentes parties de l'intestin que nous venons de nommer, sont tantôt largement unies à la paroi du tronc, tantôt elles y sont fixées par un mésentère plus ou moins court.

Il nous reste maintenant encore à décrire les principales modifications du *grand épiploon*, dont nous avons fait connaître (p. 231) le développement pendant les premiers mois du développement embryonnaire. L'épiploon se distingue en premier lieu par un accroissement considérable et, en second lieu, par sa soudure en différents points avec les organes voisins. Au commencement, il n'atteint que la grande courbure de l'estomac (fig. 186 et 187) où il s'insère. Mais déjà à partir du 3e mois il s'agrandit, et recouvre les viscères qui se trouvent au-dessous de l'estomac : tout d'abord, le côlon transverse (fig. 188, gn¹, gn²), ensuite l'intestin grêle tout entier (fig. 189, gn³). L'épiploon se compose, aussi loin qu'il s'étend vers le bas, de deux lames accolées l'une à l'autre, et séparées par une fente étroite ; au bord inférieur de l'épiploon, les deux feuillets se continuent l'un avec l'autre. La lame superficielle tournée vers la paroi abdominale antérieure s'insère à la grande courbure de l'estomac. La lame postérieure adhérente à l'intestin s'insère primitivement à la colonne vertébrale ; elle renferme la partie principale du pancréas (fig. 188, p, et fig. 187). Le grand épiploon est ainsi constitué chez un grand nombre de Mammifères (Chien). Chez l'Homme, déjà au 4e mois, il commence à contracter des connexions (fig. 189). La lame postérieure s'applique sur une grande étendue au côté droit de la paroi abdominale postérieure et

se soude avec elle (gn¹), de telle sorte que sa ligne d'insertion à la colonne
vertébrale s'approche latéralement de l'origine du diaphragme (Lig.
phrenico-lienale). Vers le bas, elle se soude à la face supérieure du mésocôlon (msc) et sur le côlon transverse (ct). Elle contracte sa connexion
avec ce dernier dès le quatrième mois du développement embryonnaire. Au
moment de la naissance, les deux lames de la partie du grand épiploon
qui recouvre l'intestin, sont, chez beaucoup de Mammifères, séparées par
une fente étroite (fig. 189, gn³). Dans la première et la deuxième année de
la vie, ces deux lames s'unissent généralement en une lame unique dans
laquelle se déposent de petits amas graisseux.

3. — Développement des différents organes du tube digestif.

Le simple accroissement en longueur par lequel sont formées les anses
intestinales dont nous avons parlé ci-dessus, est un des processus, mais
non le principal des processus par lesquels se fait l'accroissement de la
surface intestinale. Un accroissement beaucoup plus important de sa
surface résulte de ce que la couche épithéliale primitivement lisse forme
des évaginations et des invaginations. De nombreux plis, de petites papilles et de petites villosités font saillie dans la cavité de l'intestin, alors
que dans une direction contraire, par invagination se forment les différentes sortes de glandes, petites et grandes.

J'étudierai ces nombreux organes formés par un mécanisme de plissements, dans l'ordre des parties suivant lesquelles se divise le tube digestif. Je commencerai par les organes de la cavité buccale.

A. — LES ORGANES DE LA CAVITÉ BUCCALE : DENTS, LANGUE, TONSILLE ET GLANDES SALIVAIRES.

1. Les **Dents** sont au point de vue morphologique les formations les
plus intéressantes de la cavité buccale. Leur développement qui s'accomplit chez l'Homme et chez les Mammifères d'une façon qui est loin d'être
simple, devient très compréhensible, si nous partons des Vertébrés inférieurs. Chez eux, les dents, qui, chez les Mammifères, se rencontrent
seulement au bord des mâchoires, existent encore en beaucoup d'autres
points de la surface du corps. Elles recouvrent, chez beaucoup d'espèces,
non seulement en grand nombre le plafond et le plancher de la cavité
buccale, la surface interne des arcs viscéraux (dents palatines, dents lin-
guales, dents pharyngiennes), mais elles s'étendent encore sur toute la surface de la peau, fortement serrées les unes contre les autres, de façon à
constituer, comme chez les Sélaciens, une cuirasse puissante et en même

temps flexible. *Ainsi que le développement des dents chez les Vertébrés inférieurs le prouve d'une façon probante, elles ne sont pas, originellement, autre chose que des papilles ossifiées de la peau et de la muqueuse, sur la surface desquelles elles se sont développées.* Chez de jeunes embryons de Sélaciens, par exemple, se développent tout d'abord sur la surface, lisse jusqu'alors, du derme cutané dérivant du mésenchyme, de nombreuses petites papilles qui pénètrent dans l'épiderme épais (fig. 190, sp), qui subit, par suite, une modification liée à la formation dentaire. Les cellules recouvrant immédiatement les papilles s'allongent en longs cylindres et constituent un organe auquel incombe la formation de l'émail. C'est la *membrane adamantine* (fig. 190, sm).

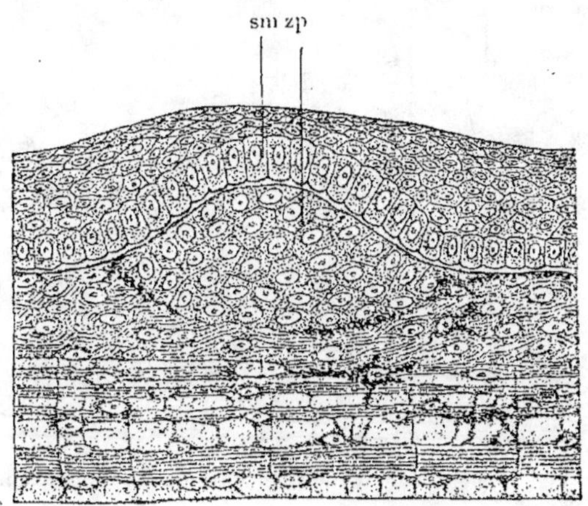

Fig. 190. —Première ébauche d'une dent cutanée (écaille placoïde d'un embryon de Sélacien). — zp : papille dentaire. — sm : membrane de l'émail.

L'ébauche prend, par son accroissement ultérieur, une forme qui correspond à la future formation cutanée (fig. 191).

Maintenant commence le processus d'ossification. Les cellules de la papille les plus superficielles, les *Odontoblastes*, disposées en une couche : *couche des Odontoblastes* (o) (Membrana choris), constituent une mince couche de *dentine* (zb) qui entoure la papille à la façon d'une coiffe. En même temps, la *membrane adamantine* (sm) commence à élaborer ses produits de sécrétion et revêt d'une mince couche d'*émail* (s) la coiffe d'ivoire sur sa surface externe. Aux couches constituées tout d'abord viennent s'en ajouter constamment de nouvelles.

Par la sécrétion des odontoblastes, de nouvelles couches d'ivoire s'ajoutent à l'intérieur de la coiffe d'ivoire. La membrane adamantine dépose de nouvelles couches d'émail sur la face externe du revêtement d'émail.

Le corpuscule dentaire devient ainsi de plus en plus résistant et de plus
en plus fort. De plus en plus, il proémine à la surface de la peau et finalement, perfore, avec sa pointe, le revêtement épidermique. En outre, la
dent se fixe mieux dans le derme cutané parce que, dans les couches superficielles de tissu conjonctif (lh²) où l'ivoire adhère par le bas, se déposent superficiellement des couches de calcaire qui constituent une sorte
de tissu conjonctif osseux, *le cément dentaire.* De sorte que la dent complètement formée se compose de trois tissus calcifiés provenant de trois
ébauches spéciales.

La dentine se forme aux dépens de la couche des odontoblastes de la
papille dentaire (Mésenchyme). L'émail se forme aux dépens de la mem-

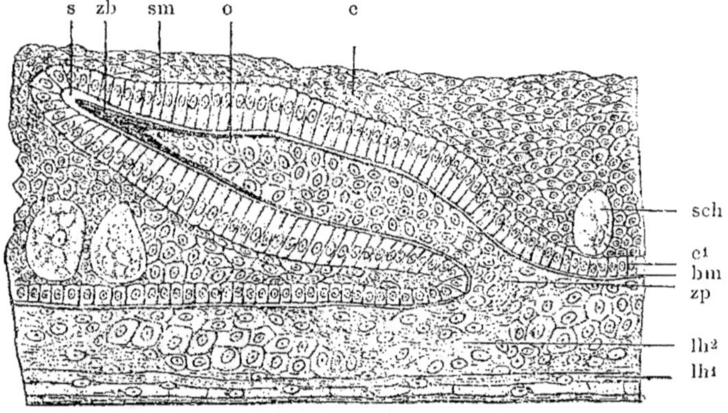

Fig. 191. — Coupe longitudinale d'une ébauche plus âgée d'une dent cutanée d'un embryon de Sélacien.

e : épiderme. — c¹ : couche profonde de cellules épidermiques. — sch : cellules muqueuses. — lh¹ : parties du derme cutané formée de lames de tissu conjonctif. — lh² :
couche superficielle du derme cutané. — zp : papille dentaire. — o : odontoblastes.—
zb : ivoire. — s : émail. — sm : membrane de l'émail. — bm : membrane basale.

brane adamantine épithéliale (feuillet germinatif externe) et le cément se
constitue aux dépens du tissu conjonctif voisin par ossification directe.
En outre, la dent complète présente à l'intérieur une cavité, remplie d'un
tissu conjonctif richement vascularisé (*Pulpe*) qui est le reste de la papille. La membrane adamantine disparaît lorsqu'elle a rempli son rôle
par suite de la disparition de ses cellules cylindriques, qui s'aplatissent
de plus en plus, et finalement se transforment en cellules pavimenteuses
qui se détachent ultérieurement.

Les dents, qui s'insèrent au bord des mâchoires et servent à la mastication, ont, chez les Sélaciens, un mode de formation qui s'écarte, à un
point de vue très important, du mode de formation très simple décrit

ci-dessus. Au lieu de prendre naissance à la surface libre de la muqueuse, elles naissent plus profondément (fig. 192). La partie de l'épithélium de la muqueuse buccale qui intervient dans leur formation s'enfonce comme une crête à la surface interne des arcs maxillaires dans le tissu conjonctif sous-jacent. Il constitue alors un organe particulier se différenciant des régions voisines, la crête dentaire. Cette différence importante résulte de ce que, dans le développement des dents maxillaires, les processus de prolifération sont plus actifs ; d'une part, parce que ces dents maxillaires sont beaucoup plus volumineuses que les dents cutanées, et qu'ensuite, s'usant beaucoup plus rapidement que celles-ci, elles doivent être le plus souvent remplacées par des dents de remplacement. Or, comme

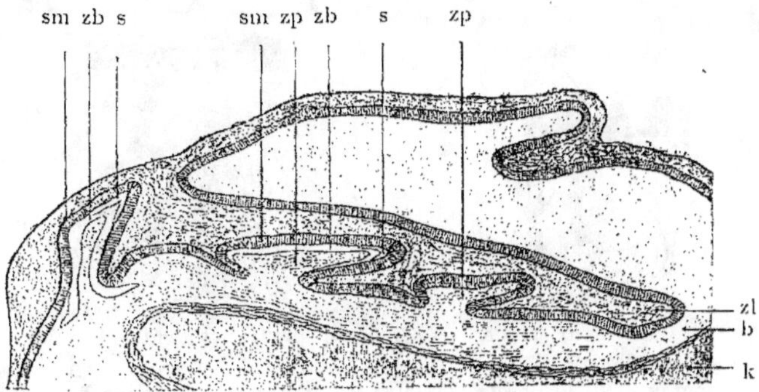

Fig. 192. — Coupe transversale du maxillaire inférieur d'un embryon de Sélacien, montrant des dents en voie de développement.
k : cartilage du maxillaire inférieur. — zl : crête dentaire. — zp : papille dentaire. — zb : ivoire. — s : émail.— sm : membrane adamantine.— b : derme de la muqueuse.

nous avons eu souvent l'occasion de le faire remarquer dans l'acquisition de la forme extérieure du corps, si des parties distinctes des membranes épithéliales prolifèrent très rapidement, elles font saillie en dehors des autres, elles se plissent, soit vers l'extérieur, soit vers l'intérieur.

Le processus de formation des dents à la crête dentaire est le même que celui des dents se formant à la surface libre du derme cutané. Des papilles (zp) nombreuses, placées les unes derrière les autres, se développent à la surface externe du cartilage maxillaire. Ces papilles, comme les papilles cutanées, pénètrent dans l'épithélium invaginé. Il se constitue ainsi, dans la profondeur de la muqueuse, plusieurs séries de dents. Les papilles les plus antérieures sont les plus avancées dans leur développement, et percent les premières la muqueuse, pour entrer en fonctions. A la suite de l'usure qui en résulte, elles se détériorent. Elles sont remplacées par les dents de remplacement, plus jeunes, situées derrière

elles, et qui se sont développées plus tard. On rencontre chez les Sélaciens une seconde dentition et de même chez les Vertébrés inférieurs,
au cours de la durée totale de leur vie. Cette seconde dentition est illimitée, car de nouvelles papilles se forment constamment dans la profondeur de la crête dentaire (Polyphyodonthes). Au contraire, chez les
Vertébrés supérieurs, la seconde dentition est limitée et ne se rencontre
généralement qu'une seule fois chez la plupart des Mammifères. « Deux
ébauches se constituent l'une derrière l'autre à la crête dentaire (Diphyo-
donthes), l'une pour les dents de lait et l'autre pour les dents définitives.

Chez « l'Homme, le *développement des dents* commence dans le deuxième
mois de la vie fœtale ». Une *crête* (zl) (le germe de l'émail des anciens au-

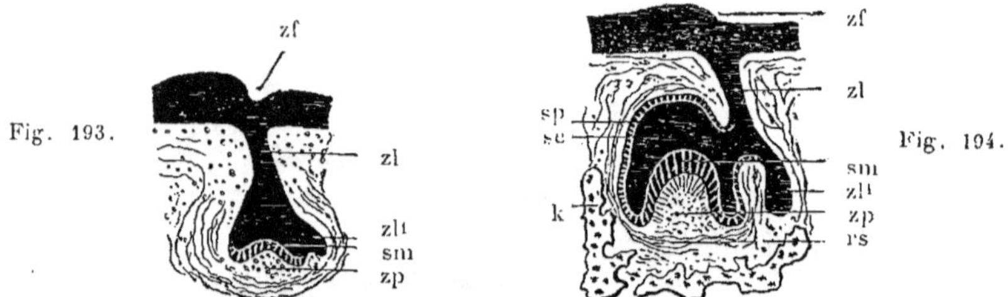

Fig. 193 et 194. — Deux stades du développement des dents chez les Mammifères
Coupes schématiques.

zf : sillon dentaire. — zl : crête dentaire. — zl¹ : partie profonde de la crête dentaire
d'où procède l'ébauche de la dent définitive. — zp : papille dentaire. — sm : membrane de l'émail. — sp : pulpe de l'émail. — se : épithélium externe de l'organe ada-
mantin. — zs : sac dentaire. — k : alvéole dentaire ossifiée.

teurs) s'enfonce, comme aussi chez les autres embryons de Mammifères
(fig. 193), de l'épithélium de la cavité buccale tapissant les arcs maxillaires supérieur et inférieur, dans le tissu conjonctif embryonnaire riche
en cellules. La place où la crête pénètre dans la profondeur (fig. 193 et
194) est généralement marquée par une gouttière qui court parallèlement
à l'arc maxillaire. Cette gouttière est désignée sous le nom de *sillon dentaire* (zf).

Au début, la ligne dentaire est partout aussi mince, et se sépare des
tissus voisins par une surface lisse. Sur des coupes transversales, on ne
voit encore, à ce moment, aucune ébauche de dent. Dans la suite, les
cellules épithéliales commencent à proliférer en certains points de la face
de la crête dentaire tournée vers l'intérieur. Cette prolifération amène la
formation de nombreux épaississements disposés à égale distance l'un de
l'autre. Ces épaississements donneront les dents (fig. 193 et 195). Chez
l'Homme, où il se forme 20 dents de lait, leur nombre est de 10 à la mâ-

choire supérieure et de 10 à la mâchoire inférieure. Les épaississements prennent la forme d'une coiffe (fig. 194 et 196), puis ils se séparent (chez l'Homme à la 14e semaine) peu à peu, par la face extérieure, de la crête épithéliale (zl). Toutefois, ils restent unis avec elle, à quelque distance, par un pédicule qui les rattache à l'arête. Les proliférations épithéliales qui donnent naissance à l'émail, ont reçu le nom d'*organe de l'émail*. Pendant que s'accomplissaient ces modifications de l'épithélium, le tissu conjonctif voisin n'est pas demeuré inactif (fig. 193 et 194). Les cellules du tissu conjonctif subissent à la base de chaque organe de l'émail une prolifération très active et constituent une papille (zp) dont la forme correspond à celle de la future dent. Cette papille s'engage, comme la papille des dents cutanées dans l'épiderme, dans l'organe de l'émail

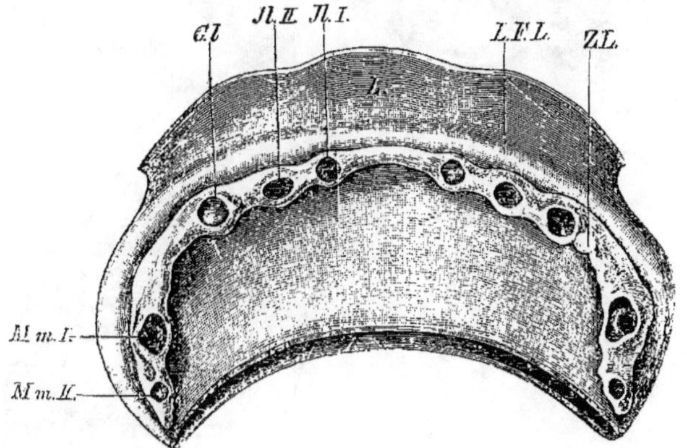

Fig. 195. — Reproduction d'un modèle en cire du revêtement épithélial et de la crête dentaire du maxillaire supérieur d'un embryon humain de 4 centimètres de long. Le modèle est vu par la face de l'épithélium tourné vers le tissu conjonctif. Le tissu conjonctif n'est pas représenté. — Gross. : 12 1/2 f. ; d'après Röse. Z.L. : crête dentaire.— L.F.L. : sillon de la lèvre.— L. : lèvre.— Jl.I. et II. : incisives de la dentition de lait. — Cl. : canines. — Mm.I. et II. : molaires.

qui a reçu en vue de cela la forme d'une coiffe. Dans ces deux ébauches se différencient, contiguës l'une à l'autre, les deux couches particulières dont l'ivoire et l'émail tirent leur origine. Les cellules, à la surface de la papille (fig. 194, zp) deviennent fusiformes ; elles se disposent en une sorte de couche épithéliale, la couche des odontoblastes ou membrane de l'ivoire. En même temps, les cellules de la couche interne de l'organe de l'émail, au contact immédiat de la papille, deviennent cylindriques et constituent la membrane de l'émail (sm) (membrana adamantina). Cette membrane s'amincit graduellement à la base de la papille et se continue avec la couche d'éléments cubiques (se) qui sépare la surface de la coiffe, du tissu conjonctif voisin. Entre les deux couches cellulaires (l'épithélium externe et l'épithélium interne, *Kölliker*), les autres cellules épithéliales subissent une métamorphose spéciale ; elles donnent une sorte de tissu muqueux, la *pulpe de l'émail* (sp). Elles sécrètent entre elles un liquide muqueux et riche en matières albuminoïdes. Elles prennent en même temps la forme de cellules étoilées ; ces cellules s'anastomosent en un fin

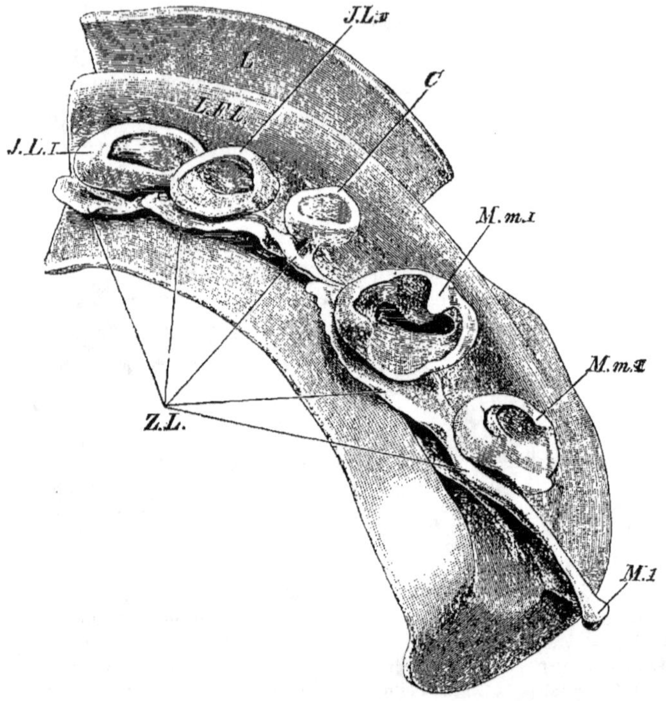

Fig. 196. — Reproduction d'un moulage des parties des ébauches dentaires constituées par prolifération de l'épithélium. Le moulage représente le demi-maxillaire inférieur d'un embryon humain de 18 centimètres de long ; d'après Röse. Gross.: 12 1/2 f. M.I. : Ébauche de la première molaire définitive. Les autres lettres, comme dans la figure 195.

réseau par leurs ramifications. La pulpe de l'émail est le plus abondamment développée du cinquième au sixième mois. Elle diminue ensuite jusqu'à la naissance, au fur et à mesure que les dents se développent davantage.

Le tissu conjonctif qui entoure l'ébauche dentaire totale renferme de nombreux vaisseaux sanguins qui envoient des ramifications dans la papille. En même temps, ce tissu conjonctif se délimite quelque peu du tissu environnant et constitue le *sac dentaire* (zs).

Les ébauches dentaires molles s'accroissent jusqu'au cinquième mois du développement embryonnaire et prennent en même temps la forme particulière des dents qui en naîtront : incisives, canines, molaires. C'est alors seulement que commence l'ossification qui se fait de la même manière que dans les dents cutanées (fig. 197). Il se forme, aux dépens des odontoblastes (o) ou cellules de l'ivoire, une coiffe d'ivoire (zb). En même temps, elle présente, du côté de la membrane de l'émail (sm) un mince

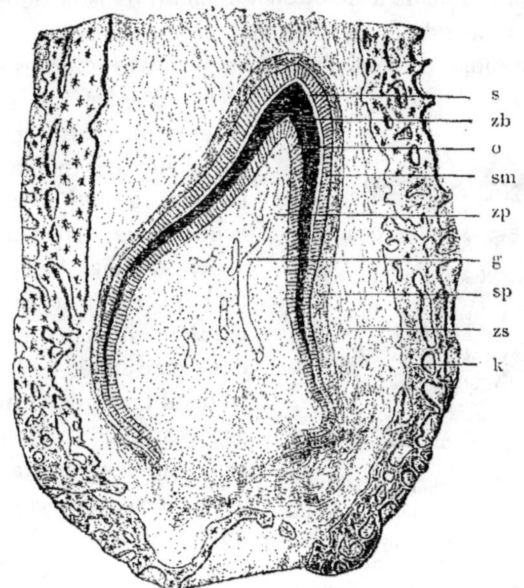

Fig. 197. — Coupe de l'ébauche dentaire d'un jeune Chien.
R : alvéole dentaire ossifiée. — zp : papille dentaire. — g : vaisseaux sanguins. — o : couche des odontoblastes (membrane de l'ivoire). — zb : ivoire. — s : émail. — sm : membrane de l'émail. — zs : sac dentaire. — sp : pulpe de l'émail.

revêtement d'émail (s). Sur ces premières couches, il s'en dépose constamment de nouvelles, jusqu'à ce que, finalement, la couronne dentaire soit complète. La pulpe de l'émail (sp) s'atrophie sous l'influence de la pression exercée par cette dernière. De sorte que, chez le nouveau-né, elle ne constitue plus qu'un mince revêtement. La papille (zp) se transforme en un tissu conjonctif muqueux, renfermant des vaisseaux et des nerfs et constitue la pulpe proprement dite remplissant la cavité dentaire. Au fur et à mesure que l'ébauche totale devient plus grande, elle soulève la gencive qui revêt le bord de la mâchoire et l'amincit peu à peu. Finalement, la jeune dent perce chez le nouveau-né et elle se débarrasse, à sa surface, du reste atrophié de l'organe de l'émail. Le moment est alors arrivé où se constitue la troisième substance dentaire, le *cément*, qui enveloppe la racine. Partout où l'ivoire n'a pas reçu un revêtement d'émail, le tissu conjonctif voisin du sac dentaire (zs), après l'éruption de la dent, commence à s'ossifier et fournit un véritable tissu osseux riche en fibres de *Sharpey*. Ce tissu unit plus fortement la racine de la dent au tissu conjonctif voisin.

L'*éruption des dents* a lieu généralement, dans la deuxième moitié de la première année de la vie. Elle se fait dans un certain ordre. Du sixième au huitième mois, ce sont d'abord les incisives internes du maxillaire inférieur qui percent ; puis, quelques semaines plus tard, celles du maxillaire supérieur. Les incisives externes apparaissent du septième au neuvième mois, celles du maxillaire inférieur précédant celles du maxillaire] supérieur. Les molaires antérieures apparaissent généralement au commencement de la deuxième année de la vie, tout d'abord celles du maxillaire inférieur. Puis, les espaces entre les deux séries de dents sont comblés, car, dans le milieu de la deuxième année, les canines font éruption. L'éruption des molaires postérieures suit aux 20-24e mois ; mais elle peut aussi ne se faire que dans la troisième année de la vie.

Très tôt, à la dix-septième semaine, *les ébauches des dents de remplacement apparaissent contre celles des dents de lait.* Elles tirent également leur origine de la crête épithéliale. La crête dentaire s'enfonce plus dans la profondeur, à la place où elle se sépare de l'organe de l'émail et n'est plus réunie à lui que par un pédicule épithé-

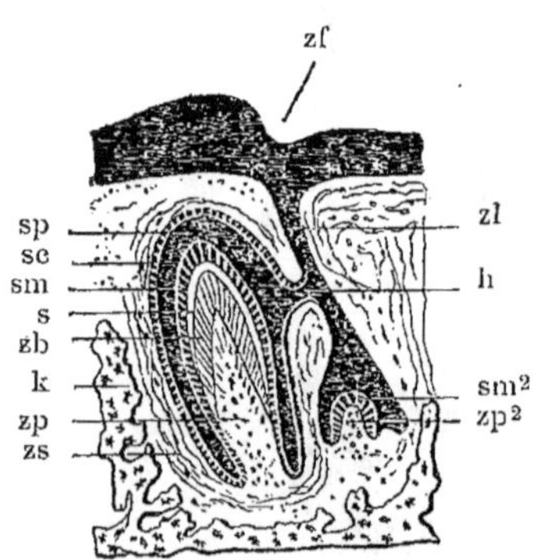

FIG. 198. — Coupe schématique destinée à montrer le développement des dents de lait et des dents permanentes chez les Mammifères. — Stade plus avancé que celui représenté dans les figures 193 et 194.

zf : sillon dentaire. — zl : crête dentaire. — k : alvéole dentaire ossifiée. — h : col reliant l'organe de l'émail de la dent de lait à la crête dentaire zl. — zp : papille dentaire.— zp² : papille dentaire de la dent de remplacement. — zb : ivoire. — s : émail. — sm : membrane de l'émail. — sm² : membrane de l'émail de la dent de remplacement. — sp : pulpe de l'émail. — se : épithélium externe de l'organe de l'émail. — zs : sac dentaire.

lial, le col (fig. 193 et 194, zl). C'est là, au voisinage de la crête de l'arête (fig. 198, sm², zp²) que se forment, à nouveau, des proliférations épithéliales et des papilles dentaires situées à l'intérieur des sacs dentaires des dents de lait. En outre, les organes de l'émail des molaires postérieures se développent, ces dents ne sont soumises à aucun remplacement, elles ne se forment qu'une seule fois aux extrémités droite et gauche des deux crêtes épithéliales, qui s'étendent ainsi davantage sur les côtés. Les premières molaires se forment à la dix-septième semaine, les deuxièmes, six mois après la naissance. La dent de sagesse, enfin, se constitue par invagination d'une papille dans l'extrémité épaissie de la crête, seulement au cours de la cinquième année (*Röse*). La crête épithéliale, où toutes les dents de lait et toutes les dents définitives prennent naissance l'une après l'autre, est percée par places au cours de la dix-septième semaine par prolifération du tissu conjonctif, tout d'abord, dans la région des incisives, et est transformée peu à peu en une lame trouée comme un crible (*Röse*).

L'ossification de la deuxième génération des dents commence peu de temps avant la naissance. Les premières grosses molaires s'ossifient les premières. L'ossification des incisives, des canines, etc., suit au cours de la première et de la deuxième année de la vie. Aussi, dans la sixième année de la vie, 48 dents sont ossifiées ; 20 dents de lait et les 28 couronnes des dents définitives. En outre, les maxillaires supérieur et inférieur renferment les quatre ébauches cellulaires des dents de sagesse.

A l'âge de sept ans, commence habituellement la seconde dentition. Elle est due à ce que, sous l'influence de la pression exercée par la nouvelle génération en voie d'accroissement, les racines des dents de lait subissent une destruction et une résorption. Cette résorption est exactement la même, d'après les recherches approfondies de Kölliker, que celle qui se produit lors de la résorption du tissu osseux. Dans les racines des dents apparaissent de petites cavités connues sous le nom de cavités de *Howship* dans lesquelles se trouvent logées de grandes cellules plurinucléaires, les *ostoclastes*. Les couronnes dentaires s'ébranlent, car elles perdent leur connexion avec la couche de tissu conjonctif profonde. Finalement elles sont soulevées, par suite du développement des racines des dents définitives, en dehors des cavités des maxillaires et elles tombent.

Les *dents permanentes* apparaissent ordinairement dans l'ordre suivant. Tout d'abord apparaissent à l'âge de sept ans, les premières molaires ; un an plus tard, les incisives inférieures moyennes, suivies de près des incisives supérieures. Les incisives latérales font éruption à l'âge de neuf ans, les premières prémolaires à dix ans, les secondes prémolaires à onze ans. Les canines et les deuxièmes molaires viennent ensuite seulement vers la douzième et la treizième année. L'éruption des troisièmes

molaires ou dents de sagesse, est soumise à de nombreuses variations.
Elle peut se faire vers la dix-septième année, mais elle peut aussi être
retardée jusqu'à l'âge de trente ans. Parfois, leur développement est incomplet, de sorte que l'éruption n'a pas lieu.

2. La **Langue,** d'après les recherches de *His* chez l'embryon humain,
se forme aux dépens d'une ébauche antérieure et d'une ébauche postérieure (fig. 199).

L'*ébauche antérieure* (T. imp.) apparaît de bonne heure comme une
petite proéminence impaire (Tuberculum impar) (*His*) du plancher de la
cavité buccale, dans l'espace délimité par les bourrelets maxillaires infé

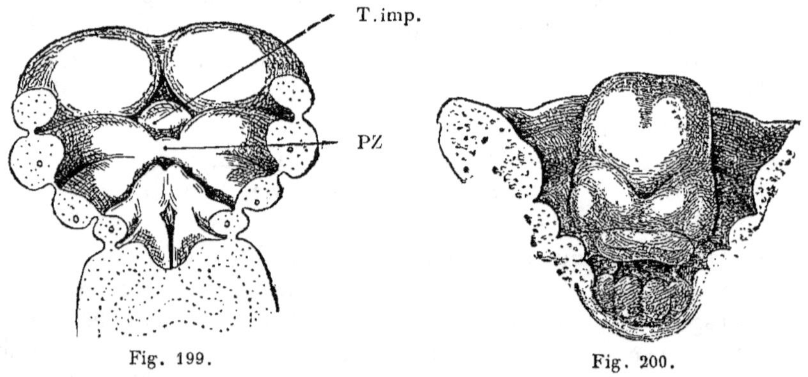

Fig. 199.   Fig. 200.

FIG. 199. — Plancher buccal d'un embryon humain; d'après W. His.
T. imp : Tuberculum impar (ébauche antérieure de la langue).— PZ : ébauche postérieure
de la langue.
FIG. 200. — Langue d'un embryon humain mesurant environ 20 millimètres de l'extrémité
coccygienne à l'éminence nuchale ; d'après His.

rieurs. Elle donne naissance au corps et à la pointe de la langue : pour
cela, elle s'élargit bientôt considérablement et proémine librement par
son bord antérieur au-dessus du maxillaire inférieur (fig. 200). Au commencement du troisième mois (*His, Kölliker* et *Hintze*), quelques papilles s'élèvent déjà sur l'ébauche. L'*ébauche postérieure* (fig. 199, PZ) fournit la racine de la langue dépourvue de papilles, mais, par contre, abondamment pourvue de glandes folliculaires. Elle se développe aux dépens
de deux bourrelets, dans la région où les deuxième et troisième arcs
branchiaux s'unissent sur la ligne médiane. L'ébauche antérieure et
l'ébauche postérieure (fig. 200) s'unissent suivant un sillon en forme de
V, ouvert en avant et qui persiste pendant longtemps. Le long de celui-ci
se forment, sur le corps de la langue, des papilles caliciformes. Au point
où les deux branches du V se rencontrent, existe une fosse profonde, le

foramen cœcum, dont *His* a montré la connexion avec le développement de la glande thyroïde.

Les *glandes folliculaires* de la langue se développent chez l'embryon humain vers le huitième mois.

Dans le voisinage des canaux excréteurs de certaines glandes muqueuses, des leucocytes émigrent au dehors des veines dans le tissu conjonctif fibrillaire. Leur nombre augmente graduellement. Le tissu conjonctif se transforme en un tissu réticulé (*Stöhr*).

3. L'ébauche de la **Tonsille** se laisse déjà reconnaître chez de très jeunes embryons humains sous forme d'une petite excavation. Elle est située entre les deuxième et troisième arcs branchiaux et recouverte par un prolongement de la muqueuse de la cavité buccale. Elle correspond à la deuxième poche pharyngienne interne. Au quatrième mois, l'épithélium émet dans le tissu conjonctif fibrillaire sous-jacent des bourgeons d'abord creux, ensuite des bourgeons pleins, qui se creusent ultérieurement. En même temps, le tissu conjonctif est pénétré par des leucocytes qui sortent des vaisseaux sanguins. Ces leucocytes commencent à s'infiltrer tout autour des cavités épithéliales. Après la naissance, dans le cours de la première année de la vie, il se forme des amas distincts et épais de leucocytes, et par leur séparation, de vrais follicules (*Stöhr*).

4. Les **Glandes salivaires** sont déjà visibles au deuxième mois. L'ébauche de la glande sous-maxillaire apparaît déjà chez l'embryon humain âgé de six semaines (*Chievitz*). La parotide apparaît plus tard, dans la huitième semaine, et finalement, la sublinguale.

B. — Organes dépendant du pharynx : thymus, glande thyroïde, larynx et poumons.

Alors que chez les Vertébrés à respiration branchiale, les fentes branchiales persistent toute la vie et servent à la respiration, chez tous les Amniotes et chez une partie des Amphibiens, elles se ferment complètement. La première fente branchiale située entre l'arc maxillaire et l'arc hyoïdien fait seule exception. Elle donne la caisse du tympan et la trompe d'Eustache et entre en relation avec l'organe auditif. Nous nous en occuperons ultérieurement dans l'étude de l'organe auditif. Toutes les autres fentes branchiales ne disparaissent pourtant pas totalement, sans laisser de traces. Certaines portions épithéliales de celles-ci constituent plusieurs organes glandulaires à fonctions encore énigmatiques, situés dans la région cervicale : Thymus, Glande thyroïde et Corps post-branchiaux.

1. Le **Thymus** se forme chez l'Homme et chez les Mammifères par une évagination ventrale de l'épithélium de la troisième fente branchiale. Sa

première ébauche est déjà visible chez l'embryon humain de 6 millimètres de longueur. Au moment de la fermeture de la fente, il se forme un long tube épithélial renfermant une cavité très étroite et possédant des parois assez épaisses formées de cellules allongées et très nombreuses. Ce sillon s'accroît de haut en bas, vers le péricarde, et commence à former, à cette extrémité, une sorte de glande en grappe à nombreuses ramifications secondaires et de forme arrondie (fig. 201, c) (*Kölliker*). A l'origine, ces ramifications sont pleines, tandis que la partie en forme d'utricule, située dans la région du cou, présente encore une cavité étroite. Le bourgeonnement dure encore longtemps, il atteint la région opposée du tube glandulaire primitivement simple, si bien que l'organe total prend, grâce à lui, une structure lobée caractéristique. En même temps se produit une métamorphose histologique. Du tissu conjonctif lymphoïde et des vaisseaux sanguins s'engagent dans les parois épithéliales épaisses, et modifient peu à peu l'aspect de la glande acineuse. Les éléments lymphoïdes gagnent de plus en plus sur les régions voisines et occupent la plus grande partie de l'organe. Finalement, les restes épithéliaux ne se rencontrent plus que dans les corpuscules de *Hassall*. La cavité, existant à l'origine, et qui est constituée par invagination, disparaît. Plus tard, apparaissent de nouvelles cavités irrégulières qui sont dues au relâchement du tissu.

Le développement ultérieur du thymus, chez l'Homme, présente deux périodes : une période d'accroissement et une période d'atrophie. La première période s'étend jusqu'à la deuxième année de la vie. Le thymus droit et le thymus gauche, par suite de leur accroissement, se rencontrent sur la ligne médiane, où ils se fusionnent en un organe lobé impair, dont la double origine se reconnaît par ce fait qu'il est formé habituellement de deux moitiés latérales séparées par du tissu conjonctif. Il est situé en avant du péricarde et des gros vaisseaux sanguins, et en arrière du sternum. Il se prolonge souvent vers le haut par deux cornes qui s'étendent jusqu'à la thyroïde. La deuxième période montre l'organe en voie de métamorphose régressive. Cette métamorphose le conduit souvent à une disparition complète. La

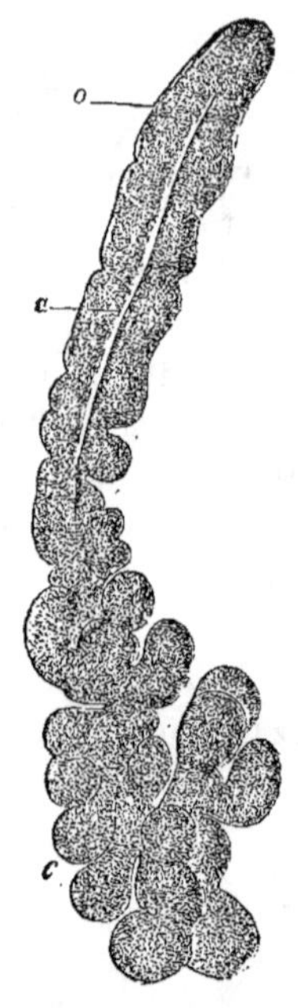

Fig. 201. — Thymus d'un embryon de Lapin de 16 jours, agrandi ; d'après Kölliker.
a : canal du thymus. — o : extrémité supérieure. — c : extrémité inférieure de l'organe.

description de ces phénomènes est donnée dans les traités d'histologie.

2. La **Glande thyroïde** est située à la paroi antérieure du cou. Elle se développe, dans toute la classe des Vertébrés, d'une façon typique et à peu près analogue, aux dépens d'une petite évagination impaire de l'épithélium de la paroi pharyngienne antérieure, sur la ligne médiane, et dans la région de la deuxième fente branchiale, dans la région même où s'est formée l'ébauche postérieure de la langue que nous avons étudiée ci-dessus. Elle se sépare ensuite complètement de son point d'origine, et se transforme, chez l'Homme, en une vésicule pourvue d'une cavité étroite. Plus tard, la cavité disparaît. Au point où la séparation se fait, dans la région postérieure future de la langue, une petite fossette persiste, le foramen cœcum, qui se continue encore, parfois, chez l'a-

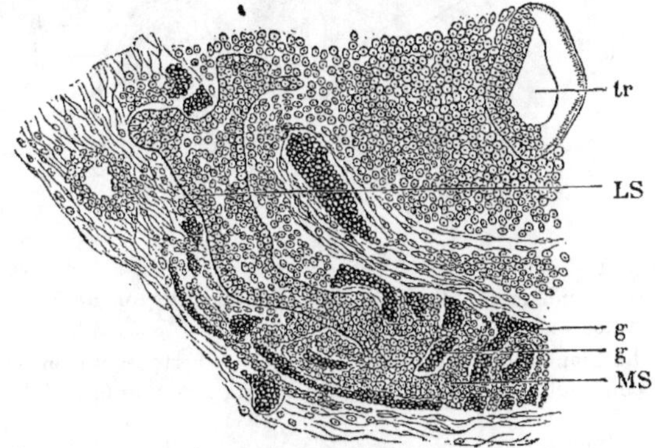

FIG. 202. — Coupe transversale de la moitié droite de la glande thyroïde d'un embryon de porc de 22,5 mm. de l'éminence apicale à l'extrémité coccygienne ; d'après Born. Gross. : 80 f.

LS : corpuscule post-branchial latéral. — MS : glande thyroïde. — g : vaisseaux san guins. — tr : trachée.

dulte, jusqu'à la glande thyroïde, par un tube épithélial de 2 cm. 1/2 de longueur, le ductus lingualis ou thyreoglossus (*His*).

Au cours du développement ultérieur de la glande thyroïde, deux stades sont à considérer. Dans le premier stade, la vésicule émet de nombreux cordons cylindriques qui, à leur tour, émettent des bourgeons latéraux (fig. 202). Un réseau se constitue par suite de l'anastomose de ces bourgeons entre eux. Dans les mailles du réseau se développent des ramifications vasculaires et du tissu conjonctif embryonnaire. Chez le Poulet la glande thyroïde est à ce stade au neuvième jour de l'incubation ; au seizième jour de la gestation, chez l'embryon de Lapin et au deuxième mois, chez l'embryon humain. Pendant le deuxième stade, le réseau de travées épithéliales est décomposé par le tissu conjonctif embryonnaire en voie d'accroissement en follicules caractéristiques de la glande thyroïde. Plus tard, ceux-ci s'agrandissent, surtout chez l'Homme, par suite de la sécrétion, en quantité considérable, dans leurs cavités de substance colloïde élaborée par les cellules épithéliales.

3. Les **Corps post-branchiaux** se rencontrent dans beaucoup de classes des Vertébrés chez les Mammifères et chez l'Homme. Ils se constituent par évagination de la paroi de la dernière fente branchiale (*Born*). Ces évaginations se séparent sous forme de petites vésicules qui, plus tard, s'annexent à la glande thyroïde, et d'après *Wölfler, Stieda* et

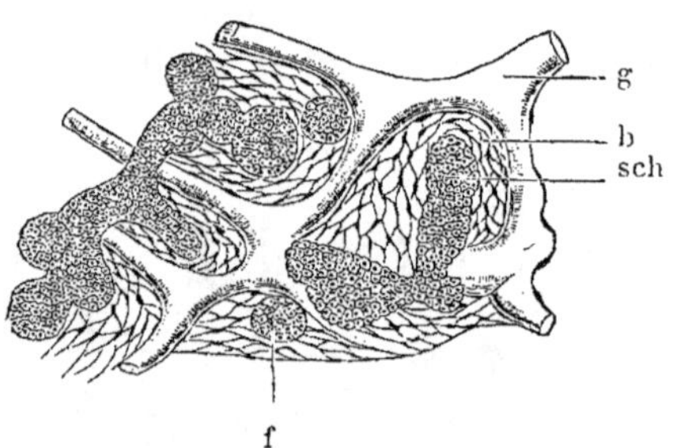

FIG. 203. — Coupe de la glande thyroïde d'un embryon de Mouton de 6 centimètres ; d'après Müller.

sch : ébauche glandulaire en forme de tube. — f : follicule en voie de formation. — b : tissu conjonctif interstitiel avec vaisseaux sanguins (g).

Born, sont des ébauches paires de celles-ci, les glandes thyroïdes latérales qui s'accolent à l'ébauche impaire.

Verdun et *Maurer* ont opposé récemment à cette manière de voir, la conception suivante : c'est que, les corps post-branchiaux ne fournissent aucun tissu thyroïdien, que, généralement, au contraire, ils régressent. La question n'est pas encore complètement élucidée. Sur ce sujet, ainsi que sur la connaissance d'autres corpuscules épithéliaux qui dérivent des fentes branchiales, et sur la glande carotidienne, voir l'article de *Maurer*, dans le livre d'Hertwig : *Embryologie expérimentale et comparée.*

4. Les **Poumons**, avec leurs conduits aérifères (larynx et trachée) se développent aux dépens de l'intestin pharyngien, comme des glandes lobées. Ce développement, ainsi qu'il le paraît, se fait chez tous les Vertébrés amniotes, d'une façon à peu près semblable. Immédiatement derrière l'ébauche impaire de la glande thyroïde (fig. 182, Sd) une gouttière (Kk) se forme à la paroi ventrale de l'intestin pharyngien.

C'est l'ébauche de la trachée ; cette ébauche est légèrement dilatée à son extrémité proximale. Elle s'observe déjà, chez le Poulet, au commencement du troisième jour ; chez le Lapin, au dixième jour après la fécondation ; et, chez l'embryon humain de 3, 2 millimètres de longueur. Ensuite, deux petits bourgeons (Lg) se forment des deux côtés à son extrémité postérieure élargie (fig. 182 et 183). Ils constituent l'ébauche des deux poumons (milieu du troisième jour chez le Poulet). En même temps, la gouttière ventrale se sépare de plus en plus, en arrière et en avant, de la partie supérieure de l'intestin pharyngien, qui constituera l'œsophage, sauf en un point qui donnera le larynx. Ce dernier se présente, chez l'embryon humain, à la fin de la cinquième semaine, sous forme d'un petit renflement à l'entrée de l'ébauche trachéale. Ses cartilages apparaissent déjà dès la huitième à la neuvième semaine.

Chez l'Homme et chez les Mammifères, deux stades sont à considérer en ce qui concerne les modifications éprouvées par les deux tubes pul-

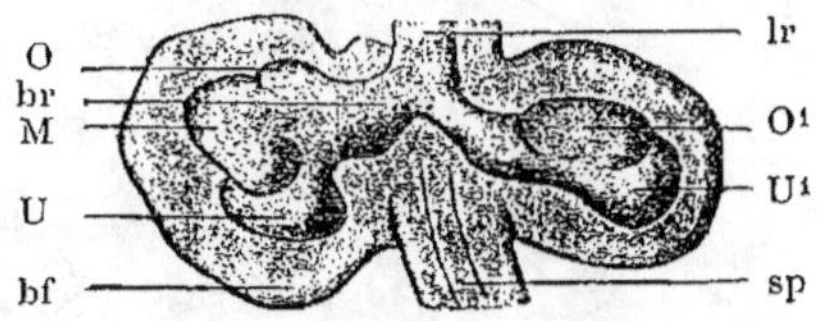

Fig. 204. — Reconstruction de l'ébauche pulmonaire d'un embryon humain (Pr. His), mesurant 10 millimètres de l'éminence nuchale à l'extrémité coccygienne ; d'après His.
lr : trachée. — br : bronche droite. — sp : œsophage. — bf : enveloppe conjonctive et plèvre dans laquelle s'accroît l'ébauche pulmonaire.
O, M, U : ébauches des lobes pulmonaires droits : supérieur, moyen, inférieur.
O¹, U¹, ébauches des lobes pulmonaires gauches : supérieur et inférieur.

monaires primitifs. Ces deux tubes, entourés d'une épaisse couche de tissu conjonctif embryonnaire, s'engagent dans le prolongement antérieur fusiforme de la cavité du corps. Le premier stade commence ainsi. Le tube s'allonge et se rétrécit près de son origine à la trachée ; il s'élargit au contraire à son autre extrémité. Là, il émet, à la façon d'une glande alvéolaire (chez l'Homme, à la fin du premier mois, His), des évaginations creuses qui s'engagent dans l'épaisse enveloppe conjonctive et se renflent en petites vésicules à leur extrémité aveugle. *La première formation de bourgeons n'est pas symétrique des deux côtés, car le tube pulmonaire gauche fournit deux bourgeons et le tube droit en fournit trois.*

Ainsi, dès le début, est indiqué un fait très important dans l'architecture du poumon : le poumon droit est divisé en trois lobes, le gauche en deux. Les processus de bourgeonnement ultérieur ont lieu par dichotomie (fig. 180 et 205). Ils ont lieu de la façon suivante : chaque vésicule terminale (vésicule pulmonaire primitive) sphérique au début, s'aplatit et se divise à sa paroi opposée à son point d'attache. Elle se divise ainsi en deux nouvelles vésicules pulmonaires, qui se différencient ensuite ultérieurement en un long pédicule (branche latérale) et en une vésicule sphérique. Comme un processus de bourgeonnement semblable se continue pendant longtemps, jusqu'au sixième mois, chez l'Homme, il se constitue un système caniculé très compliqué, l'arbre bronchique. L'arbre bronchique communique, à droite et à gauche, avec la trachée, par une bronche principale. Ses dernières ramifications, qui deviennent toujours de plus en plus fines, sont constituées par des dilatations en forme de massue, les vésicules pulmonaires primitives. Ces dernières n'existent primitivement qu'à la surface des lobes polaires, tandis que les ramifications bronchiques en occupent le centre. Pendant le bour-

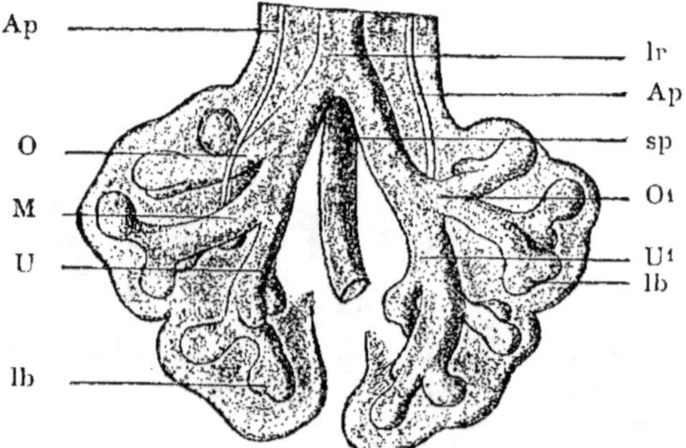

Fig. 205. — Reconstruction de l'ébauche pulmonaire d'un embryon plus âgé (N, His); d'après His. Gross. : 50 f.

Ap : artère pulmonaire. — lr : trachée. — sp : œsophage. — lb : vésicule pulmonaire en division. — O : lobe pulmonaire supérieur droit avec la bronche épartérielle qui y aboutit. — M, U : lobes pulmonaires droits, moyen et inférieur. — O¹ : lobe pulmonaire supérieur gauche avec la bronche hypartérielle qui y aboutit.— U¹ : lobe pulmonaire gauche inférieur.

geonnement, les poumons qui augmentent de volume s'engagent plus vers le bas dans la cavité thoracique. Ils repoussent devant eux le revêtement séreux de cette dernière (fig. 204, bf). Ils acquièrent ainsi leur revêtement pleural (la plèvre pulmonaire ou feuillet viscéral de la plèvre). Ils sont de plus en plus situés à droite et à gauche du cœur.

Au deuxième stade, l'organe qui, jusqu'ici, réalisait le type d'une glande en grappe, prend sa structure pulmonaire caractéristique (chez l'Homme, à partir du sixième mois). De petites évaginations très nombreuses se constituent aux dépens des parois des fines ramifications terminales de l'arbre bronchique, des conduits alvéolaires, ainsi qu'aux dépens de leurs dilatations vésiculaires serrées les unes contre les autres. Ces évaginations, contrairement aux précédentes, ne s'étranglent plus à leur point d'origine. Elles constituent les *cellules à air* ou *alvéoles pulmonaires* dont les dimensions, chez l'embryon, sont de trois à quatre fois moins grandes que chez l'adulte.

Le revêtement épithélial du poumon se forme dans les différents segments, au cours du développement, de façons différentes. Dans l'arbre bronchique entier, les cellules épithéliales sont très allongées ; en certains points, elles prennent une forme cylindrique, en d'autres, une forme cubique. A partir du quatrième mois (Kölliker) elles se recouvrent sur leur surface libre, de cils vibratiles. Dans les alvéoles pulmonaires, au contraire, les cellules disposées en une seule couche, s'aplatissent de plus en plus et constituent chez l'adulte un épithélium si mince qu'il y a peu de temps on discutait encore l'existence du revêtement épithélial. Elles prennent ensuite une constitution semblable à celle des cellules endothéliales et, comme pour ces dernières, on ne peut en montrer les limites propres qu'après traitement par des solutions faibles de nitrate d'argent.

C. — Organes constitués aux dépens de la paroi de l'estomac et de l'intestin. — Foie et pancréas. — Petites glandes. — Follicules et papilles.

1. Le Foie. — Dans ce paragraphe, qui comporte l'étude du foie, nous n'étudierons pas seulement le développement du parenchyme glandulaire, mais aussi celui des différents ligaments du foie. Nous commencerons même par ceux-ci, car ils dérivent d'une formation qui, au point de vue du développement, est plus ancienne que le foie, c'est le mésentère ventral. Etant donnée la constitution paire de la cavité du corps, on devrait trouver le mésentère ventral dans toute la longueur du tube intestinal à sa face ventrale, de même qu'on le trouve à sa face dorsale. Au lieu de cela, on ne le rencontre que sur une certaine étendue allant du pharynx à l'extrémité du duodénum. Il prend ici une importance particulière, de ce fait que plusieurs organes volumineux se développent dans son intérieur. En avant, le cœur avec les troncs vasculaires qui y amènent le sang, l'extrémité des veines omphalo-mésentériques et de la veine ombilicale. Immédiatement au-dessous se développe le foie avec son canal excréteur et ses vaisseaux.

La partie, qui à un jeune stade du développement renferme le cœur, porte le nom de *mésocarde* : mésocarde antérieur et mésocarde postérieur ou, de *méso du cœur* (voir le développement du cœur). Le segment (fig. 206) contigu en arrière, qui s'étend de la petite courbure de l'estomac et du duodénum (du) jusqu'à la paroi abdominale antérieure peut être distingué sous le nom de *mésentère antérieur de l'estomac et du duodénum* (lhd + ls). Les larges veines omphalo-mésentériques cheminent de chaque côté de lui le long de la paroi abdominale antérieure se rendant dans le sinus veineux du cœur. Elles donnent naissance ensuite, dans la cavité du corps, à un pli faisant fortement saillie, ce pli est perpendiculaire au mésentère intestinal. C'est le *septum transverse*, formation très importante sur laquelle nous reviendrons dans le chapitre XII lors de l'étude du développement du diaphragme. Il se constitue ainsi une masse de tissus richement cellulaires qui s'engage entre la paroi abdominale et la portion du tube intestinal dont il vient d'être question (estomac). De cette façon, la cavité du corps constitue plus tard, dans cette région, une formation paire.

Le foie commence à se développer, de très bonne heure, à l'intérieur du mésentère intestinal. Ce développement se fait suivant un schéma, qui dans la série des Vertébrés ne présente que quelques modifications sans importance. Partout, il se forme primitivement une évagination longitudinale en forme de gouttière à la paroi ventrale du duodénum. Cette évagination pénètre dans le mésentère ventral et en avant s'étend presque jusqu'au sinus veineux du cœur (fig. 70, I). Chez l'Amphioxus lanceolatus le foie conserve cette disposition simple. Il constitue ainsi, immédiatement en arrière de la région branchiale, une sorte d'annexe du tube intestinal.

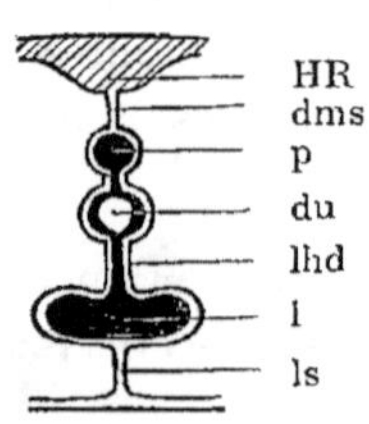

Fig. 206. — Coupe transversale schématique, destinée à montrer les rapports primitifs du duodénum, du pancréas, du foie et des ligaments de ce dernier.
HR : paroi abdominale postérieure. — du : duodénum. — p : pancréas. — l : foie. — dms : mésentère dorsal. — lhd : ligament hépatico-duodénal. — ls : ligament suspenseur du foie.

Ainsi que l'ont montré les belles recherches de *Brachet*, on peut bientôt distinguer l'un de l'autre, à l'ébauche primitive du foie, un segment antérieur et un segment postérieur sous les noms de Pars hepatica et de Pars cystica. Le premier donnera naissance, par prolifération de sa paroi, au parenchyme des cellules hépatiques. Le second fournira la vésicule biliaire et son canal excréteur. Les deux segments commencent à se distinguer nettement l'un de l'autre par suite de leur accroissement, en dehors de l'évagination, sous forme de tubes.

Au cours du développement ultérieur, la gouttière décrite ci-dessus comme ébauche hépatique primitive se sépare en avant et en arrière de la paroi intestinale et se transforme en un large et court pédicule, le canal cholédoque.

L'ébauche antérieure, qui donnera le foie proprement dit (tube hépatique crânial), et l'ébauche postérieure, qui fournira la vésicule biliaire, demeurent en connexion avec le canal cholédoque, la première par le canal hépatique, la seconde par le canal cystique. Comme plus tard, le canal cholédoque s'accroît fortement en longueur, le foie s'éloigne beaucoup de son point d'origine. Le parenchyme hépatique se développe uni-

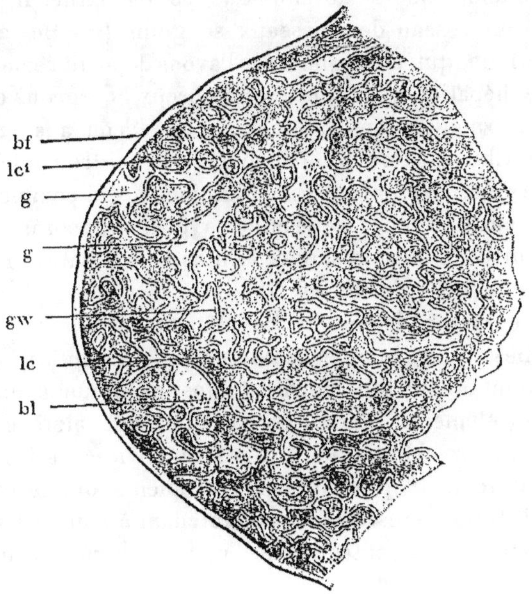

Fig. 207. — Coupe de l'ébauche du foie chez un embryon de Poulet de 6 jours, faible grossissement.
lc : réseau des cylindres hépatiques. — lc¹ : cylindre hépatique en coupe transversale. — g : vaisseaux sanguins. — gw : endothélium vasculaire. — bl : corpuscules sanguins. — bf : revêtement péritonéal du foie.

quement aux dépens du tube hépatique crânial. Il se développe à la façon d'une glande tubuleuse ramifiée. Mais comme les tubes glandulaires constituent de bonne heure un réseau serré, elle présente un caractère particulier. De nombreux bourgeons apparaissent à la paroi du tube hépatique. Chez quelques Vertébrés (Amphibiens, Sélaciens), ces bourgeons sont creux dès le début ; chez d'autres, au contraire (Oiseaux, Mammifères, Homme), ils sont pleins. Enveloppés du tissu conjonctif embryonnaire du mésentère intestinal antérieur, ils se développent dans le premier cas sous forme de tubes creux, et dans le second cas sous forme de cylindres pleins. Ces bourgeons se recouvrent bientôt sur toute leur étendue de ramifications latérales de même nature que le tronc principal. Puis comme ceux-ci s'accroissent les uns vers les autres, se rencontrent et se fusionnent (fig. 207, 1c) aux points de contact, il se constitue un réseau très serré de canalicules glandulaires creux ou de travées hépatiques pleines à l'intérieur de l'assise fondamentale conjonctive commune.

En même temps que se développe le réseau épithélial, se forme dans ses mailles un réseau de vaisseaux sanguins (g). De la veine omphalo-mésentérique, qui, ainsi que nous l'avons déjà fait remarquer, est accolée au tube hépatique, partent de nombreux bourgeons qui s'anastomosent par des ramifications latérales, d'une façon analogue aux travées hépatiques. Chez un Poulet au sixième jour, on trouve le foie à cet état. Il constitue déjà un organe assez volumineux, qui comme chez les Mammifères et chez l'Homme, détermine la formation au mésentère ventral, de deux bourrelets faisant saillie, l'un dans la cavité du corps gauche, l'autre dans la cavité droite (fig. 206).

Le foie augmente de volume de la façon suivante : les travées hépatiques réunies en réseau émettent de nouvelles ramifications latérales qui s'anastomosent à leur tour, formant ainsi continuellement de nouvelles mailles. Les éléments essentiels du foie sont alors constitués dans l'ébauche : 1° les cellules hépatiques sécrétrices et les canaux biliaires ; 2° le revêtement épithélial et les ligaments, qui dérivent du mésentère ventral. Il nous reste encore maintenant à étudier les modifications qu'ont à subir ces différentes parties pour acquérir leur disposition définitive.

Le réseau de travées hépatiques, tantôt creuses, tantôt pleines, subit des modifications dans deux sens. Une partie donne les canaux excréteurs (canaux biliaires). Dans les cas, où au début, les travées hépatiques sont pleines, elles commencent par se creuser, et leurs cellules se disposent autour de la lumière de façon à constituer un épithélium cubique ou un épithélium cylindrique. En même temps, certaines travées du réseau s'atrophient. Ainsi, primitivement tous les cylindres hépatiques sont anastomosés ensemble, mais ce n'est plus le cas, d'après *Külliker*, des canaux biliaires de l'adulte. Exception faite du hile du foie, où l'on rencontre les plexus biliaires connus. — L'autre partie du réseau fournit le parenchyme sécréteur des cellules hépatiques.

Le caractère de glande tubuleuse réticulé nettement présenté par le foie au cours du développement persiste dans l'organe constitué, chez les Vertébrés inférieurs, notamment chez les Amphibiens et les Reptiles. Les canalicules glandulaires, qui sont creux dès leur origine, ne présentent encore plus tard qu'une lumière très étroite, visible seulement au moyen d'une injection artificielle. Sur des coupes transversales, on voit que cette lumière est entourée par 3 ou 5 cellules hépatiques environ. Par leurs nombreuses anastomoses, ils forment un réseau très dense dont les mailles sont occupées par un réseau de capillaires sanguins et par de très minces trabécules de substance conjonctive. Chez les Vertébrés supérieurs (Oiseaux, Mammifères, Homme) la structure du foie s'éloigne beaucoup dans la suite de la structure d'une glande tubuleuse. Il prend la texture très compliquée exposée dans les traités d'histologie.

Pour finir nous avons encore à nous occuper des ligaments du foie et des modifications qu'il subit dans sa forme et dans son volume jusqu'au moment de la naissance. Les ligaments du foie sont représentés, ainsi que nous l'avons fait précédemment remarquer, par le mésentère intestinal ventral. Le tube hépatique crânial s'accroissant, à partir du duodénum, dans ce mésentère, et formant par bourgeonnement les lobes hépatiques droit et gauche (fig. 206, 208), il s'en suit que le mésentère ventral est divisé en trois parties : 1° une partie moyenne qui fournit le revêtement péritonéal des deux lobes hépatiques ; 2° un ligament, qui de la surface antérieure et convexe du foie gagne, normalement à la paroi abdominale, l'ombilic ; il renferme à son bord libre la veine ombilicale qui s'oblitère plus tard (Ligament suspenseur et ligament rond) (fig. 206, u et 208, ls) ; 3° un ligament, qui part de la surface opposée concave du foie, du hile, et s'étend jusqu'au duodénum et à la petite courbure de l'estomac, il contient le canal cholédoque et les vaisseaux afférents au foie (c'est le petit épiploon qui se décompose en ligament gastro-hépatique et ligament hépatico-duodénal) (fig. 206, lhd et fig. 208, kn).

A la suite des mouvements de torsion qu'il subit et que nous avons dé-

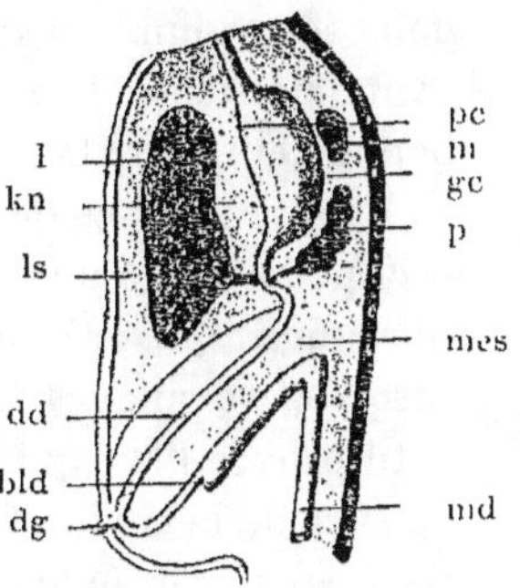

Fig. 208. — Schéma montrant les rapports primitifs du foie, de l'estomac, du pancréas, de la rate et de leurs méso. Les organes sont vus en coupe longitudinale.
l : foie. — m : rate. — p : pancréas. — dd : intestin grêle. — dg : canal vitellin. — bld : cæcum. — md : rectum. — pc : petite courbure et gc : grande courbure de l'estomac — mes : mésentère. — kn : petit épiploon (lig. hépaticogastrique). — ls : ligament suspenseur du foie.

crits précédemment, l'estomac est reporté dans la moitié gauche de la cavité abdominale, tandis que le foie se développe surtout dans la moitié
droite. Il en résulte que le petit épiploon perd bientôt son orientation primitivement sagittale et s'étale en une mince membrane tendue de gauche
à droite. Par suite de la formation du foie et du petit épiploon, l'arrière-
cavité du grand épiploon, résultant de la torsion de l'estomac, subit un
accroissement qui lui constitue un vestibule (*Atrium bursæ omentalis*).
Car la partie de la cavité du corps située derrière le foie et le petit épiploon vient s'ajouter à l'arrière-cavité du grand épiploon. Chez l'adulte
la cavité ne possède plus qu'un étroit orifice de communication situé au-
dessous du ligament hépatico-duodénal (hiatus de *Winslow*). (Pour l'étude du développement du ligament crucié du foie, voir le chapitre XII
qui traite du diaphragme.)

Relativement aux modifications que le foie éprouve dans sa forme et
dans son volume jusqu'au moment de la naissance, les deux points suivants méritent de fixer l'attention. En premier lieu, le foie atteint de
bonne heure une taille très considérable. En second lieu, il se développe
au début, dans ses deux lobes, tout à fait symétriquement. Au 3ᵉ mois, il
occupe la cavité du corps presque tout entière. Il s'étend par son bord
libre aigu, qui présente entre les deux lobes une échancrure profonde,
jusqu'au voisinage de la région inguinale où il laisse, là seulement, un
petit espace libre qui permet de voir les anses intestinales lors de l'ouverture de la cavité du corps. Le foie est un organe richement vascularisé, car une grande partie du sang allant du placenta au cœur le traverse.
A cette époque, la sécrétion de la bile commence, d'abord en petite quantité. Mais dans la deuxième moitié de la grossesse, la sécrétion augmente.
Par suite, l'intestin se remplit peu à peu d'une masse brun noirâtre, le
méconium. C'est un mélange de bile, de mucus et de cellules épithéliales
détachées de l'intestin, de liquide amniotique avalé par l'embryon et
contenant des lamelles épidermiques et des poils du lanugo.

Dans la deuxième moitié de la grossesse, l'accroissement des deux
lobes du foie est inégal. Le lobe gauche devient progressivement moins
volumineux que le lobe droit.

Au moment de la naissance le foie s'étend encore, par son bord inférieur, des cartilages costaux presque jusqu'à l'ombilic. Après la naissance,
il diminue rapidement de poids et de volume, car par suite de la respiration pulmonaire, le cours du sang se trouve modifié. Le foie ne reçoit
plus le courant sanguin, que pendant la vie embryonnaire lui amenait la
veine ombilicale. Au cours de l'accroissement post-embryonnaire, le foie

grossit aussi, mais moins que le corps, de sorte que son poids relatif diminue.

2. **Le Pancréas** fut dans ces derniers temps l'objet de très nombreuses recherches embryologiques qui, dans toutes les classes des vertébrés, ont fourni des résultats analogues. Le pancréas et son canal excréteur se forment aux dépens de trois évaginations du feuillet glandulo-intestinal; l'une se développant à la paroi dorsale, les deux autres à la paroi ventrale du duodénum. Les trois évaginations en forme de tubes s'engagent dans le mésentère dorsal, où elles se creusent et émettent des ramifications latérales (fig. 206, 208, p).

En ce qui concerne les Mammifères, il convient d'examiner en détail les points suivants. L'évagination de la paroi dorsale du duodénum primitif apparaît chez l'embryon de Brebis ayant atteint 4 millimètres de longueur. Elle demeure fixée à son point d'origine, au cours de l'accroissement ultérieur, par un canal excréteur, qui correspond au canal de Santorini. Un peu plus tard (chez l'embryon de 4 mm. 5 de longueur) apparaissent à la face ventrale du duodénum au voisinage de l'ébauche primitive du foie, à droite et à gauche de celle-ci, deux évaginations. Ce sont les ébauches pancréatiques ventrales. Elles se détachent de l'intestin, et forment un canal qui deviendra le canal de *Wirsung*. Par suite de la torsion du duodénum autour de son axe longitudinal les ébauches pancréatiques dorsale et ventrale se rapprochent les unes des autres et s'unissent en un seul corps glandulaire. A la suite de cette union, les canaux excréteurs, dorsal et ventral, le canal de Santorini et le canal de Wirsung, entrent eux aussi, en connexion.

Cet état primitif explique les trois combinaisons différentes dans la disposition définitive des canaux excréteurs du pancréas.

1° Chez le Cheval et le Chien les deux canaux excréteurs de l'ébauche dorsale et de l'ébauche ventrale persistent.

2° Le canal excréteur dorsal régresse. La sécrétion du tissu glandulaire dorsal est amenée par l'anastomose décrite précédemment dans le canal excréteur ventral. Ce dispositif se rencontre chez la Brebis et chez l'Homme.

3° Chez le bœuf et le Porc, c'est l'ébauche ventrale qui régresse. Le pancréas débouche dans le duodénum à une certaine distance et distinctement du canal cholédoque.

A la suite de cette étude embryologique on comprend que, quoique la plus grande partie du pancréas soit constituée aux dépens de la paroi dorsale du duodénum, il débouche par l'intermédiaire du canal de *Wirsung* avec le canal cholédoque à l'ampoule de Vater, quoique celle-ci soit située ventralement.

Les recherches faites sur l'embryon humain concordent avec ces données. Chez un embryon humain de cinq semaines, on trouve outre une
grande ébauche pancréatique dorsale, un pancréas ventral qui débouche
avec le canal cholédoque dans le duodénum (fig. 209). Chez un embryon
de six semaines, les deux ébauches sont fusionnées (fig. 210) Voir aussi
fig. 182 et 183). Le pancréas constitue alors une petite glande allongée
(fig. 210 et 184, p), dont l'extrémité opposée au point d'origine est dirigée
vers le haut dans le mésogastre. Il est situé au milieu entre la grande courbure de l'estomac et la colonne vertébrale, il est mobile. Le pancréas suit
les déplacements que subissent l'estomac et son mésentère. Chez l'em-

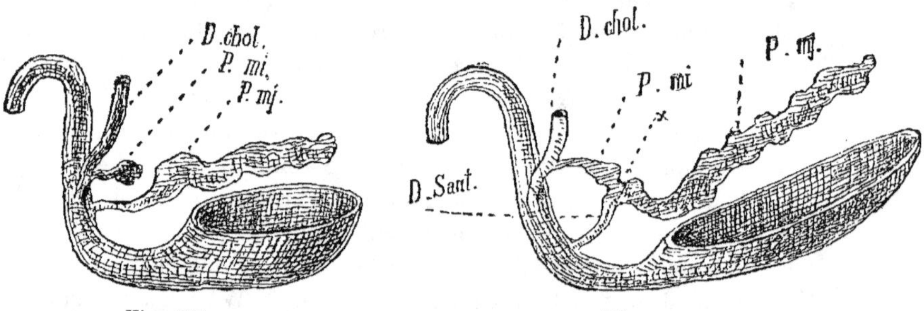

Fig. 209.   Fig. 210.

Fig. 209 et 210. — Deux reconstitutions du duodénum avec les ébauches pancréatiques ;
d'après Hamburger.
La figure 209 correspond à un embryon humain âgé de cinq semaines, la figure 210 à
un embryon de six semaines.
D. chol. : canal cholédoque. — P. mi : petite ébauche pancréatique.
P. mj. : grande ébauche pancréatique. — D. Sant. : canal de Santorini.
X. : point de soudure des deux ébauches pancréatiques.

bryon de six semaines son axe longitudinal coïncide encore à peu près
avec l'axe longitudinal du corps. Puis il subit graduellement une torsion
(fig. 187, p) qui amène sa portion terminale dans la moitié gauche du
corps. Et finalement l'axe longitudinal de l'organe se place suivant l'axe
transversal du corps, comme chez l'adulte. La tête s'encastre dans la
courbure duodénale en forme de fer à cheval, et la queue arrive jusqu'à
la rate et au rein gauche.

Comme le pancréas se développe dans l'épaisseur du mésogastre, il
possède pendant la première moitié de la vie embryonnaire un méso,
dans lequel il subit la torsion décrite ci-dessus. Mais déjà au cinquième
mois, le méso a disparu (Comp. les schémas 188 et 189) ; car lorsque la glande a acquis sa position transversale, elle s'accole fortement à
la paroi postérieure du tronc et perd aussitôt sa mobilité ; son revêtement

péritonéal et son méso se soudent au péritoine adjacent (fig. 189, gn⁴). De cette façon le pancréas, qui chez l'homme s'était développé comme un organe intra-péritonéal, comparable au foie, est devenu par la soudure des feuillets séreux en contact un organe dit extra-péritonéal. En même temps l'insertion du mésogastre est reportée plus à gauche de la colonne vertébrale.

3. Les **Glandes gastriques** commencent à apparaître chez l'embryon humain au cours de la dixième semaine.

Il se forme, par un arrangement caractéristique des cellules, à l'intérieur de l'épithélium, de petites fossettes, qui un peu plus tard envoient dans le tissu conjonctif sous-jacent de nombreux diverticules (Tubuli). Les fossettes, revêtues de hautes cellules cylindriques constituent, le canal excréteur. Les diverticules, tapissés de cellules cubiques, constituent la partie secrétrice.

A la fin du quatrième mois, les cellules bordantes sont reconnaissables dans l'épithélium glandulaire.

Le nombre des diverticules glandulaires qui s'abouchent dans les fossettes de l'estomac est plus considérable pendant la vie embryonnaire qu'après la naissance. Au septième mois de la vie fœtale il s'élève environ à sept, il diminue graduellement après la naissance jusqu'au moment de la puberté, et finalement chez l'adulte, trois tubes seulement confluent dans chaque fossette.

4. Les **Glandes de Lieberkühn** et les **Villosités** commencent à se développer chez l'embryon humain, vers la fin du deuxième mois, d'après les données de *Sedgwick Minot*. Les villosités sont déjà revêtues au troisième mois d'un épithélium cylindrique élevé. Les glandes développées à ce moment autour de leur base sont représentées par des invaginations courtes et creuses du feuillet glandulo-intestinal « dont la longueur comparée à celle des villosités est pendant longtemps beaucoup moindre ». C'est dans le fond des glandes et surtout aux derniers stades du développement qu'on observe exclusivement les figures de divisions nucléaires, ce qui les a fait considérer comme les principaux centres de croissance de l'épithélium glandulaire et surtout de l'épithélium intestinal (*Flemming, Bizzozero*). Au cours de la vie embryonnaire il se développe aussi quelques villosités sur la muqueuse du gros intestin, mais elles commencent à régresser après la naissance.

5° Les **Follicules intestinaux** sont facilement reconnaissables chez l'embryon humain à partir du cinquième mois. D'après *Stöhr*, il se forme entre les éléments conjonctifs du chorion de la muqueuse des amas de leucocytes nettement délimités. Ils arrivent, par leur sommet, au contact de l'épithélium de la surface intestinale, sans cependant qu'il s'établisse de rapports plus étroits entre les nodules et les glandes intestinales.

En ce qui concerne le développement de la rate, voir le chapitre XII.

Résumé du chapitre IX.

A. — Orifices du tube digestif.

1º L'orifice du tube digestif, la bouche primitive, formée primitivement par l'invagination du feuillet germinatif interne se ferme complètement sauf en deux points : le canal neurentérique et l'anus.

2º Le canal neurentérique établit, pendant quelque temps, une communication entre le tube nerveux et l'intestin primitif. Il disparaît plus tard, à la suite du fusionnement de ses parois.

3º L'anus est un résidu de la bouche primitive. Il se constitue aux dépens d'une petite portion de celle-ci, située un peu en arrière du canal neurentérique (Fossette anale, membrane anale).

4º Le tube digestif présente de nouvelles communications avec l'extérieur (fentes branchiales). Elles résultent de l'accolement, en certains points, de la paroi du tube digestif avec la paroi du corps. La membrane formée en ces points s'amincit et se résorbe.

5º Les fentes branchiales se forment des deux côtés de la future région cervicale, généralement au nombre de cinq et même six paires chez les Vertébrés inférieurs, de quatre paires chez les Oiseaux, les Mammifères et chez l'Homme (formation des sillons branchiaux externes et internes, résorption de la membrane d'occlusion).

6º. Chez les Vertébrés aquatiques, les fentes branchiales servent à la respiration branchiale (développement des lamelles branchiales par plissement de la muqueuse). Chez les Reptiles, les Oiseaux et les Mammifères, elles se ferment et disparaissent, à l'exception de la partie supérieure de la première fente, qui contribue à la formation de l'organe auditif (oreille externe, caisse du tympan et trompe d'Eustache).

7º La bouche se développe à l'extrémité céphalique de l'embryon, aux dépens d'une invagination impaire de l'épiderme. Cette invagination, cavité buccale, s'applique contre l'intestin céphalique qui se termine en cul-de-sac. Par la destruction de la membrane pharyngienne primitive (voile pharyngien primitif), les deux cavités primitivement séparées sont mises en communication.

8º L'intestin post anal ou intestin caudal, compris entre l'anus et l'extrémité postérieure du corps (portion caudale du tronc), s'atrophie plus tard et disparaît complètement. L'anus occupe alors l'extrémité du tube digestif, tout comme la bouche en occupe le commencement.

B. — Différenciation du tube digestif et de son mésentère
en segments distincts.

1° Primitivement, le tube digestif constitue un tube s'étendant en ligne droite de la bouche à l'anus. Il est en communication environ en son milieu, par le canal vitellin (pédicule intestinal) avec le sac vitellin (vésicule ombilicale).

2° L'intestin est uni d'une part à la colonne vertébrale, dans toute sa longueur, par un mince mésentère dorsal, et d'autre part, à la paroi antérieure du tronc, jusqu'à la région de l'ombilic, par un mésentère intestinal antérieur (mésocarde antérieur et postérieur, mésogastre antérieur, mésentère duodénal).

3° A quelque distance derrière les fentes branchiales, se forme l'estomac qui se constitue par une dilatation fusiforme du tube digestif. Son mésentère dorsal est désigné sous le nom de mésogastre.

4° La partie du tube digestif qui fait suite à l'estomac s'allonge beaucoup plus que le tronc. Elle forme, dans la cavité du corps, une anse dont la branche supérieure descendante plus étroite donnera l'intestin grêle et la branche inférieure ascendante plus large donnera le gros intestin.

5° L'estomac prend la forme d'un sac. Il subit un mouvement de torsion qui amène son axe longitudinal dans la direction de l'axe transversa du corps. En même temps, la ligne d'insertion du mésogastre, primitivement située en arrière et correspondant à sa grande courbure, devient inférieure, c'est-à-dire qu'elle est dirigée vers l'extrémité caudale de l'embryon.

6° L'anse intestinal subit également une torsion, de façon que sa branche inférieure ascendante (gros intestin) vienne se placer transversalement sur la branche supérieure descendante (intestin grêle). Elle la croise ainsi près de son point de sortie de l'estomac.

7° La torsion que subit l'anse intestinale explique pourquoi, chez l'adulte, le duodénum à sa continuation avec le jéjunum passe sous le côlon transverse et son méso-côlon.

8° La branche inférieure de l'anse intestinale, à la suite de la torsion et du croisement de la branche supérieure, prend la forme d'un fer à cheval. Elle se laisse alors diviser en cæcum, côlon ascendant, côlon transverse, côlon descendant.

9° Dans l'espace délimité par le fer à cheval, la branche supérieure de l'anse intestinale se plisse pour donner les anses de l'intestin grêle.

10° Le mésentère dorsal, qui primitivement offrait le même aspect et les mêmes rapports dans toute l'étendue du tube digestif, se différencie en différents segments. Cette différenciation est la conséquence des plissements et des changements de position effectués par le tube digestif. Le mésentère s'allonge, par place, il se soude avec le revêtement péritonéal de la cavité du corps. Il en résulte qu'en certains points il contracte de nouvelles insertions, et qu'en d'autres il disparaît complètement, ce qui fait que certaines portions intestinales perdent leur mésentère.

11° Le mésentère du duodénum se soude à la paroi abdominale, Il en est de même pour certaines parties du côlon ascendant et du côlon descendant (portions extra-péritonéales de l'intestin).

12° Le mésentère du côlon transverse acquiert une nouvelle ligne d'insertion allant de gauche à droite. Il se différencie du mésentère commun et constitue le méso-côlon.

13° Le mésogastre subit la torsion de l'estomac, il constitue le grand épiploon, qui partant de la grande courbure de l'estomac recouvre l'intestin tout entier.

14° Le grand épiploon contracte des soudures avec certaines parties voisines de la séreuse : 1° il se soude avec la paroi abdominale postérieure, ce qui fait que la ligne d'insertion à la colonne vertébrale est située dans la moitié gauche du corps ; 2° il se soude avec la méso-côlon et le côlon tranverse ; 3° dans la partie de son étendue où il recouvre l'intestin, son feuillet antérieur et son feuillet postérieur s'accolent et se soudent en une membrane péritonéale.

C. — Formation des divers organes dérivant des parois du tube digestif.

1° La surface du tube digestif s'accroît par formation de replis et de villosités qui proéminent à l'intérieur, et par formation d'évaginations glandulaires externes.

2° Les organes se développant dans la cavité buccale sont : la langue, les glandes salivaires et les dents.

3° Les dents, qui chez les Vertébrés supérieurs n'existent qu'à l'entrée de la bouche, se rencontrent chez les Vertébrés inférieurs (Sélaciens, etc.) dans toute l'étendue de la cavité buccale et de la cavité branchiale, et même, disséminées comme dents cutanées, sur toute la surface du corps.

4° Les dents cutanées sont en quelque sorte des papilles cutanées ossifiées. Elles se forment aux dépens de la couche cellulaire profonde de l'épiderme.

    a) Le derme cutané fournit les papilles dentaires riches en cellules, à leur surface où les cellules sont disposées en une assise d'odontoblastes, elle sécrètent l'ivoire.

b) La couche profonde de l'épiderme fournit une assise de hautes cellules cylindriques, appelée membrane de l'émail, qui donnera naissance à une mince couche d'émail recouvrant l'ivoire.

c) La base de la formation d'ivoire s'unit d'une façon plus intime avec le derme cutané. Ce dernier s'ossifie sur son pourtour et se transforme en cément.

5° Au bord des maxillaires, la portion de la muqueuse, qui donne naissance aux dents, s'engage profondément à leur intérieur. Par prolifération de l'épithélium, il se forme, en premier lieu, une crête dentaire, le long de laquelle, les dents maxillaires se développent selon le même processus que les dents cutanées à la surface du corps.

6° Le développement d'une dent se fait de la façon suivante. De place en place de la crête dentaire, l'épithélium prolifère abondamment. Une papille du derme de la muqueuse s'engage à l'intérieur de cette prolifération ou organe de l'émail. La papille dentaire donne naissance à l'ivoire, l'organe de l'émail, par formation d'une membrane adamantine sécrète l'émail. Enfin, le sac dentaire d'origine conjonctive s'ossifie et donne le cément.

7° En arrière des dents de lait, se forment chez les mammifères et chez l'homme, de très bonne heure, les ébauches des dents permanentes. Elles le forment aux dépens du bord profond de la crête dentaire.

8° Aux dépens de l'épithélium du pharynx se forment le thymus, la glande thyroïde, les glandes thyroïdes accessoires (corpuscules post-branchiaux) et les poumons.

9° Le thymus se développe chez les Mammifères et chez l'Homme aux dépens de deux évaginations ventrales de l'épithélium de la 3e paire de fentes branchiales. Chez l'Homme, les deux tubes constituant les ébauches du thymus émettent des bourgeons latéraux et subissent des transforma tions histologiques toutes spéciales. Ils s'unissent sur la ligne médiane en un organe impair, qui commence à s'atrophier pendant les premières années après la naissance.

10° La glande thyroïde est un organe impair, qui se développe dans la région du corps de l'os hyoïde tantôt comme une évagination creuse, tantôt comme une évagination pleine de l'épithélium de la cavité pharyngienne. Le bourgeon épithélial se sépare de son lieu d'origine et pousse des bourgeons latéraux. Les cordons épithéliaux ainsi formés se divisent ultérieurement en petits follicules creux, qui sécrètent à leur intérieur de la substance colloïde.

11° Les corpuscules branchiaux ou (glandes thyroïdes accessoires) sont paires. Elles se développent par évagination de l'épithélium des dernières fentes branchiales. Elles subissent les mêmes modifications que la glande thyroïde impaire, et régressent totalement.

12° Les poumons se forment en arrière de l'ébauche de la glande salivaire impaire, au plancher de la cavité pharyngienne.

   a) Une gouttière circulaire qui se sépare du pharynx jusqu'à son extrémité postérieure (entrée du larynx) donne naissance au larynx et à la trachée.

   b) A l'extrémité postérieure de cette gouttière, se forment deux tubes. Ces deux tubes se dilatent à leur extrémité, ils constituent les ébauches des bronches et des poumons gauche et droit.

   c) Très tôt, il se manifeste une asymétrie entre le poumon gauche et le poumon droit. Le tube droit forme trois bourgeons latéraux, représentant les ébauches des trois lobes pulmonaires ; tandis que le tube gauche pousse seulement deux bourgeons.

   d) En ce qui concerne le développement ultérieur du poumon, il y a lieu de distinguer deux stades, dont le premier présente une grande analogie avec le développement d'une glande acineuse. Pendant le premier stade, les vésicules pulmonaires primitives se multiplient par étranglement, puis chaque vésicule se différencie en une portion étroite, le tube bronchique, et en une large vésicule terminale. Pendant le second stade, se forment les alvéoles pulmonaires.

13° Le foie se développe comme une glande tubuleuse réticulée.

a) Aux dépens de la paroi ventrale du duodénum se forme, dans le mésentère intestinal ventral, une gouttière longitudinale. C'est l'ébauche primitive hépatique dans laquelle on distingue le segment antérieur comme Pars hepatica, d'une petite portion postérieure désignée sous le nom de Pars cystica.

b) Pars hepatica et Pars cystica s'accroissent sous forme de deux tubes creux, pendant que plus tard, la gouttière longitudinale se sépare partiellement en avant et en arrière du tube intestinal et donne le canal cholédoque.

c) Le tube antérieur (tube hépatique crânial) donne naissance au parenchyme glandulaire. La paroi émet des ramifications latérales creuses ou pleines, les travées hépatiques, qui se réunissent entre elles et constituent un réseau, partie donnant les canaux biliaires et partie le parenchyme hépatique sécréteur avec les capillaires biliaires.

d) Le tube postérieur au caudal (Pars cystica) donne naissance à la vésicule biliaire.

14° Aux dépens du mésentère ventral, dans lequel pénètrent les tubes hépatiques se forment : le revêtement séreux et une partie des ligaments du foie, le petit épiploon (ligament gastro-hépatique et hépatico-duodénal) et le ligament suspenseur du foie.

15° Le pancréas prend naissance au duodénum et s'engage dans le mésentère dorsal et dans le mésogastre.

16° Le mésentère, que primitivement possédait le pancréas, disparaît dans la suite ; car il se soude avec la paroi postérieure abdominale ; en outre, à la suite de la torsion de l'estomac, l'axe longitudinal du pancréas se place dans la direction de l'axe transversal du corps.

CHAPITRE X

Les organes dérivés du feuillet germinatif moyen.

Muscles. — Organes génito-urinaires.

En dehors du mésenchyme dont nous avons fait connaître l'origine dans le chapitre VI, trois formations de nature très différente se développent aux dépens du feuillet germinatif moyen, ou autrement dit, aux dépens de la paroi épithéliale des sacs cœlomiques embryonnaires : 1° les muscles volontaires, ; 2° les organes génito-urinaires ; 3° le revêtement épithélial des cavités séreuses du corps.

1. — Le développement des muscles volontaires.

Pour bien comprendre l'histogénèse du tissu musculaire, il faut connaître quelques faits auxquels ont conduit l'anatomie comparée et l'embryologie des Invertébrés. — Dans l'embranchement des Cœlentérés, très instructif pour l'étude

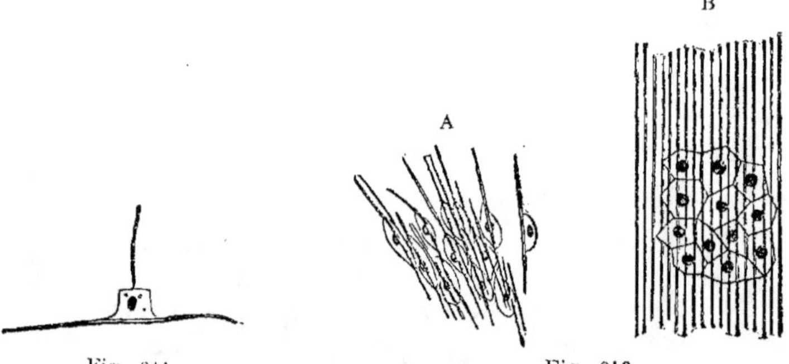

Fig. 211.   Fig. 212.

Fig. 211. — Cellule épithélio-musculaire du revêtement ectodermique d'un tentacule d'Actinie (Sagartia parasitica) : d'après O. et R. Hertwig.

Fig. 212. — A : Epithélium musculaire de l'entoderme d'une Actinie. — Les cellules ont été isolées par macération. — A chaque cellule, on voit une fibrille. — B : épithélium musculaire d'une Méduse. — Les fibrilles sont des productions propres des cellules épithéliales (Dessin schématique) : d'après O. et R. Hertwig.

de la formation des tissus, les éléments musculaires sont presque toujours des parties constitutives de l'épithélium, non seulement pendant leur développement.

mais aussi chez l'animal adulte. Ils méritent donc très justement le nom de
cellules épithélio-musculaires. Leur caractéristique, est la suivante : elles sont de
simples cellules épithéliales (fig. 211) tantôt cubiques, tantôt cylindriques, tantôt
filamenteuses, dont une extrémité atteint généralement la surface épithéliale et
là, fréquemment se termine par un cil vibratile, tandis que l'autre extrémité
basale repose sur la lamelle fondamentale du corps. A cette extrémité se forment
une ou plusieurs fibrilles musculaires lisses ou striées.

En général, toutes les fibrilles musculaires sont disposées parallèlement
sous l'épithélium et serrées les unes contre les autres (fig. 212). Elles constituent ainsi une lame musculaire dont la contraction amène le raccourcissement
ou l'allongement du corps, dans une direction déterminée.

De la *lame musculaire*, ainsi que le montre l'étude des Cœlentérés et l'embryologie, dérivent trois types principaux : 1° la *lamelle musculaire*, 2° le *casier
musculaire* et 3° le *faisceau musculaire primitif*. Le processus de plissement joue
également un rôle, que nous avons déjà appris à reconnaître en diverses circonstances comme étant la cause principale de la formation des principaux organes,
dans le développement de ces différentes formations.

Lorsque certaines portions d'une lamelle musculaire doivent subir un développement considérable, cela ne peut avoir lieu que par une augmentation des
fibrilles disposées parallèlement les unes à côté des autres. Mais l'augmentation
du nombre des fibrilles dans une région limitée ne peut se produire que de deux

 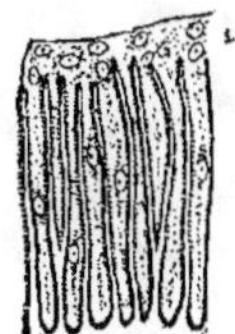 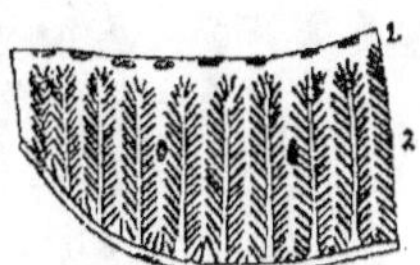

Fig. 213.   Fig. 214.   Fig. 215.

Fɪɢ. 213. — Plissement de l'épithélium musculaire de l'entoderme d'une Actinie. —
D'après Hertwig, emprunté à Hatschek.

Fɪɢ. 214. — Epithélium musculaire de Méduse en coupe tranversale avec : 1° assise
de revêtement et 2° assise musculaire plissée.

Fɪɢ. 215. — Coupe de la musculature longitudinale de Sagitta ; d'après Hertwig,
emprunté à Hatschek. — 1° assise de revêtement, épithélium du cœlome ; 2° lame
musculaire plissée, en dessous l'épiderme.

manières différentes : soit que ces fibrilles se placent les unes au-dessus des
autres en plusieurs couches, ou soit que, si elles demeurent disposées les unes
à côté des autres en une simple couche, la lamelle musculaire se plisse tantôt
d'une façon irrégulière, tantôt très régulièrement. Dans le premier cas, il se
forme des plis plus élevés et d'autres moins élevés Ils peuvent à leur tour être
recouverts par de petits plis latéraux, de sorte que, sur une coupe transversale
on obtient l'aspect d'un arbre ramifié (fig. 213). Chaque pli présente en son milieu
une certaine quantité de substance fondamentale autour de laquelle sont disposées parallèlement les fibrilles musculaires. Les vallées entre les plis sont remplies par l'épithélium qui nivelle la masse irrégulière et forme vers l'extérieur
une surface lisse. Dans le second cas (fig. 214 et 215), il se forme des plis régu-

liers et parfois assez hauts. Ces plis s'élèvent perpendiculairement à la lame fondamentale à laquelle ils ont pris naissance par plissement et sont pressés fortement les uns contre les autres à la façon des feuillets d'un livre. Les espaces
intercalaires étroits compris entre les plis sont occupés par les cellules musculaires avec leurs noyaux, les corpuscules musculaires. Sur les bords libres des
lamelles s'étale encore une assise épithéliale de revêtement.

La musculature volontaire conserve dans les cas que nous venons de décrire
jusqu'ici, sa connexion avec l'assise épithéliale, dont elle est devenue distincte.
C'est une règle générale chez les Cœlentérés. Chez les Vertébrés cette connexion
est détruite, car les bords des plis tournés vers la surface épithéliale libre se
fusionnent. Il se forme alors deux types différents du tissu musculaire : le
casier musculaire et le faisceau musculaire primitif. Les *casiers musculaires* ou cases
musculaires sont fournis par l'accolement des bords libres de deux hautes lamelles
musculaires placés l'un à côté de l'autre, ainsi que le montre la coupe tranver-

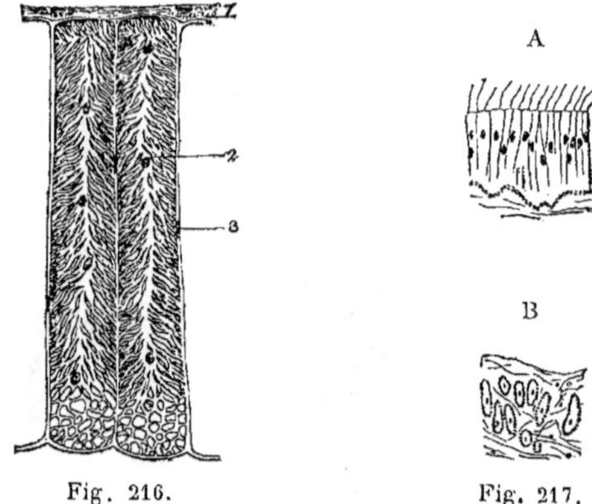

Fig. 216.   Fig. 217.

Fig. 216. — Coupe tranversale de l'assise musculaire longitudinale d'Ascaris.— 1 : assise
de revêtement (épithélium péritonéal). — 2 : casier musculaire avec noyaux arrondis
(corpuscules musculaires) situés entre les fibrilles musculaires. — 3 : enveloppe conjonctive du casier musculaire avec noyaux aplatis.
Fig. 217. — Coupe transversale de l'épithélium musculaire de l'entoderme d'une Actinie. — A : plissement irrégulier et peu marqué. — B : Les portions plissées se sont
séparées en cordons ou faisceaux de fibrilles musculaires entourés de toutes parts par
du tissu de soutien.

sale perpendiculaire suivante (fig. 216) de la musculature longitudinale d'un Lombric. Les *faisceaux musculaires primitifs* ou fibres musculaires striées se forment
au contraire quand les plissements de la lamelle sont plus irréguliers et plus
bas (fig. 217, A), les parties plissées se séparent de bonne heure et leur contenu
formé par les corpuscules musculaires et par les fibrilles se loge sous forme d'un
cordon arrondi ou d'un faisceau dans la substance fondamentale qui se trouve
sous l'épithélium (fig. 217,B). Par la répétition de ce processus : formation de plis
répétés et séparation, il peut se former aux dépens d'une portion épithéliale
génératrice d'un muscle une assise devenant de plus en plus épaisse, de faisceaux
musculaires primitifs placés les uns au-dessus des autres.

Les casiers musculaires et les faisceaux primitifs peuvent encore augmenter en nombre de ce fait qu'ils s'accroissent par augmentation de la masse des fibrilles et se divisent ensuite en deux parties par un étranglement longitudinal, et ainsi de suite.

Chez les *Vertébrés*, l'ensemble de la musculature volontaire striée, à l'exception d'une partie des muscles de la tête, dérive d'une région limitée du feuillet germinatif moyen : les segments primordiaux. Ceux-ci se séparent comme on l'a vu plus haut (p. 144) en deux portions fonctionnellement différentes, la première qui fournit le mésenchyme du squelette axial (sclérotome) et la seconde qui se transforme en tissu musculaire (myotome). Chez certains Vertébrés c'est le myotome qui présente le développement le plus précoce et le plus accentué ; chez d'autres, c'est le sclérotome. Ainsi, chez l'Amphioxus et chez les Cyclostomes les segments primordiaux sont utilisés exclusivement à la formation des muscles. Ils sont aussi les seuls Vertébrés chez lesquels on rencontre au lieu de faisceaux primitifs musculaires, des casiers musculaires.

Chez l'*Amphioxus* les segments primordiaux sont de petits sacs creusés d'une très grande cavité (fig. 56 et 129, ush). Leur paroi consiste en une simple assise de cellules épithéliales. Chez les Cyclostomes les segments sont dépourvus de cavités. Chez les uns et chez les autres, les cellules des segments primordiaux se développent ultérieurement de deux façons. Seules les cellules contiguës à la chorde (ch) et au tube nerveux (n) sont destinées à former les fibres musculaires (fig. 55 et 218). Elles augmentent considérablement de taille et prennent la forme de lames disposées parallèlement les unes à côté des autres, et sont par une facette, que je désignerai comme leur base, perpendiculaires à la surface de la chorde et parallèles à l'axe longitudinal du corps. De très bonne heure (au stade de dix segments primordiaux chez l'Amphioxus) les lames cellulaires commencent à différencier à leur base de fines fibrilles musculaires striées, qui permettent déjà à l'embryon d'effectuer quelques faibles mouvements. Comme de nouvelles fibrilles viennent constamment s'ajouter à celles déjà formées à la surface de la chorde, et qu'il en apparaît maintenant le long des deux faces en contact des lames musculaires ; il en résulte la formation de lamelles musculaires striées caractéristiques.

Celles-ci sont disposées à droite et à gauche de la chorde, comme les feuillets d'un livre. Plus les fibrilles augmentent, plus le protoplasma de leurs cellules génératrices diminue entre elles. Le noyau, entouré d'un reste de protoplasma est reporté à l'extrémité de la cellule tournée vers la cavité du segment primordial. Le reste des cellules du segment primordial se transforme en un épithélium pavimenteux (fig. 218, ac) qui ne prend aucune part ni maintenant ni plus tard à la formation du muscle (Cutisblatt de *Hatschek*). Cet épithélium se continue, dorso-ventralement avec l'assise qui forme les lamelles musculaires, par des cellules de transition (fig. 218, WZ), de la même façon que dans les vésicules cristalliniennes, l'épithélium est réuni aux fibres cristalliniennes.

Chez des larves plus âgées, les segments primordiaux s'allongent vers le haut et vers le bas, il en résulte continuellement une néoformation de lamelles musculaires aux dépens des cellules (WZ) mentionnées ci-dessus. Les bords supérieur et inférieur des feuillets des segments primordiaux constituent donc une *zone de prolifération* aux dépens de laquelle s'accroît de plus en plus la musculature du tronc, du côté dorsal et du côté ventral. Chez la larve de Petromyzon, âgée de six semaines (fig. 219), les lamelles musculaires se transforment en casiers musculaires (k), nom que donne *Schneider* aux éléments structuraux définitifs spéciaux à l'Amphioxus et aux Cyclostomes. Les couches de fibrilles en contact de deux lamelles, et que chaque lamelle cellulaire a différenciées sur ses deux côtés, se réunissent par leur bord de telle sorte que .chaque cellule génératrice est maintenant entourée comme d'un manteau par les fibrilles qui lui appartiennent. On obtient ainsi un élément analogue à celui que présente la musculature longitudinale du Lombric (fig. 216).

Enfin les casiers musculaires des Cyclostomes subissent trois sortes de modifications. La substance fondamentale homogène qui apparaissait seulement au premier stade comme une mince ligne disposée entre les deux couches de fibrilles d'une lamelle musculaire augmente et forme la cloison qui sépare les casiers musculaires les uns des autres, on y observe plus tard quelques éléments conjonctifs et des vaisseaux sanguins. En second lieu, la substance protoplasmique fondamentale est utilisée presque totalement à la formation continue de nombreuses fines fibrilles qui finissent par remplir tout l'intérieur du casier. Parmi les fibrilles, on peut maintenant en distinguer de deux sortes ; les unes centrales et les autres accolées à la paroi. En troisième lieu, on trouve, entre les fibrilles de nombreux petits noyaux épars provenant, par une série de divisions successives, du noyau primitivement unique de la cellule génératrice.

Chez les autres Vertébrés le développement des segments musculaires a lieu d'une façon un peu différente de ce qui existe chez l'Amphioxus et les Cyclostomes. Pour cette étude, les Amphibiens urodèles nous fournissent un excellent matériel. Chez le Triton (fig. 69 et 130, ush) les segments primordiaux présentent une cavité, délimitée de toutes parts par de grandes cellules épithéliales cylindriques. Chez des embryons un peu plus âgés, dans la partie de l'épithélium en contact avec le tube nerveux

et la chorde, c'est-à-dire dans la partie correspondant à l'assise formative
musculaire chez l'Amphioxus et les Cyclostomes, les cellules se multiplient activement et obstruent totalement la cavité du segment primordial. En même temps les cellules perdent leur forme et leur arrangement
primitifs, elles se transforment en de longs cylindres disposés longitudinalement et occupant toute la longueur d'un segment primordial. Ces
cylindres, situés des deux côtés de la moelle épinière et de la chorde, sont
disposés les uns à côté des autres et les uns au-dessus des autres (fig. 220).

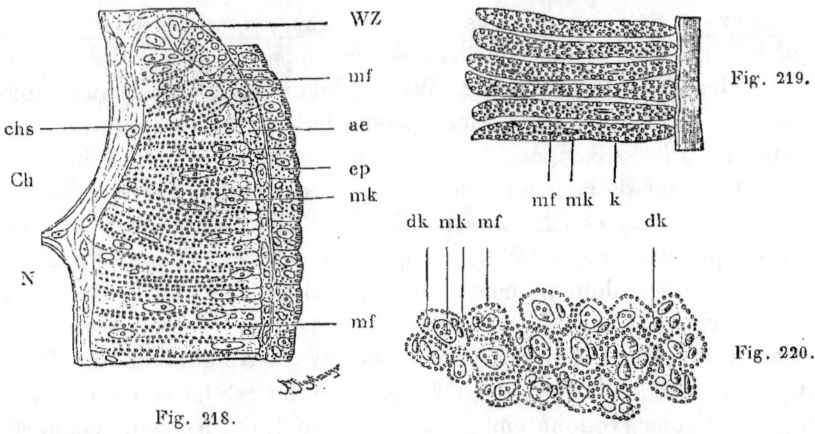

Fig. 218-219. — Deux coupes transversales de la musculature du tronc d'une larve de
Petromyzon Planeri de 14 jours (fig. 218) et de six semaines (fig. 219). Gross. 500.
N et Ch : portions de la coupe contiguës à la moelle épinière et à la chorde. — chs :
gaine chordale squelettogène. — ep : épiderme. — ac : couche épithéliale externe du
segment primordial. — mk : fibrilles musculaires. — mf : fibrilles musculaires en
coupe transversale. — WZ : zone d'accroissement, passage de l'assise cellulaire
externe du segment primordial, à la couche musculaire. — k : casier musculaire.
Fig. 220. — Coupe transversale de la musculature du tronc d'une larve de Triton
tæniatus âgée de 5 jours. Gross. 500.
mk : Noyau musculaire. — mf : fibrilles musculaires en coupe tranversale. — dk :
granulations vitellines.

Chaque cylindre, qui primitivement ne présente qu'un seul noyau (mk)
s'entoure d'une enveloppe de fines fibrilles striées (mf); il correspond
maintenant à un casier musculaire de Cyclostome (fig. 219). Il subit ensuite une série de transformations semblables à celles qu'éprouve le
casier musculaire chez les Cyclostomes. Ainsi, chez des larves plus
âgées, les fibrilles deviennent de plus en plus nombreuses et finalement
remplissent toute l'épaisseur du cylindre. Toutefois, certains points,
situés dans l'axe, demeurent libres. Les petits noyaux, résultant de la
division du noyau-mère unique, viennent s'y loger ; leur nombre aug-

mente constamment. En outre, entre les fibres musculaires, ou faisceaux primitifs, ainsi que s'appellent plus tard les éléments ainsi formés, s'engage du tissu conjonctif avec des vaisseaux sanguins.

Alors que chez l'Amphioxus, les Cyclostomes et les Amphibiens, les segments primordiaux jouent le rôle principal dans la formation de l'ébauche de la musculature striée volontaire du corps ; ils se divisent chez les Sélaciens et dans les trois classes des Vertébrés supérieurs de prime abord en deux ébauches également importantes : le sclérotome et la plaque musculaire (myotome).

Chez les Sélaciens, l'assise squelettogène, dont nous avons indiqué précédemment l'origine (p. 144), se développe en hauteur des deux côtés de la chorde (fig. 134, sk et 225, W). En dehors de la partie squelettogène, on trouve la partie du segment primordial servant à la formation des muscles. Elle se compose d'une couche interne et d'une couche externe, séparées l'une de l'autre par le reste de la cavité du segment primordial (fig. 133, h). La couche interne (fig. 133, mp), est en contact avec le tissu squelettogène (sk) et se compose de cellules allongées, fusiformes et superposées, donnant naissance aux fibrilles musculaires striées. Cette couche correspond à la paroi interne du segment primordial, paroi directement contiguë à la chorde chez des larves d'Amphioxus (fig. 55) et de Cyclostomes (fig. 218, mf). La couche externe est en contact avec l'épiderme et conserve longtemps encore sa structure formée de cellules épithéliales cubiques. Du côté dorsal et du côté ventral, cette couche se continue avec la couche génératrice musculaire interne, et contribue à l'accroissement de cette dernière, comme chez l'Amphioxus et les Cyclostomes, car ses cellules s'accroissent en longueur et se transforment en fibres musculaires.

Il en résulte que la plaque musculaire s'allonge, vers le haut et vers le bas, dans la paroi du tronc (fig. 134).

La cavité du segment primordial (myocœle) disparaît graduellement. La couche génératrice musculaire s'épaissit de plus en plus, le nombre des fibres musculaires devenant plus considérable. La couche externe perd, mais seulement assez tard, son caractère épithélial, et contribue à la formation du derme cutané (fig. 134, cp).

Chez les Reptiles, les Oiseaux et les Mammifères, la partie du segment primordial, qui se transforme en tissu squelettogène, est encore plus importante que chez les Sélaciens. La plus grande partie du segment primordial située à l'intérieur et ventralement se transforme peu à peu en tissu gélatineux qui entoure complètement la chorde et le tube nerveux. La plus petite partie du segment primordial, formée par les portions dorsale et latérale et qui est séparée de la chorde par la couche génératrice squelettogène, donne la plaque musculaire (fig. 137, ms). Les figures 221 et 222 nous donnent quelques éclaircissements sur les formations correspondantes chez les embryons humains.

Sur la coupe transversale, on voit le tube nerveux avec les ganglions spinaux accolés, au-dessous de lui la chorde entourée par le tissu conjonctif squelettogène qui tire son origine du sclérotome du segment primordial. A droite et à gauche du tissu squelettogène on distingue un myotome assez nettement délimité.

Sur la coupe longitudinale, menée dans une direction frontale, de la moitié postérieure du tronc de l'embryon, la segmentation du corps dé-

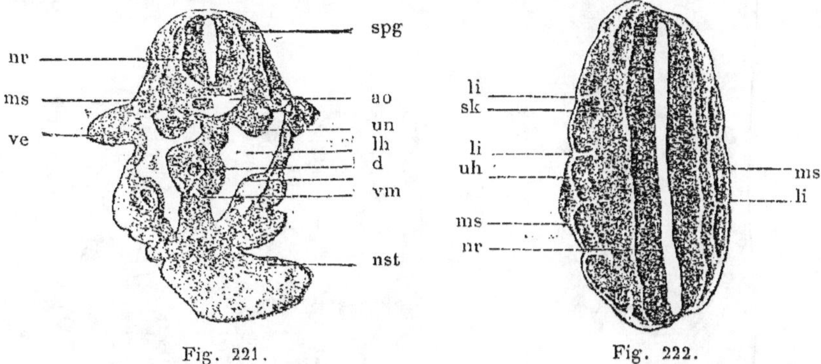

Fig. 221.   Fig. 222.

Fig. 221 et 222. — (fig. 221) Coupe transversale du tronc d'un embryon humain dans la région des ébauches des extrémités antérieures. — (fig. 222) Coupe frontale de la moitié postérieure du tronc du même embryon, représenté fig. 160.
Dans le fig. 221, on voit le tube nerveux : nr.— l'aorte : ao. — le segment musculaire : ms. — les ébauches des extrémités antérieures : ve.— l'ébauche du rein primordial : un.— le tube intestinal avec les mésentères, dorsal et ventral : vm. — l'ombilic intestinal : nst. — un ganglion spinal : spg. — li : ligament intermusculaire. — sk : tissu squelettogène — uh : cavité segmentaire.

terminée par les myotomes (ms) est nettement visible; à gauche on compte cinq segments musculaires atteints par la coupe, et à droite quatre. Dans certains d'entre eux on distingue encore une fente longitudinale (uh), dernier reste de la cavité du segment primordial un peu plus grande au stade précédent. Au contraire, la gaine de tissu conjonctif, dérivant du sclérotome, formée autour de la chorde et du tube nerveux, ne laisse plus reconnaître aucune trace de segmentation. Des recherches minutieuses ont montré aussi, que chez les Vertébrés supérieurs, les fibres musculaires se forment aux dépens de l'ébauche épithéliale, par suite d'une sorte de processus de plissement, absolument comme nous l'avons décrit, dans l'introduction, chez les Invertébrés. Ainsi, la coupe transversale passant par le myotome d'un embryon de lapin, montre comment l'épithélium générateur musculaire (fig. 223, m) est divisé en petits segments entre lesquels s'engagent de fins septa formés par le tissu conjonctif voisin (sc). Plus tard, des faisceaux musculaires primitifs se formeraient par une séparation complète.

Dans le formation de la musculature du tronc des Vertébrés, on considère les deux points suivants : 1° *Les éléments musculaires se dévelop-*

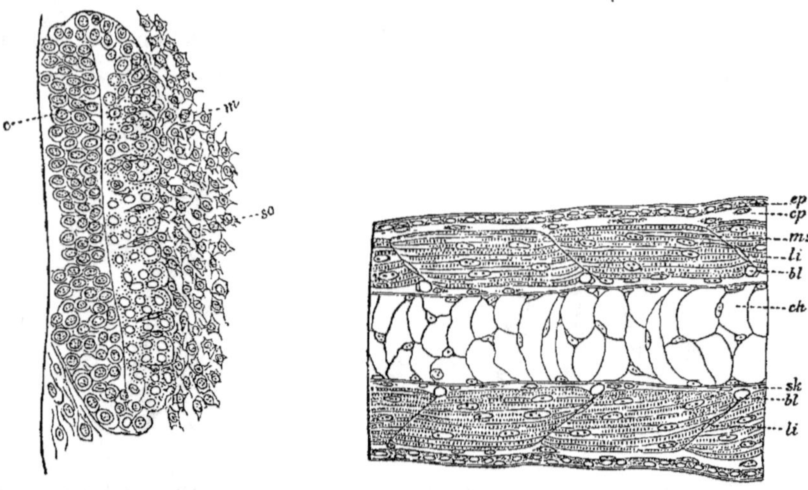

Fig. 223.   Fig. 224.

Fig. 223. — Coupe transversale passant par le septième segment primordial d'un embryon de Lapin de 56 mm. de longueur : portion du feuillet musculaire ; d'après Maurer.

c : lame cuticulaire. — m : lame musculaire du segment primordial. — sc : sclérotome.

Fig. 224. — Coupe frontale passant par le milieu du tronc d'une larve de Triton déjà âgé. Cette coupe est destinée à montrer la disposition des segments musculaires ms. ch : chorde. — ep : épiderme. — cp : lame cuticulaire, tissu gélatineux embryonnaire. — ms : segment musculaire. — li : ligament intermusculaire. — bl : vaisseaux sanguins. — sk : gaine chordale squelettogène.

pent aux dépens de cellules épithéliales qui prennent naissance dans une région délimitée de l'épithélium de la cavité du corps, région qui s'est différenciée en segments primordiaux. 2° Les productions épithéliales, de même que les canaux glandulaires et les vésicules glandulaires qui naissent de l'épithélium, sont entourées de toute part par du tissu conjonctif.

Nous allons encore étudier maintenant d'un peu plus près, *la disposition primitive des masses musculaires fournies par les segments primordiaux. A ce sujet, toutes les classes des Vertébrés nous offrent des phé-*

nomènes analogues. Partout, il se constitue, comme assise fondamentale un système très simple de fibres contractiles, disposées longitudinalement. Ces fibres primitivement contiguës à la chorde et au tube nerveux, s'étendent ensuite dorsalement vers le dos et ventralement dans la paroi abdominale. La masse musculaire est divisée en segments distincts ou myomères dans toute son étendue par (ligaments intermusculaires) des septa de tissu conjonctif, dirigé obliquement à la colonne vertébrale (224, li). C'est ce qui existe chez les Vertébrés inférieurs ; chez les Vertébrés supérieurs cet état de chose fait place à une disposition plus compliquée.

De quelle façon se forment, aux dépens de ce système primitif, les groupes de muscles si différents par la situation et la forme, chez les Vertébrés supérieurs ? Cette question ne peut être examinée en détail, car elle n'a été encore que peu travaillée. Nous ne pouvons que faire ressortir deux points, en ce qui concerne la différenciation des groupes musculaires. En premier lieu, un facteur très important est fourni par le perfectionnement du squelette, qui par ses apophyses fournit des points d'insertion aux fibres musculaires. Celles-ci peuvent alors se séparer, grâce à cette circonstance, de la masse musculaire commune. En second lieu, le développement des membres entraîne une différenciation plus profonde de la musculature. Les membres se développent sous la forme de tubérosités, sur les côtés du tronc (fig. 181 et 221). Leur musculature, qui chez les Vertébrés supérieurs présente une disposition très complexe, dérive également des segments primordiaux.

Chez les Sélaciens, où ces phénomènes sont le plus facile à suivre, deux bourgeons, l'un antérieur et l'autre postérieur, naissent aux dépens d'un grand nombre de segments primordiaux et s'engagent dans les ébauches des nageoires paires, dans lesquelles elles se tranforment en fibres musculaires. Ces bourgeons se séparent bientôt totalement des segments primordiaux et constituent de petits sacs, dont les parois sont formées par une seule assise épithéliale cylindrique, et qui présentent une petite cavité. Dans la suite ils se divisent en une moitié dorsale et en une moitié ventrale, aux dépens desquelles se développent les muscles des faces opposées des nageoires.

Sur la coupe transversale d'un embryon humain (fig. 221), on voit également l'extrémité inférieure de la plaque musculaire (ms) s'approcher de l'ébauche en forme de nageoire, formée d'un tissu à petites cellules, de l'extrémité antérieure (ve), dont le matériel cellulaire musculaire prend ainsi naissance.

2. — Développement des organes génito-urinaires
et des capsules surrénales.

L'étude du développement des organes urinaires et des organes génitaux ne peut être séparée et faire l'objet de deux chapitres distincts ;
car ces deux systèmes d'organes présentent des connexions très intimes
tant au point de vue anatomique qu'au point de vue génésique.

D'abord, ils prennent naissance dans une seule et même région de
l'épithélium du cœlome ; en second lieu, des portions de l'appareil urinaire s'en séparent et deviennent ultérieurement des portions de l'appareil génital. Elles servent alors de canaux vecteurs des œufs ou des spermatozoïdes. C'est donc à juste titre, qu'en anatomie, on réunit ces deux
systèmes d'organes sous un même nom, celui de système ou d'appareil
uro-génital.

Nous entrons dans un des chapitres les plus intéressants de l'embryologie. Au point de vue morphologique, le système uro-génital attire
l'attention par les nombreuses transformations importantes qu'il subit
pendant la vie embryonnaire. Chez les Vertébrés supérieurs, se forment
d'abord les reins précurseurs et les reins primordiaux, organes de nature
transitoire, dont une partie disparaît pour être remplacée par les reins,
définitifs, et dont une partie formée seulement de leurs canaux excréteurs, persiste. Ces organes transitoires correspondent cependant à des
organes, qui, chez les Vertébrés inférieurs, fonctionnent pendant toute la
durée de la vie.

a) **Le rein précurseur et son canal.**

Le premier indice, qui marque le développement de l'appareil uro-
génital, est l'ébauche du rein précurseur. Cette formation, dont la présence est maintenant démontrée chez les embryons de tous les Vertébrés joue chez les uns un rôle très important, et chez les autres un
rôle secondaire. Chez quelques-uns (Myxine, Bdellostoma et Poissons
osseux), elle persiste pendant toute la vie ; chez d'autres, comme les Amphibiens, elle constitue pendant la vie larvaire, un organe volumineux,
qui s'atrophie pendant la métamorphose de la larve. Chez les Sélaciens
et les Amniotes, enfin, son ébauche demeure très rudimentaire.

Le Sélaciens, les Amphibiens et les Oiseaux peuvent servir comme
exemple pour l'étude du développement du rein précurseur.

Chez un embryon de Sélacien pourvu environ de 27 segments, le rein
précurseur apparaît dans la région du troisième ou du quatrième seg-

ment du tronc, du côté dorsa.. Au point, où la partie segmentée du
feuillet germinatif moyen se continue avec la partie non segmentée,
un certain nombre de cordons cellulaires, disposés métamériquement
les uns derrière les autres, prennent naissance aux dépens de son feuillet pariétal (fig. 225, vn). Ces cordons s'infléch issent dorsalement et
s'unissent en un corps longitudinal. Peu de temps après, les cellules qui
constituent ces ébauches s'écartent les unes des autres, et celles-ci présentent ultérieurement une petite cavité. De cette façon, il existe maintenant entre l'épiderme et le feuillet moyen pariétal, un canal longitu-

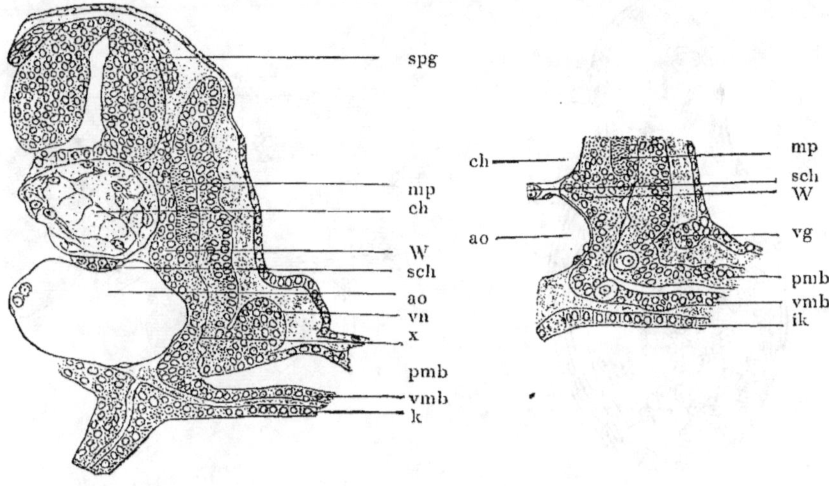

Fig. 225.   Fig. 226.

Fig. 225 et 226. — Deux coupes transversales d'un embryon de Pristiurus ; d'après
Rabl. La coupe 226 est prise un peu plus en arrière que la coupe 225.
ch : chorde. — spg : ganglion spinal. — mp : lame musculaire du segment primordial. —
W : tissu squelettogène qui s'est développé aux dépens de la paroi médiane du segment
primordial. — sch : cordon sub-chordal. — ao : aorte. — ik : feuillet germinatif
interne. — pmb, vmb : feuillet moyen pariétal et feuillet viscéral. — vn : rein
précurseur. — vg : canal du rein précurseur. — x : cavité (à l'état de scissure) du
segment primordial et qui est encore en communication avec le cœlome.

nal, *le canal du rein précurseur* (fig. 226, vg), qui s'étend dans plusieurs
segments du tronc. Ce canal communique, avec le cœlome par plusieurs orifices placés les uns derrière les autres, les *entonnoirs du rein
précurseur* (fig. 229, vn).

Peu de temps après sa formation, l'ébauche subit une atrophie complète
dans sa moitié antérieure. La moitié postérieure, au contraire, continue à
se développer, s'élargit, mais ne reste en communication avec le cœlome

que par un seul entonnoir rénal (fig. 229, vn). Cela est dû, d'après *Wijhe* à ce que les nombreux entonnoirs se fusionnent en un seul, ou bien, d'après *Rückert*, à ce que tous les entonnoirs se ferment et s'atrophient, à l'exception d'un seul.

Chez les Amphibiens, le rein précurseur se développe aussi au point où les segments primordiaux et la lame latérale sont en contact. Il se forme, dans le feuillet pariétal de cette dernière, des proliférations distinctes, pleines et disposées métamériquement. Ces bourgeons se creu-

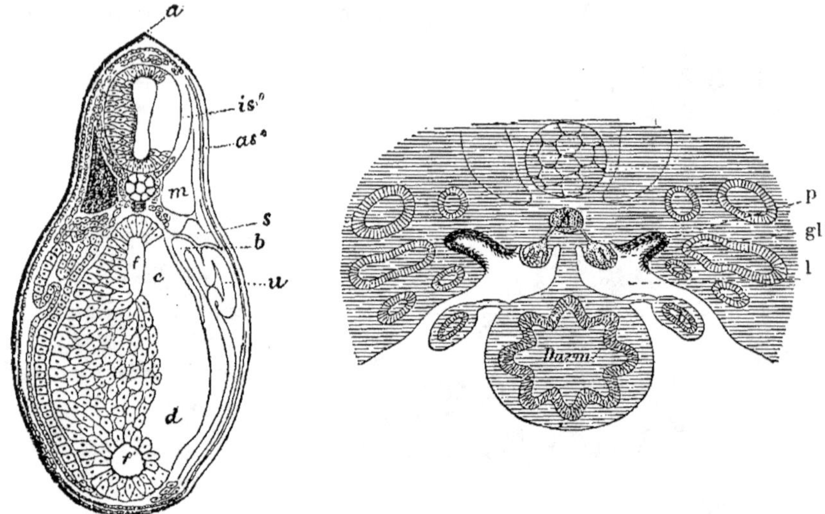

Fig. 227.   Fig. 228.

FIG. 227. — Coupe transversale, au niveau de l'extrémité antérieure du sac vitellin, chez un très jeune têtard de Bombinator ; d'après Götte.
a : repli du feuillet germinatif externe, en continuité avec la nageoire dorsale. — is" : moelle épinière. — m : muscle latéral. — as" : assise épithéliale externe de la lame musculaire. — S : cellules mésenchymateuses. — b : point de continuité entre le feuillet moyen viscéral et le feuillet pariétal. — u : rein précurseur. — f : cavité intestinale. — c : feuillet intestinal en continuité avec la masse de cellules vitellines. — f' : cul-de-sac ventral de l'intestin, qui donnera le foie.
FIG. 228. — Coupe transversale au niveau du rein précurseur. Chez Triton tæniatus (6 m. m) ; d'après Semon.
p : entonnoir péritonéal. — gl : glomérus. — l : cœlome.

sent (fig. 227, u) et s'unissent par leurs extrémités tournées vers le feuillet moyen externe et forment ainsi un canal longitudinal. Le canal du rein précurseur ainsi formé (fig. 227, u) communique avec le cœlome par trois entonnoirs chez Rana et Bombinator, par deux chez le Triton et la Salamandre. Ici, le cœlome est un peu dilaté, il constitue « *la chambre du rein précurseur* ». Pendant la vie larvaire, l'ébauche totale subit une modification importante, les entonnoirs se transforment en longs tubes ondulés (*canalicules du rein précurseur*).

Chez les Oiseaux, auxquels se rattachent les phénomènes décrits chez les Reptiles et chez les Mammifères (*Rabl*) il se forme aussi un canal rénal précurseur ; mais il reste rudimentaire (fig. 131, Wd). Il est en communication par quelques entonnoirs avec le cœlome. Ce canal apparaît chez l'embryon de Poulet possédant huit segments primordiaux. Il se développe dans la région comprise entre le cinquième et le septième segment et s'étend dorsalement, chez l'embryon plus âgé, jusqu'au quinzième segment (*Félix*).

Le rein précurseur acquiert enfin une structure spéciale, chez tous les Vertébrés, cette structure est due à ce que, au voisinage des entonnoirs, se développent, aux dépens de la paroi du cœlome, des proliférations en forme de champignon, et cela à gauche et à droite de la ligne d'insertion du mésentère. Dans chaque saillie pénètre une branche de l'aorte qui se résout ici en une touffe de capillaires, comme dans les corpuscules de *Malpighi* du rein. Ici également, ces capillaires se réunissent ensuite en un vaisseau efférent. Plus tard, aux dépens des proliférations, segmentairement disposées, du péritoine et de leurs dispositifs vasculaires caractéristiques, se constitue une formation plus volumineuse, unitaire, le *glomérule du rein précurseur*. La coupe schématique (fig. 228) passant par le rein céphalique d'une larve de Triton de 6 millimètres de longueur donne une idée exacte des rapports du glomérule (gl) avec le mésentère et les entonnoirs (p).

Ce n'est que chez les Vertébrés dont le rein céphalique fonctionne, chez les larves des Amphibiens, des Cyclostomes et des Téléostéens, que le glomérule atteint un développement considérable. Chez les Sélaciens et les Amniotes, au contraire, il reste rudimentaire et s'atrophie totalement dans la suite. Dans le premier cas, il se produit probablement, grâce à cette disposition, une sécrétion de liquide urinaire qui passe ensuite par les orifices des canalicules du rein précurseur et est éliminé à l'extérieur par le canal du rien précurseur. Un fait digne de remarque et caractéristique de la structure du rein précurseur, c'est que le glomérule vasculaire ne se développe pas dans la paroi du canalicule du rein précurseur lui-même comme c'est le cas pour les canalicules du rein primordial, mais dans la paroi du cœlome ; de sorte que le liquide urinaire ne peut être éliminé que par l'intermédiaire de ce dernier. A cet effet, chez beaucoup de Vertébrés, la portion antérieure du cœlome, qui contient le glomérule vasculaire et les entonnoirs, s'est plus ou moins complètement isolée de l'autre portion ; car le feuillet pariétal et le feuillet viscéral du péritoine se soudent et cette soudure détermine la formation d'une sorte de *chambre du rein précurseur*. Chez les Téléostéens la chambre rénale est complètement close, elle ne l'est que partiellement au contraire, chez le Lepidosteus, les Ichthyophis, les Crocodiliens et les Chéloniens.

Mais de quelle façon, le rein précurseur communique-t-il avec l'extérieur ?

Cette communication est établie par le canal du rein précurseur, qui se développe de la façon décrite ci-dessus immédiatement en arrière du rein précurseur. Ce canal s'accroît progressivement d'avant en arrière, jusqu'à l'intestin terminal, et s'ouvre dans le cloaque. On trouve ce canal chez tous les Vertébrés (fig. 131, Wd) dans la région où les segments primordiaux (Pv) et la plaque latérale (pp) sont en contact par la soi-disant masse cellulaire intermédiaire. Au moment où il commence à se former, il est toujours situé immédiatement au-dessous de l'épiderme (fig. 131, Wd) ; plus tard il s'en éloigne considérablement, et se place plus profondément, en s'engageant dans le tissu conjonctif embryonnaire (fig. 137, wd et fig. 230, ug). Ce canal a reçu des noms différents, on le désigne dans la littérature sous le nom de : *canal du rein précurseur, canal du rein primordial, canal de Wolff* ou *canal segmentaire*. Ces différentes appellations s'expliquent pas ce fait que, dans le cours du développement du système rénal, ce canal change de fonction : il sert primitivement de canal excréteur pour le rein précurseur, puis plus tard pour le rein primordial.

Longtemps on a discuté sur l'origine de ce canal. D'après de nombreuses recherches, je me range maintenant à l'idée émise par *Rückert* dans son travail d'ensemble sur les organes urinaires.

Chez tous les Vertébrés, exception faite pour l'Amphioxus, la *portion antérieure* du canal du rein précurseur se développe aux dépens du feuillet germinatif moyen de ce fait que les canalicules du rein précurseur décrits précédemment et disposés segmentairement en petit nombre, se recourbent en arrière et se soudent entre eux. La portion moyenne et la portion postérieure du canal présentent, au contraire, suivant les différentes classes de Vertébrés, un double mode de formation.

Chez les Poissons osseux, les Amphibiens, les Reptiles et les Oiseaux, le canal du rein précurseur, bien que son segment antérieur soit formé aux dépens du feuillet germinatif moyen, se termine en arrière par une proéminence qui fait saillie librement dans l'espace compris entre le feuillet germinatif externe et le feuillet germinatif moyen. La proéminence, par suite de la prolifération de ses cellules propres, s'accroît progressivement en longueur, atteint finalement l'intestin terminal et se soude avec sa paroi. Le segment moyen et le segment postérieur du canal du rein précurseur ne se détachent par conséquent ni du feuillet germinatif externe, ni du feuillet germinatif moyen, comme on l'affirmait, et ils ne tirent pas d'eux le matériel nécessaire à leur développement.

On rencontre le deuxième mode de formation chez les Sélaciens (*Wijhe, Rabl, Beard, Rückert*) et chez les Mammifères (*Hensen, Flemming, Graf, Spee, Keibel*). Bien que chez eux, le rein précurseur soit formé aux dépens de proliférations du feuillet germinatif moyen, l'extrémité postérieure du canal du rein précurseur, au lieu de se terminer librement par une proéminence, entre en connexion avec le feuillet germinatif externe. A l'état de choses, donné dans la figure 225 représentant un embryon de Sélacien, se rattache facilement l'état de choses présenté par une coupe transversale dans laquelle le canal du rein précurseur semble être maintenant un épaississement linéaire du feuillet germinatif externe. L'étude d'embryons d'âges différents montre que l'épaississement linéaire du feuillet germinatif externe est reporté de plus en plus vers la région dorsale ; en avant du point de connexion, le canal se détache et devient indépendant. Aussi on ne trouve toujours que l'extrémité la plus reculée du canal du rein céphalique en voie d'accroissement unie intimement avec le feuillet germinatif externe.

b) Le rein primordial (corps de Wolff). — Le canal du rein primordial ou canal de Wolff.

Après la formation du système du rein précurseur, il se développe, chez tous les Vertébrés, après un intervalle de temps plus ou moins long, une glande plus volumineuse, servant à la sécrétion urinaire. Cette glande est le rein primordial ou corps de *Wolff*. Il se développe très tôt chez les Vertébrés où l'ébauche du rein précurseur est rudimentaire dès son origine ; comme c'est le cas chez les Sélaciens et les Amniotes. Au contraire, il se forme relativement tard chez les Vertébrés, chez lesquels le rein précurseur fonctionne, comme cela arrive chez les Amphibiens et les Téléostéens. Le rein primordial débouche immédiatement en arrière des canalicules du rein précurseur, dans la portion suivante du canal du rein céphalique, auquel on donne par suite le nom de canal du rein primordial ou de canal de *Wolff*.

Le corps de *Wolff* se développant comme une glande, on pourrait penser de prime abord, comme c'est le cas pour les ébauches des glandes qui naissent aux dépens du feuillet germinatif externe et du feuillet germinatif interne, qu'il se forme aux dépens de bourgeons latéraux se

ramifiant, nés de la paroi du canal du rein précurseur. Ce n'est pas le
cas ici. Presque tous les observateurs sont d'accord pour admettre que
les canalicules glandulaires du rein primordial se développent indépendamment du canal du rein primordial, soit directement ou indirectement
aux dépens de l'épithélium du cœlome, et son développement est en rapport étroit avec celui des segments primordiaux. Lorsque ceux-ci commencent à se séparer nettement de la plaque latérale, il se forme un
mince pédicule à la place de séparation. Ce pédicule persiste encore,
pendant un certain temps entre les deux parties qu'il unit (fig. 229, vb)

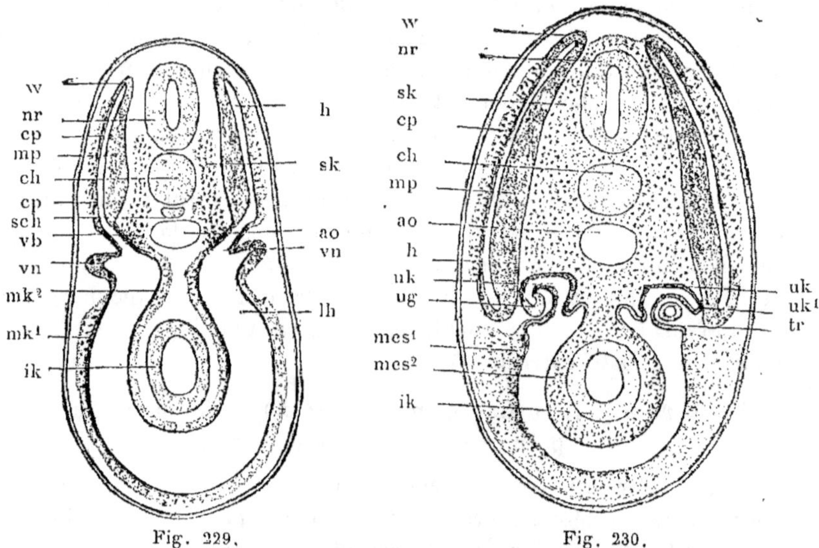

Fig. 229.   Fig. 230.

Fig. 229 et 230. — Coupes transversales (figures schématiques) d'un embryon de Sélacien moins âgé et d'un embryon plus âgé ; d'après Wijhe.

et porte le nom de pièce intermédiaire du segment primordial, car il
possède, chez les Sélaciens, une petite cavité qui met en communication
la cavité du segment primordial avec la cavité du corps. Chez les Amniotes, ce pédicule est plein (fig. 231). En outre, les cordons disposés,
ici, les uns derrière les autres, sont fortement serrés ensemble, ils semblent former une masse cellulaire compacte interposée entre les segments primordiaux et la plaque latérale. On a donné à cette masse les
noms de plaque intermédiaire, masse cellulaire intermédiaire, blastème
de rein primordial. On voit alors le canal du rein primordial longer latéralement la plaque intermédiaire. Chaque pédicule intermédiaire au-

quel *Rückert* a donné le nom de *néphrotome*, par opposition au reste du segment primordial, qui fournit la plaque musculaire (myotome) et le matériel cellulaire du tissu squelettogène (sclérotome), se transforme ultérieurement en un canalicule du rein primordial. Alors que par une de ses extrémités, le néphrotome reste uni avec le cœlome, par l'autre au contraire, il se détache du segment primordial (fig. 230, uk'), s'applique intimement contre le canal du rein primordial, se soude à sa paroi et y débouche. Dans le schéma (fig. 230) on voit à droite le néphrotome se séparant du segment primordial, à gauche l'extrémité détachée s'est unie avec le canal du rein primordial. Par la suite de ce mode de formation, le rein primordial constitue dès son origine un organe métamérique. Car comme il est très facile de le voir chez les Sélaciens, dans chaque segment, il se développe un canalicule du rein primordial.

Chez les Reptiles, les Oiseaux et les Mammifères, les pédicules de liaison entre les segments primordiaux et la plaque latérale, sont des cordons cellulaires pleins (néphrotomes, cordons du rein primordial). Ces cordons se creusent d'une cavité aussitôt après leur union avec le canal du rein primordial (fig. 137, st). Puis, ils constituent des canalicules distincts, car ils sont séparés les uns des autres et délimités par des contours nets du tissu conjonctif environnant.

Le rein primordial s'allonge peu à peu d'avant en arrière, et prend des deux côtés du mésentère une grande extension, car il s'étend de la région hépatique jusqu'au voisinage de l'extrémité postérieure du cœlome. Il acquiert une forme élégante très régulière, ainsi que le montre la figure 150 (un) représentant un embryon de chien de 25 jours ; il constitue une glande en forme de peigne, formée de petites dents transversales, les canalicules du rein primordial, débouchant dans un tube collecteur longitudinal e médian, situé à une certaine distance du mésentère.

Aussitôt qu'ils sont unis avec le canal du rein primordial, les différents canalicules commencent à s'accroître en longueur ; ils se recourbent en forme d'S et se différencient en trois parties. Leur segment moyen se dilate et forme la capsule de *Bowman*. Au niveau de celle-ci l'aorte primitive, qui chemine dans le voisinage du rein primordial, envoie une ramification transversale qui se résout en une touffe de capillaires. Ces capillaires se rassemblent en un vaisseau efférent qui se rend dans la veine cardinale (Voir chap. XII).

Le glomérule vasculaire s'applique contre la vésicule épithéliale dont il refoule, devant lui, la paroi qui s'invagine. Les cellules de la portion de la paroi invaginée s'aplatissent, alors que dans la paroi opposée elles demeurent cubiques. Un tel organe, formé d'un glomérule vasculaire enveloppé dans une capsule de *Bowman*, constitue ce que nous appelons un glomérule de *Malpighi*. C'est un organe caractéristique du rein primordial et du rein définitif des Vertébrés.

Indépendamment de cette partie moyenne, dilatée, dans chaque canalicule du rein primordial il faut encore distinguer, en premier lieu, une partie étroite qui s'unit avec le canal du rein primordial, cette pièce s'accroît plus ou moins en longueur; en second lieu, il faut distinguer une partie plus courte qui s'unit au cœlome. Cette dernière se transforme de façon différente dans les diverses classes des Vertébrés. Chez certains, chez les Sélaciens par exemple, elle conserve chez l'adulte sa connexion avec le cœlome dans lequel elle s'ouvre par un orifice entouré de cils vibratiles. Cet orifice, découvert par *Semper*, a été appelé *entonnoir du rein (néphrostome)*. Il rappelle, les formations analogues que l'on rencontre chez les *Annélides*. Chez les Amniotes, les canalicules du rein primordial se séparent de bonne heure de l'épithélium du cœlome, tout comme ils se détachent de bonne heure complètement des segments primordiaux, et perdent ainsi toute communication avec le cœlome.

Chez la plupart des Vertébrés, le rein primordial se transforme en un

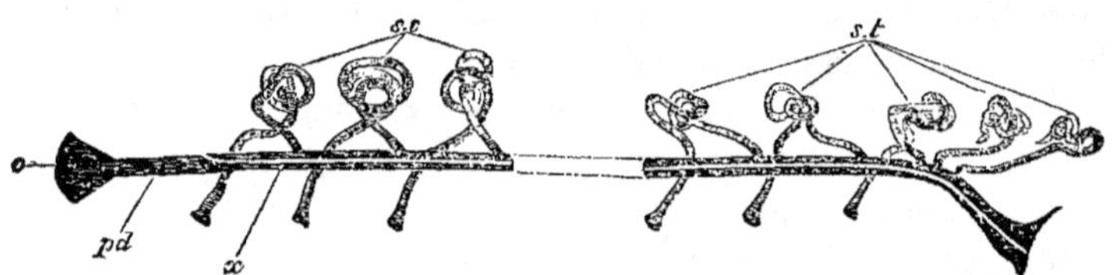

Fig. 231. — Schéma de la disposition primitive du rein chez un embryon de Sélacien. pd : canal du rein primordial s'ouvrant en 0 dans le cœlome et à l'autre extrémité dans le cloaque. — x : ligne suivant laquelle le canal de Muller, situé au-dessous, se sépare du canal du rein primordial. — st : tubes segmentaires en communication d'une part avec le cœlome et d'autre part avec le canal du rein primordial.

organe volumineux. Les canalicules primitivement courts s'accroissent considérablement en longueur et décrivent de nombreuses sinuosités (fig. 231, st). En outre, il se forme de nouveaux canalicules de deuxième et de troisième ordre. Ces canalicules se forment indépendamment du canal du rein primordial au-dessus des canalicules formés primitivement. Puis ils s'approchent, par leur extrémité aveugle, du canalicule urinaire de premier ordre et s'unissent avec son extrémité terminale, qui se transforme ainsi en un tube collecteur. En même temps, il se forme à chacun de ces canalicules un corpuscule de *Malpighi*.

Habituellement, chez la plupart du Vertébrés, la partie antérieure de l'organe, qui plus tard se met en relation avec les glandes génitales, conserve des canalicules simples ; seule la partie postérieure prend une structure plus complexe par suite de la formation d'ébauches secondaires et tertiaires.

Plus le rein primordial, par suite de l'allongement de ses canalicules et de leur différenciation, augmente de volume, plus aussi il se distingue des organes voisins. Il constitue un organe particulier faisant saillie, en dehors de la paroi du tronc, dans le cœlome, où il forme des deux côtés du mésentère un ruban saillant.

La destinée ultérieure du rein primordial est très variable suivant les différentes classes de Vertébrés. Chez les Anamniotes (Poissons et Amphibiens) le rein primordial devient l'organe urinaire définitif, et il acquiert, en outre, certains rapports avec l'appareil sexuel ; nous y reviendrons plus loin. Chez les Oiseaux et les Mammifères, au contraire, le rein primordial ne fonctionne que pendant une courte période de la vie embryonnaire. Bientôt après sa formation il subit une régression et finalement il n'en persiste que certains éléments qui se mettent en rapport avec l'appareil sexuel et servent à l'expulsion des produits sexuels.

c) Le rein.

La sécrétion urinaire se fait, chez les Vertébrés supérieurs, à l'aide d'une troisième glande, qui se forme à l'extrémité postérieure du canal du rein primordial ; c'est le *rein définitif*. Son mode de formation, qui semble différer de celui du rein primordial présente de grandes difficultés d'étude. D'après l'avis unanime de tous les auteurs, il se forme tout d'abord, ainsi que *Kupffer* l'a démontré, une petite évagination aux dépens de la paroi dorsale du canal du rein primordial ; c'est le *conduit urinaire* ou *uretère*. Ensuite l'uretère s'accroît, en avant, en longueur et s'entoure d'un tissu riche en cellules, le *parenchyme du rein* qui fournit la partie constitutive de nature conjonctive du rein. L'uretère se dilate ensuite quelque peu à son extrémité aveugle et donne chez les Mammifères la portion désignée sous le nom de bassinet. Les calices du rein se forment aux dépens du bassinet par bourgeonnement. A leur tour, ceux-ci continuent à émettre des bourgeons qui donnent les canaux d'émission (conduits papillaires) et, par bifurcation, les tubes collecteurs.

Jusqu'ici le phénomène est très facile à comprendre ; mais en ce qui concerne le développement ultérieur du rein, il existe deux manières de voir opposées. D'après la plus ancienne, qui de nos jours a trouvé des défenseurs dans *Golgi* et *Sedwick Minot* (Voy. le *Traité d'embryologie* de cet auteur, p. 526), la totalité du système canaliculaire du rein se forme aux dépens de l'uretère, à la façon habituelle des glandes. Par bourgeonnement des tubes collecteurs, prennent naissance : les anses de *Henle* et les tubes contournés.

D'après la deuxième manière de voir (*Semper*, *Braun*. *Fürbringer*, *Kupffer*, *Sedgwick* et *Balfour*),*le rein définitif, au contraire. se développe aux dépens de deux ébauches distinctes, qui ne s'unissent que secondairement*. La substance médullaire avec ses tubes collecteurs procède de l'uretère ; la substance corticale, au contraire, avec les tubes contournés et les anses de *Henle* procède d'une ébauche particulière : le *blastème du rein*. D'après cette manière de voir, il y aurait alors une similitude entre le développement du rein définitif et celui du rein primordial, en ce sens que chez ce dernier le canal du rein primordial et les canalicules ont aussi une origine différente, et ce n'est que secondairement qu'ils se soudent. Les auteurs, qui admettent la deuxième interprétation, ont considéré aussi le rein définitif comme étant une génération plus récente, abondamment développée, de canalicules du rein primordial.

Afin de trancher cette question controversée, il est à souhaiter que des recherches sérieuses soient faites chez les nombreux représentants de la classe des Mammifères.

Le rein devenu bientôt plus volumineux que le rein primordial, se compose au commencement de lobes distincts, séparés par de profonds sillons (fig. 232). Cette disposition lobée persiste pendant toute la durée de la vie chez les Reptiles, les Oiseaux et chez quelques Mammifères (Cétacés). Chez la plupart des Mammifères, les sillons disparaissent, c'est le cas aussi chez l'Homme (chez ce dernier, après la naissance). La surface du rein devient alors absolument lisse ; toutefois, la structure interne (pyramides de *Malpighi*) est la preuve de sa structure lobée, primitivement marquée à l'extérieur.

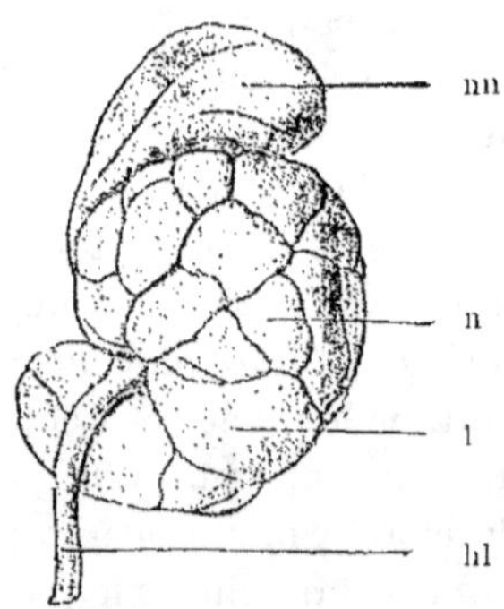

Fig. 232. — Rein et capsule surrénale d'un embryon humain à la fin de la grossesse. nn : capsule surrénale. — n : rein. — l : lobes du rein. — hl : uretère.

Pour la clarté de l'exposition, nous venons d'exposer le développement de trois formations : le rein précurseur, le rein primordial et le rein définitif. Nous avons étudié leurs rapports. Nous avons laissé de côté d'autres phénomènes qui apparaissent simultanément au voisinage de l'ébauche du rein primordial. Ces phénomènes consistent dans la formation du canal de *Müller*, des organes sexuels et des capsules surrénales.

d) **Le canal de Müller.**

Le canal de *Müller* est un canal, qui chez les embryons de la plupart des Vertébrés (Sélaciens, Amphibiens, Reptiles, Oiseaux et Mammifères), est primitivement parallèle au canal du rein primordial et situé tout à côté de lui, c'est un canal qui se forme de la même manière dans les deux sexes, mais qui plus tard trouve une application différente, chez le mâle et chez la femelle. Chez les Vertébrés inférieurs, il se développe aux dépens du canal du rein primordial, ainsi qu'on peut le plus facilement s'en assurer chez les Sélaciens (*Semper*, *Balfour*, *Hoffmann*, *Rabl*). Le canal du rein primordial s'élargit, et présente, en coupe transversale (fig. 233 [4]) une section ovale. Il acquiert, en outre, une constitution qui diffère selon que l'on considère sa portion dorsale (sd) ou sa portion ventrale (od), laquelle repose immédiatement contre l'épithélium péritonéal. A sa face dorsale, débouchent les tubes segmentaires, tandis que du côté ventral, sa paroi s'épaissit notablement. Puis, suit une division des deux parties du canal. Cette division commence à quelque distance de l'extrémité antérieure (coupes transversales, 3. 1) et s'étend en arrière jusqu'à l'orifice de communication du canal avec l'intestin terminal. La partie dorsale ainsi séparée constitue le canal du rein primordial définitif (wd); dès le début il présente une large lumière et reçoit les canalicules unifères (fig. 231, st). Ventralement, et compris entre ce canal et l'épithélium du cœlome, se trouve situé le canal de *Müller* (fig. 233, od, et 231) qui tout d'abord ne présente quune petite lumière ; mais plus tard, celle-ci s'élargit notablement. Par le processus de séparation, la portion antérieure du canal primitif (fig. 231, pd), que nous avons décrite (p. 276) comme canal du rein précurseur et qui s'ouvre dans le cœlome (fig. 231 o) par un entonnoir entouré de cils vibratiles, est comprise dans le canal

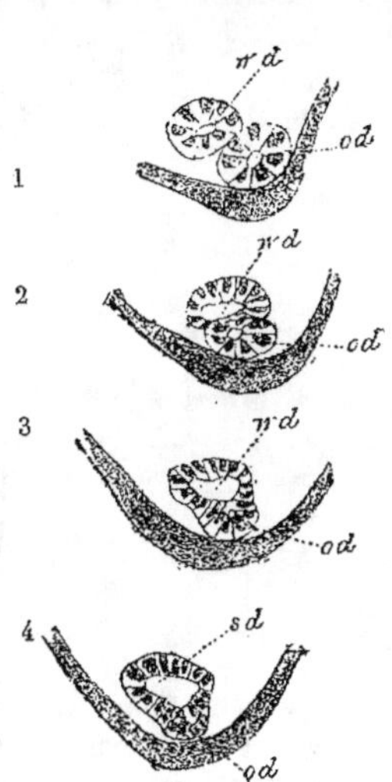

FIG. 233. — Quatre coupes transversales de la partie antérieure du canal du rein primordial, chez un embryon femelle de Scyllium canicula ; d'après Balfour. Ces figures montrent comment le canal de Müller (od) se forme aux dépens du canal du rein primordial (sd et wd).

de *Müller*. L'entonnoir à cils vibratiles devient l'ostium abdominale tubæ.

La scission du canal unique du rein primordial en deux canaux accolés constitue un phénomène particulier, qui ne peut s'expliquer que par

cette hypothèse, à savoir que le canal du rein primordial possédait une
double fonction. Vraisemblablement, il servait primitivement à rejeter à
la fois à l'extérieur le produit de sécrétion éliminé par les canalicules du
rein primordial, et les produits sexuels, œufs ou spermatozoïdes évacués
dans le cœlome à la maturation, et qui en sont expulsés par l'entonnoir
du rein précurseur. On observe d'ailleurs fréquemment un fait analogue
chez les Invertébrés, par exemple dans divers ordres de Vers, dont les

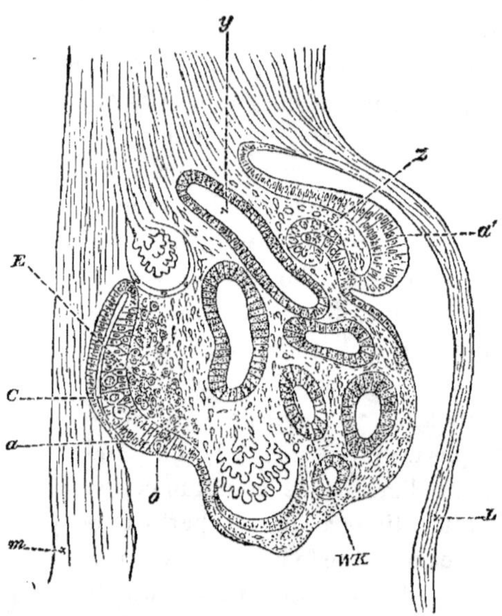

Fig. 234. — Coupe transversale du rein primordial, de l'ébauche du canal de Müller et
de la glande sexuelle, d'un Poulet de 4 jours ; d'après Waldeyer. Gross. 160.
m : mésentère. — L : lame troncale. — a' : région de l'épithélium germinatif d'où procède l'extrémité antérieure du canal de Müller (z). — a : région épaissie de l'épithélium germinatif renfermant les cellules germinatives c et o. — E : mésenchyme
transformé qui donne naissance au stroma de la glande génitale. — WK : rein primordial. — y : canal du rein primordial.

tubes segmentaires, qui traversent la paroi du corps, éliminent à la fois à
l'extérieur les produits de l'excrétion et les produits sexuels. Chez les
Vertébrés, chacune de ces deux fonctions s'accomplit par un canal
spécial. L'un de ces deux canaux a cessé de communiquer avec le cœlome, mais par contre est resté uni avec les canalicules du rein primordial ; l'autre a conservé l'entonnoir vibratile du rein céphalique et est
adapté à l'expulsion des produits sexuels (œufs).

Chez les Reptiles, Oiseaux et Mammifères, le mode de formation du
canal de *Müller*, particulièrement en comparaison avec les phénomènes

observés chez les Sélaciens et les Amphibiens, est encore l'objet de controverses scientifiques sur lesquelles mon *Traité d'embryologie* (7e édit., p. 413) donne des renseignements plus précis.

Nous nous bornerons ici aux données suivantes : au moment où le rein primordial est déjà bien développé et constitue une formation allongée, proéminant dans le cœlome (le repli du rein primordial), l'extrémité céphalique du canal de Müller constitue, à la partie antérieure, et à la face latérale de cet organe, une gouttière qui est revêtue de cellules cylindriques. Cette gouttière est située totalement dans le voisinage du canal du rein primordial et elle donnera dans la suite l'ostium abdominale tubæ. Vers l'extrémité distale, la gouttière se transforme en un cordon épithélial (fig. 234, z) qui bientôt se sépare complètement de l'épithélium péritonéal, et s'accole par son extrémité aveugle à la paroi ventrale du canal du rein primordial dont son épithélium est difficile à distinguer. Des coupes d'embryon d'Oiseaux, de Mammifères et d'Homme (fig. 235), d'âge correspondant, donnent les mêmes résultats. L'ébauche

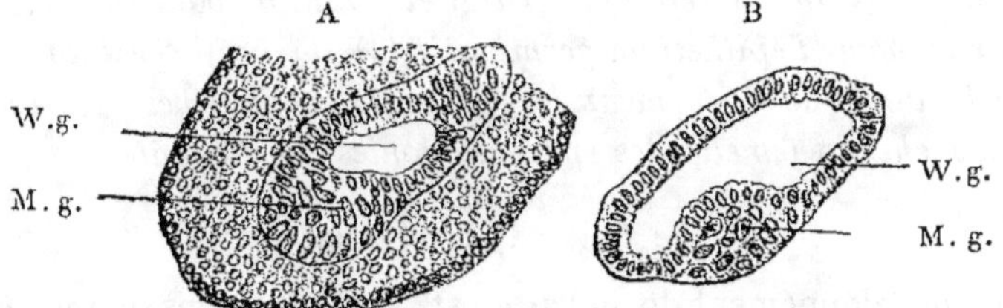

Fig. 235. — Coupes transversales du canal de Wolff et du canal de Müller, chez deux embryons humains ; d'après Nagel.
A : embryon humain de 21 millimètres de long. — B : embryon de 22 millimètres de long. — W.g. : canal de Wolff. — M.g. : extrémité du canal de Müller en voie de développement.

s'accroît ensuite par son extrémité postérieure toujours accolée intimement au canal du rein primordial, et le longeant ; elle s'étend de plus en plus en arrière jusqu'au cloaque dans lequel elle débouche. En même temps, elle se sépare, chaque fois un peu en avant de son extrémité postérieure, du canal du rein primordial et constitue ainsi un cordon cellulaire plein situé entre l'épithélium péritonéal et le canal du rein primordial. Graduellement, par suite de l'écartement de ses cellules, le cordon plein se creuse d'une cavité.

Une question se pose, c'est de savoir si l'extrémité postérieure du canal de *Müller* s'accroît d'une façon indépendante en arrière, ou si l'union intime avec le canal du rein primordial est à considérer comme résultant d'une sorte de scission de ce dernier. Dans ce cas, le développement du

canal de *Müller* chez les Vertébrés supérieurs se déduirait facilement
des faits observés chez les Sélaciens et les Amphibiens.

e) L'épithélium germinatif.

Au moment où le canal de *Müller* se constitue, apparaissent aussi chez
les Vertébrés, les premières traces des glandes génitales. Leur lieu de
formation est également l'épithélium du cœlome. Cet épithélium présente,
par exemple chez le Poulet, qui doit servir de base à la description, un
aspect différent dans les différentes régions du cœlome (fig. 234) : en général il est extrêmement aplati et affecte l'aspect du futur « endothélium ».
De même, sur les reins primordiaux, qui font saillie sous forme de plis
épais et richement vascularisés dans la cavité du corps, l'épithélium est,
dans la majeure partie de son étendue, fortement aplati.

Par contre il a conservé sa constitution primitive : 1° à la face latérale
des reins primordiaux, le long d'un sillon (a') où nous avons vu précédemment se développer le canal de *Müller* et *2° le long d'un sillon (a) situé à
la face médiane du rein primordial et allant d'avant en arrière et désigné
sous le nom d'épithélium germinatif (Waldeyer). C'est aux dépens de cet
épithélium que se forment les cellules germinatives : les ovules primordiaux chez la femelle, les spermatogonies chez le mâle.*

f) L'ovaire.

Le développement de l'ovaire est, sauf quelques points controversés,
assez bien connu, tant chez les Vertébrés inférieurs, que chez les Vertébrés supérieurs, par conséquent, je peux me borner à la description de
ce qui a été observé chez le Poulet et chez les Mammifères.

Chez le Poulet, environ au cinquième jour de l'incubation, l'épithélium germinatif s'épaissit considérablement et constitue deux à trois assises cellulaires. Quelques éléments se distinguent à l'intérieur de cet
épithélium, par leur protoplasma plus abondant et par leur noyau arrondi
et plus gros (fig. 234,C et o), ce sont les ovules primordiaux (*Waldeyer*).
Sous l'épithélium germinatif se trouve, déjà à ce stade précoce, du tissu
conjonctif embryonnaire, renfermant des cellules étoilées (E) en voie de
prolifération active. De cette façon se forme, à la face médiane du rein
primordial, la crête génitale, qui est séparée des canalicules urinifères
par une minime quantité de substance conjonctive embryonnaire inter-
calaire.

Des phénomènes, analogues à ce qui existe chez le Poulet, se passent
chez les Mammifères, avec cette différence, que l'épithélium germinatif
semble atteindre une épaisseur beaucoup plus considérable. A un stade

plus avancé du développement, les limites, entre l'épithélium germinatif, qui prolifère plus activement et présente de nombreuses figures de divisions nucléaires, et le tissu sous-jacent, perdent de plus en plus de leur

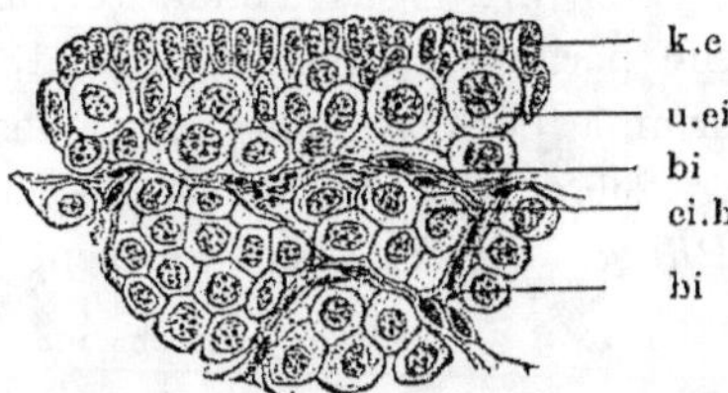

Fig. 236. — Coupe transversale de l'ovaire d'un Lapin de 5 jours. Fortement grossie ; d'après Balfour.
k. e : épithélium germinatif. — u. ei : ovule primordial. — ei. b : nid d'ovules. — bi : tissu conjonctif.

netteté. Ce fait est dû simplement à ce que maintenant, *il se produit un enchevêtrement de l'épithélium et du tissu conjonctif embryonnaire* (fig. 236). Je dis avec intention un enchevêtrement, parce que je laisse indécise

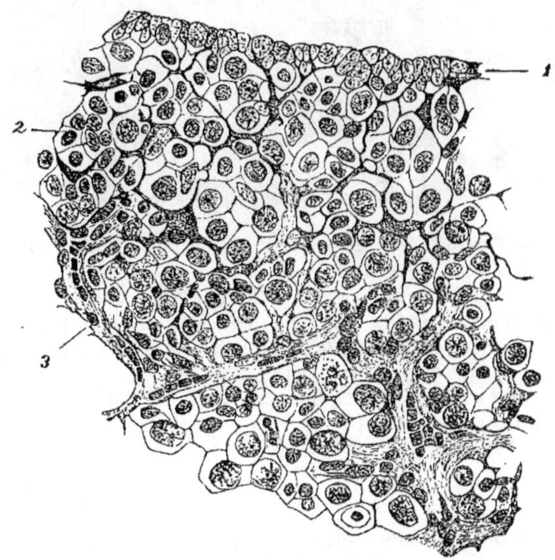

Fig. 237. — Coupe d'ovaire d'un embryon humain de 11 centimètres de longueur du tronc ; d'après Nagel.
1 : Assise externe de l'ébauche ovulaire (le futur épithélium germinatif). — 2 : cellules folliculeuses. — 3 : vaisseaux du stroma.

la question de savoir si c'est plutôt l'épithélium germinatif qui a, à la suite de son développement, pénétré dans le tissu conjonctif embryonnaire sous forme de cordons et de petites masses cellulaires, ou si c'est le tissu conjonctif qui envoie des prolongements dans l'épithélium. Vraisemblablement, les deux tissus ont une part active dans ce processus.

Dans la suite de ce processus d'enchevêtrement, qui se continue pendant une longue période du développement, il se forme aux dépens de l'épithélium germinatif des cordons et des amas cellulaires plus ou moins volumineux (fig. 236 et 237) qui découverts par *Pflüger*, ont reçu le nom de *tubes de Pflüger*. Parfois, ils s'unissent de place en place par des

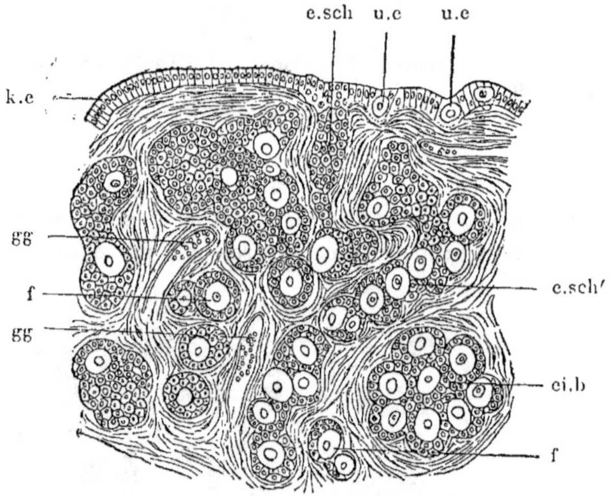

Fig. 238. — Portion d'une coupe sagittale de l'ovaire d'un enfant nouveau-né. — Fortement grossie ; d'après Waldeyer.
k.e : épithélium germinatif. — e.sch : tube de Pflüger. — u.e : ovule primordial situé dans l'épithélium germinatif. — e.sch' : tube de Pflüger plus long en train de se diviser en follicules primordiaux. — f : follicule primordial très jeune, déjà isolé. — gg : vaisseaux.
Dans les tubes de Pflüger ainsi que dans les amas d'ovules on distingue facilement les ovules primordiaux des petites cellules épithéliales qui donneront les cellules folliculeuses.

branches latérales. Ces tubes, avec le tissu conjonctif qui les sépare, forment la partie essentielle de la couche corticale de l'ovaire.

Dans les tubes de *Pflüger*, deux sortes de cellules se différencient peu à peu : *les cellules folliculeuses* et *les ovules primordiaux*, comme on le voit facilement sur une coupe d'ovaire à un stade plus âgé (fig. 238). Tandis que les cellules folliculeuses, par suite d'un processus de division prolongé, deviennent constamment plus petites et plus nombreuses, les ovules primordiaux deviennent toujours plus volumineux, ils renferment un gros noyau vésiculeux présentant un réseau nucléaire bien développé.

Ils sont rarement isolés dans les cordons et les amas de cellules folliculeuses, mais le plus souvent ils sont réunis par groupes, *les nids d'ovules* (fig. 238, ei. b).

Pendant que les cellules-œufs grossissent, l'épithélium et le tissu conjonctif présentent un second stade du processus d'enchevêtrement : le *stade de formation des follicules* (fig. 288). A la limite entre la zone corticale et la zone médullaire de l'ovaire le tissu conjonctif vasculaire pénètre dans les tubes de *Pflüger* (e. sch) et dans les nids d'ovules (ei. b) et les divise en corpuscules arrondis, en follicules distincts (f). Un follicule contient un seul ovule, entouré d'une couche de cellules folliculeuses. La formation de follicules s'avance progressivement de la substance médullaire à l'épithélium germinatif, néanmoins des tubes de *Pflüger* persistent pendant longtemps au-dessous de cet épithélium, et sont en continuité avec lui par de minces cordons épithéliaux (e. sch). Ils renferment des ovules en voie de développement.

La formation de tubes de *Pflüger* et d'ovules jeunes constitue un processus qui, chez les Vertébrés inférieurs, s'accomplit pendant toute la durée de la vie. Chez les Vertébrés supérieurs, au contraire, ce processus paraît être limité à la durée du développement embryonnaire ou aux premières années de la vie. Dans le premier cas, c'est-à-dire dans le cas d'une formation illimitée, on trouve chez l'animal adulte, des germes d'ovules tantôt en différents points de l'ovaire, tantôt seulement en des points bien déterminés de la glande. Dans le deuxième cas, la formation des ovules primordiaux dans l'épithélium germinatif s'arrête d'autant plus tôt, que le nombre des œufs pondus à l'extérieur pendant la vie est moindre.

Pour l'Homme, *Waldeyer* admet, que dès la deuxième année de la vie, il n'y a plus formation d'ovules primordiaux. Néanmoins, le nombre des ovules que renferme chaque ovaire chez la femme, est déjà très considérable. On l'estime à 36.000 chez une fille pubère. Chez d'autres Mammifères (Chien, Lapin, Chauve-souris), la formation des ovules semble durer plus longtemps.

Pour terminer cette étude du développement des follicules, je veux dire encore quelques mots des transformations ultérieures qu'ils subissent. Elles sont à peu près identiques chez tous les Vertébrés, sauf chez les Mammifères. Chez la plupart des Vertébrés, le follicule se compose primitivement, d'une petite cellule-œuf centrale, entourée d'une seule assise de petites cellules folliculeuses. L'ovule et l'assise folliculeuse sont séparées bientôt plus nettement l'une de l'autre par une membrane vitelline (membrana vitellina). Dans des follicules plus âgés, les deux parties

sont devenues plus volumineuses. Les cellules folliculeuses prennent habituellement la forme de cylindres très allongés, et semblent jouer un
rôle important. dans la nutrition de l'ovule. Chez beaucoup d'animaux,
par exemple chez les Requins et les Dipneustes, on a constaté à l'intérieur
des cellules folliculeuses la présence de granulations vitellines, tout
comme dans la cellule-œuf. De ce fait, comme aussi d'autres circonstances, on a conclu que les cellules folliculeuses puisent des substances nutritives dans la capsule folliculeuse vascularisée et les transportent à
l'intérieur de l'œuf. Ce mode de nutrition est facilité par ce fait que la
membrane vitelline est traversée par des canalicules, dans lesquels s'engagent les prolongements protoplasmiques des cellules folliculeuses
allant vers l'œuf. Lorsque l'œuf a atteint son complet développement,
l'épithélium folliculeux perd sa signification d'organe nutritif et s'aplatit
de plus en plus.

Chez les Vertébrés inférieurs, un grand nombre d'œufs mûrs sont gé-

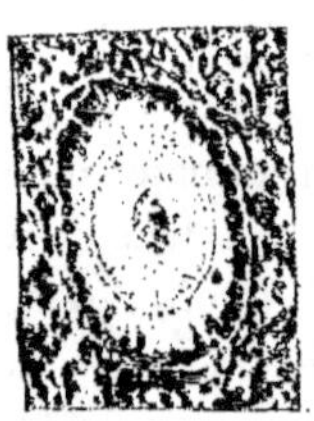 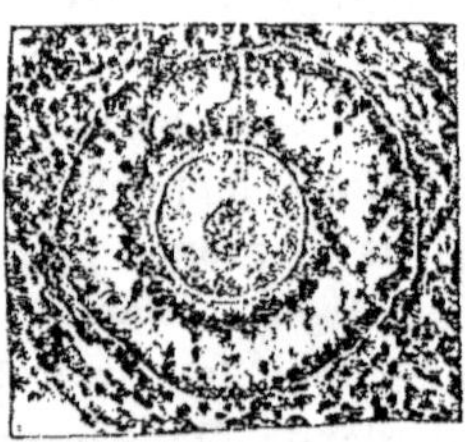 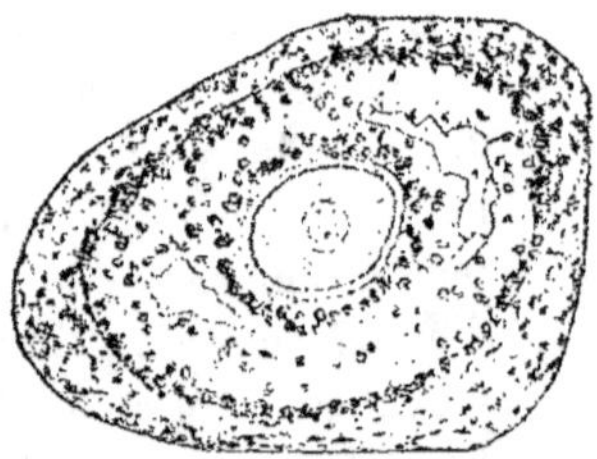

Fig. 239.   Fig. 240.   Fig. 241.

Fig. 239-241. — Trois stades du développement d'un follicule de Mammifère, d'après
une coupe d'ovaire de Chat ; d'après Hertwig.
Fig. 239. — Œuf entouré d'une seule couche de cellules folliculeuses cylindriques.
Fig. 240. — L'œuf est entouré de deux assises de cellules folliculeuses.
Fig. 241. — Nombreuses assises de cellules folliculeuses. Dans l'épithélium folliculaire
de la figure 241, on voit plusieurs scissures remplies de liquor folliculi.

néralement pondus en une seule fois, souvent dans l'espace de quelques
jours et même de quelques heures. Cela a lieu de la façon suivante : les
enveloppes conjonctives se rompent et les œufs tombent dans la cavité
abdominale ; c'est ce qui arrive chez les Poissons et la plupart des Amphibiens. Après la ponte, l'ovaire, qui précédemment était très volumineux, est réduit à un petit cordon et ne renferme plus que de jeunes ovules, dont un certain nombre arrivant à maturité l'année suivante.

Le mode de formation du follicule chez les Mammifères est un peu
différent. Comme chez les Vertébrés inférieurs, le follicule se compose
primitivement d'un petit œuf et d'une simple couche de cellules folliculeuses, qui primitivement aplaties, prennent une forme cubique, puis cylin-

drique (fig. 238 et 239). Longtemps les cellules folliculeuses forment autour de l'œuf une seule assise ; mais plus tard, elles prolifèrent, se divisent et se transforment en une enveloppe épaisse formée d'abord de deux (fig. 240) puis de nombreuses assises (fig. 241). Mais la différence avec le processus précédemment décrit devient encore plus grande, de ce fait que les cellules folliculeuses sécrètent un liquide, le *liquor folliculi*, qui s'accumule contre l'œuf dans une petite cavité (fig. 241).

A la suite de l'accumulation plus considérable du liquide, le follicule primitivement plein, se transforme finalement en une vésicule plus ou moins volumineuse (fig. 242 et 243) découverte il y a deux siècles par le

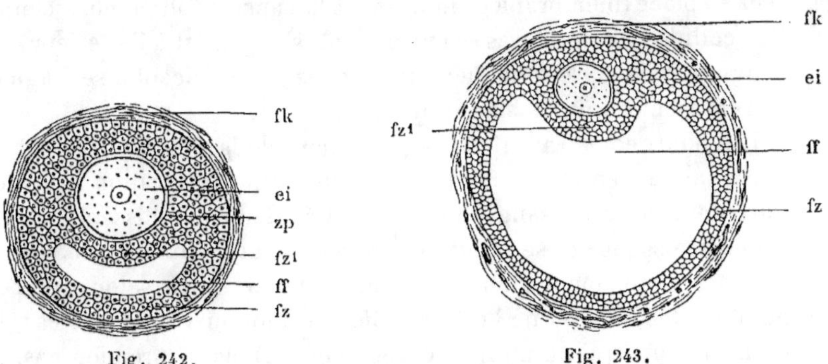

Fig. 242.   Fig. 243.

Fig. 242 et 243. — Deux stades du développement d'une vésicule de Graaf.
Dans la figure 242, le liquor folliculi commence à se former. — Dans la figure 243 il est déjà très abondant.
ei : œuf. — fz : cellules folliculeuses. — fz¹ : cellules folliculeuses entourant l'œuf et formant le disque proligère. — ff : liquor folliculi. — fk : theca folliculi. — zp : zone pellucide.

Hollandais *Regnier de Graaf*. Cette formation a reçu le nom de *vésicule de Graaf*.

La vésicule de Graaf se compose maintenant (fig. 243) : 1° d'une enveloppe externe (fk), la *theca folliculi*, formée par du tissu conjonctif vasculaire ; 2° d'un épithélium stratifié, la membrane granuleuse, appliqué contre la surface interne de la thèque et formé par les petites cellules folliculeuses (fz) ; 3° du liquor folliculi ; 4° de l'œuf (ei), qui primitivement placé au centre du follicule, est maintenant reporté à la périphérie. Il est enveloppé par une grande quantité de cellules folliculeuses (fz), faisant saillie à l'intérieur, le disque proligère.

Lorsque l'œuf est arrivé à maturité complète, il est éliminé par suite de la rupture du *follicule de Graaf* qui atteint, chez l'homme, environ 5 millimètres de diamètre et fait saillie à la surface de l'ovaire. A la suite de la rupture du follicule, le liquor folliculi s'écoule et avec lui l'ovule détaché du disque proligère. L'œuf tombe dans la cavité abdominale, il est encore entouré d'une certaine quantité de cellules folliculeuses fixées à la zone pellucide (fig. 5). Ensuite l'œuf passe dans la trompe.

A l'intérieur de la cavité vésiculeuse formée à la suite de l'expulsion du liquor folliculi, se produit une hémorrhagie sanguine résultant de la rupture des vaisseaux avoisinants. Le sang se coagule, et par prolifération des tissus voisins, il se forme un *corps jaune (corpus luteum)*. Le corps jaune est une formation caractéristique de l'ovaire des Mammifères. A cette prolifération participent à la fois les cellules folliculeuses demeurées en place (membrana granulosa) et la capsule folliculeuse conjonctive. Les cellules folliculeuses se multiplient, s'engagent à l'intérieur du caillot sanguin, puis, après quelque temps, elles commencent à se fragmenter et se réduisent en une masse granuleuse.

Les bourgeons vascularisés provenant de la theca pénètrent dans le corps jaune ; en même temps, se produit une émigration active des corpuscules blancs du sang, qui plus tard également subissent la dégénérescence graisseuse et se réduisent en petits fragments (fig. 155 et 156).

Le développement ultérieur du corps jaune varie selon que l'œuf éliminé est fécondé ou ne l'est pas. Suivant l'un ou l'autre des cas, le corps jaune est un vrai ou un faux corps jaune. Dans le premier cas, le corps jaune prend un volume beaucoup plus considérable, qui atteint son maximum au quatrième mois de la grossesse, constitue alors une masse rougeâtre, d'aspect charnu. Au quatrième mois, il commence à entrer dans un processus de régression. Les produits de fragmentation, provenant de la métamorphose granuleuse des cellules folliculeuses, des leucocytes et du caillot sanguin, sont absorbés par les vaisseaux sanguins. Aux dépens de l'hémoglobine décomposée, se forment des cristaux d'hématoïdine, qui donnent alors au corps jaune sa coloration rouge-orange. Le tissu conjonctif, qui primitivement renfermait de nombreuses cellules commence à s'atrophier comme lors d'une cicatrisation. A la suite de tous ces différents processus d'atrophie, le corps jaune, qui proéminait à la surface de l'ovaire, commence à devenir beaucoup plus petit, et finalement il se transforme en un amas de tissu conjonctif plein, qui détermine une dépression à la surface de l'ovaire.

Dans le cas où l'œuf n'est pas fécondé, les mêmes phénomènes de métamorphose et de prolifération s'accomplissent, mais le faux corps jaune demeure beaucoup plus petit. Vraisemblablement cela tient à ce que la congestion des organes génitaux est beaucoup moindre, quand la fécondation n'a pas lieu, que lorsque la gestation commence.

Indépendamment des tubes de *Pflüger*, qui se forment aux dépens de l'épithélium germinatif et donnent naissance aux ovules primordiaux, il entre encore dans la plupart des classes de Vertébrés, *dans la constitution de l'ovaire des cordons épithéliaux d'une autre sorte et d'une autre origine*. Ainsi qu'on l'a observé chez les Amphibiens, les Reptiles, les Oiseaux et les Mammifères, de différents côtés, des bourgeons épithéliaux se développent aux dépens du corps de *Wolff* situé dans le voisinage immédiat de l'ovaire, et cela aux dépens de l'épithélium de ses corpuscules de *Malpighi*. Ces cordons qui ont reçu le nom de *cordons génitaux du rein primordial* pénètrent à l'intérieur de l'ovaire en voie de développement, dès le moment où commence à apparaître le processus d'enchevêtrement entre l'épithélium et le tissu conjonctif. Ces cordons apparaissent chez les Mammifères, où leur développement ultérieur est le mieux connu à la base de la proéminence formée dans la cavité abdominale par l'ébauche saillante de l'ovaire.

Ils s'unissent en un réseau, décrivent des sinuosités et s'allongent en se rapprochant des tubes de *Pflüger*. Alors qu'aux dépens de ces derniers se développe, chez les Mammifères, la couche corticale de l'ovaire ; les premiers prennent part à la formation de la future substance médullaire et sont désignés, de ce fait, sous le nom de *cordons médullaires*. Au voisinage des follicules, ils demeurent pleins, tandis que près du rein primordial ils présentent une cavité limitée par des cellules cylindriques.

g) **Le testicule.**

Il convient de faire ressortir que nos connaissances relatives au développement du testicule sont moins complètes que pour l'ovaire. Néanmoins, on peut considérer comme un résultat définitif ce point : que les produits sexuels mâles, comme les produits sexuels femelles, tirent leur origine de l'épithélium germinatif du cœlome. Dans la région du rein primordial, il apparaît aussi dans le cas des organes sexuels mâles, une bandelette particulière, épaisse, formée par de hautes cellules épithéliales. Parmi ces cellules, il en est de plus grandes renfermant un noyau vésiculeux ; ce sont les spermatogonies. Ces cellules, mêlées à d'autres cellules épithéliales, s'engagent dans le tissu conjonctif sous-jacent et forment des cordons irréguliers. Dans le cours ultérieur du développement apparaissent, dans les différentes classes de Vertébrés, deux sortes de processus différents. Chez les Sélaciens, les Amphibiens urodèles, etc., les cordons cellulaires ou cellules germinatives primordiales de *Semper* (fig. 244), se décomposent par suite de la pénétration à leur intérieur du tissu conjonctif voisin, comme les cordons ovulaires, en petits organes arrondis, d'aspect folliculaire (fig. 245). Mais alors que dans l'ovaire, dans chaque follicule, une seule cellule continue à se développer et se transforme en œuf, dans l'organe sexuel mâle, les organes folliculaires deviennent creux à l'intérieur et se transforment en *ampoules spermatiques*, dont les cellules épithéliales se transforment, le plus petit nombre en cellules folliculeuses, le plus grand nombre en spermatogonies qui donnent des générations successives de spermatocytes et de spermatides. Le deuxième processus formatif, très fréquent, se rencontre chez les Mammifères et chez l'Homme. Aux dépens des cordons cellulaires irréguliers renfermant les grosses spermatogonies, se forment les tubes sé-

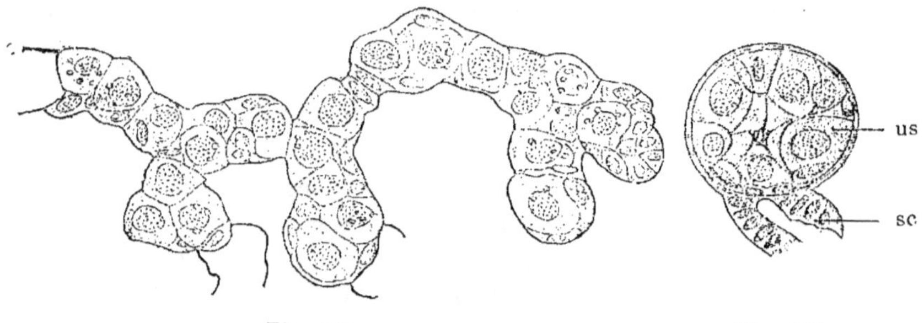

Fig. 244.   Fig. 245.

Fig. 244. — Cordons germinatifs primordiaux d'un embryon d'Acanthias de 17 centimètres de long. — Gross. 300 ; d'après Semper.

On y distingue des cellules à noyau peu volumineux et des spermatomères, qui ressemblent beaucoup à des ovules primordiaux.

Fig. 245. — Ampoule séminale d'un embryon d'Acanthias de 25 centimètres de long. — Gross. 300 ; d'après Semper.

us : spermatomèse. — sc : canalicule séminifère qui est accolé à l'ampoule par son extrémité aveugle.

minifères (*Tubuli seminiferi*). Les traités d'histologie donnent ce qui concerne l'histogénèse des spermatozoïdes.

Alors que, tout comme dans l'ovaire, les éléments spécifiques du testicule dérivent directement de l'épithélium germinatif, ses conduits excréteurs proviennent du rein primordial. Comme chez la femelle, il se forme aussi chez le mâle des bourgeons épithéliaux du rein primordial, des cordons génitaux (canaux génitaux de Hoffmann) qui s'engagent dans le testicule.

Arrivés à la base de la saillie testiculaire, les cordons génitaux s'unissent les uns aux autres en un long canal, d'où partent de fins canalicules, qui pénètrent encore plus avant dans la substance testiculaire pour s'unir avec les formations constituées aux dépens de l'épithélium germinatif. Ainsi que le montre la figure 245, chez les Sélaciens, les canalicules excréteurs (sc) sont primitivement fermés en cul-de-sac à leur extrémité en contact avec les ampoules spermatiques. Ils ne communiquent avec elles qu'au moment de la maturation des spermatozoïdes. Chez les Mammifères, etc., la mise en communication des tubes séminifères et des canalicules excréteurs se produit très tôt. Les canalicules donnent les tubes droits et le *rete testis*.

Pour certaines questions relatives à l'ovogénèse et à la spermatogénèse on trouvera plus de détails dans le *Traité d'embryologie* d'Hertwig (7e édit., p. 424 et 426).

h) Modifications des diverses ébauches du système uro-génital en vue de leur constitution définitive.

Dans les pages précédentes, nous avons appris à connaître les premiers stades du développement des différentes parties constitutives du système uro-génital. Ce sont (fig. 246) trois canaux pairs : les canaux du rein primordial (ug), les canaux de *Müller* (mg) et les uretères (hl) ; puis un grand nombre d'organes glandulaires : rein précurseur, rein primordial (un), rein définitif (n) et les glandes génitales (kd), ovaires et testicules.

Il nous reste maintenant à montrer comment ces ébauches embryonnaires donnent les organes définitifs. Nous ne nous occuperons que de ce qui se passe chez l'homme, où ces transformations sont en général bien connues et faciles à suivre.

Chez un embryon humain de huit semaines (fig. 24), les ébauches des organes sexuels mâles et femelles, si nous ne faisons pas usage du microscope, sont très semblables. Toutes les glandes sont situées latéralement des deux côtés de la portion lombaire de la colonne vertébrale ; le plus antérieur est le rein (n) ; c'est un petit organe en forme de haricot qui est recouvert à ce moment par la capsule surrénale (nn) très volumineuse ; cette capsule, dans la figure 247 n'est visible que dans la moitié droite du corps. Un peu sur le côté de la capsule surrénale, on voit le rein primordial (un) qui constitue un organe étroit et allongé. Il est réuni à la paroi abdominale par une lame de tissu conjonctif, un repli du péritoine, appelé méso, du rein primordial. Le méso, assez large dans le milieu de la glande, se prolonge, au contraire, jusqu'au diaphragme, sous forme d'un mince ligament décrit par *Kölliker* sous le nom de *ligament diaphragmatique* du rein primordial. Par une observation soigneuse, on remarque en outre à l'extrémité inférieure du rein primordial, un second repli péritonéal, qui s'étend jusqu'à la région inguinale (fig. 246 et 247, gh). Ce repli renferme un cordon résistant de tissu conjonctif, une sorte de ligament, qui joue un rôle dans le développement des organes sexuels chez le mâle et chez la femelle, c'est le ligament inguinal du rein primordial. Chez le mâle, il devient plus tard le *ligament de Hunter* (*gubernaculum Hunteri*) et chez la femelle, *le ligament rond de l'ovaire* (*ligamentum teres uteri*).

A la face interne des reins primordiaux se trouvent, suivant le sexe de l'embryon, les testicules ou les ovaires (kd). A ce moment, ils constituent de petits organes ovoïdes. Ils sont fixés à la racine du rein primordial par

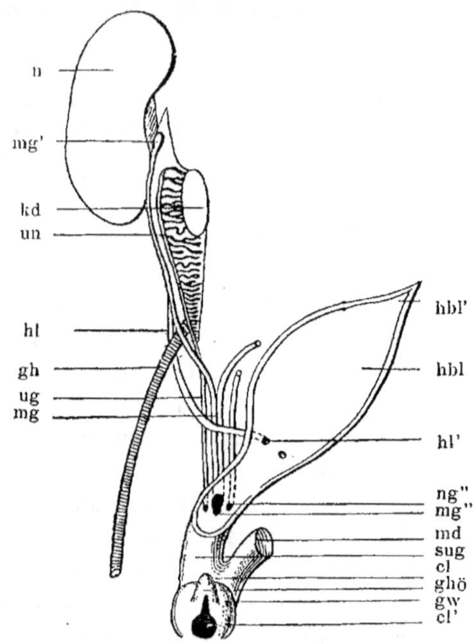

Fig. 246. — Schéma de l'ébauche indifférente du système uro-génital chez un mammifère à un stade très jeune.

n : rein. — kd : glande génitale. — un : rein primordial. — ug : canal du rein primordial. — mg : canal de Müller. — mg' : son extrémité antérieure. — gh : gubernaculum de Hunter (ligament inguinal du rein primordial). — hl : uretère. — hl' : son débouché dans la vessie. — ug", mg" : points de débouché du canal du rein primordial et du canal de Müller dans le sinus uro-génital : sug. — md : rectum — cl : cloaque. — ghö : tubercule génital. — gw : bourrelet génital. — cl : orifice du cloaque. — hbl : vessie. — hbl' : prolongement de la vessie avec l'ouraque (futur ligament vésico-ombilical moyen).

un méso étroit, le *mésorchium* ou le *mésovarium*. Aussi longtemps que les glandes génitales occupent leur position aux deux côtés de la colonne vertébrale de la région lombaire, leurs vaisseaux nourriciers courent transversalement : de l'aorte se rendant à l'ovaire ou au testicule part l'artère spermatique ; des glandes se rendant transversalement à la veine cave inférieure part la veine spermatique.

Les différents canaux excréteurs sont situés à ce moment le long du bord du rein primordial (fig. 246), le canal de *Müller* s'étendant plus loin en avant (mg). Plus en arrière, vers le bassin, les canaux se rapprochent latéralement de la ligne médiane (fig. 246). Le canal de *Müller* (mg) est placé en dedans et en arrière du canal du rein primordial et décrit ainsi autour de celui-ci une sorte de tour en spirale. Arrivés dans le petit bassin, les quatre canaux se réunissent en arrière de la vessie (hbl) en un faisceau, le *cordon génital*. Ils sont entourés et réunis en un seul paquet par les artères ombilicales déjà volumineuses à ce moment, et qui partent de l'aorte cheminant à droite et à gauche de la vessie et se rendent, de bas à haut, à l'ombilic. Sur une coupe transversale du cordon génital (fig. 256) nous trouvons vers l'avant et assez écartés l'un de l'autre, les deux canaux du rein primordial (ug) et plus en arrière, entièrement accolés dans le plan

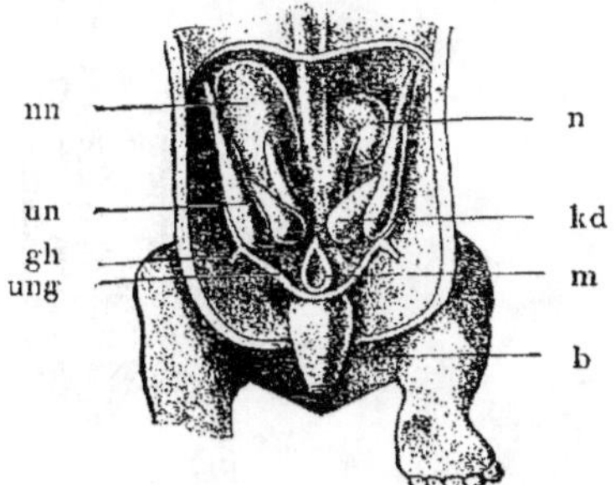

Fig. 247. — Organes génito-urinaires d'un embryon humain de 8 semaines ; d'après Kölliker ; grossi environ 3 fois.
nn : capsule surrénale droite. — un : rein primordial. — n : rein. — ung : canal du rein primordial. — gh : ligament de Hunter ou ligament du rein primordial (gubernaculum Hunteri ou ligament rond de l'utérus). — m : rectum. — b : vessie. — kd : glande génitale.

médian, les canaux de *Müller* (mg). Chez des embryons plus âgés, apparaissent, dans la formation du système uro-génital, des différences entre les deux sexes, qui sont déjà visibles extérieurement et qui s'accentuent de mois en mois. Ces différences résultent de modifications profondes, que l'appareil en entier subit de plus en plus dans ses différentes parties. Ainsi, certaines ébauches, primitivement très volumineuses, s'atrophient presque complètement ; certaines se rencontrent seulement chez la femelle, d'autres ont une fonction à remplir chez le mâle et persistent. En outre, la position, que nous avons vu occupée jusqu'ici par les organes génitaux, se modifie considérablement. Ils abandonnent leur position primitive à droite et à gauche de la colonne vertébrale dans la région lombaire et descendent dans la cavité du bassin.

A. — LES MODIFICATIONS DANS LE SEXE MALE.

Pendant que le testicule (fig. 248 et 249) devient un organe volumineux (h) par suite du développement de ses canalicules séminifères, le rein primordial (nh + pa) cesse de s'accroître, et se transforme de façon différente dans sa portion antérieure et sa portion postérieure. La portion antérieure ou *portion génitale du rein primordial* (nh), qui, comme nous l'avons vu précédemment, s'est mise en communication par quelques canalicules avec les tubes séminifères pour fournir le *rete testis* et les tubes droits, fournit la tête de l'épididyme. Cet organe se compose, chez le fœtus de 10 à 12 semaines, de 10 à 12 tubes courts dirigés transversalement et que nous pouvons dès maintenant désigner comme canaux efférents. Ces tubes distincts s'unissent à la portion droite du canal du

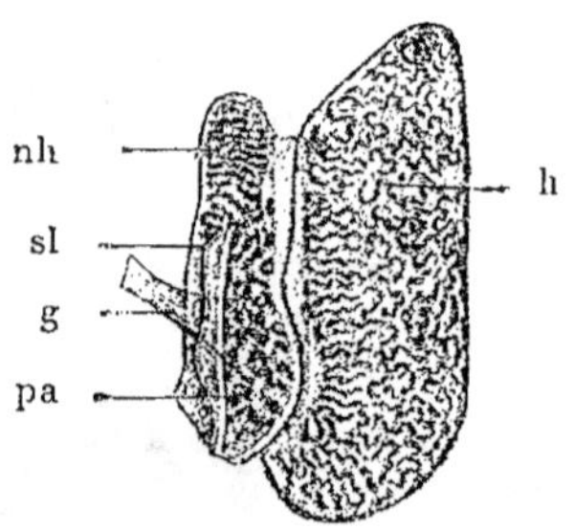

Fig. 248.

FIG. 248. — Portion interne des organes génitaux d'un embryon humain de 9 cent. de longueur ; d'après Waldeyer. — Grossi 8 f.
h : testicule. — nh : épididyme ou portion génitale du rein primordial, — pa : paradidyme (reste du rein primordial). — sl : canal déférent (canal du rein primodial). — g : faisceau de tissu conjonctif amenant les vaisseaux sanguins aux organes.

rein primordial (fig. 249) qui maintenant constitue le canal déférent (sl). Au quatrième et au cinquième mois les canaux efférents commencent à s'accroître en longueur et se pelotonnent ; ils forment les cônes vasculaires. La partie initiale du canal déférent fournit la queue de l'épididyme.

La portion postérieure du rein primordial (pa) se réduit à un reste insignifiant. Chez des embryons plus âgés, on trouve encore, entre le canal déférent et le testicule, pendant un certain temps, de petits canalicules, sinueux, généralement fermés en culs-de-sac aux deux extrémités. Entre ces canalicules on trouve encore des corpuscules de *Malpighi* atrophiés. Le tout forme un petit organe jaunâtre. Chez l'adulte, ces restes sont encore plus réduits ; ils constituent d'une part les *canaux aberrants de l'épididyme* et, d'autre part un organe découvert par *Giraldès*, le *paradidyme.*

Les canaux de *Müller* (fig. 249,mg) n'ont aucune fonction dans le sexe

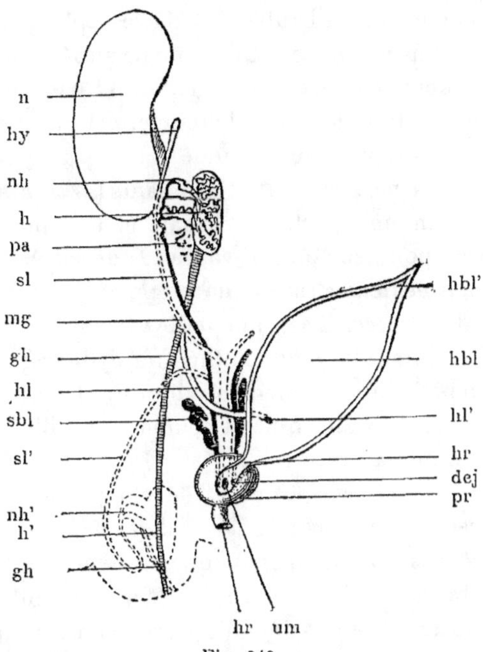

Fig. 249.

Fig. 249. — Schéma du développement des organes génitaux mâles d'un Mammifère aux dépens de l'ébauche indifférente du système uro-génital, représentée fig. 246. Les parties persistantes de l'ébauche primitive sont représentées par des traits noirs ; celles qui s'atrophient, par des lignes ponctuées. La position occupée par les organes sexuels après leur descente est indiquée par des traits ponctués.

n : rein. — h : testicule. — nh : épididyme. — pa : paradidyme. — hy : hydatide de l'épididyme.— sl : canal déférent.— mg : partie atrophiée du canal de Müller.— um : utérus mâle, reste du canal de Müller. — gh : ligament de Hunter. — hl : uretère. — hl' : débouché de celui-ci dans la vessie. — sbl : vésicule séminale. — hbl : vessie.— hbl' : sommet de la vessie qui se continue avec le ligament vésico-ombilical moyen (ouraque). — hr : canal de l'urèthre. — pr : prostate. — dej : orifice du canal éjaculateur.

Les lettres nh', h', sl', indiquent la position occupée par les divers organes après la descente du testicule.

masculin et par suite, étant des formations sans importance, s'atrophient. Leur partie moyenne disparaît complètement sans laisser de traces, après avoir longtemps, pendant la vie embryonnaire, formé un cordon épithélial. Des deux extrémités du canal, au contraire, il persiste chez

Hertwig 20

l'homme adulte, quelques rudiments, qui en anatomie descripive sont décrits sous les noms d'*utérus mâle* (um) et d'*hydatide non pédiculée de l'épididyme* (hy). L'*utérus mâle* (um) se forme aux dépens des extrémités postérieures des deux canaux de *Müller* ; enfermées dans le cordon génital et accolées l'une contre l'autre. Par la résorption de la cloison qui les sépare, ils s'unissent en un petit tube impair situé contre la prostate entre les orifices des deux canaux déférents, et qui par suite a encore reçu le nom d'utricule prostatique. Chez l'homme, cet organe est généralement peu apparent, mais il prend un volume considérable chez certains Mammifères, chez les Carnassiers et les Ruminants (*Weber*),et se divise,comme chez la femelle en une portion vaginale et une portion utérine. Chez l'homme il correspond surtout au vagin (*Tourneux*).

L'*hydatide non pédiculée* (hy) se développe aux dépens de l'autre extrémité du canal de *Müller*. C'est une petite vésicule, accolée à l'épididyme, revêtue intérieurement par un épithélium cylindrique vibratile. Elle se prolonge en un petit canal également vibratile. En un point, elle possède un orifice infundibuliforme, qui est comparé par *Waldeyer* à un pavillon de la trompe, en miniature.

Pour compléter la description du développement des organes génitaux, il nous reste maintenant à parler de la *descente des testicules,* des *changements de position* importants qu'éprouvent les testicules et les organes rudimentaires qui leur sont unis. Primitivement, les testicules sont situés, ainsi que nous l'avons déjà dit précédemment, dans la cavité abdominale contre la portion lombaire de la colonne vertébrale (fig. 249 h et fig. 247 kd). Au troisième mois, nous les trouvons déjà dans le grand bassin ; au cinquième et au sixième mois à la face interne de la paroi abdominale antérieure contre l'anneau inguinal (fig. 250).

A la suite de ces changements de position, les vaisseaux nourriciers, qui primitivement étaient orientés transversalement, changent aussi de direction et se dirigent obliquement de bas en haut, leur point d'attache primitif avec l'aorte abdominale et la veine cave inférieure ne changeant pas.

Comment s'explique ce changement de position ?

J'ai déjà parlé du ligament inguinal ou du gubernaculum de *Hunter* (fig. 249 et 250, gh), qui unit le rein primordial, ou lorsque ce dernier est disparu, le testicule à la région inguinale. Sur ces entrefaites, ce ligament s'est transformé en un cordon de tissu conjonctif puissant, qui renferme aussi des fibres musculaires lisses. Par son extrémité supérieure . il est uni à la tête de l'épididyme ; par son extrémité inférieure, après avoir traversé la paroi abdominale il se continue avec le derme cutané de la région inguinale. Evidemment, ce ligament joue un rôle dans les changements de position des organes génitaux. On croyait autrefois, qu'il exerçait une traction sur le testicule soit par la contraction des fibres musculaires lisses qu'il renferme, soit par le raccourcissement progressif des fibres conjonctives. Mais vu le changement de position notable qu'éprouve le testicule ; ce changement ne peut être expliqué de cette façon. Aujourd'hui, on cherche à expliquer l'action du ligament sans tenir compte de la traction exercée par suite du raccourcissement des fibres conjonctives ou de l'action musculaire. Il s'agit tout simplement d'un phénomène d'accroissement inégal. Lorsque, parmi les organes, primitivement situés les uns à côté des autres dans une seule et même région du corps, quelques-uns, au cours des mois ultérieurs de la vie embryonnaire, prennent peu d'accroissement, alors que d'autres s'accrois-

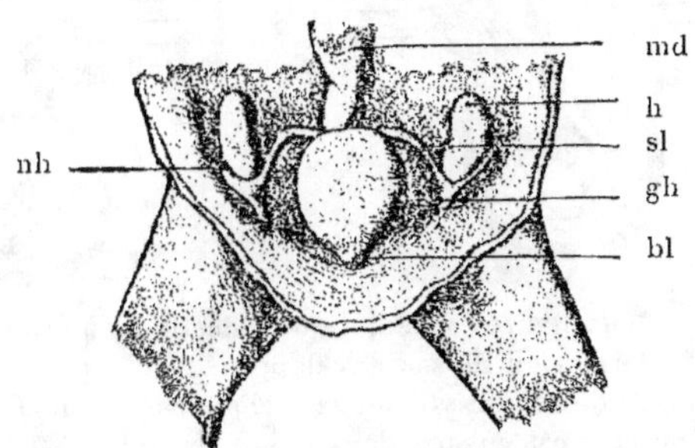

Fig. 250. — Embryon humain mâle de 5 mois. — Grandeur naturelle ; d'après Bramann. md : rectum. — h : testicule. — nh : épididyme. — sl : canal déférent. — gh : ligament de Hunter (Gubernaculum Hunteri) avec le diverticule vaginal du péritoine. — bl : vessie avec le ligament vésico-ombilical moyen.

sent considérablement en longueur, il en résulte naturellement, que les organes s'accroissant rapidement semblent s'éloigner de ceux à croissance lente. Si, dans le cas qui nous occupe, les parties du squelette de la région lombaire et du bassin, avec leurs muscles, se développent, pendant que le ligament inguinal de *Hunter* ne s'accroît pas et par conséquent demeure petit, il faut que, nécessairement, le ligament étant fixé par une de ses extrémités à la peau de la région inguinale et par l'autre au testicule, que le testicule se déplace vers le bas.

Tout d'abord, il arrive dans la cavité du bassin, et finalement, les autres parties continuant à s'accroître, le testicule se trouve dans le voisinage de l'anneau inguinal interne (fig. 250).

Le changement de position du testicule devient encore plus important à la suite d'un deuxième phénomène qui commence dès le troisième mois.

Il se forme, au point où le ligament de *Hunter* traverse la paroi abdominale, une évagination du péritoine, le *prolongement vaginal* ou *processus vaginalis peritonei* (fig. 251). Celui-ci refoule graduellement la paroi abdominale et s'engage dans un repli cutané, qui se développe dans la région sexuelle, ainsi qu'on le verra dans la suite (Voyez fig. 263, gw).

L'orifice de l'évagination herniaire, qui la fait communiquer avec la cavité du corps, a reçu le nom d'*anneau inguinal interne* (lr) ; la partie du canal traversant la musculature abdominale constitue le *canal inguinal* et l'extrémité aveugle dilatée, engagée dans le repli cutané forme la cavité du *sac testiculaire*.

Le testicule, dans sa migration, s'engage aussi dans le diverticule péritonéal, mais on ne peut dire, si le ligament de *Hunter* exerce ou non une influence. Au huitième mois, le testicule commence à pénétrer dans

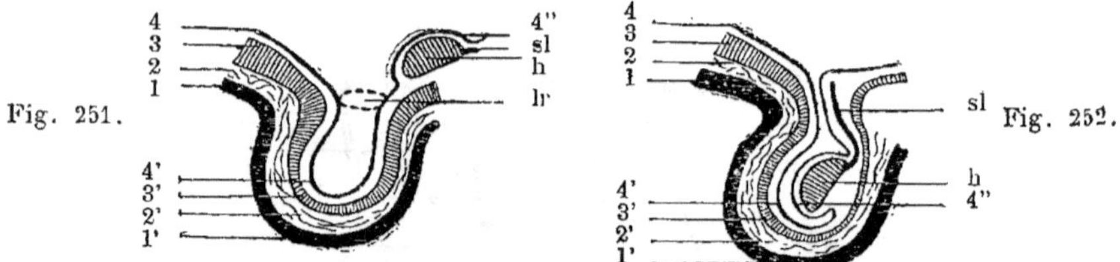

Fig. 251 et 252. — Deux figures schématiques, destinées à faire comprendre la descente du testicule et la formation de ses enveloppes.

Fig. 251. — Le testicule est au voisinage de l'anneau inguinal interne.

Fig. 252. — Le testicule est engagé dans le sac scrotal.

1 : peau de la paroi abdominale. — 1' : scrotum et dartos. — 2 : fascia abdominal superficiel. — 2' : fascia de Cooper. — 3 : couche musculaire et fascia abdominal transverse. — 3' : tunique vaginale commune et crémaster. — 4 : péritoine. — 4' : feuillet pariétal de la tunique vaginale propre. — 4" : revêtement péritonéal du testicule ou feuillet viscéral de la tunique vaginale propre.— br : anneau inguinal interne. — h : testicule. — sl : canal déférent.

le canal inguinal, et au neuvième mois, dans le sac testiculaire. De sorte que, à la fin de la vie embryonnaire, la descente est généralement terminée. Ensuite, le canal inguinal se ferme par soudure de ses parois, et le testicule se trouve enfermé dans une bourse complètement close et séparée de la cavité abdominale.

L'esquisse que nous venons de faire ci-dessus, permettra de comprendre la disposition des *enveloppes du testicule*.

La cavité qui le renferme n'étant qu'une portion séparée de la cavité du corps, on comprend qu'elle soit revêtue par le péritoine (fig. 252, 4'). La membrane correspondant au péritoine se nomme ici la *tunique vaginale propre*. On y distingue, comme dans toutes les enveloppes séreuses, un feuillet pariétal (4') revêtant la paroi du sac, et un feuillet viscéral (4") qui recouvre le testicule. En dehors de la tunique vaginale propre, se trouve la *tunique vaginale commune* (3') ; c'est la partie évaginée et très amincie de la couche musculaire et du fascia transversalis (3) de la paroi abdominale. Elle renferme par suite quelques fibres musculaires provenant du muscle abdominal oblique interne et qui forment le muscle suspenseur du testicule au crémaster.

La descente du testicule, qui chez l'Homme est accomplie normalement à la fin de la vie embryonnaire, peut, sous certaines influences, être contrariée, et amener une disposition anormale du testicule, qui est connue sous le nom de *cryptorchisme*. Dans ce cas, la descente est incomplète. Les testicules se trouvent alors chez le nouveau-né, soit dans la cavité abdominale, ou engagés dans la paroi abdominale, dans le canal inguinal. Le sac testiculaire est alors petit, flasque et mou. De telles anomalies sont des *malformations d'arrêt de développement* ; elles sont dues à ce que les phénomènes du développement ne se sont pas achevés normalement.

B. — LES MODIFICATIONS DANS LE SEXE FEMELLE.

La transformation des ébauches embryonnaires primitives dans le sexe femelle est, à beaucoup de points de vue, l'inverse de ce qui se passe chez le mâle, en ce sens du moins que certaines parties qui ici trouvent leur application, demeurent là rudimentaires et inversement (Comparez les schémas 246, 249 et 253). Tandis que chez le mâle, le canal du rein primordial devient le canal déférent, la même fonction incombe au canal de *Müller* chez la femelle (fig. 253, t, ut, sch), et c'est lui qui conduit les œufs à l'extérieur ; le canal du rein primordial (ug) et le rein primordial (ep, pa) s'atrophient.

Chez un embryon humain du sexe femelle très âgé, le canal du rein primordial forme encore un organe peu important logé dans le ligament large sur le côté de l'utérus. Chez l'adulte il est, en règle générale, complètement disparu, sauf à son extrémité terminale qui forme un canalicule extrêmement étroit logé dans la paroi du col de l'utérus et n'est visible que sur les coupes transversales (*Beigel, Dorhn*). Chez de nombreux Mammifères, comme les Ruminants et les Suidés, les canaux du rein primordial persistent, mais à un état très réduit ; ils sont connus sous le nom de *canaux de Gartner*.

Au rein primordial atrophié, on distingue, comme chez le mâle, une portion antérieure et une portion postérieure.

La portion antérieure (fig. 253, ep, fig. 254, ep.) *ou portion génitale du rein primordial*, qui chez le mâle devient l'épididyme, persiste aussi chez la femelle comme organe non fonctionnel désigné ici sous le nom de

parovaire (ep) (parovarium ou époophoron, *Waldeyer*). Cet organe est
situé dans le ligament large (fig. 254) entre l'ovaire (ei) et le canal de
Müller (t). Il se compose d'un canal longitudinal (ug), reste de l'extrémité
antéro-antérieure du canal du rein primordial, et de 10 à 15 canalicules
disposés transversalement (ep). Les canalicules, primitivement rectilignes,
se contournent ensuite (fig. 255, ep) de la même façon que les canaux qui

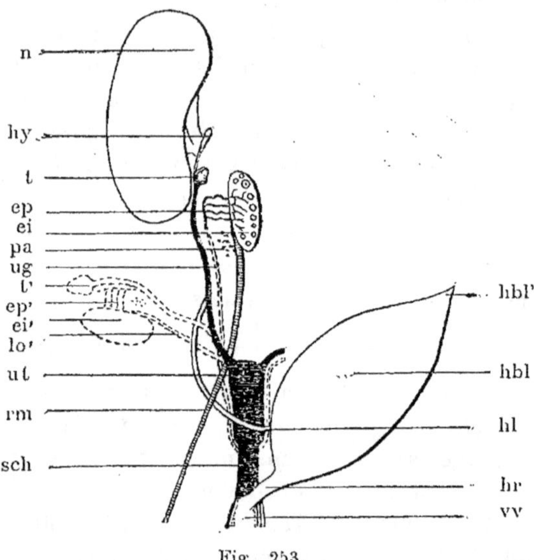

Fig. 253.

Fig. 253. — Schéma du développement des organes génitaux femelles d'un Mammifère,
aux dépens de l'ébauche indifférente représentée schématiquement dans la figure 246.
Les parties persistantes de l'ébauche primitive sont représentées par des traits noirs ;
celles qui s'atrophient, par des lignes ponctuées. Des traits ponctués indiquent en
outre, la position occupée par les organes sexuels, lorsque leur descente s'est accomplie.
n : rein. — ei : ovaire. — ep : époophoron. — pa : paroophoron. — hy : hydatide. — t : trompe (oviducte). — ug : canal du rein primordial. — ut : utérus.
— sch : vagin. — hl : uretère. — hbl : vessie. — hbl' : son sommet, qui se continue
avec le ligament vésico-ombilical moyen. — hr : urèthre. — v. v : vestibule du vagin.
— rm : ligament rond (ligament inguinal du rein primordial). — lo' : ligament de
l'ovaire. — Les lettres t', ep', ei', lo' indiquent la position des organes après leur
descente.

chez le mâle donnent les cônes vasculaires. La comparaison entre le
parovarium et l'épididyme peut encore être poussée plus loin. De même
qu'aux dépens de l'épididyme, chez le mâle, des canalicules s'enfoncent
dans la substance testiculaire, et donnent le Rete testis et les tubes droits,
on trouve aussi chez la femelle des canalicules provenant du parovaire
et qui pénètrent même jusque dans la substance médullaire de l'ovaire

où ils forment les cordons médullaires précédemment décrits et très développés chez certains Mammifères (Voyez p. 298).

Le segment postérieur du rein primordial qui, chez le mâle (fig. 248 et
249, pa) fournit le paradidyme et les vasa aberrantia, s'atrophie chez
la femelle (fig. 253, pa) de la même façon et donne le paoophoron. Il se présente chez l'embryon humain, pendant longtemps sous
forme d'un petit corps jaunâtre (fig. 254, pa). Il est situé à la face interne
du parovarium (ep) dans le ligament large et se compose de petits canalicules vibratiles (pa) contournés, et de quelques glomérules vasculaires
(mk) en voie d'atrophie. Chez l'adulte, le paoophoron est représenté par

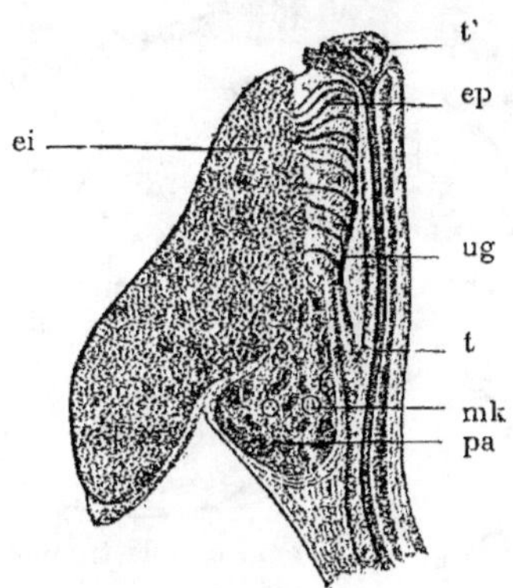

Fig. 254.

FIG. 254. — Organes génitaux internes d'un embryon humain du sexe féminin de 9 centimètres de longueur. Gross. 10 ; d'après Waldeyer.
ei : ovaire. — t : canal de Müller ou oviducte (trompe). — t' : orifice abdominal de la
trompe. — ep : époophoron (épididyme de l'homme ; partie génitale du rein primordial). — ug : canal du rein primordial (canal déférent de l'homme). — pa ; paroophoron (Paradidyme de l'homme ; rudiment du rein primordial). — mk : corpuscule
de Malpighi.

quelques canalicules et des formations kystiformes qui sont situés dans
le ligament large et souvent accolés à l'utérus.

Très importantes sont les transformations que subissent les deux canaux de Müller (fig. 246, mg). Primitivement ils sont appliqués contre le
bord du repli péritonéal qui sert à la fixation de l'ovaire et qui plus tard
donne le ligament large. Précédemment, nous avons déjà dit, qu'à leur
entrée dans le petit bassin, les canaux se rapprochent de la ligne médiane
et s'unissent dans le cordon génital. Nous pouvons donc distinguer deux
segments : l'un contenu dans le cordon génital, et l'autre, situé le long
du bord du ligament large. Ce dernier segment donne naissance à la
trompe avec son pavillon (trompe de Fallope) (fig. 253, t, et fig. 254, 255,

t,t'). Il semble que l'extrémité antérieure du canal de Müller, qui chez
l'embryon s'étend loin en avant et se trouve contenu dans le ligament
diaphragmatique du rein primordial, s'atrophie et alors que l'ouverture
définitive de la trompe (fig. 253, t, et fig. 254, t') se forme vraisemblablement entièrement à nouveau. Cette partie antérieure, atrophiée constitue
peut-être (mais c'est là un point qui n'est pas encore complètement
élucidé) *l'hydatide de Morgagni*. Cet organe constitue une petite vésicule
qui est réunie par un pédicule plus ou moins long à une frange du pavillon de la trompe.

Aux dépens du segment des canaux de Müller contenu dans le cordon

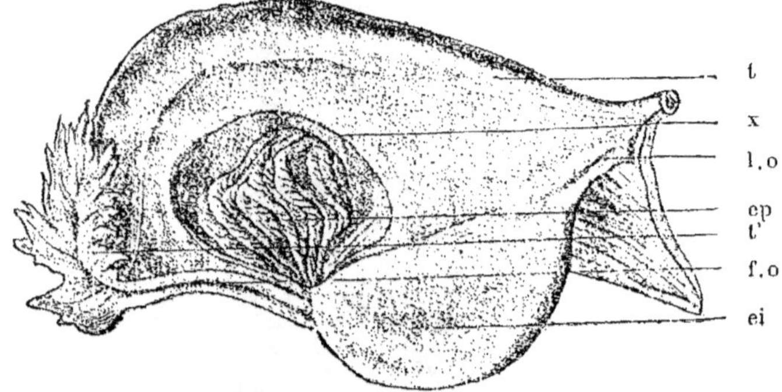

Fig. 255. — Ligament large avec l'ovaire et la trompe chez l'adulte, les organes sont
vus par en haut.
ei : ovaire. — t : trompe. — t' : ouverture abdominale de la trompe avec les franges du
pavillon. — f. o : frange ovarique. — l. o : ligament de l'ovaire. — x : une partie
du péritoine a été enlevée pour montrer l'époophoron, ep (correspondant à l'épididyme).

génital (fig. 246, mg.), se forment, par suite d'un processus de fusionnement, *l'utérus* et le *vagin* (fig. 253, ut et sch). Ce processus s'accomplit
chez l'Homme au deuxième mois. Lorsque les canaux de Müller (fig. 256,
mg) sont intimement unis, la cloison qui les sépare s'amincit, puis se
détruit dans le milieu du cordon génital. Il se forme ainsi à leurs dépens,
le processus se continuant, un tube unique (le sinus génital); qui chez
le mâle constitue un organe rudimentaire, le sinus prostatique ou utérus
mâle dont il a été précédemment parlé (fig. 249, um). Ainsi que Nagel
l'a montré, on peut distinguer de très bonne heure, chez la femelle, au
sinus génital, un segment proximal plus volumineux et un segment dis-
tal plus petit. Le premier segment présente, sur une coupe transversale,
une cavité ovale revêtue par un épithélium formé de hautes cellules cylindriques étroites ; il donnera l'utérus et l'autre le vagin. Au sixième mois,
l'utérus et le vagin commencent à se différencier plus nettement l'un de
l'autre. Le segment supérieur en continuité avec les trompes acquiert des

parois musculaires très épaisses, sa cavité reste étroite. Vers le bas, il se termine par un bourrelet annulaire saillant qui devient la portion vaginale de l'utérus. Au contraire, le segment inférieur, le vagin, possède une cavité plus large et une paroi plus mince que l'utérus.

Comparativement aux testicules, les ovaires subissent un changement de position non moins important, c'est la *descente des ovaires* (fig. 253, ei', t'). Au moment, où les reins primordiaux commencent à s'atrophier, les ovaires descendent déjà au troisième mois de la vie embryonnaire, de la région lombaire dans le grand bassin, où on les trouve en dedans du muscle psoas. Pendant toute la durée de la vie embryonnaire, mais surtout immédiatement après leur descente dans le grand bassin, ils sont beau-

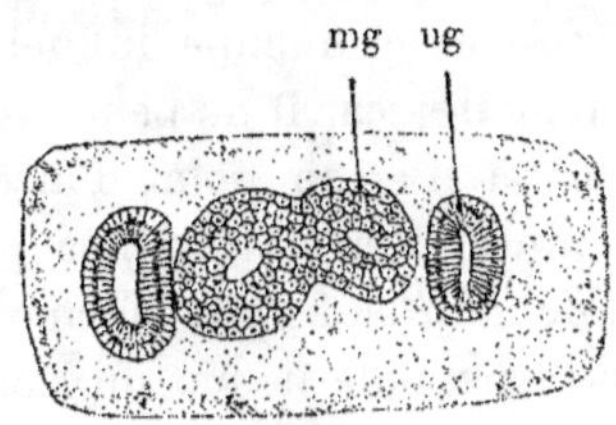

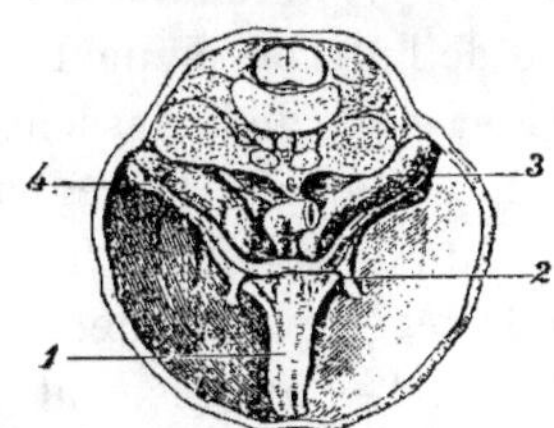

Fig. 256.   Fig. 257.

Fig. 256. — Coupe transversale du cordon génital ; d'après Tourneux et Legay.
La coupe montre le fusionnement du canal de Müller, mg, et du canal du rein primordial, ug.
Fig. 257. — Organes situés dans le bassin, chez un embryon humain de 4 cent. — Les organes sont vus par en haut.
1 : ouraque avec les deux ombilics. — 2 : ligament de l'utérus (Gubernaculum de Hunter). — 3 : ovaire. — 4 : trompe de Fallope.

coup plus volumineux que plus tard (fig. 257) et remplissent la plus grande partie du bassin. Chez le nouveau-né, ils reposent encore sur le bord de *l'entrée du bassin.* Vraisemblablement, le *ligament inguinal* du rein primordial précédemment décrit, et qui existe aussi chez la femelle, intervient aussi dans ce changement de position (fig. 253, rm). Ce ligament se divise en trois segments distincts du fait qu'il contracte une union intime avec les canaux de *Müller* au point où ces derniers se trouvent accolés dans le cordon génital. Le segment supérieur se transforme en un faisceau de fibres musculaires lisses, qui partant du parovarium, va se loger dans le hile de l'ovaire. Il se continue avec le deuxième segment ou ligament de l'ovaire (lo') et celui-ci avec le ligament rond de l'utérus (rm) (ligamentum teres uteri) Ce dernier segment qui est le plus développé s'étend de l'extrémité supérieure du cordon génital jusqu'à la région inguinale. Ici, on trouve, comme dans le sexe mâle, une petite évagination du péritoine, le diverticule vaginal péritonéal, qui persiste parfois chez l'adulte sous le nom de diverticule de Nück et peut être la cause, chez la femme, de la formation d'hernies inguinales. En ce point, le ligament rond de l'utérus traverse la paroi abdominale et va se terminer dans la peau externe des grandes lèvres.

Dans les derniers stades, la descente des ovaires diffère chez la femelle de la descente des testicules chez le mâle.

Au lieu de s'arrêter, comme les testicules dans la région inguinale, les ovaires, si le développement est normal, descendent au cours du neuvième mois, dans le petit bassin. Là, ils sont situés dans le ligament large, entre la vessie et le rectum. Le ligament large se développe aux dépens de replis du péritoine, dans lesquels étaient logés primitivement les reins primordiaux, les ovaires et les canaux de *Müller*. Le ligament rond de l'utérus ne peut naturellement exercer aucune influence sur le dernier stade de la descente chez la femelle, car il ne peut exercer une traction que vers la région inguinale où il a son point d'insertion. La descente dans le petit bassin semble plutôt être déterminée par ce fait que le segment inférieur des canaux de *Müller* se transforme et donne l'utérus. Les ovaires sont ainsi réunis avec l'utérus par un cordon conjonctif résistant, le ligament de l'ovaire.

Dans certains cas exceptionnels, les ovaires peuvent chez la femelle subir des changements dans leur position analogues à ce qui se passe chez le mâle pour les testicules. Ils cheminent dans la région inguinale jusqu'à l'entrée du diverticule de Nück. Parfois, ils s'arrêtent là dans leur marche en avant, mais ils peuvent s'engager plus avant dans la paroi abdominale par le canal inguinal. Ils peuvent même, comme on l'a observé dans de nombreux cas, traverser entièrement la paroi abdominale et finalement venir se loger dans les grandes lèvres. Celles-ci présentent alors une très grande analogie avec le sac testiculaire du mâle.

i) Développement des organes génitaux externes.

Le chapitre traitant des organes génito-urinaires est celui qui convient également le mieux à l'étude du développement des organes génitaux externes, quoiqu'ils ne se forment pas aux dépens du feuillet germinatif moyen, mais partie aux dépens du feuillet externe et partie aux dépens du feuillet interne. Pour donner une description complète, nous devons remonter assez loin dans l'ontogénèse, au moment où commencent à se former, chez l'embryon, les canaux de *Wolff* et de *Müller*.

Dans la région antérieure de l'embryon développée tout d'abord, ces canaux se développent vers l'arrière et finalement s'abouchent, dans le voisinage de la membrane anale et de l'allantoïde, dans le cloaque qui à ce moment est séparé de l'extérieur par la membrane anale dont il a été question précédemment (p. 219, fig. 258).

Sous le nom de cloaque, nous désignons l'espace unitaire, situé derrière la membrane anale ou membrane cloacale, et où viennent déboucher l'intestin terminal, l'intestin caudal, et le sac urinaire. Lorsque au bout de quelque temps la membrane, qui à sa face externe présente une petite fossette (fossette anale), se détruit, il se forme au-dessous du bourgeon de la queue une ouverture qui persiste telle durant toute la vie chez les Vertébrés inférieurs, chez les Amphibiens, les Reptiles et les Oiseaux. Par cette ouverture, les différents produits d'excrétion sont éliminés à

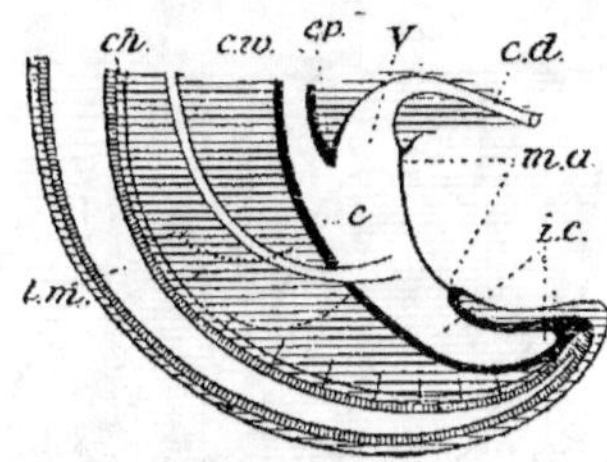

Fig. 258. — Reconstruction, vue de profil, d'après un modèle plat représentant un embryon humain de 4 millimètres de longueur ; d'après Keibel.
ch : chorde dorsale ; — cw : canal de Wolff : — v : vessie ; — cd : canal de l'allantoïde ; — ma : membrane anale ; — ic : intestin caudal ; — tm : tube médullaire ; — ep : éperon périnéal ; — c : cloaque.

l'extérieur ; par l'intestin terminal : matières fécales ; par les reins : urine ; par les glandes génitales : produits sexuels mâles et femelles. Chez les Mammifères les plus inférieurs, l'ouverture cloacale persiste ainsi pendant toute la durée de la vie. Chez les autres Mammifères elle ne se rencontre qu'au commencement du développement. Ensuite « le stade monotrème » disparaît car le cloaque se décompose de la façon suivante, en deux cavités situées l'une derrière l'autre et possédant des ouvertures distinctes.

La division du cloaque en une cavité dorsale et en une cavité ventrale se produit graduellement au cours du développement, et résulte de ce que le pont de substance qui séparait l'un de l'autre à leur ouverture dans le cloaque, le tube intestinal et le sac urinaire, s'accroît considérablement vers le bas.

Deux replis longitudinaux (*Keibel*) participent aussi au dédoublement de la cavité cloacale et viennent s'ajouter au pont de substance précédent le long de la paroi latérale gauche et droite et s'étendent de haut en bas. Comme ils s'avancent de plus en plus vers le bas, ils contribuent à la formation complète de la membrane séparatrice frontale (fig. 259). La cavité antérieure de plus en plus isolée du cloaque contribue à l'agrandissement du sac urinaire, la cavité postérieure à celui du gros intestin. Ces deux cavités diffèrent totalement, ainsi que le fait remarquer *Keibel*, avant leur séparation par la constitution différente de leur épithélium, qui dans la cavité ventrale est bas ; haut, au contraire, dans la cavité dorsale.

Le processus de scission a pour conséquence d'importants changements dans la façon dont viennent déboucher les canaux du rein primordial. Ces ouvertures se trouvent au début, dans le voisinage du sac urinaire dans la portion ventrale du cloaque, mais par suite de l'accroissement de la membrane séparatrice vers le bas, elles sont bientôt comprises dans la

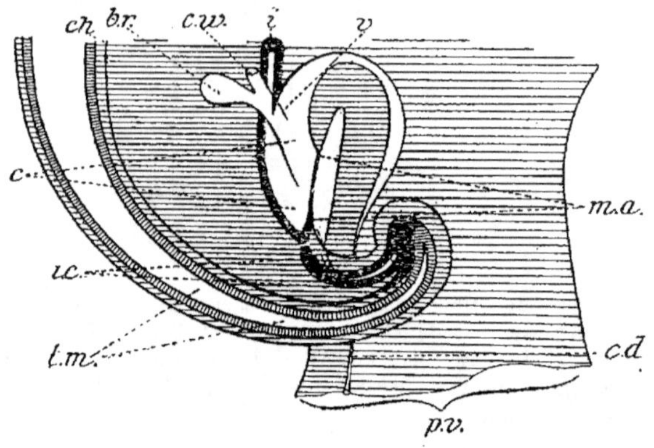

FIG. 259. — Reconstruction d'après une série de coupes faites sur un embryon humain de 8 millimètres ; d'après Keibel.
ch : chorde dorsale ; — br : bourgeon rénal ; — cw : canal de Wolff ; — i : intestin ; — v : vessie ; — ma : membrane anale ; — cd : canal de l'allantoïde ; — pv : pédicule ventral ; — tm : tube médullaire ; — ic : intestin caudal ; — c : cloaque.

portion la plus inférieure du sac urinaire agrandi aux dépens du cloaque.

Les canaux du rein primordial subissent bientôt un deuxième changement de position important.

Ainsi que nous l'avons montré (p. 287), l'uretère (bourgeon rénal) se forme aux dépens de leur portion terminale tout contre l'ouverture dans l'allantoïde (fig. 259). Transitoirement, les deux uretères s'ouvrent dans le sac urinaire par une courte portion terminale commune. Ensuite, ils possèdent des ouvertures distinctes dans la paroi de la vessie, car la portion terminale qui leur est commune disparaît, soit que par suite de la formation d'une paroi séparatrice elle soit divisée en deux canaux, ou soit qu'elle soit englobée dans l'accroissement de la paroi de la vessie. Plus tard, les deux ouvertures ainsi séparées s'écartent à une certaine distance l'une de l'autre, ce qui s'explique par ce fait que, par suite de son accroissement propre, la portion de la paroi comprise entre elles s'agrandit rapidement de beaucoup (fig. 260). Ainsi les uretères débouchent de cette façon, beaucoup plus haut dans la paroi postérieure du sac urinaire, que les canaux du rein primordial. Le long de ces derniers, se sont développés jusqu'en arrière, les canaux de *Müller*, qui débouchent entre eux, dans l'allantoïde. Ces quatre canaux, entourés de tissu conjonctif forment ensemble le cordon génital (p. 303).

Lorsque ces transformations se sont accomplies, on peut distinguer

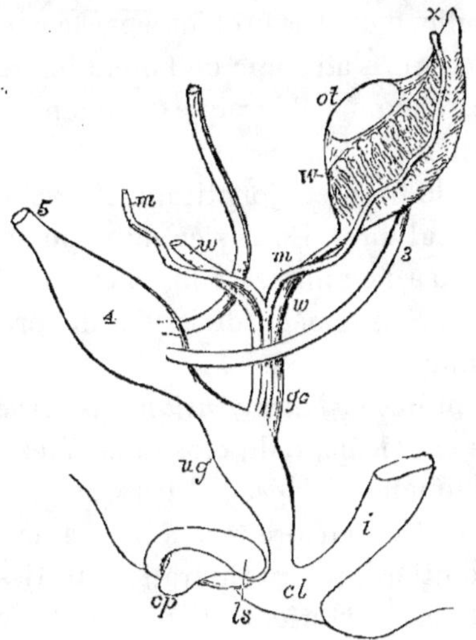

Fig. 260. — Schéma des organes uro-génitaux d'un Mammifère. Stade très jeune ; d'après Allen Thompson. Figure empruntée à Balfour.
Les organes sont vus de profil, sauf le canal de Müller et le canal du rein antérieur qui sont vus par leur face antérieure.
3 : uretère. — 4 : vessie. — 5 : ouraque. — ot : glande génitale (ovaire ou testicule. W : rein primordial droit. — x : ligament diaphragmatique du rein primordial. w : canal du rein primordial. — m : canal de Müller. — ge : cordon génital formé par les canaux de Wolff et de Müller enveloppés d'une gaine commune. — i : rectum, ug : sinus uro-génital. — cp : tubercule génital qui deviendra le clitoris ou le pénis. — ls : bourrelet génital aux dépens duquel se formeront les grandes lèvres ou le sac scrotal.

nettement à l'allantoïde, considérée dans la paroi abdominale jusqu'à l'ombilic, trois segments (fig. 260) : 1° le sinus uro-génital (ug) ; 2° la vessie urinaire proprement dite dans le sens étroit du mot (4) ; 3° l'ouraque (5).

On désigne sous le nom de *sinus uro-génital* (ug) le segment inférieur, étroit qui reçoit les canaux du rein primordial et les canaux de *Müller* et qui s'est séparé de la cavité cloacale primitivement plus grande par suite de la formation d'une membrane séparatrice décrite ci-dessus.

Il débouche en avant de l'intestin terminal dans le reste du cloaque (fig. 260, cl) qui communique avec l'extérieur par la disparition de la membrane anale.

Le segment qui reçoit à sa paroi postérieure les deux uretères donne, dans le sens étroit du mot, la *vessie urinaire*. Chez l'homme, chez lequel l'allantoïde forme au début un tube étroit, qui par l'ombilic s'étend sur une certaine longueur dans le cordon ombilical (fig. 259), elle s'élargit un peu vers le deuxième mois formant un corps fusiforme, qui s'amincit vers le haut et passe à un tube étroit. Ce tube constitue l'*ouraque* qui s'étend jusqu'à l'ombilic, d'où il se prolonge par la partie extra-embryonnaire du tube allantoïdien qui s'atrophie de bonne heure chez l'homme (Voyez p. 192 et 208). Chez l homme, l'ouraque commence à s'atrophier vers la fin de la vie embryonnaire.

Elle fournit avec le tissu conjonctif qui l'enveloppe, un cordon, le ligament vésico-ombilical moyen qui s'étend depuis le sommet de la vessie (fig. 246, hbl') jusqu'à l'ombilic. Ce ligament renferme encore généralement dans les premières années de la vie un cordon épithélial, reste du tube épithélial primitif.

Le développement des *organes génitaux externes* se manifeste de très bonne heure dans le voisinage du cloaque. Chez des embryons humains longs de 11-13 millimètres (*Nagel*), il se forme, au bord antérieur du cloaque, qui à ce moment est encore fermé par la membrane cloacale déprimée et formant gouttière, par prolifération du tissu conjonctif, une petite saillie proéminant vers l'extérieur ; le tubercule génital (fig. 262, gh). Sur la face inférieure du tubercule, se forme un sillon peu profond (gr), qui s'étend vers le bas jusqu'à la membrane du cloaque. Puis partant de la gouttière, une crête épithéliale (lame uro-génitale ectodermique) s'engage assez profondément dans le tubercule génital depuis la base jusqu'au sommet.

Au cours des semaines suivantes du développement, le tubercule proémine de plus en plus vers l'extérieur et prend la forme des parties sexuelles, qui primitivement ont la même conformation dans les deux sexes. En même temps, la crête épithéliale dont nous venons de parler ci-dessus se divise dans le sens de sa longueur en deux lamelles épithéliales ; à la suite de quoi la gouttière peu profonde qui existait à la face inférieure des parties sexuelles se transforme en une fente profonde qui est délimitée à droite et à gauche par les bords saillants et nettement marqués des replis génitaux (gf). Autour du cloaque et du tubercule génital qui fait saillie à son extrémité antérieure, il existe encore à ce moment, un repli circulaire, le bourrelet génital, qui s'accentue de plus en plus (fig. 262, gw).

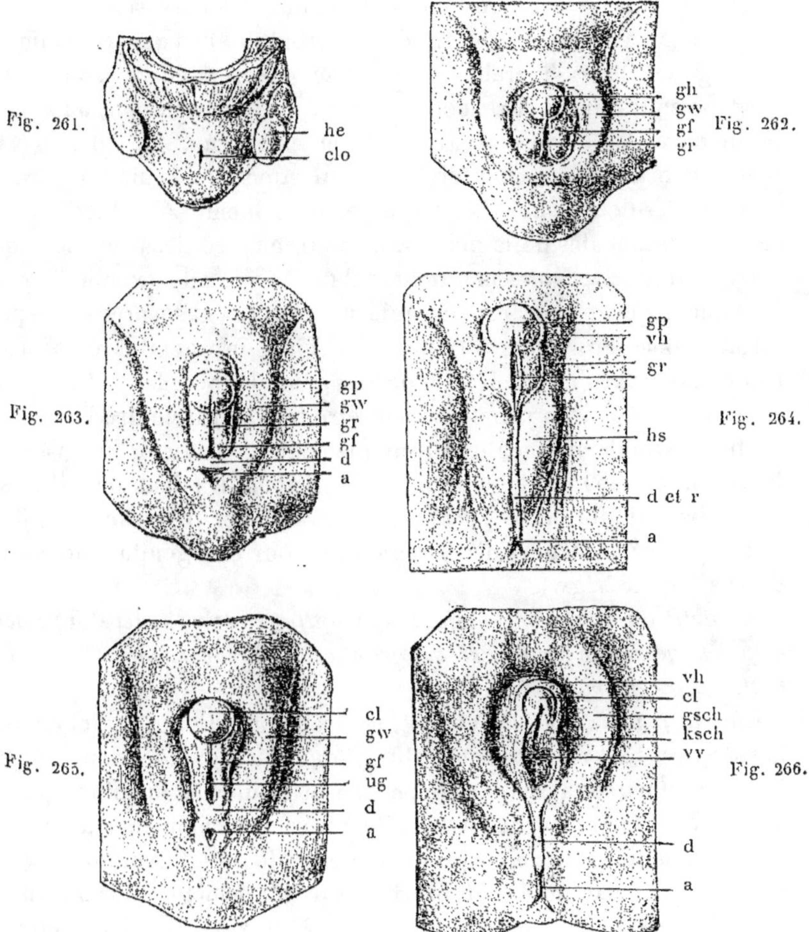

Fig. 261-266. — Développement des organes génitaux externes dans le sexe mâle et dans le sexe femelle ; d'après les modèles en cire de Ecker-Ziegler.

Bien qu'on ait donné des images plus exactes de ces phénomènes, ces figures ont été conservées, car les modèles de Ecker-Ziegler sont classiques pour le développement des organes génitaux externes, et à ce sujet elles sont très suffisantes.

Fig. 261-262. — Deux stades auxquels il n'est pas encore possible de reconnaître le sexe. La figure 262 est prise chez un embryon âgé de 8 semaines. Les figures 263 et 264 montrent, chez des embryons âgés de 2 mois 1/2 et de 3 mois la formation de l'ébauche primitive dans le sexe masculin. Les figures 265 et 266 montrent les transformations dans le sexe femelle (2 m. 1/2 et 4 m. 1/2).

Pour toutes les figures, la légende est la même :

he : — membre inférieur — clo : cloaque — gh : tubercule génital — gf : repli génital — gr : sillon génital — gw : bourrelet génital — gp : gland du pénis — cl : clitoris — d : périnée — a : anus — ug : entrée du sinus uro-génital ou vestibule du vagin — vh : prépuce — hs : sac scrotal — d et r : raphé du périnée et du scrotum — gsch : grandes lèvres — ksch : petites lèvres.

Finalement il nous reste à parler des transformations à la suite desquelles le cloaque est divisé en deux canaux distincts, scission dont nous avons déjà parlé (page 315). La cloison frontale ainsi que les replis formés le long des faces latérales du cloaque s'accroissent considérablement vers le bas les uns à la rencontre des autres, ils atteignent ainsi la membrane cloacale, s'unissent avec elle et entre eux. Le cloaque est ainsi maintenant complètement divisé en un sinus uro-génital ventral, et en rectum. Ces deux canaux s'ouvrent ensuite bientôt à l'extérieur, car les cellules épithéliales de la membrane de fermeture s'écartent les unes des autres. On trouve alors maintenant dans la région sexuelle (fig. 263 et 265) une ouverture postérieure qui est l'anus (a), et séparée d'elle par une étroite cloison (d) l'ouverture propre du sinus uro-génital (ug) qui se continue à la surface inférieure des parties génitales avec la gouttière sexuelle profonde. La cloison primitivement étroite comprise entre l'anus et l'ouverture génitale augmente continuellement d'épaisseur jusqu'à la fin de la vie embryonnaire, et écarte graduellement les deux ouvertures l'une de l'autre, elle forme le *périnée* (fig. 264 et 266, d). L'anus (a) finit par être repoussé en dehors de la région du bourrelet génital mentionné ci-dessus (fig. 262, gw).

A partir du quatrième mois, il se manifeste, dans le développement des organes génitaux externes, de grandes différences entre les embryons mâles et les embryons femelles.

Chez la femelle (fig. 265 et 266), les transformations de l'ébauche embryonnaire, tout d'abord semblables, sont peu profondes dans l'ensemble. Le tubercule génital se développe peu et donne le membre génital femelle : *le clitoris* (cl). Son extrémité antérieure commence à s'épaissir et se distingue du reste du corps sous le nom de *gland*. Autour du gland, la peau se replie par suite d'un processus de plissement et forme une sorte de prépuce (le prépuce du clitoris) (fig. 266, vh). Les deux replis génitaux (fig. 265, gf) qui délimitent la gouttière à la face inférieure du tubercule génital, prennent chez la femelle un plus grand développement que chez le mâle et se transforment en les *petites lèvres* (labia minoro) (fig. 266, ksch).

L'espace qu'elles délimitent (fig. 205, ug) et son prolongement en arrière, le sinus uro-génital, dans lequel s'ouvrent le canal excréteur de la vessie et le vagin formé par le fusionnement des canaux de *Müller*, prend le nom de *vestibule du vagin* (fig. 266, vv). Les bourrelets génitaux (fig. 265, gw) deviennent très volumineux chez la femelle par suite de la présence du tissu graisseux et forment les grandes lèvres (labia major) (fig. 266, gsch).

Chez le mâle, les ébauches correspondantes subissent des modifications beaucoup plus profondes (fig. 263 et 264). Par suite d'un accroissement longitudinal considérable, le tubercule génital se transforme en *membre génital mâle* ou *pénis*, qui correspond au clitoris de la femelle. Comme celui-ci, il possède un renflement antérieur en forme de bouton ; le gland (fig. 263, gp) qui est revêtu d'un repli cutané, le prépuce (fig. 264, vh). Le sinus uro-génital, qui chez la femelle demeure court et large, formant le vestibule du vagin, se transforme chez l'homme en un long canal étroit : l'urèthre. Ceci est dû à ce que le sillon qui existe à la face inférieure du tubercule génital (fig. 263, gr) suit le développement de celui-ci en longueur, et s'approfondit ; puis, que les replis génitaux (gf) qui l'entourent se juxtaposent par leurs bords (fig. 264) et se soudent au quatrième mois, sauf à l'extrémité du gland où persiste une petite ouverture.

La partie initiale de l'urèthre éprouve au troisième mois des modifications qui déterminent la formation de la *prostate* (fig. 249, pr). Les parois s'épaississent considérablement, acquièrent du tissu musculaire lisse et forment un bourrelet annulaire, à l'intérieur duquel s'engagent des évaginations de l'épithélium de l'urèthre qui par leur ramification donne les portions glandulaires de l'organe.

Ainsi que nous le savons, c'est à la face postérieure de l'organe que se trouvent les ouvertures des canaux éjaculateurs (dej) et entre eux, le sinus prostatique ou utérus mâle (um) formé aux dépens des canaux de *Müller* (Voyez p. 306).

Chez le mâle, les bourrelets génitaux qui chez la femelle donnent les grandes lèvres subissent une deuxième transformation (fig. 263, gw). Ils entourent la racine du pénis, puis ils se soudent sur la ligne médiane, la suture constitue plus tard, le *raphé du scrotum* (fig. 264, r). C'est dans le *sac testiculaire* (br) ainsi formé que s'engagent, à la fin de la vie embryonnaire, les testicules, ainsi que nous l'avons mentionné précédemment (Voyez p. 307).

Le fait, que primitivement, les organes génitaux externes présentent entièrement la même constitution dans les deux sexes, explique pourquoi, dans les cas où le développement ne suit pas la marche normale, il est constitué des formes dont il est très difficile de dire si elles appartiennent au sexe mâle ou au sexe femelle. Ce sont ces cas qu'autrefois on considérait bien à tort comme de l'*hermaphrodisme*. Ils peuvent avoir une double origine. Ou bien ils sont dus à ce que, dans le sexe femelle, le processus de développement se continue, plus que normalement, comme chez le mâle ; ou bien à ce que, chez le mâle, les processus de développement subissent prématurément un temps d'arrêt et conduisent à une disposition semblable à ce qui existe chez la femelle.

Lorsque le premier genre de malformation se produit, le tubercule génital prend parfois, chez la femelle, une forme et un volume tel qu'il est comparable au pénis du mâle.

La ressemblance peut encore devenir plus grande, lorsque les ovaires au lieu de descendre dans le petit bassin (Voyez p. 310) traversent, dans la région inguinale, la paroi abdominale et viennent se loger dans les grandes lèvres. Ces dernières entourent la racine du clitoris volumineux et forment une sorte de sac testiculaire.

Les malformations, qui ont permis de supposer l'hermaphrodisme, sont plus fréquentes dans le sexe mâle. Elles résultent d'un arrêt de développement dans les processus normaux de soudure. Nous obtenons ainsi un membre génital, qui est habituellement atrophié, et possède à la face inférieure, au lieu de l'urèthre, un sillon, malformation connue sous le nom d'*hypospadie*. A cette anomalie peut s'en ajouter une deuxième : les testicules ne sont pas descendus normalement. Ils demeurent dans la cavité inguinale, et les bourrelets génitaux présentent alors une grande analogie avec les grandes lèvres de la femelle.

3. — Le développement des capsules surrénales.

L'exposition du développement des capsules surrénales est le mieux à sa place à la fin de l'étude du système uro-génital. Car, indépendamment de ce fait, que les capsules surrénales et les organes génito-urinaires sont situés, chez tous les Vertébrés, très près les uns des autres, ils offrent aussi, dans le cours de leur développement, des ressemblances très voisines. Toutefois, il ne faut pas nier que, à ce moment, tous les travaux relatifs à l'embryologie des capsules surrénales sont, pour nous servir d'une expression de *Rabl*, « quelque peu incomplets ».

Je me bornerai, par suite, à quelques données, et je renverrai pour le reste à l'article explicite, paru à ce sujet dans mon *Traité d'embryologie expérimentale et comparée*.

Comme on le sait, les capsules surrénales se composent de deux substances, que l'on désigne chez les Mammifères, d'après la position qu'elles occupent l'une vis-à-vis de l'autre, sous les noms de substance médullaire et de substance corticale. La plupart des auteurs admettent pour ces substances, une double origine. La *substance médullaire* se forme aux dépens des ébauches de ganglions du cordon sympathique ; aussi, dans beaucoup de traités, les capsules surrénales sont rattachées au sympathique. Par contre, sur la question du *développement de la substance corticale*, qui chez les Sélaciens forme une glande spéciale, le *rein intermédiaire* (corps interrénal), règnent des opinions très différentes. Quelques auteurs prétendent qu'elle se forme aux dépens d'amas de cellules du tissu conjonctif, qui se développent à la partie antérieure du rein primordial, sur le trajet des veines cave inférieure et cardinale. D'autres auteurs au contraire leur décrivent une origine épithéliale ; mais, là aussi, les avis sont différents, pour les uns c'est l'épithélium du cœlome, pour les autres le cordon épithélial du rein primordial qui, par prolifération fournissent le matériel de la substance corticale du rein primordial. Actuellement l'ensemble de la question ne peut être tranché.

Pendant la vie embryonnaire les capsules surrénales sont pendant longtemps très volumineuses. Chez les Mammifères elles recouvrent les reins qui sont beaucoup plus petits. C'est ce que l'on remarque dans la figure 247 représentant un embryon humain de huit semaines, dont la capsule gauche (un) occupe sa position normale, alors que la capsule droite est enlevée pour montrer le rein (u). Ensuite les capsules surrénales se développent moins que les reins, et chez le nouveau-né (fig. 236) elles constituent des organes semi-lunaires (un) reposant sur les reins (n), qui chez l'adulte deviennent encore beaucoup plus volumineux par rapport aux capsules surrénales.

Au cours du développement, il se détache parfois de petits fragments de la couche corticale. Ces fragments restent dans le voisinage des organes sexuels qu'ils accompagnent dans leurs changements de position. Ainsi s'explique la présence des *capsules surrénales accessoires* observées par *Marchand* dans le ligament large.

Résumé du chapitre X.

Les produits de transformation du feuillet germinatif moyen sont : l'épithélium du cœlome (le péricarde, les plèvres, le péritoine, la tunique du sac testiculaire) ; les muscles striés volontaires ; les spermatozoïdes et les œufs ; l'épithélium des glandes génitales, des reins et de leurs conduits excréteurs ; la substance corticale des capsules surrénales.

1. — **Développement de la musculature.** — 1° Les muscles du tronc se développent aux dépens de l'assise des segments primordiaux contiguë à la chorde et au tube nerveux. Cette assise par formation de fibrilles donne naissance à une plaque musculaire (myotome).

2° La plaque musculaire se développe dorsalement et ventralement ; elle se continue avec la couche épithéliale externe (latérale) du segment

(zone d'accroissement). Elle s'étend ainsi d'une part, au-dessus du tube
nerveux, et d'autre part, dans la paroi abdominale.

3° La musculature consiste, au début, en segments dont les fibres
(myomères) sont longitudinales, et qui sont séparés les uns des autres
par des cloisons conjonctives (ligament intermusculaire). C'est la première segmentation du corps des Vertébrés en métamères.

4° Aux dépens des plaques musculaires se forment des bourgeons qui
pénètrent dans les ébauches des membres et donnent naissance à la musculature des extrémités.

11. — **Développement du système uro-génital.** — 1° La première
ébauche est la même dans les deux sexes. Elle consiste en :

    a) Trois canaux pairs : le canal du rein précurseur, ou du rein primor-
        dial, le canal de *Müller* et l'uretère ;

    b) De quatre paires de glandes : le rein précurseur, le rein primordial,
        le rein, la glande génitale tout d'abord indifférente.

2° Le rein précurseur et son canal se développent aux dépens de nombreuses proliférations, disposées segmentairement, du feuillet moyen pariétal. Elles se réunissent en un cordon longitudinal qui plus tard se creuse.

3° Les cordons cellulaires segmentaires dirigés transversalement donnent, du fait qu'ils deviennent creux, les canalicules du rein précurseur ;
ils demeurent en communication avec le cœlome par un entonnoir
(néphrostome). Dans le voisinage immédiat des entonnoirs, il se forme,
sur les faces latérales du mésentère, un glomérule de *Malpighi* (Glomus).
Chez les Téléostéens, ce glomérule est enfermé dans un diverticule clos
du cœlome (la chambre du rein précurseur).

4° Le cordon longitudinal formé par l'union des canalicules du rein
précurseur donnera la partie antérieure du canal du rein précurseur ou
canal du rein primordial.

Il s'allonge graduellement en arrière et finalement s'étend jusqu'au
cloaque (région postérieure de l'intestin terminal). Cet accroissement
vers l'arrière se fait de deux façons différentes :

    a) Chez les Sélaciens et chez les Mammifères l'extrémité postérieure du
        court canal longitudinal formé en avant se soude avec le feuillet
        germinatif externe et s'accroît le long de celui-ci en arrière, jus-
        qu'au cloaque.

    b) Chez les autres Vertébrés l'extrémité postérieure du canal du rein
        précurseur formé en avant apparaît comme une proéminence arron-
        die libre dans l'espace compris entre le feuillet germinatif moyen
        et le feuillet germinatif externe. Elle s'accroît librement entre eux
        vers l'arrière jusqu'à la paroi du cloaque.

5° En arrière du rein précurseur se forme le rein primordial. Au moment où les segments primordiaux se séparent des plaques latérales, se forment des tubes cellulaires (pièces intermédiaires des segments primordiaux, *Rabl*) ou des cordons cellulaires (néphrotomes) disposés métamériquement. Ces formations restent en communication par une de leurs extrémités avec la cavité du corps. Par l'autre extrémité elles s'unissent avec le canal du rein primordial situé latéralement et donnent les canalicules du rein primordial (formation des corpuscules de *Malpighi*, des canalicules du rein primordial de 2e et 3e ordre).

6° Chez les Vertébrés supérieurs le développement du rein primordial est en quelque sorte raccourci. Les cordons cellulaires distincts qui se forment au moment où les segments primordiaux se séparent des plaques latérales, s'accolent intimement les uns à la suite des autres et forment une masse cellulaire en apparence indivise appelée plaque intermédiaire ou blastème du rein primordial. C'est aux dépens de cette plaque que plus tard les canalicules du rein primordial semblent s'être différenciés lorsqu'ils deviennent distincts.

7° Chez certains Sélaciens, Amphibiens, etc... le rein primordial reste en communication avec le cœlome par l'intermédiaire d'entonnoirs vibratiles (néphrostomes). Chez tous les Amniotes, au contraire, les canalicules du rein primordial perdent leur communication avec le cœlome, les entonnoirs vibratiles disparaissant de bonne heure.

8° Le rein définitif se forme plus tard au niveau de la partie postérieure du canal du rein primordial. Cette formation peut s'interpréter de deux manières différentes :

a) D'après la première manière de voir, le rein se développe aux dépens de deux ébauches différentes : 1° aux dépens d'une évagination de l'extrémité du canal du rein primordial, qui donne naissance à l'uretère, au bassinet et au tube droit (c.-a.-d. à l'appareil excréteur) ; 2° aux dépens du blastème rénal qui est constitué par un prolongement du blastème du rein primordial en arrière. Le blastème du rein a la même origine que celui-ci, il donne naissance aux canalicules contournés et au corpuscule de *Malpighi*, c'est-à-dire à la portion sécrétrice.

b) D'après l'autre manière de voir, les canalicules glandulaires de la substance médullaire ainsi que la substance corticale se forment par bourgeonnement de l'uretère d'après le schéma du développement habituel des glandes.

9° Les ébauches des reins qui se sont formées en arrière se développent rapidement et s'allongent. Ils s'étendent d'arrière en avant le long des reins primordiaux. En même temps l'uretère se sépare du canal du rein primordial et vient au contact de la surface dorsale de la vessie.

10° Chez les Vertébrés inférieurs, le canal de *Müller*, parallèle au canal du rein primordial, se forme par division de celui-ci.

11° Chez les Amniotes, les rapports du canal de *Müller* avec le canal du rein primordial ne sont pas encore bien connus. L'extrémité antérieure du canal de *Müller* se développe sous forme d'une évagination en gouttière aux dépens de l'épithélium qui revêt la face latérale du rein primordial. Mais quant à l'autre partie on ne sait pas encore si elle se forme par accroissement de cette gouttière en arrière ou si elle procède du canal du rein primordial.

12° Les glandes génitales se développent aux dépens de deux ébauches : 1° de l'épithélium germinatif situé à la face interne du rein primordial ; 2° de cordons génitaux, qui proviennent de la partie avoisinante du rein primordial et qui s'accroissent vers l'épithélium germinatif.

13° Aux dépens de l'épithélium germinatif (avec ses ovules primordiaux et ses spermatomères) se développent les éléments spécifiques des glandes sexuelles : les œufs et les spermatozoïdes.

14° Chez la femelle, à la suite d'un enchevêtrement de l'épithélium germinatif et du stroma conjonctif sous-jacent se forment des tubes de *Pflüger* et des nids d'ovules, qui eux-mêmes donnent finalement des follicules renfermant chacun un seul ovule primordial. Chez le mâle, à la suite d'un processus semblable, se forment des ampoules spermatiques (Sélaciens et quelques Amphibiens), ou des canalicules séminifères avec leurs spermatogonies.

15° Les cordons génitaux du rein primordial prennent part à la constitution de la substance médullaire de l'ovaire dont ils forment les cordons médullaires. Dans le testicule, ils s'unissent avec les ampoules spermatiques ou avec les canalicules séminifères et donnent naissance aux canalicules droits et au rete testis, c'est-à-dire à la partie initiale des canaux excréteurs du sperme.

16° Les follicules primordiaux de l'ovaire se composent d'une cellule-œuf centrale, d'une enveloppe de cellules folliculeuses, et d'une capsule conjonctive vascularisée (theca folliculi).

17° Chez les Mammifères, les follicules subissent des transformations. Les cellules folliculeuses se multiplient et sécrètent un liquide. Ainsi les follicules de *Graaf* se trouvent constitués (disque, proligère, membrane granuleuse).

18° Les vésicules de *Graaf* se transforment après l'élimination des œufs mûrs dans la cavité abdominale, en corps jaunes. A cet effet, leur cavité se remplit de sang provenant des vaisseaux rompus, et les cellules folliculeuses ainsi que le tissu conjonctif de la theca y prolifèrent. Il y pénètre également des globules blancs du sang (Vrais et faux corps jaunes).

19° Les corps jaunes subissent plus tard une atrophie, laissant ainsi des cicatrices et des cals à la surface des vieux ovaires.

20° Les ébauches du système uro-génital primitivement semblables dans les deux sexes se différencient, suivant qu'elles sont mâles ou femelles, à la suite d'une atrophie partielle.

21° Chez le mâle, le canal du rein primordial donne le canal déférent. Chez la femelle, il s'atrophie (canaux de *Gartner*).

22° Le canal de *Müller* n'accomplit aucune fonction chez le mâle ; il n'en persiste que des restes insignifiants provenant des extrémités (hydatide de l'épididyme, sinus prostatique ou utérus mâle). Chez la femelle il donne l'appareil excréteur de l'ovaire : sa partie supérieure fournit l'oviducte, sa partie inférieure, l'utérus et le vagin, car les deux canaux de *Müller* logés dans le cordon génital s'accolent.

23° Le rein primordial persiste chez le mâle dans sa partie antérieure qui, par l'intermédiaire des cordons génitaux, s'unit aux canalicules séminifères et donne l'épididyme. Le reste de l'organe s'atrophie et devient le paradidyme. Chez la femelle, ces deux parties s'atrophient et deviennent l'époophoron et le paroophoron qui correspondent respectivement à l'épididyme et au paradidyme.

24° Les glandes génitales situées dans la région lombaire descendent graduellement dans le bassin (descente des testicules et descente des ovaires, trajet oblique des veines spermatiques).

25° Dans la descente des glandes génitales, le ligament inguinal joue un certain rôle. Le ligament s'étend entre le rein primordial et la région inguinale, au-dessous du péritoine. Il traverse la paroi abdominale et vient se terminer dans la peau des bourrelets génitaux qui entourent le cloaque (gubernaculum de *Hunter* chez le mâle, ligament rond et ligament de l'ovaire chez la femelle).

26° Les testicules, quelque temps avant la naissance, s'engagent dans le sac testiculaire. Ce sac se développe aux dépens d'une évagination du péritoine (diverticule vaginal du péritoine) qui traverse la paroi abdominale et pénètre à l'intérieur du bourrelet génital. L'évagination, par suite de la fermeture du canal inguinal, se sépare de la cavité abdominale.

27° Les différentes couches du sac testiculaire ou enveloppes du testicule, correspondent par leur développement, aux différentes couches de la paroi abdominale, ainsi que le montre le tableau comparé suivant :

Enveloppes du testicule.   *Paroi abdominale.*

Scrotum et dartos.   Peau.

Fascia de *Cooper*.   Fascia abdominal superficiel.

Tunique vaginale commune et mus-   Couche musculaire et fascia trans-
  cle crémaster.   versal abdominal.

Tunique vaginale propre (feuillet   Péritoine.
  pariétal et feuillet viscéral).

28° Les organes génitaux externes se développent chez le mâle et chez
la femelle aux dépens d'une même ébauche, au pourtour du cloaque.

29° On désigne sous le nom de cloaque une fossette située à l'extrémité
postérieure du corps de l'embryon et dans laquelle débouchent l'intestin
terminal et l'allantoïde. L'extrémité de cette dernière forme le sinus uro-
génital où s'ouvrent, accolés l'un à l'autre, les canaux de *Müller* et les
canaux du rein primordial.

30° Le cloaque se plisse. Ses replis s'unissent pour former le périnée.
Le cloaque est ainsi divisé en une partie antérieure, en continuité avec
le sinus uro-génital, et en une partie postérieure qui se continue avec le
rectum (anus).

31° Au bord antérieur du cloaque, plus tard le sinus uro-génital, se
forme dans les deux sexes un tubercule génital, qui présente à sa face
inférieure une gouttière limitée par les deux replis génitaux. Le tubercule
et l'orifice du cloaque situé en arrière de lui (orifice du sinus uro-génital)
sont entourés par les bourrelets génitaux.

32° Chez la femelle, le tubercule génital reste petit et devient le
clitoris. Les replis génitaux deviennent les petites lèvres, les bourrelets
génitaux donnent les grandes lèvres. Le sinus uro-génital reste court et
large ; il forme le vestibule du vagin où s'ouvre le vagin (extrémité des
canaux de Müller) et l'extrémité de l'allantoïde ou de la vessie, c'est-à-
dire l'urèthre.

33° Chez le mâle, le tubercule génital s'allonge pour former le pénis.
Les replis génitaux se soudent à sa face inférieure en un canal, qui apparaît comme le prolongement du sinus uro-génital demeuré étroit. Ce
canal et le sinus forment l'urèthre mâle. Dans sa partie initiale débouchent les canaux déférents et l'utérus mâle. Les bourrelets génitaux
après la descente des testicules, entourent la racine du pénis et s'unissent
pour former le sac scrotal.

34° Le tableau suivant montre quelles sont chez les Mammifères les
parties homologues externes et internes des organes génitaux dans les
deux sexes, ainsi que leurs relations avec l'ébauche primitive indifférente du système uro-génital :

Organes génitaux males.	Organes de l'ébauche commune.	Organes génitaux femelles.
Ampoules spermatiques et canalicules séminifères.	Epithélium germinatif. Rein primordial.	Follicules primordiaux, vésicules de Graaf.
a) Epididyme, Rete testis et tubes droits.	a) Partie antérieure avec les cordons génitaux (portion génitale).	a) Epoophoron avec cordons médullaires de l'ovaire.
b) Paradidyme.	b) Partie postérieure (rein primordial proprement dit).	b) Paroophoron.
Canal déférent et vésicule séminale. Rein et uretère.	Canal du rein primordial.	Canaux de Gartner de certains mammifères.
Rein et uretère.	Rein et uretère.	Rein et uretère.
Hydatite de l'épididyme. Utricule prostatique (utérus mâle).	Canal de Müller.	Trompes et franges. Utérus et vagin.
Gubernaculum de Hunter.	Ligament inguinal du rein primordial.	Ligament rond de l'utérus et ligament de l'ovaire.
Urèthre (portion prostatique et membraneuse).	Sinus uro-génital.	Vestibule du vagin.
Pénis.	Tubercule génital.	Clitoris.
Portion caverneuse de l'urèthre.	Replis génitaux.	Petites lèvres.
Sac testiculaire.	Bourrelets génitaux.	Grandes lèvres.

III. — Développement des capsules surrénales. — 1º D'après plusieurs auteurs, la portion antérieure du rein primordial émet des bourgeons, ce sont les cordons des capsules surrénales, qui forment la substance corticale (?).

2º La substance médullaire des capsules surrénales dérive vraisemblablement des cellules du système sympathique.

3º Pendant longtemps les capsules surrénales sont plus volumineuses que les reins.

CHAPITRE XI

Organes dérivés du feuillet germinatif externe.

Le feuillet germinatif externe a longtemps été appelé feuillet cutané
sensitif. On marquait ainsi ses deux fonctions les plus importantes. En
effet, il fournit d'une part l'épiderme avec ses produits variés : poils,
ongles, écailles, cornes, plumes et glandes de différentes natures : glandes
sébacées, sudoripares et mammaires. D'autre part le feuillet germinatif
externe fournit au système nerveux ses parties fonctionnelles les plus importantes, les organes des sens : cellules visuelles, auditives et olfactives.

I. — Le développement du système nerveux central.

Comme le système nerveux central est un des organes qui apparaissent
de très bonne heure lors de la différenciation du germe en les quatre
feuillets germinatifs primaires, les premiers stades de son développement
nous sont déjà connus. 1° Différenciation du feuillet germinatif externe
en deux régions : le mince feuillet corné (ep) et la *plaque médullaire*
ou *nerveuse* (mp) épaisse située médianement. 2° Transformation de la
plaque médullaire en gouttière médullaire, les bords de la plaque s'éle-
vant pour former les bourrelets médullaires. 3° Enfin, transformation de
la gouttière en tube nerveux par soudure des bords des bourrelets médullaires.

L'ébauche du tube nerveux ne reste indivise que chez l'amphioxus ;
chez les autres vertébrés, au contraire, elle se divise en moelle épinière et
cerveau.

1. — Développement de la moelle épinière.

La partie du tube nerveux se transformant en moelle épinière offre sur
une coupe transversale une section ovale (fig. 131). Dès le début, elle se
montre divisée en une moitié droite et une moitié gauche (fig. 267).
En effet ses parois latérales sont fortement épaissies et sont formées
de plusieurs assises de hautes cellules cylindriques, tandis que ses parois
supérieure et inférieure demeurent minces et constituent des ponts étroits

qui peuvent être considérés comme étant les *commissures antérieure* et
postérieure ou comme *lame formant plancher* et *lame formant plafond*
(dp et bp) (*His*).

Le tube nerveux se compose donc de deux parois épaisses et plus larges
et de deux parois étroites et plus minces. Cette disposition se conserve dans l'organe adulte, et montre
très nettement son origine paire aux dépens des deux
lames nerveuses longitudinales, qui délimitaient autrefois la bouche primitive agrandie en forme de
fente. La lame formant plancher ou commissure antérieure, dans l'étendue de laquelle il n'y a pas formation de cellules ganglionnaires et où les cellules
épithéliales se transforment seulement en substance
épithéliale de soutien, correspond à la ligne de soudure des bords de la bouche primitive. La lame
formant plafond ou commissure postérieure, au
contraire, correspond à la ligne de suture, à la suite
de laquelle, la gouttière nerveuse se transforme plus
tard en un tube.

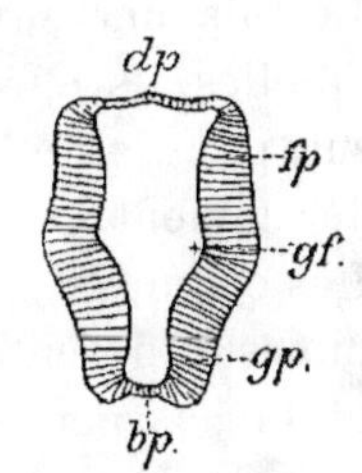

Fig. 267. — Schéma
de la coupe trans-
versale d'un tube
nerveux destiné à
montrer les diffé-
rentes régions. —
Nomenclature de
His. — Schéma d'a-
près Froriep.
bp : plancher — dp :
plafond — gp : lame
basale — fp. lame
alaire — gf : sillon
limitant.

Les deux parois latérales épaissies (fig. 267) subissent ultérieurement une profonde différenciation.
Elles se divisent en une zone longitudinale dorsale
(fp) et une zone longitudinale ventrale (gp), auxquelles
His a donné les noms de lame alaire et de lame basale. Ces deux zones sont
séparées l'une de l'autre par un sillon peu marqué, le sillon limitant de
His (gf). Cette différenciation est en rapport avec la formation distincte
de ganglions sensibles et de ganglions moteurs. Par conséquent, on peut
distinguer à la moelle épinière embryonnaire comme à la moelle adulte,
les régions suivantes :

1° La lame médullaire gauche.

2° La lame médullaire droite. Chacune de ces lames se décompose à
son tour en :

    a) Une zone longitudinale dorsale sensible.

    b) Une zone longitudinale ventrale motrice.

3° La commissure antérieure, ou plancher, correspond à la ligne de
suture des bords de la bouche primitive.

4° La commissure postérieure, ou plafond, correspond à la ligne de
soudure postérieure du tube nerveux.

Le développement ultérieur se continue de cette façon. Les lames
médullaires gauche et droite deviennent de bonne heure très épaisses

(fig. 268). Dans la prolifération active de leurs cellules, on constate facilement le fait intéressant suivant : toutes les figures de divisions nucléaires s'observent toujours à la surface interne du tube nerveux transformé en canal central, et parfois en grand nombre. Ce phénomène s'observe aussi dans le développement des vésicules cérébrales.

Le tube nerveux et l'épiderme possèdent par suite des conditions dans lesquelles ils effectuent leur développement, une surface d'accroissement, pour la multiplication de leurs particules élémentaires, orientée différemment.

Les cellules du tube nerveux se différencient de bonne heure en deux groupes différents au point de vue histologique : 1º en éléments fournissant la charpente de soutien : l'épithélium entourant le canal central (fig. 268, ck) et la névroglie (spongioblastes de *His*) ; et 2º en éléments

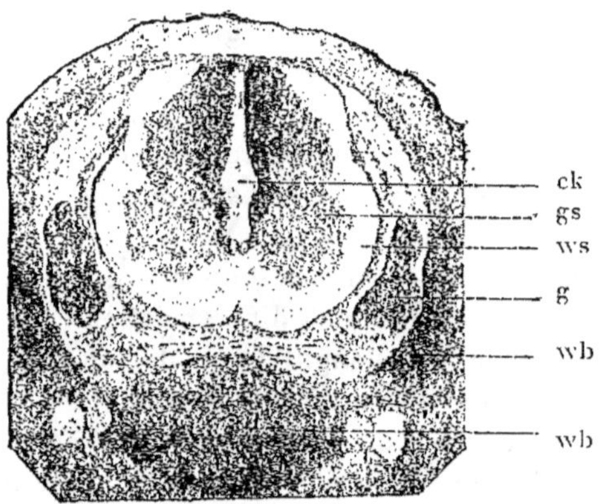

FIG. 268. — Coupe transversale de la moelle épinière et de la colonne vertébrale d'un embryon humain.
ck : canal central. — gs : substance grise. — ws : substance blanche. — g : ganglion spinal avec sa racine postérieure. — uk : corps de la vertèbre avec le reste de la chorde. — wb : arc vertébral.

qui se transforment en cellules ganglionnaires et en fibres nerveuses (neuroblastes de *His*). C'est alors que se produit une nouvelle différenciation. Les fibres nerveuses, qui deviennent toujours plus nombreuses et graduellement augmentent l'épaisseur de la masse cellulaire, sont, lorsqu'elles apparaissent, dépourvues de myéline (fig. 268, ws et fig. 293) ; elles s'entourent ensuite plus ou moins rapidement d'une gaine de myéline. De cette façon la moelle se compose d'une masse centrale, formée de cellules ganglionnaires, la substance grise (gs), et d'une enveloppe superficielle formant manteau, la substance blanche (ws) et qui à son tour se divise en cordons antérieurs, latéraux et postérieurs.

Les deux commissures ne prennent aucune part à ce développement considérable de la moelle ; elles ne forment pas non plus de cellules ganglionnaires. Aussi elles arrivent à être situées de plus en plus dans la profondeur, au fond d'un *sillon longitudinal antérieur* et d'un *sillon longitudinal postérieur* (fig. 268).

Finalement, la moelle épinière arrivée à son complet développement se compose de deux moitiés latérales volumineuses, séparées l'une de l'autre par deux sillons longitudinaux profonds, l'un antérieur, l'autre postérieur, Ces moitiés ne sont plus unies que par un mince pont transversal situé dans la profondeur. Ce pont dérive des deux commissures qui ont cessé de se développer ; il est traversé en son milieu, par le *canal central*, également resté petit.

Au début, la moelle épinière occupe toute la longueur du tronc ; chez l'homme, il en est ainsi jusqu'au quatrième mois du développement embryonnaire. Par suite, au moment où le squelette axial s'est divisé en vertèbres, elle s'étend de la première vertèbre cervicale jusqu'à la dernière coccygienne. Mais l'extrémité de la moelle épinière ne forme pas de cellules ganglionnaires ni de fibres nerveuses elle persiste, pendant toute la vie, sous la forme d'un mince tube épithélial. Ce tube se continue avec la partie antérieure, plus grande, qui a différencié des cellules ganglionnaires et des fibres nerveuses, par une pièce de transition conique, qui est connue en anatomie descriptive sous le nom de *cône médullaire.*

Tant que la moelle épinière s'accroît dans la même proportion que la colonne vertébrale, les nerfs qui en naissent partent à angle droit pour gagner les trous intervertébraux et sortir du canal vertébral.

Mais chez l'Homme, cette disposition change au quatrième mois ; à ce moment, la moelle épinière ne s'accroît plus autant que la colonne vertébrale, elle ne peut donc plus occuper entièrement toute la longueur du canal vertébral. Or, comme à son extrémité supérieure, elle est fixée à la moelle allongée, qui est fixée au cerveau à l'intérieur de la capsule crâniale, il en résulte qu'elle doit remonter dans le canal vertébral. Au sixième mois, le cône médullaire se trouve au niveau de l'extrémité supérieure du canal sacré ; au moment de la naissance, dans la région de la troisième vertèbre lombaire ; et enfin, un an plus tard, au niveau du bord inférieur de la première vertèbre lombaire, où il se retrouve aussi chez l'adulte.

Pendant cette ascension, l'extrémité de la moelle épinière, c'est-à-dire le mince tube épithélial, qui est fixée au coccyx, s'étire en un long filament grêle, qui persiste chez l'adulte sous le nom de *filum terminale internum* et *externum.* Ce filament présente à son extrémité supérieure une petite cavité circonscrite par des cellules cylindriques vibratiles et qui est un prolongement du canal central de la moelle épinière.

Plus bas, il se présente sous la forme d'un cordon de tissu conjonctif qui se continue jusqu'au coccyx.

Une seconde conséquence de l'ascension de la moelle épinière, est *un changement dans le trajet des portions initiales des nerfs périphériques*. Leurs racines s'étant rapprochées de la tête en même temps que la moelle épinière, à l'intérieur du canal vertébral, et les trous vertébraux, par lesquels ils sortent n'ayant pas changé de place, il en résulte qu'au lieu de conserver leur direction transversale, ils prennent une direction oblique, et qui le devient d'autant plus, qu'ils quittent le canal vertébral plus bas. Ainsi, dans la région cervicale, leur trajet est encore transversal ; dans la région thoracique, il commence à devenir de plus en plus oblique et enfin dans la région lombaire et surtout dans la région sacrée, il est presque vertical. Aussi, les troncs nerveux qui naissent de la dernière partie de la moelle décrivent un assez long trajet à l'intérieur du canal vertébral avant d'arriver aux trous sacrés qu'ils doivent traverser. Ils entourent ainsi le cône médullaire et la filum terminale et constituent une formation connue sous le nom de queue de cheval.

Enfin, la moelle épinière éprouve encore quelques modifications dans sa forme. Déjà pendant le troisième et le quatrième mois elle présente des épaississements au niveau des points d'émergence des nerfs périphériques, à son extrémité antérieure et à son extrémité postérieure, dans la région cervicale et dans la région sacrée. La moelle s'épaissit, parce qu'elle renferme un plus grand nombre de cellules ganglionnaires. Ces épaississements constituent le renflement cervical et le renflement lombaire (intumescentia cervicalis et lumbalis).

2. — Développement du cerveau.

La forme primordiale du cerveau, comme celle de la moelle épinière, est un simple tube. Bientôt, même avant qu'il soit complètement clos, ce tube se divise en plusieurs parties du fait que certaines portions s'accroissent plus que d'autres. Deux rétrécissements de ses parois le divisent en *trois vésicules cérébrales primitives* (fig. 271, P, M, R) qui communiquent largement entre elles, et sont désignées sous les noms de : vésicule cérébrale antérieure, vésicule cérébrale moyenne, vésicule cérébrale postérieure. (Prosencephalon, Mesencephalon, Rhombencephalon).

Bientôt ces vésicules cérébrales subissent des transformations, la vésicule antérieure se modifie la première.

Les parois latérales s'accroissent rapidement et s'évaginent vers l'extérieur pour former les deux vésicules optiques (fig. 269, au) qui au bout de

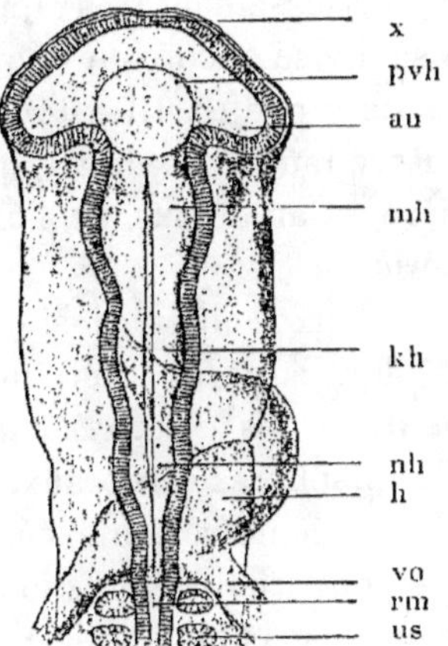

Fig. 269. — Tête d'un embryon de Poulet après 58 h.
d'incubation. — Vue dorsale par transparence. —
Gross. : 40 ; d'après Mihalkovichs.
x : paroi antérieure de la vésicule cérébrale antérieure primitive, qui donnera les hémisphères. —
pvh : vésicule cérébrale antérieure primitive. —
au : vésicule optique. — mh : vésicule cérébrale
moyenne. — kh : ébauche du cervelet. — nh : cerveau postérieur. — h : cœur. — vo : veine omphalo-
mésentérique. — rm : moelle épinière. us : segment
primordial.

quelque temps commencent à s'en séparer ; elles ne lui restent plus unies
que par un mince pédicule creux (fig. 270, au). Ces pédicules se continuent avec la base de la vésicule cérébrale antérieure, ce qui est dû à
ce que la séparation a lieu surtout de haut en bas. Ensuite, la paroi an-

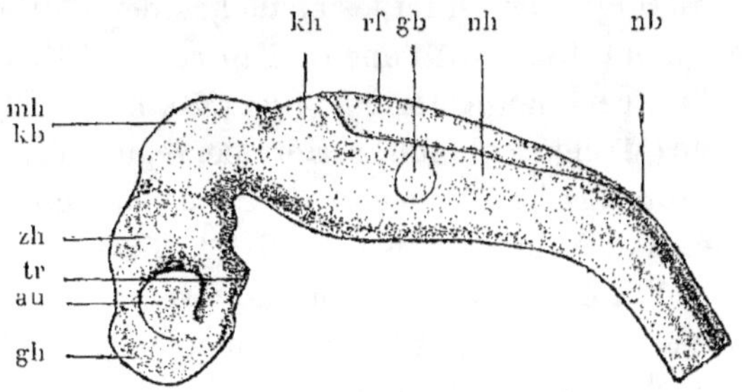

Fig. 270. — Cerveau d'un embryon humain de trois semaines (Lg). — Reconstruction
d'après His.
gh : ébauche des hémisphères. — zh : ébauche du cerveau intermédiaire. — mh : vésicule cérébrale moyenne. — kh et nh : ébauche du cervelet et du cerveau postérieur.
— au : vésicule optique. — gb : vésicule auditive. — tr : infundibulum. — rf : voûte
du sinus rhomboïdal. — nb : courbure nuchale. — kb : courbure faciale.

térieure de la vésicule cérébrale s'évagine vers l'avant et l'évagination se
sépare par un sillon latéral dirigé de haut en bas et d'arrière en avant
(fig. 270). La vésicule cérébrale antérieure primitive (Prosencephalon)
est ainsi divisée en deux larges segments : l'ébauche du cerveau antérieur (gh) (Telencephalon) et l'ébauche du cerveau intermédiaire (zh)

(Diencephalon, thalamencephalon). Les deux nerfs optiques restent en continuité avec la base de ce dernier.

L'ébauche du cerveau antérieur dépasse bientôt en volume, par suite d'un accroissement très rapide, toutes les autres parties du cerveau. Mais elle se divise encore en une moitié gauche et une moitié droite.

Le tissu conjonctif entourant le tube nerveux envoie un prolongement, la future faux du cerveau, qui s'accroît dans un plan médian d'avant en arrière et au-dessus de l'ébauche du cerveau dont il refoule la paroi supérieure.

Les deux moitiés ainsi constituées et réunies par leur base (fig. 273, hms) dont la paroi inférieure est plate, et la paroi supérieure convexe, constituent les *deux vésicules hémisphériques* qui deviendront plus tard les hémisphères cérébraux.

La troisième vésicule cérébrale qui aux stades embryonnaires précédents constituait le plus long segment du tube cérébral et qui, se rétrécissant insensiblement se continue avec le tube de la moelle épinière, subit dans sa paroi supérieure, dans une grande étendue, un amincissement considérable (fig. 270, rf), excepté dans une petite région (kh) située immédiatement derrière le rétrécissement, qui sépare la troisième vésicule de la vésicule cérébrale moyenne (mesencephalon) (mh). De ce fait, on peut distinguer aussi ici les ébauches de deux parties futures du cerveau, nettement distinctes l'une de l'autre : 1° l'ébauche du cervelet (Metencephalon, cerveau postérieur) (fig. 270, kh), et 2° l'ébauche de la moelle allongée (Myelencephalon, arrière cerveau) (nh).

Kupffer, dans son *Traité d'embryologie expérimentale et comparée*, a donné deux schémas très instructifs relatifs à la division du tube cervical embryonnaire des Vertébrés en trois, puis cinq segments (fig. 271 et 272).

On peut suivre sur ces schémas les phénomènes décrits ci-dessus ainsi que les courbures décrites par le tube cervical.

Les différentes parties du tube cervical formées par étranglement et évagination, par épaississement inégal des parois, se séparent dans la suite encore plus nettement les unes des autres parce qu'elles éprouvent des changements de position. Au début, les trois vésicules cérébrales résultant des trois étranglements primitifs sont placées en ligne droite, les unes derrière les autres (fig. 128), au-dessus de la chorde dorsale, qui s'étend seulement jusqu'à l'extrémité antérieure de la vésicule moyenne, où elle se termine en pointe.

A partir du moment où commencent à apparaître les vésicules optiques, l'axe longitudinal du cerveau décrit des inflexions caractéristiques qui sont désignées sous les noms : de *courbure faciale, courbure du pont,* de *courbure nuchale* (fig. 270, kb, nb ; fig. 272). La cause de la formation des inflexions, qui ont une grande importance au point de vue de l'anatomie

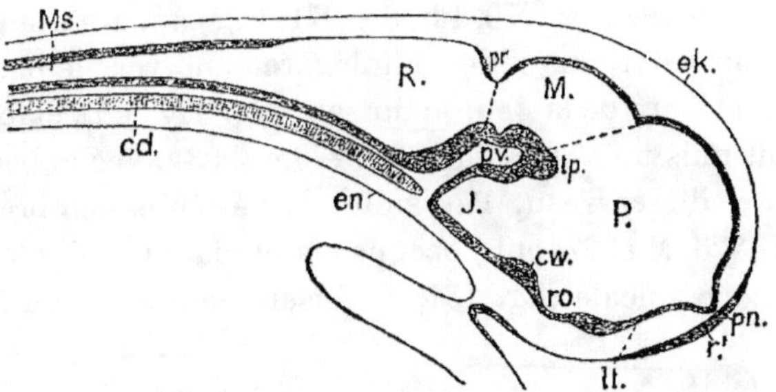

Fig. 271. — Figure schématique montrant la division du tube nerveux en trois régions ; d'après Kupffer.

P : prosencephalon. — M : mesencephalon. — R : rhombencephalon. — pn : processus neuroporicus.— lt : lamina terminalis. — ro : recessus opticus. — J : infundibulum. — tp : tuberculum posterius. — pv : plica encephali ventralis. — pr : Plica rhombo-mesencephalica. — Ms : medulla spinalis. — r : plaque olfactive impaire.

du cerveau, est due principalement à un accroissement longitudinal plus considérable à la suite duquel le tube cervical s'accroît plus dans sa portion dorsale que dans les autres parties.

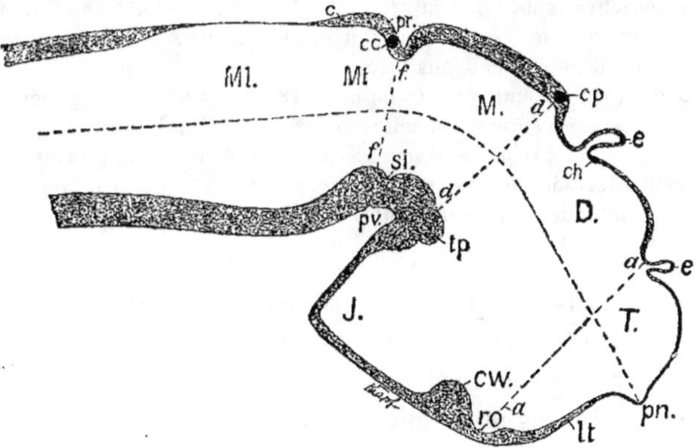

Fig. 272. — Figure schématique montrant le tube nerveux au stade de cinq divisions ; d'après Kupffer.

T : Telencephalon. — D : diencephalon. — M : mesencephalon. — Mt : metencephalon. — Ml : myelencephalon.— e' : paraphysis.— e : épiphysis. — c : cerebellum. — — si : sulcus intra encephalicus posterior. — ch : commissura habenularis. — cp : commissura posterior. — cc : commissura cerebellaris. — aa : limite entre le telencephalon et le diencephalon. — dd : limite entre le diencephalon et le mesencephalon. — ff : limite entre le mesencephalon et le metencephalon. — Les autres lettres comme dans la figure 271.

Ainsi que *His* l'a établi par des mensurations, l'ébauche du cerveau double sa longueur, alors que la moelle épinière ne s'allonge que d'un sixième de sa longueur.

La *courbure faciale* (fig. 270, kb, fig. 271, 272) apparaît la première. La base du cerveau antérieur s'infléchit légèrement vers le bas, autour de l'extrémité antérieure de la chorde dorsale (fig. 177, ch), et forme d'abord un angle droit puis un angle aigu (fig. 270 et 283) avec la base de la partie postérieure du cerveau. Par suite, la vésicule cérébrale moyenne (fig. 272, mh, 273, M et 274, mh) occupe maintenant le point le plus haut et forme l'éminence apicale (fig. 181, s), faisant saillie à la surface de l'em-

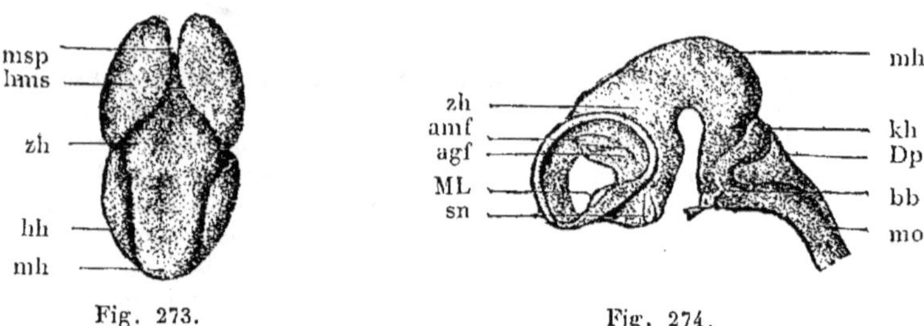

Fig. 273.   Fig. 274.

FIG. 273. — Cerveau d'un embryon humain de 7 semaines, vu par le vertex ; d'après Mihalkovics.

msp : scissure interhémisphérique au fond de laquelle on voit la lame terminale. — hms : hémisphère gauche. — zh : cerveau intermédiaire. — mh : cerveau moyen. — hh : arrière-cerveau et cerveau postérieur.

FIG. 274. — Cerveau d'un embryon de lapin de 16 mm. vu du côté gauche. — La paroi externe de l'hémisphère gauche est enlevée ; d'après Mihalkovics.

sn : nerf optique. — ML : trou de Monro. — agf : pli choroïdien. — amf : pli d'Ammon. — zh : cerveau intermédiaire. — mh : cerveau moyen (courbure faciale). — kh : cervelet. — Dp : plafond du 4e ventricule. — bb : courbure du pont. — mo : moelle allongée.

bryon. Un peu moins marquée est la *courbure nuchale*, qui correspond à la limite entre l'arrière-cerveau et la moelle épinière (fig. 270, nb).

Elle détermine aussi la formation d'une saillie superficielle, chez les embryons des Vertébrés supérieurs, l'éminence nuchale (fig. 161). La troisième courbure, que *Kölliker* désigne sous le nom de *courbure du pont*, car elle se développe dans la région où se formera plus tard le pont de Varole, est très importante. Elle se distingue des deux autres courbures que nous venons de décrire par ce fait, que sa convexité n'est plus tournée vers le dos de l'embryon, mais est au contraire, dirigée vers la face ventrale. Elle se forme entre la base de l'ébauche du cervelet et la moelle allongée, et forme une saillie importante dirigée vers la face ventrale dans laquelle apparaissent plus tard les fibres transversales du pont de Varole.

La grandeur des courbures est très variable dans les diverses classes de Vertébrés. Ainsi, chez les Vertébrés inférieurs (Poissons, Amphibiens) la courbure faciale est très peu prononcée ; elle l'est beaucoup, au contraire, chez les Reptiles, les Oiseaux et les Mammifères. Chez l'Homme, qui possède le cerveau le plus volumineux, toutes les courbures sont accentuées à un haut degré. Les trois vésicules cérébrales fournissent la base d'une division naturelle du cerveau ; car ainsi que l'étude du développement nous l'apprend, la vésicule cérébrale postérieure donne naissance à la moelle allongée, au vermis, aux hémisphères du cervelet et au pont de Varole. La vésicule cérébrale antérieure primitive, donne naissance au cerveau intermédiaire, avec l'infundibulum, la glande pinéale, les couches optiques, et aux deux hémisphères cérébraux.

Les cavités du tube cérébral primitif donnent les ventricules. Aux dépens de la cavité de la troisième vésicule cérébrale se forme le quatrième ventricule ou cavité rhomboïdale. La cavité de la vésicule cérébrale moyenne donne l'aqueduc de *Sylvius* ; celle de la vésicule cérébrale antérieure donne le troisième ventricule et les deux ventricules latéraux que l'on désigne encore sous le nom de premier et de deuxième ventricule.

Au cours des transformations du tube cérébral, se succèdent des différenciations histologiques et morphologiques les plus variées.

Au *point de vue histologique*, il nous faut mentionner, que les parois des vésicules cérébrales sont formées primitivement, ainsi que les parois du tube médullaire, de cellules fusiformes serrées les unes contre les autres. Ces cellules se différencient peu à peu de deux façons différentes. En certains points elles conservent leur caractère épithélial et constituent : 1º à la voûte du cerveau intermédiaire et de l'arrière-cerveau, le revêtement épithélial des plexus choroïdes ; 2º l'épendyme qui revêt les ventricules du cerveau ; 3º des formations folliculaires, comme l'épiphyse (fig. 280).

Dans la plus grande partie des parois des vésicules cérébrales, les cellules se multiplient d'une manière extraordinaire et se transforment en des couches plus ou moins épaisses de cellules ganglionnaires et de fibres nerveuses. La répartition de la substance grise et de la substance blanche ainsi formées ne montre plus, dans les vésicules cérébrales, la même régularité que dans la moelle épinière. Une analogie entre le cerveau et la moelle ne se reconnaît que dans certaines parties cérébrales, où se trouvent des noyaux gris qui, comme les colonnes grises antérieure et postérieure de la moelle, sont entourés par un manteau de substance blanche. En outre les deux parties du cerveau qui prennent le plus grand développement, présentent des couches grises renfermant des cellules ganglionnaires et qui constituent un revêtement, l'écorce grise des hémisphères et du cervelet. Il en résulte que dans certaines régions du cerveau le noyau central est formé de substance blanche, tandis que la substance grise est superficielle, disposition qui est l'inverse de ce que nous trouvons dans la structure de la moelle épinière.

La différenciation morphologique du cerveau est due à l'accroissement très inégal que prennent non seulement les trois vésicules cérébrales, mais aussi certaines parties différentes de leur paroi. C'est ainsi, par exemple, que les vésicules des hémisphères, qui donnent les hémisphères cérébraux, prennent un développement considérable par rapport aux autres vésicules cérébrales, celles-ci, par comparaison avec elles, ne constituent qu'une petite partie de la masse totale du cerveau (fig. 275 et 277); on la

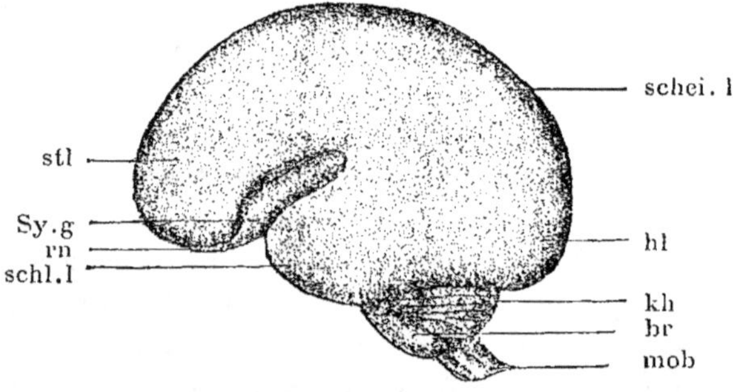

Fig. 275. — Cerveau d'un embryon humain de 4 mois 1/2 vu par sa face latérale gauche. — Grandeur naturelle ; d'après Mihalkovics.
stl : lobe frontal. — schei. l. : lobe pariétal. — hl : lobe occipital. — schl. l. : lobe temporal. — syg : fosse de Sylvius. — rn : nerf olfactif. — kh : cervelet. — br : pont de Varole. — mob : moelle allongée.

désigne du nom de *tronc cérébral*, tandis que, au contraire, les vésicules hémisphériques donnant les hémisphères, constituent un manteau qui recouvre entièrement les autres vésicules à la face supérieure et latéralement, ne laissant de libre que leur base.

L'accroissement inégal des parois du cerveau se marque dans la suite par la formation d'épaississements et d'amincissements, par le développement que prennent certains cordons nerveux (pédoncules cérébraux, cérébelleux, etc.), certaines couches plus ou moins épaisses de cellules ganglionnaires (couches optiques, corps striés). En outre nous voyons intervenir d'une façon particulière le *principe du plissement* dont nous avons parlé longuement dans le cinquième chapitre. Ce principe agit particulièrement dans les hémisphères cérébraux, dans les hémisphères du cervelet, dans le vermis, c'est-à-dire dans les parties du cerveau dont la surface est revêtue d'une écorce grise. Comme un grand nombre d'observations le montrent, l'importance physiologique des hémisphères cérébraux et du cervelet est en rapport avec le développement de l'écorce grise et des cellules ganglionnaires qui s'y trouvent groupées régulièrement. Ainsi s'explique l'accroissement considérable que prennent, par suite de phénomènes de plissements variables les hémisphères cérébraux et le cervelet de l'homme. Dans les hémisphères cérébraux, de la couche médullaire (centre semi-ovale) partent de *larges* circonvolutions (Gyri), qui, formant des méandres, donnant à la surface du cerveau son relief caractéristique (fig. 289).

Dans le cervelet, les nombreuses circonvolutions partant du noyau médullaire sont *étroites et parallèles* les unes aux autres. Elles émettent *des ramifications plus petites* de 2e et 3e ordre, ce qui donne à l'organe vu en coupe transversale l'aspect d'un arbre (arbre de vie).

Pour étudier, après cette étude préliminaire, les transformations que subissent les trois vésicules cérébrales, nous distinguerons, ainsi que *Mihalkovics* l'a fait dans sa monographie relative au développement du cerveau, à chacune d'elle quatre parties : *la base, la voûte* et *les parois latérales*. Nous commencerons par l'étude de la dernière vésicule cérébrale parce que par sa structure elle se rapproche le plus de la moelle épinière. Pour plus de précision on peut encore distinguer dans les parois latérales, comme dans la moelle épinière une zone longitudinale dorsale et une zone longitudinale ventrale (*His, S. Minot*).

1.° Modifications de la vésicule cérébrale postérieure
primitive (Rhombencephalon).

La *vésicule cérébrale* postérieure, montre au début de son développement (pendant le 2e et le 3e jour chez le Poulet) des replis de ses parois latérales très caractéristiques et disposées régulièrement. Ces replis la décomposent en segments plus petits disposés les uns derrière les autres, et que certains auteurs considèrent comme une *segmentation du tube cérébral* en relation avec les origines de certains nerfs crâniens. Cette segmentation est importante, par conséquent, pour la question de la métamérisation de la tête. La grande régularité suivant laquelle ces replis sont formés est un fait positivement très remarquable à une période déterminée du développement du cerveau dans toutes les classes des Vertébrés. Ils sont visibles dans la figure 276, qui représente une coupe frontale de la vésicule postérieure d'un embryon de Poulet, comme aussi dans la coupe de la même région d'un embryon humain très jeune (fig. 306). Le contour intérieur de la paroi délimitant le 4e ventricule présente cinq évaginations qui correspondent chacune à la section d'un tore et sont séparées l'une de l'autre par une crête nettement marquée (k). La portion comprise entre deux crêtes a reçu de *Orr* le nom de *neuromères*.

Du côté externe les neuromères sont seulement séparés les uns des autres par des sillons peu profonds correspondant aux points où les crêtes font saillie à l'intérieur. On remarque aussi dans la paroi de la vésicule cérébrale elle-même une différenciation sous la forme de lignes minces et claires qui vont des sillons externes jusqu'au voisinage des arêtes internes et qui sont déterminées par ce fait qu'ici les noyaux de forme ovale, accolés intimement les uns aux autres et en général régulièrement disposés dans chaque segment, font défaut. La segmentation (neuromérie) est marquée sur les parois latérales : elle manque à la voûte et à la base.

Aux dépens de la vésicule cérébrale postérieure primitive se différencient au cours du développement : la moelle allongée, le cervelet et le pont de Varole.

La *moelle allongée* (Myelencephalon) (fig. 272, Ml) se développe aux dépens de la portion postérieure la plus longue de la vésicule cérébrale postérieure. La base et les parois latérales diffèrent de bonne heure de la voûte (fig. 277 et 278). Elles s'épaississent considérablement par formation de substance nerveuse et se divisent de chaque côté de la ligne médiane (du 3e au 6e mois chez l'Homme) en des cordons visibles extérieurement parce qu'ils sont séparés par des sillons. Ces cordons sont avec certaines modifications les prolongements des trois cordons de la moelle épinière que nous connaissons.

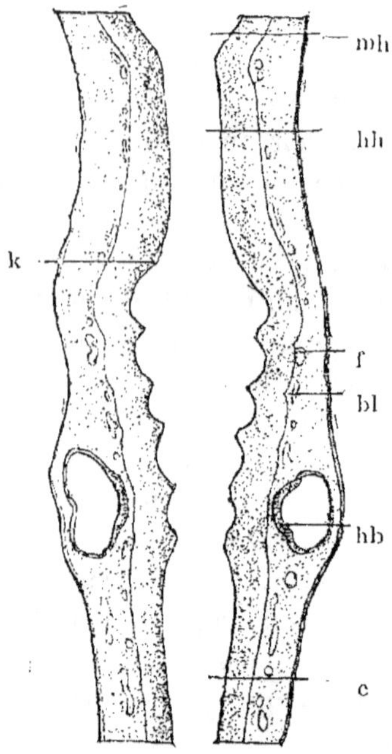

Fig. 276. — Coupe frontale de la région postérieure du tube cérébral d'un jeune embryon de Poulet.
mh : cavité de la vésicule cérébrale moyenne. — hh : portion rétrécie antérieure de la cavité de la vésicule cérébrale pénultième qui dans sa portion élargie située en arrière montre la neuromérie. — k : proéminence séparant l'un de l'autre deux neuromères à la surface interne. — f : sillon séparant deux neuromères à la surface externe. — hb : vésicule auditive. — bl : vaisseaux sanguins. — c : passage du 4e ventricule au canal central de la moelle épinière.

A la voûte de la vésicule (fig. 270, rf et 279, Dp) il ne se forme au contraire pas de substance nerveuse, elle conserve sa structure épithéliale et s'amincit de plus en plus pour former chez l'adulte une mince couche de cellules plates. Cette mince assise de cellules ferme la cavité de l'arrière-cerveau, aplatie de haut en bas, ou 4e ventricule, ou encore cavité rhomboïdale. Elle s'accole à la surface inférieure de la pie-mère et forme avec elle le *plexus choroïde postérieur* (tela choroïdea inferior). La dénomination de plexus choroïde est dû à ce que, dans cette région, la pie-mère est richement vascularisée et pénètre dans la cavité de l'arrière-cerveau sous forme de deux séries de villosités ramifiées, qui repoussent devant elles la mince voûte épithéliale en la plissant. Latéralement la voûte épithéliale de l'arrière-cerveau devenue l'épithélium du plexus choroïde se continue avec les masses nerveuses provenant des parties transformées de la vésicule cérébrale. Le passage s'accomplit par l'intermédiaire de minces lamelles de substance nerveuse blanche qui forment le bord de la cavité rhomboïdale ; on les désigne sous le nom de verrou, tænia, velum médullaire postérieur et pédoncules des lobules du pneumo-gastrique. Si on

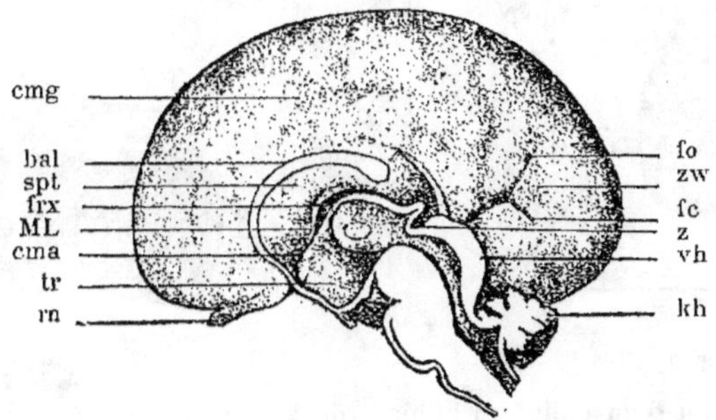

Fig. 277. — Cerveau d'un embryon humain de 4 mois 1/2 divisé en deux suivant la ligne médiane. — Le cerveau est vu par la face interne droite. — Grandeur naturelle : d'après Mihalkovics.
rn : nerf olfactif. — tr : infundibulum. — cma : commissure antérieure. — ML : trou de Monro. — frc : fornix. — spt : septum lucidum ou cloison transparente. — bal : corps calleux qui au genou se continue vers le bas avec la lame terminale. — cmg : sillon calloso-marginal. — fo : fissure occipitale. — zw : coin. — fc : fissura calcarina. — z : épiphyse. — vh : tubercules quadrijumeaux. — h : cervelet.

enlève la pie-mère et le plexus choroïde postérieur de la moelle allongée on enlève naturellement la voûte épithéliale du 4e ventricule, qui lui est accolée ; on détermine ainsi l'ouverture de la fente cérébrale postérieure, par laquelle on peut pénétrer à l'intérieur du système de cavités du cerveau et de la moelle épinière.

Le *cervelet* (métencephalon) se forme aux dépens du segment le plus antérieur de la vésicule cérébrale postérieure (fig. 270, kh, 272 Mt). Les parois latérales subissent ici un épaississement considérable ; en outre elles se rapprochent dorsalement et ventralement, et elles supplantent complètement la base et la voûte. Les parois forment ainsi un anneau de substance épais, constitué aux dépens d'éléments nerveux. Elles entourent une petite cavité qui est la partie antérieure de la cavité rhomboïdale. Le cervelet se développe par conséquent (*Schaper*) aux dépens d'une ébauche à symétrie bilatérale. La base de l'anneau de substance devient le *pont de Varole* (fig. 279, bd) dont les fibres transverses se montrent vers le quatrième mois. *La moitié supérieure de l'anneau prend notamment un développement considérable et donne au cervelet son aspect particulier.* Au début elle apparaît comme un *bourrelet transversal* épais (fig. 278, 279, kh) qui recouvre en arrière la voûte amincie de la moelle allongée. Pendant le troisième mois il se forme dans la partie médiane de ce bourrelet quatre sillons transversaux profonds, qui sont dus à la pénétration de la pie-mère (fig. 278). La partie médiane constitue ainsi le vermis qui se distingue des parties latérales (kh) encore lisses.

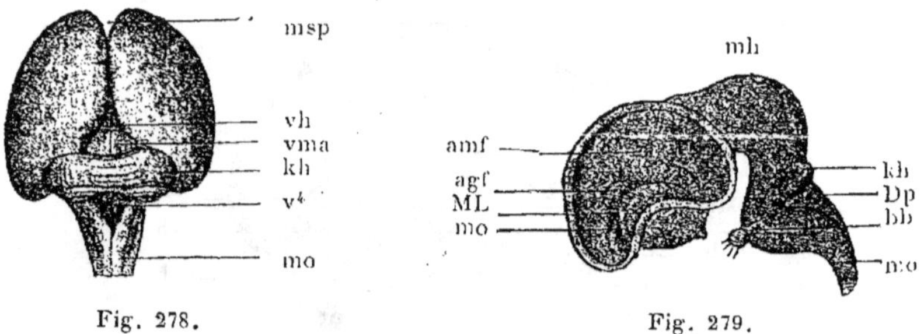

Fig. 278.   Fig. 279.

FIG. 278. — Cerveau d'un embryon humain de 2 mois 1/2, vu par sa face postérieure. — Grandeur naturelle ; d'après Mihalkovics.
msp : scissure interhémisphérique. — vh : tubercules quadrijumeaux. — vma : velum medullare anterius. — kh : hémisphère du cervelet. — v⁴ : 4ᵉ ventricule. — mo : moelle allongée.
FIG. 279. — Cerveau d'un embryon de veau vu par sa face latérale. — Le paroi latérale de l'hémisphère est enlevée. — Gross. 3/4 ; d'après Mihalkovics.
cst : corps strié. — ML : trou de Monro. — agf : pli choroïdien (plexus choroïdien latéral). — amf : pli d'Ammon. — kh : cervelet. — Dp : plafond du 4ᵉ ventricule. — bb : courbure du pont. — mo : moelle allongée. — mh : cerveau moyen (courbure faciale).

Les parties latérales subissent maintenant un accroissement plus considérable que la partie médiane. Elles se bombent sous forme de deux hémisphères qui font saillie latéralement. A partir du 4ᵉ mois elles présentent des sillons transversaux et se transforment en volumineux hémisphères. Là où le vermis et les hémisphères se continuent avec la voûte de la moelle allongée et la vésicule cérébrale moyenne, il ne se forme que peu de substance nerveuse. Il se forme ainsi deux minces lamelles médullaires qui les unissent d'une part au plexus choroïde postérieur et d'autre part à la lamelle quadrijumelle (vh) : ce sont le *vélum médullaire postérieur* et le *vélum médullaire antérieur*.

2° Modifications de la vésicule cérébrale moyenne (Mesencephalon).

La vésicule cérébrale moyenne (fig. 271, 272 M, 270, mh, 279, mh, 277, 278 vh) *est la partie du tube cérébral embryonnaire la mieux conservée, et qui éprouve le moins de modifications.* Elle ne fournit chez l'Homme qu'une minime partie du cerveau. Les parois s'épaississent assez régulièrement autour de sa cavité centrale, qui se rétrécit et forme *l'aqueduc de Sylvius*. La base avec la moitié inférieure des parois latérales (lame basale de *His*) donnent les pédoncules cérébraux et la substance perforée postérieure.

La voûte et les moitiés supérieures des parois latérales (lames alaires de *His*) (fig. 278, vh) se transforment en tubercules quadrijumeaux ; car au troisième mois apparaît un sillon médian et au cinquième mois un nouveau sillon transverse qui coupe le premier à angle droit. — Au début du développement, à la suite des courbures décrites par le tube nerveux, la vésicule cérébrale moyenne (fig. 270 et 279, mh) occupe le point le plus élevé de la tête et correspond à l'*éminence apicale* (fig. 181, s). Plus tard, elle est recouverte par les autres parties du cerveau devenues plus volumineuses, comme le cervelet et les hémisphères, et reportée plus profondément, à la base du cerveau (Comparez fig. 270, mh avec fig. 277, ch).

3° Modifications de la vésicule cérébrale antérieure (Prosencephalon).

A la suite de transformations qui apparaissent de bonne heure, et que nous avons étudiées à la page 268, la vésicule cérébrale antérieure se divise en : vésicules optiques dont nous étudierons le développement dans la suite, et ébauches du cerveau intermédiaire et des hémisphères cérébraux.

Le *cerveau intermédiaire* (Diencephalon) (fig. 272, D) se développe aux dépens de la portion de l a vésicule qui a donné naissance aux vésicules optiques. Comme la vésicule cérébrale moyenne, il ne contribue à la formation que d'une minime partie du cerveau ; mais il subit une série de transformations très intéressantes ; il donne naissance à deux annexes, dont la signification est encore énigmatique, la glande pinéale ou épiphyse et l'hypophyse (pour la paraphyse, voir le *Traité d'embryologie* d'Hertwig, 7ᵉ éd., p. 467).

Dans le cerveau intermédiaire, ses parois latérales forment seules une quantité importante de substance nerveuse. Elles s'épaississent pour former les couches optiques avec leurs masses ganglionnaires. Entre les couches optiques, la cavité de la vésicule forme une fente verticale, étroite, connue sous le nom de *troisième ventricule*. Il communique avec la cavité rhomboïdale par l'intermédiaire de l'aqueduc de Sylvius. La base reste mince et de bonne heure s'invagine vers le bas. Elle se transforme ainsi en une sorte d'entonnoir court (infundibulum) (fig. 272, J, 270 et 277, tr) dont le sommet s'unit à l'hypophyse.

La voûte montre dans sa transformation (fig. 277) une grande analogie avec la partie correspondante de la vésicule cérébrale postérieure. Elle persiste sous forme d'une mince couche épithéliale stratifiée, s'unit avec la pie-mère richement vascularisée qui envoie des ramifications en forme de papilles avec anses vasculaires à l'intérieur du troisième ventricule ; elles forment ensemble le *plexus choroïde antérieur* (toile choroï-

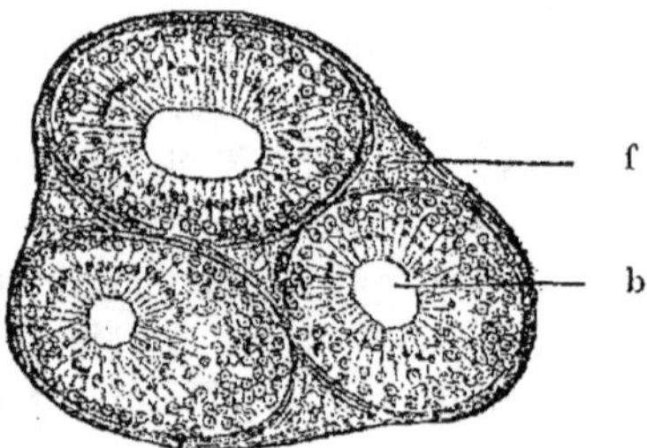

Fɪɢ. 280. — Coupe de l'épiphyse du coq d'Inde. — Gross. : 180 ; d'après Mihalkovics. f : follicule avec sa cavité. — b : tissu conjonctif avec vaisseaux sanguins.

dienne antérieure ou supérieure). Si on enlève la pie-mère et le plexus, on ouvre le troisième ventricule, et on détermine la formation de *la grande fente cérébrale antérieure*, par laquelle on peut pénétrer, comme par la fente correspondante de la moelle allongée, à l'intérieur du cerveau. Il existe encore un nouveau point de similitude entre le cerveau intermédiaire et la moelle allongée. De même que dans l'étendue de celle-ci les bords de la voûte se transforment en de minces cordons médullaires qui se continuent avec les parois latérales de la cavité rhomboïdale, de même aussi l'épithélium du plexus choroïde se continue avec les couches optiques par l'intermédiaire de minces cordons de fibres nerveuses sans myéline (tænia des couches optiques).

Aux dépens de l'extrémité postérieure de la voûte du cerveau intermédiaire se développe enfin, de très bonne heure, dans le cours du deuxième mois chez l'homme, la *glande pinéale*, organe particulier qui ne fait défaut chez aucun vertébré, exception faite de l'Amphioxus lanceolatus.

Au point de continuation avec la voûte du cerveau moyen (lame·quadri-jumelle) la voûte du cerveau intermédiaire forme une évagination (fig. 272, e, 277, z) qui a la forme d'un doigt de gant ; c'est le processus pinealis ou *prolongement épiphysaire*, dont le sommet est primitivement dirigé en avant puis ensuite en arrière. Les transformations ultérieures

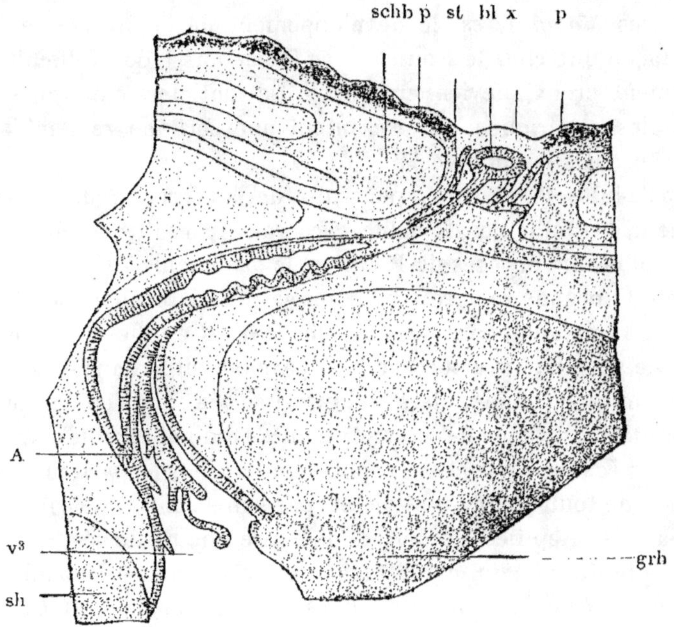

Fig. 281. — Coupe schématique longitudinale du cerveau de Chameleo vulgaris avec l'épiphyse. — L'épiphyse se divise en trois régions : une vésicule, un cordon et un tube ; d'après Baldwin Spencer.
schb : os pariétal avec le foramen pariétal. — p : pigment cutané. — st : partie moyenne de l'épiphyse en forme de cordon. — bl : portion terminale vésiculeuse. — x : région transparente de la peau. — grh : hémisphère. — sh : couche optique. — v^3 : 3e ventricule qui se continue avec la partie tubuleuse de l'épiphyse.

qu'éprouve ce diverticule, montrent d'après nos connaissances actuelles de grandes différences suivant les groupes considérés. Chez les *Oiseaux* et les *Mammifères* le diverticule épiphysaire subit des transformations qui en font un *organe d'apparence glandulaire* à *structure folliculaire*.

Chez les Oiseaux, il émet à son extrémité, à un stade déterminé, des cordons épithéliaux qui s'engagent dans le tissu conjonctif vascularisé qui l'entoure. Ces bourgeons se multiplient en se ramifiant à leur tour, et finalement ils se transforment tous en de nombreux petits follicules (fig. 280, f). Ceux-ci sont formés de plusieurs assises de cellules, dont les plus externes sont petites et sphériques, les plus internes sont cylindriques et ciliées. La partie initiale du diverticule épiphysaire ne subit pas la transformation en follicules, il persiste sous forme d'une évagination infundibuliforme de la voûte du cerveau intermédiaire. Les vésicules folliculeuses distinctes sont rattachées à son extrémité supérieure par du tissu conjonctif.

Chez les *Mammifères*, le développement de l'épiphyse se fait de la même façon que chez le Poulet. Il se forme aussi des follicules qui primitivement creux, deviennent pleins. Ils sont alors entièrement remplis de cellules sphériques, qui présentent une certaine ressemblance avec des corpuscules lymphoïdes.

Chez l'adulte, il se forme, par suite de la sécrétion de concrétions à l'intérieur des follicules, le sable cérébral (Acervulus cerebri).

Dans plusieurs espèces de Reptiles, le diverticule épiphysaire se développe en un organe remarquable. Dès sa première ébauche, il constitue un tube de longueur considérable (fig. 281). Ce tube traverse la voûte crânienne par une ouverture, le trou pariétal, situé dans l'os pariétal, et son extrémité terminale, élargie (bl), est située sous l'épiderme.

Sa position est facile à reconnaître chez l'animal vivant, parce qu'à son niveau, les écailles de la peau (x) possèdent une forme particulière, sont dépourvues de toute pigmentation et par suite sont transparentes. Chez la plupart des Reptiles, l'épiphyse demeure une petite vésicule formée de cellules vibratiles, et qui est rattachée à la voûte du cerveau intermédiaire par un long pédicule creux. Mais dans d'autres cas, chez Hatteria, le Monitor, l'Orvet et le Lézard, la partie terminale vésiculeuse de l'épiphyse présente une modification remarquable, qui fait qu'elle présente une certaine analogie avec l'œil d'une foule d'Invertébrés. Chez Hatteria, par exemple (fig. 282), la partie de la paroi de la vésicule qui est la plus rapprochée de la surface du corps est transformée en une sorte de formation rappelant le cristallin (l) ; la partie opposée de la paroi, qui se continue par le cordon fibreux (st) est transformée en un organe analogue à une rétine (r). Le cristallin (l) s'est formé de la façon suivante : les cellules épithéliales de la paroi antérieure de la vésicule sont devenues cylindriques et se sont transformées en longues fibres mononucléées. La face interne du cristallin devient convexe et proémine à l'intérieur de la cavité de la vésicule. A la paroi postérieure les cellules épithéliales sont différenciées en plusieurs couches, dont la plus interne est caractérisée par la présence d'un pigment abondant. Entre ces cellules pigmentées s'en trouvent logées d'autres que l'on peut comparer aux bâtonnets des cellules visuelles des yeux pairs des Vertébrés ; ces cellules paraissent être en continuité avec des fibres nerveuses vers le bas.

Beaucoup d'auteurs sont de cet avis, *qu'il faut considérer l'épiphyse dans ce cas, comme un œil pariétal impair*. Cet organe est capable d'être impressionné par la lumière, et il n'est pas invraisemblable d'admettre qu'en raison de la transparence des écailles au niveau du trou pariétal, les rayons lumineux puissent traverser la peau. Cette hypothèse est en-

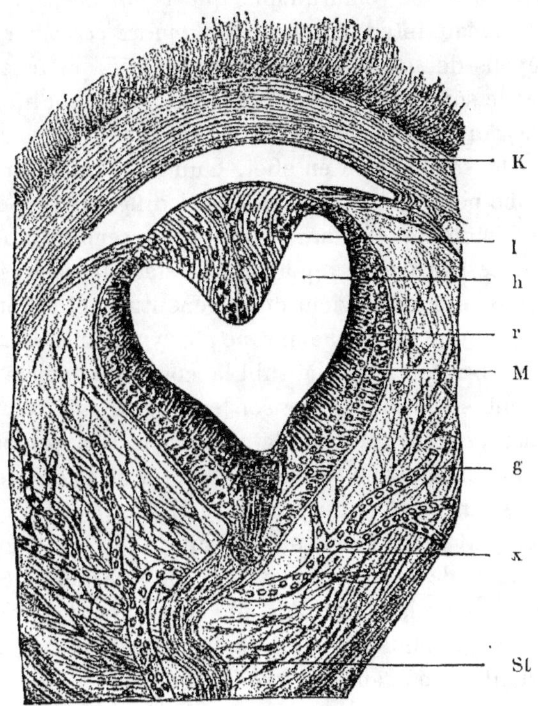

Fig. 282. — Coupe longitudinale de la capsule conjonctive et l'œil pinéal de Hatteria punctata. — Faible gross. ; d'après Baldwin Spencer. — La partie antérieure de la capsule comble le trou pariétal.
K : capsule conjonctive. — l : cristallin. — h : cavité de l'œil remplie d'un liquide. — r : portion rétinienne de la vésicule optique. — M : couche moléculaire de la rétine. — g : vaisseau sanguin. — x : cellules logées dans le pédicule de l'œil pinéal. — St : pédicule de l'œil pinéal comparable au nerf optique.

core confirmée par la présence du cristallin et du pigment. Mais on ne sait pas encore positivement si cet organe fonctionne comme organe visuel ou bien s'il sert seulement à percevoir des sensations calorifiques ; il serait alors plutôt un *organe thermique* qu'un œil proprement dit. D'autre part, on ignore complètement, si cet organe thermique est une disposition

particulière qu'aurait prise le prolongement épiphysaire chez quelques
Reptiles, comme par exemple, la vésicule auditive, de la queue des Mysis
(Crustacés) ; ou bien, si c'est une disposition primitive commune à tous
les *Vertébrés*. Dans ce cas, on devrait trouver de nombreux strates d'atrophie de cet organe. Or, jusqu'à ce jour, on n'a constaté dans aucune
classe des Vertébrés supérieurs rien d'analogue à ce qui existe chez les
Reptiles.

Un organe tout aussi remarquable que l'*épiphyse*, qui se développe
à la voûte du cerveau intermédiaire, est l'*annexe cérébrale* qui se développe aux dépens de son plancher, l'*hypophyse* ; cette annexe est en
connexion avec le sommet d'un prolongement infundibuliforme.

L'*hypophyse* a une double origine qui se reconnaît dans sa structure
chez l'adulte. Elle se compose en effet, d'un lobe antérieur plus volumineux et d'un lobe postérieur plus petit, qui diffèrent l'un de l'autre par
leur structure histologique. Pour observer la première ébauche de cet
organe, il est nécessaire de se reporter à un stade très jeune (fig. 177), au
moment où la cavité buccale vient de se constituer, et est encore séparée
de l'intestin céphalique par la membrane pharyngienne (rh). A ce moment
les vésicules cérébrales ont déjà subi la courbure faciale ; et la chorde
dorsale (ch) vient se terminer par son extrémité antérieure immédiatement en arrière de l'insertion de la membrane pharyngienne. C'est en
avant de cette membrane que se trouve le point où se développe l'annexe
cérébrale, qui est un *produit du feuillet germinatif externe* et non pas,
comme on le croyait jusqu'alors, un produit de l'intestin céphalique.

Le premier indice de la formation de l'hypophyse apparaît peu de temps
après la résorption de la membrane pharyngienne (fig. 283 et 284, hy),
dont un reste insignifiant persiste à la base du crâne et forme le voile
pharyngien primitif. En avant de ce voile se développe alors (chez le Poulet au quatrième jour de l'incubation, chez l'Homme à la quatrième semaine, *His*) une petite évagination qui s'accroît vers la base du cerveau intermédiaire (ti), c'est la *poche de Rathke* ou *poche hypophysaire* (hy). Elle
s'approfondit ensuite, commence à se séparer de son point d'origine,
et se transforme en un petit sac dont la paroi est formée de plusieurs assises de cellules cylindriques (fig. 285).

Le *sac hypophysaire* demeure encore pendant longtemps en communication avec la cavité buccale par un canal étroit (hyg). Mais cette communication disparaît chez les Vertébrés supérieurs à un stade ultérieur,
car le tissu conjonctif embryonnaire qui forme l'ébauche du squelette du
crâne s'épaissit et le sac se sépare largement de la cavité buccale (fig.
285 et 286). A la suite de l'ossification du tissu conjonctif qui a pour con-

séquence l'ossification de la base du crâne (schb), le sac hypophysaire

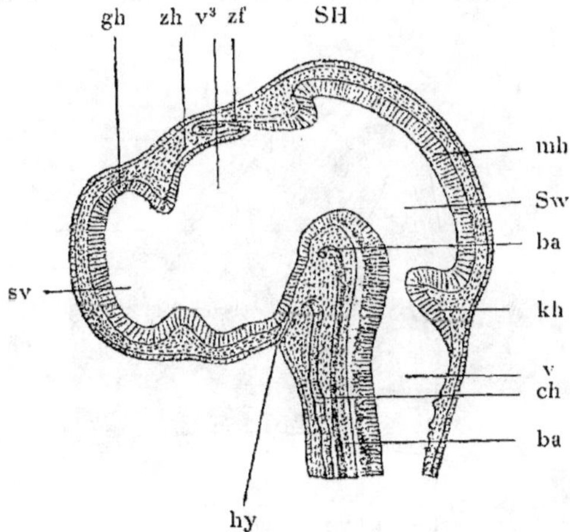

FIG. 283. Coupe médiane de la tête d'un embryon de poulet de 4 j. 1/2 ; d'après
Mihalkovics.
SH : éminence apicale. — sv : ventricule latéral. — v³ : 3e ventricule. — v₄ : 4e ventricule. — Sw : aqueduc de Sylvius. — gh : vésicule hémisphérique. — zh : cerveau
intermédiaire. — mh : cerveau moyen. — kh : cervelet. — zf : prolongement épiphysaire. — hy : poche hypophysaire (poche de Rathke). — ch : chorde. — ba : artère
basilaire.

(hy) se trouve reporté au-dessus de cette base, contre la face inférieure du

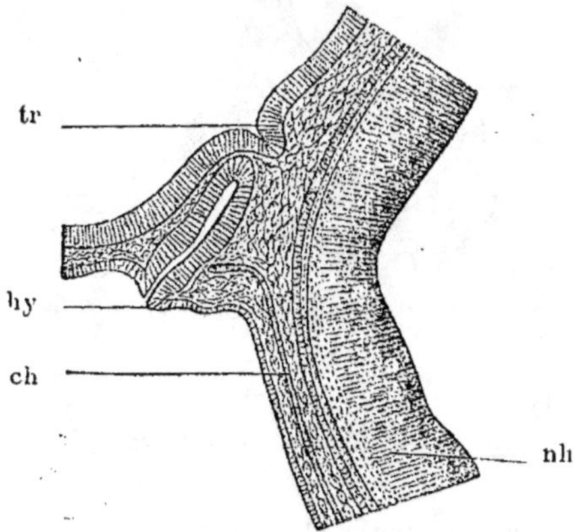

FIG. 284. — Coupe médiane sagittale de l'hypophyse d'un embryon de lapin de 12 mm.
Gross. 50 ; d'après Mihalkovics.
tr : base du cerveau intermédiaire avec l'infundibulum. — nh : base du cerveau postérieur. — ch : chorde. — hy : poche hypophysaire.

cerveau intermédiaire (tr). C'est alors, que le canal hypophysaire (hyg) qui

dans l'intervalle a perdu sa lumière, commence à s'atrophier (fig. 285, 286).
Cependant, chez beaucoup de Vertébrés, comme chez les Sélaciens, il

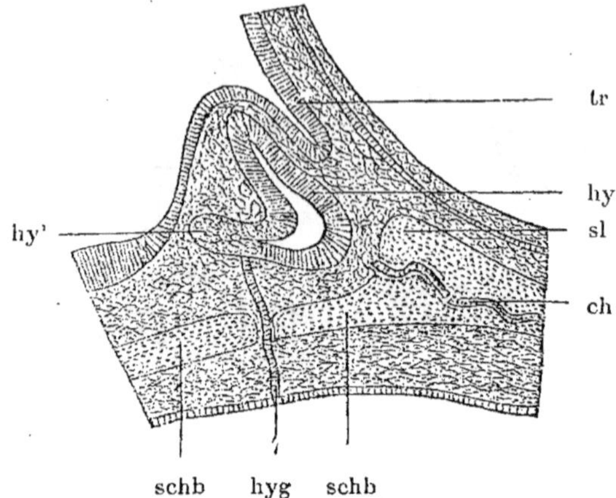

FIG. 285. — Coupe sagittale de l'hypophyse d'un embryon de Lapin de 20 mm.— Gross.
55 ; d'après Mihalkovics.
tr : base du cerveau intermédiaire avec infundibulum. — hy : hypophyse. — hy' :
partie de l'hypophyse commençant à se transformer en tubes hypophysaires. —
hyg : canal hypophysaire. — schb : base du crâne. — ch : chorde. — sl : selle turcique.

persiste pendant toute la vie, formant un canal creux qui traverse la base

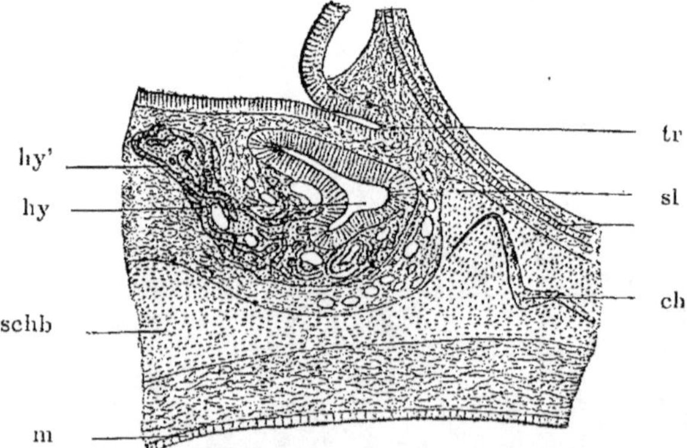

FIG. 286.— Coupe sagittale de l'hypophyse d'un embryon de Lapin de 30 mm. — Gross.
40 ; d'après Mihalkovics.
tr : base du cerveau intermédiaire avec l'infundibulum. — hy : partie initiale vésiculeuse de l'hypophyse. — hy' : tubes hypophysaires formés aux dépens de la poche
hypophysaire.— sl : selle turcique.— ch : chorde.— schb : base cartilagineuse du
crâne. — em : épithélium de la cavité buccale.

ossifiée du crâne et se continue avec l'épithélium de la muqueuse buccale. Dans certains cas très rares, on trouve aussi chez l'Homme, un canal traversant le corps du sphénoïde et s'étendant de la fosse pituitaire à la base du crâne, il renferme un prolongement de l'hypophyse (*Suchan-neck*).

De très bonne heure, une évagination du cerveau intermédiaire (figures 284, 286), appelée infundibulum (tr), s'avance vers le sac hypophysaire.

Cette évagination s'applique contre sa paroi postérieure, en même temps la paroi antérieure de ce dernier s'évagine.

A ce premier stade en succède bientôt un second pendant lequel le sac hypophysaire et l'extrémité de l'infundibulum se transforment en les deux lobes de l'organe adulte dont il a déjà été question.

Le sac hypophysaire commence (chez l'Homme, vers la seconde moitié du deuxième mois, *His*) à émettre des tubes creux. *Les tubes hypophysaires* (fig. 285 et 286, hy') se séparent de la paroi du sac et sont entourés par du tissu conjonctif richement vascularisé. Le mode de développement de l'hypophyse ressemble ainsi absolument à celui de la glande thyroïde: mais au lieu de follicules sphériques, il se forme des tubes. Ensuite, le lobe glandulaire ainsi formé s'applique contre l'extrémité inférieure de l'infundibulum et s'unit avec elle par du tissu conjonctif. Chez les Vertébrés inférieurs, l'extrémité de l'infundibulum se transforme même en un petit *lobe cérébral* renfermant des cellules ganglionnaires et des fibres nerveuses.

Chez les Vertébrés supérieurs, au contraire, on ne trouve aucune trace de cellules ganglionnaires ni de fibres nerveuses dans le lobe postérieur de l'hypophyse.

Ce lobe est surtout formé ici de cellules fusiformes serrées les unes contre les autres, ce qui lui donne une grande ressemblance avec un sarcome de cellules fusiformes.

L'ébauche des hémisphères cérébraux (Telencephalon) (fig. 272, T) subit les transformations les plus importantes. L'étude de ces transformations est, en partie, entourée de grandes difficultés. Aussitôt après la formation de la vésicule cérébrale antérieure primitive (V. p. 335) (fig. 273), elle se divise en une moitié droite et une moitié gauche, car sa paroi est refoulée d'avant en arrière et de haut en bas par un prolongement vertical des enveloppes conjonctives du cerveau, c'est-à-dire par la faux primitive. Les deux moitiés ou *vésicules hémisphériques* (hms) sont accolées l'une contre l'autre par leur face interne, elles ne sont séparées que par une scissure étroite (msp), occupée par la faux. Comme conséquence, leur face interne est plane, alors que leurs faces latérales et leur face inférieure sont convexes.

Hertwig

23

La face plane et la face convexe se continuent le long du *bord hémisphérique* nettement marqué.

Les parois des vésicules hémisphériques (fig. 287) sont tout d'abord minces et formées par plusieurs assises de cellules fusiformes ; chaque vésicule renferme une large cavité, le *ventricule* latéral, qui s'est formé aux dépens du canal central du tube nerveux. Les ventricules latéraux, sont, dans les premiers mois, en communication avec le troisième ventricule, par une large ouverture, le trou de Monro primitif (fig. 274, ML et 288, ML).

En avant du trou de Monro se trouve la partie de la paroi de la vésicule cérébrale antérieure, qui s'est invaginée lors de la formation de la scissure interhémisphérique. Elle réunit ainsi d'une part les deux vésicules hémisphériques, et, d'autre part, elle ferme en avant le troisième ventricule, pour cette raison, on lui a donné le nom de lame obturante

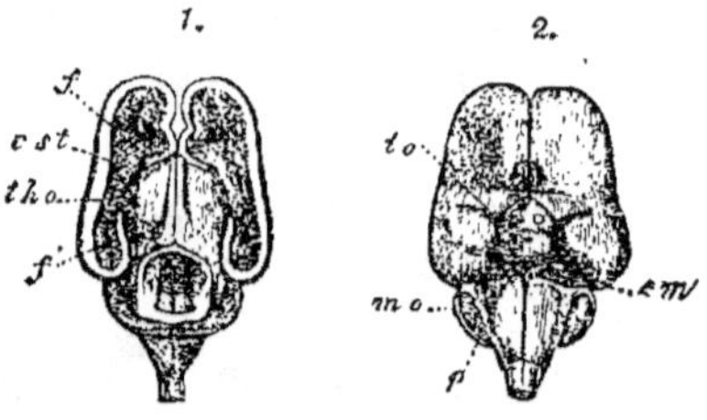

Fɪɢ. 287. — Cerveau, grandeur naturelle, d'un embryon humain de trois mois ; d'après Kölliker.
1. Vu par le haut après section des hémisphères, le cerveau moyen étant ouvert.
2. Le même vu par dessous.
f : partie antérieure sectionnée de l'arc marginal. — f' : partie postérieure de l'arc marginal (corne d'Ammon). — cst : corps strié. — t : tractus optique. — cm : corps mamillaires. — p : pont de Varole.

antérieure (lame terminale). En bas, la lame obturante se continue avec la paroi antérieure de l'infundibulum du cerveau intermédiaire.

Dans la suite du développement, il s'accomplit dans chacune des vésicules hémisphériques, quatre processus : 1° un accroissement extraordinaire qui a pour conséquence un agrandissement en tous sens ; 2° un plissement des parois de la vésicule, qui détermine la formation de scissures superficielles profondes (sillons totaux ou fissures) et de saillies internes qui proéminent dans le ventricule latéral ; 3° la formation d'un système de commissures, qui établit une union plus étroite entre l'hémisphère gauche et l'hémisphère droit (corps calleux et trigone) ; 4° la formation de sillons qui s'enfoncent plus ou moins profondément dans l'écorce de l'hémisphère, mais qui ne détermine la formation d'aucune saillie correspondante proéminant à la paroi interne du ventricule.

En ce qui concerne l'accroissement embryonnaire des vésicules hémisphériques en général, il s'accomplit surtout d'avant en arrière. Dans le troisième mois, les lobes postérieurs recouvrent les couches optiques (fig. 278) ; dans le cinquième mois, ils commencent à s'étendre au-dessus des tubercules quadrijumeaux (fig. 277) qu'ils recouvrent complètement au sixième mois. De ce point ils s'avancent jusqu'au-dessus du cervelet (fig. 289).

Les vésicules hémisphériques prennent une structure très complexe par suite du plissement de leurs parois minces, circonscrivant une large cavité (chez l'Homme ce processus se produit dans le courant du deuxième et du troisième mois). Il se forme, par suite, de profonds sillons superficiels qui séparent les unes des autres plusieurs grandes régions ; ces sillons ont reçu les noms de *sillons totaux* ou *fissures (His)*. A ces sillons superficiels correspondent des saillies plus ou moins importantes, qui proéminent à la face interne des ventricules latéraux, qui de ce fait se rétrécissent et deviennent plus étroits. Les sillons totaux des hémisphères cérébraux sont : la fosse de *Sylvius* (fossa Sylvii), le sillon arciforme ou d'*Ammon* (fissura hippocampi, la scissure choroïdienne, la fissura calcarina et la scissure pariéto-occipitale). Les saillies qui y correspondent s'appellent : le corps strié (corpus striatum), le trigone (fornix) et la corne d'Ammon (pes hippocampi), le plexus-choroïde, l'ergot (calcar avis). La saillie, qui chez l'embryon correspond à la scissure pariéto-occipitale, disparaît chez l'adulte à la suite d'un épaississement considérable de la paroi du cerveau, de sorte qu'il n'en résulte aucune formation persistante.

En premier lieu se forme la *fosse de Sylvius* (fig. 275, Sy. g). Elle apparaît comme une légère dépression à la surface externe convexe, environ vers le milieu du bord inférieur de chaque hémisphère. La partie de la paroi repoussée dans la profondeur, par suite de sa formation, s'épaissit beaucoup (fig. 279 et 287, cst) et constitue à la base de chacun des hémisphères une saillie interne (le corps strié) dans laquelle se développent plusieurs noyaux de substance grise (le noyau caudé, le noyau lenticulaire et l'avant-mur). Comme le corps strié est situé à la base du cerveau et forme le prolongement immédiat de la couche optique en avant et sur le côté, il est rattaché au tronc du cerveau, et il a reçu le nom de *partie axiale de l'hémisphère cérébral*, par opposition au reste de l'hémisphère qui forme le manteau.

La surface externe de la partie axiale est visible chez l'embryon de l'extérieur, tant que la fosse de *Sylvius* est peu profonde (fig. 275. Sy. g). Mais plus tard, elle est complètement cachée, lorsque la fosse s'est approfondie et que ses bords l'ont entièrement recouverte. Plus tard, il s'y forme plusieurs sillons corticaux et elle constitue l'*îlot de Reil* (Insula Reilii) ou *lobe central*.

La *portion palléale*, par suite de son accroissement, s'étend autour de l'insula comme autour d'un point fixe ; elle se recourbe sous la forme d'un demi-anneau ouvert inférieurement (fig. 275), ce qui lui a fait donner le nom de lobe annulaire. On y distingue déjà, bien qu'ils ne soient pas encore nettement délimités, les quatre lobes principaux entre les-quels se répartit plus tard la surface convexe de chaque hémisphère. L'extrémité du lobe annulaire dirigée en avant et située au-dessus de la fosse de *Sylvius* (Sy. g) est le lobe frontal (stl) ; l'extrémité opposée qui entoure la fosse en bas et en arrière est le lobe temporal (schl. l.) ; la portion de jonction réunissant en haut les deux lobes précédents est le lobe pariétal (schei.l).

Une saillie, qui se développe en arrière du lobe annulaire, forme le lobe occipital (h. l).

En même temps que la forme extérieure de chaque hémisphère, le ventricule latéral s'est aussi modifié (fig. 279). Il forme aussi un demi anneau, qui contourne en haut le corps strié (cst) c'est-à-dire la partie de la paroi du ventricule faisant saillie à l'intérieur, par suite de la formation de la fosse de *Sylvius*.

Plus tard, lorsque les différents lobes des hémisphères sont plus nettement séparés les uns des autres, le ventricule latéral subit aussi une division correspondantaux lobes. A ses deux extrémités,il se renfle légèrement en massue et forme : en avant une corne antérieure, située à l'intérieur du lobe frontal ; en arrière et en bas, une corne inférieure qui est à l'intérieur du lobe temporal. Il se forme enfin, aux dépens de la cavité semilunaire, une petite évagination postérieure qui pénètre dans le lobe occipital, c'est la corne postérieure.

La partie du ventricule, comprise entre les cornes, se rétrécit et forme la cella media.

Les sillons totaux, énumérés ci-dessus et autres que la fosse de Sylvius se développent à la surface plane de la vésicule hémisphérique. De très bonne heure (chez l'Homme au cours de la cinquième semaine, *His*), il se forme deux sillons parallèles au bord du manteau, le *sillon d'Ammon* ou *sillon arqué* et le sillon choroïdien (fissura hippocampi et fissura choroïdea).Tous deux ont une grande analogie avec le lobe annulaire et surmontent en haut la partie axiale du cerveau en forme de croissant ou corps strié. Ils commencent au trou de Monro et s'étendent, de là, jusqu'à l'extrémité du lobe temporal. Ils délimitent une région, qui constitue à la face inférieure des hémisphères un bourrelet, *l'arc marginal*.

L'arc marginal joue un grand rôle dans le développement du système des commissures. Les évaginations de la paroi interne du ventricule déterminées par la formation de ces scissures ont reçu les noms de : *repli d'Ammon* et de *repli choroïdien* latéral.

On se fait une idée exacte de ces replis, en enlevant chez l'embryon la paroi externe des hémisphères ; on peut ainsi examiner la paroi interne du ventricule latéral, laquelle affecte une forme annulaire très large (fig. 279).

On voit que la cavité du ventricule est en partie remplie par un repli rougeâtre, ondulé (agf), recourbé en demi-lune et situé le long du bord supérieur du corps strié (cst). Dans l'étendue de ce repli, la paroi du cerveau subit des transformations analogues (fig. 288, agf) à celles que su-

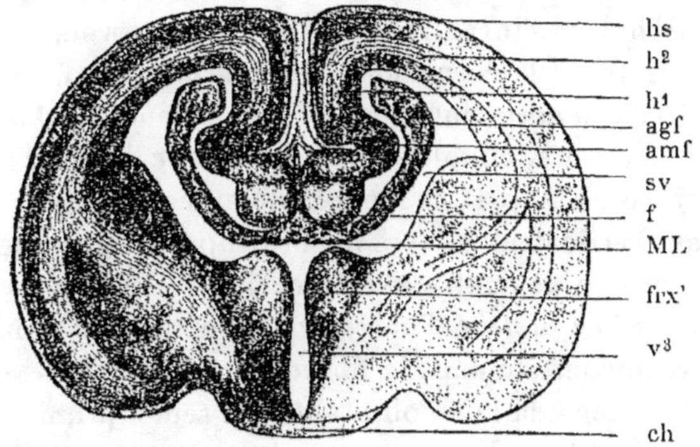

Fig. 288. — Coupe transversale d'un embryon de Lapin long de 3 c. 8. — Gross. 91 ; d'après Mihalkovics. — La coupe passe par le trou de Monro.
hs : grande faux du cerveau remplissant la scissure interhémisphérique. — h¹, h² : paroi interne plane et paroi externe convexe de l'hémisphère. — agf : pli choroïdien. — amf : pli d'Ammon. — f : Fornix. — sv : ventricule latéral. — ML : trou de Monro. — v³ : 3e ventricule. — ch : chiasma. — frx' : pilier antérieur du trigone.

bissent la voûte de la moelle allongée et la vésicule cérébrale intermédiaire. Elle s'amincit, au lieu de s'épaissir et de former de la substance nerveuse, et forme une simple couche de cellules épithéliales aplaties, qui s'unit intimement avec la pie-mère. Celle-ci se vascularise ensuite très richement le long du repli et émet à l'intérieur du ventricule latéral des villosités qui refoulent devant elles l'épithélium. Ainsi se forme le *plexus choroïdien latéral* (plexus chorioideus lateralis) (fig. 288, agf), qui plus tard chez l'adulte remplit une partie de la cella media et de la corne inférieure. Partant du trou de Monro (fig. 279. ML) ce plexus s'unit au plexus choroïdien impair qui s'est formé à la voûte de la vésicule cérébrale moyenne. Lorsqu'on enlève la pie-mère hors de la scissure choroïdienne, on détache en même temps la paroi du cerveau réduite à une assise épithéliale, et l'on produit ainsi à la surface intérieure des hémisphères la *fente cérébrale latérale* ou grande *fente hémisphérique* (fissura cerebri transversa). Elle s'étend du trou de Monro à l'extrémité du lobe temporal ; par cette fente, on peut pénétrer à l'intérieur du ventricule latéral.

Parallèlement au plexus choroïde, et à quelque distance de lui on voit le repli d'Ammon, qui fournit chez l'adulte la *corne d'Ammon* (fig. 279 et 288, amf) (cornus ammonis ou pes hippocampi).

Le lobe occipital avec sa cavité se développant comme une évagination du lobe annulaire, il en résulte que la *fissura calcarina,* qui en dépend, se forme un peu plus tard que le sillon arqué (fig. 277, fc). Elle apparaît, à la fin du troisième mois comme une ramification du sillon arqué. Elle se dirige horizontalement jusqu'au voisinage de l'extrémité du lobe occipital. Sa paroi interne s'invagine et détermine la formation de l'*ergot* (calcar avis),qui rétrécit la corne postérieure de la même façon que la corne d'*Ammon* rétrécit la corne inférieure. Au commencement du quatrième mois se développe encore, aux dépens de la fissura calcarina, la *scissure occipitale* (fig. 277, fo). Elle part de l'extrémité antérieure de la fissura calcarina,se dirigeant verticalement vers le bord supérieur de l'hémisphère et sépare nettement l'un de l'autre le lobe occipital et le lobe pariétal.

Un *troisième facteur* d'une grande importance dans le développement du cerveau consiste dans la *formation d'un système de commissures*, qui vient s'ajouter à la lame obturante qui seule, primitivement, unissait les deux hémisphères. Les auteurs qui ont étudié cette question difficile admettent que, dans le troisième mois de la vie embryonnaire, il se produit des soudures entre les parois internes des hémisphères en regard. Ces soudures commencent dans une région triangulaire en avant du trou de *Monro.* Mais comme la soudure s'accomplit seulement à la périphérie sans toucher au centre,il en résulte la formation,chez l'adulte, de trois éléments différents : en avant le genou du corps calleux, en arrière les piliers du trigone, et entre les deux, le septum lucidum avec son ventricule. Dans le septum lucidum les parois de l'hémisphère très amincies sont demeurées séparées l'une de l'autre. Le *ventricule du septum lucidum* ne peut être comparé aux autres cavités du cerveau, car alors que celles-ci sont des dérivées du canal central du tube nerveux embryonnaire, il est une néo-formation constituée aux dépens de la scissure comprise entre les deux hémisphères et qui est une partie indépendante du tube nerveux.

Le système des commissures subit un développement considérable dans le courant des 5e et 6e mois. La soudure progresse rapidement d'avant en arrière et intéressé la région de la paroi interne des hémisphères comprises entre le sillon arqué et le sillon choroïdien et que nous avons désigné du non d'arc marginal. Par la soudure de la partie antérieure des deux arcs marginaux, soudure s'étendant jusqu'à l'extrémité postérieure du cerveau intermédiaire, se forment le corps et le bourrelet du corps calleux ainsi que le trigone situé au-dessous d'eux. Le sillon (sulcus corporis callosi) qui délimite supérieurement le corps calleux forme la portion antérieure du sillon arqué, tandis que la portion postérieure est désignée plus tard sous le nom de fente d'Ammon (fissura hippocampi). Le cerveau acquiert son aspect définitif par suite de la *formation de nombreux sillons corticaux*. Ceux-ci diffèrent des *sillons totaux* dont nous avons parlé de ce fait qu'ils n'intéressent que l'écorce cérébrale sans déterminer la formation de saillies correspondante à la surface ventriculaire interne. Leur apparition commence aussitôt que la paroi des hémisphères a acquis une certaine épaisseur à la suite du développement de la substance médullaire, c'est-à-dire vers le cinquième mois. Ils doivent leur origine à ce que l'écorce grise avec ses cellules ganglionnaires s'accroît beaucoup plus rapidement en surface que la substance blanche. Aussi elle se soulève en forme de plis, appelés circonvolutions cérébrales ou gyri, à l'intérieur desquels pénètrent de minces prolongements de la substance blanche. Au commencement les sillons sont peu profonds, mais ils le deviennent de plus en plus à mesure que l'hémisphère s'épaissit, et alors les replis corticaux sont de plus en plus saillants à la surface.

Parmi les nombreux sillons que nous présente la surface des hémisphères chez l'adulte, les uns se forment plus tôt que d'autres, et par suite acquièrent une importance différente dans la structure de la surface des hémisphères. Car : « *plus un sillon est précoce, plus il devient profond ; plus il est tardif moins il s'approfondit* » (Pansch). *Les premiers sont donc les plus importants et les plus constants. On leur donne le nom de sillons principaux ou sillons primaires, pour les distinguer de ceux qui n'apparaissent que plus tard et qui sont plus variables et auxquels on donne les noms de sillons secondaires ou tertiaires.* Les sillons apparaissent au début du sixième mois.

Parmi ces sillons, le premier qui apparaît, et qui est le plus important, c'est le sillon central (fig. 289, cf) qui sépare le lobe frontal du lobe pariétal. « Au neuvième mois, tous les sillons principaux et toutes les circonvolutions sont formées ; or, comme à ce moment, les sillons secondaires font encore défaut, il en résulte qu'au neuvième mois, un cerveau montre la disposition typique des sillons et des circonvolutions » (*Mihalkovics*).

Pour compléter l'étude du développement des hémisphères, il nous reste encore à parler d'un organe annexe, des *nerfs olfactifs*. Les nerfs olfactifs, comme les nerfs optiques, diffèrent des nerfs périphériques. Ils doivent être considérés comme une partie modifiée de la paroi des vésicules hémisphériques. Aussi, la vieille expression de *nerf* est-elle souvent remplacée aujourd'hui par celle plus exacte de *lobe olfactif* (lobus olfactorius, rhinencephalon).

De très bonne heure (chez le Poulet, au septième jour de l'incubation, chez l'Homme dans le courant de la cinquième semaine, *His*), il se forme au plancher et à la paroi antérieure de chaque lobe frontal, une petite évagination dirigée en avant (fig. 275-277, rn). Elle prend peu à peu la forme

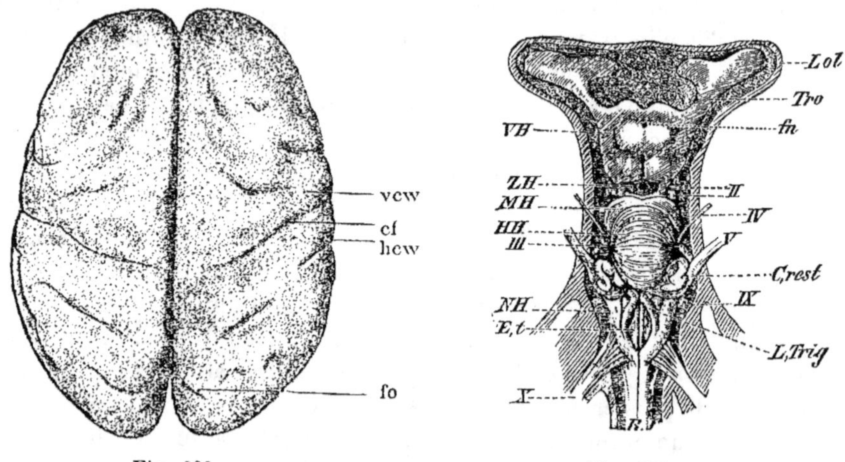

Fig. 289.   Fig. 290.

FIG. 289. — Cerveau d'un embryon humain au commencement du 8e mois. — Gross. 3/4 ; d'après Mihalkovics.

cf : sillon central. — vew, hcw : circonvolution centrale antérieure et postérieure. — fo : fissure occipitale.

FIG. 290. — Cerveau de Galeus canis in situ, face dorsale ; d'après Rohon. — Lob. : lobe olfactif. — Tro : bandelette olfactive. — VH : cerveau antérieur avec une trou nourricier (fn). — ZH : cerveau intermédiaire. — MH : cerveau moyen. — NH : cerveau postérieur. — R : moelle épinière. — II : N. optique. — III : N. oculo-moteur. — IV : N. pathétique. — V : trijumeau. — L. Trig : lobe du trijumeau. — C. rest : corps restiforme. — IX : glosso-pharyngien. — X : vague. — E,t : Eminentiæ teretes.

d'une massue ; la partie renflée, reposant sur la lame criblée de l'ethmoïde a reçu le nom de *bulbe* olfactif, la partie pédiculée constitue le tractus olfactif. Cette massue est intérieurement creuse ; sa cavité communique avec le ventricule latéral.

Pendant les premiers mois de la vie embryonnaire, les lobes olfactifs sont aussi relativement volumineux chez l'Homme, et ils présentent une cavité centrale. Mais plus tard ils commencent, vu que chez l'homme le sens olfactif est peu développé, en quelque sorte à s'atrophier. Ils cessent de s'accroître, et leur cavité disparaît. Chez la plupart des

Mammifères, au contraire, dont le sens olfactif est beaucoup plus développé que chez l'homme, les lobes olfactifs atteignent un très grand volume chez l'adulte et présentent très nettement les caractères, d'une partie du cerveau. En effet, le bulbe présente, pendant toute la vie, une cavité, qui souvent même (Cheval) communique par un canal étroit contenu dans le tractus olfactif, avec le cerveau antérieur.

Chez le Requin, les lobes olfactifs prennent un développement considérable (fig. 290, Lol + Tro).

Ils sont plus volumineux que le cerveau intermédiaire (ZH) et que le cerveau moyen (MH).

De l'extrémité antérieure des hémisphères peu développés, partent deux longs prolongements creux (tractus olfactorius, Tro) qui se terminent à quelque distance du cerveau antérieur par deux lobes creux (Lol) volumineux, parfois munis de sillons.

II. — Développement du système nerveux périphérique.

Autant est facile l'étude du développement du cerveau et de la moelle épinière, autant il est difficile d'étudier les origines primitives du système nerveux périphérique. Il s'agit en effet de phénomènes histologiques très délicats ; première apparition de fibrilles nerveuses sans myéline, et de leur mode de terminaison chez des embryons encore composés de cellules plus ou moins différenciées. Pour qui sait combien est déjà difficile de suivre chez l'animal adulte les fibres nerveuses sans myéline dans les couches épithéliales ou dans le tissu musculaire lisse, et d'étudier leurs terminaisons, il est facile de comprendre pourquoi de nombreuses questions intéressantes relatives à l'étude des nerfs périphériques, ne sont pas résolues, car les observations nécessaires à leur solution font défaut.

Cependant, un point est nettement établi ; il concerne le développement des *ganglions spinaux*.

Leur première ébauche apparaît, chez beaucoup de Vertébrés (Poulet, Homme, etc.) au moment où la plaque médullaire commence à se transformer en gouttière. On peut voir, au point où la plaque médullaire se continue avec le feuillet cutané, des groupes de cellules, qui se distinguent par leur forme plus arrondie, et qui présentent un commencement d'arrangement segmentaire.

Lorsque, dans le cours du développement, les replis médullaires se sont soudés dans le plan médian, les deux « crêtes ganglionnaires » sont situées au-dessus des replis. Puis les deux crêtes s'unissent et forment une bandelette unique (*Lenhossek*), qui avec le tube nerveux, se sépare du feuillet cutané.

La figure 291 représentant une coupe transversale d'un embryon de

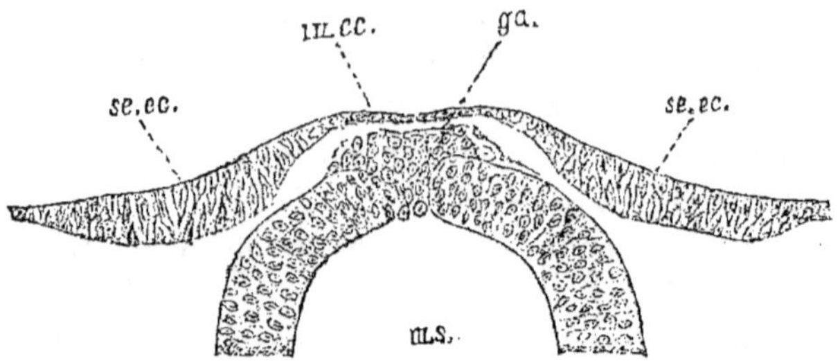

Fig. 291. — Coupe transversale d'un embryon de Poulet de 29 heures. — D'après Golowine. — La coupe passe par le 3ᵉ segment primordial. — ga : crête ganglionnaire. — ms : moelle épinière. — in. ec : portion amincie du feuillet germinatif externe. — se. ec : portion épaisse du feuillet germinatif externe.

Poulet de 29 heures, nous montre l'ébauche ganglionnaire à ce stade. Elle est engagée comme un coin dans la ligne de suture du tube nerveux.

« Mais cet état n'est pas définitif ; bientôt un accroissement rapide, auquel se joint l'action de la plaque médullaire qui se ferme complète-

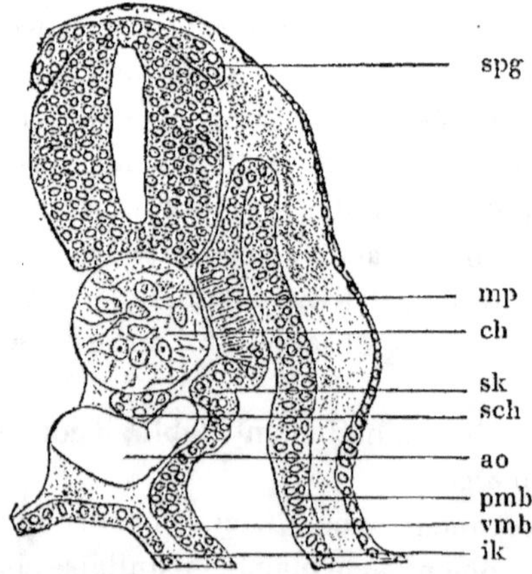

Fig. 292. — Coupe transversale d'un embryon de Pristiurus ; d'après Rabl. — Les segments primordiaux sont encore en continuité avec le reste du feuillet germinatif moyen. — Au point de passage, on voit un petit diverticule sk aux dépens duquel se développe le tissu squelettogène. — ch : chorde. — spg : ganglion spinal. — mp : lame musculaire du segment primordial. — sch : cordon subchordal. — av : aorte. — ik : feuillet germinatif interne. — pmb : feuillet germinatif moyen pariétal. — vmb : feuillet germinatif moyen viscéral.

ment, amène une progression latérale graduelle de ses éléments à la suite de quoi, la disposition bilatérale primitive réapparaît » (*Lenhossek*).

Des deux côtés de la ligne de suture, en dehors du tube nerveux, s'accroît maintenant une mince crête cellulaire formée d'une à deux assises de cellules. Elle se développe de haut en bas, entre le tube nerveux et le feuillet corné (fig. 292, spg). Elle atteint bientôt le bord supérieur des segments primordiaux alors bien développés. Pendant son accroissement

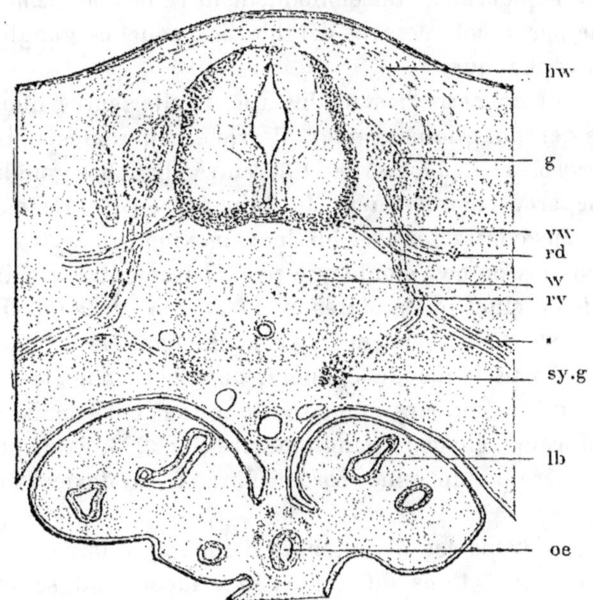

Fig. 293. — Coupe transversale de la région dorsale d'un embryon humain au niveau du thorax.
On voit la moelle épinière avec les racines dorsales, les ganglions spinaux (g), les racines ventrales (vw) et la division du nerf spinal en rameau dorsal (rd), rameau ventral (rv) et rameau viscéral avec ganglion sympathique (sy.g). On voit aussi le corps cartilagineux, d'une vertèbre avec le reste de la chorde et les arcs vertébraux encore membraneux (hw). En bas, on voit dans le mésentère, ou médiastin, l'œsophage (œ) avec, à droite et à gauche, les ébauches des poumons qui présentent les alvéoles pulmonaire (lb).

de haut en bas, la *crête neurale* ou *crête ganglionnaire* est toujours subdivisée en segments distincts placés les uns derrière les autres. Les parties comprises entre deux segments primordiaux cessent de se développer, alors que celles qui correspondent aux segments eux-mêmes, prolifèrent rapidement, s'épaississent et se développent toujours plus vers la face ventrale en s'engageant entre les segments primordiaux et le tube nerveux.

Les ganglions de la région céphalique diffèrent par certaines particularités de leur développement des autres ganglions spinaux.

La différence essentielle réside dans ce fait, que déjà, alors que l'ébauche du cerveau n'est pas encore transformée en un tube creux, les ébauches ganglionnaires existant aux bords de reploiement des replis médullaires, subissent une prolifération active. Elles s'écartent de leur lieu
d'origine et commencent à s'accroître de haut en bas entre la paroi du
cerveau et l'épiderme. Vraisemblablement ce développement précoce est
déterminé par le volume considérable des couches ganglionnaires dans
la région céphalique.

En ce qui concerne les modifications ultérieures que subissent les
ébauches des ganglions spinaux, il existe différentes opinions. D'après
His, *Sagemehl* et *Lenhossek* les différentes ébauches ganglionnaires doivent se séparer complètement du tube nerveux, et restent longtemps à
ses côtés sans contracter avec lui de connexion.

Cette connexion ne s'établit que secondairement à la suite du développement des racines postérieures, elle s'effectue de la façon suivante : des
fibrilles nerveuses s'avancent de la moelle épinière dans le ganglion, ou
du ganglion dans la moelle épinière, ou encore dans les deux sens à la
fois. Les autres auteurs admettent que tout en s'épaississant et devenant fusiforme, l'ébauche ganglionnaire (fig. 293, g) demeure unie à la
moelle épinière par un mince cordon fibreux, qui devient la racine postérieure.

Nous retrouvons les divergences d'opinion relatives à ces données
dans les interprétations différentes de la façon dont se fait le développement des nerfs périphériques.

Il existe à ce sujet dans la littérature, deux principales manières de
voir tout à fait opposées, auxquelles se ramènent les différentes interprétations relatives au développement des nerfs périphériques.

La majorité des auteurs admet que le système nerveux périphérique
se forme aux dépens du système nerveux central ; que les nerfs *se développent aux dépens du cerveau, de la moelle épinière et des ganglions,
d'où ils s'avancent jusqu'à la périphérie où ils s'unissent avec leurs organes terminaux spécifiques. Dans les faisceaux nerveux en voie de développement on n'aperçoit que les prolongements des cellules ganglionnaires
situées dans l'organe central.* Ces prolongements doivent acquérir une
longueur considérable puisqu'ils atteignent leurs organes terminaux. On
ne trouve tout d'abord dans leur voisinage aucun noyau, ni aucune
cellule. Celles-ci sont formées secondairement par le tissu conjonctif
voisin. Du mésenchyme, les éléments cellulaires gagnent les faisceaux
de fibrilles nerveuses, les entourent, puis, tout d'abord en petit nombre,
mais ensuite de plus en plus nombreux ils pénètrent à l'intérieur du tronc

nerveux pour former autour des cylindraxes, la gaîne de *Schwann*.

D'après une deuxième manière de voir opposée, les cellules, disposées en séries ou en chaînes entre le système nerveux central et les organes terminaux, devraient participer au développement des nerfs périphériques. A ce propos *Kupffer* dit (1891) : « Aucune de mes observations (Ammocœte) n'est contraire à cette manière de voir ; toutes prouvent, au contraire, que les fibrilles sont des prolongements des cellules, mais non seulement des cellules des ganglions et du système nerveux central, *mais aussi d'autres cellules* qui, disposées en cordons, forment les premières ébauches des nerfs périphériques.

« Ceci étant admis, il me semble beaucoup plus vraisemblable de considérer le développement des fibrilles dans les nerfs dorsaux comme se faisant dans deux directions, centripète et centrifuge. Car lorsque les ébauches ont atteint leur développement complet, qu'elles montrent les fibrilles à côté des cellules, les cellules paraissent s'éloigner les unes des autres et se continuent à leurs deux extrémités, centrale et périphérique, par de fins prolongements, etc. Je crois pouvoir affirmer avec certitude que, *les ébauches des nerfs dorsaux, aussi bien dans les stades les plus reculés de cordons cellulaires, que plus tard, lorsque les fibrilles sont déjà formées, sont constamment reliées au système nerveux central.* »

Etant donné l'état actuel des recherches, la question du développement du système nerveux périphérique n'est pas encore susceptible d'un exposé précis, et doit, jusqu'à ce qu'elle ait été plus travaillée, être entièrement laissée de côté. Pour plus de détails, voir le traité très complet de l'auteur, VIIe édition (p. 482-497).

III. — Développement du sympathique.

Ainsi que l'ont montré la plupart des auteurs, qui ont le mieux étudié cette question (et ainsi qu'on l'observe le plus facilement chez les Poissons), les ganglions sympathiques (fig. 293, syg) dérivent directement des ganglions spinaux (g).

Les ganglions spinaux prolifèrent à leur extrémité ventrale. La portion qui a proliféré se détache et s'éloigne vers le bas où elle constitue l'ébauche d'un ganglion sympathique. Au début les ébauches ganglionnaires des différents segments du corps sont séparées les unes des autres. Le cordon sympathique est une formation secondaire résultant de ce fait que les ganglions isolés s'accroissent les uns vers les autres et s'unissent. Dans la suite se forment à ses dépens les ganglions sympathiques et les plexus de la cavité thoracique et de la cavité abdominale. Si cette manière

de voir est exacte, le système nerveux sympathique, ainsi que l'axe céré-
bro-spinal dérivent en dernier lieu du feuillet germinatif externe.

IV. — Développement des organes des sens, œil, organe auditif, organe olfactif.

Comme pour le système nerveux central, c'est aussi aux dépens du
feuillet germinatif externe que se forment les organes des sens d'ordre
supérieur : œil, organe auditif et organe olfactif. En effet, c'est lui seul qui
fournit l'épithélium sensoriel, la partie la moins importante quant au
volume comparativement aux autres qui dérivent du mésenchyme, mais
la plus importante tant au point de vue physiologique qu'au point de vue
morphologique. Car si un organe des sens est différencié soit en organe
de la vue, soit en organe auditif, soit en organe olfactif ou gustatif cela
tient uniquement au caractère de l'épithélium sensoriel formé soit de
cellules visuelles, soit de cellules auditives, olfactives, gustatives. Au point
de vue morphologique l'épithélium sensoriel a aussi une grande importance, car c'est à lui qu'est due la *forme de l'organe des sens*. Il constitue
une sorte de point cardinal autour duquel se disposent les autres parties,
qui sont des organes accessoires. Les liens génésiques qui existent entre
les organes des sens et le feuillet germinatif externe sont surtout très nets
chez une foule d'Invertébrés, où les organes des sens sont logés pendant
toute la vie dans l'épiderme tandis que chez les Vertébrés, ainsi qu'on le
sait, ils s'engagent dans les couches profondes du tissu conjonctif afin
d'être mieux protégés. J'étudierai d'abord l'œil et ensuite l'organe auditif,
puis l'organe olfactif.

A. — Développement de l'œil.

Ainsi que nous l'avons déjà dit dans l'étude du développement du cerveau, les parois latérales de la vésicule cérébrale primitive antérieure
(fig. 270, 294, 295) forment les vésicules optiques qui, dans la suite, s'en
détachent de plus en plus et n'y sont plus réunies que par un pédicule
étroit (fig. 294 et 295, st). Les vésicules optiques présentent à leur intérieur une cavité qui communique par l'étroit canal du pédicule optique
avec le système ventriculaire du cerveau. Par leurs faces externes les
vésicules optiques sont en rapport avec le feuillet corné, le futur épiderme
de la tête. Tantôt elles lui sont immédiatement contiguës comme chez le
Poulet, tantôt elles en sont séparées, comme chez les Mammifères, par une
mince assise de tissu conjonctif. Bientôt, la vésicule optique primitive
s'invagine et se transforme en une cupule de la même façon que la blastula de l'Amphioxus passe à la gastrula.

L'invagination se produit en deux points, d'une part à sa paroi externe, la paroi contiguë au feuillet corné, et d'autre part à sa paroi inférieure qui se continue avec la base des vésicules cérébrales. *La première invagination est en rapport avec le développement du cristallin, la seconde avec celui du corps vitré.*

La *première ébauche du cristallin* apparaît chez le Poulet dès le deuxième jour de l'incubation, chez le Lapin environ le dixième jour après la fécondation de l'œuf, chez l'Homme au commencement de la quatrième semaine (fig. 294).

Au point où le feuillet corné repose sur la surface de la vésicule opti-

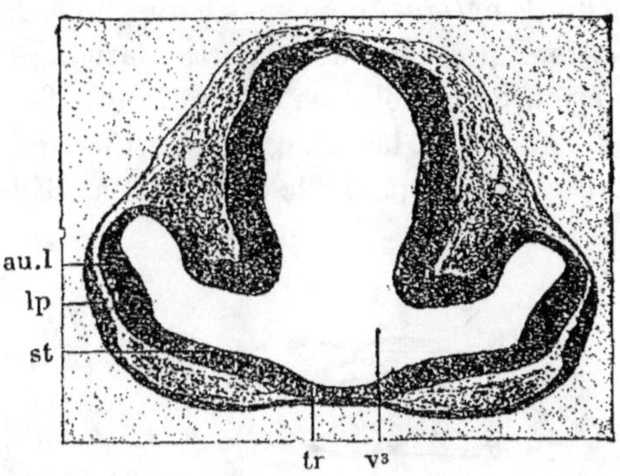

FIG. 294. — Coupe transversale de l'extrémité céphalique d'un embryon humain au commencement de la quatrième semaine. L'embryon est celui représenté à la fig. 160. — La coupe passe par la vésicule cérébrale antérieure primitive, aux dépens des parois latérales de laquelle se sont formées les vésicules optiques primitives.
Au l : paroi latérale de la vésicule optique. — st : sa paroi inférieure qui se continue par le pédicule optique (st) — lp : plaque cristallinienne — v³ : cavité de la vésicule cérébrale antérieure (troisième ventricule) qui se continue par la cavité du pédicule optique (st) et de la vésicule optique — tr : plancher de la vésicule cérébrale antérieure compris entre les deux pédicules optiques, et qui, plus tard, s'évagine vers le bas pour former l'infundibulum. Dans cette région il ne se forme pas de mésenchyme. Le plancher du cerveau est accolé intimement au feuillet germinatif externe qui donnera la poche de Rathke.

que, il s'épaissit un peu et donne la plaque cristallinienne (lp), qui s'invagine bientôt en une petite fossette (fig. 295, lg). Comme la fossette cristallinienne s'approfondit, que ses bords s'infléchissent et finalement se soudent, elle se transforme en une *vésicule cristallinienne* (fig. 296, ls). Cette vésicule reste encore unie pendant un certain temps avec le feuillet corné par l'intermédiaire d'un pédicule épithélial plein. Dans sa séparation la vésicule repousse naturellement devant elle la paroi externe sous-jacente de la vésicule optique et la repousse vers sa paroi interne.

En même temps que la vésicule cristallinienne se forme, la vésicule optique primitive s'invagine à sa face inférieure le long d'une ligne allant de la plaque cristallinienne (fig. 294, lp) au pédicule optique (st) et même sur une certaine étendue de ce dernier. Il se produit ici une prolifération du tissu conjonctif embryonnaire enveloppant, qui forme une gaine gélatineuse molle à une anse vasculaire et est située à la face inférieure de la vésicule optique primaire ; elle se dirige vers le haut et dans le plan médian (fig. 297, aus).

A la suite de ces deux invaginations (fig. 296 et 297) la vésicule optique prend la forme d'une coupe ou d'une cupule dont le pédicule (Sn) représente le pied. La *cupule optique*, nom sous lequel nous désignerons maintenant cette formation, présente deux particularités. D'abord, elle présente à sa paroi inférieure une solution de continuité (fig. 297, aus) ; c'est une fente (aus) qui s'étend du bord du large orifice qui entoure le cristallin (l) jusqu'à l'insertion du pédicule optique (Sn). Elle est déterminée

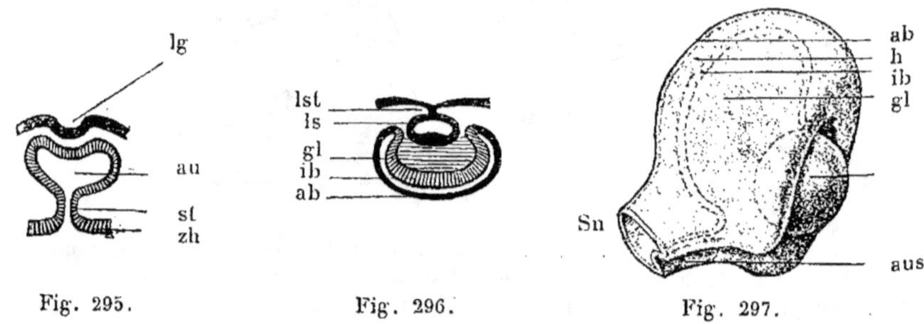

Fig. 295.   Fig. 296.   Fig. 297.

Fig. 295. — Les deux figures schématiques 295 et 296 sont destinées à montrer le développement de l'œil. Dans la figure 295, la vésicule optique primitive (au) est réunie au cerveau intermédiaire (zh) par un pédicule creux. Par suite du développement de la fossette cristallinienne, sa paroi antérieure es t invaginée.

Fig. 296. — La fossette cristallinienne s'est transformée en vésicule cristallinienne. — (ls) : Aux dépens de la vésicule optique, s'est formée une cupule à double paroi, une paroi interne (ib) et une paroi externe (ab). — lst : pédicule cristallinienne.— gl : corps vitré.

Fig. 297. — Moule plastique d'une cupule optique avec cristallin et corps vitré. ab : paroi externe de la cupule — ib : paroi interne. — h : cavité comprise entre les deux parois et qui plus tard disparaît complètement.— Sn : ébauche du nerf optique (pédicule optique avec gouttière à sa face inférieure). — aus : fissure optique. — gl : corps vitré. — l : cristallin.

par le grand développement du corps vitré (gl) et porte le nom de *fissure optique fœtale*. Primitivement, elle est assez large ; mais elle se rétrécit ensuite de plus en plus, car les bords de la fissure se rapprochent ; elle finit même par se fermer complètement. En second lieu, la cupule optique est pourvue ainsi que les coupes de Tantale employées comme jou-

joux, d'une double paroi. Ces deux parois se continuent l'une dans l'autre
le long de l'ouverture antérieure et de la scissure inférieure. Elles peuvent donc être distinguées, l'une comme feuillet interne (fig. 296 et 297, ib),
l'autre comme feuillet externe (ab). Le premier représente la partie invaginée de la vésicule optique, le second la partie non invaginée. Au début
de l'invagination (fig. 297) les deux feuillets (ab et ib) sont séparés par
une cavité (h) qui communique avec le troisième ventricule par l'intermédiaire du pédicule optique (Sn). Mais dans la suite, cette cavité se ré-

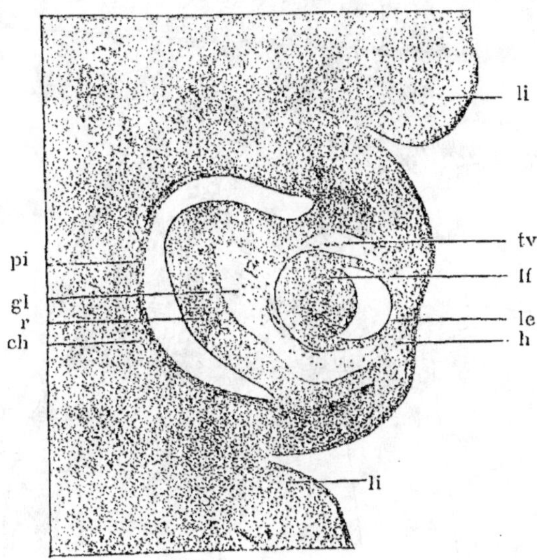

Fig. 298. — Coupe transversale de l'œil d'un embryon humain de 2 mois.
pi : épithélium pigmentaire : feuillet externe de la cupule optique. — r : rétine : feuillet
interne de la cupule. — Entre les deux feuillets, il existe encore une fente étroite
— gl : ébauche du corps vitré avec des vaisseaux. — ch : mésenchyme, ébauche de
la choroïde et de la sclérotique. — tv : tunique vasculaire du cristallin. — lf : paroi
postérieure épaissie du sac cristallinien dont les cellules se sont allongées en fibres
cristalliniennes. — le : paroi antérieure mince, épithélium cristallinien. — h : ébauche
de la cornée. — li : paupière.

trécit progressivement au fur et à mesure que le corps vitré (gl) se développe.

Sur la coupe transversale (fig. 298) de l'œil d'un embryon humain on
voit encore une petite cavité comprise entre les deux parois de la cupule.
Finalement le feuillet externe et le feuillet interne s'appliquent l'un contre
l'autre.

Aux dépens du contenu de l'œil, se forment ensuite les ébauches du

cristallin (le et lf) et du corps vitré (gl). Ce dernier remplit le fond,
l'autre occupe l'entrée de la cupule.

Au cours de l'invagination, le pédicule optique modifie, lui aussi, sa
forme. Primitivement, il constitue un tube étroit à paroi épithéliale. Mais
plus tard, il se transforme en un demi canal à double paroi épithéliale, sa

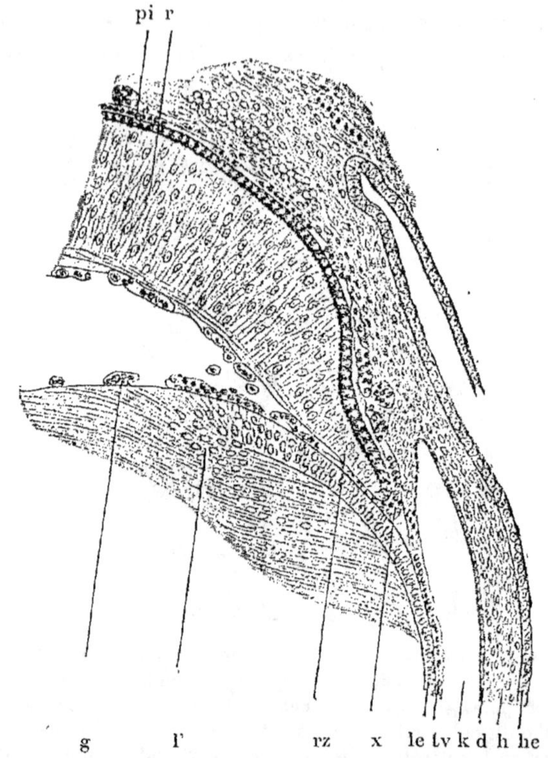

Fig. 299. — Fragment d'une coupe de l'ébauche de l'œil chez un embryon de Souris;
d'après Kessler. — On voit une partie du cristallin, le bord de la cupule optique, la
cornée et la chambre antérieure.
pi : épithélium pigmentaire — r : rétine. — rz : zone marginale de la cupule optique.
— g : vaisseau du corps vitré situé dans la tunique vasculaire du cristallin. — tv :
tunique vasculaire du cristallin. — x : point de continuité du plexus vasculaire de
l'œil avec la tunique du cristallin. — l' : passage de l'épithélium cristallinien aux
fibres cristalliniennes. — ep : épithélium cristallinien. — k : chambre antérieure. —
d : membrane de Descemet — h : cornée — he : épithélium cornéen.

face inférieure s'étant invaginée, repoussée par la prolifération de tissu
conjonctif qui fournit en avant le corps vitré. Plus tard, les bords de ce
ce demi-canal se soudent. Il en résulte que le cordon du tissu conjonctif,
ainsi que l'artère centrale de la rétine qu'il renferme, se trouve inclus
à l'intérieur du pédicule qui constitue maintenant un organe plein.

Outre le corps vitré, le mésenchyme fournit encore d'autres éléments à l'ébauche de l'œil. La couche de mésenchyme circonscrivant la cupule optique se différencie en tunique vasculaire de l'œil et en tunique fibreuse.

Nous venons d'exposer brièvement le développement des différentes parties de l'œil, nous allons maintenant étudier chacune d'elles plus en détail.

1. — Développement du cristallin et du corps vitré.

La *vésicule cristallinienne*, s'étant complètement séparée de l'épiderme possède une paroi épaisse formée de deux ou trois assises de cellules épithéliales. Sa cavité est remplie par un liquide. Extérieurement, la vésicule est nettement délimitée par une mince membrane, qui s'épaissit plus tard et forme la *capsule du cristallin* (capsula lentis).

Bientôt apparaissent des différences importantes entre la paroi antérieure et la paroi postérieure de la vésicule (fig. 298). Dans l'étendue de la paroi antérieure, l'épithélium (le) s'aplatit de plus en plus et se transforme en une mince assise unistratifiée d'éléments cubiques qui forme, dans le cristallin de l'adulte, l'épithélium du cristallin (le).

Les cellules de la paroi postérieure au contraire s'allongent considérablement et se transforment en de longues fibres qui font une saillie dans la cavité de la vésicule (fig. 298). Les fibres sont dirigées perpendiculairement à la paroi postérieure. Elles deviennent plus courtes en se rapprochant de l'équateur du cristallin (fig. 299, l') et finalement se continuent à nouveau avec les cellules cubiques de l'épithélium du cristallin ; de sorte que, entre ces dernières et les fibres cristalliniennes, il existe au niveau de l'équateur une zone de transition.

L'accroissement ultérieur du cristallin se constitue par apposition. Autour des fibres formées primitivement qui s'accroissent considérablement en longueur et remplissent bientôt entièrement la cavité de la vésicule cristallinienne formant le noyau du cristallin, s'ajoutent constamment de nouvelles fibres. Cette néo-formation s'accomplit à l'équateur du cristallin, dans la zone de transmission dont nous avons parlé précédemment. En ce point les cellules cubiques de l'épithélium cristallinien se multiplient encore longtemps par division et deviennent cylindriques. Puis elles s'allongent et se transforment en fibres qui s'intercalent entre le noyau du cristallin et l'épithélium cristallinien. Les fibres nouvellement constituées sont disposées parallèlement entre elles et s'unissent en lamelles disposées en couches successives. Lorsqu'on fait macérer le cristallin ces lamelles se détachent comme les pelures d'un oignon. Tou-

tes les fibres (fig. 200, lf', lf'') s'étendent de la face antérieure à la face
postérieure du cristallin. Les extrémités antérieures et les extrémités
postérieures des fibres d'une même lamelle aboutissent respectivement
sur chacune des faces suivant des lignes régulières qui chez l'embryon
et le nouveau-né forment deux étoiles à trois branches, *les étoiles du
cristallin* (fig. 300, vst et hst). Celles-ci présentent cette particularité que
les rayons de l'étoile antérieure alternent avec ceux de l'étoile postérieure,
de sorte que les trois rayons de l'une des étoiles divisent l'espace compris
entre deux rayons de l'autre. Chez l'adulte, la figure devient plus complexe car chacun des rayons principaux émet des rayons secondaires.

Chez l'adulte il n'existe aucun appareil spécial affecté *à la nutrition du
cristallin*, qui augmente très peu de volume et ne subit que peu de modi-

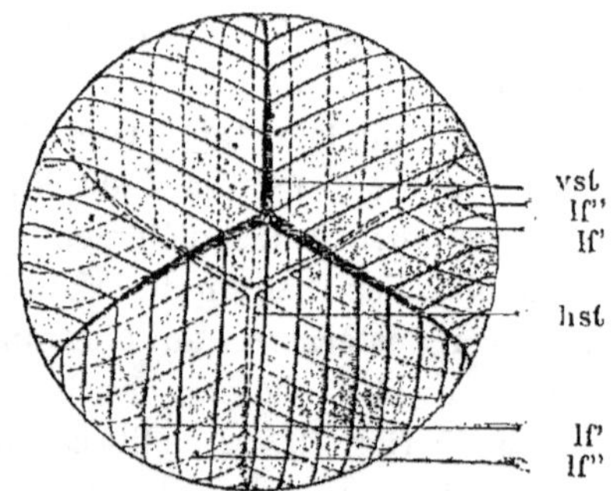

Fig. 300. — Schéma destiné à montrer la disposition des fibres du cristallin. — On
voit la disposition alternante de l'étoile antérieure (vst) et de l'étoile postérieure
(hst).
lf' : trajet des fibres cristalliniennes à la face antérieure du cristallin, elles viennent se
terminer sur l'étoile antérieure. — lf'' : trajet de ces fibres par rapport à l'étoile postérieure.

fications. Il n'en est pas de même chez l'embryon où l'organe subit un
accroissement actif et possède un appareil de nutrition particulier, *la tunique vasculaire du cristallin* (tunica vasculosa lentis) (fig. 298, tv. ; 299,
g). Cette tunique est formée par une membrane de tissu conjonctif riche
en vaisseaux sanguins ; elle est située en dehors de la capsule du cristallin
qu'elle enveloppe de toutes parts. Chez l'homme elle est déjà très développée au deuxième mois du développement. Ses vaisseaux sont des ramifications des vaisseaux du corps vitré. Par suite ils sont plus volumineux à
la paroi postérieure où ils se divisent en de nombreuses et délicates ramifications qui contournent l'équateur du cristallin et se dirigent vers le
centre de la face antérieure. Là ils se terminent sous forme d'anse qui
s'anastomosent avec les vaisseaux de la membrane moyenne de l'œil

(fig. 299, x) (tunique vasculaire). La tunique vasculaire du cristallin atteint son développement maximum pendant le septième mois de la vie fœtale. A partir de ce moment elle commence à s'atrophier. D'habitude, elle a complètement disparu avant la naissance, ce n'est que par exception qu'une partie persiste à la face antérieure du cristallin où elle est située dans la cavité optique et forme la membrane pupillaire. On désigne le fait de sa présence chez le nouveau-né du nom d'atrésie pupillaire congénitale.

Vers la fin de la vie embryonnaire, le cristallin a d'ailleurs atteint lui-même toute sa croissance. En effet, d'après les pesées effectuées par l'anatomiste *Huschke*, chez le nouveau-né, il pèse 123 milligrammes et chez l'adulte 190 milligrammes ; de sorte que pendant toute la vie, le cristallin n'augmente que de 67 milligrammes.

Le développement du corps vitré est à ce moment le sujet de nombreux travaux où les avis sont encore très partagés. Il est douteux maintenant, que, ainsi qu'on le croyait autrefois, le corps vitré provienne uniquement du tissu gélatineux qui s'est engagé dans la fissure optique embryonnaire (Voyez p.368). On admet une participation à sa formation de la vésicule cristallinienne et aussi de la cupule optique.

Le corps vitré, entièrement dépourvu de vaisseaux chez l'adulte, est richement vascularisé chez le nouveau-né. La branche de l'artère ophtalmique, *l'artère centrale de la rétine*, située dans l'axe du nerf optique, se continue de la papille du nerf optique par une ramification qui porte le nom d'artère hyaloïde, cette artère divisée en plusieurs branches, traverse le corps vitré et gagne la face postérieure du cristallin. où ses nombreux rameaux vasculaires terminaux s'étalent dans la tunique vasculaire, gagnent l'équateur et se réfléchissent sur la face antérieure du cristallin. Pendant les derniers mois de la vie embryonnaire les vaisseaux du corps vitré s'atrophient ainsi que la tunique vasculaire du cristallin. Il ne persiste qu'un rudiment du tronc principal qui, partant de la papille du nerf optique, se dirige en avant jusqu'à la face postérieure du cristallin. Ce tronc se transforme par sa régression en un canal rempli de liquide, c'est le *canal hyaloïdien*.

2. — Développement des enveloppes de l'œil
et du nerf optique.

Développement des enveloppes de l'œil. — En même temps que la cupule optique, les assises mésenchymateuses qui l'enveloppent, et qui constituent la tunique moyenne et la tunique externe, subissent des transformations profondes que nous allons étudier. Nous partirons pour cela du stade représenté par la figure 298, auquel la cupule optique présente encore un large orifice dont le bord circonscrit la vésicule cristallinienne. Entre cette dernière et l'épiderme dont elle s'est séparée, il existe chez les Mammifères et chez l'Homme déjà au moment de la séparation une mince couche séparatrice de tissu conjonctif. Cette couche s'épaissit très rapidement, car il s'y engage des cellules provenant de la périphérie ; elle se divise alors en deux assises distinctes. L'une devient vasculaire, elle

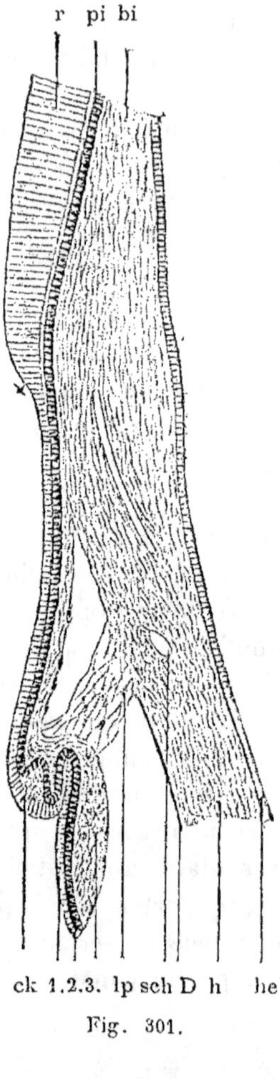

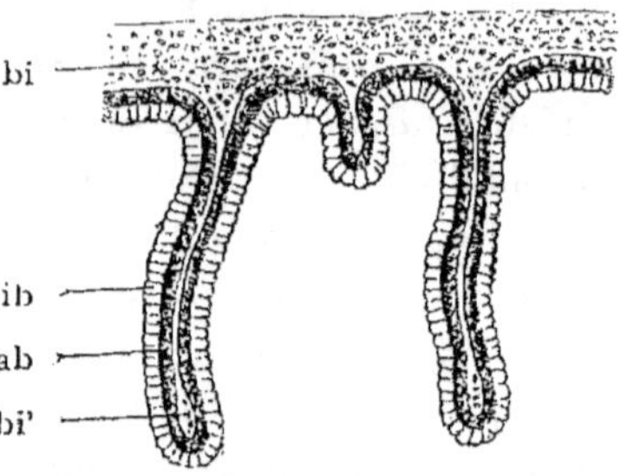

Fig. 302.

Fig. 301. — Coupe de la zone marginale de la cupule optique d'un embryon de Grive commune (Turdus musicus) ; d'après Kessler.

r : rétine. — pi : épithélium pigmentaire de la rétine (feuillet externe de la cupule optique). — bi : enveloppe conjonctive de la cupule optique (choroïde et sclérotique). —* Ora serrata (limite entre la zone marginale et le fond de la cupule optique). — ck : corps ciliaire. — 1-2-3 : iris. — 1 et 2 : feuillet externe et feuillet interne de la portion iridienne de la rétine. — 3 : lame conjonctive de l'iris. — lp : ligament pectiné de l'iris. — sch : canal de Schlemm. — D : membrane de Descemet. — ch : cornée. — he : épithélium cornéen.

Fig. 302. — Coupe transversale de la partie ciliaire de l'œil d'un embryon de chat de 10 cm. de longueur ; d'après Kessler. — On voit 3 procès ciliaires formés par plissement de la cupule optique. — bi : partie conjonctive du corps ciliaire. — ib : feuillet interne. — ab : feuillet externe pigmenté de la cupule optique. — bi' : lame conjonctive située dans le repli épithélial.

r   pi bi

ck 1.2.3. lp sch D h   he

Fig. 301.

est appliquée immédiatement sur la face antérieure du cristallin et correspond à la portion antérieure de la tunique vasculaire du cristallin dont nous avons parlé précédemment, et à la région qui comme membrane pupillaire ferme la cupule optique. L'autre assise est dépourvue de vaisseaux, elle touche à l'épiderme et constitue l'ébauche de la cornée. Bientôt les deux assises se séparent très nettement l'une de l'autre, car il se forme entre elles une fente étroite remplie de liquide. C'est la chambre optique remplie par l'humeur aqueuse.

Pendant que ces transformations s'accomplissent, la cupule optique épithéliale change elle-même de structure. Son feuillet externe et son feuillet interne deviennent de plus en plus différents l'un de l'autre. Le premier (fig. 298 et 299, pi) reste mince et est constitué par une seule assise de cellules cubiques. Dans ces cellules se déposent des granulations pigmentaires qui deviennent de plus en plus abondantes, de sorte que finalement toute la lamelle apparaît en coupe transversale comme une ligne noire.

La couche interne (r) reste, au contraire, absolument dépourvue de pigment, sauf dans une partie de la zone marginale. Elle s'épaissit considérablement ; car les cellules, comme dans la paroi des vésicules cérébrales, disposées en plusieurs couches, s'étalent et deviennent fusiformes. En outre, il s'établit une différence entre le *fond* et le *bord de la cupule* par suite d'une destination différente ; car l'un donnera la *rétine* et l'autre participe pour une grande part à la formation du *corps ciliaire* et de *l'iris*.

Le bord de la cupule optique (fig. 299, rz ; 301 et 302) s'amincit considérablement, car les cellules de son feuillet interne se disposent en une seule assise. Longtemps encore, elles demeurent cylindriques, puis elles prennent une forme cubique. En même temps que le feuillet interne s'amincit, il s'étend en surface. Il en résulte que le bord de la cupule s'engage dans la chambre antérieure comprise entre l'épiderme et la face antérieure du cristallin, chambre dont nous avons parlé précédemment et qui dans l'intervalle s'est agrandie. Le bord de la cupule arrive ainsi à s'étendre jusqu'au centre de cette cavité. Il circonscrit finalement un orifice étroit qui communique avec la cupule optique, c'est le *trou optique* ou *pupille*.

Aux dépens de la région marginale de la cupule se forme la *couche pigmentaire de l'iris* (fig. 301,1 et 2) De même que dans la lamelle épithéliale externe, il se dépose dans la lamelle épithéliale interne des granulations pigmentaires, de sorte qu'il n'est bientôt plus possible de distinguer les deux feuillets, comme assises distinctes. En même temps que le bord de la cupule s'étale en surface, l'enveloppe mésenchymateuse qui le revêt extérieurement en fait autant. Elle s'épaissit et forme le stroma de l'iris riche en vaisseaux (fig. 301, 3). Pendant longtemps, celle-ci se continue, chez les Mammifères (fig. 299, x), avec la tunique vasculaire du cristallin (tw) ; de sorte que, chez l'embryon la pupille est fermée par une mince membrane de tissu conjonctif vascularisé ; nous avons déjà mentionné ce fait précédemment (Voyez p. 372).

La partie de la cupule optique attenant à la couche pigmentaire de l'iris
et entourant l'équateur du cristallin subit une transformation intéressante. Cette portion de la cupule appartient encore à la zone marginale
amincie (fig. 301, ck). Elle forme, avec la couche de tissu conjonctif avoisinante, le *corps ciliaire* de l'œil.

Le processus commence, chez le Poulet vers le neuvième jour ou le
dixième jour de l'incubation (Kessler) ; chez l'Homme, vers la fin du
deuxième mois ou le commencement du troisième (Kölliker).

La double lame épithéliale, amincie, de la cupule forme, par suite de
son accroissement intensif en surface, de nombreux plis courts, disposés
parallèlement les uns aux autres et radiairement autour de l'équateur du
cristallin.

La couche de mésenchyme avoisinante prend part, comme au niveau
de l'iris, à ce processus d'accroissement. Elle envoie de fins prolongements entre les deux feuillets des replis. Une coupe transversale (fig. 302)
passant par la région plissée de la cupule d'un embryon de Chat de
10 centimètres nous donne une idée de la forme primitive de ces replis.
Elle nous montre que les différents replis sont très étroits, et qu'ils ne
renferment à leur intérieur que peu de tissu conjonctif embryonnaire
(bi) renfermant de fins capillaires. Elle nous montre, en outre, que des
deux assises épithéliales, au contraire de l'épithélium pigmentaire de
l'iris, l'externe (ab) seule est pigmentée, alors que l'interne ne le sera
jamais et consiste en de courtes cellules cylindriques (ib).

Plus tard, les procès ciliaires s'épaississent considérablement par suite
du développement de leur charpente conjonctive très richement vascularisée. Ils s'unissent intimement avec la capsule cristallinienne par la formation de la *zone de Zinn*. D'après Kölliker, celle-ci se forme chez
l'Homme, pendant le quatrième mois, par un processus qui, ainsi que
chez les autres Mammifères, n'est pas bien connu. D'après les recherches
les plus récentes, le muscle sphincter de l'iris tire son origine des fibres
musculaires contenues dans l'iris et le corps ciliaire, le muscle dilatateur
de la pupille, du feuillet épithélial externe de la cupule optique secondaire ; les muscles ciliaires, de cellules mésenchymateuses.

Le fond de la cupule (fig. 298, 299, 301) donne naissance à la partie la
plus importante de l'œil, *à la rétine*. Son feuillet interne (r) s'épaissit
considérablement et acquiert, ses cellules devenant fusiformes et se dis-
posant en plusieurs couches, le même aspect que la paroi embryonnaire
du cerveau. Contre la partie amincie de la cupule optique formant
les replis ciliaires, la rétine se termine le long d'une ligne qui plus tard
est en zigzags, c'est l'Ora serrata (fig. 301, au point marqué d'une croix).

De très bonne heure le feuillet interne est nettement délimité sur ses deux faces par suite de la formation de deux minces membranes : celle qui le sépare du corps vitré est la membrane limitante interne ; celle qui le sépare du feuillet externe, qui devient l'épithélium pigmentaire forme la limitante externe.

Dans la suite du développement, les cellules semblables du feuillet interne se différencient de diverses façons ; à la suite de cette différenciation se constituent des couches différentes, étudiées par *Max Schultze*. Ses vaisseaux sont des anses vasculaires de l'artère centrale de la rétine contenue dans le pédicule optique qui pénètrent dans le feuillet ; ces anses sont entourées d'une gaine conjonctive très mince.

Des différentes couches de la rétine, ce sont celles des *cônes et des bâtonnets* qui se développent le plus tard. Tant qu'elles font défaut, le feuillet interne de la vésicule optique est séparé, chez tous les Vertébrés, du feuillet externe par un contour parfaitement net, qui est dû à la présence de la membrane limitante externe. Ensuite, de nombreuses petites saillies brillantes apparaissent sur celles-ci ; elles sont déterminées par les extrémités périphériques des grains externes ou cellules visuelles. Ces saillies, qui sont formées de substance protoplasmique et se colorent en rouge par le carmin, s'allongent et prennent la forme d'une saillie. Ensuite il se forme à leur surface une proéminence externe, que Max Schultze et W. Müller comparent, par suite de sa structure lamellaire, à une formation cuticulaire.

Les cônes et les bâtonnets des cellules visuelles, faisant ainsi saillie en dehors de la membrane limitante externe, pénètrent dans le feuillet externe de la cupule optique, qui devient l'épithélium pigmentaire de la rétine (fig. 301, pi). Leurs proéminences externes sont logées dans de petites dépressions des grandes cellules pigmentaires hexagonales ; de sorte que, ces éléments sont isolés les uns des autres par une gaine pigmentée.

Quelques mots encore sur l'enveloppe de tissu conjonctif qui revêt le fond de la cupule optique. Elle prend ici, comme dans le corps ciliaire et l'iris un aspect spécial caractéristique de cette région. Elle se divise en choroïde et sclérotique, que l'on peut distinguer chez l'Homme à la sixième semaine (*Kölliker*). La première se différencie de bonne heure par sa riche vascularisation. Elle forme contre la cupule optique, une couche spéciale renfermant un réseau capillaire à mailles étroites, c'est la membrane chorio-capillaire. Cette membrane sert à la nutrition de la couche pigmentaire et de la couche des cônes et des bâtonnets.

Une grande différence, comparativement avec le corps ciliaire, c'est que, au fond de la cupule optique, le plexus se laisse facilement détacher des enveloppes avoisinantes de l'œil ; alors qu'au niveau du corps ciliaire, toutes ces enveloppes sont intimement unies entre elles.

Si maintenant, nous jetons un coup d'œil rétrospectif sur les processus de développement dont nous venons de parler, il est clair, que les changements de forme que subit la cupule optique secondaire sont d'une grande importance. Par des processus d'accroissement inégal, que nous avons exposés d'une façon générale dans le cinquième chapitre, la cupule optique se divise en trois parties différentes. La rétine résulte d'un épaississement et de la différenciation variée de nombreuses assises de cellules. Au contraire, par extension en surface se forme une région antérieure amincie qui délimite la pupille, et qui à la suite de la formation de plis autour du cristallin se divise elle-même en deux parties. Aux dépens de la portion plissée, nettement séparée de la rétine par l'ora serrata, se forme le revêtement épithélial interne du corps ciliaire. La portion lisse et amincie, délimitant la pupille, donne naissance à l'épithélium pigmentaire (uvea) de l'iris. On peut donc maintenant distinguer à la cupule optique secondaire, trois parties : la portion rétinienne, la portion ciliaire et la portion iridienne. Dans chacune de ces régions, le tissu conjonctif environnant et particulièrement la portion qui donne la tunique moyenne de l'œil se modifie d'une manière particulière ; il forme ici la lame conjonctive de l'iris avec sa musculature lisse ; là, la charpente conjonctive du corps ciliaire avec ses muscles ciliaires ; et enfin la choroïde avec ses nombreux vaisseaux, la chorio-capillaire et la lamina fusca.

Il existe, à la paroi inférieure de la cupule optique, lors de son développement, une fissure (fig. 297, aus). Cette fissure est située au point où l'ébauche du corps vitré a pénétré à l'intérieur de la cupule. Quel est le sort de cette fissure ? Cette fissure qui en littérature est généralement appelée *fente choroïdienne* est facilement reconnaissable pendant un certain temps, lorsque le pigment s'est déposé dans le feuillet externe de la cupule optique. Elle apparaît alors à la face inférieure du globe de l'œil, comme une ligne claire, dépourvue de pigment, qui s'étend de la papille du nerf optique au bord de la pupille. Plus tard, cette ligne claire disparaît. La fissure optique se ferme par soudure de ses bords, et du pigment se dépose dans la ligne de suture.

Chez le Poulet ces faits se passent vers le neuvième jour et chez l'Homme entre la sixième et la septième semaine.

Chez l'Homme, le processus normal du développement est parfois entravé ; les bords de la fissure ne se soudent pas. Cet arrêt du développement a alors généralement pour conséquence un développement incomplet de la choroïde à ce niveau. C'est une preuve de l'influence qu'exerce la transformation des deux feuillets épithéliaux sur le développement des tuniques conjonctives de l'œil ; nous avons déjà insisté précédemment sur cette influence. Dans ce cas d'arrêt de développement, le pigment rétinien et le pigment choroïdien font défaut le long d'une ligne partant de la papille optique ; de sorte que l'on peut voir à l'intérieur, à l'aide de l'ophtalmoscope, la sclérotique brillante.

Si ce défaut s'étend en avant jusqu'au bord de la pupille, il se forme une fente dans l'iris, fente que l'on aperçoit facilement par un examen extérieur de l'œil. Ces deux malformations sont connues et distinguées l'une de l'autre sous les noms de *fente choroïdienne* et de *fente de l'iris* (coloboma choroïdeæ et coloboma iridis).

Le développement du nerf optique. — De ce fait, que l'ébauche du corps vitré détermine une invagination à la face inférieure de la vésicule optique primitive, le *pédicule optique* (fig. 297), qui unit la vésicule avec le cerveau intermédiaire, est mis en continuité directe avec les deux feuillets de cette vésicule. Sa paroi dorsale se continue avec le feuillet externe ou épithélium pigmentaire de la rétine. Sa paroi ventrale est en continuité avec le feuillet interne qui forme la rétine. *Ainsi, la formation de la fissure optique inférieure, abstraction faite de l'ébauche du corps vitré, a encore pour but de maintenir la rétine et le nerf optique en communication directe.* En effet, si nous supposons que la face antérieure de la vésicule optique s'invagine seule pour recevoir le cristallin, la paroi du pédicule optique ne serait en continuité qu'avec le feuillet externe non invaginé, et ne serait pas au contraire, en relation directe avec la rétine elle-même, c'est-à-dire avec la portion invaginée.

Primitivement, le nerf optique constitue un tube possédant une lumière étroite, qui met en communication la cavité optique avec le troisième ventricule (fig. 294). Peu à peu, il se transforme en un cordon plein. Chez la plupart des Vertébrés ce fait arrive de la façon suivante : les parois du pédicule s'épaississent par suite de la prolifération active des cellules, si bien que finalement la cavité disparaît. Chez les Mammifères, il en est ainsi seulement pour la majeure partie du pédicule, celle qui avoisine le cerveau. La petite portion attenant à la vésicule optique s'invagine : la fissure optique intéresse le pédicule sur une certaine étendue et invagine sa paroi ventrale vers sa paroi dorsale. Aussi, le nerf optique a, à ce niveau, la forme d'une gouttière dans laquelle est logé un cordon de tissu conjonctif avec un vaisseau sanguin qui deviendra l'artère centrale de la rétine.

Dans la suite, par soudure des lèvres de la gouttière, l'artère est logée complètement à l'intérieur du nerf optique.

Longtemps, le nerf optique est formé uniquement de cellules fusiformes radiairement disposées en plusieurs assises. Il ressemble alors par sa structure fine à la paroi du cerveau et à la vésicule optique. Au sujet des transformations ultérieures que subit le nerf optique et surtout du développement de ses fibres nerveuses, les idées sont différentes, de même que pour les formations des fibres nerveuses périphériques.

D'après la plupart des auteurs, les fibres nerveuses se développeraient aux dépens des prolongements cylindraxiles des cellules ganglionnaires de la rétine. Par le pédicule optique, qui servirait de substratum et dont les cellules fourniraient uniquement une charpente gliale, ces fibres gagneraient le cerveau.

Extérieurement, le nerf optique embryonnaire est enveloppé d'une gaîne de tissu conjonctif, qui se divise comme celle du cerveau et de la cupule optique secondaire, en une couche interne molle, richement vascularisée et une couche externe fibreuse.

La première ou gaîne piale se continue avec la pie-mère et avec la choroïde. La seconde ou gaîne durale est un prolongement de la dure-mère et elle se continue dans le globe optique par la sclérotique.

Plus tard, le nerf optique acquiert encore une structure plus compliquée ; car la gaîne piale envoie à l'intérieur du nerf des prolongements vasculaires qui forment des gaînes conjonctives aux faisceaux nerveux ainsi qu'à leurs cellules épithéliales de soutien.

3. — Développement des organes accessoires de l'œil.

Au globe optique se rattachent des appareils accessoires, qui de diverses façons servent à la protection de la cornée : les paupières avec les glandes de *Meibomius* et les cils ; la glande lacrymale et le canal lacrymal.

La *paupière supérieure* et la *paupière inférieure* se développent de très bonne heure, la peau forme, à une certaine distance du bord de la cornée, deux replis superficiels. Ces deux replis se développent en avant de la cornée, l'un de haut en bas, l'autre de bas en haut. Ils finissent par se toucher par leur bord déterminant ainsi, en avant du globe de l'œil, la formation du *sac conjonctival*, qui communique avec l'extérieur par la fente palpébrale. Chez de nombreux Mammifères, ainsi que chez l'Homme, le sac conjonctival présente, pendant la vie embryonnaire, une *fermeture passagère*. Les bords palpébraux s'unissent dans toute leur étendue et leur revêtement épithélial se soude. Chez l'Homme, la soudure se produit au troisième mois ; et généralement elle cesse peu de temps avant la naissance, et les paupières se séparent de nouveau.

Pendant que chez l'Homme, les paupières se soudent, les glandes de *Meibomius* se développent sur leur bord. Les cellules de la couche de *Malpighi* commencent à proliférer et envoient des bourgeons pleins dans l'assise conjonctive moyenne de la paupière. Ces bourgeons émettent à leur tour un peu plus tard des bourgeons latéraux. Une cavité se forme à l'intérieur de ces glandes primitivement pleines, les cellules centrales subissant une dégénérescence graisseuse et s'atrophiant.

Environ au même moment apparaissent les ébauches des cils. Ils se développent de la même manière que les cheveux, dont nous étudierons le développement dans un des chapitres suivant.

Chez la plupart des Mammifères, indépendamment de la paupière supérieure et de la paupière inférieure dont nous venons de parler, il s'en forme une troisième : la *membrane nictitante* ; c'est un repli vertical de la membrane conjonctive de l'angle interne de l'œil. Chez l'Homme, elle

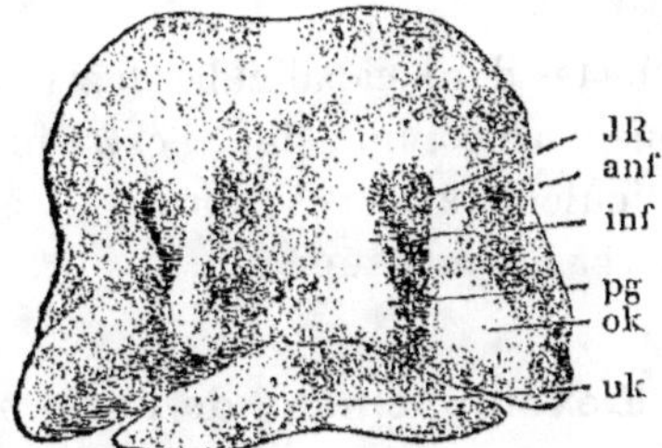

Fig. 303. — (*Born et Legat*) Reconstruction de la région antérieure de la tête d'un embryon humain de 10,5 mm. 12,5 × ; d'après Peter.
JR : gouttière de Jacobson — anf, inf : prolongement nasal externe et interne. — ok, uk : prolongement maxillaire supérieur et inférieur — pg : processus globularis.

reste rudimentaire et constitue le repli semi-lunaire. A son intérieur se développe un certain nombre de petites glandes, qui déterminent la formation d'une petite nodosité rougeâtre (caroncule lacrymale).

Un organe accessoire important, destiné à maintenir le sac conjonctival humide et à débarrasser la cornée des impuretés qui pourraient s'y fixer, c'est la glande lacrymale. Elle se forme chez l'homme environ au troisième mois par suite de la formation de bourgeons se développant aux dépens de l'épithélium du sac conjonctival. Ces bourgeons se développent dans l'angle externe de l'œil, là où la conjonctive de la paupière supérieure se continue avec la conjonctive bulbaire.

Les bourgeons se ramifient un grand nombre de fois ; d'abord pleins comme dans les glandes de *Meibomius*, ils présentent de proche en proche, en commençant par le canal excréteur principal une cavité qui gagne les plus fines ramifications.

Afin d'éliminer à l'extérieur le produit de sécrétion de ces diverses glandes, qui s'accumule dans le sac conjonctival, et surtout le liquide lacrymal, il se développe un *appareil excréteur lacrymal* spécial. Cet appareil s'étend de l'angle interne de l'œil à la cavité nasale. Il existe dans toutes les classes de Vertébrés depuis les Amphibiens.

Chez les Oiseaux, les Mammifères et chez l'Homme (fig. 303) le lieu de formation du canal lacrymal est indiqué de très bonne heure par un sillon allant de l'angle interne de l'œil à la cavité nasale. Cette gouttière sépare nettement l'un de l'autre deux bourrelets qui jouent un rôle dans la formation de la face, comme nous le verrons ultérieurement, c'est d'une part le prolongement maxillaire supérieur et, d'autre part, le prolongement nasal externe.

Par prolifération de l'épiderme, une crête épithéliale se constitue au fond de la gouttière ; plus tard ce cordon s'isole et se tranforme en un canal.

En ce qui concerne les deux canalicules lacrymaux, le canalicule supérieur doit être considéré comme étant l'extrémité du cordon épithélial, tandis que le canalicule inférieur se formerait ensuite par bourgeonnement aux dépens du canalicule supérieur.

B. — Développement de l'organe auditif.

Les trois parties principales, suivant lesquelles on décompose l'organe auditif dans la description anatomique, sont également très utiles pour l'étude de son développement. Nous considérerons donc le développement : 1° de l'oreille interne ; 2° de l'oreille moyenne (caisse du tympan trompe d'Eustache) et 3° l'oreille externe.

1. — Développement de l'oreille interne.

L'oreille interne se forme à une période reculée du développement aux dépens du feuillet germinatif externe, dont dérivent aussi : l'ébauche du système nerveux central et l'épithélium sensoriel de tous les autres organes des sens. Autant la structure de l'oreille interne est compliquée chez l'adulte, ce qui lui a fait donner le nom de labyrinthe, autant sa première ébauche est simple. Elle apparaît à la face dorsale de l'embryon, dans la région du cerveau postérieur (fig. 270, gb), au dessus de la première fente branchiale et du prolongement du deuxième arc branchial (fig. 304. au-dessus du chiffre 3) Là le feuillet germinatif externe s'épaissit dans une petit région circulaire qui bientôt s'invagine et forme la *fos-*

selle auditive (fig. 305). Ce processus apparaît très nettement chez le Poulet à la fin du deuxième jour d'incubation et chez l'embryon de Lapin âgé de 15 jours.

La fossette auditive est en contact direct avec la paroi de la moelle

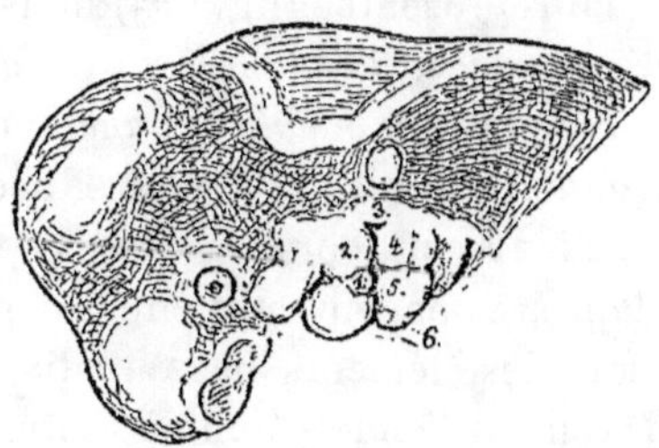

FIG. 304. — Tête d'un embryon humain de 7,5 mm. de longueur de l'éminence nuchale à l'éminence coccygienne ; d'après His.
Au-dessus de la première fente branchiale se trouve la vésicule auditive. Autour de la fente on voit six saillies marquées chacune par un chiffre. Elles formeront l'oreille externe.

allongée ; et son fond est relié avec celle-ci par un court cordon fibreux

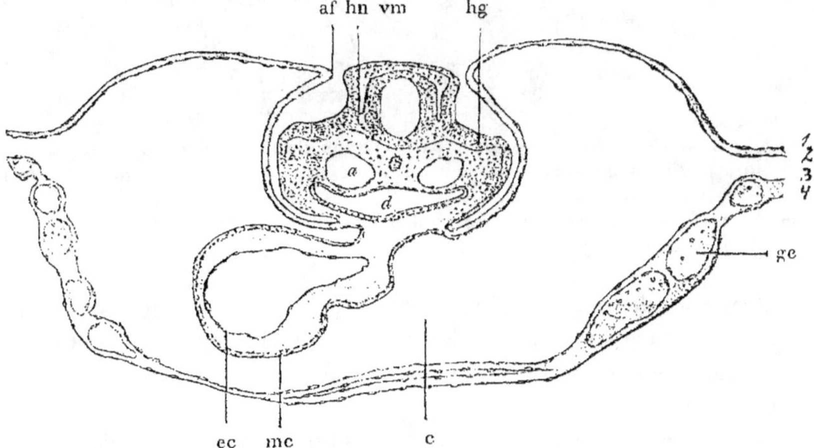

FIG. 305. — Coupe transversale de la fossette auditive d'un embryon de Poulet, au deuxième jour de l'incubation.
hg : fossette auditive. — vm : moelle allongée. — hn : ébauche du nerf acoustique et du ganglion acoustique situés entre la fossette auditive et la moelle allongée. — a : aortes primitives. — d : intestin céphalique. — ec : endocarde. — mc : ébauche de la paroi musculaire du cœur. — c : cœlome blastuléen. — ge : vaisseaux de la paroi du sac vitellin. — af : repli amniotique. — 1 : feuillet germinatif externe. — 2 : feuillet fibreux cutané. — 3 : feuillet fibreux intestinal. — 4 : feuillet glandulo-intestinal.

renfermant de nombreuses cellules. Ce cordon (hn) est l'ébauche déjà formée à ce stade précoce, du nerf auditif et du ganglion acoustique.

Bientôt, la fossette épithéliale se transforme en une vésicule auditive ;
ses bords s'accroissant l'un vers l'autre et se soudant (fig. 276, hb). C'est
ce que nous montre un embryon humain de quatre semaines (fig. 306, hb)
dont l'ébauche de l'œil représentée (fig. 294) nous est connue.

*Dans sa première ébauche, l'organe auditif des Vertébrés ressemble
beaucoup aux organes, reconnus comme organes auditifs, de la plupart des
Invertébrés.* Ces organes sont des vésicules situées sous la peau et remplies d'endolymphe ; elles tirent leur origine de l'épiderme. Intérieurement
ces vésicules sont tapissées par un épithélium composé de deux sortes de
cellules. Les unes sont des éléments bas, aplatis, généralement ciliés et
qui mettent en mouvement l'endolymphe à l'intérieur de la vésicule. Les

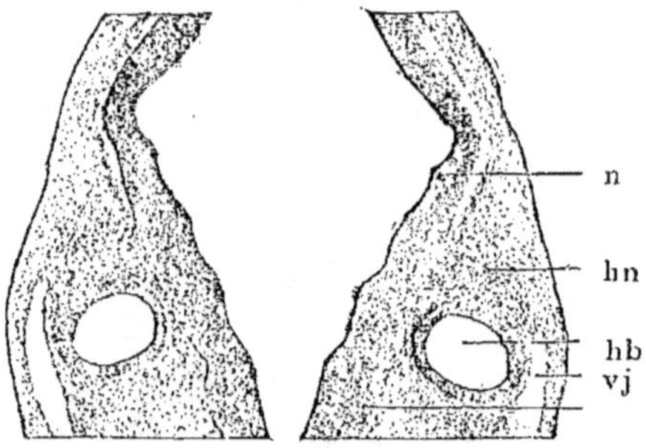

Fig. 306. — Coupe frontale passant par la région de la moelle allongée et par les vésicules auditives de l'embryon humain représenté figure 160 et dont l'ébauche de
l'œil est représenté par la figure 294.
n : moelle allongée avec neuromères bien accentués. — hn : nerf auditif. — hb : vésicule auditive. — vj : veine jugulaire.

autres sont de longues cellules auditives, cylindriques ou filamenteuses et
pourvues de cils raides qui plongent dans l'endolymphe. Ces cellules sont
généralement réunies par groupes qui forment une macula ou une crête
acoustique.

Les vésicules auditives des Vertébrés reçoivent un nerf qui par ses fibrilles se termine dans les cellules sensorielles. Enfin on y rencontre encore
une formation caractéristique, un corps dur, cristallin, l'otolithe. Ce corps
est situé au milieu de l'endolymphe, habituellement il possède un mouvement de vibration provoqué par les mouvements des cils vibratiles. L'otolithe est formé de cristaux de phosphate et de carbonate de chaux.

Chez les Vertébrés la vésicule auditive qui dans sa première ébauche,
ainsi que nous venons de le voir, ressemble beaucoup à l'organe auditif
des Invertébrés, se transforme à la suite de modifications, où les phé-

nomènes de plissement et d'étranglement jouent le principal rôle. La vésicule optique devient un organe très compliqué, le labyrinthe membraneux, dont nous allons étudier le développement chez les Mammifères Lorsqu'elle s'est détachée de l'épiderme, la vésicule présente un petit diverticule dirigé vers le haut, c'est le *recessus du labyrinthe* ou canal endolymphatique (fig. 308, rl). En même temps, elle commence aussi à

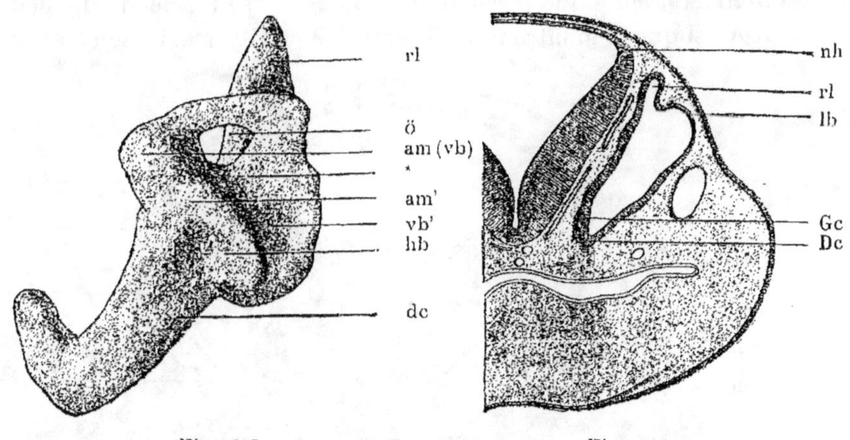

Fig. 307.   Fig. 308.

FIG. 307. — Labyrinthe membraneux gauche d'un embryon de Porc : d'après le modèle en cire de Krause.

rl : recessus labyrinthi. — dc : canal cochléaire. — hb : diverticule aux dépens duquel se forme le canal semi-circulaire horizontal. — am : dilatation de ce diverticule qui donnera l'ampoule de ce canal. — am (vb) vb', * : diverticule commun aux dépens duquel se forment les deux canaux semi-circulaires verticaux. — am (vb) : dilatation du diverticule commun aux dépens de laquelle se formera l'ampoule du canal supérieur. — Dans ce diverticule une ouverture (o) est formée, on voit le recessus labyrinthi par cet orifice. — * : partie du diverticule qui formera le sinus supérieur. — vb' : partie du diverticule commun qui donnera le canal semi-circulaire inférieur.

FIG. 308. — Coupe verticale de la vésicule labyrinthique d'un embryon de Mouton de 1,3 cm. de long. — Gross : 30 ; d'après Böttcher.

nh : paroi du cerveau postérieur. — rl : recessus labyrinthi. — lb : vésicule auditive. — be : ganglion cochléaire appliqué contre la partie de la vésicule Dc qui donnera naissance au canal cochléaire.

s'accroître en longueur et se prolonge un peu plus tard, vers le bas en un prolongement de forme conique (dc), c'est la première ébauche du *canal cochléaire*. Celui-ci est légèrement infléchi vers le cerveau (fig. 309, nh) et par sa face concave s'applique contre le nerf auditif dont nous avons déjà parlé précédemment, et qui dans l'intervalle s'est développé et présente à ce niveau un renflement ganglionnaire (gc).

Pour faciliter la description, *nous distinguerons au labyrinthe une partie supérieure et une partie inférieure.* En réalité, elles ne sont pas encore nettement séparées l'une de l'autre, mais elles le deviennent de plus en plus nettement dans la suite par formation d'un repli saillant (fig. 309, 310, 311, f).

La partie supérieure (pars superior) fournit l'utricule et les canaux semi-circulaires. De ceux-ci, ce sont les canaux verticaux qui apparaissent les premiers, alors que le canal horizontal ne se forme qu'un peu plus tard. Ainsi que le montrent les figures 309 et 310, mais mieux encore les

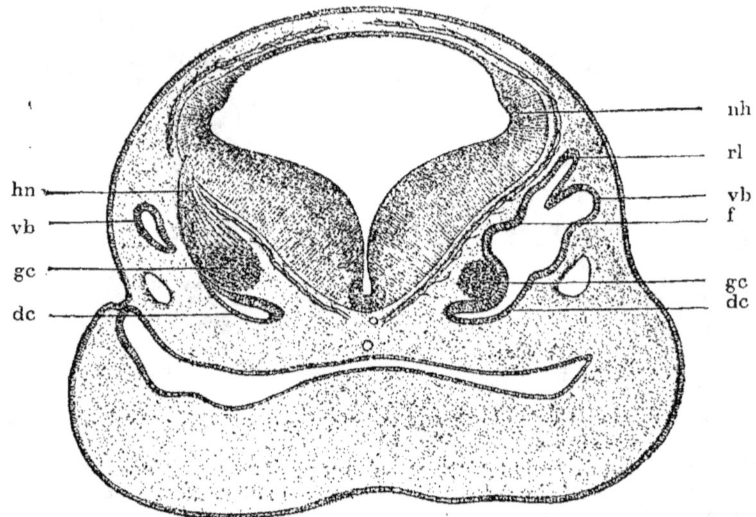

Fig. 309. — Coupe transversale de la tête d'un embryon de Mouton long de 1.6 cm., la coupe passe dans la région de la vésicule auditive. La coupe est un peu oblique, à gauche elle passe par le milieu de la vésicule, à droite elle passe un peu plus en avant ; d'après Böttcher.

hn : nerf auditif. — vb : canal semi-circulaire vertical. — gc : ganglion cochléaire (spiral). — dc : canal cochléaire. — f : repli saillant qui divise la vésicule en utricule et saccule. — rl : recessus labyrinthi. — uh : cerveau postérieur.

modèles de reconstruction en cire (fig. 307), les canaux semi-circulaires se développent de la manière suivante : la paroi de la vésicule émet plusieurs évaginations ayant la forme de minces disques à contours circulaires (hb, vb). Seule, la partie marginale de ces sortes d'évagination se dilate d'une façon notable, tandis que, dans le reste de leur étendue, les deux feuillets épithéliaux s'accolent, puis se soudent. A la suite de ce processus on obtient un canal semi-circulaire, qui communique en deux points avec la cavité primitive de la vésicule. Bientôt l'une de ses extrémités se renfle et forme l'ampoule (fig. 307, am et am'). Bientôt la partie moyenne, dans laquelle la soudure a eu lieu, disparaît ; la membrane

épithéliale étant perforée par suite de la prolifération du tissu conjonctif.
fig. 307, ö). Il existe, entre le développement du canal semi-circulaire horizontal et celui des deux canaux verticaux, une différence très intéressante,
mise en évidence par *R.Krause*. Alors que le canal horizontal se forme aux
dépens d'une petite évagination (fig. 307, h b), les deux canaux verticaux
tirent leur origine d'une ébauche discoïdale unique et plus volumineuse
(fig. 307, am [vb] * vb'). En deux points de cette grande ébauche, les
parois s'accolent et se soudent. La reconstruction représentée à la
figure 307, nous montre une ouverture (ö) qui s'est formée en un de ces

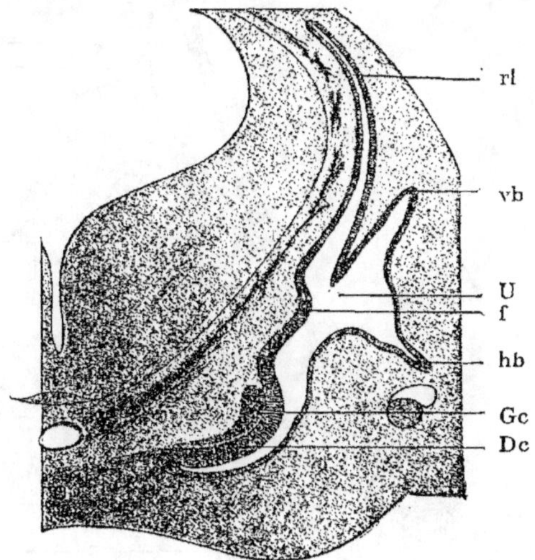

Fɪɢ. 310. — Coupe transversale d'une moitié de la tête d'un embryon de Mouton de
2 cm. de long dans la région de la vésicule auditive. — Gross. 30 ; d'après Böttcher.
rl : recessus labyrinthi. — vb, hb : canaux semi-circulaires l'un vertical, l'autre horizontal. — U : utricule. — f : repli séparant l'utricule du saccule. — Dc : canal cochléaire. — Gc : ganglion cochléaire.

points de l'ébauche par résorption des parois épithéliales soudées. En
l'autre point (vb') au contraire, la membrane épithéliale existe toujours.

Entre ces deux parties aveugles, persiste une région moyenne, qui
sur le modèle est marquée d'une astérique ; cette région est évidée
et constitue un canal de communication entre les deux canaux verticaux
(sinus supérieur). Ce qui reste de la partie supérieure de la vésicule
auditive, après formation aux dépens de sa paroi des trois canaux demi-
circulaires, constitue l'utricule (fig. 310, 312, U).

En même temps que s'accomplissent ces transformations, *la partie inférieure de la vésicule labyrinthique subit des modifications non moins importantes* qui déterminent la formation du *saccule* et du *canal cochléaire*.

La partie inférieure (fig. 311, S) se sépare de plus en plus de l'utricule
(U) par un repli devenant de plus en plus profond et finalement elle n'est
plus en communication avec lui que par l'intermédiaire d'un canalicule
très étroit (canal utriculo-sacculaire) (fig. 321, R).

Le repli se formant précisément au point du labyrinthe où le canal
endolymphatique prend naissance, il en résulte que plus tard ce dernier
s'ouvre environ au milieu du canal utriculo-sacculaire (fig. 312, R). De
cette façon, il semble que le canal endolymphatique se divise, à son ori-

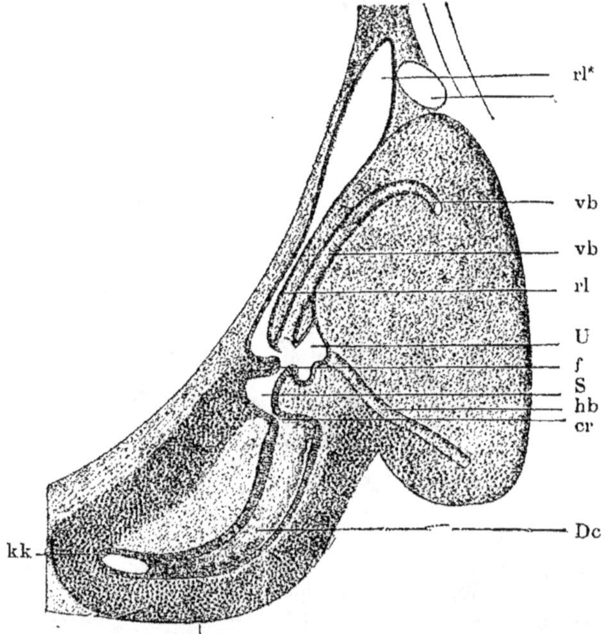

Fig. 311. — D'après deux coupes transversales du labyrinthe d'un embryon de Mouton
de 2,6 cm. de longueur ; d'après Böttcher.
rl* : recessus labyrinthi — rl* : sa dilatation ampullaire.— vb, hb : canal semi-circulaire
vertical et canal horizontal. — U : utricule. — S : saccule. — f : repli qui décompose
le labyrinthe en utricule et en saccule. — cr : canal de réunion. — Dc : canal cochléaire. — kk : capsule cartilagineuse du limaçon.

gine, en deux fines branches dont l'une communique avec le saccule et
l'autre avec l'utricule.

A la suite d'un deuxième rétrécissement marqué (fig. 311,312) le saccule
(S) se sépare du canal cochléaire en voie de formation (Dc). Ici aussi, la
communication ne persiste que par l'intermédiaire d'un canal très étroit
(Cr), *le canal de réunion* (*Hensen*) Le canal cochléaire lui-même s'allonge
considérablement et commence à s'enrouler en spirale au sein du tissu

conjonctif gélatineux ; de sorte qu'il décrit ainsi chez l'homme 2 tours et
demi de spire (fig. 312, C). Comme le premier tour a le plus grand diamètre
et que les suivants deviennent de plus en plus courts, le canal cochléaire
ressemble à la coquille d'un limaçon. La figure 313 nous offre une représen-

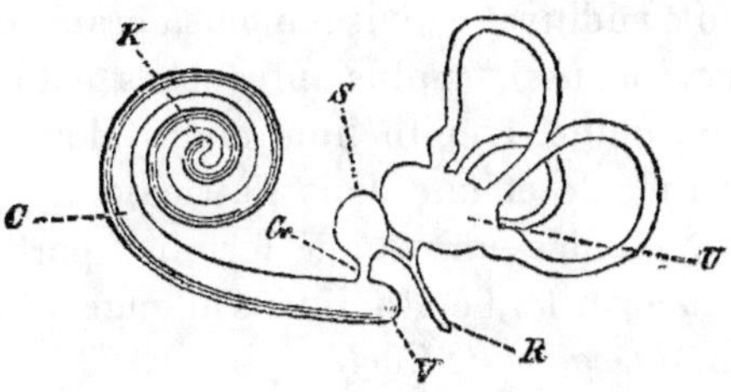

FIG. 312. — Figure schématique du labyrinthe membraneux complètement formé.
U : utricule. — S : saccule — Cr : canal de réunion — R : recessus labyrinthi. —
C : limaçon. — K : coupole du canal cochléaire. — V : cul-de-sac du vestibule.

tation plastique du labyrinthe membraneux résultant de la transformation
de la vésicule auditive primitive, cela chez un embyron de Porc de 10 cm.
de longueur et exécuté d'après un moulage agrandi. En même temps que

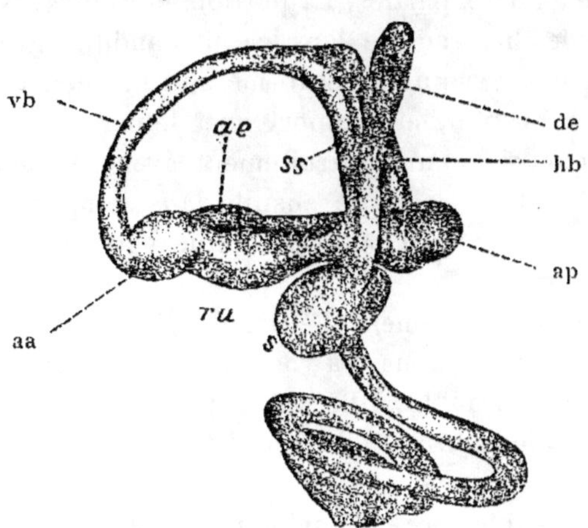

FIG. 313. — Moulage du labyrinthe d'un embryon de Porc de 100 mm. N. St. L.
Vue de face ; d'après R. Krause.
ss : sinus supérieur. — ru : recessus utriculi. — ae : ampoule extérieure. — a et ap :
ampoule antérieure et ampoule postérieure. — de : canal endolymphatique. — vd et
hb : canal semi-circulaire antérieur et canal postérieur. — S : saccule.

la vésicule auditive subit des transformations dans sa forme extérieure la
texture de sa paroi épithéliale subit aussi des changements. Certaines cellules demeurent indifférentes ne servant que comme cellules épithéliales

de revêtement ; les autres deviennent les cellules auditives proprement dites. Les premières s'aplatissent, deviennent cubiques ou pavimenteuses et revêtent la plus grande partie de la surface du labyrinthe. Au contraire, les cellules auditives s'allongent, deviennent cylindriques et fusiformes, et présentent sur leur face libre des cils, qui plongent dans l'endolymphe. Du fait que la vésicule auditive se divise en plusieurs portions, l'épithélium auditif se différencie, lui aussi, en plusieurs taches distinctes dans lesquelles ce nerf auditif se ramifie. L'épithelium auditif donne ainsi : une tache acoustique dans le saccule et une dans l'utricule, une crête acoustique dans chacune des ampoules, un organe terminal particulièrement complexe situé dans le limaçon. Ici, l'épithélium s'allonge en une longue spirale connue sous le nom d'*Organe de Corti*.

De même, le nerf auditif primitivement unique, se divise en plusieurs branches, lorsque l'épithélium auditif s'est différencié en taches, crêtes et organe de Corti. Il se divise en nerf vestibulaire, qui se divise lui-même en plusieurs branches destinées aux taches et aux crêtes, et en nerf cochléaire.

De même que le nerf auditif, le ganglion acoustique primitivement simple, se divise en deux parties. La portion en rapport avec le nerf vestibulaire est située chez l'adulte dans le canal auditif interne, à quelque distance des organes terminaux, et forme un renflement, le *ganglion de Scarpa*? L'autre portion, en rapport avec le nerf cochléaire est chez l'embryon, au contraire, unie étroitement avec l'ébauche du limaçon (fig. 309, 310, Ge). Elle s'allonge ensuite dans la même mesure que le limaçon et forme une mince spirale connue sous le nom de *Ganglion spiral* (fig. 316, Gsp).

Pour terminer complètement l'étude du développement de l'oreille interne, il nous reste maintenant à voir comment se forment, aux dépens du mésenchyme entourant les différentes cavités épithéliales formées aux dépens de la vésicule auditive, le labyrinthe osseux et les espaces périlymphatiques.

Il se passe ici quelque chose d'analogue à ce qui existe dans le développement du tube nerveux et de l'œil, où le tissu conjonctif, qui enveloppe les portions épithéliales se transforme aussi d'une façon particulière. La comparaison se laisse même pousser jusque dans les détails. De même qu'au voisinage du tube nerveux et de la cupule optique épithéliale, il existe des cavités dérivant de la vésicule auditive, une assise de tissu conjonctif mou abondamment pourvu de vaisseaux sanguins. La piemère du cerveau correspond à la tunique vasculaire de l'œil et à la capsule auditive molle ou paroi conjonctive du labyrinthe membraneux.

Autour de ces trois organes, il se développe ensuite une enveloppe extérieure résistante : pour le cerveau, c'est la dure-mère avec la capsule crânienne ; pour l'œil, la tunique fibreuse ou sclérotique ; pour l'oreille, le labyrinthe osseux avec son périoste. Il existe encore une troisième analogie digne de remarque : dans les trois cas, l'enveloppe molle et l'enveloppe fibreuse sont séparées par des espaces plus ou moins larges qui se rattachent au système lymphatique. Pour le tube nerveux, nous trouvons l'espace subdural et l'espace sous-arachnoïdien. Pour l'œil, c'est l'espace périchoroïdien, et pour l'oreille, les espaces périlymphatiques,

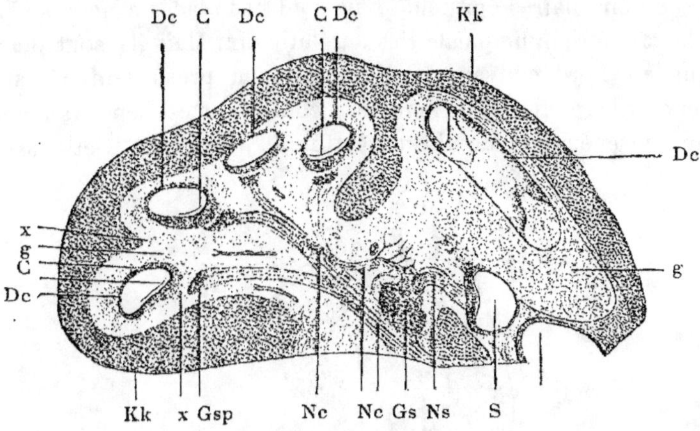

Fig. 314. — Coupe du limaçon d'un embryon de Mouton de 7 cm. de longueur. Gross. : 30 ; d'après Böttcher.
Kk : capsule cartilagineuse du limaçon. — S : saccule avec son nerf (Ns). — Gs : ganglion en relation avec le nerf cochléaire ; aux dépens de ce ganglion part le nerf sacculaire (Ns). — Gsp : ganglion spiral. — Dc : canal cochléaire. — C : organe de Corti. — g : tissu muqueux qui entoure le canal cochléaire. — x : coupe de tissu conjonctif.

qui dans le limaçon, ont reçu le nom particulier de rampes (fig. 316, ST et SV).

La formation des enveloppes s'accomplit de la manière suivante : aussitôt après la séparation de la vésicule auditive de l'épiderme, il se forme autour d'elle une enveloppe de mésenchyme riche en cellules, c'est la capsule auditive membraneuse.

Peu à peu, cette enveloppe mésenchymateuse se sépare en deux assises (fig. 311 et 314). Au voisinage des canaux épithéliaux la substance molle comprise entre les cellules devient plus abondante.

Ces cellules deviennent les unes étoilées, les autres fusiformes ; les premières émettent dans tous les sens de longs prolongements. Le tissu

conjonctif se modifie de cette façon pour donner du *tissu muqueux* ou *gélatineux* (fig. 314 et 316, g), dans lequel pénètrent quelques vaisseaux sanguins.

En dehors de ce tissu, les cellules deviennent plus petites, plus serrées,
et ne sont séparées que par de minces cloisons de substance fondamentale plus résistante. Cette substance devenant plus abondante, le tissu
prend bientôt les caractères du cartilage embryonnaire (Kk).

Les modifications qui suivent doivent être examinées séparément pour
les canaux semi-circulaires, l'utricule, le saccule et le limaçon. Les
canaux semi-circulaires épithéliaux ne sont pas placés exactement au milieu de la cavité remplie par le tissu gélatineux. Mais ils sont placés de
façon que leur bord convexe se trouve placé presque immédiatement
contre le cartilage, alors que leur bord concave en est séparé au contraire
par une assise épaisse de tissu gélatineux (fig. 315). Cette assise se

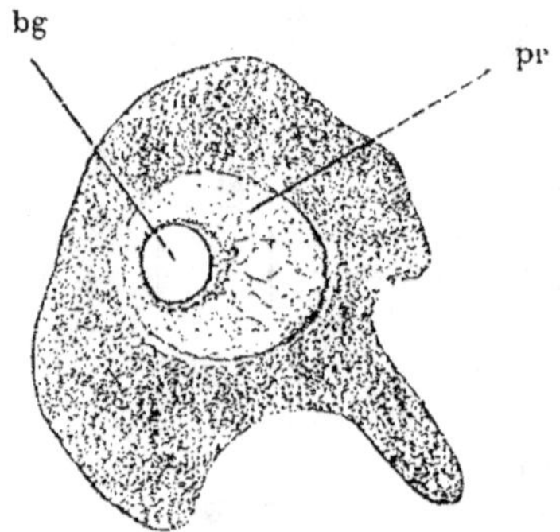

Fɪɢ. 315. — Coupe d'un canal semi-circulaire d'un embryon de Chien ; d'après
R. Krause.
bg : canal semi-circulaire. — pr : espace périlymphatique qui est rempli de tissu
muqueux.

différencie en trois couches : une couche moyenne, dans laquelle la
substance fondamentale gélatineuse augmente considérablement, et par
suite devient de plus en plus fluide ; et deux couches limitantes minces
qui se transforment en tissu conjonctif fibreux. L'une de ces deux couches s'unit inclusivement avec le tube épithélial auquel elle sert d'organe
de nutrition, car elle renferme un riche réseau sanguin. L'autre couche
est accolée à la face interne de la gaîne cartilagineuse dont elle forme
le périchondre.

Le tissu gélatineux de la couche moyenne ne persiste pas longtemps.
Bientôt il montre les symptômes d'une atrophie. Les cellules étoilées se
remplissent de granulations graisseuses qui apparaissent au voisinage de

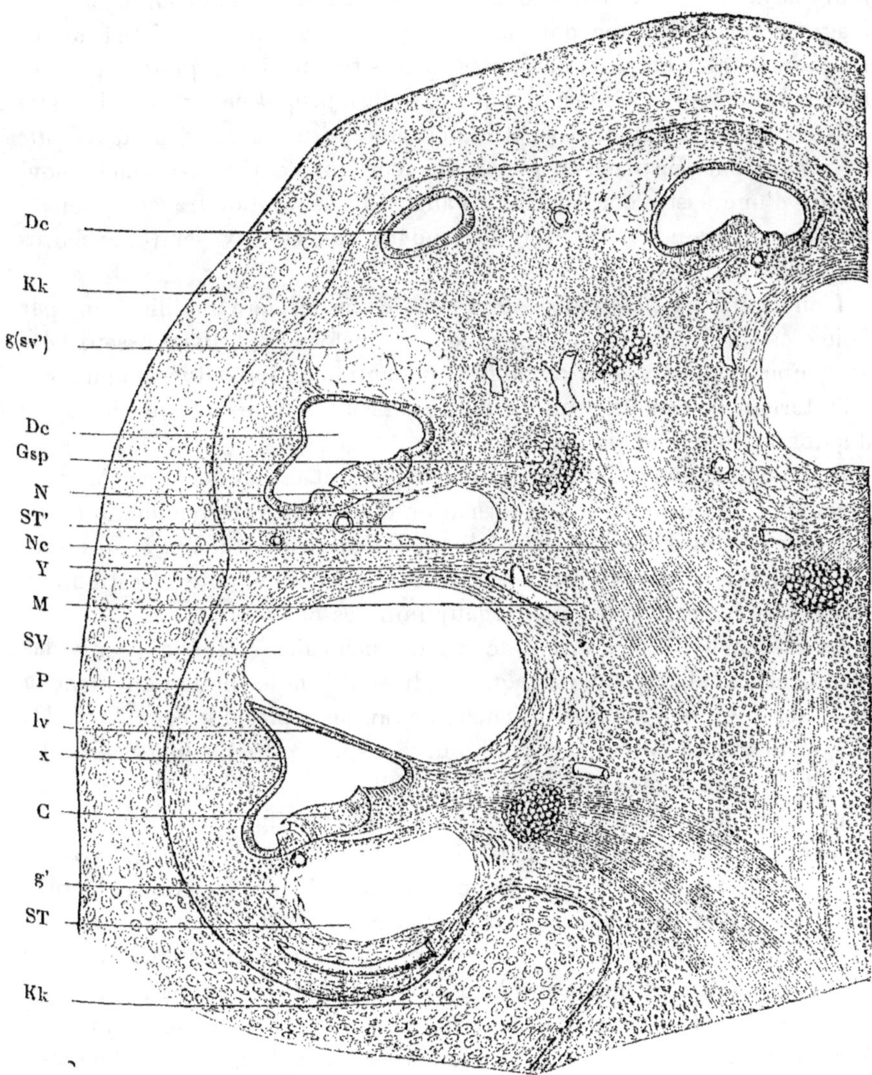

Fig. 316. — Fragment d'une coupe transversale d'un embryon de Chat de 9 cm. de long.

Kk : capsule cartilagineuse dans laquelle est logé le canal cochléaire enroulé en spirale. — Dc : canal cochléaire. — C : les deux bourrelets épithéliaux de la paroi tympanique dont se détache la large membrane tectoria. Le plus petit qui est aussi le plus éloigné de l'axe cochléaire donne l'organe de Corti. — lv : lame vestibulaire. — x : paroi externe du canal cochléaire membraneux avec ligament spiral. — SV : rampe vestibulaire. — ST, ST' : rampe tympanique. — g : tissu muqueux qui remplit encore les derniers tours de la rampe vestibulaire (sv') — g' : reste de tissu muqueux non encore disparu. — M : tissu conjonctif fibreux entourant le nerf cochléaire (Nc). — Gsp : ganglion spiral. — N : nerf se rendant à l'organe de Corti en traversant la future lame spirale osseuse.— Y : tissu conjonctif plus dense qui s'ossifie et contribue à former le canal cochléaire osseux. — P : périchondre.

leurs noyaux et dans leurs longs prolongements. Puis ensuite, elles se fragmentent. Il se forme, dans la substance fondamentale, qui se ramollit toujours de plus en plus, de petites cavités remplies de liquide. Ces cavités s'agrandissent et se fusionnent entre elles, jusqu'à ce qu'enfin il existe, entre l'enveloppe conjonctive et le périchondre une *grande cavité remplie de périlymphe*. De place en place, des cordons de tissu conjonctif sont tendus d'une assise conjonctive à l'autre. Ils servent de travées pour les vaisseaux sanguins et les nerfs se rendant aux canaux semi-circulaires membraneux.

L'enveloppe cartilagineuse subit encore une dernière modification ; par voie d'ossification enchondrale, elle se transforme en tissu osseux. De sorte que les canaux semi-circulaires membraneux sont situés maintenant à l'intérieur de canaux semi-circulaires osseux, qui ne sont que la reproduction agrandie de ces derniers.

Des modifications semblables s'accomplissent autour de l'utricule et du saccule et conduisent : 1° à la formation d'un espace périlymphatique qui communique avec les espaces périlymphatiques des canaux semi-circulaires, et 2° à la formation d'une gaîne osseuse qui délimite le vestibule et représente la partie moyenne du labyrinthe osseux.

Le mésenchyme entourant le canal cochléaire épithélial subit des modifications plus complexes, qui conduisent à la formation du limaçon et de ses deux rampes. Le mésenchyme, au moment où le canal (fig. 311, Dc) ne décrit encore qu'un demi-tour de spire, est déjà divisé en une couche interne molle et en une couche externe plus résistante, qui donnera le cartilage (kk). La capsule cartilagineuse (fig. 314, Kk), qui est en continuité avec la masse cartilagineuse des autres parties du labyrinthe et constitue avec elle une partie de l'ébauche du rocher, présente plus tard une cavité lenticulaire avec une large ouverture par où passe le nerf cochléaire (fig. 314, Nc). La ressemblance avec la coquille d'un limaçon n'est pas encore apparente à ce moment. Mais elle y vient progressivement et cela est déterminé par deux causes : par l'allongement du canal épithélial, et par la différenciation du tissu qui entoure ce canal en une partie liquide et en une partie demeurant solide.

En s'allongeant, le canal cochléaire épithélial décrit, à l'intérieur de sa capsule, les tours de spire dont nous avons parlé précédemment et qui sont représentés en coupe transversale dans la figure 316 (Dc). Au cours de cet accroissement, le canal reste toujours appliqué intimement contre la surface interne de la capsule (Kk). Le nerf cochléaire (Nc) monte directement au centre des tours de spire, c'est-à-dire dans l'axe de la capsule. Il émet de nombreuses ramifications latérales vers la face concave du canal cochléaire (Dc), où elles aboutissent à un ganglion enroulé également en spirale. Les nerfs sont accompagnés dans leur trajet par des vaisseaux sanguins nourriciers.

Le développement se continuant, le mésenchyme mou, qui remplit la capsule cartilagineuse, subit alors une différenciation histologique qui détermine la formation de parties du limaçon faisant encore défaut, c'est-à-dire, l'axe du limaçon (modiolus), la lame spirale osseuse, du canal du limaçon osseux : rampe vestibulaire et rampe tympanique (fig. 310).

Comme dans le voisinage des canaux semi-circulaires, de l'utricule et du saccule, le mésenchyme se différencie en une substance conjonctive plus résistante, fibreuse, et en un tissu gélatineux (g) devenant de plus en plus mou. La substance conjonctive fibreuse se développe en premier lieu autour du nerf (Nc) et des vaisseaux pénétrant dans la capsule cartilagineuse ; elle forme ainsi l'ébauche du futur axe osseux du limaçon (M). En second lieu, il se forme une gaîne fibreuse autour des faisceaux nerveux (N), des cellules ganglionnaires (Gsp) et des vaisseaux qui partent de l'axe du limaçon et se rendent au canal cochléaire épithélial, elle forme une lame conjonctive qui plus tard s'ossifie et donne la lame spirale osseuse. En troisième lieu, la substance fibreuse forme une mince couche de revêtement autour du canal cochléaire épithélial dont les vaisseaux y sont logés. L'enveloppe et le canal constituent le canal cochléaire membraneux. En quatrième lieu, de la substance fibreuse apparaît à la surface interne de la capsule cartilagineuse dont elle forme le périchondre (P). Enfin, cinquièmement, elle forme une lame de tissu conjonctif (Y) tendue entre la lame spirale osseuse saillante à l'intérieur, décrite précédemment, et l'axe conjonctif du limaçon (M). Cette lame s'étend entre les différents tours de spire du canal cochléaire membraneux, de sorte que ce dernier est maintenant à l'intérieur d'un canal plus large, dont la paroi est partie cartilagineuse, partie fibreuse. Ce canal est l'ébauche du limaçon osseux.

Le mésenchyme restant, non transformé en tissu conjonctif fibreux donne du tissu gélatineux (g et g'). Il forme entre les différents organes énumérés ci-dessus deux cordons spiraux, dont l'un est situé au-dessus du canal cochléaire membraneux et de la lame spirale, et l'autre au-dessous. Ils occupent donc la place de la rampe vestibulaire (SV) et de la rampe tympanique. Les rampes se forment avant que le processus d'ossification ne commence, exactement de la même manière que celle décrite (p. 394) pour la formation des espaces périlymphatiques autour des canaux semi-circulaires et du vestibule. La figure 316 nous montre un stade auquel les espaces périlymphatiques (SV et ST) situés à la base du limaçon ne présentent plus qu'un minime résidu de tissu gélatineux (g') ; alors qu'au sommet du limaçon, le processus de liquéfaction du tissu gélatineux (g) n'est pas encore commencé.

Finalement, le limaçon acquiert son développement final en s'ossifiant. Ce processus d'ossification s'effectue de deux manières : d'une part, la capsule cartilagineuse subit l'ossification endochondrique, ainsi que le reste du temporal dont il est une petite portion, et elle se transforme en une substance osseuse spongieuse : d'autre part, les organes étudiés précédemment, tels que les cloisons du canal spiral, l'axe conjonctif ou modiolus, la lame spirale, et formés de tissu conjonctif fibreux, s'ossifient par voie directe. En même temps, des lamelles de tissu osseux compact se déposent à l'intérieur du tissu spongieux formé aux dépens de la capsule cartilagineuse ; elles se forment aux dépens du périchondre primitif transformé en périoste. Aussi, la capsule osseuse du limaçon se laisse facilement énucléer, dans les premières années de la vie, hors du tissu osseux spongieux d'origine enchondrale.

2. — DÉVELOPPEMENT DE L'OREILLE MOYENNE.

La caisse du tympan, la trompe d'Eustache, le tympan et les osselets, que l'on rencontre seulement dans la série des Vertébrés, chez les Amphibiens, les Reptiles, les Oiseaux et les Mammifères, se forment aux dépens d'une région dont il a été déjà question précédemment, la région des fentes branchiales et des arcs branchiaux. Tandis que ces formations persistent toute la vie chez les Vertébrés aquatiques, et servent à la respiration, elles s'atrophient de très bonne heure chez les Vertébrés supérieurs et chez l'Homme. Certaines d'entre elles persistent dans l'organisme sous une autre forme. Ainsi, la première fente branchiale avec ses parois, entre dans la constitution de l'organe auditif. Il existe une relation entre ces deux formations, du fait que la vésicule auditive se développe, ainsi que nous l'avons fait remarquer précédemment, au-dessus de la première fente branchiale et du prolongement du deuxième arc viscéral, aux dépens de l'épiderme. En outre la vésicule auditive, pendant sa transformation en labyrinthe membraneux, reste située dans le voisinage immédiat des formations viscérales.

Aussitôt après son ébauche, la première fente branchiale se ferme par soudure de ses bords (V. p. 223). Cette fermeture devient plus complète encore, du fait que du tissu conjonctif s'engage entre l'épithélium externe et l'épithélium interne de la membrane d'occlusion. Des deux côtés de cette membrane, des restes de la première fente branchiale persistent sous forme de cavités plus ou moins étendues : l'interne est dirigée vers le pharynx, l'externe est entourée par les bourrelets du premier et du deuxième arc viscéral.

La cavité interne, qui est désignée sous le nom de canalis ou de sulcus tubo-tympanicus (pharyngo tympanique) est située, comme l'évent, entre le nerf trijumeau et le nerf acoustico-facial. Elle devient l'oreille moyenne : elle s'agrandit par formation d'une dilatation située vers le haut, en dehors et en arrière. Cette dilatation se développe entre le labyrinthe et la membrane d'occlusion de la première fente branchiale. Elle constitue une cavité aplatie latéralement, la caisse du tympan. La caisse du tympan se différencie ainsi du reste du canal pharyngo tympanique, de forme tubulaire et qui constitue la trompe d'Eustache. La caisse du tympan, même chez des embryons âgés de l'Homme et des Mammifères est très étroite ; ses parois externe et interne sont presque accolées l'une à l'autre. Ceci est dû principalement à ce que, sous l'épithélium qui tapisse l'oreille moyenne, il existe un tissu muqueux très développé.

Ce tissu renferme encore à ce moment des organes dérivant de l'arc branchial, les osselets et la corde du tympan, et sur le développement desquels nous reviendrons lors de l'étude du squelette.

La membrane du tympan diffère au début beaucoup de son état adulte. Son mode de formation n'est pas aussi simple qu'on le croyait naguère. En effet, elle ne se forme pas seulement aux dépens de l'étroite membrane d'occlusion de la première fente branchiale, des parties voisines membraneuses du premier et du deuxième arcs branchiaux prennent part à son édification. Primitivement, la membrane tympanique embryonnaire constitue une lame de tissu conjonctif épaisse, dont les bords renferment les osselets, le tensor tympani et la corde du tympan.

Plus tard, la membrane s'amincit au fur et à mesure que la caisse du tympan se dilate. Ces deux faits résultent de l'atrophie du tissu muqueux et d'une prolifération simultanée de la muqueuse qui revêt la caisse du tympan. Cette muqueuse se glisse dans les points où le tissu muqueux s'est atrophié, entre les osselets et la corde du tympan qui ainsi semblent libres à l'intérieur de la caisse du tympan. Mais, en réalité, ils sont situés en dehors de celle-ci. En effet, ils sont revêtus sur toute leur surface par la muqueuse et sont réunis à la paroi de la caisse par des replis de la muqueuse (replis du marteau, de l'enclume, etc), et cela, de la même façon que les organes situés dans la cavité abdominale sont revêtus par le péritoine. En même temps que la membrane du tympan s'amincit, sa substance conjonctive se condense, elle se transforme ainsi en vue de son futur rôle, en une membrane élastique.

3. — Développement de l'oreille externe.

L'oreille externe se forme, ainsi que nous l'avons déjà fait remarquer, aux dépens de la cavité située à la face externe de la membrane d'occlusion de la première fente branchiale. Ainsi que le montre la vue de profil d'un très jeune embryon humain (fig. 304), la première fente branchiale est entourée de bourrelets qui appartiennent au premier et au second arc branchiaux. Ces bourrelets se décomposent en six saillies qui sont désignées chacune par un chiffre. C'est à leurs dépens que se forme le pavillon de l'oreille qui par suite occupe une région assez étendue de la tête de l'embryon (région auditive).

La dépression située entre les bourrelets, au fond de laquelle est située l'ébauche de la membrane tympanique devient le conduit auditif externe. Ce conduit s'approfondit de plus en plus, ce qui est dû à ce que la paroi de la face environnante devient plus épaisse. Finalement, il constitue un

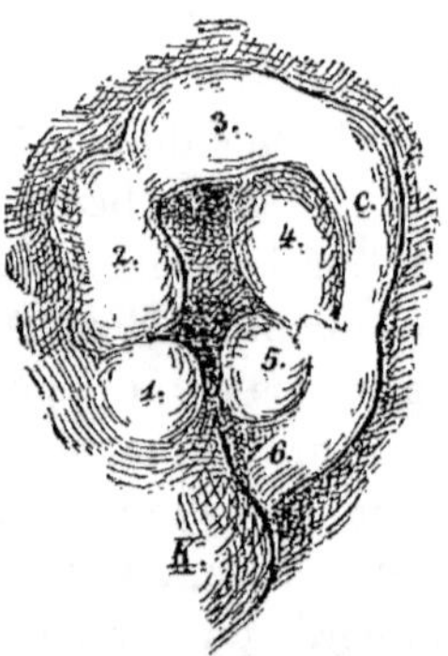

Fig. 317. — Ebauche du pavillon de l'oreille d'un embryon humain ; d'après His.
La saillie 1 donnera le tragus ; — 5 : l'antitragus. — Les saillies 2 et 3 fournissent l'hélix. — 4 : l'anthélix. — 6 : lobule. — K : maxillaire inférieur.

long canal dont la paroi est en partie osseuse et en partie cartilagineuse. Les six saillies, dont il a été question précédemment, et qui entourent l'orifice du conduit auditif externe, forment ensemble un anneau grossier. La figure 317 nous montre suffisamment comment elles donnent naissance à l'oreille externe. Elle nous montre qu'aux dépens des saillies numérotées 1 et 5 se forment le tragus et l'antitragus, 2 et 3 donnent l'hélix, 4 l'anthélix. Le lobule reste longtemps très petit, il ne devient visible qu'au cinquième mois. Il se développe aux dépens de la saillie 6. A la fin du second mois, toutes les parties essentielles de l'oreille sont facilement reconnaissables. Au 3e mois, les parties postérieures et supérieures du pavillon de l'oreille proéminent à la surface de la tête ; elles acquièrent une plus grande consistance par suite de la différenciation du cartilage de l'oreille qui apparaît déjà dès la fin du deuxième mois.

C. — Développement de l'organe olfactif.

L'organe olfactif, comme l'œil et l'oreille, se forme aux dépens du feuillet germinatif externe ; mais il se développe un peu plus tard que ces deux derniers. Il se montre au début, à droite et à gauche du large prolongement frontal (fig. 304) dont nous avons parlé précédemment, sous forme d'un épaississement du feuillet germinatif externe auquel *His* a donné chez l'embryon humain le nom de *champ nasal*. Les deux ébauches se marquent bientôt plus nettement ; parce que le plancher de chacun des deux champs nasaux se creuse, en même temps que les bords se soulèvent vers l'extérieur sous forme de replis (fig. 180). Contre l'épithélium épaissi de chacune de ces ébauches est appliqué un lobe olfactif qui, sur ces en-

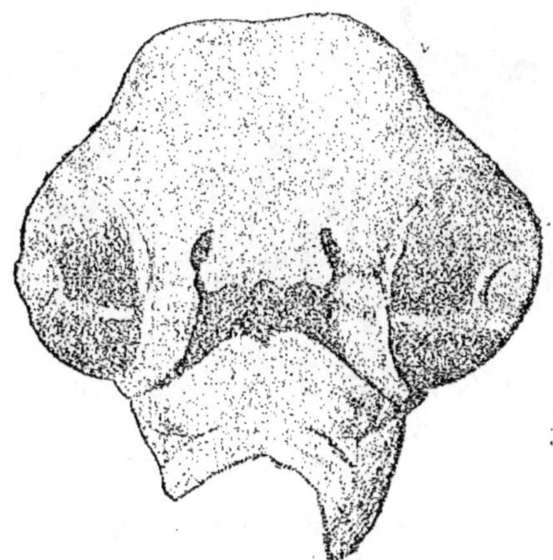

Fig. 318. — Tête d'un embryon de Poulet de 130 heures ; d'après Keibel. 10 : 1.

trefaites s'est formé par évagination de la vésicule hémisphérique ; ses fibrilles nerveuses se terminent là.

Le développement ultérieur de l'organe olfactif, développement que nous suivrons seulement chez les Amniotes, est caractérisé avant tout par ce fait, que les fossettes olfactives se mettent en rapport avec la cavité buccale. Ce fait se produit à la suite de transformations qui s'accomplissent de deux façons différentes, d'une part chez les Sauropsidés (Reptiles et Oiseaux), d'autre part chez les Mammifères et chez l'Homme.

Chez les Sauropsidés, parmi lesquels nous prendrons le Poulet comme exemple, chacune des fossettes se prolonge vers le bas par une

gouttière qui tantôt atteint le bord buccal supérieur et parfois le traverse,
débouchant ainsi au plafond de la cavité buccale (fig. 318 et 319). Chez
des embryons plus âgés, *la fossette nasale* et la *gouttière nasale* deviennent plus profondes, du fait que leurs bords deviennent plus saillants à
l'extérieur ; ils forment les *prolongements nasaux internes et externes.* Les
deux prolongements nasaux internes forment ensemble une large cloison
médiane, qui plus tard devient plus étroite, située entre les deux fossettes olfactives. Les deux prolongements aboutissent au milieu supérieur de la cavité buccale. Les prolongements nasaux externes (appelés
encore prolongements frontaux latéraux par His) forment un bourrelet
de chaque côté, situé entre l'œil et l'organe olfactif, ils fournissent les
éléments destinés à former la paroi externe de l'aile du nez.

Par leur bord inférieur, ils sont en rapport avec l'extrémité antérieure
des prolongements maxillaires supérieurs dirigés transversalement, dont

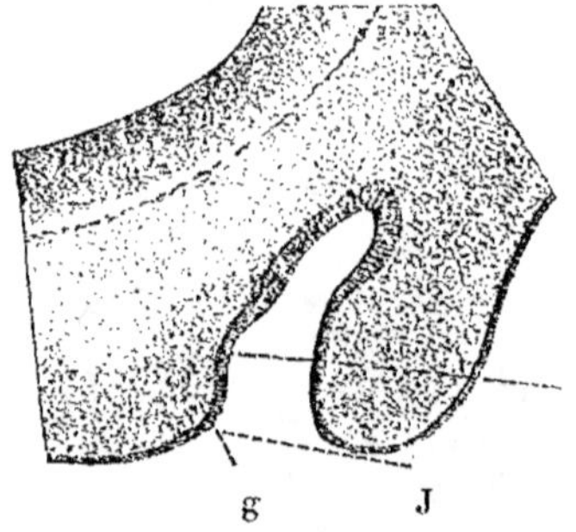

Fig. 319. — Coupe passant par la fossette olfactive d'un embryon de Poulet de
5, 6 mm. de longueur ; d'après Cohn.
g : limite entre l'épithélium sensoriel et l'épithélium externe.— J : organe de Jacobson.

ils sont séparés extérieurement par la gouttière lacrymale qui vient de
l'œil en direction rectiligne, et dont il a été question précédemment
(p. 382).

Le stade suivant correspondant au 4e jusqu'au 6e jour d'incubation,
nous montre l'organe olfactif transformé en deux canaux résultant de la
soudure des bords des deux gouttières, et spécialement du prolongement
nasal interne qui est le plus saillant avec l'extrémité médiane du prolongement maxillaire supérieur. Les deux canaux possèdent deux orifices :
l'orifice nasal externe et *l'orifice nasal interne.* Les deux orifices nasaux
externes sont placés un peu au dessus de la lèvre ; les orifices internes
sont situés à la voûte de la cavité buccale primordiale, aussi sont-ils encore appelés fentes palatines primitives Ces orifices sont situés vers l'a-
vant, primitivement arrondis, ils s'allongent plus tard et forment chacun une fente antéro-postérieure.

Chez les Mammifères et chez l'Homme (fig. 308) le développement de l'organe olfactif se fait d'une façon quelque peu différente. La différence, en peu de mots, vient ici de ce que entre les fossettes olfactives situées sur le prolongement frontal, et l'orifice buccal, il ne se forme pas de gouttière ouverte, à la façon de ce qui a été décrit chez le Poulet. A leur place il se constitue une crête épithéliale qui s'enfonce dans le mésenchyme et qui sépare le prolongement nasal interne, du prolongement externe et du prolongement maxillaire supérieur.

Plus tard, cette lame épithéliale se creuse, il se forme d'abord une vésicule olfactive qui s'agrandit, de sorte que la lame est transformée en une grande cavité aveugle qui s'étend jusqu'au voisinage de l'épithélium de la voûte de la cavité buccale, dont elle est séparée par une membrane épithéliale tout d'abord épaisse, mais qui ensuite s'amincit (membrane bucco-nasale de *Hochstetter*) (fig. 320, mbn). Au bord de la bouche, la

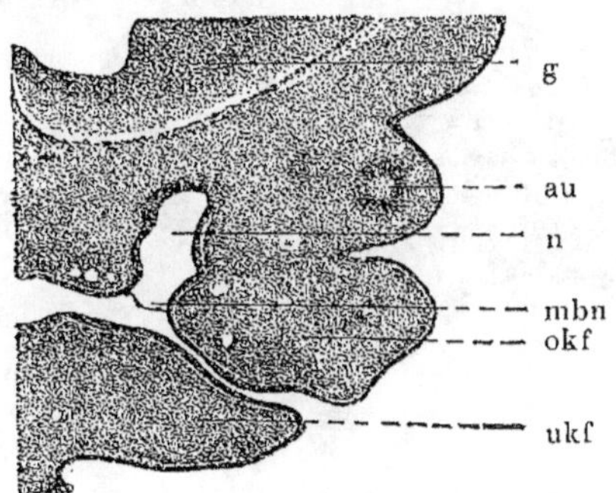

Fig. 320. — Coupe de l'extrémité ovale du sac nasal d'un embryon humain âgé de 2 mois ; d'après Peter.

au : œil. — g : cerveau. — n : cavité nasale. — mbn : membrane bucco-nasale. — okf, ukf : prolongement maxillaire supérieur et prolongement maxillaire inférieur.

crête épithéliale, qui remplace la gouttière nasale, demeure toujours close. Le prolongement nasal interne et le prolongement maxillaire supérieur, voisins l'un de l'autre, se rencontrent tandis que dans la profondeur, derrière ces prolongements, la cavité close de l'organe olfactif s'étend en bas jusqu'au plafond de la cavité buccale. Finalement, les deux prolongements se soudent intimement, par suite de la disparition du mésenchyme entourant la crête épithéliale.

La cavité nasale aveugle se transforme en un canal à la suite de la perforation de la membrane bucco-nasale. Le moulage exécuté par *Peter* (fig. 321) et représentant l'extrémité céphalique antérieure d'un embryon humain nous montre le fait suivant : tout près et un peu au-dessus du bord supérieur de la bouche, où l'indication des lèvres fait encore défaut, sont situés les orifices nasaux externes (ae) ; plus en avant, au plafond de la cavité buccale on voit les fentes palatines primitives (ch) séparées l'une de l'autre par un large espace. La région située entre ces fentes et en avant d'elles constitue le palais primitif.

L'organe olfactif s'étant transformé en un canal qui conduit dans la cavité buccale, accomplit, chez tous les Vertébrés respirant avec des poumons, *une seconde fonction*. Il sert, outre l'olfaction, à introduire l'air dans la bouche, le pharynx et les poumons, ainsi qu'à l'en expulser. Cet organe est devenu en quelque sorte, une *antichambre respiratoire de l'appareil pulmonaire*. Cette seconde fonction exerce sur les stades ultérieurs du développement de l'organe olfactif une influence caractéristique ; elle est la cause de l'augmentation considérable en surface de la ca-

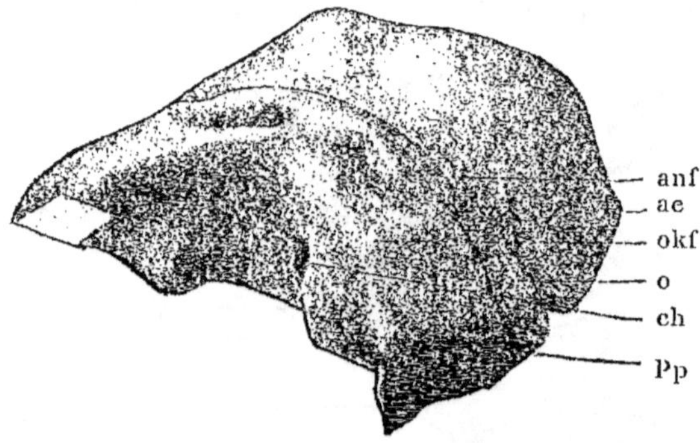

Fig. 321. — Moulage de la portion antérieure de la tête d'un embryon humain de 15 mm. de longueur ; d'après Peter.
Al : orifice nasal externe. — ch : fente primitive. — o : œil. — anf, okf : prolongement nasal externe et prolongement maxillaire supérieur. — Pp : procès palatins.

vité olfactive. *L'accroissement en surface* n'intéresse pas l'épithélium sensoriel dans lequel se termine le nerf olfactif, mais seulement la muqueuse à cellules ciliées. Cet accroissement en surface est surtout en rapport avec la fonction respiratoire plûtôt qu'avec le sens de l'olfaction. Par suite de l'accroissement de la muqueuse très riche en vaisseaux sanguins, l'air inspiré s'échauffe à son contact, et en même temps est débarrassé des poussières qui restent adhérentes à la surface humide de la muqueuse. On peut donc maintenant distinguer à l'organe olfactif, une *région olfactive* et *une région respiratoire*. La première région, qui dérive de l'épithélium sensoriel de la fossette olfactive primitive, demeure relativement petite et correspond chez l'Homme à la région du cornet supérieur et à une partie de la cloison nasale. La région respiratoire au contraire atteint chez les Vertébrés supérieurs de très grandes dimensions, qui donnent sa taille à l'organe olfactif.

L'accroissement de la surface des cavités nasales est déterminé par trois processus différents : 1° par la formation de la voûte palatine et du voile du palais ; 2° par le développement des cornets ; 3° par la formation de cavités nasales accessoires.

Le premier processus commence chez l'Homme vers la fin du deuxième mois. Il se forme alors, à la surface des prolongements maxillaires supérieurs (fig. 322), une crête qui proémine dans la large cavité buccale primordiale où elle forme une lame horizontale. Les *lames palatines* droite et gauche sont séparées au début par une large fente. Par cette fente on aperçoit la voûte de la cavité buccale primitive et, dans celle-ci les orifices nasaux internes déjà devenus fusiformes. Ces deux orifices sont séparés

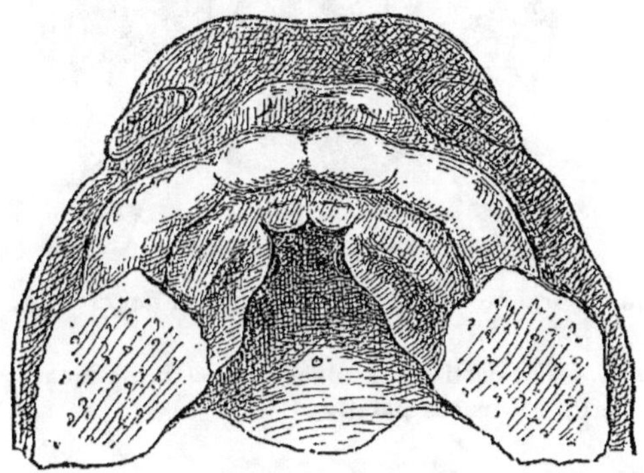

Fig. 322. — Voûte de la cavité buccale avec l'ébauche des lames palatines chez un embryon humain. — Gross. : 10 ; d'après His.

par un pont de substance, la cloison nasale ; cette cloison s'est développée aux dépens de la partie médiane du prolongement frontal. Pendant le troisième mois, *la fente palatine embryonnaire* se rétrécit de plus en plus. Les prolongements palatins horizontaux du maxillaire supérieur s'accroissent de plus en plus, et finissent par se toucher par leurs bords libres dans le plan médian au bord inférieur de la cloison nasale toujours large et qui se développe toujours plus vers le bas dans la cavité buccale. Puis toutes ces différentes parties se soudent ensemble d'avant en arrière. Les figures 323 à 325 nous montrent différents stades de ce processus. La figure 323 nous montre un stade auquel les lames palatines (Pg) du prolongement maxillaire supérieur sont déjà presque soudées en dessous de la cloison nasale. La cavité buccale et la cavité nasale ne communiquent plus que par une fente palatine très étroite.

Dans la figure 324 la soudure s'est accomplie. Les surfaces épithéliales en contact constituent une ligne de suture, qui sur la coupe a la forme d'un Y ou d'un T.

Dans la figure 325 la soudure des différents organes est complètement

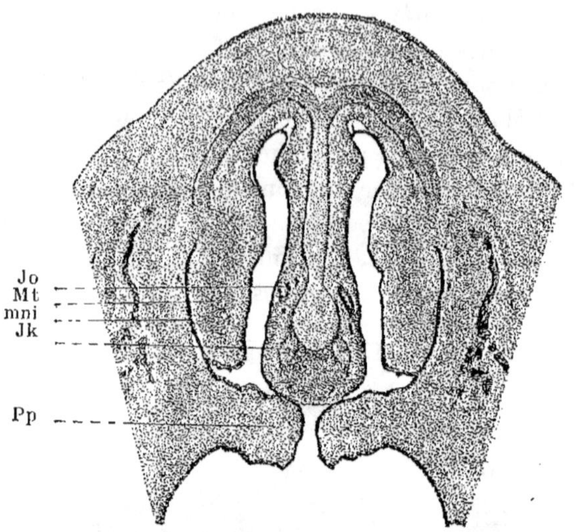

Fig. 323. — Coupe de l'organe olfactif d'un embryon de 28 mm. de long ; d'après Peter.

Jo : organe de Jacobson.—Jk : cartilage de Jacobson.— mni : meatus narium inf. — Mt : maxilla turbinale. — Pp. : procès palatin.

terminée ; les surfaces épithéliales de suture sont disparues, probablement résorbées par le mésenchyme.

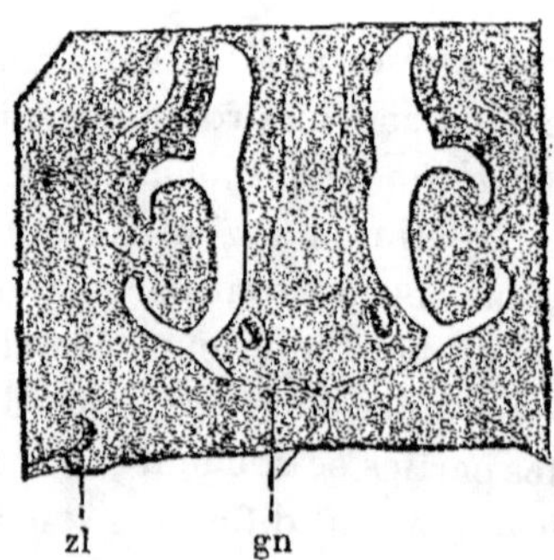

Fig. 324.— Coupes transversale de la tête d'un embryon dont la soudure palatine épithéliale est faite ; d'après Hertwig.

gn : suture palatine. — zl : crête dentaire.

La cavité buccale primordiale est ainsi divisée en deux étages placés l'un au-dessus de l'autre. L'étage supérieur s'unit à l'organe olfactif qu'il contribue à agrandir. On le désigne, pour le distinguer de la cavité développée aux dépens de la fossette olfactive primitive, du nom de *canal nasopharyngien*. Ce canal s'ouvre en arrière dans la cavité pharyngienne. L'étage inférieur constitue la cavité buccale secondaire. La cloison séparatrice est le palais, il s'est développé aux dépens des prolongements maxillaires supérieurs. Le palais, au moment de l'ossification de la tête, se divise en palais osseux et palais membraneux.

La fente palatine, qui chez les jeunes embryons coupe le palais d'avan en arrière et fait communiquer la cavité buccale avec la cavité nasale (fig. 323), demeure ouverte sur une petite étendue chez la plupart des Mammi-

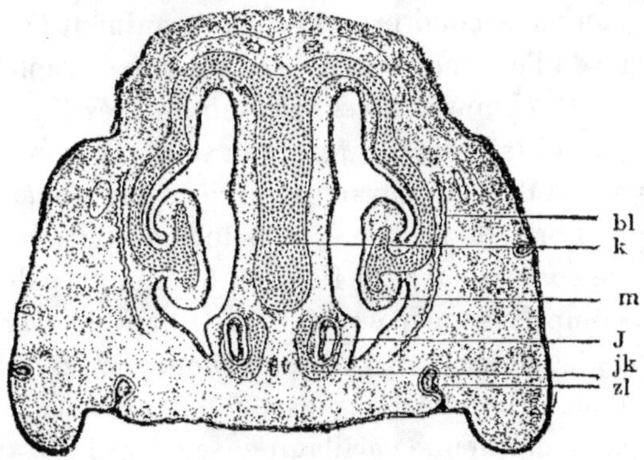

Fig. 325. — Coupe transversale de la tête d'un embryon de Porc de 5 cm. de longueur, du vertex au coccyx, organe de Jacobson.
k: cloison nasale cartilagineuse. — m : cornets. — J : organe de Jacobson, avec cartilages de Jacobson (jk). — zl : crête dentaire. — bl : os de revêtement.

fères, où elle constitue le canal naso-palatin ou canal de Stenson. Avec une sonde on peut aller par ce canal de la cavité nasale dans la cavité buccale. Chez l'Homme, le canal de Stenson se ferme pendant la vie embryonnaire ; mais il persiste, dans le prolongement palatin du maxillaire supérieur ossifié, au point correspondant, une solution de continuité remplie de tissu conjonctif de vaisseaux et de nerfs, c'est le *canal incisif*.

Au voisinage des canaux de *Stenson* se trouve les *organes de Jacobson*. Ce sont des organes qui apparaissent de très bonne heure chez les embryons de tous les Amniotes, sous forme de petites dépressions de la paroi médiane des fossettes olfactives (fig. 319). Chez l'Homme (fig. 323, Jo), ces organes se transforment en de fins tubes « situés un peu au dessus du canal incisif, dont la cloison nasale cartilagineuse est dirigée d'avant en arrière et un peu de bas en haut ; ces tubes sont fermés en cul-de-sac »

(*Schwalbe*). Chez les Mammifères l'organe de *Jacobson* est beaucoup plus développé (fig 235, J) ; il est entouré d'une capsule cartilagineuse propre, cartilage de Jacobson (jk), et reçoit une branche particulière du nerf olfactif se terminant dans un épithélium sensoriel. Cet épithélium est semblable à celui de la région olfactive. Fréquemment l'organe de Jacobson communique (par exemple chez les Ruminants) avec la partie initiale du canal de *Stenson*, qui établit une communication entre la cavité nasale et la cavité buccale,

Chez l'embryon humain on trouve également des cartilages de *Jacobson*, mais ils sont situés à quelque distance de l'organe rudimentaire de même nom (*Rœse*). Les restes de ces cartilages persistent même dans les cartilages nasaux de l'adulte (*Spurgat*).

Je considère comme second processus, déterminant l'accroissement de la surface interne de l'organe olfactif, la formation de replis de la muqueuse. Ces replis se développent, chez les Mammifères (fig. 325, m) et chez l'Homme sur la paroi latérale des fosses nasales. Ils sont dirigés parallèlement les uns aux autres et d'avant en arrière. Ils s'accroissent vers le bas par leur bord libre. Ils prennent une forme spéciale qui leur a fait donner le nom de *cornets nasaux*. Ils sont au nombre de trois, et ainsi que les cavités comprises entre eux et constituant les *méats nasaux*, ils sont connus sous les noms de : *supérieur*, *moyen* et *inférieur*. Ces replis sont soutenus, chez l'Homme déjà au second mois, par une charpente dérivant de la capsule crânienne cartilagineuse, et qui plus tard s'ossifiera.

Chez la plupart des Mammifères, les cornets prennent une forme très compliquée ; car sur les replis primitifs, il se forme de nombreux petits replis secondaires et tertiaires qui s'enroulent d'une façon particulière. Grâce à cette structure compliquée, déterminée par la formation des cornets, la cavité olfactive a reçu encore le nom de *labyrinthe olfactif*.

Enfin, en troisième lieu, la muqueuse nasale s'agrandit en surface du fait de la formation de diverticules, qui s'engagent partie dans la région ethmoïdale du crâne cartilagineux, partie à l'intérieur de plusieurs os de revêtement. C'est ainsi que se forment les nombreuses petites cellules ethmoïdales. Un peu plus tardivement (au 6e mois chez l'homme) se forme une évagination de la muqueuse dans le maxillaire supérieur, elle constitue le *sinus d'Higmore*. Enfin, après la naissance, des diverticules pénètrent à l'intérieur du corps du sphénoïde et de l'os frontal où ils forment les sinus sphénoïdaux et les sinus frontaux. Ces sinus n'atteignent leur complet développement qu'au moment de la puberté.

Chez de nombreux Mammifères les fosses nasales s'accroissent plus en arrière encore, à l'intérieur du corps de l'occipital (sinus occipitaux).

Comme ces cavités nasales accessoires se substituent à de la substance osseuse, il en résulte une diminution du poids de la tête.

Pour terminer l'étude de l'organe olfactif, il nous reste encore à dire quelques mots du *développement du nez*. Le nez se développe aux dépens du prolongement frontal et des prolongements nasaux (fig. 180, 303, 321), car ceux-ci dépassent de plus en plus le niveau des régions avoisinantes. Au début le nez est large et grossier, mais il s'amincit, s'allonge plus tard et prend sa forme caractéristique. Les orifices nasaux, primitivement très éloignés l'un de l'autre, se rapprochent de la ligne médiane. Par des mensurations *His* a montré que chez un embryon âgé de cinq semaines ils étaient distants de 1,7 mm. ; ils se rapprochent chez un embryon de six semaines à 1,8 mm. et chez un embryon un peu plus âgé à 0,8 mm. Ce rapprochement correspond à l'amincissement du prolongement frontal moyen, qui fournit la cloison nasale.

V. — Développement de la peau et des organes accessoires.

L'ÉPIDERME de l'homme, d'après les données de *Kölliker*, est très mince pendant les deux premiers mois du développement et se compose seulement de deux couches de cellules épithéliales. La couche superficielle est formée d'éléments hexagonaux, aplatis et transparents. La couche profonde, au contraire, est formée de cellules plus petites. Ainsi se trouve déjà indiquée une différenciation en couche cornée et en assise germinative (Rete Malpighii). Chez de nombreux Mammifères la couche cornée superficielle se détache tout d'une pièce, et forme alors autour de l'embryon une sorte d'enveloppe recouvrant l'extrémité des poils et appelée pour cette raison *épitrichium*.

Dès le milieu de la vie embryonnaire, les deux couches de l'épiderme deviennent plus épaisses et la couche externe renferme des lamelles cornées, dont les noyaux sont atrophiés. A partir de ce moment une desquamation plus active se produit à la surface de l'épiderme. Cette desquamation est compensée par ce fait, que les cellules de l'assise germinative se multiplient et fournissent ainsi de nouveaux éléments cornés. Ce processus détermine la formation, à la surface de l'embryon, d'un enduit jaunâtre, onctueux qui s'augmente continuellement jusqu'à la naissance, c'est le *segma embryonum* ou *vernix caseosa*. Le segma est formé d'un mélange de lamelles épidermiques détachées et de sébum cutané sécrété par les glandes sébacées qui se sont développées sur ces entrefaites. Le segma forme surtout un revêtement abondant à la face de flexion des articulations à la plante du pied, à la paume de la main, à la surface de la tête. Des fragments du segma peuvent tomber dans le liquide amniotique qu'ils troublent. Là ils peuvent être avalés par l'embryon avec des poils détachés et du liquide amniotique et deviennent ainsi un des éléments constituant du méconium entassé dans le rectum.

L'épiderme ne forme qu'une partie de la peau ou du tégument de l'adulte. L'autre partie, beaucoup plus importante est constituée par le DERME cutané ou chorion, qui se forme aux dépens du mésenchyme. Il se produit ici un fait analogue à ce que nous avons déjà constaté pour d'autres épithéliums et organes du corps : *les assises épithéliales formées aux dépens des feuillets germinatifs primordiaux se mettent en relation intime avec le mésenchyme* ; celui-ci leur fournit une assise conjonctive contribuant à leur soutien et à leur nourriture. De même que le feuillet germinatif interne s'unit avec le mésenchyme pour former la muqueuse du tube digestif ; que la vésicule auditive primordiale s'unit à la substance de soutien environnante pour former le labyrinthe membraneux ; que la vésicule optique épithéliale s'unit avec la choroïde et la sclérotique pour constituer le globe de l'œil, de même aussi l'épiderme s'unit au chorion pour former la peau.

Pendant les premiers mois, le derme constitue chez l'homme une couche de cellules fusiformes serrées les unes contre les autres. Il est séparé de l'épiderme par une mince membrane sans structure (membrane basale) lisse, disposition persistante chez les Vertébrés inférieurs. Mais au huitième mois, il se différencie en un derme cutané plus lâche, dans lequel se développent de petites masses de graisse.

Vers le milieu de la grossesse, ces petites masses deviennent plus abondantes, de sorte que le tissu conjonctif sous-cutané forme bientôt une couche de graisse recouvrant toute la surface du corps. En même temps, la limite entre le derme et l'épiderme perd son contour plan, de petites papilles se développent à la surface du derme ; elles s'engagent à l'intérieur de l'assise germinative où elles forment les corps papillaires de la peau (corpus papillaire).

La peau des Vertébrés subit une transformation plus importante encore à la suite de processus semblables à ceux décrits lors de la formation du tube digestif. *L'épiderme augmente sa surface par la formation d'évaginations à l'extérieur et d'invaginations à l'intérieur.* Comme les parties évaginées ou invaginées subissent les mêmes différenciations histologiques, il en résulte la formation d'un grand nombre d'organes divers, qui se développent inégalement dans les différentes classes de Vertébrés leur donnant en premier lieu leur aspect extérieur. Comme évagination faisant saillie à l'extérieur, se forment les dents cutanées, les écailles, les plumes, les poils et les ongles. Comme invaginations se constituent les glandes sudoripares, sébacées et mammaires. Nous nous occuperons seulement ici du développement des poils, des ongles et des glandes.

1° **Les poils.** — Les ébauches des poils apparaissent chez l'homme, en certains points, à la fin du troisième mois (tout d'abord dans la région du front et des sourcils). Il se forme, aux dépens de l'assise germinative de l'épiderme de petites saillies pleines, ce sont les germes pileux. Ces germes s'engagent à l'intérieur du derme cutané sous-jacent (fig. 326, hk). Comme ce germe s'allonge considérablement et se renfle à son ex-

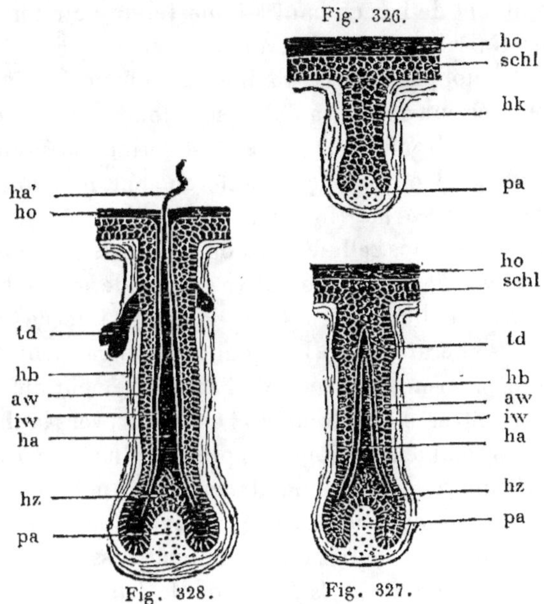

Fig. 326-328. — Trois stades différents du développement d'un poil chez l'embryon humain.

ho : couche ornée de l'épiderme. — schl : assise germinative. — pa : papilles du poil. — hk : germe du poil. — hz : bulbe. — ha : poils jeunes. — ha' : extrémité libre du poil. — aw : gaîne externe du poil. — iw : gaîne interne du poil. — hb : follicule. — td : glande sébacée.

trémité aveugle, il prend la forme d'une bouteille. Puis, contre le fond de la saillie épithéliale le derme cutané avoisinant prolifère et forme une petite nodosité très riche en cellules (pa) qui pénètre à l'intérieur du tissu épithélial, c'est l'ébauche de la *papille du poil*. Elle est de nature conjonctive et présente bientôt une anse vasculaire. Autour du germe pileux engagé dans la profondeur, les parties environnantes du derme se disposent d'une façon particulière, partie en faisceaux de fibrilles longitudi-

naux, partie en faisceaux circulaires qui forment le follicule pileux (figures 327.328, hb). Aux stades suivants les cellules épithéliales, qui coiffent
les papilles, commencent à proliférer et se divisent en deux groupes
(fig. 327). En premier lieu, les cellules qui sont les plus éloignées de la
pupille deviennent fusiformes, s'unissent en un petit cône et fournissent
par kératinisation la première *tige du poil* (ha). En second lieu, les cellules qui revêtent directement la papille restent protoplasmiques et constituent le bulbe pileux (h z). C'est par l'intermédiaire du bulbe que se fait
l'accroissement ultérieur du poil. Les cellules du bulbe se multiplient par
division, s'ajoutent de bas en haut à la partie du poil formée en premier
lieu et se kératinisant contribuent à l'allongement du poil.

Le poil se développant sur la papille se trouve primitivement logé entièrement à l'intérieur de la peau. Il est entouré par les cellules épithéliales de la saillie au fond de laquelle s'est formée la première ébauche.
Aux dépens de cette enveloppe se différencient *la gaîne externe* et *la
gaîne interne de la racine* (fig. 327, 328, aw et iw). La gaîne externe
est composée de petites cellules protoplasmiques ; elle se continue du
côté extérieur avec l'assise germinative de l'épiderme (schl) et à l'extrémité opposée avec le bulbe (hz). Dans la gaîne interne (in), les cellules
s'aplatissent et se kératinisent. Les jeunes poils gagnent peu à peu vers
la surface de l'épiderme par suite de l'accroissement du bulbe. Ils commencent à se montrer chez l'Homme à l'extérieur, vers la fin du cinquième
mois (ha'). Ils proéminent toujours de plus en plus à la surface de la peau,
même chez l'embryon, et en maints endroits, notamment sur la tête,
constituent un revêtement assez serré. A cause de leur finesse, de leur
ténuité, et en raison de ce fait qu'ils tombent aussitôt après la naissance,
on leur a donné le nom *de poils follets* ou de *lanugo*.

Un poil est un organe passager de durée relativement courte. Il tombe
après un certain temps et est remplacé par un nouveau poil. Ce processus
commence déjà pendant la vie fœtale. Les poils tombant arrivent dans le
liquide amniotique, sont avalés avec lui par l'embryon et forment ainsi
l'un des éléments constituant du méconium entassé dans le rectum. Un
remplacement, plus actif a lieu chez l'Homme après la naissance lors de la
chute du lanugo, qui en certains points du corps est remplacé par des
poils plus forts. Chez les Mammifères, la chute des poils et leur remplacement présentent une certaine périodicité, qui est en rapport avec la
température chaude ou froide du moment de l'année. C'est ainsi qu'il se
forme chez eux une fourrure d'été et une fourrure d'hiver ; chez l'Homme
le *remplacement des poils* est aussi influencé, mais à un degré moindre
par les époques de l'année. La chute d'un poil est accompagnée de mo-

difications profondes du bulbe. La multiplication des cellules, qui fournit de nouvelle substance cornée, s'arrête. Le poil se détache de son point d'origine, s'effile à son extrémité inférieure et prend la forme d'une massue (*Kolbenhaar*).

Toutefois, le poil est encore retenu dans le follicule par les gaînes de la racine jusqu'à ce qu'il soit arraché violemment, ou poussé en dehors par le *poil de remplacement* qui se substitue à lui.

(Pour le développement des poils de remplacement, voir les traités d'histologie)

2° **Les ongles**. — Un second organe, qui se forme par kératinisation de l'épiderme, c'est l'ongle. L'ongle correspond, au point de vue de l'anatomie comparée, aux griffes et aux sabots des autres Mammifères. Chez l'embryon humain âgé de sept semaines, il se produit déjà des proliférations de l'épiderme aux extrémités des doigts ; ces proliférations sont caractérisées par leur peu d'étendue et par leur épaisseur. Il en est de même à l'extrémité des orteils où leur développement est toujours un peu plus tardif qu'aux extrémités des doigts. A la suite de cette prolifération se constituent des organes en forme de griffe, composés de cellules épidermiques lâches, et qui ont été décrits par *Hensen* sous le nom de *précurseur de l'ongle* ou *d'ongle primordial*.

Chez un embryon un peu plus âgé, de neuf à douze semaines (*Zander*), la prolifération épidermique est nettement délimitée sur son pourtour par une dépression circulaire. Elle se compose : d'une assise de cellules cylindriques pourvues d'un gros noyau et reposant sur le derme, cette assise correspond au corps muqueux de Malpighi ; de deux ou trois assises de cellules polygonales, et, enfin, d'une couche cornée. C'est cette région délimitée par une dépression et caractérisée par une disposition particulière des cellules que *Zander* a désignée du nom *d'ébauche primaire de l'ongle*. Il la décrit comme occupant à l'extrémité de la dernière phalange, une surface dorsale plus grande et une surface palmaire plus, petite. Les processus suivants du développement de la lame unguéale offrent, d'après *Minot*, qui s'appuie sur les recherches de *Bowers*, une importance particulière, car ils nous montrent que l'ongle n'est qu'une partie modifiée du stratum lucidum, qui est mise à nu par la perte de l'épithélium qui le recouvrait. Dès le début du quatrième mois les cellules superficielles de l'assise génératrice présentent de petites granulations, d'éléidine ou de kératohyaline et forment le statrum granulosum.

A ses dépens, il se forme un stratum lucidum, qui apparaît tout d'abord dans la portion distale de la région unguéale et de là gagne la portion proximale et en dernier lieu, la racine unguéale. La formation du stratum lucidum est précédée de la formation de granulations. Environ vers le milieu du quatrième mois, la totalité de l'ongle possède un stratum lucidum » (*S. Minot*). La lame unguéale s'épaissit lentement par accroissement de sa surface inférieure ou de nouvelles cellules se modifient par suite de formation de granulations d'éléidine et de substance cornée. La lame unguéale est, en outre, recouverte dans sa première ébauche par un *éponychium* qui correspond à l'épitrichium recouvrant toute la surface de l'épiderme. L'*éponychium* disparaît à la fin du cinquième mois. Cependant on peut déjà, quelques semaines avant, distinguer facilement les ongles malgré l'éponychium, grâce à leur coloration blanche qui tranche sur la coloration rosée ou rouge de la peau environ-

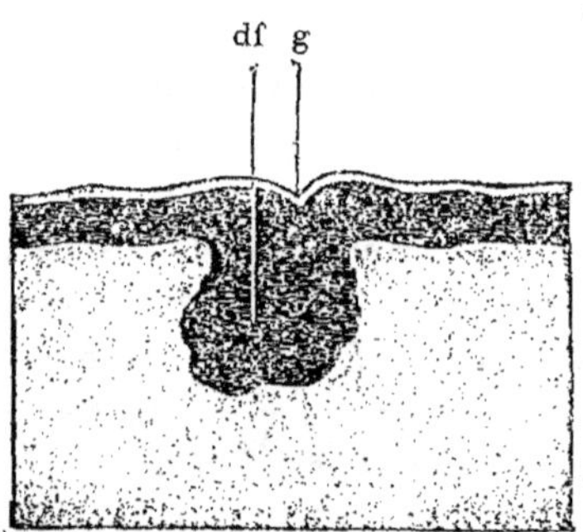

FIG. 329. — Coupe transversale de l'ébauche d'une glande mammaire d'un embryon humain du sexe féminin mesurant 10 cm. de longueur ; d'après Huss.
df : ébauche du champ glandulaire. — g : sa dépression.

nante. Après la disparition de l'éponychium, la lame unguéale qui s'accroît fortement s'avance d'arrière en avant sur le lit de l'ongle. A partir du septième mois, elle commence même à le dépasser par son bord libre. Chez le nouveau-né, elle possède un bord faisant fortement saillie sur la pulpe du doigt, il s'est développé le premier, est beaucoup plus mince et plus étroit que le restant reposant sur le lit de l'ongle, et qui s'est formé plus tard. Peu de temps après la naissance ce bord libre tombe.

3° **Les glandes de la peau.** — Les organes glandulaires qui se forment par invagination du feuillet corné sont, chez l'homme, de trois natures différentes : les glandes sébacées, les glandes sudoripares et les glandes mammaires. Elles se développent toutes par prolifération de l'assise germinative, qui forme des bourgeons pleins s'engageant dans le derme cutané. Ces bourgeons se développent ultérieurement en glandes tubuleuses acineuses. Les glandes du type tubuleux sont les *glandes sudoripares* et les *glandes cérumineuses*. Elles commencent à pénétrer de l'assise germinative dans le derme cutané au cinquième mois. Au septième mois, elles présentent une petite cavité à leur intérieur. Elles s'accroissent considérablement en longueur, se recourbent notamment à leur extrémité et constituent ainsi la première ébauche du glomérule.

Les *glandes sébacées appartiennent au type acineux*. Elles se développent soit directement aux dépens de l'épiderme, comme par exemple au bord rouge des lèvres, au prépuce et au gland du pénis, ou bien elles sont le plus souvent en rapport direct avec les poils. Dans ce cas, elles apparaissent comme un épaississement plein de la gaine externe, situé près de l'extrémité du follicule pileux (fig. 327 et 328, td). Elles ont tout d'abord la forme d'une bouteille, puis elles émettent des bourgeons latéraux qui se dilatent en massue à leur extrémité. Une cavité se constitue à l'intérieur des glandes du fait que les cellules, situées à l'intérieur du canal, deviennent graisseuses, se fragmentent, et sont éliminées à l'extérieur comme produit de sécrétion.

Le *développement des glandes mammaires* est d'un intérêt beaucoup plus grand, car ce sont des organes volumineux, chargés d'une fonction importante et caractéristique de la classe des Mammifères.

Je considère comme très important ce caractère que chaque glande mammaire ne constitue pas un organe unique pourvu d'un seul canal excréteur, comme la glande parotide ou la glande sous-maxillaire, qu'elle est formée de *nombreuses glandes*. La première ébauche apparaît chez l'embryon humain à la fin du deuxième mois sous forme d'un épaississement de l'épiderme situé à droite et à gauche de la région pectorale (fig. 329). Cet épaississement est formé surtout par prolifération de l'assise germinative qui pénètre dans le derme cutané sous forme d'une saillie hémisphérique (df). Mais des modifications se produisent plus tard dans la couche cornée; elle s'épaissit et s'engage sous forme d'un bouchon corné à l'intérieur de la prolifération de l'assise germinative. Habituellement il existe une petite dépression (g) au centre de toute cette ébauche épidermique. De cette façon une certaine région cutanée est, de bonne heure, nettement délimitée; plus tard elle donnera l'aréole du sein et le mamelon. Les différentes glandes qui donneront le lait se formeront par bourgeonnement de sa partie profonde.

Chez des embryons plus âgés, l'épaississement lenticulaire résultant de la prolifération de l'épiderme s'agrandit et s'aplatit (fig. 330, df); extérieurement il est nettement délimité par un rebord (rebord cutané, dw) résultant d'un épaississement du derme. L'ébauche totale qui, maintenant, correspond à une légère dépression de la peau, porte le nom de *champ glandulaire*. Aux dépens de l'assise de Malpighi du champ glandulaire se forment des bourgeons pleins (dg) qui pénètrent dans le derme cutané. Ces bourgeons se développent de la même manière que les glandes sébacées et les glandes sudoripares se constituent en d'autres points aux dépens de l'épiderme. Au septième mois, ils sont déjà très développés et rayonnent autour de la dépression, en dessous et latéralement. Leur nombre augmente jusqu'au moment de la naissance, les plus gros émettent, à leur tour, des bourgeons latéraux pleins (db). Chaque bourgeon primaire constitue l'ébauche d'une glande à lait qui s'ouvre à la surface du champ glandulaire (df) par un orifice propre.

La dénomination de *champ glandulaire* est exacte, car il constitue une transition avec ce qui existe chez les Monotrèmes. Chez ces animaux, en effet, on ne trouve pas comme chez les Mammifères supérieurs un amas glandulaire unique et nettement délimité ; mais au contraire, une région de la peau même, recouverte de petits poils et légèrement déprimée où sont

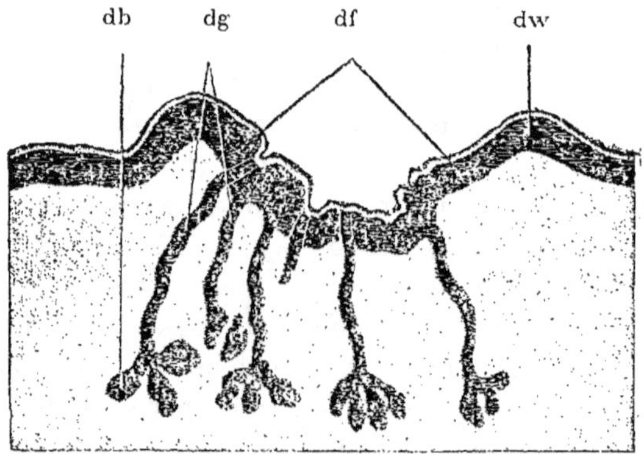

Fig. 330. — Coupe transversale de l'ébauche d'une glande mammaire d'un embryon humain du sexe féminin de 32 cm. de longueur ; d'après Huss.
df : champ glandulaire. — dw : rempart. — dg : canal excréteur. — db : acinus glandulaire.

disséminées de petites glandes isolées, dont le produit de sécrétion est léché par la langue du jeune animal qui naît avant d'avoir atteint son complet développement. Chez les autres Mammifères, au contraire les glandes qui s'ouvrent isolément à la surface du champ glandulaire se réunissent en un appareil unique. En outre, il se développe un dispositif adapté à la succion c'est la *papille* ou *mamelon*, sur lequel aboutissent tous les canaux glandulaires excréteurs, et que le jeune animal saisit dans sa bouche. Le mamelon, chez l'homme, commence son développement un peu plus tôt (*Oskar Schultz*). Le champ glandulaire délimité par le rebord cutané qui, pendant longtemps était déprimé, s'aplatit tout d'abord et se met au même niveau que la peau environnante. Il se distingue de la peau par sa coloration plus rosée qu'il doit à l'abondance des vaisseaux sanguins et à la structure plus fine de son épiderme. Ensuite, pendant les premières années de la vie, le champ glandulaire s'élève, ainsi que les orifices des canaux excréteurs (ductus lactifiri) et fait saillie à l'extérieur. Ce fait résulte de l'apparition de nombreux fibres musculaires lisse ; le mamelon est formé. La région cutanée environnante jusqu'au point dépourvu de germes pileux constitue l'autre l'aréole. Dans le sexe féminin ces transformations s'accomplissent plus tôt que dans le sexe mâle.

Aussitôt après la naissance, des transformations se produisent dans le tissu glandulaire encore peu développé. Les glandes gonflent momentanément parce qu'elles sont congestionnées : il en sort, par une légère compression, une petite quantité de liquide laiteux, le lait du nouveau-né (Hexenmilch). D'après *Kölliker*, la formation de ce liquide serait due à ce que les conduits glandulaires primitivement pleins deviennent creux à ce moment, les cellules centrales deviendraient graisseuses, se détacheraient et seraient éliminées, à l'extérieur, en suspension dans un liquide. D'après les recherches de *Barfurth*, au contraire, le lait du nouveau-né serait un véritable produit de sécrétion, identique par ses caractères morphologiques et sa constitution chimique, au lait de la femme.

Après la naissance, de grandes différences se manifestent dans la structure des glandes entre les deux sexes. Alors que, chez l'homme, le parenchyme glandulaire s'arrête dans son développement, chez la femme il commence à proliférer, particulièrement au moment de la puberté et plus encore pendant la grossesse. Aux dépens des canaux glandulaires formés les premiers, se développent de nombreuses ramifications latérales creuses qui se garnissent d'acini glandulaires creux dont la paroi est formée par un épithélium cylindrique simple. En même temps, de nombreux amas graisseux se développent dans le tissu conjonctif entre les différents lobules glandulaires. A la suite de ce processus, la région où s'est formée la glande mammaire devient plus ou moins saillante (mamelle).

Résumé du chapitre XI

1. **Développement du système nerveux central.** — 1º Le système nerveux central se développe aux dépens de la région du feuillet germinatif externe qui constitue la plaque médullaire. Celle-ci se transforme en un tube médullaire (bourrelets médullaires, gouttière médullaire).

2º Les parois latérales du tube nerveux s'épaississent, alors que sa paroi ventrale et sa paroi dorsale restent minces et sont refoulées au fond des sillons antérieur et postérieur, où elles forment les commissures de la moelle épinière.

3° Primitivement, la moelle épinière occupe toute la longueur du canal vertébral. Mais elle s'accroît plus lentement que celui-ci, et se termine, par suite, au niveau de la deuxième vertèbre lombaire (trajet oblique des nerfs lombaires et sacrés).

4° La partie du tube nerveux qui donne naissance au cerveau se divise en trois vésicules cérébrales primitives (vésicules cérébrale antérieure primitive [prosencephalon], vésicule cérébrale moyenne [mésencephalon], vésicule cérébrale postérieure [rhombencephalon]).

5° La vésicule cérébrale antérieure primitive donne par invagination de ses parois latérales, les vésicules optiques. En outre, elle se divise plus tard, et fournit les ébauches des hémisphères (telencephalon) et du cerveau intermédiaire.

6° La vésicule cérébrale postérieure se divise par un étranglement et fournit l'ébauche du cervelet (epencephalon) et de la moelle allongée (myelencephalon).

7° L'axe rectiligne qui, primitivement reliait les trois vésicules cérébrales primitives au-dessous, subit plus tard en différents points de fortes inflexions à la suite desquelles les vésicules changent de position (courbure faciale, courbure du pont, courbure nuchale). La courbure nuchale et la courbure faciale correspondent, à la surface de l'embryon, à l'éminence apicale ou frontale et à l'éminence nuchale.

8° Les processus suivants déterminent la transformation des vésicules : a) certaines parties des parois s'épaississent plus ou moins, tandis que d'autres s'amincissent, et ne forment pas de substance nerveuse (plafond du troisième et du quatrième ventricule ; b) les parois des vésicules se plissent ; c) certaines vésicules, première et quatrième, se développent beaucoup plus que les autres (cerveau intermédiaire, cerveau moyen, cerveau postérieur).

9° Aux dépens des cavités des vésicules cérébrales se forment les quatre ventricules et l'aqueduc de *Sylvius*.

10° Des vésicules, la vésicule intermédiaire, qui fournit les tubercules quadrijumeaux, est celle qui subit le moins de modifications.

11° Les vésicules cérébrales primitives antérieure et postérieure présentent des modifications analogues, en ce sens que la plus grande partie de leur paroi supérieure s'amincit et se transforme en une seule assise de cellules épithéliales qui s'unit avec la pie-mère hypertrophiée pour former les plexus choroïdes (plexus choroïdes antérieur, latéraux, postérieur ; fentes cérébrales antérieure et postérieure).

12º L'ébauche du cerveau antérieur se divise par suite du développement de la scissure interhémisphérique et de la grande faux du cerveau en deux moitiés latérales, les deux vésicules hémisphériques.

13º Les vésicules hémisphériques dépassent chez l'Homme, en volume, toutes les autres parties du cerveau. Elles s'accroissent d'avant en arrière, de dedans en dehors, forment ainsi le pallium qui recouvre les autres portions du tube nerveux qui forme l'axe du cerveau.

14º On distingue dans le phénomène de plissement des hémisphères, les scissures et les sillons.

15º Les scissures sont des plissements totaux de la paroi cérébrale (fosse de *Sylvius*, fissura hippocampi, fissura chorioïdea ; fissura calcarina, fissura occipitalis). Elles déterminent à la surface des incisions profondes auxquelles correspondent, dans les ventricules latéraux, des saillies internes (corps striés, corne d'Ammon, pli choroïdien, calcar avis).

16º Les sillons sont des scissures qui intéressent seulement la couche corticale des hémisphères. Selon qu'ils se forment à une période plus ou moins reculée du développement, ils sont plus ou moins profonds (sillons primaires, secondaires, tertiaires).

17º Les scissures apparaissent en général avant les sillons.

18º Le nerf olfactif n'est pas comparable à un nerf périphérique. Comme les vésicules optiques et le nerf optique, c'est une partie du cerveau formée par évagination du lobe frontal des hémisphères (lobe olfactif, bulbe olfactif, bandelette olfactive) (développement puissant des lobes olfactifs chez les Vertébrés inférieurs ; leur atrophie chez l'Homme).

II. **Développement du système nerveux périphérique et du sympathique.** — 1º Les ganglions spinaux se forment aux dépens d'une crête neurale qui apparaît à droite et à gauche de la ligne de suture du tube neural, entre celui-ci et le feuillet corné. La crête neurale se développe de haut en bas et se renfle en un ganglion au milieu de chaque segment primordial.

2º Les ganglions spinaux dérivent donc du feuillet germinatif externe, comme le tube nerveux lui-même.

3º Les ganglions sym athiques sont probablement des parties détachées des ganglions spinaux.

4º Deux hypothèses différentes ont été émises sur le développement des fibres nerveuses périphériques : 1º les fibres nerveuses périphériques dérivent du système nerveux central, et s'unissent seulement en second lieu avec leurs appareils périphériques terminaux ; 2º les ébauches des appareils terminaux (Muscles, Organes des sens) et le système nerveux central sont réunis dès le début du développement par des filaments et

par des cellules disposés en séries. C'est aux dépens de ces systèmes
que se constituent les fibres nerveuses (*Hensen*).

III. **Développement de l'œil.**— 1º Les parois latérales de la vésicule cérébrale antérieure s'évaginent pour former les vésicules optiques.

2º Chaque vésicule optique demeure réunie par un pédicule avec la
portion de la vésicule cérébrale primitive antérieure qui deviendra le
cerveau intermédiaire. Ce pédicule donnera le nerf optique.

3º La vésicule optique se transforme en une cupule optique ; car sa
paroi externe et sa paroi inférieure sont invaginées par suite du développement de l'ébauche du cristallin et du corps vitré.

4º Au point où la vésicule optique primitive est en contact par sa paroi
externe avec le feuillet germinatif externe, celui-ci s'épaissit, se déprime
et forme la fossette cristallinienne qui se détache : vésicule cristallinienne.

5º Les cellules de la paroi postérieure de la vésicule cristallinienne se
transforment en fibres cristalliniennes. Les cellules de la paroi antérieure
constituent l'épithélium cristallinien.

6º L'ébauche du cristallin est enveloppée, au moment de son accroissement par la tunique vasculaire du cristallin, qui s'atrophie ensuite.

7º La membrane pupillaire est formée par la partie antérieure, située
derrière la pupille, de la tunique vasculaire du cristallin.

8º Le développement du cristallin détermine la formation de la fente
optique.

9º La cupule optique possède une double paroi ; un feuillet épithélial
externe et un feuillet épithélial interne. Les deux feuillets se continuent
l'un avec l'autre au bord de l'orifice de la cupule qui entoure le cristallin,
ainsi que le long des bords de la fente optique.

10º Entre le cristallin et le feuillet corné adjacent pénètrent des cellules mésenchymateuses provenant du tissu environnant, et qui donnent
naissance à la cornée et à la membrane de *Descemet*. Cette dernière est
séparée de la tunique vasculaire du cristallin par une fente, la chambre
antérieure.

11º La cupule optique se différencie en une portion postérieure dans
l'étendue de laquelle le feuillet interne s'épaissit et forme la rétine, et en
une portion antérieure commençant à l'ora serrata ; cette portion s'amincit et se prolonge à la surface antérieure du cristallin et pénètre dans la
chambre antérieure jusqu'à l'orifice de la cupule qui, primitivement
large, s'est rétrécie et forme la pupille.

12º La portion antérieure amincie de la cupule se différencie encore en
deux zones. Autour de l'équateur du cristallin elle se plisse et forme les
procès ciliaires. En avant elle reste lisse. De sorte que maintenant on peut

distinguer trois parties à la cupule optique ; la partie rétinienne, la partie ciliaire et la partie iridienne.

13° L'enveloppe de tissu conjonctif entourant la cupule se différencie au niveau de chacune de ces trois régions de la cupule optique. Elle devient ainsi : la choroïde proprement dite, le stroma conjonctif du corps ciliaire et de l'iris.

14° Au pourtour de la cornée, la peau se plisse pour former la paupière supérieure, la paupière inférieure et la membrane nictitante. Celle-ci est rudimentaire chez l'Homme où elle constitue le repli semi-lunaire.

15° Les bords des paupières se soudent dans les derniers mois du développement par leur épithélium, ils se séparent à nouveau avant la naissance.

16° Chez les Mammifères la gouttière lacrymale comprise entre le prolongement du maxillaire supérieur et le prolongement nasal externe s'étend de l'angle interne de l'œil à la cavité nasale.

17° Une crête épithéliale se forme au fond de la gouttière lacrymale, elle se sépare de l'épiderme et devient creuse, formant ainsi le canal lacrymal.

18° Par division de la crête épithéliale dans l'angle de l'œil, se constituent les deux canalicules lacrymaux.

IV. Développement de l'organe auditif. — 1° Le labyrinthe membraneux se forme sur le côté du cerveau postérieur au-dessus de la première fente branchiale, aux dépens d'une dépression du feuillet germinatif externe.

2° La fossette auditive se transforme en une vésicule auditive, qui s'enfonce de plus en plus dans la profondeur, où elle est entourée de la substance conjonctive embryonnaire qui donnera naissance plus tard à la capsule crânienne.

3° La paroi de la vésicule auditive donne naissance à des invaginations différentes et l'organe prend l'aspect complexe du labyrinthe membraneux. Il se divise en : utricule avec les trois canaux semi-circulaire ; saccule, avec le canal de réunion, canal cochléaire, enfin le recessus vestibuli qui établit une union entre le saccule et l'utricule.

4° Le nerf auditif et l'épithélium acoustique primitivement indivis, se divisent ensuite, comme la vésicule, en plusieurs parties. Il se forme plusieurs rameaux nerveux (nerf vestibulaire, nerf cochléaire), et plusieurs taches nerveuses (crêtes acoustiques des trois ampoules, macula de l'uticule et du saccule et organe de Corti).

5° Le tissu conjonctif embryonnaire dans lequel sont situés la vésicule auditive épithéliale et ses produits de différenciation se différencie en trois parties :

a) En une mince couche de tissu conjonctif qui s'applique intimement sur les parois épithéliales et forme avec elles le labyrinthe membraneux.

b) En un tissu gélatineux, qui se liquéfie pendant la vie embryonnaire et fournit les espaces périlymphatiques (dans le limaçon, les rampes tympaniques et vestibulaires).

c) En une capsule cartilagineuse aux dépens de laquelle se forme par ossification le labyrinthe osseux.

6° L'oreille moyenne et l'oreille externe se forment aux dépens de la partie supérieure de la première fente branchiale (évent de Sélaciens).

7° Aux dépens de la membrane d'occlusion de la première fente branchiale et des parties avoisinantes des arcs branchiaux se développe la membrane tympanique ; primitivement épaisse, elle s'amincit dans la suite.

8° Aux dépens de la cavité située en dedans de la paroi interne de la membrane tympanique (sulcus tubotympanicus) et aux dépens d'une évagination située en haut et en dehors et dirigée en arrière, se forment la caisse du tympan et la trompe d'Eustache.

9° Au début la caisse du tympan est très étroite, car dans la muqueuse qui la délimite le tissu conjonctif est gélatineux.

10° Les osselets et la corde du tympan sont primitivement entourés de tissu muqueux et situés en dehors de la caisse du tympan. Mais par l'atrophie du tissu muqueux ils se trouvent placés dans les replis de la muqueuse qui font saillie à l'intérieur de la caisse tympanique élargie (replis du marteau et de l'enclume).

11° Le conduit auditif externe se forme aux dépens de la portion de la cavité située en dehors de la membrane tympanique. Le pavillon de l'oreille se forme aux dépens de six saillies qui deviennent le tragus, l'antitragus, l'hélix, l'anthélix et le lobule.

V. Développement de l'organe olfactif. — 1° L'organe olfactif se développe aux dépens de deux fossettes du feuilllet germinatif externe. Ces fossettes se forment sur le prolongement frontal à une assez grande distance l'une de l'autre.

2° Les deux fossettes olfactives s'unissent ensuite à un stade ultérieur avec les angles de la cavité buccale par l'intermédiaire des gouttières nasales.

3° Les bords internes des fossettes olfactives et des gouttières olfactives fait saillie à l'extérieur et forment les prolongements nasaux internes et externes.

4° A la suite de la soudure des bords des gouttières, l'organe olfactif se transforme en deux canaux nasaux qui s'ouvrent d'une part au niveau du prolongement frontal par un orifice nasal externe, et d'autre part, à la voûte de la cavité buccale primordiale, par un orifice nasal interne.

5° Les orifices nasaux internes deviennent plus tard fusiformes, et se rapprochent l'un de l'autre, car la cloison nasale s'amincit, et en même temps s'accroît de haut en bas dans la cavité buccale primordiale.

6° La partie supérieure de la cavité buccale primordiale intervient dans la formation de l'organe olfactif et sert à agrandir sa région respiratoire. En effet, des prolongements maxillaires supérieurs naissent les lames palatines horizontales qui se développent vers le bord inférieur de la cloison nasale, se soudent avec lui et forment la voûte palatine et le voile du palais.

7° L'organe olfactif subit un accroissement considérable dans sa région respiratoire ;

a) Par plissement de sa muqueuse déterminant la formation des cornets ;

b) par formation d'évaginations de sa muqueuse s'engageant dans les parties avoisinantes du squelette céphalique cartilagineux et osseux (formation des cellules ethmoïdales, des cavités frontales, sphénoïdales et d'Highmore).

8° Il se forme de bonne heure une évagination particulière du feuillet germinatif externe au voisinage de la fossette olfactive. Elle constitue l'ébauche de l'organe de *Jacobson* et reçoit un rameau spécial du nerf olfactif.

9° L'organe de *Jacobson* se trouve situé finalement à une certaine distance de la région olfactive, à l'extrémité inférieure de la cloison nasale.

10° Les canaux de *Stenson* chez beaucoup de Mammifères et les canaux incisifs chez l'Homme sont des restes des fentes palatines, qui primitivement faisaient communiquer la cavité nasale avec la cavité buccale.

VI. Développement de la peau et des organes accessoires. — 1° Le développement des poils résulte, chez l'embryon humain, du fait que l'assise germinative du derme envoie des prolongements, les germes du poil, dans la profondeur.

2° Contre le fond du germe du poil, le tissu conjonctif prolifère et forme la papille vascularisée du poil.

3° Le germe épithélial du poil se différencie : *a*) en un jeune poil par kératinisation d'une partie de ses cellules ; *b*) en une masse cellulaire, située entre la racine du poil et la papille, à prolifération très active, et qui fournit le matériel nécessaire à l'accroissement du poil ; *c*) en une gaine interne et en une gaine externe de la racine du poil.

4° Autour de la partie épithéliale de l'ébauche du poil se forme le follicule pileux aux dépens du tissu conjonctif environnant.

5° Les ongles, chez l'Homme, se développent aux dépens d'une région de l'épiderme modifiée en région unguéale primitive par transformation du stratum lucidum.

6° La mince lame unguéale primitivement formée est revêtue pendant longtemps d'une couche de cellules cornées, l'éponychium, qui tombe au cinquième mois chez l'embryon humain.

7° La glande mammaire est un complexe de glandes acineuses.

8° Il se forme d'abord un épaississement de l'assise germinative de l'épiderme, qui se sépare plus tard de la région environnante par un rebord cutané et se transforme en un champ glandulaire légèrement déprimé.

9° Au fond du champ glandulaire naissent en grand nombre les ébauches des glandes acineuses.

10° Plus tard, le champ glandulaire et les canaux excréteurs qui y aboutissent proéminent à la surface de la peau et forment le mamelon.

11° Après la naissance, la glande mammaire secrète momentanément un liquide laiteux appelé lait du nouveau-né (Hexenmilch).

CHAPITRE XII

Organes dérivés du feuillet intermédiaire ou mésenchyme.

Dans la première partie de ces Éléments nous avons déjà indiqué pour quels motifs il est nécessaire de distinguer, indépendamment des quatre feuillets germinatifs épithéliaux, un feuillet intermédiaire spécial ou mésenchyme. La raison de cette distinction est bien établie par la suite du développement. En effet, tous les différents tissus et organes qui dérivent du feuillet intermédiaire présentent un ensemble de caractères qui indiquent leur origine commune. Au point de vue histologique on réunit, déjà depuis longtemps les diverses espèces de tissus conjonctifs en une *même famille*.

Primitivement, le rôle du feuillet intermédiaire, ainsi que cela apparaît le plus nettement chez les animaux inférieurs, comme chez les Cœlentérés, est de constituer une masse de remplissage et de soutien entre les feuillets épithéliaux. Le mésenchyme est donc intimement lié dans son développement aux feuillets germinatifs. Lorsque ces dernières s'évaginent et forment des replis externes, du mésenchyme s'engage à l'intérieur du repli et constitue une lame de soutien. Lorsque les feuillets germinatifs s'invaginent et forment des replis internes, le mésenchyme entoure ces replis comme c'est le cas chez les Vertébrés lors de la formation du tube nerveux, des muscles striés, du parenchyme glandulaire secréteur, de la cupule optique et de la vésicule auditive ; il fournit à chacun de ces organes une enveloppe propre (enveloppes du cerveau, périmysium, stroma conjonctif des glandes). Il en résulte que le feuillet intermédiaire se complique de plus en plus, et cela dans la même mesure que les feuillets germinatifs se différencient par évagination, invagination et séparation, et constituent les différents organes. Mais le mésenchyme acquiert en outre une structure plus complexe, et particulièrement chez les Vertébrés, par sa faculté propre de transformation. En particulier, il se transforme par *différenciation histologique ou par modifications tissurales*. Il donne ainsi naissance à un grand nombre d'organes différents : aux éléments cartilagineux et osseux du squelette, aux fascias, aux aponévroses, aux tendons, aux vaisseaux, aux glandes lymphoïdes, etc. C'est donc ici qu'il convient le mieux d'étudier le *principe de la dif-*

férenciation histologique et de rechercher dans quelle mesure il intervient dans la formation des organes dérivant du mésenchyme.

La forme la plus primitive et la plus simple du mésenchyme est le *tissu muqueux*. Non seulement il existe seul, comme substance conjonctive chez les animaux inférieurs, mais chez tous les Vertébrés, c'est lui aussi qui se développe en premier lieu aux dépens des cellules embryonnaires, du feuillet intermédiaire. Ce tissu est donc le précurseur et la base de toutes les autres formes de la substance de soutien. Il persiste en de nombreux points, chez les Vertébrés inférieurs, alors même qu'ils sont adultes. Chez les Mammifères et chez l'Homme, au contraire, il disparaît très tôt et se transforme en deux formes principales de substance de soutien : *tissu conjonctif fibrillaire, tissu cartilagineux*. Le premier de ces deux tissus se constitue de la manière suivante : aux dépens des cellules plus ou moins nombreuses de la substance fondamentale gélatineuse se forment des fibres conjonctives. Ces fibres sont formées d'une substance colloïdale qui par coction donne de la gélatine. D'abord peu nombreuses, les fibres gélatineuses augmentent en nombre au fur et à mesure que l'animal devient plus âgé. Ainsi des formes de transition conduisent du tissu fœtal ou tissu conjonctif embryonnaire au tissu conjonctif consistant presque exclusivement en fibres et en cellules. Ce tissu fibrillaire est susceptible de nombreuses modifications dans l'organisme, selon que ses fibres s'entremêlent irrégulièrement dans différentes directions ou selon qu'elles sont disposées parallèlement les unes aux autres formant ainsi des cordons et des lamelles. De là la formation d'organes très divers en rapport avec d'autres provenant des feuillets germinatifs. Ici, il se forme une assise sur laquelle reposent les couches épithéliales étalées en surface comme par exemple, la partie interne du tégument composée du derme cutané, et du tissu conjonctif sous-cutané, le derme des différentes muqueuses et des enveloppes séreuses. En d'autres points, il donne naissance à des lames conjonctives et résistantes qui séparent les muscles et les enveloppent.

Le second produit de transformation du mésenchyme primaire, le cartilage, se développe de la façon suivante : en certains points du tissu muqueux embryonnaire les cellules prolifèrent et sécrètent de la chondrine ou substance cartilagineuse fondamentale, qui se dépose entre elles.

Les régions qui ont subi la transformation cartilagineuse acquièrent plus de résistance que les autres sortes de substances de soutien, que le tissu muqueux et le tissu fibrillaire. Elles se différencient nettement des régions avoisinantes plus molles, et acquièrent des fonctions spéciales en rapport avec leurs caractères physiques particuliers. En certains points le cartilage sert à maintenir béante l'ouverture de certains canaux (cartilages du larynx et de l'arbre bronchique). En d'autres points, il fournit des organes de protection importants et forme des enveloppes résistantes (capsule crânienne cartilagineuse, capsule du labyrinthe, canal vertébral, etc.). Enfin il sert de soutien à des annexes de la surface du corps (cartilages des membres, rayons branchiaux, etc.). En outre, le cartilage offre des points d'insertion résistants aux masses musculaires situées à l'intérieur du mésenchyme, et qui sont ainsi plus fortement unis avec les parties avoisinantes. De cette façon se constitue un appareil squelettique spécial qui se complique au fur et à mesure qu'il acquiert des relations plus variées avec la musculature.

Le tissu cartilagineux et le tissu conjonctif peuvent enfin subir une nouvelle différenciation histologique. Ils peuvent par sécrétion de sels calcaires acquérir la dernière forme de la substance de soutien, qui est *le tissu osseux. Il y a ainsi des os qui procèdent d'une ébauche cartilagineuse et d'autres qui procèdent d'une ébauche conjonctive.* Par la formation de ces éléments, l'appareil squelettique des Vertébrés acquiert son degré de perfectionnement le plus élevé.

Mais les phénomènes de différenciation histologique, à la suite desquels le mésenchyme a acquis un si haut degré de différenciation et un polymorphisme remarquable, ne sont pas les seuls qui s'accomplissent dans ce tissu. Le mésenchyme joue le rôle d'intermédiaire dans la nutrition de l'organisme ; il amène aux différents organes les sucs nutritifs et en élimine les produits résultant des divers processus chimiques et qui sont inutiles, ainsi que les substances en excès. En vue de cette fonction, des canaux et des lacunes se développent dans le tissu muqueux ou fibreux, canaux et lacunes dans lesquels circulent le sang et la lymphe. Aux dépens de ces premières ébauches se développe un système d'organes très complexe. Il est formé d'artères et de veines de plus en plus volumineuses dont les parois épaisses présentent une structure spéciale : fibres musculaires lisses et fibres élastiques. Ces parois sont formées de trois couches différentes : la tunique interne, la tunique moyenne et l'adventice.

Une région du système vasculaire, caractérisée par l'abondance des cellules musculaires est devenue un appareil destiné à mettre le sang en mouvement, c'est le cœur. Les éléments figurés, globules du sang et cellules lymphatiques, qui se trouvent dans le torrent sanguin du corps, doivent être renouvelés d'autant plus souvent que la nutrition est plus active. Cette nécessité a conduit à la formation d'organes spéciaux affectés au développement des corpuscules sanguins. Sur le trajet des vaisseaux et des espaces lymphatiques il se produit en différents points du tissu conjonctif une prolifération cellulaire particulièrement intense. La substance fondamentale conjonctive subit, là aussi, une modification particulière qui conduit à la formation du tissu réticulé ou tissu adénoïde. Les cellules qui s'y développent passent dans les lymphatiques qui le baignent. Selon que ces organes lymphoïdes prennent une structure plus simple ou plus complexe, ils forment des follicules solitaires ou agglomérés, des ganglions lymphatiques, la rate.

Enfin, il se forme, en des points très nombreux du feuillet intermédiaire, notamment dans toute l'étendue du tube digestif, du tissu musculaire lisse.

Après ce rapide coup d'œil jeté sur les processus de différenciation du feuillet intermédiaire, nous allons passer au développement spécial des systèmes d'organes qui en procèdent : système vasculaire et système squelettique.

I. — Développement du système vasculaire.

Le système vasculaire des Vertébrés peut se ramener à une forme très simple ; à deux gros vaisseaux qui courent le long du grand axe du corps, l'un au-dessus, l'un au-dessous du tube digestif. Le vaisseau dorsal, l'aorte, est situé le long de l'insertion du mésentère dorsal, qui relie l'intestin à la colonne vertébrale. L'autre vaisseau logé dans le mésentère ventral, qui n'est pas très développé chez les Vertébrés, se transformera presque totalement pour donner le cœur. Le cœur n'est, en effet, qu'une portion du vaisseau ventral dont les parois musculaires ont pris un grand développement.

A. — Développement du cœur, du péricarde et du diaphragme.

1. La première ébauche du cœur. — Deux types différents se présentent, l'un qui est réalisé chez les Ganoïdes, les Amphibiens et les Cyclostomes, l'autre chez les Vertébrés supérieurs, les Reptiles, les Oiseaux et les Mammifères.

Chez les Amphibiens, que nous prendrons comme exemple pour la description du premier type, le cœur se développe dans la partie antérieure du corps embryonnaire, au-dessous de l'intestin céphalique (fig. 331). La cavité du corps embryonnaire (lh) s'étend jusque dans cette région et se présente sous forme d'une fente étroite, à droite et à gauche du plan médian. Les deux moitiés du cœlome sont séparées l'une de de l'autre par un mésentère ventral (vhg) qui réunit la paroi inférieure de l'intestin céphalique à la paroi du tronc. Dans le milieu de ce mésentère, les deux feuillets, aux dépens desquels il s'est formé, sont séparés l'un de l'autre par une petite cavité, c'est la cavité cardiaque primitive. Cette cavité est délimitée par une assise cellulaire unique qui plus tard deviendra *l'endocarde* (end). En dehors de l'endocarde, les cellules du feuillet moyen se sont épaissies ; elles fourniront le matériel aux dépens duquel se développeront la musculature du cœur (*myocarde*) et le péricarde.

L'ébauche du cœur est réunie d'une part, en haut, à l'intestin céphalique (d) et d'autre part, en bas, à la paroi du tronc par le reste du mésentère qui constitue une membrane très mince. Nous désignerons ces deux parties du mésentère sous les noms de mésocarde postérieur et de mésocarde antérieur (vhg). Il ne peut encore être question, à ce stade, d'un péricarde, à moins que nous ne donnions ce nom à la partie antérieure du

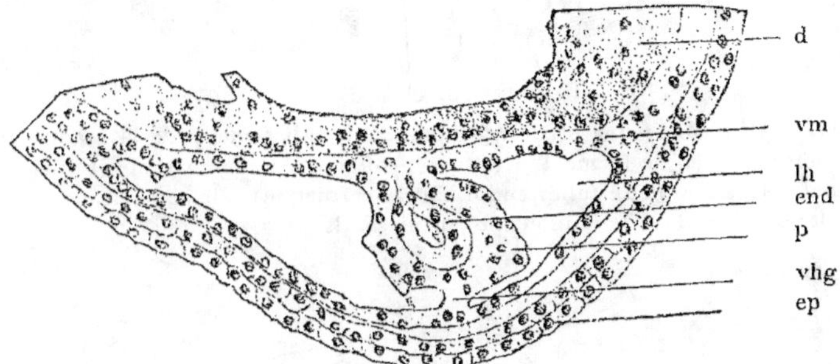

Fig. 331. — Coupe transversale de la région du cœur d'un embryon de Salamandra maculosa, dont le quatrième arc branchial est formé ; d'après Rabl.

d : d'épithélium intestinal. — vm : feuillet moyen viscéral. — ep : épiderme. — lh : partie antérieure du cœlome (cavité pleuro-péricardique). — end : endocarde. — p : péricarde. — vhg : mésocarde antérieur.

cœlome, qui, ainsi que nous le verrons dans la suite, fournit en effet la plus grande partie du péricarde.

Dans le *second type*, le cœur se forme aux dépens de deux moitiés latérales distantes l'une de l'autre. C'est ce que l'on constate nettement chez le Poulet et le Lapin. Chez le Poulet, les premières traces de l'ébauche du cœur apparaissent déjà chez l'embryon de 4-6 segments primordiaux ; à un moment, où les feuillets germinatifs sont encore étalés en surface, et où l'intestin céphalique commence à se former. Ce dernier se forme, ainsi que nous l'avons dit précédemment (p. 161) par rapprochement suivi de soudure des bords de la lame intestinale. On remarque, en observant de très près le sommet des replis intestinaux en voie de formation

Fig. 332-334. — Trois figures schématiques destinées à faire comprendre
le mode de formation du cœur chez le Poulet.

n : tube nerveux. — m : mésenchyme de la tête. — d : cavité intestinale. — df : repli
de la plaque intestinale à l'intérieur duquel se trouve logé le tube endothélial du
cœur. — h : tube endothélial du cœur. — ch : chorde. — lh : cœlome. — ak : feuillet
germinatif externe. — ik : feuillet germinatif interne. — mk¹ : feuillet moyen pariétal.
— mk² : feuillet moyen viscéral dont une portion épaissie donnera le myocarde. —
dn : suture intestinale suivant laquelle se soudent les deux replis de l'intestin. —
db : partie du feuillet glandulo-intestinal qui s'est isolée du reste de l'intestin céphalique à la suite de la suture. — + : mésocarde dorsal. — * mésocarde ventral.

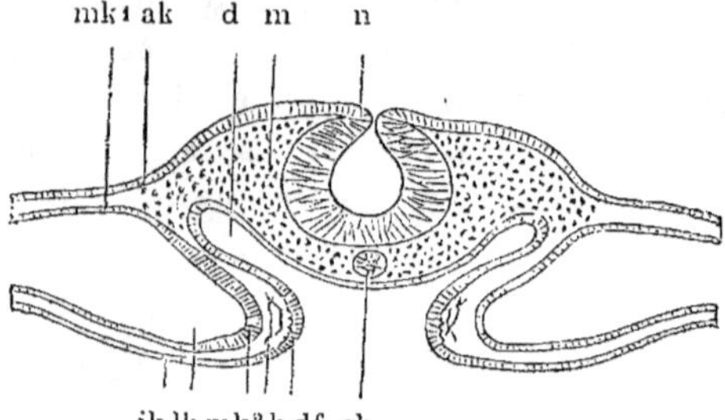

Fig. 332. — Le plus jeune stade nous montre le plissement de la plaque intestinale
à la suite duquel se forme l'intestin céphalique. Au sommet des replis intestinaux
se sont formés les deux tubes endothéliaux cardiaques. Ils sont situés entre le feuillet moyen interne et le feuillet moyen viscéral.

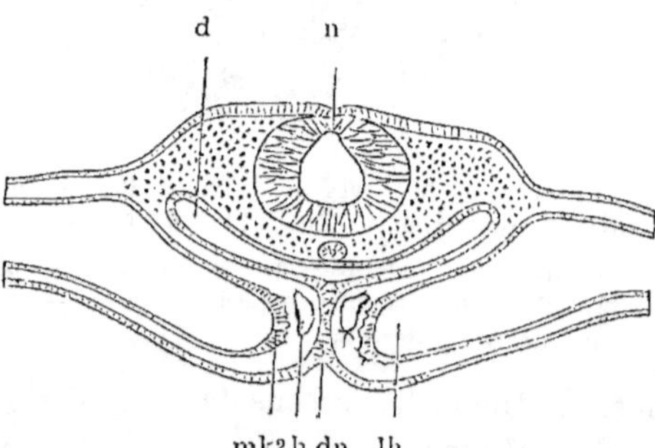

Fig. 333. — Stade un peu plus âgé. Les deux replis intestinaux (fig. 332, df) se sont
accolés suivant la ligne de suture (dn) ; de sorte que, les deux tubes endocardiques
se sont rapprochés dans la ligne médiane, au-dessous de l'intestin céphalique.

(fig. 332, df), qu'en ce point, le feuillet moyen viscéral légèrement épaissi
se compose de grandes cellules, et est séparé du feuillet glandulo-intestinal par une fente remplie de tissu muqueux. Dans ce dernier, se trouvent quelques cellules isolées, qui plus tard circonscrivent une petite cavité, la cavité cardiaque primitive (h).

Pendant que les deux replis intestinaux se rapprochent l'un de l'autre,
les deux tubes endothéliaux se dilatent et repoussent devant eux la partie

épaissie du feuillet moyen viscéral. Il se forme ainsi une légère saillie en forme de bourrelet qui proémine dans le cœlome primitif. Le cœlome s'étend, en effet, chez les embryons des Vertébrés supérieurs très loin en avant de l'ébauche embryonnaire, jusqu'au dernier arc branchial, comme chez les Amphibiens. On lui donne, dans cette région, le nom de cavité pariétale.

Chez des embryons plus âgés (fig. 333) les deux replis intestinaux se sont accolés par leur sommet dans le plan médian ; il en résulte que les deux tubes cardiaques sont très rapprochés l'un de l'autre. Puis il se produit ensuite une soudure entre les régions correspondantes des replis intestinaux. Tout d'abord, les feuillets glandulo-intestinaux s'unissent entre eux. Ainsi se forme (fig. 333) sous la chorde dorsale, la cavité de l'intestin céphalique (d). Elle se sépare ensuite du feuillet glandulo-intestinal (fig. 334, db), qui reste appliqué sur le vitellus et contribue à former le

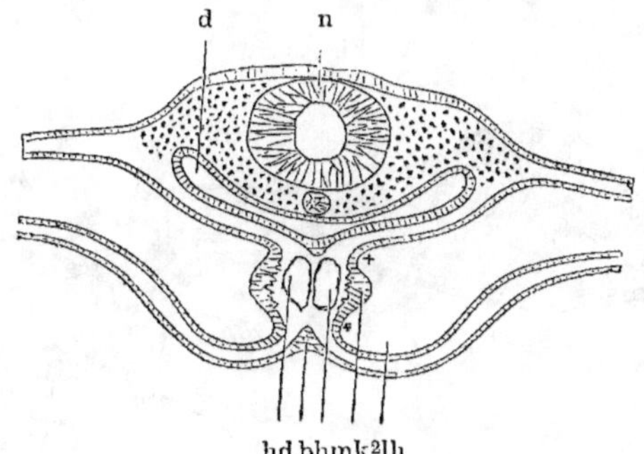

Fig. 334. — Stade plus avancé : La cavité intestinale céphalique (d) s'est complètement séparée du reste du feuillet glandulo-intestinal (df) par la disparition de la ligne de suture (fig. 333. dn). Il en résulte que les deux tubes endocardiques s'accolent ; plus tard ils se fusionneront. Ils sont logés dans un mésocarde formé par le feuillet moyen viscéral, et auquel on distingue une portion dorsale (mésocarde supérieur +), et une portion ventrale (mésocarde inférieur*). Le mésocarde divise, en ce moment, le cœlome primitif en deux moitiés latérales.

sac vitellin. Sous la cavité de l'intestin céphalique, les deux tubes cardiaques se sont rapprochés l'un de l'autre, de sorte que les deux cavités ne sont plus séparées que par leurs parois propres. Par destruction de ces parois, ils se fusionnent bientôt en un seul tube cardiaque (h). Du côté du cœlome, ce tube est recouvert par le feuillet moyen viscéral (mk²), dont les cellules, dans l'étendue de l'ébauche cardiaque, se distinguent par leur longueur ; elles donneront naissance à la musculature du cœur. La membrane endothéliale interne ne fournit que l'endocarde.

L'ébauche totale du cœur est logée, comme chez les Amphibiens, dans un mésentère ventral, dont la partie supérieure comprise entre le cœur et l'intestin céphalique (fig. 334+) constitue le mésocarde postérieur, tandis que la partie inférieure et ventrale forme le mésocarde antérieur. Ce dernier ne tarde pas, chez l'embryon de Poulet, à s'atrophier, alors que le tube cardiaque commence à s'allonger et à se courber en forme d'S.

Des coupes transversales faites chez des embryons de Lapins âgés de huit ou neuf jours présentent une disposition semblable. Chez ceux-ci, les deux ébauches paires du cœur (fig. 335 et 336) apparaissent même plus tôt que chez le Poulet. Elles sont déjà formées à un moment, où le feuillet glandulo-intestinal étalé en surface n'a pas encore commencé à se plisser (Comp. les explications des deux fig. 335 et 336).

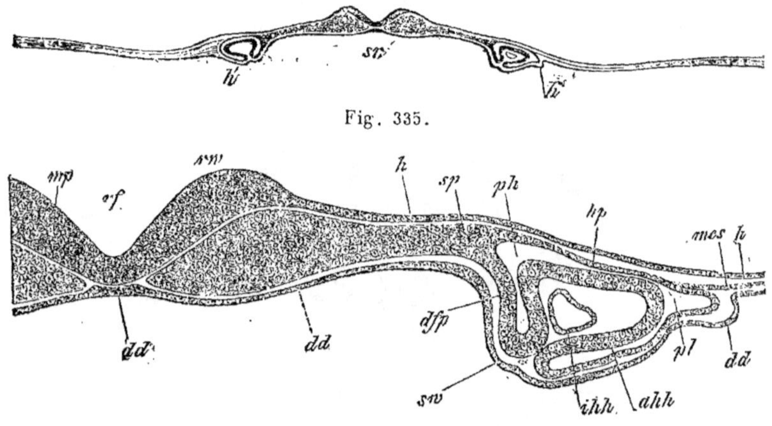

Fig. 335.

Fig. 336.

Fig. 335-336. — Coupe transversale de la tête d'un embryon de Lapin arrivé au stade représenté par la fig. 132 ; d'après Kölliker.

La figure 336 n'est qu'une partie de la fig. 334 vue à un plus fort grossissement.

rf : sillon dorsal. — mp : plaque médullaire. — rw : bourrelet médullaire. — h : feuillet germinatif externe. — dd : feuillet germinatif interne. — dd' : son épaississement constituant la chorde. — sp : feuillet moyen indivis. — hp : feuillet moyen pariétal. — dfp : feuillet moyen viscéral. — ph : portion péricardique du cœlome. — ahh : paroi musculaire du cœur. — ihh : assise endothéliale du cœur. — mes : feuillet moyen indivis. — sw : repli intestinal qui formera la cloison de fermeture ventrale.

Après avoir esquissé ces deux modes de développement du cœur, la question suivante se pose : quelles sont les relations qui existent entre l'ébauche paire et l'ébauche impaire du cœur ? On peut répondre à cela, que l'ébauche impaire du cœur, que l'on trouve chez les Vertébrés inférieurs, doit être co sidérée comme la forme primitive. Il est facile d'y rattacher le mode de formation aux dépens d'une ébauche double, bien qu'il paraisse à première vue en différer complètement. Il ne peut se former un tube cardiaque simple chez les Vertébrés supérieurs, parce que, au moment où se fait sa formation, l'intestin céphalique n'existe pas encore, son ébauche est représentée par le feuillet glandulo-intestinal étalé en surface. Les éléments, qui donneront naissance plus tard à la paroi ventrale de l'intestin céphalique, et dans lesquels se développent le cœur, sont encore séparés : ils sont situés à droite et à gauche, à quelque distance du plan médian.

Si donc, le cœur doit se former à ce moment, son ébauche doit nécessairement se former en deux régions ; et ces deux ébauches se réuniront en une seule à la suite du processus de plissement de la lame intestinale. L'existence de deux moitiés d'ébauche vasculaire est donc nécessaire, elles se fusionnent ensuite ainsi que les deux replis intestinaux.

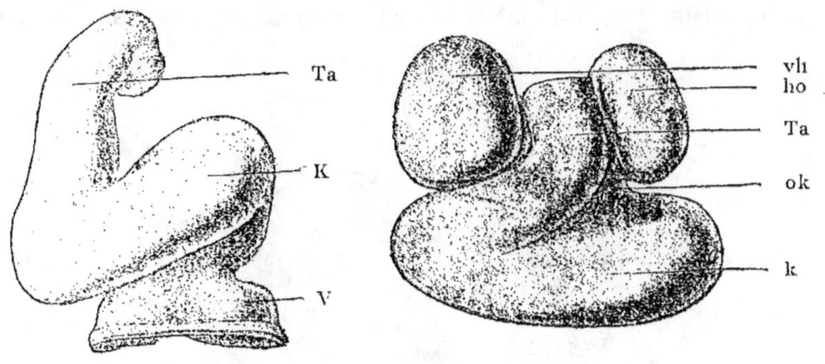

Fig. 337.   Fig. 338.

Fig. 337. — Cœur d'un embryon humain de 2,15 mm. de longueur (embryon Lg) de His.
K : ventricule.— Ta : tronc artériel.— V : extrémité veineuse du tube cardiaque repliée en S.

Fig. 338. — Cœur d'un embryon humain de 4, 3 mm. (Embryon Bl) de His.
k : ventricule. — Ta : tronc artériel. — ok : canal auriculaire.— vh : oreillette avec les auricules ho.

2. Tranformation du tube cardiaque en un cœur à plusieurs compartiments. — Dans les premiers temps du développement embryonnaire, le cœur constitue un simple tube droit logé dans le mésocarde (fig. 331) ; mais il subit un allongement considérable, de sorte qu'il est obligé de prendre, dans le cœlome cervical, la forme d'un S (fig. 269). Il occupe ensuite, dans la région cervicale, une position telle que la courbure de l'S recevant les veines vitellines, et que l'on désigne plus brièvement du nom de portion veineuse, est située en arrière et à gauche. L'autre courbure ou portion artérielle, d'où partent les arcs aortiques, est située en avant et à droite (fig. 337).

Mais bientôt, cette disposition se modifie (fig. 337 et 345), car les deux courbures de l'S prennent une autre position l'une par rapport à l'autre, La portion veineuse se rapproche de la tête de l'embryon tandis que la portion artérielle s'éloigne en sens inverse ; de sorte que finalement les deux portions du cœur se trouvent à peu près dans un même plan transversal. Puis elles se tordent autour de l'axe longitudinalde l'embryon, de telle façon que la portion veineuse devient dorsale et la portion artérielle ventrale. Aussi, quand on examine le cœur par sa face antérieure, ses deux parties se recouvrent; ce n'est que de profil que le tube cardiaque montre nettement sa forme en S. Par suite de l'accroissement du tube cardiaque, la portion antérieure du cœlome s'étend maintenant davantage, et plus encore aux stades ultérieurs. Elle forme une saillie possédant une paroi très mince (fig. 346). Comme le cœur la remplit presque complètement,

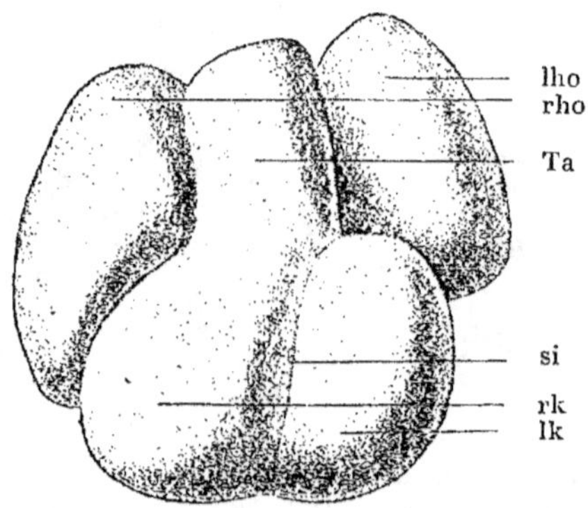

Fig. 339. — Cœur d'un embryon humain de cinq semaines ; d'après His. rk : ventricule droit. — lk : ventricule gauche. — si : sillon interventriculaire. — Ta : tronc artériel. — lho : auricule gauche. — rho : auricule droite.

et qu'elle n'est revêtue que par la paroi du tronc mince et accolée intimement contre elle, membrana reuniens inferior de *Rathke*, il semble qu'à ce moment le cœur est entièrement situé en dehors du corps embryonnaire.

Après toutes ces torsions, le tube cardiaque en forme d'S subit une différenciation en plusieurs segments placés les uns derrière les autres (fig. 338 et 340). Entre la portion veineuse devenue plus large et la portion artérielle, il se forme un étranglement profond (ok). Nous pouvons désigner maintenant la portion veineuse comme *oreillette* (vh) et la portion artérielle comme *ventricule*, le rétrécissement compris entre les deux a reçu de *Haller* le nom de *canal auriculaire* (ok). L'oreillette possède une forme bizarre ; ses parois latérales forment deux larges évaginations, les *auricules* (ho) (auriculæ cordis). Par leur bord libre, qui présente bientôt quelques replis, elles s'avancent en avant et recouvrent toujours de plus en plus la portion artérielle du cœur, tronc artériel (Ta) et une partie de la surface du ventricule.

Le canal auriculaire (fig. 340), constitue chez l'embryon une portion rétrécie, bien distincte, du tube cardiaque ; comme son tube endothélial s'aplatit fortement en direction sagittale, jusqu'à ce que ses parois viennent en contact, il en résulte que la communication entre l'oreillette et le ventricule n'est plus établie que par une étroite fente transversale.

C'est là que se développent plus tard les valvules auriculo-ventriculaires.

L'ébauche du ventricule constitue tout d'abord un tube contourné (fig. 337 et 338, k), mais qui bientôt change de forme. En effet, il se crée de bonne heure sur sa face antérieure et sur sa face postérieure un léger sillon dirigé de haut en bas, le *sillon interventriculaire* (fig. 339, si), qui divise extérieurement le ventricule en une moitié gauche et en une moitié droite. Cette dernière est la plus étroite et elle se continue vers le haut avec le tronc artériel (Ta), dont la partie initiale, légèrement renflée, a reçu le nom de bulbe. Entre le bulbe et le ventricule se trouve un léger rétrécissement, le *fretum Halleri* (détroit de *Haller*) ; c'est là que se formeront plus tard les valvules semi-lunaires.

Pendant que ces changements s'accomplissent dans la forme extérieure du cœur, ses parois subissent aussi des modifications dans leur structure fine. Primitivement ces parois sont constituées par deux tubes emboîtés l'un dans l'autre et séparés par une cavité remplie de tissu muqueux. Le *tube interne ou endothélial* représente sensiblement l'image assez fidèle du tube musculaire, néanmoins les rétrécissements et les élargissements y sont plus marqués. « Par sa forme il se comporte vis-à-vis du cœur entier, comme s'il en était le moule interne, fortement rétréci » (*His*).

Le tube externe constitue le *tube musculaire*. Il montre déjà des faisceaux de fibrilles musculaires très nets au moment où le cœur commence à se recourber en S. Aux stades ultérieurs des différences se manifestent, au cours du développement, entre l'oreillette et le ventricule. La paroi musculaire de l'oreillette s'épaissit uniformément et forme une lame compacte qui s'applique uniformément contre le tube endocardique. Dans le ventricule au contraire la paroi musculaire est lâche. Il se forme de nombreuses petites travées de cellules musculaires, qui sont situées dans l'espace mentionné précédemment et compris entre les deux tubes. Ces cellules s'unissent entre elles et forment un réseau à larges mailles. Bientôt le tube cardiaque endothélial entre en relations étroites avec les travées musculaires. A cet effet, il émet de nombreux petits diverticules qui entourent chacune d'elles d'une enveloppe propre (*His*). Ainsi se constituent, dans la paroi devenue spongieuse du ventricule, de nombreuses fentes tapissées d'un endothélium. Ces fentes sont fermées du côté de la surface du cœur, mais elles communiquent avec la cavité centrale et par conséquent reçoivent du sang comme celle-ci.

Le cœur embryonnaire de l'Homme et des Mammifères ressemble par sa structure primitive, que nous venons de décrire, au cœur des Vertébrés les plus inférieurs : les Poissons. Dans les deux cas, il se compose d'une cvi té qui reçoit le sang veineux du corps, l'oreillette, et d'une cavité d'où partent les troncs artériels, le ventricule. De même, *la circulation est encore simple et unique*. Mais elle se modifie dans le règne animal comme chez l'embryon par suite *du développement des poumons qui a pour conséquence un dédoublement du cœur et de la circulation*.

Cette transformation s'explique *par la situation des deux poumons* par rapport au cœur. Les poumons se développent dans le voisinage immédiat du cœur par évagination de l'intestin antérieur (fig. 346, lg). Ils reçoivent leur sang d'un tronc artériel situé dans le voisinage du cœur, du dernier arc aortique émanant du tronc artériel.

De même, le sang veineux des poumons revient directement au cœur par de courts vaisseaux, les veines pulmonaires, qui s'unissent primitivement à gauche du tronc veineux principal du corps en un tronc veineux commun (*Born, Rœse*), qui débouche dans l'oreillette. *Ainsi, le sang, qui se rend directement aux poumons revient directement au cœur. C'est là la cause d'une double circulation, qui existera lorsque le courant sanguin des poumons et le courant sanguin du corps seront séparés l'un de l'autre par des cloisons dans la courte étendue qu'ils traversent en commun (oreillette, ventricule, tronc artériel)*.

Ce processus de dédoublement apparaît pour la première fois, dans la série des Vertébrés, chez les Dipneustes et les Amphibiens, chez lesquels nous voyons pour la première fois la respiration pulmonaire se substituer à la respiration branchiale.

Chez les Vertébrés amniotes, ce dédoublement s'accomplit dans le cours de leur développement embryonnaire. Des cloisons apparaissent qui divisent l'oreillette et le ventricule en oreillette droite et oreillette gauche, ventricule droit et ventricule gauche ; de même le tronc artériel se divise en artère pulmonaire et aorte.

Les cloisons séparatrices se constituent dans chacune des trois parties du cœur indépendamment l'une de l'autre. Dans l'oreillette, qui pendant longtemps constitue la partie la plus volumineuse du tube cardiaque (fig. 340), apparaît, au cours de la quatrième semaine chez l'Homme, une séparation en deux moitiés, l'une droite, l'autre gauche (lv et rv). Ce dédoublement est la conséquence de la formation d'une saillie verticale qui apparaît à sa paroi postérieure et à sa paroi supérieure ; c'est la première ébauche de la cloison inter-auriculaire (vs). Les deux moitiés se distinguent déjà par ce fait, qu'elles reçoivent des troncs veineux différents. Dans la moitié droite, les veines vitellines et ombilicales ainsi que les canaux de *Cuvier*, dont nous parlerons plus tard, déversent leur sang. Mais toutes ces veines n'y arrivent pas directement et par une ouverture propre, elles se réunissent au voisinage du cœur en un grand sinus veineux (sr) (sinus veineux ou sinus reuniens). Celui-ci débouche dans l'oreillette par un large orifice situé dans la paroi postérieure. Cet orifice est délimité à gauche et à droite par une grande valvule (*). Dans la moitié

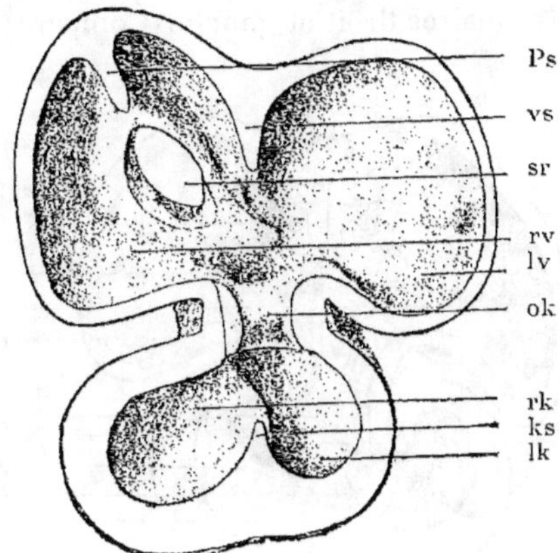

Fig. 340. — Cœur d'un embryon humain de 10 mm. de longueur.
Moitié postérieure ouverte ; d'après His.

ks : cloison interventriculaire. — lk : ventricule gauche. — rk : ventricule droit. — ok : canal auriculaire. — lv : oreillette gauche. — rv : oreillette droite. — sr : orifice du sinus veineux. — vs : cloison inter-auriculaire (croissant auriculaire de His, septum primum de Born). — * valvule d'Eustache.— Ps : septum spurium.

gauche de l'oreillette ne débouche qu'un petit vaisseau, qui s'ouvre dans le voisinage de la cloison inter-auriculaire après avoir traversé obliquement la musculature du cœur ; c'est la veine pulmonaire impaire dont nous avons parlé précédemment. En dehors de l'oreillette elle reçoit quatre veines, dont deux communiquent avec l'une des ébauches pulmonaires et les deux autres avec l'autre ébauche.

Dans la suite du développement, la cloison inter-auriculaire se développe graduellement de haut en bas jusqu'au milieu du canal auriculaire

(fig. 341, si). De cette façon les deux oreillettes seraient dès maintenant
complètement séparées l'une de l'autre, si, dans la partie supérieure de
la cloison séparatrice, il ne se formait, pendant qu'elle se développe vers
le bas, un orifice, le futur trou oval. Cet orifice fait communiquer les deux
oreillettes jusqu'au moment de la naissance (fig. 341). Il se forme soit,
que dans un point de son étendue, la cloison inter-auriculaire se soit
amincie puis résorbée, ou soit qu'elle reste incomplète à cet endroit dès
le début, comme c'est le cas chez le Poulet par exemple, où elle est percée de plusieurs petits trous. Plus tard le trou oval s'élargit encore en
s'adaptant aux conditions momentanées de la circulation.

Le développement de la cloison inter-auriculaire a encore pour conséquence immédiate, la division du canal auriculaire et la formation d'orifices auriculo-ventriculaires droit et gauche (Comparez la fig. 340,ok,avec
la fig. 341).

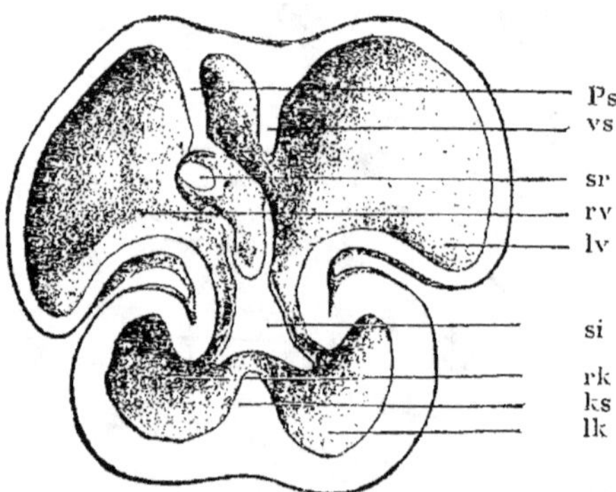

FIG. 341. — Moitié postérieure ouverte du cœur d'un embryon humain
de cinq semaines ; d'après His.

ks : cloison interventriculaire. — lk : ventricule gauche. — rk : ventricule droit. —
si : partie inférieure de la cloison inter-auriculaire (septum intermedium de His). —
lv : oreillette gauche. — rv : oreillette droite. — sr : orifice du sinus veineux. —
vs : cloison inter-auriculaire (croissant auriculaire de His, septum secundum de
Born). — Ps : septum spurium. — * valvule d'Eustache.

L'orifice du canal auriculo-ventriculaire dans le ventricule ou orifice
auriculo-ventriculaire commun (fig. 342,F.av.c), constitue alors une fente
dirigée de gauche à droite et délimitée par deux lèvres (o. ek et u. ek)
(lèvres auriculo-ventriculaires, *Lind*,ou bourrelets endothéliaux,*Schmidt*).
Ces bourrelets sont produits par la prolifération de l'endocarde. Ils se
composent d'un axe de tissu conjonctif gélatineux et d'un revêtement endothélial. La cloison inter-auriculaire se soude bientôt avec eux, lors-

qu'elle s'est développée jusqu'au canal auriculaire ; la soudure se fait le long de son bord libre inférieur (fig. 341, si).

Il en résulte que le canal auriculaire est divisé en deux orifices auriculo-ventriculaires, l'un droit, l'autre gauche (fig. 343, F. av.d et F.av.s) (Ostium atrio-ventriculare sinistrum et dextrum).

En même temps les bourrelets endocardiques supérieur et inférieur, qui délimitaient primitivement l'orifice, sont l'un et l'autre divisés en leur milieu (o.ek. et u.ck). Les portions supérieures se soudent avec les portions inférieures correspondantes du côté opposé ; ce processus détermine la formation, au bord inférieur de la cloison inter-auriculaire (fig. 341, si), de deux nouveaux bourrelets, dont l'un proémine dans l'orifice auriculo-ventriculaire droit et l'autre dans l'orifice gauche ; ils constituent l'ébauche de chacune des valvules auriculo-ventriculaires.

Fig. 342 et 343. — Deux figures schématiques (d'après *Born*) destinées à faire comprendre les changements de position de l'orifice auriculo-ventriculaire par rapport à l'orifice interventriculaire, ainsi que la division du ventricule et des gros troncs artériels. Les ventricules sont coupés en deux ; on en voit la moitié postérieure, et afin de simplifier la figure, les colonnettes musculaires ne sont pas représentées.

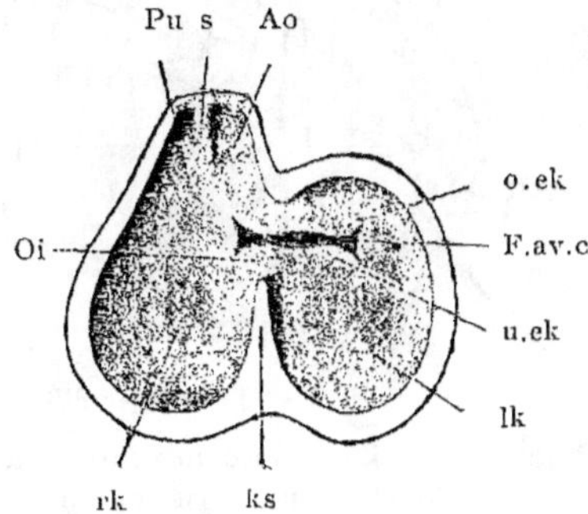

Fig. 342. — Cœur d'un embryon de Lapin de 3,5-5,8 mm.

Le ventricule est divisé en une moitié droite et en une moitié gauche par une cloison interventriculaire (ks). La division est incomplète et va seulement jusqu'à l'orifice interventriculaire (oi). L'orifice auriculo-ventriculaire commun (F. av. c), s'étend par son extrémité droite dans le ventricule droit. Les bourrelets endocardiques sont formés.

Peu de temps après l'oreillette, le ventricule commence à se diviser en deux parties. A la fin du premier mois de la gestation, sa couche musculaire s'est considérablement épaissie. Il s'est formé des travées musculaires qui font saillie à l'intérieur du ventricule et qui se réunissent entre elles pour former un tissu spongieux dont les nombreuses fentes communiquent avec la cavité ventriculaire devenue plus étroite ; le sang pénètre dans ces fentes. La musculature est particulièrement développée en un point où elle forme un repli semi-lunaire faisant fortement saillie à l'intérieur : c'est l'ébauche de la *cloison interventriculaire* (septum ventriculorum) (fig. 340, 343, ks). Ce repli prend naissance sur la paroi inférieure et sur la paroi postérieure du ventricule dans la région qui correspond extérieurement au *sillon interventriculaire* (fig. 339, si), dont nous avons déjà parlé précédemment.

Le bord libre du repli est dirigé vers le haut et s'accroît vers le bulbe aortique et l'orifice auriculo-ventriculaire. Ce dernier est primitivement situé plus dans la moitié gauche du ventricule (fig. 342, F.av.c.) ; mais peu à peu il se reporte vers la droite et finalement occupe une position telle que la cloison interventriculaire, en s'accroissant, le coupe en son milieu et se soude avec lui au point opposé à l'insertion de la cloison inter

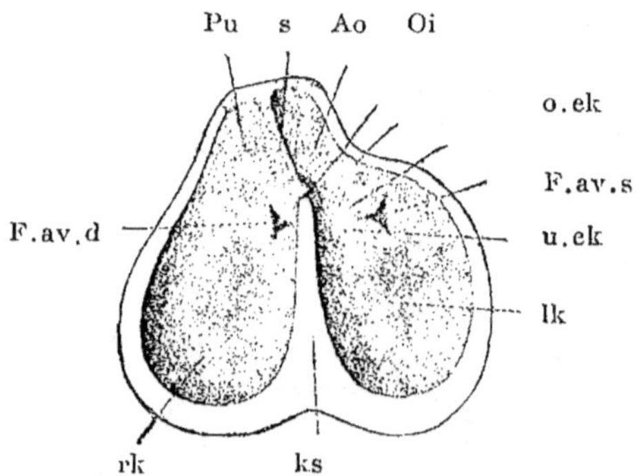

Fig. 343. — Cœur d'un embryon de Lapin de 7,5 mm.

Les bourrelets endocardiques de l'orifice auriculo-ventriculaire commun sont soudés. Il en résulte que cet orifice est maintenant divisé en un orifice auriculo-ventriculaire droit (F. av. d) et en un orifice auriculo-ventriculaire gauche (F. av. s). La cloison interventriculaire (ks) s'est en même temps soudée avec les bourrelets endocardiques et s'étend jusqu'à la cloison du tronc artériel (s). Le reste de l'orifice auriculo-ventriculaire (oi) forme, après sa fermeture, le septum membranaceum.
rk : ventricule droit. — lk : ventricule gauche. — ks : cloison interventriculaire. — Pu : artère pulmonaire. — Ao : aorte. — s : cloison du tronc artériel. — Oi : orifice interventriculaire. — F. av. d : orifice auriculo-ventriculaire droit et F. av. s : orifice auriculo-ventriculaire gauche. — o. ek : bourrelet endocardique supérieur. — u. ek : bourrelet endocardique inférieur.

auriculaire (fig. 341 et 343). La division du ventricule est complètement terminée chez l'Homme dès la septième semaine. De l'oreillette, dont les deux moitiés communiquent par le trou oval, le sang passe par l'orifice auriculo-ventriculaire droit, dans le ventricule droit, et par l'orifice auriculo-ventriculaire gauche, dans le ventricule gauche.

Les deux orifices auriculo-ventriculaires sont étroits à leur origine. Ils sont délimités d'une part, par les deux bourrelets endocardiques qui font saillie sur la cloison médiane et dont nous avons déjà parlé ; et, d'autre part, par des proliférations de l'endocarde. Ces saillies membraneuses sont comparables aux valvules sigmoïdes primitives qui apparaissent dans le bulbe artériel (*Gegenbaur*). Elles sont le point de départ du développement des valvules auriculo-ventriculaires.

Il nous reste encore à décrire maintenant la division du tronc artériel ainsi que les transformations finales des oreillettes. A peu près au moment où la cloison interventriculaire apparaît dans le ventricule, le tronc artériel, qui en sort, s'aplatit légèrement et sa cavité devient fissiforme. Deux épaississements linéaires se forment sur ses parois aplaties (fig. 342 et 343, s). Ces épaississements s'avancent l'un vers l'autre, s'unissent et décomposent ainsi la cavité primitivement unique en deux canaux à section triangulaire. Cette subdivision interne se marque à l'extérieur par la formation de deux sillons longitudinaux, tout comme la cloison interventriculaire est indiquée par le sillon interventriculaire. Les deux canaux formés à la suite de la division du tronc artériel sont : l'aorte et l'artère pulmonaire (Ao et Pu). Longtemps encore, ces deux vaisseaux sont enveloppés dans une adventice commune ; puis ils s'écartent complètement l'un de l'autre et sont complètement distincts.

La formation de la cloison du tronc artériel est indépendante de celle de la cloison interventriculaire, car elle se forme tout d'abord en haut de l'organe d'où elle progresse vers le bas. Finalement le septum aortique pénètre même dans le ventricule (fig. 343, s et ks), où il s'unit avec la cloison interventriculaire complètement développée, fournissant ainsi la partie de la cloison connue sous le nom de portion membraneuse (Oi) et qui détermine la séparation complète des deux ventricules du cœur, l'aorte fait suite au ventricule gauche, l'artère pulmonaire au ventricule droit.

La portion membraneuse de la cloison interventriculaire indique donc, dans le cœur de l'adulte, le point où a fini de s'opérer la division du cœur (fig. 343, Oi). « C'est pour ainsi dire la clef de voûte de la division définitive du tube cardiaque primitif simple en quatre cavités secondaires, que nous constatons chez les Oiseaux et les Mammifères » (*Rœse*). Au point de vue comparatif, ce point offre un intérêt particulier parce qu'il correspond à un orifice qui, chez les Reptiles, persiste toute la vie, le trou de *Panizza*.

Déjà avant la division du tronc artériel se forme les valvules semi-lunaires. Elles se présentent sous la forme de quatre saillies formées de tissu muqueux revêtu d'un endothélium. Elles sont situées au niveau de la portion rétrécie qui porte le nom de *détroit de Haller,* deux d'entre elles se décomposent en leur moitié lors de la division du tronc artériel en aorte et artère pulmonaire. De sorte que chaque vaisseau présente maintenant trois saillies, qui par suite de l'atrophie du tissu muqueux prennent la forme de poches. Leur disposition s'explique facilement par leur mode de développement, ainsi que le montre le schéma ci-contre (fig. 344). « Lorsque le bulbe artériel (A) primitivement simple se divise en deux canaux (B), les ébauches des quatre valvules se répartissent de la façon suivante : la valvule antérieure et les deux moitiés antérieures des deux valvules externes passent dans le tronc artériel antérieur (artère pulmonaire) et, la valvule postérieure ainsi que les moitiés extérieures des deux valvules externes passent dans le tronc artériel postérieur (aorte) » (*Gegenbaur*).

Enfin, pour ce qui concerne l'oreillette, il nous reste à parler des modifications mentionnées déjà page 434 et concernant le sinus veineux, le tronc des veines pulmonaires et le trou oval.

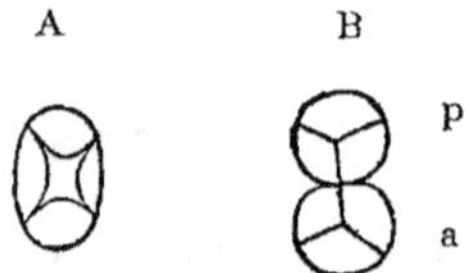

Fig. 344. — Schéma montrant la disposition des valvules artérielles ; d'après Gegenbaur. A : tronc artériel indivis pourvu de quatre valvules. — B : sa division en artère pulmonaire (p) et en aorte (a) possédant l'une et l'autre trois valvules.

Le *sinus veineux* disparaît en tant qu'organe distinct, car il se confond progressivement avec la paroi de l'oreillette. Les gros troncs veineux qui y amènent primitivement leur sang et qui, sur ces entrefaites, se sont transformés en veine-cave supérieure, en veine cave inférieure et en sinus coronaire du cœur débouchent directement dans la moitié droite de l'oreillette et s'écartent de plus en plus les uns des autres. Des deux valvules qui, comme nous l'avons dit précédemment, entouraient l'entrée du sinus veineux, la gauche s'atrophie (fig. 340 et 341), tandis que la droite se maintient près de l'orifice de la veine cave inférieure et du sinus coronaire. Elle se divise en deux parties : l'une grande et l'autre petite, qui correspondent à chacun des orifices. La première devient la valvule d'Eustache, la seconde la valvule de Thébésius.

Les *quatre veines pulmonaires* sont réunies pendant longtemps en un court tronc commun, qui s'ouvre dans l'oreillette gauche. Plus tard, l'extrémité terminale commune se dilate considérablement, et est comprise, ainsi que le sinus veineux, dans la paroi du cœur. A la suite de ce fait, les quatre veines pulmonaires débouchent directement dans l'oreillette.

Le *trou oval*, dont nous avons fait connaître précédemment l'origine, maintient pendant toute la vie fœtale une large communication entre les deux oreillettes. Il est délimité en arrière et en bas par la cloison interauriculaire qui forme à ce niveau une membrane de tissu conjonctif, qui reçoit plus tard le nom de valvule du trou oval (fig. 341), en haut et en avant du trou oval se forme aussi une délimitation très nette, car une saillie musculaire de la paroi de l'oreillette proémine intérieurement. Cette saillie constitue le croissant auriculaire ou anneau de Vieussens (vs), au troisième mois tous ces différents organes sont déjà très développés ; la valvule du trou oval s'étend déjà jusqu'au voisinage du bord épaissi du croissant musculaire antérieur ; mais elle s'en écarte obliquement dans l'oreillette gauche, de sorte qu'il persiste une large fente par laquelle le sang de la veine cave inférieure peut pénétrer dans l'oreillette gauche. Après la naissance le repli antérieur et le repli postérieur se soudent complètement par leurs bords, sauf dans des cas très rares. Le repli postérieur fournit la membrane d'occlusion du trou oval ; le repli antérieur avec son bord musculaire épaissi devient l'anneau de Vieussens. Le cœur a acquis sa structure définitive. Pendant que le tube cardiaque subit ces transformations complètes, sa position dans le corps embryonnaire change, en même temps il s'est enveloppé d'une enveloppe spéciale, le péricarde. La formation du péricarde est liée à celle du diaphragme, cloison séparatrice entre la cavité thoracique et la cavité abdominale.

3° Développement du péricarde et du diaphragme. — Division de la cavité primitive du corps en cavité péricardique, cavité thoracique et cavité abdominale. — Primitivement, le cœlome occupe une portion considérable du corps embryonnaire. Chez les Vertébrés inférieurs il se continue jusque dans l'ébauche céphalique, où il forme les cavités des arcs viscéraux. Lorsque ces cavités ont disparu par suite de la transformation des cellules de leurs parois en fibres musculaires, le cœlome s'étend en avant jusqu'aux derniers arc branchiaux, et constitue une large cavité (fig. 345) dans laquelle se développe le cœur à l'intérieur du mésocarde. Nous donnerons à cette cavité le nom de péricarde primitif (cavité péricardique de *Brachet*). Jadis, cette cavité avait reçu les noms de *cavité cervicale* (*Remak*), de cavité pariétale (*His*), de cavité pleuro-péricardique. Le péricarde s'étend d'autant plus que le tube cardiaque décrit des circonvolutions au cours de son rapide accroissement. Aussi, il fait saillie sous forme d'hernie à la face ventrale de l'embryon entre la tête et l'ombilic (fig. 346).

En outre, la cavité péricardique commence bientôt à se séparer de la future cavité abdominale par un *repli transversal*, le septum transversum (fig. 345 et 346, z + l). Ce repli part de la paroi antérieure et des parois latérales du tronc, et fait saillie par son bord libre, dorsalement et en dedans, dans le cœlome primitif (fig. 346, z + l). Ce repli indique le trajet que suit l'extrémité de la veine omphalo-mésentérique pour arriver au cœur. Dans le septum, *on trouve plus tard tous les troncs veineux qui débouchent dans le sinus veineux du cœur* (fig. 345 et 346) : les veines vitellines, les veines ombilicales et les canaux de *Cuvier* (dc), qui ramènent le sang des parois du tronc.

Le développement de ce repli transversal est donc en relation étroite avec celui des veines. Il s'engage entre le cœur et l'estomac et s'unit avec eux ainsi qu'avec le mésentère ventral. Le septum renferme (fig. 346, z + l)

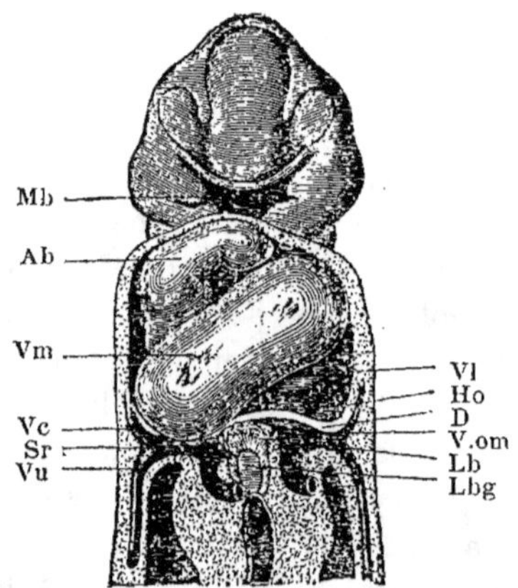

Fig. 345. — Embryon humain (Lg. de His) de 2, 15 mm. de l'éminence nuchale à l'éminence coccygienne. — Image reconstruite d'après His (embryons humains). Gross. 40.

Mb : invagination buccale. — Ab : bulbe aortique. — Vm : partie moyenne du ventricule. — Vc : veine cave supérieure ou canal de Cuvier. — Sr : sinus veineux. — Vu : veine ombilicale. — Vl : partie gauche du ventricule. — Ho : auricule. — D : diaphragme. — V. om : veine omphalo-mésentérique. — Lb : ébauche pleine du foie. — Lbg : tube hépatique.

dans sa partie postérieure, beaucoup de tissu conjonctif contenant des vaisseaux sanguins entre lesquels, au cours du développement du foie, s'engage le réseau des cylindres hépatiques. Au fur et à mesure que cette pénétration a lieu, le septum s'épaissit (fig. 345, Lb + Lbg) et présente deux ébauches différentes : en avant, une lame de substance qui renferme les canaux de *Cuvier* et les autres veines qui se rendent au cœur : c'est le diaphragme primaire ; en arrière les deux lobes du foie qui font saillie dans le cœlome.

Le septum transversum finit par séparer graduellement la cavité péricardique primitive de la cavité abdominale presque totalement, mais toutefois deux canaux étroits persistent (fig. 346, brh) (prolongements thoraciques du cœlome, *His*), les canaux pleuro-péricardiques, *Brachet*, qui, situés à droite et à gauche du tube digestif, le long de la colonne vertébrale, établissent une communication entre les deux grandes cavités. Les deux ébauches des poumons (lg), qui se forment aux dépens de la paroi antérieure du tube intestinal, s'engagent dans ces deux canaux (brh). Ils deviennent plus tard les cavités pleurales (brh), tandis que la

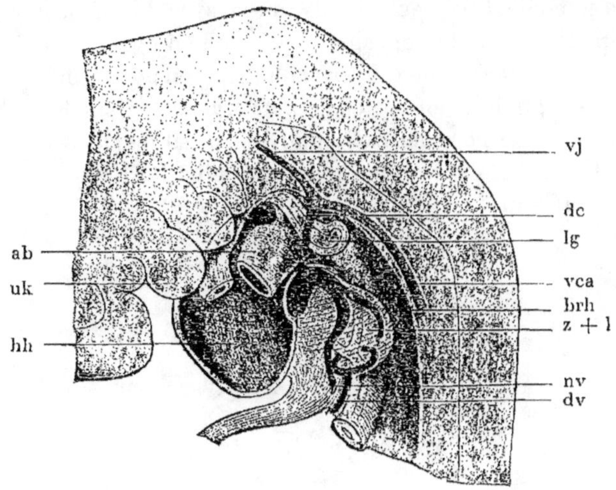

Fig. 346. — Image reconstruite d'une coupe sagittale d'un embryon humain de 5 mm. de longueur de l'éminence nuchale à l'éminence coccygienne (embryon R de His). — Cette image est destinée à faire comprendre le développement du péricarde et du diaphragme d'après His.

ab : bulbe aortique. — brh : cavité pleurale (recessus parietalis de His). — hh : cavité péricardique. — dc : canal de Cuvier — dv : veine vitelline. — nv : veine ombilicale. — vea : veine cardinale. — vj : veine jugulaire. — lg : poumon. — z + l : ébauche du diaphragme et du foie. — uk : maxillaire inférieur.

cavité plus grande (hh) avec laquelle ils communiquent et dans laquelle s'est développé le cœur, devient la cavité péricardique définitive. Cette dernière occupe toute la face ventrale de l'embryon ; les cavités pleurales au contraire, sont entièrement dorsales et situées contre la paroi postérieure du tronc.

Les trois cavités, qui primitivement communiquent ensemble, se séparent plus tard complètement les unes des autres. Le péricarde se sépare le premier. L'impulsion est donnée par les canaux de Cuvier (fig. 346, dc). Une portion de chacun des canaux s'étend de la région dorsale où ils prennent naissance par la réunion de la veine jugulaire et de la veine cardinale, le long de la paroi latérale du tronc, de haut en bas, jusqu'au septum transversum (fig. 346, dc), où ils sont situés dans son bord libre dorsal. Chacun des canaux prend ainsi un revêtement pleural dans la cavité pleuro-péricardique, déterminant ainsi la formation d'un repli pleuro-péricardique ou péricardique. Les deux replis faisant de plus en plus saillie à l'intérieur, la communication entre la cavité péricardique (hh) et les deux cavités pleurales (brh) se rétrécit de plus en plus. Finalement ces replis se mettent en contact par leurs bords libres avec le médiastin postérieur, dans lequel est situé l'œsophage, et se soudent avec lui. Ce changement de position des canaux de *Cuvier* explique aussi pourquoi les veines caves supérieures, qui dérivent des canaux de *Cuvier*, débouchent dans la partie supérieure de l'oreillette. Primitivement situés dans les parois latérales du tronc, les canaux de Cuvier ont, plus tard, leur extrémité logée dans le médiastin.

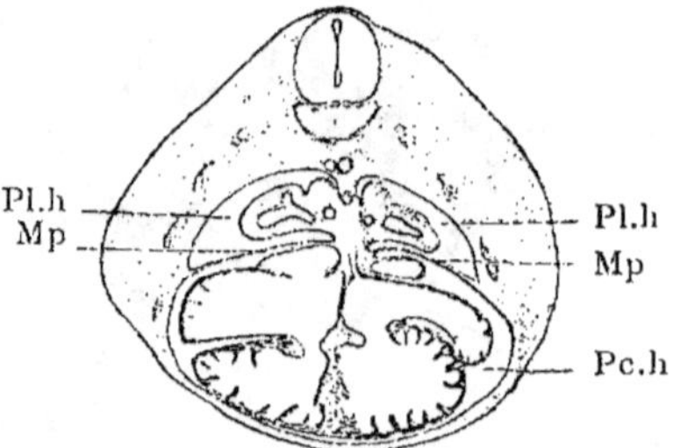

Fig. 347. — Coupe transversale de la région thoracique d'un embryon de Lapin de 15 jours : d'après Hochstetter.

mp : membrane pleuro-péricardique. — pc. h : cavité péricardique. — pl. h : cavité pleurale.

Après que la cavité péricardique est close de toutes parts, les deux cavités pleurales tubuleuses et étroites (fig. 346, brh) restent encore longtemps en communication avec la cavité abdominale. Les ébauches des poumons (lg) s'engagent de plus en plus à leur intérieur et finalement atteignent par leur extrémité la surface supérieure du foie devenu plus volumineux. C'est à ce point que se produit la fermeture des cavités pleurales. Des parois latérales et de la paroi postérieure du tronc partent des replis (les piliers d'*Uskow*, membranes pleuro-péritonéales de *Brachet* et de *Swaen*) qui se soudent au septum transversum et forment la *partie dorsale du diaphragme* : le septum pleuro-péritonéal. *On peut alors distinguer au diaphragme une portion ventrale, qui se forme la première, et une portion dorsale d'origine plus récente.* Lorsque la soudure est incomplète, il se produit une *hernie diaphragmatique*, c'est-à-dire une communication persistante entre la cavité abdominale et la cavité pleurale, une solution de continuité, par laquelle les anses intestinales peuvent pénétrer à l'intérieur de la cavité pleurale.

Lorsque les quatre grandes cavités pleurales se sont complètement séparées l'une de l'autre, les différents organes subissent encore des changements de position avant d'arriver à l'état définitif. Primitivement la cavité péricardique occupe toute la face ventrale de la cavité thora-

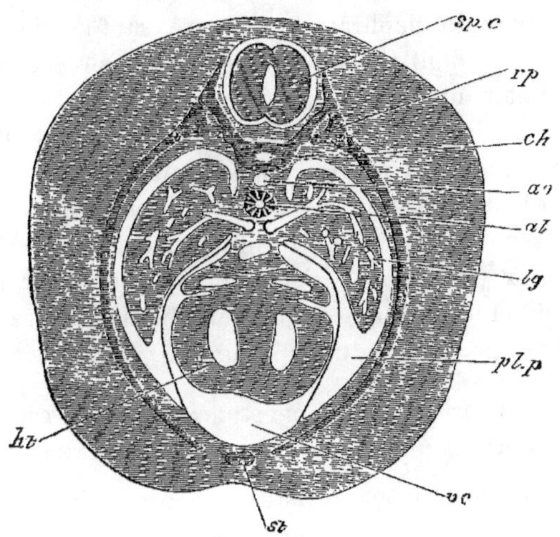

Fig. 348. — Coupe transversale d'un embryon de Lapin plus âgé destinée à montrer l'enveloppement de la cavité péricardique ; d'après Balfour.

ht : cœur. — pc : cavité péricardique. — pl.p : cavité pleurale. — lg : poumon. — al : tube digestif. — ao : aorte descendante. — ch : chorde. — rp : côte. — st : sternum. — spc : moelle épinière.

cique, et se trouve sur une grande étendue en rapport avec la paroi thoracique antérieure et la face supérieure du diaphragme. En outre, le diaphragme est uni au foie dans toute l'étendue de sa face inférieure. Les poumons sont logés dans deux tubes étroits situés le long de la paroi dorsale de l'embryon (fig. 347).

Deux facteurs interviennent pour modifier cette disposition (fig. 348). Avec le développement des poumons (lg) les deux cavités pleurales (pl. p) s'étendent de plus en plus du côté ventral et viennent s'engager d'une part entre le péricarde et les parois latérales antérieures du thorax, et d'autre part entre le péricarde et la face supérieure du diaphragme. Le cœur et la cavité péricardique sont ainsi reportés progressivement dans le plan médian où ils constituent avec les gros vaisseaux (ao), l'œsophage (al) et la trachée, une cloison médiane, le médiastin situé entre les deux cavités pleurales, droite et gauche, considérablement agrandies. Le péricarde n'est plus alors en contact, avec le diaphragme que dans une petite région située en avant de la paroi antérieure du thorax (st), et en bas.

Le second facteur consiste dans la séparation du foie du diaphragme primaire, avec lequel il formait le septum transversum. Ce fait se passe de la manière suivante : le péritoine qui, primitivement ne recouvrait que la face inférieure du foie, se continue à son bord libre sur la face supérieure qu'il sépare du diaphragme primaire, sauf en deux points. L'une de ces connexions, dont nous avons déjà parlé précédemment (p. 257), constitue le ligament suspenseur du foie. L'autre, qui existe au bord postérieur, forme le *ligament coronaire* du foie, dont nous n'avions pas parlé lors de l'étude de l'appareil suspenseur du foie (p. 257).

Finalement le diaphragme acquiert sa structure définitive du fait que des muscles issus de la paroi du tronc, provenant des deuxièmes moytomes cervicaux (*Kollmann*), s'engagent à l'intérieur des lamelles du tissu conjonctif et le décomposent en deux feuillets, le revêtement pleural et le revêtement péritonéal du diaphragme.

B. — PREMIERS STADES DU DÉVELOPPEMENT DES GROS TRONCS VASCULAIRES. CIRCULATION VITELLINE, CIRCULATION ALLANTOIDIENNE ET PLACENTAIRE.

Au moment où le cœur ne constitue encore qu'un simple tube, il se continue à ses deux extrémités par des troncs vasculaires qui se sont formés en même temps que lui. L'extrémité antérieure ou artérielle du tube cardiaque se continue par un vaisseau impair, *le tronc artériel*, qui s'avance vers l'avant au-dessous de l'intestin céphalique. Ce tronc se divise, au niveau du premier arc branchial, en deux branches, qui contournent à droite et à gauche l'intestin céphalique d'où elles gagnent la face dorsale de l'embryon. Arrivées là, ces deux branches se dirigent d'avant en arrière suivant l'axe longitudinal du corps de l'embryon, jusqu'à la queue. Ces deux vaisseaux sont les aortes primitives (fig. 131 et 137, ao). Elles courent au-dessous des segments primordiaux, au-dessus du feuillet glandulo-intestinal, de chaque côté de la chorde dorsale. Elles émettent des ramifications latérales parmi lesquelles se distingue, chez les Amniotes, par leur calibre les *artères omphalo-mésentériques*.

Ces dernières se distribuent dans la paroi du sac vitellin, où elles aménent la plus grande partie du sang, provenant des deux aortes primitives, dans l'aire vasculaire, où s'accomplit la *circulation vitelline*.

Chez le Poulet, que nous prendrons comme type de notre description (fig. 349), les deux artères vitellines R. Of.A, L.Of.A. naissent à quelque distance de l'extrémité caudale des aortes. Elles sortent de l'ébauche embryonnaire, entre le feuillet glandulo-intestinal et le feuillet moyen viscéral, et pénètrent dans l'aire transparente qu'elles traversent, et vont se ramifier dans l'aire vasculaire. Là, elles se résolvent en un réseau serré de vaisseaux sanguins qui, comme une coupe transversale le montre (fig. 137), sont situés dans le mésenchyme, entre le feuillet glandulo-intestinal et le feuillet moyen viscéral. Extérieurement, du côté de l'aire vitelline, ce réseau est délimité par un gros vaisseau de bordure (fig. 349, S.T), le sinus terminal, très nettement marqué. Ce sinus terminal forme un anneau complètement clos, sauf en un point situé en avant et où s'est formé le capuchon céphalique de l'amnios. Au sortir de l'aire vasculaire. le sang est recueilli par plusieurs gros troncs veineux qui le ramènent au cœur de l'embryon ; ce sont : les veines vitellines antérieures, les veines vitellines latérales et les veines vitellines postérieures. Toutes ces veines se réunissent au milieu du corps de l'embryon, de chaque côté, en un gros tronc impair, la veine *omphalo-mésentérique* (R.Of et L.Of), qui débouche à l'extrémité postérieur du cœur (h).

La *circulation sanguine* devient déjà visible chez le Poulet, dans le réseau vasculaire, dès le second jour de l'incubation. A ce moment, le sang consiste encore en un liquide clair, qui ne renferme encore qu'un petit nombre d'éléments figurés ; en effet, la plupart des corpuscules sanguins sont encore réunis en amas contre les parois des vaisseaux, où ils forment les *îlots sanguins*, dont nous avons déjà parlé précédemment (fig. 135, i). Ils déterminent la formation de taches rouges qui donnent à l'aire vasculaire son aspect.

Les contractions du cœur, qui déterminent la mise en mouvement du sang, sont au début très lentes ; mais elles deviennent ensuite de plus en plus fréquentes. On compte alors en moyenne, d'après *Preyer* de 130 à 150 pulsations par minute. Leur fréquence varie avec les circonstances extérieures : elle augmente lorsque la température du milieu d'incubation augmente, elle diminue dans le cas contraire, et de même lorsqu'on ouvre l'œuf pour observer l'embryon.

Au moment où le cœur commence à battre, il n'existe pas encore de fibrilles musculaires dans le myocarde. C'est là un fait très intéressant, car il montre que des cellules protoplasmiques, non différenciées, peuvent exécuter des contractions rythmiques importantes.

La circulation vitelline a un double but. D'une part, elle sert à fournir l'oxygène au sang, ce qui est rendu facile par l'étalement superficiel du réseau vasculaire.

D'autre part, elle amène à l'embryon les substances nutritives. Les éléments vitellins, situés au-dessous du feuillet glandulo-intestinal se dissolvent et sont recueillis par les vaisseaux sanguins qui les amènent dans les cellules en voie de division qu'elles nourrissent.

Les vaisseaux de l'aire vasculaire des Mammifères présentent, d'une façon générale, la même disposition que chez le Poulet ; ils n'en diffèrent

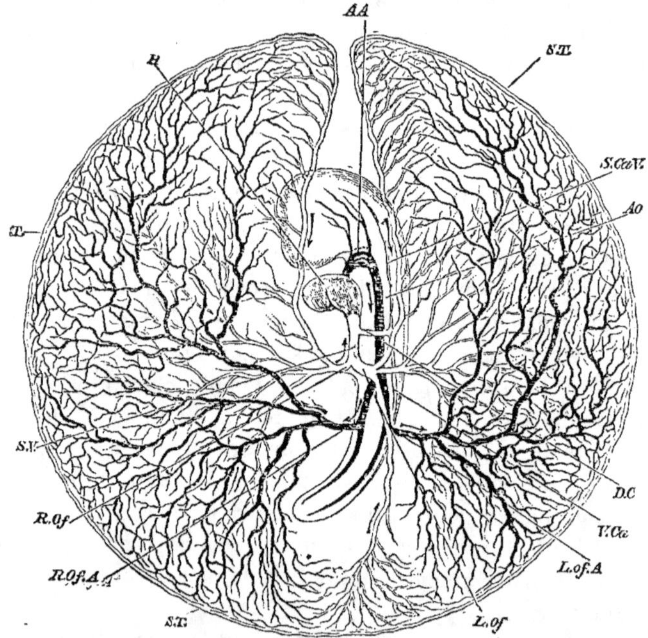

Fig. 349. — Figure schématique du système vasculaire du sac embryonnaire d'un embryon de Poulet à la fin du troisième jour d'incubation ; d'après Balfour.

Le disque germinatif tout entier a été détaché de l'œuf, il est vu par sa face inférieure. — Il en résulte que la moitié droite de la figure représente la moitié gauche du disque et réciproquement. — La partie de l'aire opaque, dans laquelle s'est développé le riche réseau vasculaire, est nettement délimitée en dehors par le sinus terminal ; elle constitue l'aire vasculaire, c'est l'aire vitelline. La partie du disque entourant l'embryon est dépourvue de réseau vasculaire ; elle constitue comme précédemment l'aire transparente.

H : cœur — AA : arcs aortiques — Ao : aorte descendante — L. Of. A : artère vitelline gauche. — R. Of. A : artère vitelline droite — S. T : sinus terminal — L. Of : veine gauche — R. Of : veine vitelline droite — S. V : sinus veineux — D. C. canal de Cuvier — S. Ca V : veine cardinale supérieure — V. Ca : veine cardinale inférieure — Les veines sont représentées en clair, les artères en noir.

que par quelques points secondaires, que nous ne croyons pas devoir exposer. Cependant une question se pose : quelle peut être la signification d'une circulation vitelline chez les Mammifères (fig. 149, ds), dont les œufs ne renferment que peu de matériel vitellin ?

Deux circonstances doivent être prises en considération. La première, est que primitivement, les œufs des Mammifères renfermaient autant de matériel vitellin que ceux des Reptiles (voir p. 174). La seconde, c'est que la blastula résultant de la segmentation s'agrandit considérablement, et sa cavité se remplit d'un liquide albuminoïde secrété par les parois de l'utérus. Les vaisseaux vitellins peuvent y puiser des matériaux nutritifs qu'ils amènent à l'embryon jusqu'au moment où une autre nutrition plus avantageuse s'effectue par la placenta.

Indépendemment des vaisseaux vitellins, il se forme, chez les Vertébrés supérieurs un *deuxième système vasculaire qui se développe en dehors de l'embryon, dans les enveloppes fœtales*, et qui pendant longtemps est plus développés que les autres systèmes du corps. Ces vaisseaux servent à *la circulation allantoïdienne* chez les Oiseaux et les Reptiles, à *la circulation placentaire* chez les Mammifères.

Lorsque, chez le Poulet, l'allantoïde (fig. 144 et 145, al) s'est formé par évagination de la paroi antérieure de l'intestin terminal, et que, sous forme d'une vésicule devenant de plus en plus volumineuse, elle pénètre par l'ombilic cutané dans le cœlome extra-embryonnaire, entre l'enveloppe séreuse et le sac vitellin, il apparaît dans sa paroi deux vaisseaux sanguins qui naissent de l'extrémité des deux aortes primitives ; ce sont les *vaisseaux ombilicaux* (*artères ombilicales*).

A la sortie du réseau capillaire formé par les ramifications de ces artères le sang est collecté par deux *veines ombilicales* qui, arrivées à l'ombilic se réunissent aux deux canaux de *Cuvier* (p. 456) qui amènent le sang dans le sinus veineux.

Bientôt l'extrémité terminale de la veine ombilicale s'atrophie ; ses branches latérales s'unissent à la veine gauche, qui devient beaucoup plus volumineuse. Celle-ci, à son tour, perd sa communication primitive avec le canal de *Cuvier*, car elle envoie une anastomose avec la veine hépatique gauche (*Vena hepatica revehens*). Cette veine devient de plus en plus volumineuse, et finalement reçoit le courant sanguin tout entier. Alors la veine ombilicale gauche débouche directement, par la veine hépatique, dans le sinus veineux, au niveau postérieur du foie (*Hochstetter*).

Au cours du développement, les veines ombilicales et les veines vitellines ont un calibre inverse : tant que la circulation vitelline est bien développée, les veines ombilicales sont peu importantes ; mais plus tard, elles se développent en même temps que l'allantoïde, tandis que les veines omphalo-mésentériques s'atrophient au fur et à mesure que le sac vitellin se réduit par suite de la résorption du vitellus.

Le but de la circulation allantoïdienne, chez les Reptiles et les Oiseaux, est la respiration. Lorsque l'allantoïde a atteint son développement maximum, elle s'accole, chez le Poulet par exemple, à l'enveloppe séreuse et s'étale au voisinage de la chambre à air sous la coquille. Le sang qui y circule peut ainsi effectuer des échanges gazeux avec l'air atmosphérique. L'allantoïde perd son rôle respiratoire au moment où le Poulet rompt avec son bec les enveloppes de l'œuf, et respire directement l'air contenu dans la chambre à air. Alors les phénomènes circulatoires se modifient dans le corps entier, car les poumons qui commencent à fonctionner peuvent recevoir une plus grande quantité de sang, ce qui a pour conséquence l'atrophie des vaissaux ombilicaux (p. 169 et 170).

Chez les Mammifères, la circulation allantoïdienne ou placentaire joue un rôle plus important encore ; car les deux artères ombilicales amènent le sang au placenta. Dans cet organe, le sang se charge d'oxygène et de substances nutritives. Il revient ensuite au cœur, d'abord par deux veines ombilicales et plus tard par une seule.

C. — Transformations du système artériel.

Les gros vaisseaux apparus au commencement du développement, sont souvent très différents de ceux qui existent chez l'animal adulte. Ils subissent des modifications variées qui offrent un intérêt particulier. Ces modifications ont lieu dans le voisinage du cœur et des arcs aortiques. Chez tous les Vertébrés, il apparaît sur les côtés du cou, où se sont formés les fentes branchiales, et les arcs branchiaux le long de ces dernières, de gros vaisseaux, dont le nombre d'après les dernières recherches est de six (fig. 350, A.B. 1-6). Ils tirent leur origine du tronc artériel, situé au-dessous du pharynx (fig. 350) ; gagnent ensuite la face dorsale de l'embryon en longeant les arcs viscéraux, et s'unissent à droite et à gauche de la colonne vertébrale en deux troncs longitudinaux, les deux aortes primitives (fig.137,ao). Aussi sont-ils désignés du nom d'*arcs aortiques,* nom qu'il vaudrait mieux remplacer par celui de *vaisseaux des arcs viscéraux.* Chez les Vertébrés à respiration branchiale, les vaisseaux des arcs viscéraux jouent un *rôle important dans le phénomène de la respiration* ; aussi perdent-ils de bonne heure leur disposition simple. De nombreuses branches latérales naissent aux dépens de leur portion initiale ventrale ; elles se rendent aux lamelles branchiales formées en grand nombre aux dépens de la muqueuse de revêtement des arcs viscéraux, et s'y résolvent en réseaux capillaires très denses. A la sortie de ces réseaux le sang est à nouveau collecté par de petits troncs veineux qui s'unissent et forment la portion supérieure des vaisseaux des arcs viscéraux. Plus sont volumineuses les branches latérales ventrales et dorsales et moins le vaisseau de l'arc viscéral est développé dans sa portion moyenne. Chaque vaisseau viscéral est décomposé en une portion initiale, *l'artère branchiale*, qui se résout en de nombreuses ramifications se rendant aux lamelles branchiales, et en une portion supérieure ou dorsale, *la veine branchiale*, qui collecte le sang.

Comme chez les Amniotes, les lamelles branchiales ne se développent plus, il ne se forme plus chez eux ni d'artère, ni de veine branchiale, mais

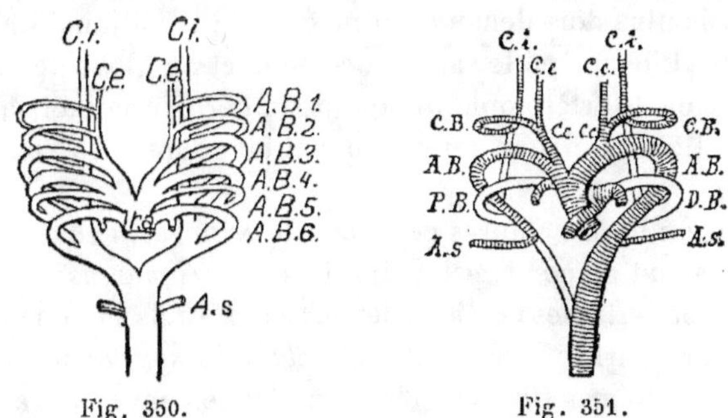

Fig. 350.   Fig. 351.

Fig. 350. — Schéma représentant la disposition des arcs aortiques des Mammifères ; d'après Hochstetter.

A.B. : arcs aortiques. — C.e. : carotide externe. — C.i. : carotide interne. — Tr. a. : Tronc artériel. — A.s. : artère sous-clavière.

Fig. 351. — Schéma représentant les artères qui se forment, chez les Mammifères aux dépens des arcs aortiques ; d'après Hochstetter.

— D.B. : canal de Botal. — A.B. : arc aortique. — P.B. : arc pulmonaire. — A.s. : artère sous-clavière. — C.B. : arc carotidien. — C.c. : carotide commune. — C.c : carotide externe. — C.i. : carotide interne.

les vaisseaux des arcs aortiques conservent leur disposition primitive simple. Toutefois, une partie d'entre eux ne persistent que peu de temps, ils disparaissent : la majeure partie s'atrophie ou subit des transformations profondes, qui s'accomplissent de manière quelque peu différente chez les Reptiles, chez les Oiseaux et chez les Mammifères. Nous n'examinerons ici que ce qui se passe chez l'Homme.

Déjà chez les embryons humains longs de quelques millimètres, le tronc artériel émanant du tube cardiaque simple se divise, au voisinage du premier arc viscéral, en une branche droite et en une branche gauche qui entourent le pharynx et se continuent en haut par les deux aortes primitives. C'est la première paire de vaisseaux des arcs viscéraux. Bientôt apparaissent une deuxième, une troisième, une quatrième et finalement une cinquième et sixième paire de vaisseaux (fig. 350,A.B.1-6) suivant l'ordre dans lequel chez l'Homme comme chez les autres Vertébrés, sont placés les arcs viscéraux. Les cinq (six) paires de vaisseaux émettent de bonne heure des branches latérales qui se rendent dans les organes voisins. Parmi ces branches, certaines acquièrent une importance plus grande ; elles deviennent la carotide externe et la carotide interne, les artères vertébrales et sous-clavières, les artères pulmonaires. La carotide externe (fig. 350, C. e) naît de la partie initiale du premier arc aortique, et se rend dans la région du maxillaire supérieur et du maxillaire inférieur. La carotide interne (fig. 350, C. i.) se forme aux dépens du même arc aortique, mais plus dorsalement, au niveau de sa continuation avec l'origine de l'aorte. Elle amène le sang au cerveau et au globe de l'œil en voie de développement (artère ophtalmique). Du dernier arc aortique, enfin, partent de petites branches qui se rendent au poumon en voie de formation (fig. 350).

Comme on le voit d'après cette courte esquisse, l'ébauche du tronc artériel, émanant du cœur, est primitivement *rigoureusement symétrique*. Mais bientôt certaines portions de vaisseaux subissent une atrophie allant jusqu'à la disparition complète, et *l'ébauche symétrique devient asymétrique*. Les schémas (fig. 351-352) font facilement comprendre ces transformations. Les portions des vaisseaux qui s'atrophient sont laissées en clair, les parties qui deviendront fonctionnelles sont, au contraire, marquées par une ligne noire ou par des hachures transversales.

Tout d'abord, dès la formation de la courbure nuchale, le premier et le deuxième arc aortique disparaissent, à l'exception de la portion qui les unit et par laquelle le sang passe dans la carotide externe (fig. 352, b). Le troisième arc persiste (c) mais il perd sa connexion avec l'extrémité dorsale du quatrième, et c'est lui qui maintenant amène tout le sang qui se rend à la tête, par la carotide interne (a), dont il forme maintenant la portion initiale.

Mais ce sont les quatrièmes et derniers arcs (le sixième en principe) qui éprouvent les changements les plus importants. Ils dépassent bientôt tous les autres vaisseaux en grosseur, et comme ils sont les plus voisins du cœur, ils constituent les deux artères principales : *la crosse de l'aorte et l'artère pulmonaire*. Une modification importante a lieu à leur sortie du tronc artériel, lorsque celui-ci est divisé dans toute sa largeur par une cloison dont nous avons étudié précédemment le développement. Alors la quatrième paire d'arcs (fig. 352, e) reste en continuité avec le tronc artériel (d) partant du ventricule gauche, dont elle reçoit uniquement le sang (fig. 351, A.B.). La dernière paire d'arcs aortiques (fig. 352, n) forme au contraire le prolongement de la moitié (m) du tronc artériel qui part du ventricule droit. De sorte que, le dédoublement du courant sanguin n'a pas lieu seulement à l'intérieur du cœur, mais il se continue aussi dans les vaisseaux qui en émanent ; mais seulement sur une petite portion de leur cours, car la quatrième et la dernière paire d'arcs aortiques déversent encore leur sang dans l'aorte commune, sauf cependant pour une certaine quantité, qui par des branches accessoires se rend partie à la tête (c,c) et aux membres supérieurs, partie aux poumons encore peu développés. *Puis, le processus de différenciation déjà amorcé se propage aux vaisseaux périphériques ; finalement il conduit à la formation d'une grande et d'une petite circulation complètement séparée. Ce résultat est atteint par suite de l'atrophie de certaines portions des vaisseaux et du grand développement que prennent d'autres parties.*

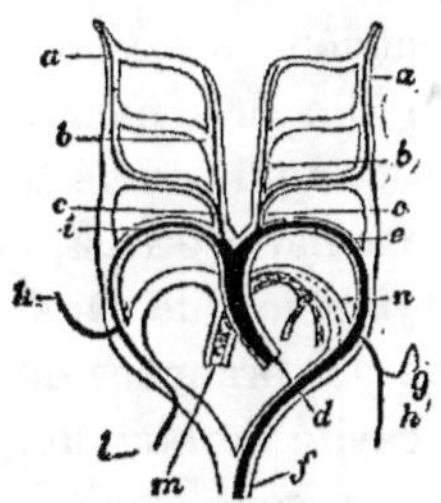

Fɪɢ. 352. — Figure schématique montrant la transformation des vaisseaux des arcs branchiaux chez les Mammifères ; d'après Rathke.
a : carotide interne. — b : carotide externe. — c : carotide commune. — d : aorte ascendante. — e : quatrième arc aortique gauche. — l : aorte descendante. — gk : artères vertébrales gauche et droite. — hi : sous-clavières gauche et droite (4e arc droit). — l : prolongement de l'artère sous-clavière droite. — m : artère pulmonaire. — n : canal de Botal.

Bientôt on constate une prédominance des arcs aortiques gauches sur les arcs aortiques droits (fig. 352). Ceux-ci se réduisent de plus en plus et même s'atrophient partiellement, sauf pour les branches latérales qui conduisent le sang à la tête, aux extrémités supérieures et aux poumons. Du quatrième arc aortique droit, il ne persiste qu'une partie, qui fournit la carotide commune droite (c) et la sous-clavière droite (i+l). Nous donnons à sa partie initiale le nom de tronc brachio-céphalique. De sorte que finalement, ce reste du quatrième arc aortique droit semble n'être qu'une ramification latérale de l'aorte (e), qui forme un arc dans la moitié gauche du corps, arc dont partent la carotide commune gauche (c) et la sous-clavière gauche (h). La partie droite de la dernière paire de vaisseaux des arcs viscéraux (sixième paire) s'atrophie aussi à l'exception de la portion qui amène le sang aux poumons. Au contraire, l'arc pulmonaire du côté gauche du corps persiste encore pendant long-temps. D'une part, il amène le sang au poumon gauche, et d'autre part dans l'aorte, par le canal artériel de Botal (n). Après la naissance, le canal de Botal se ferme ; cette oblitération est en rapport avec la respiration pulmonaire. En effet, lorsque les poumons, sous l'influence des premiers mouvements respiratoires, se dilatent, ils peuvent recevoir une plus grande quantité de sang. La conséquence, est qu'il ne passe plus de sang par le canal de Botal, qui se transforme alors en un cordon fibreux compris entre l'aorte et l'artère pulmonaire (V. fig. 351, D.B.).

En même temps que s'acomplissent ces régressions, les gros vaisseaux qui sortent du cœur subissent aussi des changements de position.

Ils descendent ainsi que le cœur de la région cervicale dans la cavité thoracique. Ainsi s'explique le trajet du nerf laryngé inférieur ou récurrent. Au moment où le quatrième arc vasculaire est encore situé dans le quatrième arc viscéral où il a pris naissance, le nerf vague envoie au larynx une petite ramification, qui pour atteindre son point terminal contourne en dessous l'arc vasculaire. Aussi, lorsque ce dernier descend, il entraîne avec lui le nerf laryngé jusque dans la cavité thoracique, et celui-ci décrit une courbe. L'une des branches de la courbe se détache du nerf vague à l'entrée dans la cavité thoracique, elle contourne, à gauche la crosse de l'aorte, à droite la sous-clavière, pour se continuer ensuite avec la deuxième branche qui décrit un trajet récurrent de bas en haut afin de gagner son organe d'innervation.

Comme autres grosses artères, l'aorte fournit de bonne heure des ramifications latérales comme : les artères mésentériques supérieures et inférieures qui vont se distribuer au tube digestif ; plus près de l'extrémité postérieure de l'aorte naissent les deux artères ombilicales. Elles se dirigent en avant, longent la paroi postérieure du tronc et les parois latérales du bassin gagnant ainsi l'allantoïde, qui plus tard donne la vessie urinaire et l'ouraque. Puis elles se recourbent et gagnent, à droite et à gauche de l'allantoïde, l'ombilic. Elles pénètrent alors dans le cordon ombilical et vont se résoudre, dans le placenta, en un réseau capillaire très fin à la sortie duquel le sang passe dans les veines ombilicales.

Pendant leur trajet dans la cavité du bassin, les artères ombilicales émettent, au début, des ramifications insignifiantes : les iliaques internes, qui se distribuent dans les viscères du bassin, les iliaques externes, qui se rendent aux extrémités inférieures qui ne forment encore que de petites saillies. Plus tard, au fur et à mesure que les membres inférieurs augmentent de volume chez l'embryon plus âgé, les iliaques externes deviennent plus volumineuses ainsi que les fémorales qui les continuent.

Après avoir fourni les deux artères ombilicales, l'aorte devenu très grêle, s'étend comme un vaisseau insignifiant formant l'aorte caudale ou artère sacrée moyenne, jusqu'à l'extrémité de la colonne vertébrale.

Au moment de la naissance, il s'accomplit aussi, dans cette partie du système artériel, une modification importante. Après la section du cordon ombilical, les artères ombilicales ne peuvent plus renfermer de sang, elles s'atrophient, excepté dans leur partie initiale qui a fourni les iliaques internes et externes ; cette portion forme l'artère iliaque commune. Aux dépens des vaisseaux atrophiés se constituent deux cordons conjonctifs : les ligaments vésico-ombilicaux externes, qui s'étendent à droite et à gauche de la vessie jusqu'à l'ombilic.

D. — Transformations du système veineux.

Comme les grosses artères, *les troncs principaux du système veineux, à l'exception de la veine cave inférieure, sont primitivement pairs et symétriquement disposés.* Cela est vrai aussi bien pour les troncs qui ramènent au cœur le sang des parois du tronc et de la tête, que pour les veines qui y ramènent le sang du tube digestif et des annexes embryonnaires.

En premier lieu, le sang veineux de la tête est collecté par les deux veines *jugulaires* (fig. 346, ij) et (fig. 353, je, ji). Ces veines courent de haut en bas, derrière les fentes branchiales et s'unissent au voisinage du cœur avec les *veines cardinales* (fig. 346, vca et fig. 353, ca). Celles-ci se dirigent en sens inverse de bas en haut dans la paroi postérieure du tronc et reçoivent en particulier le sang provenant du rein primordial. La réunion d'une veine jugulaire et d'une veine cardinale constitue un canal de *Cuvier* (fig. 346 et 353, dc) ; aux dépens des canaux de *Cuvier* se formeront plus tard les deux veines caves supérieures. Cette disposition symétrique des gros troncs veineux du corps persiste pendant toute la vie chez les Poissons.

Les canaux de *Cuvier* courent sur une certaine étendue, pendant les premiers stades du développement, dans les parois latérales de la cavité péricardique primitive, d'où ils se dirigent de la paroi dorsale à la paroi ventrale du tronc (fig. 346). Arrivés là, ils s'engagent dans le septum transversum qui constitue le lieu de réunion de tous les troncs veineux débouchant dans le cœur. On y trouve non seulement les canaux de *Cuvier*, mais aussi les veines qui viennent des viscères (fig. 345, V.om et Vu) et (fig. 346, dv et nv) ; les deux veines vitellines et les deux veines ombilicales. Toutes ces veines s'unissent en un sinus veineux commun, dont nous avons déjà parlé en étudiant le développement du cœur (p. 434) et situé immédiatement entre l'oreillette et le septum transversum.

Les deux veines vitellines (V. omphalo-mésentériques) ramènent au cœur le sang du sac vitellin. Elles constituent les deux troncs veineux du corps les plus anciens et les plus volumineux. Elles se réduisent au fur et à mesure que le sac vitellin s'atrophie et se transforme en vésicule ombilicale. Elles longent le tube intestinal au voisinage l'une de l'autre et s'unissent de très bonne heure entre le duodénum et l'estomac par des anastomoses transversales. Les veines ombilicales sont, elles aussi, primitivement paires. Très petites au début, elles deviennent dans la suite, au contraire des veines vitellines, de plus en plus volumineuses, au fur et à mesure que le placenta se développe. Elles ramènent le sang du placenta au cœur. Dans le corps embryonnaire, les veines ombilicales sont, au début, situées dans les parois abdominales latérales (fig. 345, Vu) par lesquelles elles gagnent le septum transversum et le sinus veineux (sr).

La veine cave inférieure se forme plus tard (fig. 354, ci). Elle constitue dès le début un vaisseau impair de faible calibre, situé à droite de l'aorte, dans le tissu compris entre les deux reins primordiaux. Ce vaisseau est uni à son extrémité caudale, avec les veines cardinales, par des anastomoses ; il s'ouvre dans le sinus veineux.

Chez l'homme, trois changements principaux se produisent dans la disposition primordiale du système veineux que nous venons de décrire (fig. 353) : 1° les veines, au lieu de déboucher dans le sinus veineux, s'ouvrent directement dans l'oreillette ; 2° la disposition symétrique des canaux de *Cuvier*, des veines jugulaires et des veines cardinales est remplacée par une disposition asymétrique résultant de l'atrophie de certain troncs principaux ; 3° le développement du foie amène la formation d'un système porte.

La modification signalée la première est due à ce que le sinus veineux lui-même finit par faire partie de l'oreillette. Il constitue la partie lisse de l'oreillette qui est dépourvue de muscles (*His*). C'est là que se trouvent les orifices distincts des canaux de *Cuvier*, c'est-à-dire des deux veines caves supérieures futures, ainsi que l'orifice commun des veines inférieures venant des viscères (la future veine cave inférieure).

Les transformations que présentent les canaux de *Cuvier* commencent par un changement dans leur position. Ils se dirigent plus verticalement de haut en bas. Ils proéminent vers l'intérieur comme le sinus veineux, en dehors du septum transversum et des parois latérales du tronc. Ils soulèvent la membrane séreuse qui les recouvre sous la forme de deux replis semi-lunaires contribuant à la formation du péricarde, et que nous avons décrits précédemment sous le nom de replis pleuro-péricardiques. Lorsque ces replis se sont soudés avec le médiastin, les canaux de *Cuvier* s'engagent de la paroi du tronc dans celui-ci et viennent se placer l'un contre l'autre dans le plan médian. Les veines jugulaires qui y aboutissent deviennent de plus en plus volumineuses que les veines cardinales, et cela pour trois raisons différentes (fig. 354). En premier lieu, la portion antérieure du corps et notamment le cerveau se développe plus que la portion inférieure du corps. En second lieu, dans la région inférieure du corps, les veines cardinales sont en concurrence avec la veine cave inférieure, qui les supplante et recueille le sang. Enfin, troisièmement, lorsque les membres supérieurs se développent, les veines sous-clavières (s) s'ouvrent dans les veines jugulaires. Il en résulte que la partie inférieure des jugulaires, à partir de l'embouchure de la sous-clavière, constitue un prolongement immédiat du canal de *Cuvier* et constitue avec lui un tronc veineux désigné sous le nom de veine cave supérieure (fig. 354, csd). Les veines caves supérieures droite et gauche présentent des différences dans leur trajet, qui sont la cause, chez l'Homme, de l'asymétrie du système définitif. Tandis que la veine cave supérieure droite (fig. 354, csd) se rend au cœur plus directement de haut en bas, la veine gauche (css) décrit un trajet un peu plus long. Elle contourne, par son extrémité terminale, de gauche à droite, la paroi postérieure de l'oreillette, où elle se loge dans le sillon coronaire, et où elle reçoit encore le sang des veines coronaires du cœur (cc).

Chez les Reptiles, chez les Oiseaux et chez beaucoup de Mammifères, il persiste deux veines caves supérieures pendant toute la vie. Chez l'Homme, cette disposition n'existe que pendant les premiers mois de la vie fœtale. Ensuite, il se produit une atrophie partielle de la veine cave supérieure gauche. Cette atrophie est déterminée par la formation d'une anastomose transversale (fig. 354, as), entre le tronc droit et le tronc gauche. Cette anastomose reçoit le sang de la veine gauche et le conduit dans la veine droite et arrive ainsi plus directement au cœur.

Il en résulte que la portion terminale de la veine cave droite devient plus volumineuse, l'extrémité de la veine gauche, au contraire, se réduit dans la même proportion. Finalement, cette dernière subit une atrophie complète (fig. 355, css), sauf pour la portion logée dans le sillon coronaire (cc). Celle-ci se maintient ouverte et les veines du cœur y déversent leur sang, elle constitue le sinus coronaire.

Un processus semblable s'accomplit pour les veines cardinales (fig. 353, ca). Ces veines collectent le sang des reins primordiaux, de la paroi abdominale postérieure, du bassin et des membres inférieurs. Du bassin, elles reçoivent les veines hypogastriques (ili), ainsi que les iliaques externes (ile) qui sont le prolongement des veines crurales. Les veines cardinales sont ainsi, comme chez les Poissons, les troncs veineux princi-paux de la moitié inférieure du tronc. Mais dans la suite, elles perdent de leur importance, elles sont remplacées par la veine cave inférieure qui devient le tronc veineux principal. On distingue à la veine cave infé-rieure deux parties qui diffèrent par leur origine : l'une plus courte, anté-

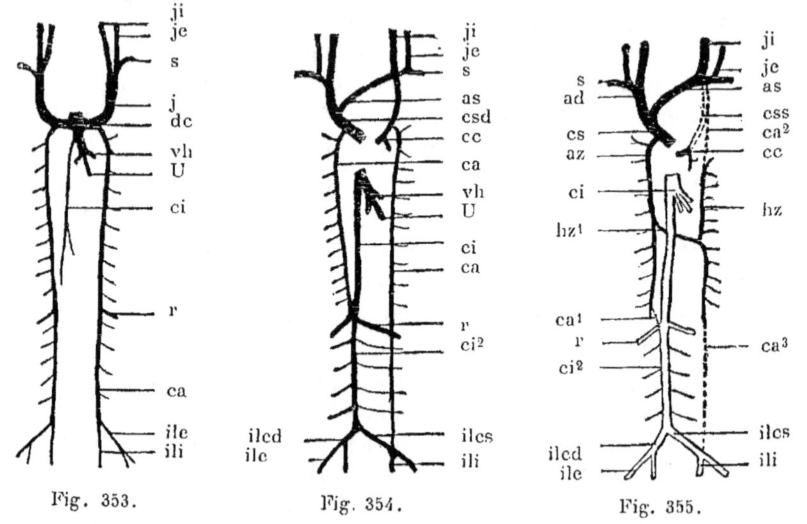

Fig. 353.   Fig. 354.   Fig. 355.

Fig. 353-355. — Figures schématiques montrant le développement du système veineux général :

dc : canal de Cuvier. — je, ji : veines jugulaires externe et interne. — s : veine sous-clavière. — h : veine hépatique efférente. — U : veine ombilicale. — ci (ci²) : veine cave inférieure .— ca(ca¹,ca², ca³) : veines cardinales.— ilcd, ilcs : veines iliaques com-munes droite et gauche. — cs : veine cave supérieure. — css : portion atrophiée de la veine cave supérieure gauche. — cc : veine coronaire du cœur. — az : veine azygos.— hz (hz¹): veine hémi-azygos.— ili : veine iliaque interne.— r : veine rénale.

rieure, l'autre plus longue et postérieure. La première portion apparaît, comme nous l'avons déjà dit, sous la forme d'un vaisseau délicat, situé à droite de l'aorte entre les deux reins primordiaux (fig. 353,354, ci). La seconde partie, au contraire, se développe plus tard aux dépens de la par-tie postérieure de la veine cardinale droite (fig. 354, ci²). L'ébauche s'unit bientôt, par son extrémité antérieure formée dans la région de la veine rénale (r) par des anastomoses transversales, avec les deux veines cardi-nales. Il en résulte que par suite de ce fait, elle prend bientôt un volume plus important, car elle offre au sang de la partie inférieure du corps une voie plus directe pour revenir au cœur que par la partie supérieure des veines cardinales. Aussi devient-elle le tronc principal.

Si le stade que nous venons de décrire (fig. 354) constituait l'état définitif, il existerait une veine cave inférieure, qui, au niveau des veines rénales (2), se diviserait en deux branches parallèles courant des deux côtés de l'aorte jusqu'au bassin. Or c'est ce que l'on trouve dans certains cas, qui constituent, d'après ce que nous venons de voir, des arrêts de développement. Mais ces cas sont rares ; car normalement, il se produit dans le cours du développement, de très bonne heure, une asymétrie entre les portions inférieures des deux veines cardinales, et cela du moment où elles s'unissent par des anastomoses avec la partie initiale de la veine cave inférieure. La partie inférieure de la veine cardinale droite devient prépondérante, elle devient plus volumineuse et finalement persiste seule (fig. 354 et 355), tandis que la veine gauche cesse de se développer. Ce fait s'explique par deux raisons différentes. D'une part, la veine cardinale droite (ci²) se trouve plus directement dans le prolongement direct de la veine cave inférieure, que la veine cardinale gauche, et se trouve aussi dans de meilleures conditions. En second lieu, il se forme, dans la région du bassin une anastomose (ilcs) entre les deux veines cardinales, ce qui fait que le sang des veines hypogastriques gauches, de la veine iliaque externe et de la veine crurale gauches, passe dans la veine cardinale droite. Grâce à cette anastomose qui devient la veine iliaque gauche commune, la partie de la veine cardinale gauche (fig. 355, ca³) comprise entre la veine rénale et le bassin cesse de fonctionner et régresse dans la même mesure que le rein primordial. La veine cardinale droite se trouve alors dans le prolongement direct de la veine cave inférieure, dont elle constitue la portion comprise entre les veines rénales et la bifurcation des veines iliaques communes (fig. 354 et 355, ci²).

Tandis que la portion abdominale de la veine cardinale gauche (fig. 355, ca³) disparaît, et que la portion correspondante de la veine cardinale droite constitue la partie inférieure de la veine cave inférieure (ci²), leurs *portions thoraciques* demeurent rudimentaires : elles recueillent le sang des espaces intercostaux (fig. 354, ca). Dans cette région s'accomplit une transformation qui détermine également une disposition asymétrique des veines. Les phénomènes circulatoires primordiaux de la circulation thoracique sont modifiés par suite de l'atrophie de la veine cave supérieure gauche (fig. 355, css). Le sang de la veine cardinale gauche ne peut plus arriver directement à l'oreillette, et la portion de cette veine (ca²) s'atrophie. En même temps, il s'est formé entre ces vaisseaux une anastomose (bz¹) qui passe transversalement en avant de la colonne vertébrale

et derrière l'aorte, et le sang de la moitié gauche du corps passe dans la
veine cardinale droite. La partie thoracique de la veine cardinale gauche
et son anastomose constituent la veine hémi-azygos gauche (hz et hz¹);
la veine cardinale droite, plus volumineuse, forme la veine azygos (az).
C'est à la suite de toutes ces transformations que le système veineux du
tronc acquiert sa disposition définitive ; il est devenu asymétrique et les
troncs veineux sont surtout développés dans la moitié droite du corps.

Une troisième série de tranformations, dont nous avons encore à nous
occuper maintenant, concerne le développement de *la circulation hépatique.*
Le foie reçoit son sang, aux différents stades du développement embryonnaire, de sources différentes. Longtemps, il lui est amené par les veines
vitellines ; puis pendant une seconde période, par les veines ombilicales ;
après la naissance enfin, par la veine intestinale ou veine porte. *Ce triple
changement trouve son explication dans les phénomènes d'accroissement
du foie, du sac vitellin et du placenta.* Tant que le foie est petit, le sang
provenant du sac vitellin suffit à le nourrir. Mais lorsque plus tard, il
devient plus volumineux, alors que le sac vitellin s'atrophie, d'autres
vaisseaux, les veines ombilicales, interviennent dans sa nutrition. Enfin,
quand au moment de la naissance, la circulation placentaire cesse, les
troncs veineux de l'intestin, qui sur ces entrefaites se sont fortement
développées, remplacent les veines ombilicales.

Lorsque les canaux hépatiques se forment aux dépens du duodénum et
pénètrent dans le mésentère ventral et le septum transversum, où ils
émettent des bourgeons, ils entourent les deux veines vitellines qui longent l'intestin. A ce point, les deux veines s'unissent par deux anastomoses
tranversales annulaires entourant le duodénum (sinus annulaire, His)
(fig. 346, dv). De ces deux anneaux veineux la portion droite de celui situé
en arrière s'atrophie et la portion gauche de celui situé en avant devient
plus volumineuse, ainsi que His l'a montré tout d'abord chez l'embryon
humain, et ainsi que le montrent clairement les deux schémas de Hochstetter (fig. 356 et 357), de sorte que, aux dépens des deux vaisseaux pairs se
constitue une extrémité terminale unique de la veine omphalo-mésentérique, qui contourne en spirale l'intestin. Dans la région du pancréas elle
reçoit la veine mésentérique. De la veine omphalo-mésentérique partent,
à un stade reculé du développement, des branches latérales qui se rendent
à l'ébauche hépatique. Plus celle-ci se développe, plus ces branches deviennent volumineuses (veines hépatiques efférentes). Elles se résolvent
(fig. 207) entre les travées du réseau des cylindres hépatiques (lc) en un
réseau capillaire (g). De ce réseau émanent, au bord dorsal du foie de
grosses veines hépatiques efférentes, qui ramènent le sang dans l'extrémité

terminale des veines vitellines qui s'ouvre dans l'oreillette. Il résulte de cette disposition que la partie des veines vitellines comprise entre les veines hépatiques efférentes se réduit de plus en plus et finalement disparaît totalement, car tout le sang venant du sac vitellin passe dans la circulation du foie. Il s'accomplit ici, en plus grand, le même processus que ce qui arrive dans les vaisseaux des arcs branchiaux des Vertébrés à respiration branchiale ; à la suite du développement des lamelles branchiales-chaque vaisseau se divise en une artère branchiale, en une veine branchiale et en un réseau capillaire interposé entre elles.

Les deux veines ombilicales prennent part de très bonne heure à la circulation du foie. Elles courent primitivement à partir du cordon ab-

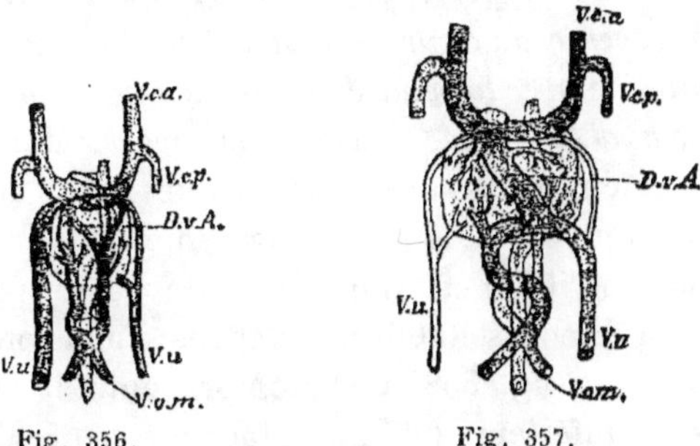

Fig. 356.   Fig. 357.

Fig. 356. — Rapports des veines omphalo-mésentériques et de la veine ombilicale avec l'intestin et le foie, chez un embryon de Lapin de 12 jours. Schéma d'après Hochstetter.
D.v.A. : canal veineux d'Arantius. — V. ca et V. cp : veines cardinales antérieure et postérieure. — V.u : veine ombilicale. — V. o.m : veine omphalo-mésentérique.
Fig. 357. — Figure schématique montrant le développement du système vasculaire du foie chez les Mammifères ; d'après Hochstetter.
Les portions atrophiées des veines omphalo-mésentériques et de la veine ombilicale sont en clair. Même légende que dans la figure 356.

dominal dans la *paroi abdominale* antérieure (fig. 345, Vu), puis elles reçoivent des branches latérales et arrivent au sinus veineux (dr) en passant au-dessus de l'*ébauche du foie*. Leur trajet est alors tout différent de ce qu'il sera plus tard, alors que l'extrémité terminale de la veine ombilicale passe *au-dessous du foie*. D'après *His* ce changement dans le trajet de la veine ombilicale s'effectue de la manière suivante : la veine ombilicale droite s'atrophie partiellement (comme chez le Poulet, p. 448), et la partie persistante devient une veine abdominale ; la veine ombilicale gauche, au contraire, arrivée au septum transversum, s'anastomose avec les veines voisines. Parmi ces anastomoses l'une se rend en passant *au-dessous du foie*, au sinus annulaire des veines vitellines, de sorte qu'une partie du sang venant du placenta passe par la circulation hépatique. Or par suite de son accroissement rapide, le foie exige un grand apport sanguin, il en résulte que cette anastomose se transforme bientôt en un tronc important par où passe tout le sang de la veine ombilicale, après l'atrophie des vaisseaux primitifs. Ce sang circule, mélangé à celui provenant du sac vitellin, à travers le réseau capillaire du foie interposé entre les veines hépatiques afférentes et les veines efférentes. Il revient à l'oreillette par l'extrémité terminale de la veine vitelline. Cette dernière reçoit aussi la veine cave inférieure, qui à ce moment est encore peu développée, de sorte qu'on peut la désigner, d'après ce qui existe chez l'adulte, comme l'extrémité cardiaque de la veine cave inférieure.

Pendant une courte période, tout le sang qui revient du placenta doit passer, pour revenir au cœur, par la circulation hépatique ; car la communication directe avec la veine cave inférieure, communication établie par le canal veineux d'Arantius, n'existe pas encore. Mais cette communication directe devient nécessaire aussitôt que, grâce au développement de l'embryon et du placenta, le sang de la veine ombilicale est devenu tellement abondant, qu'il lui est impossible de passer par le foie. Alors une communication directe s'établit aux dépens d'anastomoses, c'est le canal veineux *d'Arantius* (fig. 358, dA), compris entre la veine ombilicale (nv) et la veine cave inférieure (ci"), à la face inférieure du foie. Cette disposition persiste jusqu'au moment de la naissance : au hile du foie, le sang placentaire (nv) se divise en deux courants. L'un passe directement par le canal veineux d'*Arantius* (d.A) dans la veine cave inférieure (c.i") ; l'autre fait un circuit et pénètre dans le foie par les veines hépatiques afférentes (ha. s et ha. d) ; là il se mêle au sang ramené par la veine vitelline (pf. a) du sac vitellin et de l'intestin devenu plus grand sur ces entrefaites, et il passe enfin par les veines hépatiques efférentes (hr) dans la veine cave inférieure (c.i").

Il nous reste encore à dire quelques mots sur le développement de la *veine porte*. Elle se présente, dans la figure 358, comme un vaisseau impair (pf. a). Elle s'ouvre dans la veine hépatique afférente droite ; elle tire son origine de la région de l'intestin dont elle conduit le sang veineux au lobe droit du foie. Elle se forme aux dépens des deux veines vitellines primitives.

D'après *His*, les deux veines vitellines se fusionnent sur la portion de leur trajet où elles se trouvent accolées l'une à l'autre contre le tube intestinal. Dans la portion des veines qui pénètre dans le foie, et où elles sont réunies par deux anastomoses annulaires entourant le duodénum il se forme, ainsi que nous l'avons décrit (p. 460), un tronc veineux unique.

La veine porte se dirige d'abord vers la gauche, contourne la face postérieure du duodénum, puis passe à droite de celui-ci. Elle reçoit du sang partie du sac vitellin et partie de l'intestin par la veine mésentérique. La première de ces deux sources disparaît par suite de l'atrophie du sac vitellin ; mais la seconde devient de plus en plus importante au fur et à mesure que l'intestin, le pancréas et la rate se développent, et elle déverse dans le foie, pendent les derniers mois de la grossesse un fort courant sanguin.

Les modifications qui s'accomplissent au moment de la naissance sont faciles à comprendre (fig. 358). Avec la section du cordon placentaire, le courant placentaire cesse. La veine ombilicale (n. v) n'amène plus de sang au foie. Elle s'atrophie depuis l'ombilic jusqu'au hile du foie et se transforme en un ligament fibreux (ligament hépatico-ombilical ou ligament

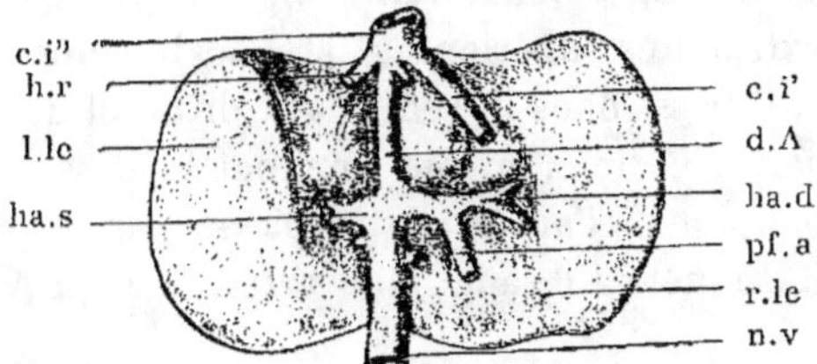

FIG. 358. — Face inférieure du foie d'un embryon humain âgé de 8 mois ; d'après Gegenbaur.

l. le : lobe gauche du foie. — r. le : lobe droit du foie. — n.v : veine ombilicale. — d. A : canal veineux d'Arantius. — pf. a : veine porte. — ha. s, ha. d : veines hépatiques afférentes droite et gauche. — h.r : veine hépatique efférente. — c.i' : veine cave inférieure. — ci" : extrémité de la veine cave inférieure qui reçoit les veines hépatiques efférentes (h.r).

rond du foie). De même, le canal d'Arantius (d. A), le ligament logé dans le sillon longitudinal gauche du foie est connu sous le nom de ligament veineux.

Les veines hépatiques afférentes gauche et droite (ha. s et ha. d) reçoivent maintenant leur sang de l'intestin par la veine porte (pf. a), tout comme c'était le cas au début du développement.

Maintenant que nous connaissons les faits morphologiques, je terminerai le chapitre sur le système vasculaire par un léger aperçu sur *la circulation embryonnaire avant la naissance*. La caractéristique de cette circulation, c'est qu'elle ne présente pas encore une division en deux circulations distinctes, en circulation générale ou grande circulation, et en circulation pulmonaire ou petite circulation. D'autre part, dans la plupart des vaisseaux, il ne circule pas un sang purement artériel ou purement veineux, mais un sang mélangé. Seule la veine ombilicale renferme du sang artériel pur provenant du placenta et dont nous allons suivre le trajet.

Arrivé au foie, le sang amené par la veine ombilicale se divise en deux courants. L'un passe directement par le canal veineux d'Arantius dans la veine cave inférieure, où il se mêle au sang veineux provenant des extrémités inférieures et des reins. L'autre courant traverse le foie où il se mêle au sang veineux amené de l'intestin par la veine porte, et de là gagne également la veine cave inférieure par les veines hépatiques efférentes. Le sang mixte de la veine cave inférieure arrive dans l'oreillette droite, mais de là, par suite de la présence de la valvule d'Eustache, et comme le trou oval persiste encore, il passe par celui-ci en grande partie dans l'oreillette gauche. Le reste, qui constitue la plus faible partie, se mêle de nouveau avec le sang veineux ramené par la veine cave supérieure, de la tête et des extrémités supérieures, et par la veine azygos des parois du tronc. De là, il passe dans le ventricule droit et du ventricule dans l'artère pulmonaire. Celle-ci envoie une partie de son sang fortement veineux aux poumons; l'autre partie passe par le canal de *Botal* dans l'aorte, où il se mêle au sang plus artérialisé provenant du ventricule gauche.

Le sang du ventricule gauche provient surtout de la veine cave inférieure et pour une petite partie des poumons, qui déversent leur sang veineux en ce moment, dans l'oreillette gauche. Du ventricule gauche, le sang passe par les arcs aortiques; une partie dans les branches latérales qui l'amènent à la tête et aux membres supérieurs (carotide commune, sous-clavières); l'autre partie, dans l'aorte descendante, où il se mêle au sang veineux provenant du ventricule droit et amené par le canal de *Botal*. Ce sang mixte va se distribuer au tube digestif et aux membres inférieurs; mais la plus grande partie va, par les deux veines ombilicales, au placenta, où il s'artérialise de nouveau.

Ainsi que cet aperçu rapide le montre, dans tous les vaisseaux on trouve un mélange des deux sortes de sang; la composition du sang n'est pas la même dans les différents mois de la vie embryonnaire. En effet, les différents organes subissent des variations de volume, les poumons notamment sont en état, plus tard, de recevoir une plus grande quantité de sang. Pendant les derniers mois, le trou oval et le canal de Botal se rétrécissent. Il résulte de ceci, que déjà avant la naissance, il n'y a que peu de sang de la veine cave inférieure qui passe dans l'oreillette gauche; de même, il ne pénètre dans l'aorte descendante, qu'une faible partie du sang de l'artère pulmonaire, comme c'était le cas dans les premiers mois. Il s'accomplit donc graduellement, vers la fin de la vie fœtale une séparation de plus en plus complète du cœur droit et du cœur gauche et de leurs vaisseaux (*Hasse*). Mais cette séparation ne devient complète qu'au moment de la naissance.

De grandes modifications se produisent par suite de l'apparition de la respiration pulmonaire, et de la cessation de la circulation placentaire. La pression sanguine augmente dans la moitié gauche du cœur et diminue dans la moitié droite. L'abaissement de la pression sanguine résulte de ce que la veine ombilicale n'amène plus de sang dans l'oreillette droite, et que le ventricule droit doit fournir plus de sang aux poumons dilatés. Il en résulte, que le canal de *Botal* s'oblitère (fig. 352, n) et se transforme en un ligament de même nom (ligament de Botal). D'autre part, une plus grande quantité de sang arrive maintenant des poumons dans l'oreillette gauche où la pression sanguine augmente. Or comme celle-ci diminue dans l'oreillette droite, il résulte de la disposition spéciale des valvules du trou ovale, que celui-ci se ferme. La valvule du trou ovale s'applique intérieurement par ses bords contre la valvule de *Vieussens* et se soude avec elle. Par la fermeture du trou ovale et du canal de *Botal*, le dédoublement de la circulation, déjà partiel avant la naissance, en une grande et petite circulation, devient complet.

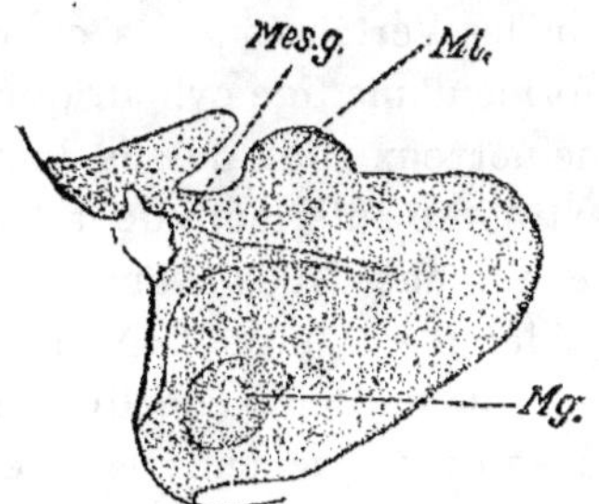

Fig. 359. — Coupe transversale passant par l'ébauche de la rate et l'estomac d'un embryon humain âgé de 27 jours ; d'après Hochstetter.
Ml : rate. — Mg : estomac. — Mes.g. : mésogastre.

Pour terminer ce chapitre sur le développement du système vasculaire sanguin, il nous reste encore à dire quelques mots d'un organe qu'en anatomie descriptive on étudie généralement avec l'appareil circulatoire ; c'est la rate. Le développement de la rate n'est pas encore bien connu. Chez des embryons humains de 7 millimètres de longueur sa première ébauche a été signalée par *His*, dans le mésogastre, au voisinage de l'estomac. La figure 359 nous représente, d'après *Hochstetter*, une coupe transversale passant par l'ébauche de la rate et par l'estomac d'un embryon humain âgé de 27 jours. Les différents auteurs ne sont pas du même avis relativement à l'origine du matériel cellulaire qui donne naissance à la rate.

II. — Développement du squelette.

A l'exception de la chorde dorsale qui tire son origine du feuillet germinatif interne, le squelette des Vertébrés est un dérivé du mésenchyme. Il est la conséquence d'une série de métamorphoses de nature tissulaire et dont nous avons déjà parlé précédemment (p. 422). On distingue au squelette deux parties principales : 1° le squelette axial qui se subdivise à son tour en squelette axial et en squelette de la tête ; 2° le squelette des membres. Le premier est le plus ancien et le plus primitif, on le rencontre chez tous les Vertébrés. Le squelette des membres ne s'est développé que plus tard et fait défaut dans les classes inférieures (Amphioxus, Cyclostomes).

A. — Squelette axial.

1° Développement de la colonne vertébrale, des côtes et du sternum.

L'ébauche primordiale du squelette axial de tous les Vertébrés est constituée chez tous les Vertébrés par la chorde dorsale. C'est un organe flexible, ayant la forme d'une tige cylindrique située dans l'axe du corps, au-dessous du tube nerveux et au-dessus du tube digestif et de l'aorte. Elle s'étend de l'extrémité antérieure de la base du cerveau moyen jusqu'à l'extrémité de la queue. Nous avons étudié la première apparition de la chorde précédemment (p. 81). Nous allons suivre ses transformations ultérieures. La chorde ne constitue un organe réellement fonctionnel, propre au soutien, que chez les Vertébrés inférieurs comme l'Amphioxus, les Cyclostomes, les Ganoïdes, les Sélaciens et les jeunes Téléostéens et Amphibiens. Chez eux, le cordon de cellules embryonnaires, après sa séparation du feuillet glandulo-intestinal se sépare nettement des tissus voisins par formation d'une membrane homogène résistante, la gaine de la chorde (fig. 360, cs). Les cellules s'agrandissent à la suite de la sécrétion d'un liquide à l'intérieur de leur protoplasma, s'entourent d'une membrane résistante et prennent ainsi l'aspect de cellules végétales. Cependant les cellules situées immédiatement au-dessous de l'étui de la chorde (fig. 360) restent petites, protoplasmiques, et se disposent en une assise spéciale, l'épithélium de la chorde. C'est par multiplication et transformation des éléments de cet épithélium que la chorde s'accroît. Chez tous les Vertébrés supérieurs (Reptiles, Oiseaux, Mammifères) la chorde dès sa première ébauche commence à être rudimentaire en quelques points et est impropre à constituer un organe de soutien.

Comme la chorde, le mésenchyme joue lui aussi un rôle important dans la formation du squelette axial.

Ainsi que nous l'avons déjà montré précédemment (p. 144) il se forme aux dépens d'une partie des segments primordiaux, le sclérotome (fig. 133,sk et 225,W) du tissu gélatineux, qui se répand entre les feuillets germinatifs et les organes qui en dérivent. Il s'étend aussi autour de la chorde et lui forme une seconde enveloppe, la gaine *squelettogène*, d'où il gagne vers le haut, autour du tube nerveux, lui forme une enveloppe, les arcs vertébraux membraneux. Le mésenchyme se répand aussi dans tous les interstices qui existent entre les différents segments primor-

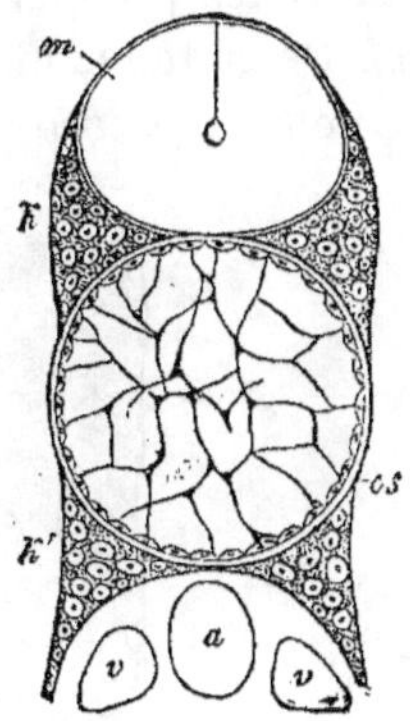

Fig. 360. — Coupe transversale de la colonne vertébrale d'un jeune Saumon ; d'après Gegenbaur.
cs : gaine de la chorde. — k : arc neural — k' : arc hémal — m : moelle épinière — a : aorte dorsale — v : veines cardinales.

diaux ; il s'y transforme en de minces lames de tissu conjonctif, les ligaments intermusculaires (fig. 222, 224, li). Ces ligaments décomposent la musculature du tronc en segments musculaires (ns) (myomères). Les fibres musculaires sont insérées d'une part à la face postérieure d'un ligament et à la face antérieure du suivant (Comp. la fig. 224 et le texte, p. 281).

Cet échafaudage de mésenchyme constitue l'assise fondamentale qui sert à l'édification de la colonne vertébrale et de ses annexes, aussi le désigne-t-on du nom *d'assise génératrice squelettique* ou encore en se servant d'un nom plus ancien, *de colonne vertébrale membraneuse*. Le mésenchyme subit des modifications très diverses dans les différentes classes de Vertébrés qui rappellent ainsi les différents aspects du squelette axial sur lesquels les traités d'anatomie comparée donnent des détails sur lesquels nous ne pouvons insister ici. Nous ne nous arrêterons qu'à ce qui concerne l'Homme et les Mammifères. Lorsque chez ceux-ci, on suit le développement du tissu membraneux autour de la chorde et du tube nerveux, on voit qu'il subit successivement *deux métamorphoses histologiques* ; d'abord, qu'il se chondrifie en certains points, et que plus tard, les éléments cartilagineux se transforment en tissu osseux. En d'autres termes : *la colonne vertébrale tout d'abord membraneuse se transforme en une colonne vertébrale cartilagineuse, qui à son tour devient osseuse.* Le phénomène s'accomplit de la manière suivante :

Chez l'Homme, le processus de chondrification débute au commencement du deuxième mois. En certains points de la masse de tissu enveloppant la chorde, les cellules sécrètent entre elles de la substance cartilagineuse fondamentale, et s'écartent les unes des autres. En d'autres points plus restreints, situés entre les premiers, le tissu conserve son caractère (fig. 268, 293, w et 361). De cette façon, la couche squelettogène se différencie, d'une part en de nombreux corps de vertèbres paraissant plus clairs

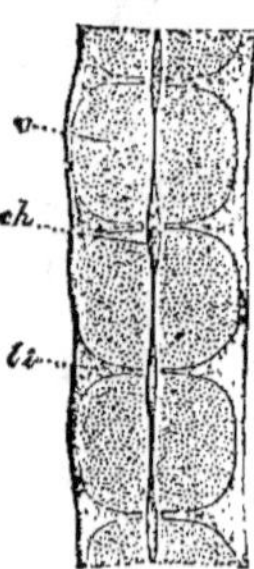

Fɪɢ. 361. — Coupe transversale de la colonne vertébrale (région thoracique) d'un embryon humain âgé de huit semaines ; d'après Kölliker.
v : corps de la vertèbre cartilagineuse. — li : ligament intervertébral. — ch : chorde.

sur une coupe longitudinale (fig. 361, v) et, d'autre part, en de nombreux disques intervertébraux, compris entre les corps (ligamenta intervertebralia) (li).

Avec l'apparition d'une colonne vertébrale segmentée, la chorde a perdu sa fonction de tige squelettique de soutien. Elle est donc dès ce moment destinée à s'atrophier progressivement. Les portions logées à l'intérieur des corps vertébraux cessent de s'accroître, tandis que les parties plus petites logées dans les disques intervertébraux plus mous continuent à se développer (fig. 361, ch). Il en résulte que la chorde dorsale prend un aspect moniliforme ; ses portions épaissies, renflées étant réunies par des étranglements minces. Plus tard, la chorde disparaît complètement dans les corps vertébraux, lorsque ceux-ci commencent à s'ossifier : seuls les renflements intervertébraux persistent, mais ils sont mal délimités ; par prolifération de leurs cellules, ils constituent les noyaux gélatineux des disques intervertébraux.

Peu de temps après l'apparition des corps vertébraux, on voit se former les ébauches des arcs qui leur appartiennent. Ils se développent sous forme de petites pièces cartilagineuses, qui apparaissent dans la membrane entourant la moelle épinière et au voisinage immédiat du corps vertébral avec lequel ces pièces se soudent bientôt (fig. 268, wb). Leur accroissement est assez lent. Pendant la huitième semaine, les arcs vertébraux sont représentés, chez l'Homme, par de courts prolongements des corps vertébraux, de sorte que la moelle épinière est recouverte dorsalement par du tissu membraneux. Au troisième mois, ces deux prolongements s'accroissent l'un vers l'autre dans la région dorsale, mais ils ne se soudent complètement et ne constituent un arc vertébral cartilagineux complet avec apophyse que dans le mois suivant. La partie du tissu membraneux comprise entre les arcs cartilagineux constitue l'appareil ligamentaire.

Pendant le processus de chondrification, les corps vertébraux se disposent régulièrement par rapport aux segments primordiaux ou musculaires, et cela de façon que chaque corps vertébral correspond, à droite et à gauche, à la moitié du segment musculaire qui précède et à la moitié du segment suivant. En d'autres termes : *les corps vertébraux et les segments musculaires ne coïncident pas, ils alternent.*

La raison de cette disposition se trouve dans le rôle qu'ont à remplir la colonne vertébrale et la musculature. L'axe squelettique doit réunir deux conditions contraires : il doit être résistant et flexible : résistant, afin de servir de soutien au tronc ; flexible, afin de ne pas gêner ses mouvements. Or une tige cartilagineuse indivise ne possède pas une flexibilité suffisante, par conséquent le processus de chondrification ne pouvait s'accomplir dans toute l'étendue de la couche squelettogène, et il fallait qu'il persistât des portions extensibles permettant un certain déplacement des pièces cartilagineuses.

En outre, ce déplacement des pièces cartilagineuses eût été impossible si les fibres musculaires eussent pris leurs insertions originelles et terminales sur une même pièce vertébrale. Il fallait donc que les fibres d'un même segment musculaire puissent agir sur deux vertèbres et de là, l'alternance des segments musculaires et des vertèbres.

Avant que la colonne vertébrale cartilagineuse soit complètement formée, apparaît, chez l'Homme et chez les Mammifères, le *stade d'ossification.*

Il commence chez l'Homme à la fin du deuxième mois. L'*ossification* s'accomplit absolument de la même manière dans chaque cartilage. En un ou plusieurs points, des vaisseaux sanguins s'engagent de la surface à l'intérieur du cartilage : ils résorbent la substance fondamentale cartilagineuse sur une petite étendue, ce qui détermine la formation d'un petit espace rempli par des capillaires sanguins et par des cellules médullaires. Autour de cet espace, des sels calcaires se déposent dans le cartilage. Un certain nombre de cellules médullaires hypertrophiées constituant les ostéoblastes sécrètent alors de la substance osseuse. Il se forme ainsi au sein de la substance cartilagineuse un *noyau osseux* ou *centre d'ossification*, autour duquel se poursuit la destruction du cartilage et son remplacement par du tissu osseux.

Le lieu de formation et le nombre des différents noyaux osseux sont, pour les différents cartilages, assez constants. En général, l'ossification de chaque vertèbre procède de trois centres. Tout d'abord, il apparaît un noyau osseux à la base de chaque demi-arc vertébral ; puis, plus tard, un troisième au centre du corps de la vertèbre. Au cinquième l'ossification a gagné la surface du cartilage. Chaque vertèbre se montre alors nettement composée de trois pièces osseuses qui sont encore pendant longtemps réunies entre elles par des ponts cartilagineux situés les uns à la base de chaque demi-arc vertébral et le troisième au niveau de l'apophyse vertébrale. Les derniers restes cartilagineux ne s'ossifient qu'après la naissance. Pendant les premières années de la vie, les deux demi-arcs vertébraux se soudent à la suite de la formation d'une apophyse épineuse osseuse. Après macération de la partie molle chaque vertèbre se laisse décomposer en deux parties : un corps et un arc. Ces deux pièces ne se soudent qu'entre la troisième et la huitième année.

Le squelette axial est complété par la formation d'éléments qui servent à soutenir les parois latérales et ventrales du tronc ; ce sont les côtes et le sternum.

Les *côtes* se développent d'une façon indépendante de la colonne vertébrale (au deuxième mois chez l'Homme). Elles sont le résultat de la chondrification des ligaments intermusculaires (fig. 224, li). Les côtes apparaissent tout d'abord, sous la forme de petits arcs dans le voisinage immédiat des vertèbres ; ces petits arcs se développent ensuite rapidement vers la face ventrale.

Aux premiers stades du développement, tous les segments de la colonne vertébrale du premier au dernier (sauf les vertèbres coccygiennes chez l'Homme) sont en rapport avec des côtes. Mais ce n'est que chez certains Vertébrés inférieurs (Poissons, beaucoup d'Amphibiens et Reptiles) que ces ébauches continuent à se développer uniformément pour constituer des arcs soutenant la paroi du tronc. Chez les Mammifères et chez l'Homme elles prennent un développement différent dans les différentes régions de la colonne vertébrale. Dans les régions cervicale, lombaire et sacrée, les côtes restent rudimentaires et subissent des métamorphoses. Ce n'est que dans la région de la colonne vertébrale thoracique qu'elles atteignent des dimensions importantes ; elles donnent, même ici, naissance à un élément squelettique nouveau : le sternum.

Le *Sternum*, qui fait défaut chez les Poissons et les Dipneustes, alors qu'il existe chez les Amphibiens, les Reptiles, les Oiseaux et les Mammifères, est *un produit de formation des côtes thoraciques*. Ainsi que *Rathke* l'a montré le premier, *il constitue primitivement un organe double pair, qui bientôt se transforme en une pièce squelettique impaire.* On a trouvé pour l'Homme, que chez des embryons longs de 3 centimètres, les cinq ou sept premières côtes s'étendent jusqu'à la face ventral du thorax et sont unies, de chaque côté, à qnelque distance de la ligne médiane, à une bandelette cartilagineuse, par leurs extrémités élargies Les côtes suivantes, au contraire, se terminent librement à une certaine distance de la ligne médiane. Les *deux bandelettes sternales* sont sépa-

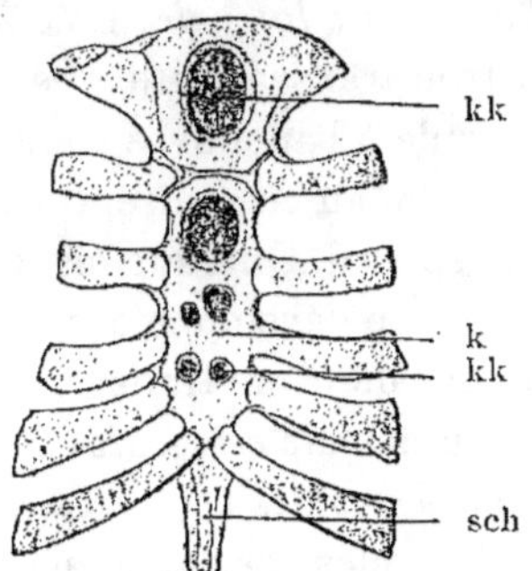

FIG. 362. — Sternum cartilagineux et côtes d'un enfant âgé de deux ans ; on y distingue plusieurs noyaux osseux : kk.
k : cartilage. — kk : noyaux cartilagineux. — sch : appendice xiphoïde.

rées l'une de l'autre par du tissu conjonctif. Mais, plus tard, elles se rapprochent de la ligne médiane, et commencent à se souder l'une avec l'autre, d'avant en arrière, en un organe impair, auquel les différentes côtes, qui ont participé à sa formation, lui seront unies plus tard par des articulations.

La double origine du sternum nous donne l'explication de quelques anomalies. Ainsi, on observe parfois chez l'adulte la présence d'une fente fermée par du tissu conjonctif, qui intéresse la totalité du sternum (fissure sternale). D'autres fois, on trouve plusieurs trous plus ou moins étendus à l'intérieur du corps et de l'appendice xiphoïde du sternum. Toutes ces anomalies s'expliquent par ce fait, que les deux bandelettes sternales ne se sont soudées que plus ou moins incomplètement au cours du développement embryonnaire.

Les côtes et le sternum s'ossifient partiellement par suite de la formation de noyau osseux. Ils apparaissent dans les côtes dès le deuxième mois, et dans le sternum un peu plus tard, au sixième mois (fig. 362). A la suite du développement inégal des ébauches des vertèbres et des côtes, et des rapports qui s'établissent entre ces éléments, le squelette du tronc se différencie en plusieurs régions : la région cervicale, thoracique, lombaire, sacrée et coccygienne. Pour bien connaître ces régions, il est nécessaire de connaître leur développement.

Les rudiments des côtes des *vertèbres cervicales* se soudent dès leur première apparition, par une de leurs extrémités, avec les corps des vertèbres ; par l'autre extrémité, ils se soudent avec une excroissance de l'arc vertébral, et délimitent avec lui un orifice, le trou transversaire, par lequel passe l'artère vertébrale. La soi-disant apophyse transverse de la vertèbre cervicale est donc une formation complexe qu'il serait préférable de désigner du nom d'*apophyse latérale*. En effet, la branche cartilagineuse, située en arrière du trou transversaire, s'est formée aux dépens de la vertèbre et correspond seule à l'apophyse transverse de la vertèbre thoracique. La branche ventrale, au contraire, est un rudiment de côte, et il possède un noyau osseux spécial. Quelquefois, l'ébauche costiforme de la septième vertèbre cervicale se développe et ne se soude pas avec la vertèbre, qui alors ne possède pas de tronc transversaire. On désigne cette anomalie du squelette du non de *côte cervicale libre*.

Les apophyses transverses des vertèbres lombaires devraient aussi être appelées apophyses latérales, car chacune d'elles renferme un rudiment de côte. Ainsi s'explique pourquoi il existe parfois chez l'Homme une treizième côte ou petite côte lombaire.

La région sacrée est celle qui subit le plus de tranformations. En effet, un grand nombre de vertèbres se mettent en relation avec la ceinture pelvienne et perdent leur mobilité réciproque. Elles se soudent en un os volumineux, le sacrum. Chez l'embryon humain, le sacrum se compose de cinq vertèbres cartilagineuses distinctes, dont les trois premières se caractérisent par des apophyses latérales bien développées. Je dis « apophyses latérales », car l'anatomie comparée et l'embryologie nous montrent qu'elles renferment des *côtes sacrées* rudimentaires, distinctes chez les Vertébrés inférieurs. Au point de vue embryologique, ce fait est prouvé par l'ossification. En effet, chaque vertèbre sacrée s'ossifie aux dépens de cinq noyaux osseux. Aux trois noyaux typiques du corps et des arcs vertébraux s'ajoutent, dans les apophyses latérales, deux grands noyaux comparables aux noyaux osseux des côtes. Ils donnent naissance aux masses latérales du sacrum, qui portent les surfaces articulaires destinées à l'articulation des os iliaques.

La soudure des cinq pièces osseuses séparées par des ponts cartilagineux et composant une vertèbre sacrée a lieu plus tard que dans les autres régions de la colonne vertébrale, elle ne commence que vers l'âge de deux à six ans. Longtemps encore, les cinq vertèbres sacrées restent encore séparées les unes des autres par de minces disques intervertébraux, qui commencent à s'ossifier vers l'âge de 18 ans. Ce processus n'est terminé que vers l'âge de 25 ans.

Au-dessous du sacrum se forment encore quatre et cinq vertèbres coccygiennes rudimentaires, qui correspondent au squelette de la queue des Mammifères. Elles ne présentent des noyaux osseux que très tard.

Vers la 30ᵉ année elles peuvent se fusionner les unes avec les autres ainsi que parfois avec le sacrum.

L'atlas et *l'axis* méritent aussi une mention spéciale. Les particularités que présentent ces vertèbres sont dues à ce que le corps cartilagineux de l'atlas (fig. 363, a) se fusionne très tôt avec celui de l'axis (e) et constitue l'apophyse odontoïde de celle-ci. Par suite, la première représente moins d'une vertèbre, et la seconde plus d'une vertèbre à développement normal. Que l'apophyse odontoïde constitue réellement le corps

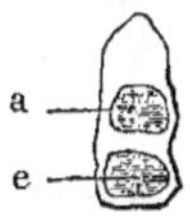

Fig. 363. — Coupe médiane du corps de l'axis de l'apophyse odontoïde. On remarque dans le cartilage deux noyaux osseux e et a.

de l'atlas, c'est ce que prouvent les deux faits suivants. D'abord, comme tous les autres corps vertébraux, elle est traversée par la chorde, qui, de son sommet, passe dans le ligament suspenseur et de là à l'intérieur de la base du crâne. Ensuite, l'apophyse odontoïde présente, au cinquième mois du développement, un noyau osseux propre (fig. 363, a) qui ne se soude complètement avec le corps de l'axis que vers l'âge de sept ans.

Les deux moitiés de l'arc de l'atlas demeurées indépendantes, s'unissent au-dessous de l'apophyse odontoïde par un cordon de tissu conjonctif, dans lequel se forme une pièce cartilagineuse distincte (arc hypochordal cartilagineux de *Froriep*). Formation qui, d'après *Froriep* apparaît, chez les Oiseaux, dans chaque vertèbre. Cette pièce cartilagineuse présente dans la première année un noyau osseux ; elle se soude vers l'âge de 5 à 6 ans avec les deux moitiés latérales de l'arc et forme l'arc antérieur de l'atlas.

2° Squelette céphalique.

L'extrémité antérieure du squelette axial se distingue, par ses fonctions spéciales.de la colonne vertébrale. Elle sert d'organe de soutien à la tête des Vertébrés.Ainsi s'explique,tant par l'embryologie que par l'anatomie comparée, que dans le plan d'organisation des Vertébrés, la tête occupe une position privilégiée, par ses nombreux organes spéciaux. Le tube neural forme ici un organe volumineux et complexe, le cerveau. Dans son voisinage immédiat se sont formés des organes des sens complexes : l'organe olfactif, les yeux, les oreilles. De même, la partie du tube digestif qui s'y trouve logée a exercé une influence marquante à plusieurs points de vue : formations de la cavité buccale, avec les organes servant à la mastication ; plus bas, le tube digestif présente les fentes bronchiales servant à la respiration. Tous ces organes influent d'une façon particulière sur la forme du squelette qui s'est adapté à la configuration du cerveau, des organes des sens et de l'intestin céphalique et s'est transformé par suite,chez les Vertébrés supérieurs en un appareil très complexe. Dans les Traités, on divise habituellement,tant au point de vue descriptif,qu'au point de vue anatomie comparée,l'étude de cet appareil en deux parties : 1° l'étude de la capsule crânienne entourant le cerveau et les organes des sens supérieurs ; 2° l'étude du squelette viscéral qui primitivement sert de soutien aux parois de l'intestin céphalique.

Dans chacune de ces deux divisions nous distinguerons, comme dans l'étude de la colonne vertébrale de l'Homme et des Mammifères, trois stades différents dans le développement. Ces stades sont caractérisés par la structure histologique de la substance de soutien. Nous aurons à considérer d'abord un stade membraneux, puis un stade cartilagineux et enfin un stade osseux. Nous étudierons ces stades l'un après l'autre et séparément pour la capsule crânienne et pour le squelette viscéral.

a) *La capsule crânienne membraneuse et cartilagineuse*
ou crâne primordial.

La chorde, dans la région céphalique, constitue aussi la base fondamentale du squelette de la tête.

Elle s'étend, au-dessous des vésicules cérébrales. en avant, jusqu'au cerveau intermédiaire. C'est autour de son extrémité antérieure que se fait, chez les Amniotes, la courbure faciale, à la suite de laquelle, l'axe des deux premières vésicules cérébrales forme un angle aigu avec les deux vésicules suivantes (fig. 283). Autour de la chorde, il se développe aussi, de bonne heure, dans cette région, du mésenchyme qui forme une couche squelettogène. Ce mésenchyme s'étale sur les côtés et vers le haut, enveloppant les cinq vésicules cérébrales. Plus tard, il se différencie de façon à donner naissance aux méninges et à une couche de tissu qui constitue l'ébauche fondamentale de la capsule crânienne et qui a reçu le nom de *crâne primordial membraneux*.

Jusqu'ici, le développement de la colonne vertébrale est analogue à celui du crâne. Mais des différences apparaissent avec le commencement du processus de chondrification.

Tandis que dans l'étendue de la moelle épinière, l'assise squelettogène se divise régulièrement en segments cartilagineux et en segments conjonctifs, en vertèbres et en ligaments intervertébraux placés les uns derrière les autres, dans l'étendue de la tête il ne s'effectue pas de division semblable. L'assise conjonctive désignée comme crâne primordial membraneux se chondrifie en entier et forme une capsule indivise enveloppant les vésicules cérébrales. Dans toute la série des Vertébrés, même chez les plus inférieurs, jamais on ne trouve une division en segments mobiles comparables aux vertèbres. De sorte que, il existe de bonne heure un développement différent entre la région antérieure du squelette axial et la région postérieure.

Les causes de cette différence sont le résultat de l'influence qu'exerce la musculature sur la constitution du squelette. La musculature du tronc est, chez les animaux aquatiques, l'organe de locomotion le plus important. Ils fléchissent le corps tantôt dans une direction, tantôt dans une autre, et avancent ainsi dans l'eau. De sorte que, si la région céphalique était également flexible et mobile, cela constituerait un désavantage pour la locomotion de l'animal, car une partie immobile coupe mieux l'eau. D'autre part, la musculature de la tête accomplit une tout autre fonction ; elle sert à la préhension des aliments et à la respiration. Elle facilite la respiration en écartant et en rapprochant successivement les pièces ventrales du squelette, déterminant ainsi des dilatations et des rétrécissements de l'intestin branchial. Aussi est-il préférable que l'axe squelettique des muscles offre un point d'insertion fixe. Le développement volumineux du cerveau et des organes des sens supérieurs est aussi une circonstance qui constitue à rendre immobile la partie de la tête où ces organes se trouvent logés, ces causes diverses agissant dans le même sens, on comprend pourquoi le *squelette axial demeure indivis dans la région céphalique.*

En ce qui concerne la transformation du crâne primordial membraneux en crâne cartilagineux, il existe une grande analogie avec ce que l'on constate dans la colonne vertébrale. Dans les deux cas, la chondrification commence d'abord dans le voisinage de la chorde dorsale (fig. 364). Deux parois de cartilages longitudinaux apparaissent d'abord des deux côtés de l'ébauche fondamentale de la base du crâne. Ces cartilages sont : en arrière, les deux *cartilages parachordaux* (PE) ; en avant, les *deux travées crâniennes de Rathke* (Tr), qui commencent à l'extrémité de la chorde et s'étendent de là sous le cerveau intermédiaire et le cerveau moyen. Bientôt ces quatre pièces s'unissent entre elles (fig. 365). Les

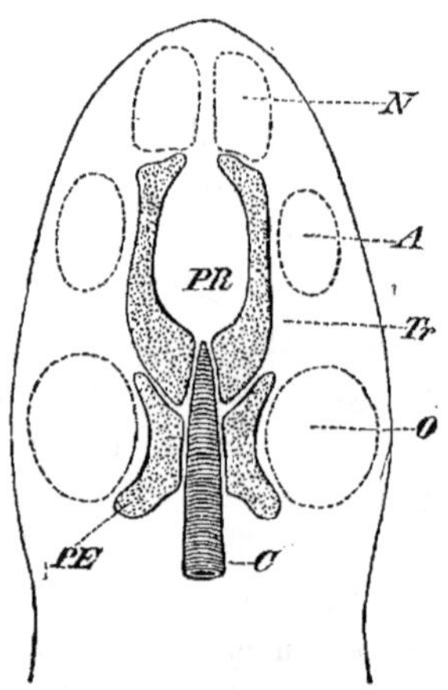

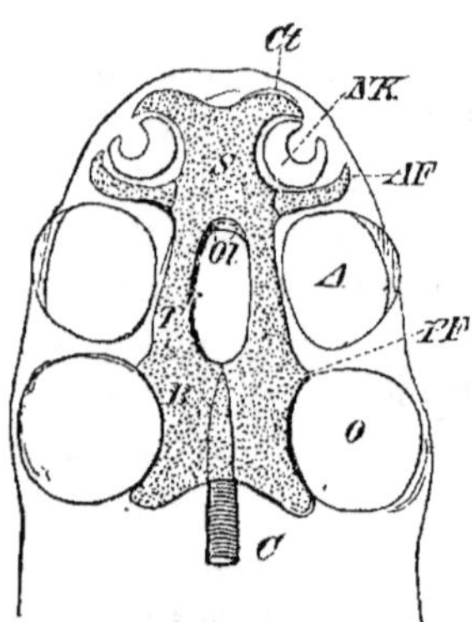

Fig. 364.Fig. 365.

Fɪɢ. 364 et 365. — Ébauches du crâne primordial cartilagineux ; d'après Wiedersheim. La fig. 364 représente le premier stade, la fig. 365 le deuxième stade.
C : chorde. — P. E : cartilage parachordal. — Tr : travées crâniennes de Rathke. — PR : point par où passe l'hypophyse. — N : fossette nasale. — A : vésicule optique. — O : vésicule auditive. — T : travées crâniennes qui se sont réunies en avant pour former la cloison médiane du nez S et la plaque ethmoïdale Ct.— AF : prolongements de la plaque ethmoïdale qui entourent l'organe olfactif. — Ol : troncs olfactifs. — PF : apophyse post-orbitaire. — NK : fossette olfactive.

deux cartilages parachordaux se développent d'abord au-dessous, puis au-dessus de la chorde qu'ils enveloppent constituant ainsi la plaque basilaire (B). Cette plaque fait saillie par son bord antérieur vers le haut dans l'angle compris entre le cerveau moyen et le cerveau intermédiaire, ce bord correspond à la future selle turcique. Les *deux travées crâniennes de Rathke* (T) s'élargissent à leur extrémité antérieure et se soudent pour former la plaque ethmoïdale (S), ébauche de la portion antérieure du crâne dont la disposition particulière est déterminée par l'organe olfactif. Les deux travées demeurent longtemps séparées en leur milieu, circonscrivant une ouverture qui correspond à la fosse pituitaire et qui est due à ce qu'il se forme aux dépens de la cavité buccale la poche hypophysaire ; celle-ci traverse la base membraneuse du crâne et se dirige vers l'infundibulum. Ce n'est qu'assez tard, qu'une mince lame cartilagineuse se forme au-dessus de l'hypophyse et constitue le plancher de la fosse hypophysaire. Cette lame n'est plus perforée que par des trous donnant passage aux carotides internes.

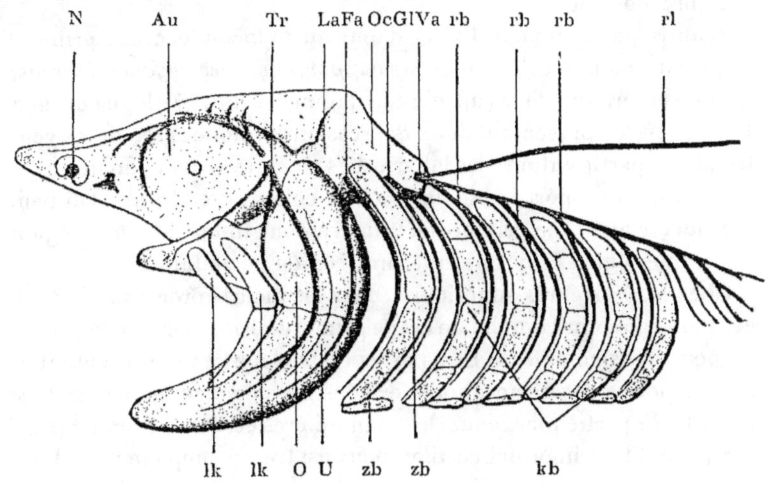

Fig. 366. — Schéma du crâne et du squelette viscéral cartilagineux
d'un Sélacien avec les nerfs crâniens.

N : capsule nasale. — Au : cavité orbitaire (région orbitaire). — La : région du labyrinthe.— Oc : région occipitale. — O : palato-carré — U : maxillaire inférieur. — lk : cartilage labial.— zb : arc hyoïdien.— kb : 1-5 arcs branchiaux.— Tr : trijumeau.— Fa : facial.— Gl : glosso-pharyngien.— Va : nerf vague.— rl : rameau latéral au nerf vague — rb : rameaux branchiaux du nerf vague.

Après que la base du crâne s'est formée, le processus de chondrification s'étend aux parois latérales et finalement à la voûte du crâne primordial membraneux, absolument comme après le corps de la vertèbre, les demi-arcs vertébraux s'accroissent de bas en haut et finalement se réunissent sur la ligne médio-dorsale par l'apophyse épineuse.

C'est ainsi que se forme, chez les Vertébrés inférieurs dont le squelette axial demeure cartilagineux pendant toute la vie (fig. 360), une capsule assez épaisse, enveloppant le cerveau et désignée du nom de *crâne primordial cartilagineux*. Afin d'être mieux orienté dans la description, on distingue diverses régions au crâne primordial. D'après les *rapports avec la chorde dorsale* on peut diviser le crâne primordial cartilagineux en une région postérieure et en une région antérieure. La région postérieure s'étend jusqu'à la selle turcique ; sa base renferme la chorde qui, chez l'Homme y pénètre après avoir traversé le ligament suspenseur de la dent. La partie antérieure se développe, en avant de l'extrémité effilée de la chorde aux dépens des travées crâniennes de Rathke. *Gegenbaur* donne à ces deux régions les noms de : *région vertébrale* et de *région évertébrale* (expressions que *Kölliker* remplace par celles de région chordale et de région préchordale).

D'autre part, on peut diviser d'une autre façon le crâne primordial en se plaçant au point de vue de *ses rapports avec les organes des sens*. L'extrémité antérieure de la capsule cartilagineuse (fig. 360) loge l'organe olfactif. Une partie présentant deux dépressions profondes reçoit les yeux. Une troisième partie entoure les labyrinthes membraneux, enfin une quatrième partie est en rapport immédiat avec la colonne vertébrale. On peut ainsi considérer au crâne primordial : une région ethmoïdale, une région orbitaire, une région labyrinthique, une région occipitale.

Chez les Vertébrés supérieurs, chez lesquels le processus d'ossification est plus ou moins complet, le crâne primordial acquiert un développement un peu moins complexe. Les parois restent minces et présentent en différents points des perforations fermées par des membranes de tissu conjonctif. En particulier, chez les Mammifères et chez l'Homme (fig. 367 et 368), le crâne primordial cartilagineux est très incomplètement développé. La voûte ne devient cartilagineuse qu'autour du trou occipital, alors que dans les régions où se formeront plus tard le frontal et les pariétaux, elle reste membraneuse.

Le cartilage atteint une grande épaisseur dans la base du crâne, autour de l'organe olfactif et du labyrinthe membraneux où il constitue les capsules nasales et auditives.

Les figures 367 et 368, faites d'après une photographie d'un moulage du squelette céphalique d'un embryon humain de trois mois sont excellentes pour montrer la constitution du crâne primordial cartilagineux. La figure 367 représente le crâne cartilagineux vu par en haut ; la figure 368 donne une vue de côté et de la face inférieure. Toutes les parties du squelette, formées aux dépens du cartilage hyalin, ont reçu une teinte bleue afin de les différencier ; cetaines petites plaques cartilagineuses sont teintées partie en gris, partie en jaune, nous les tudierons de plus près dans la suite.

Ainsi qu'on le remarque à première vue, il n'y a chez l'homme dans la moitié supérieure totale du crâne, aucune trace du tissu cartilagineux. On ne trouve dans cette région qu'une mince lame de tissu conjonctif qui déjà aux stades précédents enveloppait les vésicules cérébrales, et constituait le crâne primordial membraneux. Elle donne naissance à différentes pièces cartilagineuses qui ne sont pas représentées sur la figure.

Au contraire, la base totale du crâne ainsi que les parois latérales avoisinantes se sont transformées en cartilage hyalin. Dans la région nasale et dans la région ethmoïdale on ne voit pas seulement la cloison nasale médiane (fig. 368, 30), mais aussi les pièces latérales (29) et la voûte des cavités olfactives formée par de minces lamelles de tissu cartilagineux.

Dans la cloison nasale médiane se trouvent les cartilages de *Jacobson* (cartilagines paraseptales, *Spurgat*) (fig. 368, 31) ; « ils sont toujours au nombre de deux de chaque côté, un grand et un petit » (*Mihalkovics*). Ces cartilages persistent chez l'Homme jusque dans la vie post fœtale ; bien qu'ils n'aient plus la même disposition que nous avons donnée précédemment de l'organe de *Jacobson* chez les Mammifères (*E. Schmidt*). Dans la région où se développe l'os lacrymal (fig. 368, 28), il se développe, à la cloison nasale latérale cartilagineuse, une petite saillie cartilagineuse arrondie qui contourne le canal lacrymal du côté externe. « Il se comporte, comme *Mihalkovics* le fait remarquer, vis-à-vis du prolongement maxillaire supérieur de la même façon que le cartilage de Meckel vis-à-à-vis du prolongement maxillaire inférieur ; du tissu osseux se forme sur les faces latérales des deux cartilages qui s'atrophient vers le sixième ou septième mois. » La crête du nasal externe est cartilagineuse et se continue en arrière par la voûte du labyrinthe olfactif (fig. 367, 13) ; au milieu on voit une crête qui fait fortement saillie (crista galli) (12). Sur les côtés le cartilage criblé passe à deux minces lames cartilagineuses qui occupent la région du sinus orbitaire au frontal, longent en haut les orbites et se continuent en arrière et latéralement par des cartilages aliformes (5) qui correspondent aux petites ailes du sphénoïde lesquelles présentent une très large ouverture servant au passage du nerf optique (canalis opticus) (fig. 367 et 368, 6).

La portion antérieure de cette plaque cartilagineuse située sur les côtés du cartilage criblé s'atrophie plus tard, pendant que la portion postérieure qui fait plus fortement saillie latéralement s'ossifie et devient l'alae orbitales.

Au milieu de la base du crâne, la région sphénoïdale présente déjà à l'état cartilagineux sa forme caractéristique : la cavité hypophysaire (fig. 367, 2), le tuberculum ephippii (1) situé en avant de celle-ci, et la selle turcique (3) fortement saillante. Le cartilage se continue sur les côtés

Fig. 367.

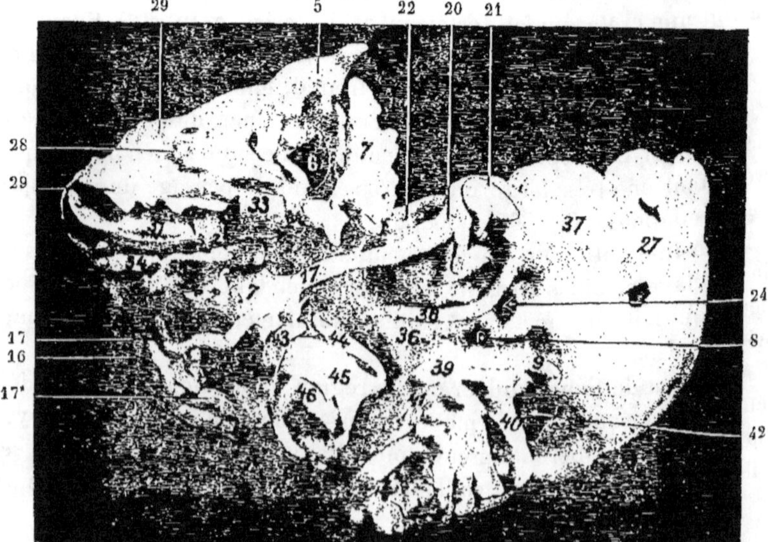

Fig. 368.

Fig. 367 et 368. — Squelette céphalique d'un embryon humain de 8 centimètres de longueur, de l'éminence nuchale à l'éminence coccygienne au troisième mois de la grossesse.

Le crâne primordial et les os primaires et secondaires furent reconstruits par *H. Spitz*, préparateur à l'Institut anatomique de Berlin, sous mon contrôle, d'après le procédé de *Born* ; l'exécution du modèle destiné à l'enseignement fut faite dans l'atelier de *Ziegler*. Les deux zincogravures sont exécutées d'après des photographies du modèle Le crâne primordial cartilagineux et les parties cartilagineuses des premières vertèbres cervicales sont colorées en bleu ; les os primaires constitués aux dépens des ébauches cartilagineuses et les os secondaires ou de revêtement sont,les premiers colorés en gris, les seconds en jaune. Le squelette céphalique est grossi environ quatre fois.

Fig. 367. — Squelette de la tête vu par en haut. Les os de revêtement de la voûte sont enlevés (frontal et pariétal) des deux côtés et du côté gauche tous les os de revêtement sont enlevés.On voit à droite : l'os nasal (11),l'os molaire (14),l'écaille du temporal (19), le processus zygamoticus (15),le maxillaire inférieur osseux (16) et l'anneau tympanique (18).On voit par le trou occipal très large (42) les trois premières vertèbes cervicales.

Fig. 368. — Vue latéro-inférieure du squelette céphalique.

Tous les os de revêtement de la moitié gauche du crâne sont enlevés à l'exception de l'os unguis (28), du vomer (32) et de l'os palatin (33). Le squelette viscéral se compose de l'enclume (21), du marteau (20), de l'étrier et du cartilage de Meckel (17), du processus styloideus (38), de l'hyoïde (43 et 44), du larynx (45 et 46). A l'occipital font suite les quatre premières vertèbres cervicales. On voit dans la moitié droite du crâne dont les os de revêtement ont été respectés : l'intermaxillaire (34), le maxillaire supérieur (35) et non numéroté, le palatin droit. On voit en outre le maxillaire inférieur ossifié (16),à la face interne duquel est accolé le cartilage de Meckel correspondant (17).

1. Tuberculum ephippii.
2. Fosse pituitaire.
3. Selle turcique.
4. Clivus Blumenbachii.
5. Ala orbitalis.
6. Trou optique.
7. Ala temporalis.
8. Canal hypoglosse.
9. Noyau osseux de la portion condylienne.
10. Partie ossifiée de l'écaille occipitale.
11. Os nasal sur la portion nasale cartilagineuse.
12. Crista galli et
13. Foramina cribasa de la partie ethmoïdale du crâne primordial.
14. Os zygomatique.
15. Processus zygomatique de l'écaille du temporal.
16. Maxillaire inférieur ossifié.
17. Cartilage de Meckel.
18. Anneau tympanique.
19. Ecaille du temporal.
20. Marteau.
21. Enclume.
22. Portion pétreuse.
23. Méat auditif interne.
24. Orifice jugulaire.
25. Prolongement de la région pétreuse au-dessus du conduit auditif.
26. Région pétreuse.
27. Région occipitale.
28. Os lacrymal.
29. Paroi latérale de la capsule nasale.
30. Cloison nasale médiane cartilagineuse.
31. Cartilage de Jacobson.
32. Vomer.
33. Palatin.
34. Intermaxillaire.
35. Maxillaire supérieur.
36. Base cartilagineuse du crâne (occipito-sphenoidalis).
37. Portion mastoïdenne cartilagineuse.
38. Processus styloideus
30. Atlas.
40. Noyaux osseux des arcs vertébraux.
41. Epistropheus.
42. Trou occipital.
43. Corps de l'hyoïde.
44. Grande corne de l'hyoïde.
45. Cartilage thyroïde.
46. Cartilage cricoïde.

de la cavité hypophysaire par deux prolongements cartilagineux aliformes, les alae temporales (7) du sphénoïde, qui sont à un stade plus jeune, également cartilagineux (V. p. 492).

Hertwig   31

La moitié postérieure de la base du crâne, à laquelle appartiennent la région du labyrinthe et la région occipitale constitue un anneau cartilagineux épais qui se continue en avant avec le sphénoïde ; cet anneau circonscrit chez les jeunes embryons un trou occipital (42) très large. D'après les canaux qui traversent le cartilage et d'après la forme de la surface on peut distinguer dans la région du labyrinthe et dans la région occipitale les parties suivantes : le clivus Blumenbachii (4) qui se dirige en pente de la selle turcique au trou occipital, le pars condyloidea avec le canal hypoglosse (8), le pars petrosa (22) avec le méat auditif interne. Le pars condyloidea (8) et le pars petrosa (22) se continuent partie l'un avec l'autre et avec le corps du sphénoïde et de l'occipital (3 et 4), et ils sont en partie séparés nettement l'un de l'autre par le foramen lacerum posterius (24).

Il faut aussi mentionner, au pars petrosa, un petit prolongement (25) qui passe au-dessus de l'étrier (20) et de l'enclume (21). En arrière, le Pars petrosa cartilagineux (26) se continue sans démarcation nette avec le Pars mastoïdea (37) et celui-ci avec l'écaille de l'occipital (27).

En deux points seulement de la région postérieure du crâne cartilagineux primordial apparaissent des centres d'ossification, sur lesquels nous reviendrons plus tard, notamment dans la portion du condyle (9) et au centre de l'écaille (10).

b) *Squelette viscéral membraneux et cartilagineux.*

Indépendamment du crâne primordial il se développe encore dans la tête de nombreuses pièces cartilagineuses (fig. 366) qui servent à soutenir les parois de l'intestin céphalique, d'une façon analogue, mais pas directement comparable, à ce qui se passe dans l'étendue de la colonne vertébrale, où les côtes soutiennent les parois latérales du tronc. Ces pièces forment dans leur ensemble un appareil squelettique qui subit, dans la série des Vertébrés, des métamorphoses profondes et intéressantes. Tandis que, chez les Vertébrés inférieurs, le squelette viscéral atteint un grand développement, il s'atrophie partiellement chez les Reptiles, les Oiseaux et les Mammifères. Ce qui en persiste constitue la partie principale du *squelette de la face*. Je commencerai par décrire en quelques mots ses rapports primordiaux chez les Vertébrés inférieurs, et en particulier chez les *Sélaciens*.

Comme je l'ai déjà dit dans un des chapitres précédents (p. 223) les parois latérales de l'intestin céphalique sont percées par les fentes branchiales. Entre ces fentes s'étendent les *arcs branchiaux ou viscéraux membraneux*. Ils sont formés d'une charpente de tissu conjonctif revêtue par un épithélium et renfermant des fibres musculaires striées ainsi que les vaisseaux des arcs branchiaux (p. 449).Ces arcs prennent une forme spéciale suivant le rôle qu'ils ont à remplir ; on peut distinguer un arc maxillaire, un arc hyoïdien et des arcs branchiaux proprement dits. L'arc maxillaire est le plus antérieur des arcs viscéraux ; il sert à délimiter la cavité buccale. L'arc hyoïdien lui fait suite ; il en est séparé par une fente branchiale embryonnaire, l'évent. L'arc hyoïdien est en relations avec l'origine de la langue. En arrière, on trouve enfin généralement cinq arcs branchieax proprement dits.

Au moment où le crâne primordial membraneux se chondrifie, le processus de chondrification s'accomplit aussi dans les arcs viscéraux *membraneux*. Il en résulte la formation d'arcs viscéraux *cartilagineux*. Ceux-ci sont divisés régulièrement en plusieurs pièces placées les unes derrière les autres, mobiles, réunies entre elles par du tissu conjonctif.

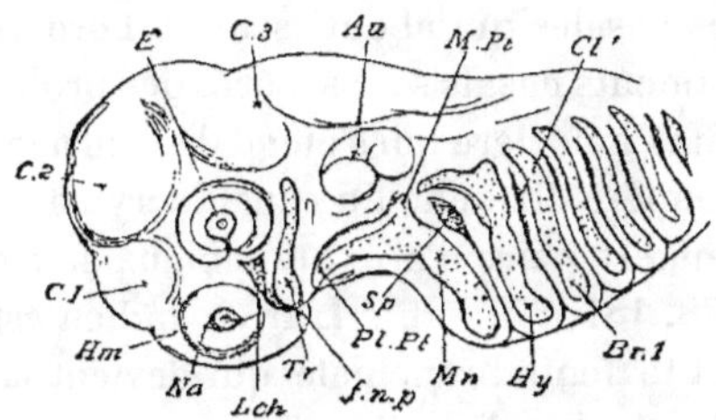

Fig. 369. — Tête d'un embryon de Requin de 11 lignes de longueur : d'après Parker. Tr : poutrelles crâniennes de Ratke. — Pl. Pt : palato-carré. — Mn : cartilage mandibulaire. — Hy : arc hyoïde. — Br' : premier arc branchial. — Sp : évent. — Cl' : première fente branchiale. — Lch : gouttière au-dessous de l'œil. — Na : ébauche nasale. — E : globe de l'œil. — Au : vésicule auditive. — C. 1, 2, 3 : vésicules cérébrales. — Hm : hémisphères. — f.n.p : prolongement fronto-nasal.

Chaque arc maxillaire se divise, ainsi que le montre le squelette de l'animal adulte (fig. 366), en un palato-carré cartilagineux (O) et en un maxillaire inférieur (U) (mandibules). La muqueuse qui revêt ces deux parties porte les dents maxillaires. Les deux maxillaires inférieurs sont unis sur la ligne médiane par une masse rigide de tissu conjonctif. Les arcs branchiaux suivants offrent au contraire ce caractère commun, qu'ils sont réunis sur la ligne médio-centrale, par une pièce impaire, la copula, de la même façon que les extrémités ventrales des côtés sont réunies au sternum. Chacun de ces arcs est divisé en plusieurs pièces. Les pièces qui composent les arcs hyoïdiens ont reçu en allant de haut en bas, les noms suivants : hyo-mandibure et hyoïde ; la cupule porte le nom d'os entoglosse.

Chez les Mammifères et chez l'Homme (fig. 160, 178, 179), il se forme comme chez les Sélaciens des arcs viscéraux membraneux ; mais un petit

nombre d'entre eux se transforment seulement plus tard en pièces cartilagineuses. Ces pièces n'atteignent jamais un grand développement et ont
perdu en même temps leur fonction primitive. Elles servent à former la
partie faciale du squelette céphalique. Nous les avons déjà décrites en
partie dans des chapitres précédents, lors de l'étude de l'intestin céphalique et de l'organe olfactif.

Ainsi que nous l'avons déjà montré (p. 221), l'orifice buccal est délimité,
latéralement et en bas, chez de très jeunes embryons de l'Homme et des
Mammifères, par les prolongements maxillaires supérieur et inférieur
pairs (fig. 178). Les premiers sont largement séparés dans la ligne médiane par le prolongement frontal impair qui s'interpose entre eux sous
la forme d'une large saillie. Plus tard, le prolongement frontal se divise
par suite de la formation sur sa face convexe des deux fossettes olfactives
et des deux gouttières nasales qui aboutissent au bord buccal supérieur
(p. 399). Les prolongements nasals sont séparés des prolongements maxillaires supérieurs par une gouttière qui s'étend de l'œil à la gouttière nasale
et qui constitue la première ébauche du canal lacrymal.

En arrière de la première paire d'arcs branchiaux se trouve la paire des
arcs hyoïdiens (fig. 178, 181, 373, zb). L'arc hyoïdien est séparé de l'arc
maxillaire par une petite fente branchiale qui devient la caisse du tympan et la trompe d'Eustache. Ensuite viennent trois arcs branchiaux
encore volumineux séparés par des sillons branchiaux (fentes branchiales) dont l'existence n'est que de courte durée.

A un stade ultérieur du développement, il se produit des soudures
entre les prolongements qui circonscrivent la cavité buccale (fig. 322).
Les prolongements maxillaires supérieurs s'accolent aux prolongements
nasaux internes puis se soudent avec eux, formant ainsi le bord supérieur
de l'orifice buccal. Chaque fossette olfactive avec sa gouttière nasale se
trouve ainsi transformée en un canal, qui s'ouvre par un orifice interne
dans la cavité buccale, immédiatement en arrière du bord maxillaire
supérieur. En même temps le bord du maxillaire supérieur et le bord du
maxillaire inférieur perdent leur position superficielle, la muqueuse qui
les recouvre se plisse en dehors pour former les lèvres, qui maintenant
délimitent l'orifice buccal.

Avec la *formation du palais* commence un troisième stade à la suite
duquel la région faciale prend sa constitution définitive (p. 403-404).

Du maxillaire supérieur membraneux naissent deux saillies qui proéminent de dehors en dedans à l'intérieur de la cavité buccale (fig 322,
323) ; elles se dirigent horizontalement et constituent les *lames palatines*.
Ces deux lames se rapprochent ensuite dans le plan médian, s'unissent

entre elles et avec la partie médiane du prolongement frontal qui sur ces
entrefaites s'est aminci ; à la suite du développement de l'organe olfactif
pour former la cloison nasale médiane (fig. 325). Il en résulte que la
cavité buccale primordiale est divisée en deux étages superposés ; un
étage supérieur qui contribue à agrandir les fosses nasales et qui s'ouvre
dans le pharynx par les orifices nasaux postérieurs ; et un étage inférieur,
la cavité buccale, à laquelle est constituée une voûte nouvelle, le palais,
qui se différencie plus tard en deux parties, la voûte palatine et le voile
du palais.

La constitution de la face au stade membraneux subit, par suite de la

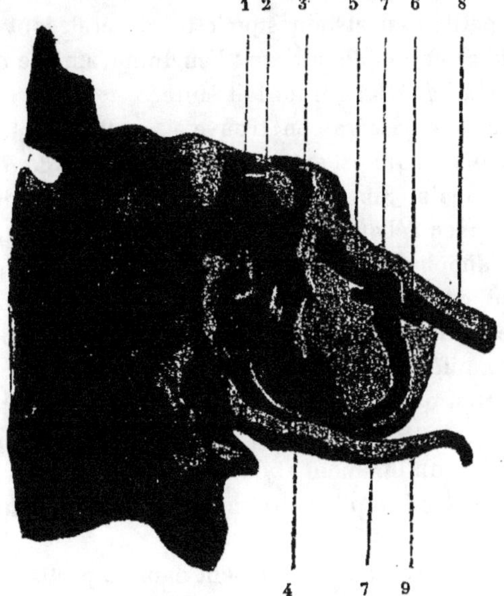

Fig. 370. — Région du labyrinthe d'un embryon humain d'après le modèle fig. 368 —
Fortement grossi.
1 : étrier. — 2 : enclume. — 3 : marteau. — 4 : manubrium mallei. — 5 : apophyse du
marteau qui se continue par le cartilage de Meckel. — 6 : os angulare. — 7 : anneau
tympanique. — 8 : cartilage de Meckel. — 9 : apophyse styloïde.

chondrification, une différenciation profonde. Toutefois, chez les mammifères, il ne se forme en comparaison avec les Sélaciens que de petites
pièces squelettiques sans importance, qui partie s'atrophient (cartilages
de *Meckel*), ou qui comme d'autres sont utilisées à former les osselets de
l'oreille, ou constituent l'ébauche de l'os hyoïde et du cartilage thyréoïde.

Nous décrirons soigneusement ces faits d'après des préparations d'embryons humains.

Le moulage du squelette céphalique d'embryon humain décrit précédemment nous montre, sur une vue de profil (fig. 368), un petit cartilage appliqué contre le labyrinthe et qui d'après sa forme se laisse facilement reconnaître pour l'enclume (21). A l'enclume est articulé le marteau (20) qui se continue par son apophyse antérieure avec le cartilage de *Meckel* (17). Ce dernier se prolonge jusqu'à la ligne médiane ventrale et s'unit, par du tissu conjonctif, avec le cartilage de *Meckel* de l'autre côté en une sorte de symphyse. La figure 370 représente fortement grossies les parties de la région du labyrinthe du moulage représenté figure 368.

La figure 371 est excellente aussi pour l'étude du développement du squelette viscéral. Elle représente la tête et le cou d'un embryon humain âgé de cinq mois. Les petits osselets du squelette viscéral sont mis en évidence par suite de la résection de la peau : l'enclume (am), le marteau (ha) et le cartilage de *Meckel* (MK) qui lui fait suite.

En arrière du premier arc viscéral on trouve à quelque distance, le deuxième arc ou arc hyoïdien qui est encore appelé cartilage de *Reichert*. Il se divise en trois segments. Son extrémité supérieure est soudée dans la région du labyrinthe avec l'ébauche cartilagineuse de l'os pétreux et constitue l'ébauche de l'apophyse styloïde (fig. 368, 30, 370, 9, 371, grf). La partie moyenne devient conjonctive, chez l'Homme, et se transforme en un ligament fibreux, le ligament stylo-hyoïdien (fig. 371, lsth), tandis que chez de nombreux Mammifères elle constitue un cartilage assez développé. La troisième partie, ou segment inférieur, devient la petite corne de l'hyoïde (fig. 371, kh). Cette portion du deuxième arc peut parfois, lorsque la partie inférieure du ligament stylo-hyoïdien se chondrifie, devenir très longue et s'étendre jusqu'à l'extrémité inférieure de l'apophyse styloïde.

Dans le troisième arc viscéral, mais seulement dans sa partie ventrale, s'effectue un processus de chondrification qui détermine la formation, de chaque côté du cou de la grande corne de l'hyoïde (fig. 368, 44 et 371, gh). Les grandes et les petites cornes s'unissent à une pièce cartilagineuse médiane impaire correspondant à la cupule du squelette viscéral des Sélaciens et qui devient le corps de l'os hyoïde (fig. 368, 43).

A la suite de processus de chondrification qui apparaissent dans les quatrième et cinquième arcs viscéraux membraneux, le cartilage thyréoïde se constitue, ainsi que le montrent les recherches de *Dubois* et de *Gegenbaur* (fig. 368, 45).

D'après des recherches récentes (*Baumgarten, Jacoby, Zoudek*), il me semble que l'étrier constitue une pièce squelettique formée à l'extrémité supérieure de l'arc hyoïdien membraneux au voisinage de la capsule auditive cartilagineuse. Sa forme annulaire résulte de ce que le tissu conjonctif qui le constitue est traversé par une petite ramification de la carotide interne, l'artère mandibulaire ou arteria perforans stapedia. Celle-ci s'atrophie ensuite complètement chez l'Homme et chez quelques Mammifères, alors que chez d'autres (Rongeurs et Insectivores), elle persiste.

Un fait important qui montre bien que l'étrier dérive du deuxième arc viscéral, alors que l'enclume et l'étrier dérivent du premier arc, c'est le mode de distribution des nerfs qui agissent sur le muscle de l'étrier et sur le tenseur du tympan, et que *Rabl* explique très brièvement d'une façon concluante.

Le muscle de l'étrier est innervé par le nerf du deuxième arc viscéral, c'est-à-dire par le nerf facial ; il forme un même groupe avec le muscle stylo-hyoïdien et le ventre postérieur du muscle digastrique. Le muscle

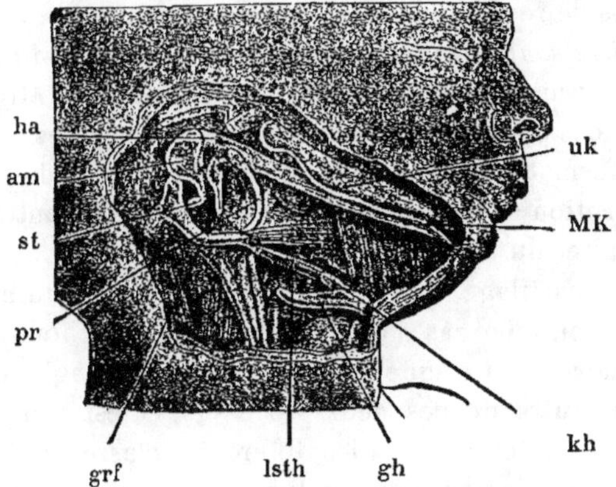

Fig. 371. — Tête et cou d'un embryon humain de 18 semaines dont on a disséqué le squelette viscéral (Grossi) ; d'après Kölliker.

Le maxillaire inférieur a été légèrement détaché du cartilage de Meckel, afin de montrer celui-ci en rapport avec le marteau. La membrane du tympan est enlevée afin de montrer l'anneau tympanique.

ha : marteau qui se continue avec le cartilage de Meckel : MK. — uk : maxillaire inférieur ossifié (os dentaire) avec son apophyse articulaire se rattachant au temporal. — am : enclume. — st : étrier. — pr : anneau tympanique. — grf : apophyse styloïde. — lsth : ligament stylo-hyoïdien. — kh : petite corne de l'hyoïde. — gh : grande corne de l'hyoïde.

du marteau reçoit une branche du trijumeau, c'est-à-dire du nerf de l'arc maxillaire.

Au début, tous les osselets de l'oreille sont logés dans du tissu muqueux, en dehors de la caisse du tympan, qui constitue encore une fente étroite. Ce n'est qu'après la naissance que cette disposition se modifie. A la suite de l'introduction de l'air dans la caisse du tympan, celle-ci se dilate, sa muqueuse s'évagine entre les osselets, et le tissu muqueux dont nous venons de parler s'atrophie. Alors les osselets et la chorde du tympan paraissent être libres à l'intérieur de la cavité tympanique ; en réalité, ils y font seulement saillie, car même chez l'adulte, ils sont logés dans des replis de la muqueuse. Ils conservent donc leurs rapports primitifs déterminés par leur mode de formation.

c) *Développement du squelette céphalique osseux.*

Jusqu'ici la structure totale du squelette céphalique est très simple. Mais il arrive bientôt au troisième stade de son développement lorsque commence le processus d'ossification. Il acquiert alors en peu de temps un haut degré de complication. Cette complication est notamment déterminée par ce fait qu'il se développe deux espèces d'os complètement différents, auxquels on a donné aux uns le nom d'os primaire et aux autres le nom d'os de revêtement ou de recouvrement.

Les os primaires sont ceux qui se forment aux dépens du squelette primordial cartilagineux lui-même. Alors, l'ossification peut être déterminée, comme c'est le cas pour la colonne vertébrale, les côtes et le sternum, par suite de la formation de noyaux osseux à l'intérieur du cartilage, à la suite de la résorption de substance fondamentale. Au contraire, l'ossification peut résulter du fait que le périchondre, changeant de fonction, secrète au lieu de cartilage, du tissu osseux à la surface du cartilage déjà existant. Dans le premier cas, l'ossification est dite enchondrique, dans le second périchondrique. Le squelette primordial cartilagineux se modifie soit par l'un ou l'autre de ces deux processus, et est remplacé par un squelette osseux. Toutefois, dans les différentes classes de Vertébrés des restes cartilagineux plus ou moins volumineux persistent.

Chez l'embryon humain quelques os primaires apparaissent dans le squelette de la tête dès le troisième mois. Ils sont facilement reconnaissables dans les figures 367 et 368, car ils sont représentés en gris clair, alors que les cartilages sont teintés en bleu ; ce sont, les grandes ailes du sphénoïde (7), les noyaux osseux (9) de la partie condyloïde cartilagineuse (8) et les noyaux osseux (10) de l'écaille de l'occipital.

Les os de revêtement ou de recouvrement se forment en dehors du crâne primordial cartilagineux, au sein du tissu conjonctif qui l'environne. Ils se développent dans la peau qui les recouvre ou dans la muqueuse de l'intestin céphalique. Ce sont donc des éléments qui primitivement ne font pas partie du squelette axial, qui sont, par leur origine, étrangers au squelette de la tête. Aussi, pendant les premiers stades du développement et même chez l'animal adulte, dans certaines classes de Vertébrés, on peut les détacher sans léser en aucune façon le crâne primordial. Ce n'est pas le cas pour les os primaires que l'on ne peut enlever sans détruire partiellement le squelette cartilagineux.

Les os de revêtement sont bien, ainsi que nous l'avons dit primitivement, étrangers au squelette de la tête, c'est en effet ce qui résulte de l'étude de leur origine, sur laquelle je dois m'étendre quelque peu. Chez les Vertébrés inférieurs, outre le squelette axial cartilagineux interne, il se développe encore un squelette externe ou *squelette cutané,* qui sert à protéger la surface du corps. Ce squelette se prolonge sur une certaine étendue de l'intestin céphalique où on le désigne sous le nom de squelette muqueux. Sous sa forme la plus simple il consiste, comme dans le squelette des Sélaciens, en de nombreuses petites dents placées les unes contre les autres et appelées écailles placoïdes. Ces écailles sont constituées par ossification de papilles de la peau ou de la muqueuse (V. p. 237). Dans d'autres groupes de Poissons, le squelette cutané se compose de plaques osseuses plus ou moins étendues, portant sur leur surface libre une ou plusieurs épines. On les décrit sous les noms d'écailles, écusson, plaques cutanées selon leur forme et leur taille. Elles dérivent, d'une façon très simple, des écailles placoïdes des Sélaciens ; ce sont des groupes plus ou moins étendus de dents cutanées soudées par leur base et qui constituent ainsi des pièces squelettiques plus ou moins étendues.

Parmi ces pièces osseuses, les plus grandes se forment généralement dans la région céphalique, et particulièrement au niveau des points où les parties cartilagineuses de la capsule crânienne ou des arcs viscéraux sont les plus superficielles. C'est ainsi que chez de nombreux Ganoïdes et Téléostéens le cerveau est enveloppé par une *double capsule,* dont l'interne est purement cartilagineuse ou pourvue de noyaux osseux, tandis que l'externe, appliquée immédiatement sur la précédente constitue une carapace osseuse.

Chez les Vertébrés supérieurs, le squelette cutané est en général presque complètement atrophié ; néanmoins il persiste en grande partie dans la région de la tête, où il fournit des os de revêtement ou de recouvrement qui complètent le squelette interne.

En ce qui concerne le développement primitif des os de recouvrement, une foule d'Amphibiens nous montrent des dispositions intéressantes (fig. 372).

Le vomer et le palatin par exemple, qui sont des os de recouvrement, sont formés, chez de très jeunes larves de Triton par de nombreuses petites dents (3') développées dans la muqueuse de la cavité buccale. Ensuite, ces dents se soudent par leur base en de petites lames osseuses garnies de dents (z, z). Ces lames osseuses s'agrandissent grâce à leur soudure avec d'autres petites dents voisines formées isolément dans la muqueuse avoisinante. Puis plus tard les épines dentaires disparaissent, elles se résorbent. Ce processus de développement primordial des os de recouvrement se raccourcit, pour ainsi dire, chez d'autres Amphibiens.

Chez eux, dans les points de la muqueuse où se développent le vomer et le palatin, il n'apparaît généralement plus d'épines dentaires, mais on voit se produire dans le tissu conjonctif où se seraient soudées les plaques basilaires des dents, une ossification directe. C'est par le même processus raccourci que se forment aussi les os de revêtement chez tous les Reptiles, Oiseaux et Mammifères.

Chez les Vertébrés supérieurs, et en particulier chez les Mammifères, le crâne primordial, les os primaires et les os de revêtement, qu'il est facile de distinguer les uns des autres chez les Poissons et les Amphibiens même adultes, ne sont distincts que pendant les tout premiers stades du développement. Leur distinction est encore facile dans le squelette de la

FIG. 372. — Vomer d'une lame d'axolotl de 1,3 cm.
Dans la muqueuse buccale s'est formée une lame osseuse par fusionnement des dents z, z : développées dans la muqueuse. — z' : dents en voie de développement qui s'uniront plus tard au bas de la lame osseuse et contribueront à l'agrandir.

tête d'un embryon humain de trois mois, ainsi que le montrent les figures 367 et 368. Les os de revêtement sont teintés en jaune ; ce sont dans la figure 367 : le nasal (11), le zygomatique (14), l'écaille du temporal (19) avec le processus zygomaticus (15), l'anneau tympanique (18), le maxillaire inférieur (16). Sur le côté gauche de la figure ils sont enlevés afin de montrer plus nettement les différents éléments qui appartiennent au crâne primordial cartilagineux. La vue de côté, figure 368, nous montre les os de revêtement suivants : l'os lacrymal (28), le vomer et le palatin (32 et 33), enfin le prolongement dentaire et la lame palatine de l'intermaxillaire et du maxillaire supérieur (34 et 35).

Plus tard, il devient de plus en plus difficile et bientôt impossible, chez l'Homme ainsi que chez la plupart des Vertébrés supérieurs, d'établir la différence d'origine existant entre les différentes pièces du squelette. Cela dépend de plusieurs causes.

D'abord, le crâne primordial cartilagineux est en partie atrophié dès le début ; ainsi une grande partie de sa voûte fait défaut, et l'ouverture qui en résulte est fermée par une membrane de tissu conjonctif. En second lieu, le crâne primordial cartilagineux disparaît presque totalement plus tard, partie par résorption, partie par transformation en os primaires. Il n'en reste que des fragments qui constituent la cloison nasale médiane cartilagineuse, ainsi que les cartilages du nez qui lui sont soudés.

En troisième lieu, il n'est plus possible de faire, dans le crâne complètement formé, une distinction entre les os primaires et les os de revêtement, parce que ces derniers perdent leur position superficielle. Ils s'unissent intimement avec les os constituant le crâne primordial, comblent les lacunes, et forment avec eux une boîte complète *d'origine mixte*. En quatrième lieu, certains os, qui chez l'embryon étaient distincts, et restent séparés chez les Vertébrés inférieurs se soudent chez l'adulte. Il n'y a pas que des os de même origine qui se fusionnent ; mais des os de revêtement se soudent avec des os primaires. De là vient l'impossibilité absolue de les distinguer plus tard. *Beaucoup d'os du crâne humain représentent plusieurs os soudés entre eux. En général on peut poser comme règle, que les os de la base et des parois latérales du crâne sont primaires, tandis que les os de la voûte et de la face sont des os de revêtement.*

Les éléments suivants du crâne humain sont des os primaires : 1° l'occipital, à l'exception de la partie supérieure de l'écaille ; 2° le sphénoïde, à l'exception de la lame interne de l'apophyse aliforme ; 3° l'ethmoïde et les cornets ; 4° la pyramide et l'apophyse mastoïde du temporal ; 5° les osselets de l'oreille moyenne : marteau, enclume, étrier ; 6° le corps de l'hyoïde avec les grandes et les petites cornes.

Par contre, sont os de revêtement : 1° la partie supérieure de l'écaille de l'occipital ; 2° le pariétal, 3° le frontal ; 4° l'écaille du temporal ; 5° la lame interne de l'apophyse aliforme du sphénoïde ; 6° l'anneau tympanique ; 7° le palatin ; 8° le vomer ; 9° le nasal ; 10° l'os lacrymal ; 11° l'os molaire ; 12° le maxillaire supérieur ; 13° le maxillaire inférieur.

Il nous reste maintenant à étudier avec quelques détails le développement de ces différents os.

α) Os de la capsule crânienne.

1° L'*occipital* constitue tout d'abord un anneau cartilagineux entourant le trou occipital, lequel, au commencement du troisième mois, commence à s'ossifier en trois (fig. 367), puis en quatre points. Il se forme un centre d'ossification en avant du trou occipital, un autre en arrière (fig. 367, 10) et enfin deux sur les côtés (fig. 367 et 368, 9). De cette façon, il se forme quatre os. qui, selon leur degré de développement, sont réunis par des travées cartilagineuses d'abord larges, puis ensuite étroites. Chez les Vertébrés inférieurs, Poissons, Amphibiens, ces os restent ainsi séparés et sont désignés comme Occipital basilaire, Occipital supérieur et Occipitaux latéraux.

Chez les Mammifères et chez l'Homme, il s'y adjoint un os de revêtement, qui se forme au-dessus de l'occipital supérieur, dans le tissu conjonctif, aux dépens de deux centres d'ossification, c'est l'*interpariétal*. Dès le troisième mois de la vie fœtale il commence à se fusionner avec l'Occipital supérieur et à former avec lui une écaille ; cependant, jusqu'à la naissance, un sillon allant de gauche à droite persiste et limite les deux parties génétiquement différentes de l'écaille. Chez le nouveau-né, l'écaille, les Occipitaux latéraux et l'Occipital basilaire sont encore séparés l'un de l'autre par des restes de cartilage. Dans la première année, l'écaille se soude avec les parties latérales (Parties condyliennes) et enfin elle se soude encore avec la partie basale (Partie basilaire) vers la troisième et jusqu'à la quatrième année. L'occipital est donc le produit du fusionnement de cinq os distincts.

2° Le *sphénoïde* se forme, de la même façon, aux dépens de nombreux noyaux cartilagineux qui apparaissent à la base du crâne primordial et qui constituent, chez les Vertébrés inférieurs des parties distinctes de la capsule crânienne. Dans le prolongement de la partie basilaire de l'occipital et en avant, apparaissent, dans la région de la fosse pituitaire une paire postérieure et une paire antérieure de noyaux osseux qui forment les ébauches des corps sphénoïdes postérieurs et antérieurs. Sur les côtés se développent des noyaux osseux particuliers qui donnent naissance aux petites et aux grandes ailes.

Chez l'Homme, les noyaux osseux des grandes ailes apparaissent tout d'abord dans l'ébauche cartilagineuse du sphénoïde (fig. 367 et 368, 7).

Chez la plupart des Mammifères, les petites ailes se soudent avec le corps antérieur de l'os, les grandes ailes avec son corps postérieur. Il se forme, par suite, deux sphénoïdes, l'un antérieur, et l'autre postérieur, séparés par une mince lame cartilagineuse. Le sphénoïde postérieur se soude à l'occipital. Chez l'Homme, les deux sphénoïdes se soudent aussi, par suite de l'ossification de la lame cartilagineuse précitée, pour former un os impair, simple, pourvu de nombreux prolongements.

Le fusionnement des nombreux noyaux osseux se fait dans l'ordre suivant : pendant le sixième mois de la vie fœtale, les petites ailes se soudent avec la partie antérieure du corps de l'os ; peu de temps avant la naissance, cette dernière se soude avec la partie postérieure du corps ; et, dans le courant de la première année de la vie, les grandes ailes s'y unissent enfin. Des grandes ailes partent de haut en bas, les ailes externes des apophyses ptérygoïdes ; tandis que les *ailes internes se développent comme os de revêtement*. Dans le tissu conjonctif des parois latérales se forme un centre d'ossification particulier, qui fournit une mince plaque osseuse ; cette plaque, chez une foule de Mammifères, constitue une pièce squelettique particulière (Os ptérygoïde) appliquée contre l'apophyse ptérygoïde du sphénoïde. Chez l'Homme, elle se soude de bonne heure avec le sphénoïde, bien qu'elle ait une origine très différente.

3° Le *temporal* est composé de plusieurs os qui sont encore, en grande partie, séparés au moment de la naissance. La portion pétreuse, avec l'apophyse mastoïde, se développe au moyen de plusieurs noyaux osseux et aux dépens de la partie du crâne primordial qui renferme l'organe auditif, et que, pour cette raison, on a désignée sous le nom de capsule auditive cartilagineuse. A cet os se soude, après la naissance, l'apophyse styloïde qui constitue, chez l'embryon, une pièce cartilagineuse provenant de l'extrémité supérieure du deuxième arc viscéral. Ce nouvel os possède une ossification spéciale, qui s'effectue au moyen d'un noyau osseux spécial.

A ces éléments primordiaux s'ajoutent en outre, chez l'Homme, deux os de revêtement, la *portion squameuse*, et la *portion tympanique* qui sont complètement étrangers au crâne primordial au même titre que les pariétaux et l'os frontal. La portion tympanique (fig. 370, 7 ; 371, pr) consiste au début en un anneau osseux étroit qui sert à encadrer la membrane du tympan. Cet anneau se développe dans le tissu conjonctif en dehors des osselets de l'oreille moyenne et en particulier en dehors du marteau (ha) et du cartilage de Meckel (MK) qui lui est réuni. Ainsi s'explique la présence de la longue apophyse antérieure du marteau dans la fissure pétrotympanique, lorsque, peu de temps après la naissance, les éléments primordiaux et les os de revêtement se soudent ensemble. L'anneau tympanique, notamment, s'élargit peu à peu, et forme une plaque osseuse qui sert à protéger le conduit auditif externe. Cette plaque se soude ensuite avec la portion pétreuse, sauf suivant une fente étroite, la scissure pétrotympanique ou scissure de *Glaser* qui reste ouverte parce qu'à cet endroit la corde du tympan, et la longue apophyse antérieure du marteau se sont insinuées chez l'embryon entre les os encore séparés.

Chez les Vertébrés inférieurs, comme chez beaucoup de Mammifères, les parties du temporal précitées restent séparées et, en anatomie comparée, sont désignées par Os pétreux, Os tympanique et Os squameux.

4° L'*ethmoïde* et les cornets sont des os primaires, qui se forment aux dépens de la partie postérieure de la capsule nasale cartilagineuse, tandis que la partie antérieure de celle-ci persiste et fournit la cloison médiane nasale cartilagineuse et le cartilage nasal externe.

Parmi les os de revêtement du crâne primordial qui commencent, en général, à s'ossifier au début du troisième mois, les pariétaux, le frontal, les os du nez, les os unguis et le vomer restent distincts. Parmi ceux-ci, le frontal est primitivement une formation double, et persiste ainsi jusqu'à la deuxième année de la vie, pendant laquelle la suture frontale commence à se fermer. Les os du nez et les os unguis sont des os de revêtement de la capsule nasale cartilagineuse (fig. 367, 11 et 368, 28). Le vomer se forme des deux côtés de la cloison médiane nasale cartilagineuse pendant le troisième mois, sous forme d'un élément double (fig. 368, 32). Les deux lamelles s'unissent plus tard par suite de l'atrophie du cartilage placé entre elles.

β) Os du squelette viscéral.

Les autres os de la tête, dont il n'a pas été question jusqu'ici, appartiennent au squelette viscéral, en partie comme os primordiaux, en partie comme os de revêtement.

Les parties primordiales sont l'os hyoïde, et les os de l'oreille moyenne, enclume, marteau et étrier. Ils se caractérisent par leurs très faibles dimensions et sont beaucoup plus petits que les os de revêtement très développés. L'*os hyoïde* commence à s'ossifier aux dépens de plusieurs noyaux, vers la fin de la vie fœtale. Les *cartilages de l'oreille* présentent, dès le quatrième mois, une enveloppe osseuse d'origine périchondrique, à l'intérieur de laquelle il persiste encore çà et là, chez les adultes, des restes de cartilage. D'après les recherches les plus récentes, le *marteau apparaît comme un os composé*. Sa longue apophyse notamment se développe comme os de revêtement (fig. 370, 6) à la surface de la partie correspondante du cartilage de *Meçkel* (8) qui passe entre l'os pétreux et l'anneau tympanique. Pendant que le cartilage s'atrophie, l'os de revêtement se soude avec la partie primordiale la plus grande du marteau. Il correspond vraisemblablement à l'os angulaire des Vertébrés inférieurs.

Les *os de revêtement du squelette viscéral*, maxillaires supérieurs, palatins, ptérygoïdes, os malaire et maxillaires inférieurs se développent sur le pourtour de l'orifice buccal dans le tissu conjonctif des prolongements maxillaires supérieurs et inférieurs membraneux.

Les *maxillaires supérieurs* (fig. 368, 35) sont formés de deux paires d'os, qui restent distincts chez la plupart des Vertébrés. L'une des paires se développe aux dépens du prolongement maxillaire supérieur latéral de la capsule nasale cartilagineuse. L'autre paire apparaît, pendant la huitième et la neuvième semaine comme *Th. Kœlliker* l'a établi, dans la partie du prolongement frontal située entre les deux orifices nasaux. Il correspond effectivement à une paire d'intermaxillaires (Prémaxillaire) et porte plus tard les ébauches de quatre dents incisives (fig. 368, 34).

Les deux intermaxillaires s'unissent de bonne heure chez l'Homme, avec les ébauches des deux maxillaires supérieurs, après que les deux prolongements maxillaires supérieurs membraneux se sont unis aux prolongements nasaux internes. Dans les crânes jeunes on distingue encore la place de suture (suture incisive) étendue de dedans en dehors à partir du trou incisif ; parfois elle persiste chez les adultes, et forme une limite entre le maxillaire et l'intermaxillaire.

Les deux maxillaires supérieurs émettent de bonne heure des lamelles horizontales dans les lamelles palatines, qui forment avec les apophyses correspondantes des os palatins, la voûte palatine (fig. 368).

Les os palatins (fig. 368, 33) et les os ptérygoïdes se développent dans la voûte et les parois latérales de la cavité buccale ; ils sont des os muqueux.

Les os ptérygoïdes s'unissent, comme nous l'avons vu (p. 493), aux grandes ailes cartilagineuses du sphénoïde dirigées en avant. Chez une foule de Mammifères ils restent séparés du sphénoïde pendant toute la vie, mais chez l'Homme, ils se soudent avec lui, et deviennent les lamelles internes des apophyses ptérygoïdes distinctes des lamelles externes, qui proviennent de l'ossification des cartilages.

Le mode de développement du squelette viscéral qui vient d'être exposé ici et dans les chapitres précédents (p. 223, 403) nous fait comprendre les anomalies qui ont été constatées assez souvent chez l'Homme dans les régions des maxillaires et du palais. Je veux parler des *fissures labiales*, maxillaires et palatines qui ne sont pas autre chose que des arrêts de développement. Elles prennent naissance, quand les diverses ébauches, desquelles procèdent la lèvre supérieure, les maxillaires supérieurs et le palais, ne s'unissent pas normalement (fig. 303, 322-325).

L'arrêt du développement peut présenter des variations très diverses, selon que la soudure n'a pas lieu du tout ou qu'elle est partielle alors que l'arrêt a lieu sur les deux côtés de la face ou seulement sur un côté.

Par arrêt total, comme dans les *fissures palatino-maxillo-labiales doubles*, les deux cavités nasales communiquent largement avec la cavité buccale à droite et à gauche par une fente antéro-postérieure.

Par en haut, la cloison médiane du nez proémine librement dans la cavité buccale, et avant, elle s'élargit et porte les intermaxillaires imparfaitement développés avec les dents incisives atrophiées. En avant d'elle se trouve un petit bourrelet, qui est l'ébauche de la partie médiane de la lèvre supérieure. De chaque côté des fentes et des orifices nasaux, qui ne sont pas fermés en bas, se trouvent les deux prolongements maxillaires supérieurs osseux, et les ébauches des canines et des molaires. Des deux maxillaires supérieurs partent les lames palatines horizontales qui pénètrent dans la cavité buccale comme des saillies peu étendues, et dont l'extrémité n'atteint pas la cloison médiane du nez. Cette sorte de malformation est très instructive en ce qu'elle fait comprendre le processus normal de développement déjà décrit.

Lorsque l'arrêt est seulement partiel, la soudure peut être interrompue seulement dans les prolongements maxillaires supérieurs ou seulement dans les lames palatines d'un seul ou des deux côtés. Dans le premier cas, il se forme une *fissure labio-maxillaire* ou simplement une *fissure labiale* (*bec-de-lièvre*), pendant que la voûte palatine et le voile du palais sont formés normalement. Dans l'autre cas, le maxillaire supérieur est bien développé et extérieurement ne présente aucune anomalie, tandis que le voile du palais ou la voûte palatine se trouve perforée par une fente simple ou double (*gueule-de-loup*).

L'histoire du développement du maxillaire inférieur est liée à des métamorphoses profondes. Comme nous l'avons déjà dit, la cavité buccale, chez les embryons les plus jeunes, est limitée inférieurement par les prolongements maxillaires inférieurs membraneux. A leur intérieur se développe le cartilage de *Meckel* (fig. 368, 17 ; 370, 5 et 371, MK) qui par son extrémité crânienne fournit l'ébauche du marteau (20 et ha) et par là s'articule (V. p. 485) avec l'enclume (21 et am). A son extrémité antérieure, il s'unit, selon une ligne médiane, chez les Mammifères, avec la partie correspondante de l'autre côté, tandis que, chez l'Homme, il persiste entre les extrémités antérieures un petit espace intermédiaire.

Les petits éléments cartilagineux énumérés plus haut et qui se développent à l'intérieur du premier arc viscéral, correspondent, par leur position autant que par leurs relations réciproques et par beaucoup d'autres rapports, aux grandes pièces cartilagineuses que nous avons appris à connaître précédemment, chez les Sélaciens (fig. 366), sous le nom de palato-carré (O) et de mandibule (U). Chez les Sélaciens, le palato-carré et les mandibules servent réellement de mâchoires, en ce sens qu'ils portent sur leurs bords les dents insérées dans la muqueuse et qu'à leur surface s'insèrent les muscles de la mastication. Chez les Mammifères et chez l'Homme, la fonction des cartilages situés dans le premier arc viscéral est devenue tout autre ; ils sont mis au service de l'appareil auditif ; ils ont, en effet, subi des métarmorphoses profondes et très importantes. Pour les comprendre, je dois entrer dans quelques considérations d'anatomie comparée.

Par suite de l'ossification, le maxillaire inférieur primordial perd sa constitution simple chez les Poissons osseux, les Amphibiens et les Reptiles et se transforme en un appareil souvent très compliqué. Comme c'est le cas dans les autres parties du squelette de la tête, les cartilages ossifiés sont d'origine double : une origine primaire et une origine secondaire. L'os primaire, qui fournit l'os articulaire se forme dans la partie articulaire du cartilage. Plusieurs os de revêtement se développent dans le tissu conjonctif environnant, parmi lesquels, deux d'entre eux : l'angulaire et le dentaire présentent une importance plus générale. Tous deux apparaissent à la face externe du cartilage ; l'angulaire près de l'articulation, le dentaire en avant jusqu'à la symphyse. Le dentaire devient une partie importante du squelette, et atteint une taille considérable ; son bord supérieur porte les dents et enveloppe de toutes parts le cartilage de *Meckel*, qu'il entoure de tous les côtés d'un cylindre osseux. Tout cet appareil compliqué, composé de plusieurs os et du cartilage primordial enveloppé par eux, se meut dans *l'articulation maxillaire primordiale* entre le palato-carré et l'os articulaire.

Nous retrouvons aussi ces ébauches chez les Mammifères et chez l'Homme. Dans la partie articulaire du cartilage du maxillaire inférieur, qui a pris la forme du marteau (fig. 368, 20 ; 370, 3 et 371, ha) se forme un noyau osseux particulier qui correspond à l'os articulaire des autres Vertébrés. Dans son voisinage apparaît, comme os de revêtement, un os angulaire extraordinairement petit (fig. 370, 6) qui se soude plus tard avec lui et fournit l'apophyse antérieure du marteau. Le deuxième os de revêtement, ou os dentaire (fig. 368, 16 et 371, uk) atteint, par contre, un volume considérable, et sera lui seul l'os fonctionnant comme mâchoire inférieure, pendant que les autres parties, qui chez les Poissons osseux, les Amphibiens, les Reptiles et les Oiseaux constituent l'appareil maxillaire et fonctionnent pour la mastication (palato-carré ou os carré, os articulaire, os angulaire et cartilage de *Meckel*), perdent leur fonction primitive et trouvent un autre emploi.

La cause la plus importante de cette transformation profonde est à rechercher essentiellement en ceci, que chez les Mammifères et chez l'Homme il se forme, *à la place de l'articulation primordiale de la mâchoire, une nouvelle articulation maxillaire secondaire*. L'articulation maxillaire primordiale, dans laquelle l'os dentaire portant les dents peut se mouvoir, comme nous l'avons vu précédemment, a lieu entre le palato-carré et l'os articulaire.

Or comme, chez les Mammifères, le palato-carré et l'os articulaire correspondent à l'enclume et au marteau, de même *chez les Vertébrés inférieurs l'articulation maxillaire primordiale correspond à l'articulation du marteau et de l'enclume*. L'os dentaire, chez les Mammifères et chez l'Homme, ne peut plus se mouvoir au moyen de cette articulation, parce qu'il est directement articulé lui-même, avec la capsule crânienne. Il émet, en effet, vers le haut une apophyse osseuse, l'apophyse condyloïde (fig. 371) et s'unit avec l'écaille du temporal à quelque distance de l'articulation primordiale ; il se forme une *articulation maxillaire secondaire*, à laquelle ne participent que des os de revêtement.

La conséquence naturelle de cette nouvelle articulation est que l'appareil maxillaire primordial est devenu superflu pour la mastication et qu'il s'arrête dans son développement. L'enclume, le marteau et l'os angulaire uni à ce dernier se sont en partie transformés en organes auditifs (V. p. 485). Le reste du cartilage de *Meckel* (fig. 368, 17 et 371, MK) commence, chez l'Homme, à s'atrophier dès le sixième mois. Une partie qui s'étend de l'apophyse du marteau ou de la fissure pétrotympanique jusqu'au point d'entrée du cartilage dans le maxillaire inférieur osseux, au niveau du trou dentaire, se transforme en un cordon de tissu conjonctif, le ligament latéral interne du maxillaire inférieur. Une autre petite portion, proche de l'extrémité antérieure, présente, déjà très tôt, un noyau osseux particulier et se soude avec l'os de revêtement. Quant au reste du cartilage de *Meckel*, enfermé dans le canal du maxillaire inférieur, à partir du trou dentaire, il s'atrophie totalement et se résorbe. Cependant chez le nouveau-né, on trouve encore des restes du cartilage dans la symphyse.

A l'origine, le maxillaire inférieur osseux est un organe double, composé de deux moitiés portant des dents, ces deux moitiés restent séparées chez beaucoup de Mammifères et sont réunies en une symphyse par du tissu conjonctif. Chez l'Homme, pendant la première année de la vie, elles se soudent en une pièce impaire, par suite de l'ossification du tissu conjonctif compris entre elles.

3° Sur les rapports existant entre le squelette de la tête et le squelette du tronc.

Déjà dans diverses parties de ce traité, dans l'étude des segments primordiaux, du système nerveux, de fréquentes analogies ont été signalées existant entre la tête et le tronc. Mais c'est surtout maintenant, dans l'étude du squelette axial, que ces relations sont importantes à considérer.

Les analogies et les différences qui se présentent entre les deux régions du corps au cours de leur développement, seront ici, encore une fois, brièvement étudiées.

La segmentation du corps des Vertébrés tire son origine des parois du cœlome primordial, dont la portion dorsale contiguë à la chorde et au tube nerveux se divise par plissements en petits sacs placés les uns derrière les autres (fig. 129 et 130).

Les muscles volontaires se développent aux dépens de la paroi des segments primordiaux ; aussi, ils représentent le système d'organes des Vertébrés qui se segmente le premier. La « myomérie » est la cause directe de la disposition segmentaire du système nerveux périphérique. Tandis que les fibres nerveuses motrices s'unissent en une racine antérieure, à leur sortie de la moelle épinière, de même les fibres nerveuses sensibles, qui sont destinées à la partie de la peau, correspondante, se réunissent en une racine sensible. Au moment où la segmentation de la musculature et des nerfs périphériques s'est déjà bien développée, le squelette n'est pas encore segmenté, car il est seulement représenté par la chorde dorsale. Le mésenchyme qui enveloppe la chorde et le tube nerveux et qui deviendra plus tard la matrice du squelette axial segmenté futur, n'est encore qu'une masse de remplissage continue.

A ce moment, la distinction entre la tête et le tronc existe déjà. Elle est due : 1º à ce que les organes des sens d'ordre supérieur apparaissent dans la partie antérieure du corps ; 2º à ce que le tube nerveux s'élargit en vésicules cérébrales importantes ; 3º à ce que les parois de l'intestin céphalique sont perforées par des fentes branchiales et constituent ainsi un mode de segmentation (la branchiomérie).

La partie du corps qui s'est transformée de cette manière pour former la tête de l'embryon est segmentée au début et se compose de segments dont le nombre est encore discuté.

Le développement des fentes branchiales a comme conséquence des différences plus grandes encore entre la tête et le tronc. La partie antérieure du cœlome se segmente par suite de l'apparition des fentes branchiales en plusieurs *cavités céphaliques* placées les unes derrière les autres. Comme celles-ci perdent leurs cavités, il en résulte que dans l'étendue de la tête la partie du cœlome correspondant à la cavité pleuro-péritonéale s'atrophie. En outre, il se forme aux dépens des parois épithéliales des cavités céphaliques, des masses musculaires particulières, striées, destinées au mouvement et au rétrécissement des diverses parties du pharynx, alors que les muscles striés du tronc ne dérivent que des segments primordiaux. Les segments primordiaux se développent dans le

tronc aussi bien dorsalement, au-dessus du tube nerveux, que vers la face
ventrale dans la paroi thoracique, et abdominale, tandis que dans la tête
au contraire, ils restent limités à une petite étendue et n'éprouvent qu'un
faible développement.

*Après que la tête et le tronc se sont déjà profondément différenciés, le
squelette axial cartilagineux commence seulement à se former.* C'est une
formation d'origine relativement récente ; elle est de plus spéciale à l'embranchement des Vertébrés, et manque même chez leur ancêtre le plus
simple, chez l'Amphioxus lanceolatus.

Le squelette axial cartilagineux se développe d'avant en arrière dans
les deux parties principales du corps, et cela en partie de la même manière, en partie de façon différente.

Le développement se fait de la *même manière*, en tant que le processus
de chondrification pour la tête et le tronc commence à se former dans le
tissu conjonctif périchordal. Puis il se propage de haut en bas autour de
la chorde qu'il entoure, et, enfin, dans la couche du tissu conjonctif enveloppant le tube nerveux.

*Par contre, une différence se manifeste selon que la segmentation a lieu
ou n'a pas lieu.* Dans le tronc se forme, sous l'influence de la musculature,
une métamérisation du squelette axial cartilagineux, dans lequel des éléments vertébraux solides alternent avec des disques intervertébraux cartilagineux. Dans la tête, il se forme une capsule cartilagineuse continue
autour des vésicules cérébrales. La métamérisation, qui se manifeste ici
dans les autres systèmes d'organes, dans la disposition des segments
primordiaux et des nerfs crâniens ne donne lieu à aucune métamérisation de la partie correspondante du squelette axial.

Chez aucun Vertébré, on ne constate, au cours du développement du
crâne primordial une alternance de pièces cartilagineuses et de disques
intermédiaires de tissu conjonctif. Même, la supposition d'un pareil état
primitif paraît n'avoir aucun fondement. Le faible développement des
muscles formés aux dépens des segments primordiaux de la tête, et le
développement considérable du cerveau et des organes des sens sont
des facteurs qui ont rendu, dès le commencement, la tête moins mobile
que le tronc. Bref, la raison pour laquelle la segmentation du squelette
axial est utile dans le tronc, n'existe pas pour la tête.

Ces années dernières, on a émis de plusieurs côtés (*Rosenberg, Stœhr,
Froriep*), l'idée que chez quelques Vertébrés la région occipitale du crâne
primordial éprouvait un accroissement par fusion avec les ébauches des
vertèbres de la région cervicale, et, en quelque sorte « aurait un développement caudal constant ».

Outre la segmentation en vertèbres, une segmentation du squelette axial se manifeste aussi par la formation d'arcs inférieurs, qui se répètent régulièrement d'avant en arrière. On les désigne dans la région de la tête sous le nom d'arcs viscéraux ; dans la région du tronc, sous le nom de côtes. La disposition de ces éléments du squelette dépend de la première métamérisation, à laquelle a été soumis l'organisme des Vertébrés. Les côtes, en effet, se développent entre les segments musculaires, par chondrification des feuillets de tissu conjonctif qui les séparent, les feuillets intermusculaires ; et les arcs pharyngiens se trouvent dans la dépendance des fentes pharyngiennes, qui divisent la région ventrale de la tête en un certain nombre de segments placés les uns derrière les autres. De la formation des côtes et des arcs pharyngiens, on ne peut pas conclure que les parties correspondantes de l'axe squelettique proprement dit doivent être segmentées de la même manière. Elles ne sont que des indices de la segmentation de la région du corps à laquelle elles appartiennent.

Deux causes principales font disparaître plus ou moins complètement la segmentation de la tête chez les Vertébrés adultes. Premièrement, les segments primordiaux se développent peu, produisent des muscles insignifiants, et s'atrophient en grande partie ; deuxièmement, le squelette viscéral subit des métamorphoses profondes. Notamment chez les Vertébrés supérieurs, il éprouve de telles atrophies et de tels changements, que finalement il ne reste plus rien de la disposition segmentaire primitive de ses éléments (appareil palato-maxillaire, osselets de l'oreille, os hyoïde).

B. — Le développement du squelette des membres.

Les membres s'attachent, chez les Vertébrés, en avant et en arrière, aux côtés du tronc comme de petites excroissances en formes de nageoire (fig. 160, 221, 373). Ces saillies dépendent plutôt de la région ventrale du corps que de la région dorsale, d'où il s'ensuit qu'elles sont innervées par des branches ventrales des nerfs spinaux.

En outre, *les membres semblent se rattacher à plusieurs segments du tronc. C'est ce que prouvent le mode de distribution de leurs nerfs et le mode de formation de leur musculature.* En effet, les nerfs des membres antérieurs et postérieurs proviennent toujours d'un grand nombre de nerfs spinaux. Les muscles proviennent, ainsi que toute la musculature du tronc, des segments primordiaux. Ces faits sont faciles à constater chez les embryons de Sélaciens Chez eux, ainsi que les recherches de *Dohrn* l'ont montré, un grand nombre de segments primordiaux envoient deux bourgeons dans le tissu muqueux d'une ébauche de nageoire, les-

quels se séparent ensuite de leur lieu d'origine et se divisent en une
moitié dorsale et en une moitié ventrale, qui donneront respectivement
les muscles extenseurs et les muscles fléchisseurs. Chaque nageoire renferme une série d'ébauches de muscles d'origine segmentaire, placées les
unes derrière les autres ; ce fait est encore important à d'autres points de
vue de l'origine des membres.

Chez l'Homme, l'ébauche des membres prend une forme spéciale dès
la cinquième semaine. La saillie s'est agrandie et divisée en deux parties,
dont la distale deviendra la main ou le pied (fig. 181). Déjà dans les
membres antérieurs, la main commence à montrer, à son bord antérieur,
des incisures qui marquent les premiers rudiments des doigts. Dans la
sixième semaine, on reconnaît les trois segments principaux du membre,
au moment où la partie proximale s'est divisée par un sillon transversal en
bras et avant-bras, ou en cuisse et en jambe. Les orteils sont aussi indiqués sur le pied par des incisures, mais moins marquées que dans la
main.

Dans la septième semaine, on remarque, à la pointe des doigts, en
forme de griffes, les ongles primordiaux, constitués par prolifération de
cellules épidermiques. « A ce stade, comme l'observe *Hensen*, la main
ressemble à l'extrémité antérieure d'un carnassier vue par sa face plan-
taire ; la pulpe des doigts courts et épais est fortement développée ».

Par leur développement, les membres s'appliquent contre la paroi
abdominale de l'embryon et sont alors dirigés obliquement d'avant en
arrière ; les membres antérieurs le sont plus que les membres postérieurs.
Chez les uns et les autres, la face d'extension future est dorsale, la face
de flexion est ventrale. Le bord radial avec le pouce comme le bord tibial
avec le gros orteil sont tournés du côté de la tête ; et le cinquième doigt
et le cinquième orteil sont tournés du côté de la queue. De ceci, ainsi
que par le fait que les membres dépendent de plusieurs segments du
tronc, s'expliquent certains rapports existant dans la *distribution des
nerfs du membre inférieur*. C'est ainsi que, dans le bras « la partie radiale
est innervée par des nerfs (axillaire, musculo-cutané) dont les fibres proviennent du cinquième, sixième et septième nerf cervical. Dans la partie cubitale nous trouvons par contre des nerfs (nerf cutané, interne et
cubital) qui proviennent de la partie inférieure secondaire du plexus,
c'est-à-dire du huitième nerf cervical et du premier nerf dorsal (*Schwalbe*).

Au cours du développement ultérieur, les membres supérieurs changent de position primitive et cela pour les membres supérieurs à un plus
haut degré que pour les membres inférieurs ; ils tournent en sens inverse
autour de leur axe longitudinal. De cette façon, la face d'extension du

bras se dirige en arrière et celle de la cuisse en avant ; le radius et le pouce sont placés latéralement, le tibia et le gros orteil sont en dedans. Ces changements de position par rotation doivent naturellement être pris en considération pour la détermination des homologies des membres antérieurs et postérieurs ; c'est ainsi que le radius correspond au tibia, et le cubitus au péroné.

Les ébauches du squelette et des muscles de la masse cellulaire primitivement homogène se différencient de plus en plus nettement, quand les cellules prennent des caractères histologiques spéciaux.

Le phénomène suivant est à considérer : les parties des extrémités du squelette ne se forment pas toutes en même temps ; mais d'après un certain ordre, à peu près de la même manière que dans le développement du squelette axial le processus de chondrification commence en avant et progresse vers l'arrière. Dans les membres, les éléments squelettiques proximaux, c'est-à-dire les plus rapprochés du tronc apparaissent plus tôt que les éléments distaux ou plus éloignés. Ce fait est surtout frappant pour les doigts et les orteils. Tandis que la première phalange s'est différenciée du tissu environnant, chez un embryon de cinq ou de six semaines, la deuxième et la troisième ne peuvent pas encore être reconnues et l'extrémité de l'ébauche du doigt ou de l'orteil constitue encore une masse de petites cellules en voie de prolifération. Dans cette masse se forment la deuxième et enfin la troisième phalange. De plus, les membres antérieurs sont en avance, dans leur formation, sur les membres postérieurs.

Pour le développement du squelette des membres, de même que pour celui de la colonne vertébrale et du crâne, trois stades différents sont à considérer : ébauche membraneuse, cartilagineuse et osseuse.

1. Ceinture scapulaire et ceinture pelvienne. — Les ceintures des membres consistent, dans leur première ébauche, en une paire de pièces cartilagineuses, arciformes, qui sont logées sous la peau dans les muscles du tronc et qui portent, environ dans leur milieu, une surface articulaire destinée à l'articulation du squelette des extrémités. Chaque cartilage se divise ainsi en une moitié dorsale, proche de la colonne vertébrale et en une moitié ventrale. La première, chez les Mammifères et chez l'Homme, consiste en une pièce large en forme de lame ; la moitié ventrale, par contre, qui s'étend tout près et même jusqu'au plan médian est divisée en deux prolongements distincts l'un de l'autre, un antérieur et un postérieur. Les pièces cartilagineuses ainsi distinctes s'ossifient aux dépens de noyaux osseux différents et deviennent par ce moyen très indépendantes les unes des autres.

L'*omoplate* de l'Homme est, au début, un cartilage de même forme que
chez l'adulte, mais dont la base scapulaire est moins développée. Pendant
le troisième mois, l'ossification commence au niveau du col de l'os. Les
bords, l'épine et l'acromion, restent encore cartilagineux pendant longtemps, même ils le sont encore en partie chez les nouveau-nés. Pendant
l'enfance, il apparaît çà et là, en eux, des noyaux osseux accessoires.

De la partie cartilagineuse de l'omoplate part ventralement un prolongement cartilagineux, qui est court chez l'Homme, mais qui, chez d'autres Vertébrés, est d'une taille considérable et alors s'étend jusqu'au sternum. Il correspond à la branche postérieure mentionnée plus haut, suivant laquelle la partie ventrale de l'arc cartilagineux s'est séparée et est
connue en anatomie comparée sous le nom de *portion coracoïdienne*. Chez

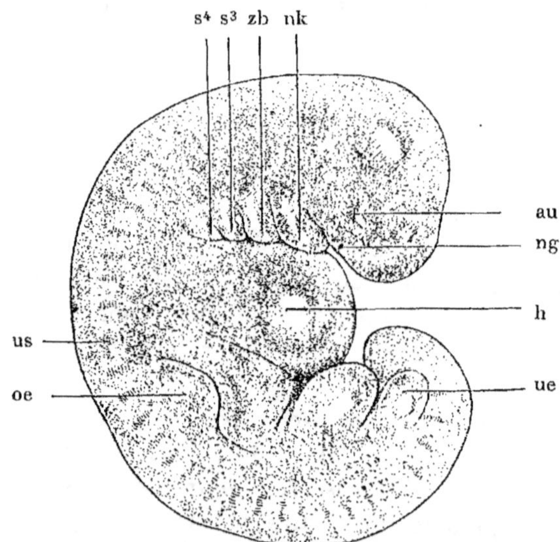

Fɪɢ. 373. — Très jeune embryon humain de 4 semaines, de 4 millimètres de longueur
de la nuque à la queue, provenant de la matrice d'une suicidée, huit heures après
la mort; d'après *Rabl*.

au : yeux. — ng : fosse nasale. — uk : maxillaire inférieur. — zb : arc hyoïdien. — s³,
s⁴ : troisième, quatrième arc branchial. — h : saillie de la paroi du tronc produite
par le développement du corps. — us : limite de deux segments primordiaux. — oe,
ue : membres supérieur et inférieur.

l'Homme, la portion coracoïdienne est peu développée. Cependant son in-
dépendance se reconnaît en ceci, que dans la première année de la vie
elle contient un noyau osseux spécial. Aux dépens de celui-ci se forme
graduellement une pièce osseuse (os coracoïde) qui jusqu'à la dix-septième
année est unie avec l'omoplate par une bandelette cartilagineuse et s'en

distingue par là. Plus tard, ce noyau osseux se fusionne avec l'omoplate. Quant à la position que la *clavicule* occupe dans la ceinture scapulaire, les opinions divergent dans deux sens différents. D'après *Gœtte* et *Hoffmann*, etc., elle appartient à la partie du squelette primordial cartilagineux formée tout d'abord et correspond à la branche ventrale antérieure, qui a pris la forme de la ceinture scapulaire. D'après *Gegenbaur*, la clavicule est un os de revêtement qui est mis en jonction avec le squelette cartilagineux de la même manière que, dans le crâne, les os de revêtement le sont avec le crâne primordial. Le mode de formation particulier de la clavicule a été la cause de ces diverses opinions. C'est le premier os qui se forme chez l'Homme ; elle apparaît dès la septième semaine. Comme *Gegenbaur* l'a montré tout d'abord, elle se développe, dès le commencement, aux dépens d'un tissu tout à fait indifférent. Ensuite, à ses deux extrémités s'adjoignent des masses cartilagineuses qui sont pourvues d'une substance interstitielle plus molle et moins abondante que le cartilage embryonnaire ordinaire. Elles servent, comme pour les autres os préformés cartilagineux, à l'allongement de la clavicule. Il se développe vers la quinzième et la vingtième année, ainsi que *Kœlliker* l'a signalé, dans l'extrémité sternale, une sorte de noyau épiphysaire, qui se fusionne avec la partie principale de l'os vers la vingt-cinquième année.

La *ceinture pelvienne* laisse encore reconnaître très nettement, chez l'Homme et chez les Mammifères, les rapports primitifs. Sa première ébauche consiste en deux cartilages iliaques, l'un droit et l'autre gauche, qui sont réunis en une symphyse du côté ventral, par du tissu conjonctif, ils présentent en leur milieu une cavité articulaire. Chaque cartilage iliaque laisse distinguer par rapport à l'articulation une partie dorsale qui s'unit avec la portion sacrée de la colonne vertébrale, c'est le cartilage de l'iléon ; ainsi qu'une partie ventrale divisée en deux branches réunies à la symphyse, le cartilage du pubis et le cartilage de l'ischion, et qui sont séparées l'une de l'autre par le trou obturateur (Foramen obturatorium).

Rosenberg a montré que le cartilage du pubis est tout d'abord indépendant, mais qu'il se fusionne très tôt avec les autres cartilages.

L'ossification commence à la fin du troisième mois en trois places, et ainsi, il se forme un iléon, un pubis et un ischion osseux aux dépens du cartilage, dont il reste encore des parties importantes au moment de la naissance. En effet, toute la crête iliaque, le bord et le fond de la cavité articulaire, et toute l'étendue de la tubérosité de l'ischion à l'épine du pubis, sont encore cartilagineux.

Après la naissance, l'accroissement des trois pièces osseuses progresse vers la cavité articulaire, où elles se rencontrent les unes et les autres, mais restent encore séparées jusqu'à la puberté par des lames cartilagineuses qui ont la forme d'une étoile à trois branches. Environ vers la huitième année de la vie, la branche descendante du pubis et la branche ascendante de l'ischion se soudent ensemble, si bien que chaque os iliaque se compose de deux pièces réunies par du tissu cartilagineux dans la cavité articulaire ; ce sont l'iléon et le pubis uni à l'ischion. Ces deux pièces se soudent en un seul os au moment de la puberté. Comme dans la ceinture scapulaire, il se forme, dans la ceinture pelvienne des noyaux osseux, dont l'un, le plus important, qui apparaît parfois dans le cartilage de la cavité articulaire, est décrit sous le nom d'os acetubali. D'autres se développent dans la crête iliaque cartilagineuse et dans les épines iliaques et les tubercules et tubérosités ischiatiques. Ils ne s'unissent à la partie principale de l'os, qu'à la fin de la période de croissance.

2° **Squelette des membres.** — Toutes les parties du squelette de la main, du bras et de l'avant-bras, de même que de celui du pied, de la cuisse et de la jambe sont primitivement des pièces solides de cartilage hyalin, qui prennent relativement tôt la forme extérieure des os qui les remplaceront. A leur pourtour, ils sont délimités par une couche de tissu conjonctif fibreux, le périchondre.

Au début du troisième mois le processus d'ossification des plus grosses pièces squelettiques commence. De même que dans la colonne vertébrale, le tissu cartilagineux se résorbe et est remplacé par du tissu osseux. A cela s'ajoutent plusieurs phénomènes généraux, sur lesquels je veux encore insister sans cependant entrer dans des considérations histologiques détaillées et sur lesquelles les traités d'histologie donnent les renseignements nécessaires.

Le processus d'ossification se passe extérieurement de façons quelque peu différentes, selon que les cartilages sont petits et de mêmes dimensions en tous sens, ou qu'ils se sont étirés en longueur.

Dans le premier cas, le processus est simple. Du périchondre partent des prolongements de tissu conjonctif, riches en cellules et en vaisseaux, qui pénètrent dans le cartilage, dissolvent la substance fondamentale et qui s'anastomosent au centre. Il se forme un réseau d'espaces médullaires à la surface desquels il se forme un dépôt de sels calcaires (calcification provisoire). Les espaces médullaires s'élargissent de plus en plus par suite de la résorption de la substance cartilagineuse. Alors, les cellules médullaires placées à leur surface sécrètent des lamelles osseuses qui s'épaississent peu à peu.

Le noyau osseux ainsi formé s'agrandit lentement jusqu'à ce qu'enfin le cartilage soit presque recouvert et ne constitue plus qu'une mince couche de revêtement superficielle. L'ossification des os du carpe et du tarse est donc *endochondrique* et se forme ordinairement aux dépens d'un et parfois de deux noyaux osseux. Elle ne commence que très tard, dans les premières années après la naissance. Une exception est à faire dans le pied pour le calcanéum et l'astragale, qui renferment dès le sixième et le septième mois un noyau osseux, et le cuboïde, qui commence à s'ossifier peu de temps avant la naisssance. Chez les autres, l'ossification se fait après la naissance, comme *Kœlliker* l'a montré et dans l'ordre suivant :

I. — Dans la main : 1) grand os et os crochu (1re année) ; 2) pyramidal (3e année) ; 3) trapèze et semi-lunaire (8e année) ; 4) scaphoïde et trapézoïde (de 6 à 8 ans) ; 5) pisiforme (12e année).

II. — Dans le pied : 1) scaphoïde (1re année) ; 2) premier et second cunéiforme (3e année) ; 3) troisième cunéiforme (4e année).

Le processus d'ossification s'effectue d'une façon plus complexe pour les cartilages longs, dans lesquels il commence aussi plus tôt, généralement dans le troisième mois de la vie embryonnaire. Le processus est assez typique. D'abord a lieu une ossification périchondrale dans le milieu du cartilage de l'humérus et du fémur, du tibia et du péroné, du radius et du cubitus. Le périchondre, au lieu de déposer de la substance fondamentale cartilagineuse sur le cartilage déjà existant, y dépose du tissu osseux, si bien que celui-ci se trouve enveloppé en son milieu d'un cylindre osseux qui devient toujours plus épais.

Le développement ultérieur de la pièce squelettique composée de deux tissus, s'accomplit d'une double façon : premièrement, par prolifération du cartilage et, deuxièmement par formation de substance osseuse. Le tissu cartilagineux prolifère aux deux extrémités de la pièce squelettique et contribue à son allongement et à son épaississement. Par contre, dans le milieu, où elle est entourée d'un cylindre osseux, l'accroissement s'arrête.

Là, a lieu, continuellement, un dépôt de nouvelles lamelles osseuses sur les lamelles déjà formées, aux dépens du périchondre primitif, ou, pour parler plus exactement, aux dépens du périoste. En outre, les lamelles déjà formées s'étendent toujours plus loin vers les deux extrémités de la pièce squelettique ; elles entourent de nouvelles régions cartilagineuses et arrêtent leur croissance. La gaîne osseuse périostique prend, par suite, la forme de deux entonnoirs réunis par leurs sommets.

Le cartilage situé à l'intérieur des entonnoirs éprouve bientôt un changement et une atrophie progressifs. De la gaîne osseuse partent des travées de tissu conjonctif renfermant des vaisseaux sanguins, elles dissolvent la substance fondamentale du cartilage et déterminent la formation d'espaces médullaires plus ou moins étendus. Or, tandis qu'il se dépose à la surface de ceux-ci un tissu osseux qui revêt les restes du cartilage existant encore, une substance osseuse, spongieuse se développe, qui remplit l'espace entouré par le manteau osseux, compact, périostique. Cet os spongieux n'est d'ailleurs qu'une formation transitoire. Peu à peu, il se détruit du centre de la pièce squelettique, à la périphérie. A sa place, il se forme de la moelle pourvue de nombreux vaisseaux sanguins. Ainsi se forme, dans l'ébauche primitive des cartilages très compacts, la grande cavité médullaire des os creux.

Pendant que s'accomplissent ces phénomènes, les deux extrémités restent toujours cartilagineuses et pendant longtemps encore contribuent, par leur prolifération, à l'accroissement de la pièce squelettique. Elles sont désignées sous le nom d'*épiphyses*, par opposition avec la région moyenne tout d'abord ossifiée, laquelle a reçu le nom de *diaphyse*. Cette dernière s'agrandit aux dépens du cartilage épiphysaire quand le processus d'ossification endochondrique se propage vers les deux extrémités, selon une ligne d'ossification très nettement marquée.

Une nouvelle complication se produit dans le développement des os creux peu de temps avant la naissance ou dans les premières années de la vie. Il se forme alors, dans le milieu de chaque épiphyse des centres d'ossification particuliers, appelés noyaux épiphysaires. Ces noyaux se constituent de la manière déjà décrite : des canaux dans lesquels passent des vaisseaux sanguins se forment par résorption de la substance cartilagineuse. Ils s'unissent pour former des cavités médullaires plus grandes, à la surface desquelles il se développe du tissu osseux. Après des années, par l'agrandissement extensif, lent, progressif des noyaux osseux, le cartilage épiphysaire se transforme peu à peu en un *disque osseux spongieux* et finalement les derniers restes du cartilage disparaissent. Toutefois, il persiste à sa surface libre, une couche de cartilage épaisse seulement de quelques millimètres, qui constitue le *cartilage articulaire*. De plus, il persiste longtemps une mince couche cartilagineuse entre la pièce moyenne osseuse formée tout d'abord, et l'épiphyse discoïde osseuse ; elle sert à l'acroissement en longueur de la pièce squelettique. Le cartilage notamment s'y multiplie par prolifération de ses cellules, d'une façon très active et est renouvelé constamment au fur et à mesure qu'il est détruit sur ses deux faces par l'ossification endochondrique ; car l'épiphyse osseuse s'accroît à ses dépens ainsi que la diaphyse qui s'agrandit promptement et surtout d'une manière beaucoup plus marquée.

Il en résulte qu'on peut décomposer les os creux, dont la croissance n'est pas encore terminée, en trois pièces osseuses, en détruisant par macération les parties organiques. Le fusionnement en une seule pièce osseuse s'accomplit au moment de la puberté, l'accroissement en longueur du corps est terminé. Alors les minces lamelles cartilagineuses sont détruites entre la diaphyse et les deux épiphyses et transformées en substance osseuse. Dès ce moment, un accroissement en longueur de l'os n'est plus possible.

Outre les trois centres principaux, typiques, décrits plus haut, et qui par ossification transforment l'ébauche cartilagineuse en un os creux, dans beaucoup de cas, se trouvent encore de petits centres d'ossification d'une importance moindre, que l'on désigne sous le nom de *noyaux osseux accessoires*. Ils apparaissent toujours plus tard, quand les épiphyses sont plus développées et parfois, entrent déjà en fusionnement avec la diaphyse. Ils apparaissent en certains points où l'ébauche cartilagineuse présente des renflements et des saillies comme les tubérosités de l'humérus, dans les trochanters du fémur, dans l'épicondyle, etc. Ils servent à la transformation des saillies en masses osseuses et s'unissent ordinairement, en dernier lieu, avec la partie principale de l'os.

Données sur le commencement de l'ossification dans les diverses parties du squelette. — L'humérus s'ossifie dans la diaphyse pendant la huitième semaine. Les noyaux épiphysaires ne se forment qu'après la naissance au commencement de la première ou de la deuxième année de la vie. Dans la deuxième année apparaissent les noyaux accessoires dans la grosse et la petite tubérosité, et pendant la cinquième année dans l'épicondyle. — Le radius et le cubitus s'ossifient dans la diaphyse aussi pendant la huitième semaine. Les noyaux épiphysaires n'apparaissent que de la deuxième à la cinquième année de la vie. On observe les noyaux accessoires assez tard dans les apophyses styloïdes. — Les métacarpiens s'ossifient dès la neuvième semaine, mais cependant, il n'existe chez eux qu'une épiphyse cartilagineuse et cela (à l'exception du métacarpien du pouce) à l'extrémité distale. Celle-ci renferme un noyau osseux particulier vers la troisième année de la vie. — L'ossification des phalanges commence en même temps que dans les métacarpiens. — Le fémur s'ossifie dès la septième semaine. Peu de temps avant la naissance, il se forme dans l'épiphyse distale, un noyau osseux, qui est signe que l'enfant est près de naître. Ce fait présente une certaine importance au point de vue pratique. Après la naissance, il apparaît bientôt un noyau épiphysaire dans la tête du fémur. Des noyaux accessoires se forment pendant la cinquième année de la vie dans le grand trochanter, et pendant la treizième et la quatorzième année dans le petit trochanter. — Les noyaux épiphysaires du tibia et du péroné se forment après la naissance, d'abord dans l'extrémité proximale, puis dans l'extrémité distale, pendant la première et la troisième année de la vie, et cela, de sorte que l'ossification du péroné suit celle du tibia de un an environ. *Gegenbaur* voit en cela une subordination de l'importance fonctionnelle du péroné comparée à celle du tibia. — La rotule s'ossifie pendant la troisième année. — Pour les métatarsiens et les phalanges des orteils, l'ossification s'accomplit en général de la même façon que pour les parties correspondantes de la main.

3° **Développement des articulations.**— Les différentes pièces cartilagineuses du corps se forment par des différenciations histologiques au sein du tissu conjonctif, aussi elles sont unies les unes aux autres, primitivement, par des restes de ce tissu conjonctif. Celui-ci prend habituellement une texture plus ou moins fibreuse et se transforme en un ligament spécial. Un tel mode d'union des pièces squelettiques est celui qui prédomine chez les Vertébrés inférieurs comme chez les Requins, par exemple. Chez les Vertébrés supérieurs et chez l'Homme, il ne s'observe qu'en certains endroits, comme dans la colonne vertébrale, où les corps des diverses vertèbres sont réunis par des disques intermédiaires de tissu conjonctif. Par contre, en certains points où les pièces squelettiques en contact ont atteint un haut degré de mobilité, il se forme à la place d'une simple union de tissu conjonctif, une formation articulaire plus complexe.

Dans le développement des articulations les phénomènes généraux suivants sont à observer :

Les jeunes ébauches cartilagineuses, comme par exemple celles de la cuisse et de la jambe, sont séparées, dès les premiers stades, à la place où se formera plus tard la cavité articulaire par un tissu intermédiaire très riche en cellules (disque intermédiaire de *Henke* et de *Reiher*). Le disque intermédiaire se réduit dans la suite, parce que les extrémités du cartilage s'accroissent à ses dépens. Dans beaucoup de cas, il disparaît totalement, de telle sorte qu'alors les faces terminales des pièces squelettiques en contact s'appliquent largement et immédiatement l'une contre l'autre.

A ce moment, l'incurvation spécifique des surfaces articulaires est déjà plus ou moins marquée. Cette disposition se réalise à une époque où la cavité articulaire n'existe pas encore, et où les pièces squelettiques ne peuvent encore exécuter de mouvements, les muscles ne pouvant pas fonctionner. Par là il s'ensuit que, pendant la vie embryonnaire, les surfaces cartilagineuses ne peuvent pas acquérir leur forme spécifique sous l'influence de l'activité des muscles, et que la forme des surfaces articulaires n'est donc pas la conséquence d'une simple action mécanique exercée sur elles comme on l'a admis de différents côtés. La forme typique de l'articulation apparaît très tôt ; elle est une conséquence de l'hérédité (*Bernays*). L'activité musculaire ne peut intervenir que dans les stades futurs, et elle n'est pas sans influence pour le développement ultérieur et la formation des surfaces terminales.

Quand, après la disparition du tissu intermédiaire, les surfaces terminales du cartilage qui se développe sont en contact immédiat, il apparaît entre elles une fente étroite, première ébauche de la cavité articulaire. Elle est délimitée immédiatement par le cartilage articulaire hyalin qui, dans son étendue, ne présente aucun périchondre spécial. Contre le tissu conjonctif environnant se forme graduellement une délimitation de la cavité articulaire, très nette, tandis qu'il se développe, d'un cartilage à un autre, une couche résistante de tissu conjonctif qui devient le ligament capsulaire ; d'autres faisceaux fibreux se transforment en ligaments articulaires spéciaux.

Le processus de développement se présente quelque peu différemment quand les extrémités articulaires ne concordent pas. Dans ce cas, les extrémités du cartilage ne peuvent pas se toucher immédiatement de la manière décrite plus haut ; elles restent alors séparées par des restes plus ou moins importants du tissu intermédiaire riche en cellules, qui prend alors une texture toujours plus fibreuse.

Quand le tissu intermédiaire se maintient dans toute son extension, il se forme un disque articulaire intermédiaire fibro-cartilagineux (cartilage intermédiaire) qui constitue un coussin élastique entre les pièces squelettiques. Il se forme, dans ce cas, une cavité articulaire entre le disque et les deux surfaces terminales ou, en d'autres termes, il se développe une cavité articulaire, divisée en deux parties par un disque intermédiaire.

Enfin, l'articulation éprouve encore une autre modification, quand les cartilages reposent en partie l'un sur l'autre, et en partie restent séparés par du tissu intermédiaire. Dans ce cas, il apparaît au point de contact, une simple cavité articulaire ; mais de chaque côté, celle-ci s'agrandit et sépare le tissu intermédiaire des parties discordantes des surfaces articulaires. Il existe ainsi une cavité articulaire unique ; mais toutefois les produits de la transformation du tissu intermédiaire proéminent en elle du côté de la capsule articulaire et constituent des fibres, cartilages semi-lunaires ou ménisques, comme dans l'articulation du genou.

Comme nous l'avons déjà dit pour le développement des os des membres, il ne persiste, dans les surfaces articulaires après la fin du processus d'ossification qu'un reste très petit de l'ébauche cartilagineuse et qui forme un revêtement cartilagineux, épais seulement de quelques millimètres. Les surfaces articulaires de tous les os en présentent un semblable, qui se forme aux dépens de l'ébauche cartilagineuse.

Les rapports sont tout autres, quand les os qui se sont unis l'un avec l'autre en une articulation véritable, sont des os formés directement dans du tissu conjonctif, comme les os de revêtement. L'articulation maxillaire chez les Mammifères nous offre un exemple de ce cas. Chez elle, l'apophyse articulaire du maxillaire inférieur aussi bien que la cavité glénoïde de l'écaille du temporal sont recouvertes d'une mince couche de tissu conjonctif non ossifié. Elle semble, au premier coup d'œil, du cartilage et est habituellement décrite comme telle. Mais par l'étude microscopique, elle se montre composée uniquement de couches de tissu conjonctif fibreux. De même qu'il y a des os qui se forment à l'aide de cartilage, d'autres à l'aide de tissu conjonctif, il y a lieu de distinguer les articulations présentant un revêtement de cartilage hyalin et les articulations possédant un revêtement de substance conjonctive fibreuse.

Résumé du chapitre XII.

I. — Développement du cœur. — 1° Chez les Vertébrés, on distingue deux types différents dans le développement de la première ébauche du cœur :

> a) Chez les Cyclostomes, les Sélaciens, les Ganoïdes et les Amphibiens, le cœur se développe sous forme d'une ébauche impaire située à la face inférieure de l'intestin céphalique, dans le mésentère ventral qui est ainsi divisé en un mésocarde antérieur et en un mésocarde postérieur ;
>
> b) Chez les Oiseaux et les Mammifères, le cœur se développe aux dépens de deux moitiés distinctes qui se fusionnent plus tard en un tube cardiaque unique analogue à l'ébauche du premier type.

2° Le second type dérive du premier. Sa formation s'explique par le contenu vitellin considérable de l'œuf. En effet, le cœur se forme à un stade où la lame intestinale est encore étalée à la surface du vitellus et ne s'est pas encore plissée pour former l'intestin céphalique.

3° Le cœur se forme, chez tous les Vertébrés, dans la région cervicale, en arrière de la dernière paire d'acs branchiaux ;

4° L'extrémité postérieure veineuse du tube cardiaque reçoit le sang du corps par les veines omphalo-mésentériques. L'extrémité antérieure artérielle envoie le sang au corps par le tronc artériel ;

5° Le tube cardiaque simple, se transforme chez les Amniotes en un cœur cardiaque composé de deux oreillettes et de deux ventricules, par suite :

> a) De flexions, de rétrécissements et changements de position ;
>
> b) De formation de cloisons à l'intérieur de sa cavité.

6° Le tube cardiaque droit prend la forme d'un S ;

7° La portion veineuse de l'S devient dorsale, la portion artérielle, ventrale. Elles communiquent par une partie rétrécie, le canal auriculaire. On peut les distinguer comme oreillette et ventricule ;

8° L'oreillette émet deux évaginations latérales, les auricules, qui entourent, d'arrière en avant, le tronc artériel ;

9° La formation des cloisons qui divisent l'oreillette, le ventricule et le tronc artériel en une moitié gauche et en une moitié droite débute en trois points différents :

a) L'oreillette se divise d'abord par une cloison interauriculaire en une moitié gauche et en une moitié droite. Mais la séparation n'est pas complète ; dans la cloison se forme une solution de continuité, le trou oval, qui demeure ouvert jusqu'au moment de la naissance ;

b) En se développant du haut en bas, la cloison interauriculaire (septum intermedium de His) intéresse le canal auriculaire et le divise en un orifice auriculo-ventriculaire droit et un orifice auriculo-ventriculaire gauche.

c) Le ventricule est décomposé en deux par le septum ventriculé qui procède de la pointe du ventricule. A ce septum correspond un sillon interventriculaire externe ;

d) Le tronc artériel se divise en artère pulmonaire et aorte descendante par suite de la formation d'une cloison spéciale qui se développe de haut en bas et s'unit à la cloison interventriculaire ;

e) La séparation des deux oreillettes n'est complète qu'après la naissance à la suite de la fermeture du trou oval.

10° Autour de l'orifice auriculo-ventriculaire et de l'orifice artériel se forment les premières ébauches des valvules sous forme d'épaississement de l'endocarde (bourrelets endocardiques) qui proéminent à l'intérieur.

II. — **Développement des gros troncs artériels de l'Homme.** — 1° Du tronc artériel naissent six paires de vaisseaux des arcs branchiaux (arcs aortiques) qui courent le long des arcs branchiaux, contournent l'intestin céphalique, et se réunissent à la face dorsale pour former les deux aortes primitives ;

2° Les deux aortes primitives se fusionnent de très bonne heure, en une aorte unique située au-dessous de la colonne vertébrale ;

3o Des six paires de vaisseaux branchiaux la première, la deuxième et la cinquième s'atrophient ; la troisième fournit la partie initiale des carotides internes ; le quatrième arc gauche devient la crosse de l'aorte, le quatrième arc droit, le tronc branchio-céphalique et la partie initiale de la sous-clavière. Le dernier arc fournit les vaisseaux qui se rendent aux poumons et se continue avec l'artère pulmonaire ; mais il communique à gau-

Hertwig   33

che par le canal de Botal avec la crosse de l'aorte, tandis qu'à droite il s'atrophie ;

4° Après la naissance le canal de Botal s'oblitère et donne le ligament de même nom ;

5° De l'aorte partent deux paires de troncs artériels volumineux se rendant aux organes annexes embryonnaires. Ce sont : les artères omphalo-mésentériques qui se rendent au sac vitellin, et les artères ombilicales qui se rendent à l'allantoïde et au placenta.

6° Les artères omphalo-mésentériques servent à la circulation vitelline. Plus tard elles s'atrophient en même temps que la vésicule ombilicale.

7° Les artères ombilicales, qui deviennent de plus en plus volumineuses en même temps que le placenta se développe, naissent de la portion lombaire de l'aorte ; elles se dirigent en avant à l'intérieur des parois latérales du bassin, puis sur les parois latérales de la vessie, d'où elles gagnent la surface interne des parois abdominales, puis l'ombilic et le cordon ombilical ;

8° Les artères ombilicales fournissent les artères iliaques internes qui se distribuent dans la cavité du bassin, et les artères iliaques externes qui se rendent aux membres inférieurs ;

9° Après la naissance, les artères ombilicales s'atrophient et constituent les ligaments vésico-ombilicaux externes, sauf dans leur partie initiale qui constitue les artères iliaques communes.

III. — **Développement des grosses veines.** — 1° A l'exception de la veine cave inférieure, tous les troncs veineux sont primitivement pairs.

2° Les deux veines jugulaires recueillent le sang de la tête ; les deux veines cardinales le sang du tronc et en particulier celui des corps de Wolff.

3° La veine jugulaire et la veine cardinale d'un même côté s'unissent en un canal de Cuvier. Les deux canaux de Cuvier se dirigent obliquement de la paroi du tronc jusqu'à l'extrémité postérieure du cœur. Ils sont logés dans un repli transversal de la paroi antérieure du tronc, le septum transversum.

4° Les deux veines vitellines ramènent le sang du sac vitellin ; elles courent depuis l'ombilic, dans le mésentère ventral, jusqu'au septum transversum.

5° Lesdeux veines ombilicales ramènent le sang du placenta ; elles courent primitivement, depuis l'insertion du cordon ombilical, dans la paroi abdominale jusqu'au septum transversum.

6° Dans le septum transversum, les canaux de Cuvier, les veines vitellines, les veines ombilicales se réunissent et constituent un sinus veineux qui, plus tard, disparaît en tant qu'organe distinct et se confond avec l'oreillette du cœur.

7° Les veines cardinales perdent leur importance : *a*) à la suite de l'a trophie des reins primordiaux, et *b*) parce que la veine cave inférieure ramène au cœur le sang de la moitié inférieure du corps.

8° La veine cave inférieure se développe, dans sa partie supérieure, sous la forme d'un vaisseau impair compris entre les deux veines cardinales. Elle s'unit au niveau de l'embouchure des veines rénales avec la veine cardinale droite, qui se transforme alors en la partie inférieure de la veine cave inférieure.

9° Les canaux de Cuvier avec les portions initiales des veines jugulaires constituent les deux veines caves supérieures.

10° Les troncs veineux pairs deviennent asymétriques du fait que les deux veines caves supérieures et les deux veines cardinales s'unissent en leur milieu par des anastomoses transversales.

11° Ces anastomoses transversales amenant de plus en plus le sang des troncs veineux gauches dans les troncs veineux droits, il en résulte que l'extrémité de la veine cave supérieure gauche se réduit à un petit vaisseau situé dans le sillon coronaire du cœur, et qui reçoit les veines coronaires, c'est le sinus coronaire. Egalement, l'extrémité cardiaque de la veine cardinale gauche disparaît complètement.

12° Aux dépens du système veineux pair se forment donc : la veine cave supérieure impaire, le sinus coronaire, la veine azygos et les veines hémiazygos.

13° Les veines vitellines, qui plus tard se transforment en une veine unique, fournissent, quand le foie s'est développé, les vaisseaux de la circulation hépatique (V. hépatiques afférentes et efférentes).

14° Les veines ombilicales, dont la droite s'atrophie de très bonne heure, courent primitivement dans la paroi abdominale au-dessus du foie pour atteindre le sinus veineux. Puis la veine ombilicale gauche s'anastomose, au-dessous du foie, avec la veine vitelline. Par suite, le sang de cette veine participe donc à la circulation porte.

15° Aux dépens d'une anastomose entre la veine ombilicale et l'extrémité cardiaque de la veine cave inférieure se forme, à la face inférieure du foie, le canal veineux d'Arantius.

Il en résulte que le sang de la veine ombilicale se divise en deux courants.

16° Après la naissance, la veine ombilicale s'atrophie et devient le ligament rond du foie. Le canal veineux d'Arantius s'oblitère. Les veines hépatiques afférentes ne reçoivent plus de sang que de l'extrémité terminale de la veine vitelline, la future veine porte, qui recueille le sang de l'intestin.

17° Le septum transversum, à l'intérieur duquel courent les troncs veineux qui se rendent au cœur, constitue le point de départ pour le développement du diaphragme et du péricarde. Il constitue d'abord une cloison incomplète entre la cavité abdominale et la cavité pleuro-péricardique, qui communiquent encore entre elles de chaque côté de la colonne vertébrale.

18° En premier lieu, la cavité péricardique se sépare des cavités pleurales du fait que : *a*) les deux canaux de Cuvier (les veines caves supérieures), au lieu de courir obliquement se dirigent de plus en plus transversalement de haut en bas, se séparent du septum transversum, repoussent devant eux la paroi du cœlome et déterminent ainsi la formation de deux replis pleuro-péricardiques; *b*) les deux replis péricardiques se soudent avec le médiastin postérieur, dans lequel sont logés l'œsophage et l'aorte. Il en résulte que les deux veines caves supérieures sont, elles aussi, logées dans le médiastin.

19° Les deux cavités pleurales forment pendant longtemps deux cavités tubuleuses, situées en arrière de la cavité péricardique, à droite et à gauche de la colonne vertébrale. Ces cavités reçoivent les poumons en voie de développement ; elles communiquent encore par leur extrémité inférieure avec la cavité abdominale.

20° Les deux cavités pleurales se séparent ensuite de la cavité abdominale par suite de ce que le bord postérieur du septum transversum se soude avec des replis péritonéaux de la paroi postérieure du tronc (Piliers d'Uskow).

21° Le diaphragme se compose d'une partie ventrale, le septum transversum, et d'une partie dorsale, les piliers. Le foie s'engage primitivement dans le septum transversum de même que dans le mésogastre adjacent. Il s'en sépare plus tard et n'est plus alors uni au diaphragme que par son revêtement péritonéal, qui constitue le ligament coronaire et une partie du ligament suspenseur.

DÉVELOPPEMENT DU SQUELETTE.

A. Colonne vertébrale. — 1° On distingue trois stades dans le développement de la colonne vertébrale : *a*) la colonne vertébrale membraneuse avec la chorde dorsale ; *b*) la colonne vertébrale cartilagineuse ; *c*) la colonne vertébrale osseuse.

2° La chorde se développe aux dépens d'un cordon cellulaire dérivant du feuillet germinatif interne (entoblaste chordal, ébauche de la chorde) par étranglement (replis chordaux). Ce cordon est situé au-dessous du tube nerveux.

3° La chorde constitue une tige cylindrique délimitée par une gaîne résistante et composée de cellules cylindriques. Elle commence au-dessous de la vésicule moyenne (région de la future selle turcique) et s'étend jusqu'à l'extrémité de la queue.

4° La chorde ne se rencontre à l'état d'ébauche squelettique que chez l'Amphioxus et le Cyclostome.

5° Chez les Sélaciens et certains Ganoïdes, la colonne vertébrale reste cartilagineuse. Chez les autres Vertébrés elle joue un rôle dans la formation d'une colonne vertébrale osseuse.

6° La colonne vertébrale cartilagineuse se développe par différenciation histologique aux dépens du tissu conjonctif embryonnaire, qui constitue : *a*) une gaine squelettogène autour de la chorde ; *b*) une enveloppe (arcs vertébraux membraneux) autour du tube nerveux ; *c*) les ligaments inter-musculaires entre les myomères.

7° Le processus de chondrification commence aux deux côtés de la chorde. Il détermine la formation autour d'elle, d'un anneau cartilagineux constituant le corps de la vertèbre. De là, le processus de chondrification gagne l'enveloppe membraneuse du tube nerveux qui fournit l'arc vertébral qui se ferme à la suite de la formation de l'apophyse épineuse.

8° C'est seulement avec la chondrification de la gaine chordiale squelettogène que le squelette axial subit une segmentation et se divise en segments vertébraux. Entre eux persiste le reste de la couche squelettogène non chondrifié et qui constitue, entre les corps des Vertèbres les disques intervertébraux et entre les arcs les ligaments intercruraux.

9° La segmentation de la colonne vertébrale est une conséquence de la métamérisation de la musculature. Elle s'est constituée de façon que les segments vertébraux et les segments musculaires alternent entre eux, et que les fibres musculaires longitudinales situées au voisinage du squelette axial sont insérées par leurs extrémités sur deux vertèbres, qu'elles peuvent faire mouvoir l'une par rapport à l'autre.

10° La chorde dorsale entourée par les corps des vertèbres cartilagineuses, s'arrête dans son développement. Elle s'atrophie différemment dans les différentes classes de Vertébrés. Chez les Mammifères, elle s'atrophie complètement à l'intérieur du corps des Vertèbres, tandis qu'entre deux vertèbres consécutives il en persiste un reste qui constitue le noyau gélatineux du disque intervertébral.

11° La colonne vertébrale cartilagineuse se transforme dans la plupart des classes de Vertébrés, en une colonne vertébrale osseuse. Le cartilage se résorbe et est remplacé par du tissu osseux.

12º Chaque ébauche vertébrale cartilagineuse s'ossifie chez l'Homme aux dépens de trois noyaux osseux. Un noyau se forme dans le corps et chacun des deux autres dans chacune des moitiés de l'arc (Noyaux accessoires se formant plus tard).

13º A chaque segment vertébral s'ajoute une paire de côtes, qui prennent naissance à la suite d'un processus de chondrification s'effectuant dans les ligaments intermusculaires.

14º Chez l'Homme, les différentes régions de la colonne vertébrale se forment par suite de modifications qui se produisent dans les ébauches des vertèbres et des côtes.

a) Dans la région thoracique les côtes prennent leur développement complet. Un certain nombre s'élargissent à leur extrémité ventrale et s'unissent en deux bandelettes sternales dont le fusionnement détermine la formation d'un sternum impair (fissure sternale).

b) Dans les régions cervicale et lombaire, les ébauches des côtes restent petites et se soudent aux apophyses transverses pour former les apophyses latérales. Dans la région cervicale il persiste, entre l'apophyse transverse et la côte rudimentaire, un trou transversaire par lequel passe l'artère vertébrale.

c) L'atlas et l'axis doivent leur forme spéciale à ce que le corps de l'atlas reste séparé de l'ébauche de son arc et se soude au corps de l'axis pour former son apophyse odontoïde (noyau osseux dans l'odontoïde).

d) Le sacrum résulte du fusionnement de cinq vertèbres et des cinq paires de côtes sacrées qui leur appartiennent. Ces côtes en se fusionnant donnent naissance aux masses latérales.

B. **Squelette céphalique.** — 1º Le crâne passe comme la colonne vertébrale par trois stades successifs: a) crâne primordial membraneux ; b) Crâne primordial cartilagineux ; c) capsule crânienne osseuse.

2º Le crâne primordial membraneux se compose : a) de l'extrémité antérieure de la chorde, qui s'étend jusqu'au bord antérieur de la base du cerveau moyen ; b) d'une couche de tissu conjonctif qui forme une couche squelettique autour de la chorde et une enveloppe membraneuse autour des cinq vésicules cérébrales.

3º Le crâne primordial cartilagineux tire son origine du crâne primordial membraneux à la suite de transformations histologiques.

a) Des deux côtés de la chorde dorsale apparaissent d'abord des cartilages parachordaux qui enveloppent bientôt la chorde dorsale et s'unissent par une lame cartilagineuse.

b) En avant des cartilages parachordaux apparaissent les travées crâniennes de *Rathke*. Elles s'unissent bientôt par leurs extrémités postérieures avec les cartilages parachordaux. Leurs extrémités antérieures s'élargissent et se fusionnent pour former la plaque ethmoïdale. En leur milieu elles demeurent longtemps séparées et circonscrivent l'hypophyse (région de la fosse pituitaire).

c) De la base cartilagineuse du crâne ainsi formée, le processus de chondrification se propage, comme pour le développement de la colonne vertébrale, d'abord sur les faces latérales, ensuite à la voûte du crâne primordial membraneux. Le crâne primordial loge, en outre, partiellement, les organes des sens d'ordre supérieur.

4° Chez les Sélaciens, le crâne primordial constitue une formation persistante avec des parois épaisses. Chez les Mammifères et chez l'Homme, au contraire, il n'est que transitoire et est remplacé par la capsule crânienne osseuse à laquelle il sert de base.

Il est par suite moins développé que chez les Sélaciens ; sa base et ses parois latérales sont seules cartilagineuses, tandis que sa cavité présente de grandes lacunes fermées par du tissu conjonctif.

5° On distingue au crâne primordial cartilagineux : *a*) une partie vertébrale et une partie évertébrale, d'après leurs rapports avec la chorde ; *b*) une région ethmoïdale, une région orbitaire, une région auditive, une région occipitale, d'après leurs rapports avec les organes des sens.

6° De même que les côtes s'ajoutent à la colonne vertébrale sous forme d'arcs inférieurs, de même aussi le squelette viscéral s'unit au crâne primordial.

7° Le squelette viscéral se compose de pièces cartilagineuses segmentées, qui se forment par chondrification dans les arcs branchiaux membraneux situés entre les fentes branchiales.

8° Les arcs branchiaux cartilagineux ou arcs viscéraux ne sont bien développés que chez les Vertébrés inférieurs (ils sont permanents chez les Sélaciens). D'après leur position et leur forme on leur donne les noms : d'arcs maxillaires, d'arcs hyoïdiens et d'arcs branchiaux proprement dits, dont le nombre est variable.

9° Les arcs maxillaires comprennent un maxillaire supérieur cartilagineux (palato-carré) et un maxillaire inférieur cartilagineux (mandibulaire). Chaque arc hyoïdien se compose d'un hyomandibulaire, d'un hyoïde et d'une capsule impaire.

10° Chez les Mammifères et chez l'Homme, le squelette viscéral cartilagineux ne se développe qu'incomplètement. Il fournit les trois osselets de l'oreille et l'os hyoïde.

11° Dans chaque arc maxillaire membraneux il se forme :

a) L'enclume, qui correspond au palato-carré des Vertébrés inférieurs ;

b) Le marteau qui correspond à la partie articulaire de la mandibule cartilagineuse ;

c) Le cartilage de Meckel qui correspond au restant de la mandibule, mais qui s'atrophie plus tard complètement.

12° L'arc hyoïde membraneux donne naissance :

a) Dans sa partie supérieure à l'étrier ;

b) A l'apophyse styloïde ;

c) Au ligament stylo-hyoïdien ;

d) A la petite corne et au corps de l'hyoïde.

13° Le troisième arc viscéral membraneux ne se chondrifie que dans sa partie inférieure pour former la grande corne de l'hyoïde.

14° Le crâne primordial membraneux n'est formé à aucun stade de son développement de segments distincts, comme c'est le cas pour la colonne vertébrale.

15° La métamérisation primitive de la tête n'est marquée que par la formation de plusieurs segments primordiaux, par la disposition des nerfs crâniens et par la constitution de l'ébauche du squelette viscéral.

16° Le crâne primordial est donc l'ébauche squelettique non segmentée d'une partie segmentée du corps.

17° L'ossification du squelette de la tête est beaucoup plus compliquée que celle de la colonne vertébrale.

18° Tandis que tous les os de la colonne vertébrale se forment d'une seule façon, par substitution du tissu cartilagineux, dans le squelette céphalique nous devons distinguer deux sortes d'os : les os primaires et les os secondaires.

19° Les os primaires se forment dans l'ébauche cartilagineuse, de la même manière que les noyaux osseux se forment dans la colonne vertébrale cartilagineuse.

20° Les os secondaires, os de recouvrement ou de revêtement, se forment, en dehors du squelette primordial. aux dépens du tissu conjonctif et constituent des os cutanés ou muqueux. Chez les Vertébrés inférieurs, ils font partie d'un squelette cutané qui revêt toute la surface du corps.

21° Les os de revêtement se développent dans certains cas, que l'on peut considérer comme primitifs, par fusionnement des plaques basilaires de nombreuses dents développées dans la peau ou dans la muqueuse.

22° Parmi les os primaires et les os secondaires il en est qui restent séparés aux stades ultérieurs, d'autres se fusionnent et forment un complexe osseux ; c'est le cas du temporal et du sphénoïde.

23° Du crâne primordial il ne reste que des résidus insignifiants : cartilage de la cloison du nez et cartilages du nez.

C. **Squelette des membres.** — 1° Le squelette des membres, à l'exception de la clavicule, dont le développement présente maintes particularités se forme aux dépens d'une ébauche cartilagineuse (ceinture scapulaire cartilagineuse, ceinture pelvienne cartilagineuse, cartilages des bras et des jambes).

2° L'ossification s'effectue comme dans la colonne vertébrale et dans le crâne primordial, par formation de noyaux osseux et destruction du cartilage qui est finalement remplacé par du tissu osseux.

3° Les petits cartilages du tarse et du carpe s'ossifient pour la plupart par formation d'un seul noyau osseux. Les cartilages aplatis et plus étendus des ceintures scapulaire et pelvienne s'ossifient au moyen de plusieurs noyaux.

4° Les ébauches cartilagineuses des os longs s'ossifient d'abord dans leur diaphyse, tandis que leurs extrémités, les épiphyses, demeurent encore longtemps cartilagineuses, et contribuent à l'allongement des os.

5° Les épiphyses cartilagineuses commencent à s'ossifier, chez l'Homme, les unes pendant le dernier mois de la grossesse, les autres après la naissance. L'ossification s'effectue au moyen de centres spéciaux (noyaux épiphysaires).

6° La soudure de la diaphyse ossifiée et des épiphyses osseuses se fait lorsque la croissance du squelette est terminée. Cette soudure s'effectue par ossification du tissu cartilagineux intermédiaire.

7° Avant d'avoir atteint leur croissance complète, les os creux se divisent par macération en une pièce moyenne et en deux disques épiphysaires osseux.

8° De l'ébauche cartilagineuse de l'os creux il ne persiste qu'un reste insignifiant, constituant une couche de revêtement à la surface de l'extrémité articulaire (cartilage articulaire).

9° La cavité médullaire des os creux se forme par résorption du tissu osseux spongieux formé aux dépens du cartilage.

10° Tandis que les extrémités articulaires des os qui sont précédés d'une ébauche cartilagineuse sont revêtues par du cartilage hyalin, les surfaces articulaires des os d'origine conjonctive (os de revêtement) sont revêtues d'une couche de tissu conjonctif fibreux (articulation témporo-maxillaire).

TABLE DES MATIÈRES

Hertwig   34

TABLE DES MATIÈRES

PREMIÈRE PARTIE

**Les premiers processus du développement et les enveloppes
embryonnaires de l'œuf.**

DEUXIÈME PARTIE

Imp. J. Thevenot, Saint-Dizier (Haute-Marne)

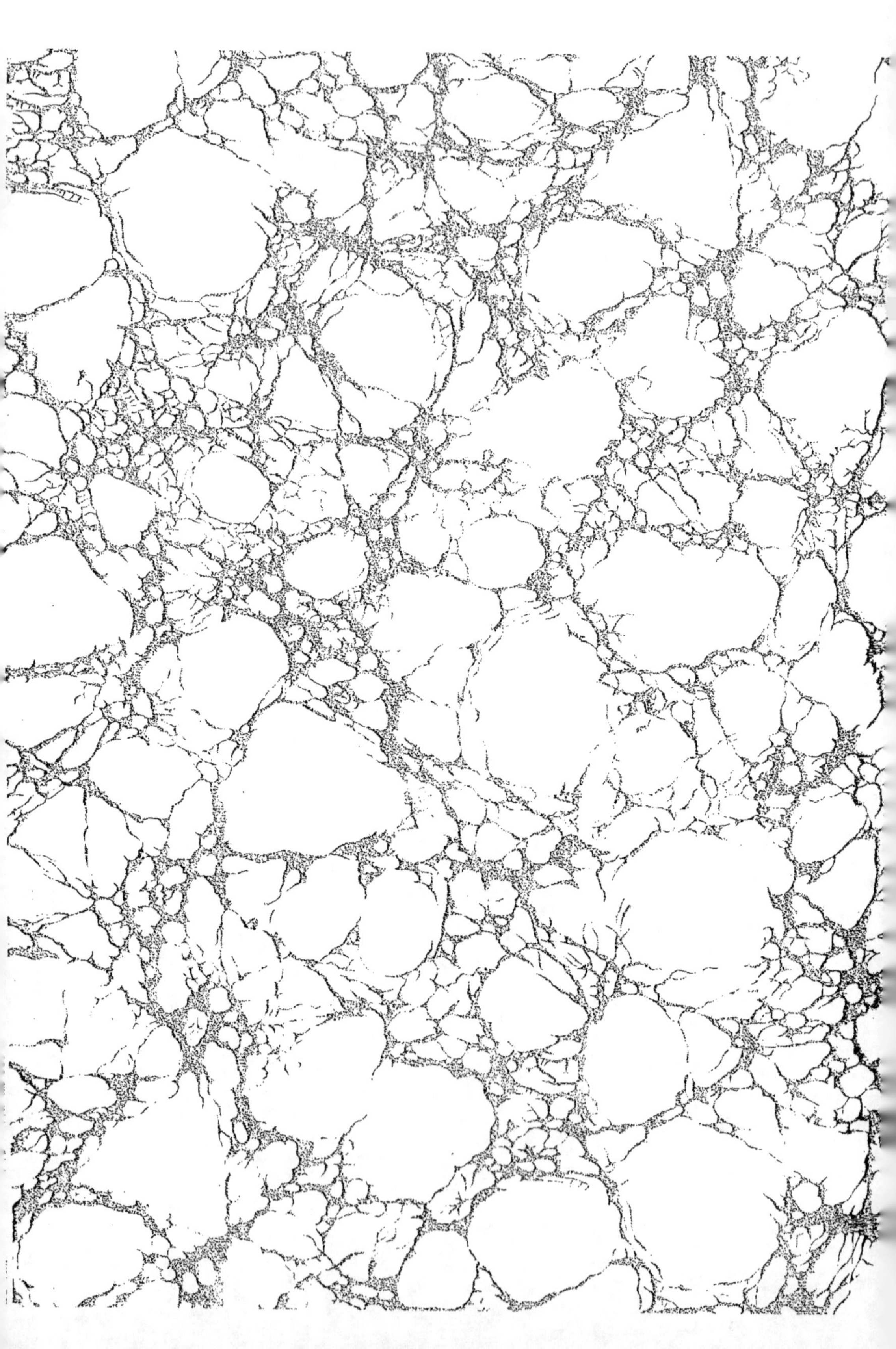

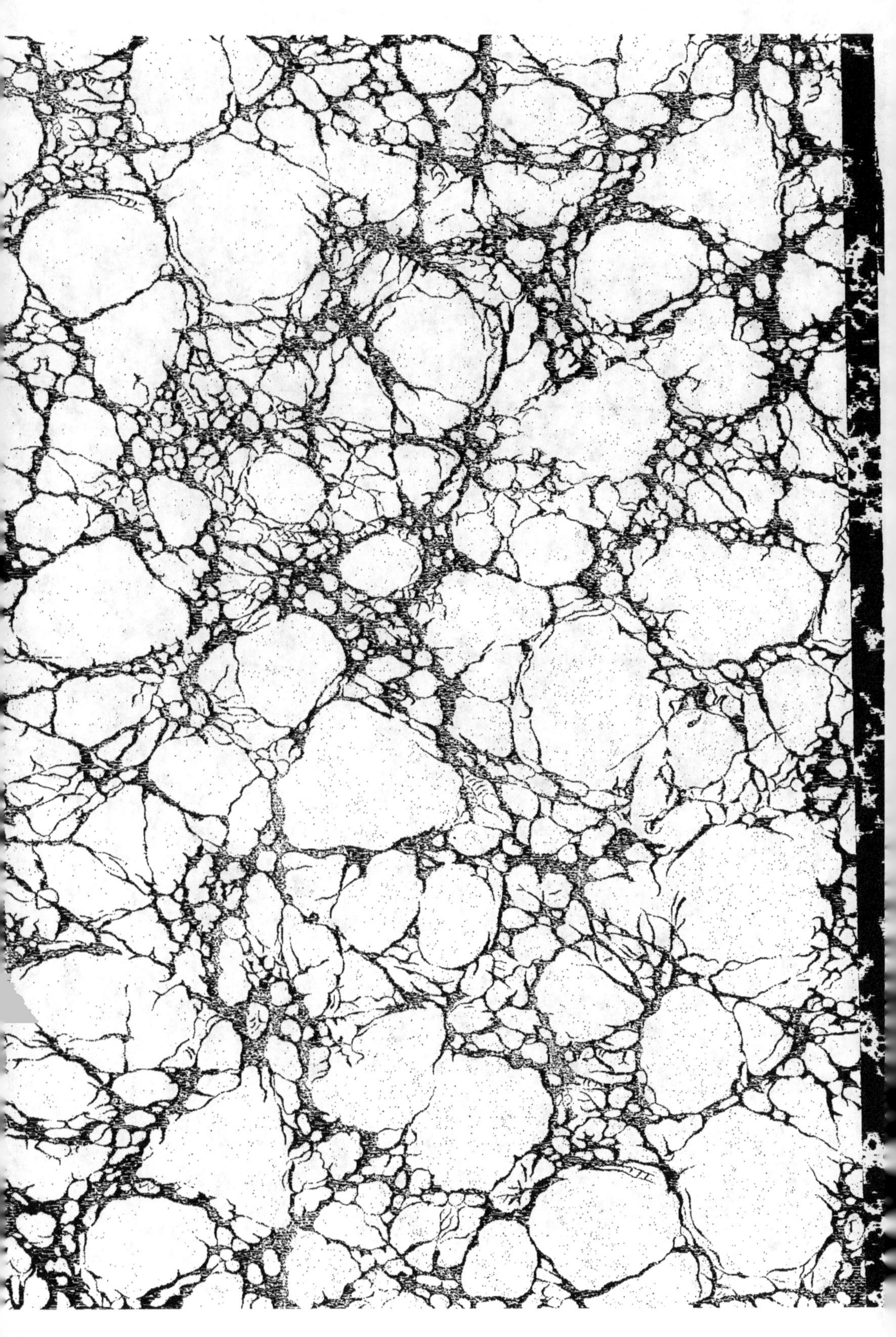